"十二五"普通高等教育本科国家级规划教材

普通高等教育管理科学与工程类规划教材

运筹学教程

第 **5** 版

胡运权　主　编

郭耀煌　副主编

U0360955

清华大学出版社

北　京

内 容 简 介

本书由国内著名高校长期从事运筹学教学的教师集体编写而成,其内容紧密结合经济管理类专业的特点。本书系统地讲述了线性规划、目标规划、整数规划、非线性规划、动态规划、图与网络分析、排队论、存储论、对策论、决策论的基本概念、理论、方法和模型,以及数据包络分析、运筹学问题的启发式算法等。各章后均附有习题,附录中给出了习题参考答案与提示,以帮助复习基本知识和检查学习效果。第5版根据运筹学近年发展作了更新,增加了运筹学应用软件的介绍,并利用互联网和数字平台增加了拓展内容、即练即测题和自我测试题及答案。

本书可作为高等院校经济管理类和理工类等专业本科生、研究生的教材,也可作为工程技术人员和经济管理干部进一步提高管理理论水平的自学参考书。

图书在版编目(CIP)数据

运筹学教程/胡运权主编. —5 版. —北京:清华大学出版社,2018(2023.7重印)
ISBN 978-7-302-48125-6

Ⅰ. ①运… Ⅱ. ①胡… Ⅲ. ①运筹学—高等学校—教材 Ⅳ. ①O22

中国版本图书馆 CIP 数据核字(2017)第 202044 号

责任编辑:高晓蔚
封面设计:傅瑞学
责任校对:宋玉莲
责任印制:刘海龙

出版发行:清华大学出版社
　　　网　　　址:http://www.tup.com.cn,http://www.wqbook.com
　　　地　　　址:北京清华大学学研大厦 A 座　　　　邮　　编:100084
　　　社 总 机:010-83470000　　　　　　　　　　邮　　购:010-62786544
　　　投稿与读者服务:010-62776969,c-service@tup.tsinghua.edu.cn
　　　质量反馈:010-62772015,zhiliang@tup.tsinghua.edu.cn
　　　课件下载:http://www.tup.com.cn,010-62770175-4506
印 装 者:保定市中画美凯印刷有限公司
经　　销:全国新华书店
开　　本:185mm×230mm　　印　张:27.25　　插　页:1　　字　数:624 千字
版　　次:1998 年 8 月第 1 版　　2018 年 7 月第 5 版　　印　次:2023 年 7 月第16次印刷
定　　价:59.00 元

产品编号:076566-02

第5版前言 PREFACE

运筹学是一门研究如何有效地组织和管理人机系统的科学。由于它同管理科学的紧密联系,它在研究解决实际问题时所蕴含的系统整体优化思想,以及从提出问题、分析建模、求解到方案实施的一整套严密科学方法,使它对管理学科的发展和管理人才的培养起到了重要作用。运筹学已成为经济管理类专业本科普遍开设的一门重要专业基础课和研究生层次的学位课,也是各管理专业学位和一些工科专业的必修课程。

本书出版的宗旨是力求根据 21 世纪经济管理人才对运筹学教学的需求,既反映这门学科的新进展,又深入浅出地阐明运筹学的基本概念、理论和方法,各类模型的结构特征、经济含义及其在管理中的应用。本书主要对象是经济管理类专业的大学本科生、研究生,同时也兼顾理工类专业本科生、研究生和实际工作部门人员的需要。

本书出版以来,深受广大读者的厚爱,从 1998 年 6 月至今已印刷 58 次,累计近 60 万册,使编者深受鼓舞。正如我们在第 1 版前言中写的,要让我们的教材满足 21 世纪的需要,不是一代人所能完成的,要持续修订,要不断汲取国外经典教材和运筹学实践应用成果的精华,同时不断总结提炼我们自己的教学经验和体会。本书是由国内著名高校第一线工作的、已从事运筹学教学数十年的教师合作编写的,大家以锲而不舍的精神,力求使本教材不断开拓创新,做到与时俱进。

同上一版相比,第 5 版在内容上作了一些修改,并利用互联网和数字平台增加了一些拓展内容、即练即测题和自我测试题。具体包括:(1)对书中一些内容进行了补充:在目标规划一章中,在求解目标规划单纯形法一节中增加了对优先因子给定权重的计算方法和优先级分层优化计算两种比较实用的算法,对策论一章中增添了合作对策的核心和 Shapley 值;(2)改写了个别例题,增添了 20 多道习题;(3)适当删减了一些内容,如对策论在信息经济学中的应用,动态规划中有关高维问题的降维法和疏密格子点法,以及一些数学推导过繁、过深的内容;(4)各章末增加了即练即测题(共 101 道选择题),作为拓展资源,供学生测试学习效果;(5)将原书绪论第五节运筹学算法与应用软件简介作了较大补充,比较细致介绍了 LINDO、LINGO、WinQSB、MATLAB 等软件求解运筹学模型的步骤和例子,并将其作为拓展资源(附录 A);(6)将各章习题参考答案作为拓展资源(附录 B);(7)提供了 3 份自我测试题和答案作为拓展资源(附录 C);(8)对一些内容的前后叙述顺序作了调整,以有利于教学和自学。

另外,本书还利用在线学习平台提供了更加丰富的数字课程体验,见书后说明。

本书的编写分工：胡运权(哈尔滨工业大学管理学院)编写绪论和第一、二章，对第十三章作了一些补充；郭耀煌(西南交通大学经济管理学院)编写第三、六、十四章；龚益鸣(复旦大学管理学院)编写第四、五、十一章；程佳惠(清华大学经济管理学院)编写第七、八、九章；陈秉正(清华大学经济管理学院)编写第十、十二、十三章。全书由胡运权任主编，郭耀煌任副主编。本次修订时，仍先由各作者按总的修订原则，对自己分担的章节进行修改、补充，最后由胡运权负责总纂，并编写了各章增列的即练即测题、答案和附录 A、附录 C。

本书前几版编写过程中，曾得到清华大学出版社《运筹学》一书主编钱颂迪等教授的指导，受到国内很多运筹学精品课程教材的启示，清华大学出版社的编辑更为本书的编辑出版花费了大量辛勤劳动，谨在此一并表示感谢。

一本好的教材，重在特色，贵在质量。为此需要不断磨砺，反复修改提高。本书作者将为此继续努力。鉴于作者水平有限，书中难免有不妥或错误之处，恳请广大读者批评指正。

编　者

2018 年 6 月

目 录 CONTENTS

绪　　论

第一节　运筹学释义与发展简史

运筹学一词起源于20世纪30年代。据《大英百科全书》释义,"运筹学是一门应用于管理有组织系统的科学","运筹学为掌管这类系统的人提供决策目标和数量分析的工具"。《中国大百科全书》的释义为:运筹学"是用数学方法研究经济、民政和国防等部门在内外环境的约束条件下合理分配人力、物力、财力等资源,使实际系统有效运行的技术科学,它可以用来预测发展趋势,制订行动规划或优选可行方案"(《自动控制与系统工程》卷,1991年版)。《辞海》(1979年版)中有关运筹学条目的释义为:运筹学"主要研究经济活动与军事活动中能用数量来表达有关运用、筹划与管理方面的问题,它根据问题的要求,通过数学的分析与运算,作出综合性的合理安排,以达到经济有效地使用人力、物力"。《中国企业管理百科全书》(1984年版)中的释义为:运筹学"应用分析、试验、量化的方法,对经济管理系统中人、财、物等有限资源进行统筹安排,为决策者提供有依据的最优方案,以实现最有效的管理"。

运筹学一词在英国称为 operational research,在美国称为 operations research(缩写为 O.R.),可直译为"运用研究"或"作业研究"。由于运筹学涉及的主要领域是管理问题,研究的基本手段是建立数学模型,并比较多地运用各种数学工具。从这点出发,有人将运筹学称作"管理数学"。1957年我国从"夫运筹帷幄之中,决胜千里之外"(见《史记·高祖本纪》)这句古语中摘取"运筹"二字,将 O.R. 正式译作运筹学,包含运用筹划,以策略取胜等意义,比较恰当地反映了这门学科的性质和内涵。

朴素的运筹学思想在我国古代文献中就有不少记载,例如齐王与田忌赛马和丁渭主持皇宫的修复等事。齐王与田忌赛马说的是一次齐王和田忌赛马,规定双方各出上、中、下三个等级的马各一匹。如果按同等级的马比赛,齐王可获全胜,但田忌采取的策略是以下马对齐王的上马,以上马对齐王的中马,以中马对齐王的下马,结果田忌反以二比一获胜。丁渭修复皇宫的故事发生在北宋时代,皇宫因火焚毁,由丁渭主持修复工作。他让人在宫前大街取土烧砖,挖成大沟后灌水成渠,利用水渠运来各种建筑用材料,工程完毕后再以废砖烂瓦等填沟修复大街,做到减少和方便运输,加快了工程进度。但运筹学这个术语的正式使用是在1938年,当时英国为解决空袭的早期预警,做好反侵略战争准备,积极进行"雷达"的研究。但随着雷达性能的改善和配置数量的增多,出现了来自不同雷达站的信息以及雷达站同整个防空作战系统的协调配合问题。1938 年 7 月,波得塞(Bawdsey)雷达站的负责人罗伊(A. P. Rowe)提出立即进行整个防空作战系统运行的研究,并用"operational research"一词作为这方面研究的描述,这就是 O. R. (运筹学)这个术语的起源。1940 年 9 月英国成立了由物理学家布莱克特(P. M. S. Blackett)领导的第一个运筹学小组,后来发展到每一个英军指挥部都成立运筹学小组。1942 年美国和加拿大也都相继成立运筹学小组,这些小组在确定扩建舰队规模、开展反潜艇战的侦察和组织有效地对敌轰炸等方面做了大量研究,为取得反法西斯战争的胜利及运筹学有关分支的建立作出了贡献。1939 年苏联学者康托洛维奇(Л. В. Канторович)出版了《生产组织与计划中的数学方法》一书,对列宁格勒胶合板厂的计划任务建立了一个线性规划的模型,并提出了"解乘数法"的求解方法,为数学与管理科学的结合做了开创性的工作。

第二次世界大战以后,运筹学的活动扩展到工业和政府等部门,它的发展大致可分三个阶段。

(1) 从 1945 年到 20 世纪 50 年代初,被称为创建阶段。此阶段的特点是从事运筹学研究的人数不多,范围较小,运筹学的出版物、学会等寥寥无几。最早英国一些战时从事运筹学研究的人积极讨论如何将运筹学方法应用于民用部门,于 1948 年成立"运筹学俱乐部",在煤炭、电力等部门推广应用运筹学,取得一些进展。1948 年美国麻省理工学院把运筹学作为一门课程来进行介绍,1950 年英国伯明翰大学正式开设运筹学课程,1952 年在美国卡斯(Case)工业大学设立了运筹学的硕士和博士学位。第一本运筹学杂志《运筹学季刊》(O. R. Quarterly)1950 年于英国创刊,第一个运筹学会——美国运筹学会于 1952 年成立,并于同年出版《运筹学学报》(Journal of ORSA)。1947 年丹齐克(G. B. Danzig)在研究美国空军资源的优化配置时提出了线性规划及其通用解法——单纯形法。20 世纪 50 年代初用电子计算机求解线性规划获得成功,1951 年莫尔斯(P. M. Morse)和金博尔(G. E. Kimball)合著的《运筹学方法》一书正式出版。所有这些,标志着运筹学这门学科基本形成。

(2) 从 20 世纪 50 年代初期到 50 年代末期,被认为是运筹学的成长阶段。此阶段的一个特点是电子计算机技术的迅速发展,使得运筹学中一些方法如单纯形法、动态规划方法等,得以用来解决实际管理系统中的优化问题,促进了运筹学的推广应用。50 年代末,美国大约有半数的大公司在自己的经营管理中应用运筹学,如用于制订生产计划,进行物资储备、资源分配、设备更新等方面的决策。另一个特点是有更多刊物、学会的出现。从 1956 年到 1959 年就有法国、印度、日本、荷兰、比利时等 10 个国家成立运筹学学会,又有 6 种运筹学刊物问世。1957 年在英国牛津大学召开了第一次国际运筹学会议,以后每 3 年举行一次。1959 年成立国际运筹学联合会(International Federation of Operations Research Societies,IFORS)。

(3) 自 20 世纪 60 年代以来,运筹学开始普及和迅速发展。此阶段的特点是运筹学进一步细分为各个分支,专业学术团体迅速增多,更多的期刊创办,运筹学书籍大量出版,以及更多学校将运筹学课程纳入教学计划之中。第三代电子数字计算机的出现,促使运筹学得以用来研究一些大的复杂的系统,如城市交通、环境污染、国民经济计划等。

我国第一个运筹学小组于 1956 年在中国科学院力学研究所成立,1958 年建立了运筹学研究室。1960 年在山东济南召开全国应用运筹学的经验交流和推广会议,1980 年 4 月成立中国运筹学学会。在农林、交通运输、建筑、机械、冶金、石油化工、水利、邮电、纺织等部门和军事领域,运筹学的方法已开始得到应用推广。除中国运筹学学会外,中国系统工程学学会以及与国民经济各部门有关的专业学会,也都把运筹学应用作为重要的研究领域。我国各高等院校,特别是各经济管理类专业已普遍把运筹学作为一门专业主干课程列入教学计划之中。

由于运筹学在提高组织机构的效率方面已取得显著成效,它的影响还在继续扩展。目前国际上著名的运筹学刊物有：*Management Science*,*Operations Research*,*Interfaces*,*Journal of Operational Research Society*,*European Journal of Operations Research*等；国内刊登运筹学研究成果的刊物主要有：《运筹学学报》《运筹与管理》《系统工程学报》《系统工程理论与实践》《系统管理学报》《系统工程》《数量经济技术经济研究》《中国管理科学》等。

第二节　运筹学研究的基本特征与基本方法

运筹学研究的基本特征是：系统的整体观念、多学科的综合以及模型方法的应用。

(1) 系统的整体观念。所谓系统可以理解为是由相互关联、相互制约、相互作用的一些部分组成的具有某种功能的有机整体。例如一个企业的经营管理由很多子系统组成,包括生产、技术、供应、销售、财务等,各子系统工作的好坏,直接影响企业经营管理的好坏。但各子系统的目标往往不一致,生产部门为提高劳动生产率,希望增大产品批量；销售部门为满足市场用户需求,要求产品适销对路,小批量,多花色品种；财务部门强调减少库存,加速资金周转,以降低成本等。运筹学研究中不是对各子系统的决策行为孤立评价,而把有关子系统相互关联的决策结合起来考虑,把相互影响和制约的各个方面作为一个统一体,从系统整体利益出发,寻找一个优化协调的方案。

(2) 多学科的综合。一个组织或系统的有效管理涉及很多方面,运筹学研究中吸收来自不同领域、具有不同经验和技能的专家。由于专家们来自不同的学科领域,具有不同的经历和经验,增强了发挥小组集体智慧、提出问题和解决问题的能力。这种多学科的协调配合在研究的初期,在分析和确定问题的主要方面,在选定和探索解决问题的途径时,显得特别重要。

(3) 模型方法的应用。在各门学科的研究中广泛应用实验的方法,但运筹学研究的系统往往不能搬到实验室中,替代方法是建立问题的数学模型或模拟的模型。应当指出,为制定决策提供科学依据是运筹学应用的核心,而建立模型则是运筹学方法的精髓。学习运筹学要掌握的最重要技巧就是提高运筹学数学模型的表达、运算和分析能力。

任何一门学科从研究范畴上大致都可分为以下四个方面:从观察现象所得到的结果和进行这种观察所需要的特殊方法;理论或模型的建立;将理论与观察相结合,并从结果得到预测;将这些预测同新的观察相比较,并加以证实。运筹学也不例外,围绕着模型的建立、修正与实施,对上述四个方面的研究可划分为以下步骤。

一、分析表述问题及收集数据

任何决策问题进行定量分析前,首先必须认真地进行定性分析。一是要确定决策目标,明确主要要决策什么,选取上述决策时的有效性度量,以及在对方案比较时这些度量的权衡;二是要辨认哪些是决策中的关键因素,在选取这些关键因素时存在哪些资源或环境的限制。分析时往往先提出一个初步的目标,通过对系统中各种因素和相互关系的研究,使这个目标进一步明确化。此外还需要同有关人员,特别是决策的关键人员深入讨论,明确有关研究问题的过去与未来,问题的边界、环境以及包含这个问题在内的更大系统的有关情况,以便在对问题的表述中明确要不要把整个问题分成若干较小的子问题。在上述分析基础上,可以列出表述问题的各种基本要素,包括哪些是可控的决策变量,哪些是不可控的变量,确定限制变量取值的各种工艺技术条件,确定优化和方案改进的目标。通常为了更确切地分析和表述问题,运筹学研究小组需花大量时间收集相关数据。这些数据既用于获得对问题的更充分理解,同时也为下阶段建立模型提供所需的输入。

二、建立模型

模型是对现实世界的事物、现象、过程和系统的简化描述,或其部分属性的模仿,是对实际问题的抽象概括和严格的逻辑表达。模型表达了问题中可控的决策变量、不可控变量、工艺技术条件及目标有效度量之间的相互关系。模型的正确建立是运筹学研究中的关键一步,对模型的研制是一项艺术,它是将实际问题、经验、科学方法三者有机结合的创造性的工作。建立模型的好处,一是使问题的描述高度规范化,掌握其本质规律。如在管理中,对人力、设备、材料、资金的利用安排都可以归纳为所谓资源的分配利用问题,可建立起一个统一的规划模型,而对规划模型的研究代替了对一个个具体问题的分析研究。二是建立模型后,可以通过输入各种数据资料,分析各种因素同系统整体目标之间的因果关系,从而确立一套逻辑的分析问题的程序方法。三是建立系统的模型,为应用电子计算机来解决实际问题架设起桥梁。建立模型时既要尽可能包含系统的各种信息资料,又要抓住本质的因素。一般建模时应尽可能选择建立数学模型,即用数学语言描述的一类模型。但有时问题中的各种关系难以用数学语言描绘,或问题中包含的随机因素较多,也可以建立起一个模拟的模型,即将问题的因素、目标及运行时的关系用逻辑框图的形式表示出来。

三、求解模型和优化方案

即用数学方法或其他工具(如编写计算机程序)对模型求解。根据问题的要求,可分别求出最优解、次优解或满意解;依据对解的精度的要求及算法上实现的可能性,又可区分为精确解和近似解等。近年来出现的启发式算法和一些软计算方法为一些结构复杂的运筹学模型的求解提供了有力的工具。

四、测试模型及对模型进行必要的修正

将实际问题的数据资料代入模型,找出精确的或近似的解,这解毕竟是模型的解。为了检验得到的解是否正确,常采用回溯的方法,即将历史的资料输入模型,研究得到的解与历史实际的符合程度,以判断模型是否正确。当发现有较大误差时,要将实际问题同模型重新对比,检查实际问题中的重要因素在模型中是否已考虑,检查模型中各公式的表达是否前后一致。当输入发生微小变化时,检验输出变化的相对大小是否合适,当模型中各参数取极值时,检验问题的解,还要检查模型是否容易求解,并在规定时间内算出所需的结果等,以便发现问题,对已构建的模型进行修正。

五、建立对解的有效控制

任何模型都有一定的适用范围,模型的解是否有效,要首先注意模型是否继续有效,并依据灵敏度分析的方法,确定最优解保持稳定时的参数变化范围。一旦外界条件参数变化超出这个范围时,及时对模型和导出的解进行修正。

六、方案的实施

方案实施是很关键的一步,但也是很困难的一步。只有实施方案后,研究成果才能有收获。这一步要求明确:方案由谁实施,什么时间实施,如何实施,要求估计实施过程可能遇到的阻力,并为此制定相应的克服困难的措施。

上述步骤往往需要交叉反复进行。因此在运筹学的研究中,除对系统进行定性分析和收集必要的资料外,一项主要工作是努力建立一个用以描述现实世界复杂问题的数学模型。这个模型是近似的,它既精确到足以反映问题的本质,又粗略到能够求出数量上的解。本书中介绍的各类模型的例子都是大大简化了的,只能用于帮助对各类模型的理解。若要较深刻领会各类模型的建模过程,必须通过对实际问题的研究分析以及阅读应用运筹学的成功案例,才能掌握运筹学研究问题的科学方法和艺术。

第三节　运筹学主要分支简介

运筹学按所解决问题性质的差别,将实际的问题归结为不同类型的数学模型。这些不同类型的数学模型构成了运筹学的各个分支。

一、线性规划(linear programming)

经营管理中如何有效地利用现有人力、物力完成更多的任务,或在预定的任务目标下,如何耗用最少的人力、物力去实现目标。这类统筹规划的问题用数学语言表达,先根据问题要达到的目标选取适当的变量,问题的目标通过用变量的函数形式表示(称为目标函数),对问题的限制条件用有关变量的等式或不等式表达(称为约束条件)。当变量连续取值,且目标函数和约束条件均为线性时,称这类模型为线性规划的模型。线性规划建模相对简单,有通用算法和计算机软件,是运筹学中应用最为广泛的一个分支。有些规划问题的目标函数是非线性的,但往往可以采用分段线性化等方法,转化为线性规划问题。

二、非线性规划(nonlinear programming)

如线性规划模型中目标函数或约束条件不全是线性的,对这类模型的研究构成非线性规划分支。由于大多数工程物理量的表达式是非线性的,因此非线性规划在各类工程的优化设计中得到较多应用,它是优化设计的有力工具。

三、整数规划(integer programming)

上述两类模型中变量的取值必须为整数时,分别构成线性整数规划或非线性整数规划模型。整数规划中有一类变量取值只能为 0 或 1,称 0-1 整数规划模型,它对应方案的"舍"或"取",对问题的建模起到了特殊作用。

四、目标规划(goal programming)

上面三类规划模型中,均为在满足一组约束条件下追求单一目标的优化。实际问题中往往需要对多个目标进行优化,且这些目标间既在优化方向上存在矛盾,又缺乏公度性,无法综合成统一目标,因而导致了目标规划分支的诞生。

五、动态规划(dynamic programming)

动态规划是研究多阶段决策过程最优化的运筹学分支。有些经营管理活动由一系列相互关联的阶段组成,在每个阶段依次进行决策,而且上一阶段的输出状态就是下一阶段的输入状态,且各阶段决策之间互相关联,因而构成一个多阶段的决策过程。动态规划研究多阶段决策过程的总体优化,即从系统总体出发,要求各阶段决策所构成的决策序列使目标函数值达到最优。

六、图论与网络分析(graph theory and network analysis)

生产管理中经常遇到工序间的合理衔接搭配问题,设计中经常遇到研究各种管道、线路的通过能力,以及仓库、附属设施的布局等问题。运筹学中把一些研究的对象用节点表示,对象之间的联系用连线(边)表示,点、边的集合构成图。图论是研究由节点和边所组成图形的数学理论和方法。图是网络分析的基础,根据研究的具体网络对象(如铁路网、电力网、通信网等),赋予图中各边某个具体的参数,如时间、流量、费用、距离等,规定图中各节点代表具体网络中任何一种流动的起点、中转点或终点,然后利用图论方法来研究各类网络结构和流量的优化分析。网络分析还包括利用网络图形来描述一项工程中各项作业的进度和结构关系,以便对工程进度进行优化控制。

七、存储论(inventory theory)

一种研究最优存储策略的理论和方法。如为了保证企业生产的正常进行,需要有一定数量原材料和零部件的储备,以调节供需之间的不平衡。实际问题中,需求量可以是常数,也可以是服从某一分布的随机变量。每次订货需一定费用,提出订货后,货物可以一次到达,也可能分批到达。从提出订货到货物的到达可能是即时的,也可能需要一个周期(订货提前期)。某些情况下允许缺货,有些情况不允许缺货。存储策略研究在不同需求、供货及到达方式等情况下,确定在什么时间点及一次提出多大批量的订货,使用于订购、储存和可能发生短缺的费用的总和为最少。

八、排队论(queueing theory or waiting line)

生产和生活中存在大量有形与无形的拥挤和排队现象。排队系统由服务机构(服务员)及被服务的对象(顾客)组成。一般顾客的到达及服务员用于对每名顾客的服务时间是随机的,服务员可以是一个或多个,多个情况下又分平行或串联排列。排队按一定规则进行,一般按到达顺序先到先服务,但也有享受优先服务权的。按系统中顾客容量,可分为等待制、损失制、混合制等。排队论研究顾客不同输入、各类服务时间的分布、不同服务员数及不同排队规则情况下,排队系统的工作性能和状态,为设计新的排队系统及改进现有系统的性能提供数量依据。

九、对策论(game theory)

对策论用于研究具有对抗局势的模型。在这类模型中,参与对抗的各方称为局中人,每个局中人均有一组策略可供选择,当各局中人分别采取不同策略时,对应一个收益或需要支付的函数。在社会、经济、管理等与人类活动有关的系统中,各局中人都按各自的利益和知识进行对策,每个人都力求扩大自己的利益,但又无法精确预测其他局中人的行为,无法取得必要的信息,他们之间还可能玩弄花招,制造假象。对策论为局中人在这种高度不确定和充满竞争的环境中,提供一套完整的、定量化和程序化的选择策略的理论与方法。对策论已应用于商品、消费者、生产者之间的供求平衡分析,利益集团间的协商和谈判,以及军事上各种作战模型的研究等。

十、决策论(decision theory)

决策是指为最优地达到目标,依据一定准则,对若干备选行动的方案进行的抉择。随着科学技术的发展,生产规模和人类社会活动的扩大,要求用科学的决策替代经验决策。即实行科学的决策程序,采用科学的决策技术和具有科学的思维方法。决策过程一般是指:形成决策问题,包括提出方案,确定目标及效果的度量;确定各方案对应的结局及出现的概率;确定决策者对不同结局的效用值;综合评价,决定方案的取舍。决策论是对整个决策过程中涉及方案目标选取、度量、概率值确定、效用值计算,一直到最优方案和策略选取的有关科学理论。

第四节　运筹学与管理科学

一般认为运筹学诞生的3个来源是军事、管理和经济,但其中管理是运筹学孕育的主要土壤,因为基于军事和经济研究中产生的运筹学方法或分支最终都移植到管理中应用和发展。管理是从生产出现分工开始就有的,但管理作为一门科学则开始于20世纪初。随着生产规模的日益扩大和分工的越来越细,要求生产组织高度的合理性、高度的计划性和高度的经济性,促使人们不仅研究生产的各个部门,而且要研究它们相互之间的联系,要当作一个整体研究,追求整体的效率和效益,这正是运筹学研究的基础和目标。

运筹学的诞生既是管理科学发展的需要,也是管理科学研究深化的标志。运筹学的一些分支,如规划论、排队论、存储论、对策论等,无不同管理的发展具有密切联系。管理科学研究、总结经济管理的规律,这是运筹学研究提出问题和对问题进行定性分析的依据和基础。但运筹学又在对问题进一步分析的基础上找出各种因素之间的数量上的联系,并对问题通过建模和求解,使人们对管理问题的规律性认识进一步深化。例如管理中有关库存问题的讨论,对最高和最低控制限的存储方法,过去只从定性上进行描述,而运筹学则进一步研究了在各种不同需求情况下最高与最低控制限的具体数值。再如经验告诉我们,从事相同服务工作的人,如果协调合作,可以提高效率,减少被服务对象的等待。运筹学的排队论分支中,用具体例子说明,3个人联合看管20台机器,不仅数量上多于3个人每人分别看管6台机器,提高了工作效率,而且还缩短了机器的平均等待时间,从理论上论证了系统整体的涌现性原理。又如计划的编制,过去习惯采用的甘特图,它只是反映了各道工序的起止时间,反映不出相互之间的联系和制约。运筹学中通过编制网络计划,从系统的观点揭示了这种工序间的联系和制约,为计划的调整优化提供了科学的依据。运筹学中的对策论及纳什均衡理论,则是管理学中激励与约束机制的基础。

运筹学在管理人才的培养中占有十分重要的地位。首先,它有助于训练管理人员的逻辑思维能力,运筹学研究问题的6个步骤将锻炼观察问题和归纳问题的能力,辨别问题中的可控因素和非可控因素,弄清问题的要素结构及其相互联系,确定分析问题需获取的资料数据以及怎样获取,如何使建立的模型既接近实际,又尽可能简化等。其次,应用运筹学对实际问题的求解分析将有助于培养管理人员对问题的直觉洞察和全局分析能力,当面对一个问题时能很快对该问题作出一个大概的判断,以致预见到问题的可能结局。

以上两方面能力对管理人员素质和分析能力的提高是至关重要的。

运筹学的研究应用已经给企业和国民经济各部门带来了巨大的财富节约。由国际运筹学联合会和美国运筹学(管理科学)学会联合主办的 *Interfaces* 杂志主要用于刊登运筹学的应用成果,由国际运筹学联合会每年在世界范围内评选出 6 篇最优秀的运筹学(管理科学)应用成果,授予弗兰茨·厄德曼(Franz Edelman)奖,并刊登于该杂志每年的首期(1~2 月号)上。在 Frederick S. Hiller 等先后编写的 *Introduction to Operations Research* 第 8、9、10 版中分别列出了部分获奖成果的概况以及带来的效益,下面摘录一小部分,如表 0-1 所示,有兴趣的读者可按发表年份从该年度的 *Interfaces* 杂志上查找全文。

表 0-1

组 织	成 果 概 况	发表年份	效益/(亿美元/年)
联合航空公司	对机场和后备部门职员的工作计划安排	1986	0.06
Citgo 石油公司	炼油过程及产品供应、分配、销售的整体优化	1987	0.7
旧金山警署	应用计算机系统实现巡警值班与调度的优化	1989	0.11
Texaco 公司	满足质量和销售需要汽油产品的优化调和	1989	0.3
美国电报电话公司	商用客户营业中心的优化选址	1990	4.06
IBM 公司	备件库存的全国网络的整合用以改进服务支持	1990	0.02 及降低库存 2.5
美洲航空公司	设计一个票价结构、订票和协调航班的系统用来增加收入	1992	5.0 及更多收入
中国	为满足国家未来能源需求的发电、交通、采煤等大型项目的优选及投产安排	1995	4.25
数字设备公司	供应商、工厂、分销中心、潜在厂址和市场区域的全球供应链重构	1995	8.0
宝洁公司	重新设计北美的生产和分销系统以降低成本和加速市场进入	1997	2.0
西屋公司	对研究和发展项目的评价	1997	未估算
联邦快递	物流计划与运送投递	1997	未估算
太平洋木材公司	森林的长期生态管理	1999	2.98
西尔斯	安排内部服务和货物运送的车辆和路线	1999	0.42
国际商用机械公司	重新建立全球供应链,当库存最少时快速响应顾客需求	2000	第一年 7.5
新西兰航空公司	航空公司机组的安排	2001	0.067
美林证券	设计基于资产和在线的定价方案提供金融服务	2002	大于 0.8
三星电子	提出减少生产时间和库存水平的方法	2002	大于 2.0
大陆航空公司	飞行计划受干扰时重新优化分配机组人员	2003	0.9
标致雪铁龙	指导高效率汽车装配厂的设计过程	2003	1.30

续表

组　织	成果概况	发表年份	效益/(亿美元/年)
加拿大太平洋铁路	铁路货运的日常安排	2004	1.0
废品管理公司	建立一个废品收集与处理的日常管理系统	2005	1.0
通用汽车	提高生产线效率	2006	0.9
大陆航空公司	航班计划打乱时乘务人员的重新安排	2006	0.4
挪威公司	通过沿海管道的改造极大化天然气的输送能力	2009	1.4
荷兰铁路	铁路网络的优化运营	2009	1.05
MISO(美国中西部独立电网运营机构)	美国 13 个州电力输送的管理	2012	7.0

　　马克思曾经说过"一门科学只有成功地应用数学时,才算达到了完善的地步"。中国国家自然科学基金委管理学部指出,数学、经济学、行为科学是管理科学发展的三大基础学科。运筹学应是数学这个学科中同管理联系最紧密的部分。随着科学技术的进步,特别是电子计算机技术的迅速发展,数学已迅速渗透到各门学科之中。在管理科学的发展中,同样感受到应用数学的重要性。但必须认识到,一方面,管理同社会经济紧密相连,它所涉及的是物质运动的最高形式,并且有人的参与,要建立数学模型,用数学的语言描绘(包括对人的行为的描述),不仅有赖于进一步认识和揭示管理的过程和规律,而且需要其他学科的发展。在前面表中列出的运筹学应用的获奖成果,实际上运筹学与其他学科的交叉,是运筹学同统计、预测等模型的集成,是围绕应用建立的决策支持系统的综合成果。另一方面,运筹学作为经济、管理同数学密切结合的一门学科,它的诞生还不到 80 年,尚属一门年轻学科,现有的分支、理论和方法还远远满足不了描述复杂的管理运动过程和规律的需要。但有一点是明确的,运筹学是在研究和解决实际管理问题中发展起来的,而管理科学的发展又必将为运筹学的进一步发展开辟广阔的领域。

第五节　运筹学应用软件简介

　　运筹学应用软件的开发是同运筹学的发展紧密相连的。因为即使是一个只含几十个到上百个变量的线性规划模型,通过手工求解十分繁杂甚至不可能。而实际问题的数学模型要远远复杂得多,变量个数甚至多达几十万个、上百万个,因此必须借助计算机软件进行求解。

　　目前,国内教学中常用的求解运筹学模型的软件主要有 LINDO、LINGO、WinQSB 和 MATLAB 等。我们在本书附录 A 的拓展资源中分别进行介绍。

CHAPTER 1
第一章

线性规划及单纯形法

第一节 线性规划问题及其数学模型

一、问题的提出

在生产和经营等管理工作中,需要经常进行计划或规划。虽然各行各业计划和规划的内容千差万别,但其共同点均可归结为:在现有各项资源条件的限制下,如何确定方案,使预期目标达到最优;或为了达到预期目标,确定使资源消耗为最少的方案。

例 1 美佳公司计划制造Ⅰ、Ⅱ两种家电产品。已知各制造一件时分别占用的设备A、设备 B 的台时、调试工序时间及每天可用于这两种家电的能力、各售出一件时的获利情况,如表 1-1 所示。问该公司应制造两种家电各多少件,使获取的利润为最大。

表 1-1

项目	Ⅰ	Ⅱ	每天可用能力
设备 A/h	0	5	15
设备 B/h	6	2	24
调试工序/h	1	1	5
利润/元	2	1	

例 2 捷运公司在下一年度的 1~4 月的 4 个月内拟租用仓库堆放物资。已知各月份所需仓库面积列于表 1-2。仓库租借费用随合同期而定,期限越长,折扣越大,具体数字见表 1-3。租借仓库的合同每月初都可办理,每份合同具体规定租用面积和期限。因此该厂可根据需要,在任何一个月初办理租借合同。每次办理时可签一份合同,也可签若干份租用面积和租借期限不同的合同,试确定该公司签订租借合同的最优决策,目的是使所付租借费用最小。

表 1-2   100m²

月份	1	2	3	4
所需仓库面积	15	10	20	12

表　1-3 元/100m²

合同租借期限	1个月	2个月	3个月	4个月
合同期内的租费	2 800	4 500	6 000	7 300

二、线性规划问题的数学模型

用数学语言对例1和例2进行描述。

例1中先用变量 x_1 和 x_2 分别表示美佳公司制造家电Ⅰ和家电Ⅱ的数量。这时该公司可获取的利润为 $(2x_1+x_2)$ 元,令 $z=2x_1+x_2$,因问题中要求获取的利润为最大,即 max z。又 z 是该公司能获取的利润的目标值,它是变量 x_1,x_2 的函数,称为目标函数。 x_1,x_2 的取值受到设备 A、B 和调试工序能力的限制,用于描述限制条件的数学表达式称为约束条件。由此例1的数学模型可表为

目标函数　　　　　　　　$\max z = 2x_1 + x_2$

约束条件　　　　s. t. $\begin{cases} \quad\quad 5x_2 \leqslant 15 & (1.1a) \\ 6x_1 + 2x_2 \leqslant 24 & (1.1b) \\ x_1 + \quad x_2 \leqslant 5 & (1.1c) \\ x_1, \quad x_2 \geqslant 0 & (1.1d) \end{cases}$

模型中式(1.1a)和式(1.1b)分别表示家电Ⅰ、Ⅱ的制造件数受设备 A、B 的能力限制,式(1.1c)表示受调试工序能力的限制;式(1.1d)称为变量的非负约束,表明家电Ⅰ、Ⅱ制造数量不可能为负值。符号 s. t. (subject to 的缩写)表示"约束于"。

例2中若用变量 x_{ij} 表示捷运公司在第 $i(i=1,\cdots,4)$ 个月初签订的租借期为 $j(j=1,\cdots,4)$ 个月的仓库面积的合同(单位为100m²)。因5月份起该公司不需要租借仓库,故 $x_{24},x_{33},x_{34},x_{42},x_{43},x_{44}$ 均为零。该公司希望总的租借费用为最小,则有如下数学模型:

目标函数　$\min z = 2\,800(x_{11}+x_{21}+x_{31}+x_{41})+4\,500(x_{12}+x_{22}+x_{32})+$
　　　　　　　　$6\,000(x_{13}+x_{23})+7\,300x_{14}$

约束条件　s. t. $\begin{cases} x_{11}+x_{12}+x_{13}+x_{14} \geqslant 15 \\ x_{12}+x_{13}+x_{14}+x_{21}+x_{22}+x_{23} \geqslant 10 \\ x_{13}+x_{14}+x_{22}+x_{23}+x_{31}+x_{32} \geqslant 20 \\ x_{14}+x_{23}+x_{32}+x_{41} \geqslant 12 \\ x_{ij} \geqslant 0 \quad (i=1,\cdots,4; j=1,\cdots,4) \end{cases}$

这个模型中的约束条件分别表示当月初签订的租借合同的面积加上该月前签订的未到期的合同的租借面积总和,应不少于该月所需的仓库面积。(注:本例的最优解为 $x_{11}=3,x_{31}=8,x_{14}=12$,其他变量取值均为零,$z^*=118\,400$)

上述两个例子表明,规划问题的数学模型由三个要素组成:(1)变量,或称决策变量,

是问题中要确定的未知量,它用于表明规划中的用数量表示的方案、措施,可由决策者决定和控制;(2)目标函数,它是决策变量的函数,按优化目标分别在这个函数前加上 max 或 min;(3)约束条件,指决策变量取值时受到的各种资源条件的限制,通常表达为含决策变量函数的等式或不等式。如果规划问题的数学模型中,决策变量的取值是连续的,目标函数是决策变量的线性函数,约束条件是含决策变量的线性等式或不等式,则该类规划问题的数学模型称为线性规划的数学模型。

实际问题中线性的含义:一是严格的比例性,如生产某产品对资源的消耗量和可获取的利润,同其生产数量严格成比例;二是可叠加性,如生产多种产品时,可获取的总利润是各项产品的利润之和,对某项资源的消耗量应等于各产品对该项资源的消耗量的和。三是可分性,即模型中的变量可以取值为小数、分数或某一实数。四是确定性,指模型中的参数 c_j、a_{ij}、b_i 均为确定的常数。很多实际问题往往不符合上述条件,例如每件产品售价 3 元,但成批购买就可得到折扣优惠。又如购一张从北京到纽约机票设为 6 000 元,从哈尔滨到北京机票为 700 元,两者总计 6 700 元。但如果购同一航空公司的联程机票,国内部分就可以优惠甚至免费。因此对一些不符合线性条件的情况,在基本合理条件下,为处理问题方便,可看作近似满足线性条件。对三、四两种情况,将在随后的第二、五两章中阐述。

假定线性规划问题中含 n 个变量,分别用 $x_j(j=1,\cdots,n)$ 表示,在目标函数中 x_j 的系数为 c_j(c_j 通常称为价值系数),x_j 的取值受 m 项资源的限制,用 $b_i(i=1,\cdots,m)$ 表示第 i 种资源的拥有量,用 a_{ij} 表示变量 x_j 取值为 1 个单位时所消耗或含有的第 i 种资源的数量,通常称 a_{ij} 为技术系数或工艺系数。则一般线性规划问题的数学模型可表示为

$$\max(\text{或 min})\ z = c_1 x_1 + c_2 x_2 + \cdots + c_n x_n$$

$$\text{s. t.}\begin{cases} a_{11}x_1 + a_{12}x_2 + \cdots + a_{1n}x_n \leqslant (\text{或} =,\geqslant)b_1 \\ a_{21}x_1 + a_{22}x_2 + \cdots + a_{2n}x_n \leqslant (\text{或} =,\geqslant)b_2 \\ \qquad\qquad\vdots \\ a_{m1}x_1 + a_{m2}x_2 + \cdots + a_{mn}x_n \leqslant (\text{或} =,\geqslant)b_m \\ x_1,x_2,\cdots,x_n \geqslant 0 \end{cases} \tag{1.2}$$

上述模型的简写形式为

$$\max(\text{或 min})\ z = \sum_{j=1}^{n} c_j x_j$$

$$\text{s. t.}\begin{cases} \displaystyle\sum_{j=1}^{n} a_{ij}x_j \leqslant (\text{或} =,\geqslant)b_i & (i=1,\cdots,m) \\ x_j \geqslant 0 & (j=1,\cdots,n) \end{cases} \tag{1.3}$$

用向量形式表达时,上述模型可写为

$$\max(\text{或 min})\ z = \boldsymbol{CX}$$

$$\text{s. t.} \begin{cases} \sum_{j=1}^{n} \boldsymbol{P}_j x_j \leqslant (\text{或} =, \geqslant) \boldsymbol{b} \\ \boldsymbol{X} \geqslant \boldsymbol{0} \end{cases} \tag{1.4}$$

式(1.4)中，$\boldsymbol{C}=(c_1, c_2, \cdots, c_n)$；$\boldsymbol{X}=\begin{bmatrix} x_1 \\ x_2 \\ \vdots \\ x_n \end{bmatrix}$；$\boldsymbol{P}_j=\begin{bmatrix} a_{1j} \\ a_{2j} \\ \vdots \\ a_{mj} \end{bmatrix}$；$\boldsymbol{b}=\begin{bmatrix} b_1 \\ b_2 \\ \vdots \\ b_m \end{bmatrix}$

用矩阵和向量形式来表示可写为

$$\max(\text{或} \min) z = \boldsymbol{CX}$$

$$\text{s. t.} \begin{cases} \boldsymbol{AX} \leqslant (\text{或} =, \geqslant) \boldsymbol{b} \\ \boldsymbol{X} \geqslant \boldsymbol{0} \end{cases}$$

$$\boldsymbol{A} = \begin{bmatrix} a_{11} & a_{12} & \cdots & a_{1n} \\ a_{21} & a_{22} & \cdots & a_{2n} \\ \vdots & \vdots & & \vdots \\ a_{m1} & a_{m2} & \cdots & a_{mn} \end{bmatrix}$$

$\boldsymbol{A}$ 称为约束方程组(约束条件)的系数矩阵。

变量 x_j 的取值一般为非负，即 $x_j \geqslant 0$；从数学意义上可以有 $x_j \leqslant 0$。又如果变量 x_j 表示第 j 种产品本期内产量相对于前期产量的增加值，则 x_j 的取值范围为 $(-\infty, +\infty)$，称 x_j 取值不受约束，或 x_j 无约束。

三、线性规划问题的标准形式

由于目标函数和约束条件内容和形式上的差别，线性规划问题可以有多种表达式。为了便于讨论和制定统一的算法，规定线性规划问题的标准形式如下：

$$\max z = \sum_{j=1}^{n} c_j x_j$$

$$\text{s. t.} \begin{cases} \sum_{j=1}^{n} a_{ij} x_j = b_i \quad (i = 1, \cdots, m) \\ x_j \geqslant 0 \quad\quad\quad (j = 1, \cdots, n) \end{cases}$$

标准形式的线性规划模型中，目标函数为求极大值(有些书上规定是求极小值)，约束条件全为等式，约束条件右端常数项 b_i 全为非负值，变量 x_j 的取值全为非负值。对不符合标准形式(或称非标准形式)的线性规划问题，可分别通过下列方法化为标准形式。

1. 目标函数为求极小值，即为

$$\min z = \sum_{j=1}^{n} c_j x_j$$

因为求 $\min z$ 等价于求 $\max(-z)$，令 $z' = -z$，即化为

$$\max z' = -\sum_{j=1}^{n} c_j x_j$$

2. 约束条件的右端项 $b_i < 0$ 时，只需将等式或不等式两端同乘 (-1)，则等式右端项必大于零。

3. 约束条件为不等式。当约束条件为"$\leqslant$"时，如 $6x_1 + 2x_2 \leqslant 24$，可令 $x_3 = 24 - 6x_1 - 2x_2$，得 $6x_1 + 2x_2 + x_3 = 24$，显然 $x_3 \geqslant 0$。当约束条件为"$\geqslant$"时，如有 $10x_1 + 12x_2 \geqslant 18$，可令 $x_4 = 10x_1 + 12x_2 - 18$，得 $10x_1 + 12x_2 - x_4 = 18$，$x_4 \geqslant 0$。x_3 和 x_4 是新加上去的变量，取值均为非负，加到原约束条件中去的变量，其目的是使不等式转化为等式，其中 x_3 称为松弛变量，x_4 一般称为剩余变量，但也有称松弛变量的。松弛变量或剩余变量在实际问题中分别表示未被充分利用的资源和超出的资源数，均未转化为价值和利润，所以引进模型后它们在目标函数中的系数均为零。

4. 取值无约束的变量。如果变量 x 代表某产品当年计划数与上一年计划数之差，显然 x 的取值可能是正也可能为负，这时可令 $x = x' - x''$，其中 $x' \geqslant 0, x'' \geqslant 0$，将其代入线性规划模型即可。

5. 对 $x \leqslant 0$ 的情况，令 $x' = -x$，显然 $x' \geqslant 0$。

例 3　将下述线性规划化为标准形式：

$$\min z = x_1 + 2x_2 + 3x_3$$

$$\text{s. t.} \begin{cases} -2x_1 + x_2 + x_3 \leqslant 9 \\ -3x_1 + x_2 + 2x_3 \geqslant 4 \\ 4x_1 - 2x_2 - 3x_3 = -6 \\ x_1 \leqslant 0, x_2 \geqslant 0, x_3 \text{ 取值无约束} \end{cases}$$

解　上述问题中令 $z' = -z$，$x_1' = -x_1$，$x_3 = x_3' - x_3''$，其中 $x_3' \geqslant 0, x_3'' \geqslant 0$，并按上述规则，该问题的标准形式为

$$\max z' = x_1' - 2x_2 - 3x_3' + 3x_3'' + 0x_4 + 0x_5$$

$$\text{s. t.} \begin{cases} 2x_1' + x_2 + x_3' - x_3'' + x_4 = 9 \\ 3x_1' + x_2 + 2x_3' - 2x_3'' - x_5 = 4 \\ 4x_1' + 2x_2 + 3x_3' - 3x_3'' = 6 \\ x_1', x_2, x_3', x_3'', x_4, x_5 \geqslant 0 \end{cases}$$

第二节　图　解　法

对模型中只含 2 个变量的线性规划问题，可以通过在平面上作图的方法求解。一个线性规划问题有解，是指能找出一组 $x_j(j = 1, \cdots, n)$，满足约束条件，称这组 x_j 为问题的

可行解。通常线性规划问题总是含有多个可行解,称全部可行解的集合为可行域,可行域中使目标函数值达到最优的可行解称为最优解。对不存在可行解的线性规划问题,称该问题无解。图解法求解的目的,一是判别线性规划问题的求解结局;二是在存在最优解的条件下,把问题的最优解找出来。

一、图解法的步骤

图解法的步骤可概括为:在平面上建立直角坐标系;图示约束条件,找出可行域或判别是否存在可行域;图示目标函数和寻找最优解。下面通过上述例1来具体说明。先将例1的数学模型重列如下:

$$\max z = 2x_1 + x_2$$

$$\text{s. t.} \begin{cases} 5x_2 \leqslant 15 & (1.5a) \\ 6x_1 + 2x_2 \leqslant 24 & (1.5b) \\ x_1 + x_2 \leqslant 5 & (1.5c) \\ x_1, x_2 \geqslant 0 & (1.5d) \end{cases}$$

1. 以变量 x_1 为横坐标轴,x_2 为纵坐标轴画出直角平面坐标系,并适当选取单位坐标长度。由变量的非负约束条件(1.5d)知,满足该约束条件的解(对应坐标系中的一个点)均在第Ⅰ象限内。

2. 图示约束条件,找出可行域。约束条件(1.5a)可分解为 $5x_2 = 15$ 和 $5x_2 < 15$,前者是平行于坐标轴 x_1 的直线 $x_2 = 3$,后者为位于这条直线下方的半平面,由此 $5x_2 \leqslant 15$ 是位于含直线 $x_2 = 3$ 的点及其下方的半平面,见图 1-1。类似地,约束条件(1.5b)在坐标系中是含 $6x_1 + 2x_2 = 24$ 这条直线上的点及其左下方的半平面,约束条件(1.5c)是含直线 $x_1 + x_2 = 5$ 上的点及其左下方的半平面。同时满足约束条件(1.5a)~(1.5d)的点如图 1-2 所示,图中凸多边形 $OQ_1Q_2Q_3Q_4$ 所包含的区域(用阴影线标示)是例1线性规划问题的可行域。

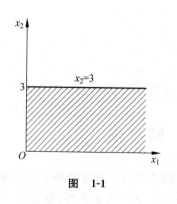

图 1-1

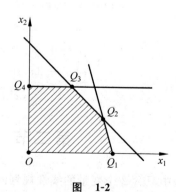

图 1-2

3．图示目标函数。由于 z 是一个要优化的目标函数值，随 z 的变化，$z=2x_1+x_2$ 是斜率为 (-2) 的一族平行的直线，见图 1-3，图中向量 **P** 代表目标函数值 z 的增大方向。

4．最优解的确定。因最优解是可行域中使目标函数值达到最优的点，将图 1-2 和图 1-3 合并得到图 1-4，可以看出，当代表目标函数的那条直线由原点开始向右上方移动时，z 的值逐渐增大，一直移动到目标函数的直线与约束条件包围成的凸多边形相切时为止，切点就是代表最优解的点。因为再继续向右上方移动，z 值仍然可以增大，但在目标函数的直线上找不出一个点位于约束条件包围成的凸多边形内部或边界上。

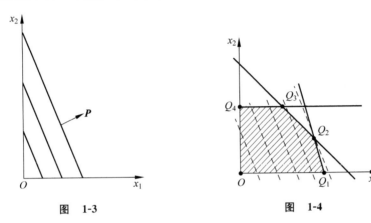

图　1-3　　　　　　　　　　　　　图　1-4

本例中目标函数直线与凸多边形的切点是 Q_2，该点坐标可由求解直线方程 $6x_1+2x_2=24$ 和 $x_1+x_2=5$ 得到，为 $(x_1,x_2)=(3.5,1.5)$。将其代入目标函数得 $z=8.5$，即美佳公司每天制造 3.5 件家电 Ⅰ，1.5 件家电 Ⅱ，能获利最大。

二、线性规划问题求解的几种可能结局

例 1 用图解法得到的最优解是唯一的。但对线性规划问题的求解还可能出现下列结局：

1．无穷多最优解。如将例 1 中的目标函数改变为 $\max z=3x_1+x_2$，则表示目标函数的直线族恰好与约束条件 (1.5b) 平行。当目标函数向优化方向移动时，与可行域不是在一个点上，而是在 Q_1Q_2 线段上相切，见图 1-5。这时点 Q_1、Q_2 及 Q_1 与点 Q_2 之间的所有点都使目标函数 z 达到最大值，即有无穷多最优解，或多重最优解。

2．无界解。如果例 1 中只包含约束条件 (1.5a) 和 (1.5d)，这时可行域可伸展到无穷，即变量 x_1 的取值也可无限增大，不受限制，由此目标函数值也可增大至无穷（见图 1-6）。这种情况下问题的最优解无界。产生无界解的原因是由于在建立实际问题的数学模型时遗漏了某些必要的资源约束条件。

3. 无解，或无可行解。例如下述线性规划模型：

$$\max z = 2x_1 + x_2$$

$$\text{s. t.} \begin{cases} x_1 + x_2 \leqslant 2 \\ 2x_1 + 2x_2 \geqslant 6 \\ x_1, x_2 \geqslant 0 \end{cases}$$

用图解法求解时看出不存在满足所有约束的公共区域(可行域)，见图1-7，说明问题无解。其原因是模型的约束条件之间存在矛盾，建模时有错误。

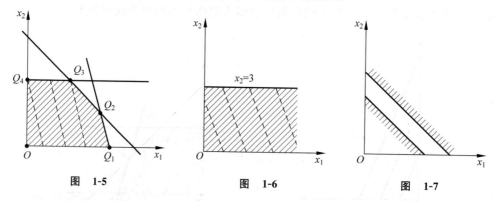

图　1-5　　　　　　　　　图　1-6　　　　　　　　　图　1-7

三、由图解法得到的启示

图解法虽只能用来求解只具有两个变量的线性规划问题，但它的解题思路和几何上直观得到的一些概念判断，对下面要讲的求解一般线性规划问题的单纯形法有很大启示：

1. 求解线性规划问题时，解的情况有：唯一最优解；无穷多最优解；无界解；无可行解。

2. 若线性规划问题的可行域存在，则可行域是一个凸集。

3. 若线性规划问题的最优解存在，则最优解或最优解之一(如果有无穷多的话)一定是可行域的凸集的某个顶点。

4. 解题思路是，先找出凸集的任一顶点，计算在顶点处的目标函数值。比较周围相邻顶点的目标函数值是否比这个值大，如果为否，则该顶点就是最优解的点或最优解的点之一，否则转到比这个点的目标函数值更大的另一顶点，重复上述过程，一直到找出使目标函数值达到最大的顶点为止。

在单纯形法原理一节中，将对上述第2、3两点进行证明，并建立起凸集顶点的代数概念特征，然后通过代数计算实现第4点的解题思路。

第三节　单纯形法原理

一、线性规划问题的解的概念

给出标准形式的线性规划问题

$$\max z = \sum_{j=1}^{n} c_j x_j \tag{1.6}$$

$$\text{s. t.} \begin{cases} \sum_{j=1}^{n} a_{ij} x_j = b_i & (i = 1, \cdots, m) \\ x_j \geqslant 0 & (j = 1, \cdots, n) \end{cases} \tag{1.7} \tag{1.8}$$

可行解　满足上述约束条件(1.7)和(1.8)的解 $\boldsymbol{X} = (x_1, \cdots, x_n)^{\mathrm{T}}$,称为线性规划问题的可行解。全部可行解的集合称为可行域。

最优解　使目标函数(1.6)达到最大值的可行解称为最优解。

基　设 $\boldsymbol{A}$ 为约束方程组(1.7)的 $m \times n$ 阶系数矩阵(设 $n > m$),其秩为 m,$\boldsymbol{B}$ 是矩阵 $\boldsymbol{A}$ 中的 一个 $m \times m$ 阶的满秩子矩阵,称 $\boldsymbol{B}$ 是线性规划问题的一个基。不失一般性,设

$$\boldsymbol{B} = \begin{bmatrix} a_{11} & \cdots & a_{1m} \\ \vdots & & \vdots \\ a_{m1} & \cdots & a_{mm} \end{bmatrix} = (\boldsymbol{P}_1, \cdots, \boldsymbol{P}_m)$$

$\boldsymbol{B}$ 中的每一个列向量 $\boldsymbol{P}_j (j = 1, \cdots, m)$ 称为基向量,与基向量 $\boldsymbol{P}_j$ 对应的变量 x_j 称为基变量。线性规划中除基变量以外的变量称为非基变量。

基解　在约束方程组(1.7)中,令所有非基变量 $x_{m+1} = x_{m+2} = \cdots = x_n = 0$,又因为有 $|\boldsymbol{B}| \neq 0$,根据克莱姆规则(Cramer rule),由 m 个约束方程可解出 m 个基变量的唯一解 $\boldsymbol{X}_B = (x_1, \cdots, x_m)^{\mathrm{T}}$。将这个解加上非基变量取 0 的值有 $\boldsymbol{X} = (x_1, x_2, \cdots, x_m, 0, \cdots, 0)^{\mathrm{T}}$,称 $\boldsymbol{X}$ 为线性规划问题的基解。显然在基解中变量取非零值的个数不大于方程数 m,故基解的总数不超过 C_n^m 个。

基可行解　满足变量非负约束条件(1.8)的基解称为基可行解。

可行基　对应于基可行解的基称为可行基。

例 4　找出下述线性规划问题的全部基解,指出其中的基可行解,并确定最优解。

$$\max z = 2x_1 + 3x_2 + x_3$$

$$\text{s. t.} \begin{cases} x_1 & + x_3 & = 5 \\ x_1 + 2x_2 & + x_4 & = 10 \\ x_2 & + x_5 = 4 \\ x_1, x_2, x_3, x_4, x_5 \geqslant 0 \end{cases}$$

解　该线性规划问题的全部基解见表 1-4 中的①～⑧,打√者为基可行解,注 * 者为

最优解，$z^* = 19$。

表 1-4

序号	x_1	x_2	x_3	x_4	x_5	z	是否基可行解
①	0	0	5	10	4	5	✓
②	0	4	5	2	0	17	✓
③	5	0	0	5	4	10	✓
④	0	5	5	0	-1	20	×
⑤	10	0	-5	0	4	15	×
⑥	5	2.5	0	0	1.5	17.5	✓
⑦	5	4	0	-3	0	22	×
⑧	2	4	3	0	0	19*	✓

二、凸集及其顶点

凸集　对简单的几何形体可以直观地判断其凹凸性，但在高维空间，只能给出点集的解析表达式，因此只能用数学解析式判断。凸集的概念为：如果集合 C 中任意两个点 X_1, X_2，其连线上的所有点也都是集合 C 中的点，称 C 为凸集。由于 X_1, X_2 的连线可表示为

$$aX_1 + (1-a)X_2 \quad (0 < a < 1)$$

因此，凸集定义用数学解析式可表示为：对任何 $X_1 \in C, X_2 \in C$，有 $aX_1 + (1-a)X_2 \in C(0 < a < 1)$，则称 C 为凸集，在图 1-8 中 (a)、(b) 是凸集，(c)、(d) 不是凸集。

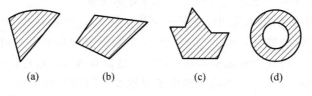

(a)	(b)	(c)	(d)

图　1-8

顶点　凸集 C 中满足下述条件的点 X 称为顶点：如果 C 中不存在任何两个不同的点 X_1, X_2，使 X 成为这两个点连线上的一个点。或者这样叙述：对任何 $X_1 \in C, X_2 \in C$，不存在 $X = aX_1 + (1-a)X_2 (0 < a < 1)$，则称 X 是凸集 C 的顶点。

三、几个基本定理的证明

定理 1　若线性规划问题存在可行解，则问题的可行域是凸集。

证　若满足线性规划约束条件 $\sum_{j=1}^{n} P_j x_j = b$ 的所有点组成的几何图形 C 是凸集，根据凸集定义，C 内任意两点 X_1, X_2 连线上的点也必然在 C 内，下面给予证明。

设 $X_1=(x_{11},x_{12},\cdots,x_{1n})^T,X_2=(x_{21},x_{22},\cdots,x_{2n})^T$ 为 C 内任意两点，即 $X_1\in C$，$X_2\in C$，将 X_1,X_2 代入约束条件有

$$\sum_{j=1}^{n}P_j x_{1j}=b;\qquad \sum_{j=1}^{n}P_j x_{2j}=b \qquad (1.9)$$

X_1,X_2 连线上任意一点可以表示为

$$X=aX_1+(1-a)X_2\quad(0<a<1) \qquad (1.10)$$

将式(1.9)代入式(1.10)得

$$\sum_{j=1}^{n}P_j x_j=\sum_{j=1}^{n}P_j[ax_{1j}+(1-a)x_{2j}]$$

$$=\sum_{j=1}^{n}P_j ax_{1j}+\sum_{j=1}^{n}P_j x_{2j}-\sum_{j=1}^{n}P_j ax_{2j}$$

$$=ab+b-ab=b$$

所以 $X=aX_1+(1-a)X_2\in C$。由于集合中任意两点连线上的点均在集合内，所以 C 为凸集。

引理　线性规划问题的可行解 $X=(x_1,\cdots,x_n)$ 为基可行解的充要条件是 X 的正分量所对应的系数列向量是线性独立的。

证　(1) 必要性。由基可行解的定义显然成立。

(2) 充分性。若向量 $P_1,P_2,\cdots,P_k$ 线性独立，则必有 $k\leqslant m$；当 $k=m$ 时，它们恰好构成一个基，从而 $X=(x_1,x_2,\cdots,x_m,0,\cdots,0)$ 为相应的基可行解。当 $k<m$ 时，则一定可以从其余列向量中找出 $(m-k)$ 个与 $P_1,P_2,\cdots,P_k$ 构成一个基，其对应的解恰为 X，所以根据定义它是基可行解。

定理 2　线性规划问题的基可行解 X 对应线性规划问题可行域(凸集)的顶点。

证　本定理需要证明：X 是可行域顶点$\Leftrightarrow X$ 是基可行解。下面采用的是反证法，即证明：X 不是可行域的顶点$\Leftrightarrow X$ 不是基可行解。下面分两步来证明。

(1) X 不是基可行解$\Rightarrow X$ 不是可行域的顶点。

不失一般性，假设 X 的前 m 个分量为正，故有

$$\sum_{j=1}^{m}P_j x_j=b \qquad (1.11)$$

由引理知 $P_1,\cdots,P_m$ 线性相关，即存在一组不全为零的数 $\delta_i(i=1,\cdots,m)$，使得有

$$\delta_1 P_1+\delta_2 P_2+\cdots+\delta_m P_m=0 \qquad (1.12)$$

式(1.12)乘上一个不为零的数 μ 得

$$\mu\delta_1 P_1+\mu\delta_2 P_2+\cdots+\mu\delta_m P_m=0 \qquad (1.13)$$

式(1.13)+式(1.11)得：$(x_1+\mu\delta_1)P_1+(x_2+\mu\delta_2)P_2+\cdots+(x_m+\mu\delta_m)P_m=b$

式(1.11)-式(1.13)得：$(x_1-\mu\delta_1)P_1+(x_2-\mu\delta_2)P_2+\cdots+(x_m-\mu\delta_m)P_m=b$

令

$$X^{(1)}=[(x_1+\mu\delta_1),(x_2+\mu\delta_2),\cdots,(x_m+\mu\delta_m),0,\cdots,0]$$

$$\boldsymbol{X}^{(2)} = [(x_1 - \mu\delta_1), (x_2 - \mu\delta_2), \cdots, (x_m - \mu\delta_m), 0, \cdots, 0]$$

又 μ 可以这样来选取,使得对所有 $i = 1, \cdots, m$ 有

$$x_i \pm \mu\delta_i \geqslant 0$$

由此 $\boldsymbol{X}^{(1)} \in \boldsymbol{C}$,$\boldsymbol{X}^{(2)} \in \boldsymbol{C}$,又 $\boldsymbol{X} = \dfrac{1}{2}\boldsymbol{X}^{(1)} + \dfrac{1}{2}\boldsymbol{X}^{(2)}$,即 $\boldsymbol{X}$ 不是可行域的顶点。

(2) $\boldsymbol{X}$ 不是可行域的顶点 $\Rightarrow \boldsymbol{X}$ 不是基可行解。

不失一般性,设 $\boldsymbol{X} = (x_1, x_2, \cdots, x_r, 0, \cdots, 0)$ 不是可行域的顶点,因而可以找到可行域内另外两个不同点 $\boldsymbol{Y}$ 和 $\boldsymbol{Z}$,有 $\boldsymbol{X} = a\boldsymbol{Y} + (1-a)\boldsymbol{Z}(0 < a < 1)$,或可写为

$$x_j = ay_j + (1-a)z_j \quad (0 < a < 1; j = 1, \cdots, n)$$

因 $a > 0$,$1 - a > 0$,故当 $x_j = 0$ 时,必有 $y_j = z_j = 0$

因有

$$\sum_{j=1}^{n} \boldsymbol{P}_j x_j = \sum_{j=1}^{r} \boldsymbol{P}_j x_j = \boldsymbol{b}$$

故有

$$\sum_{j=1}^{n} \boldsymbol{P}_j y_j = \sum_{j=1}^{r} \boldsymbol{P}_j y_j = \boldsymbol{b} \tag{1.14}$$

$$\sum_{j=1}^{n} \boldsymbol{P}_j z_j = \sum_{j=1}^{r} \boldsymbol{P}_j z_j = \boldsymbol{b} \tag{1.15}$$

式(1.14)—式(1.15)得 $\displaystyle\sum_{j=1}^{r} (y_j - z_j)\boldsymbol{P}_j = \boldsymbol{0}$

因 $(y_j - z_j)$ 不全为零,故 $\boldsymbol{P}_1, \cdots, \boldsymbol{P}_r$ 线性相关,即 $\boldsymbol{X}$ 不是基可行解。

定理 3 若线性规划问题有最优解,一定存在一个基可行解是最优解。

证 设 $\boldsymbol{X}^{(0)} = (x_1^0, x_2^0, \cdots, x_n^0)$ 是线性规划的一个最优解,$\boldsymbol{Z} = \boldsymbol{C}\boldsymbol{X}^{(0)} = \displaystyle\sum_{j=1}^{n} c_j x_j^0$ 是目标函数的最大值。若 $\boldsymbol{X}^{(0)}$ 不是基可行解,由定理 2 知 $\boldsymbol{X}^{(0)}$ 不是顶点,一定能在可行域内找到通过 $\boldsymbol{X}^{(0)}$ 的直线上的另外两个点 $(\boldsymbol{X}^{(0)} + \mu\delta) \geqslant 0$ 和 $(\boldsymbol{X}^{(0)} - \mu\delta) \geqslant 0$。将这两个点代入目标函数有

$$\boldsymbol{C}(\boldsymbol{X}^{(0)} + \mu\delta) = \boldsymbol{C}\boldsymbol{X}^{(0)} + \boldsymbol{C}\mu\delta$$

$$\boldsymbol{C}(\boldsymbol{X}^{(0)} - \mu\delta) = \boldsymbol{C}\boldsymbol{X}^{(0)} - \boldsymbol{C}\mu\delta$$

因 $\boldsymbol{C}\boldsymbol{X}^{(0)}$ 为目标函数的最大值,故有

$$\boldsymbol{C}\boldsymbol{X}^{(0)} \geqslant \boldsymbol{C}\boldsymbol{X}^{(0)} + \boldsymbol{C}\mu\delta$$

$$\boldsymbol{C}\boldsymbol{X}^{(0)} \geqslant \boldsymbol{C}\boldsymbol{X}^{(0)} - \boldsymbol{C}\mu\delta$$

由此 $\boldsymbol{C}\mu\delta = 0$,即有 $\boldsymbol{C}(\boldsymbol{X}^{(0)} + \mu\delta) = \boldsymbol{C}\boldsymbol{X}^{(0)} = \boldsymbol{C}(\boldsymbol{X}^{(0)} - \mu\delta)$。如果 $(\boldsymbol{X}^{(0)} + \mu\delta)$ 或 $(\boldsymbol{X}^{(0)} - \mu\delta)$ 仍不是基可行解,按上面的方法继续做下去,最后一定可以找到一个基可行解,其目标函数值等于 $\boldsymbol{C}\boldsymbol{X}^{(0)}$,问题得证。

四、单纯形法迭代原理

由上述定理 3 可知,如果线性规划问题存在最优解,一定有一个基可行解是最优解。

因此单纯形法迭代的基本思路是：先找出一个基可行解，判断其是否为最优解，如为否，则转换到相邻的基可行解，并使目标函数值不断增大，一直找到最优解为止。

1. 确定初始基可行解

对标准型的线性规划问题

$$\max z = \sum_{j=1}^{n} c_j x_j$$

$$\text{s. t.} \begin{cases} \sum_{j=1}^{n} \boldsymbol{P}_j x_j = \boldsymbol{b} & (1.16) \\ x_j \geqslant 0 \quad (j = 1, \cdots, n) & (1.17) \end{cases}$$

在约束条件(1.16)的变量的系数矩阵中总会存在一个单位矩阵

$$(\boldsymbol{P}_1, \boldsymbol{P}_2, \cdots, \boldsymbol{P}_m) = \begin{bmatrix} 1 & 0 & \cdots & 0 \\ 0 & 1 & \cdots & 0 \\ \vdots & \vdots & & \vdots \\ 0 & 0 & \cdots & 1 \end{bmatrix} \qquad (1.18)$$

当线性规划的约束条件均为≤号时，其松弛变量 $x_{s_1}, \cdots, x_{sm}$ 的系数矩阵即为单位矩阵。对约束条件为≥或＝的情况，为便于找到初始基可行解，可以构造人工基，人为产生一个单位矩阵，这将在本章第五节中讨论。

式(1.18)中 $\boldsymbol{P}_1, \cdots, \boldsymbol{P}_m$ 称为基向量，同其对应的变量 $x_1, \cdots, x_m$ 称为基变量，模型中的其他变量 $x_{m+1}, x_{m+2}, \cdots, x_n$ 称为非基变量。在式(1.16)中令所有非基变量等于零，即可找到一个解

$$\boldsymbol{X} = (x_1, \cdots, x_m, x_{m+1}, \cdots, x_n)^{\mathrm{T}} = (b_1, \cdots, b_m, 0, \cdots, 0)^{\mathrm{T}}$$

因有 $\boldsymbol{b} \geqslant \boldsymbol{0}$，故 $\boldsymbol{X}$ 满足约束(1.17)，是一个基可行解。

2. 从一个基可行解转换为相邻的基可行解

定义：两个基可行解称为相邻的，如果它们之间变换且仅变换一个基变量。

设初始基可行解中的前 m 个为基变量，即

$$\boldsymbol{X}^{(0)} = (x_1^0, x_2^0, \cdots, x_m^0, 0, \cdots, 0)^{\mathrm{T}}$$

代入约束条件(1.16)有

$$\sum_{i=1}^{m} \boldsymbol{P}_i x_i^0 = \boldsymbol{b} \qquad (1.19)$$

写出(1.19)系数矩阵的增广矩阵

$$\begin{array}{ccccccccccc} \boldsymbol{P}_1 & \boldsymbol{P}_2 & \cdots & \boldsymbol{P}_m & \boldsymbol{P}_{m+1} & \cdots & \boldsymbol{P}_j & \cdots & \boldsymbol{P}_n & \boldsymbol{b} \end{array}$$

$$\begin{bmatrix} 1 & 0 & \cdots & 0 & a_{1,m+1} & \cdots & a_{1j} & \cdots & a_{1n} & b_1 \\ 0 & 1 & \cdots & 0 & a_{2,m+1} & \cdots & a_{2j} & \cdots & a_{2n} & b_2 \\ \vdots & \vdots & & \vdots & \vdots & & \vdots & & \vdots & \vdots \\ 0 & 0 & \cdots & 1 & a_{m,m+1} & \cdots & a_{mj} & \cdots & a_{mn} & b_m \end{bmatrix}$$

因 $\boldsymbol{P}_1, \cdots, \boldsymbol{P}_m$ 是一个基,其他向量 $\boldsymbol{P}_j$ 可用这个基的线性组合来表示,有

$$\boldsymbol{P}_j = \sum_{i=1}^{m} a_{ij} \boldsymbol{P}_i$$

或

$$\boldsymbol{P}_j - \sum_{i=1}^{m} a_{ij} \boldsymbol{P}_i = 0 \tag{1.20}$$

将式(1.20)乘上一个正的数 $\theta > 0$ 得

$$\theta \left(\boldsymbol{P}_j - \sum_{i=1}^{m} a_{ij} \boldsymbol{P}_i \right) = 0 \tag{1.21}$$

式(1.19)+式(1.21)并经过整理后有

$$\sum_{i=1}^{m} (x_i^0 - \theta a_{ij}) \boldsymbol{P}_i + \theta \boldsymbol{P}_j = \boldsymbol{b} \tag{1.22}$$

由式(1.22)找到满足约束方程组 $\sum_{j=1}^{n} \boldsymbol{P}_j x_j = \boldsymbol{b}$ 的另一个点 $\boldsymbol{X}^{(1)}$,有

$$\boldsymbol{X}^{(1)} = (x_1^0 - \theta a_{1j}, \cdots, x_m^0 - \theta a_{mj}, 0, \cdots, \theta, \cdots, 0)^{\mathrm{T}}$$

其中 θ 是 $\boldsymbol{X}^{(1)}$ 的第 j 个坐标的值。要使 $\boldsymbol{X}^{(1)}$ 是一个基可行解,因规定 $\theta > 0$,故应对所有 $i = 1, \cdots, m$,存在

$$x_i^0 - \theta a_{ij} \geqslant 0 \tag{1.23}$$

令这 m 个不等式中至少有一个等号成立。因为当 $a_{ij} \leqslant 0$ 时,式(1.23)显然成立,故可令

$$\theta = \min_{i} \left\{ \frac{x_i^0}{a_{ij}} \, \middle| \, a_{ij} > 0 \right\} = \frac{x_l^0}{a_{lj}} \tag{1.24}$$

由式(1.24)

$$x_i^0 - \theta a_{ij} \begin{cases} = 0, & (i = l) \\ \geqslant 0, & (i \neq l) \end{cases}$$

故 $\boldsymbol{X}^{(1)}$ 是一个可行解。又因与变量 $x_1^1, \cdots, x_{l-1}^1, x_{l+1}^1, \cdots, x_m^1, x_j$ 对应的向量,经重新排列后加上 $\boldsymbol{b}$ 列有如下形式矩阵(不含 $\boldsymbol{b}$ 列)和增广矩阵(含 $\boldsymbol{b}$ 列)

$$
\begin{array}{ccccccccc}
\boldsymbol{P}_1 & \boldsymbol{P}_2 & \cdots & \boldsymbol{P}_{l-1} & \boldsymbol{P}_j & \boldsymbol{P}_{l+1} & \cdots & \boldsymbol{P}_m & \boldsymbol{b}
\end{array}
$$

$$
\left(
\begin{array}{cccccccc|c}
1 & 0 & \cdots & 0 & a_{1j} & 0 & \cdots & 0 & b_1 \\
0 & 1 & \cdots & 0 & a_{2j} & 0 & \cdots & 0 & b_2 \\
\vdots & \vdots & & \vdots & \vdots & \vdots & & \vdots & \vdots \\
0 & 0 & \cdots & 1 & a_{l-1,j} & 0 & \cdots & 0 & b_{l-1} \\
0 & 0 & \cdots & 0 & a_{lj} & 0 & \cdots & 0 & b_l \\
0 & 0 & \cdots & 0 & a_{l+1,j} & 1 & \cdots & 0 & b_{l+1} \\
\vdots & \vdots & & \vdots & \vdots & \vdots & & \vdots & \vdots \\
0 & 0 & \cdots & 0 & a_{mj} & 0 & \cdots & 1 & b_m
\end{array}
\right)
$$

因 $a_{lj}>0$，故由上述矩阵元素组成的行列式不为零，$\boldsymbol{P}_1,\boldsymbol{P}_2,\cdots,\boldsymbol{P}_{l-1},\boldsymbol{P}_j,\boldsymbol{P}_{l+1},\cdots,\boldsymbol{P}_m$ 是一个基。

在上述增广矩阵中进行行的初等变换，将第 l 行乘上 $(1/a_{lj})$，再分别乘以 $(-a_{ij})(i=1,\cdots,l-1,l+1,\cdots,m)$ 加到各行上去，则增广矩阵左半部变成为单位矩阵，又因 $b_l/a_{lj}=\theta$，故

$$\boldsymbol{b}=(b_1-\theta a_{1j},\cdots,b_{l-1}-\theta a_{l-1,j},\theta,b_{l+1}-\theta a_{l+1,j},\cdots,b_m-\theta a_{mj})^{\mathrm{T}}$$

由此 $\boldsymbol{X}^{(1)}$ 是同 $\boldsymbol{X}^{(0)}$ 相邻的基可行解，且由基向量组成的矩阵仍为单位矩阵。

3. 最优性检验和解的判别

将基可行解 $\boldsymbol{X}^{(0)}$ 和 $\boldsymbol{X}^{(1)}$ 分别代入目标函数得

$$z^{(0)}=\sum_{i=1}^{m}c_ix_i^0$$

$$\begin{aligned}z^{(1)}&=\sum_{i=1}^{m}c_i(x_i^0-\theta a_{ij})+\theta c_j\\&=\sum_{i=1}^{m}c_ix_i^0+\theta\left(c_j-\sum_{i=1}^{m}c_ia_{ij}\right)\\&=z^{(0)}+\theta\left(c_j-\sum_{i=1}^{m}c_ia_{ij}\right)\end{aligned}\qquad(1.25)$$

式 (1.25) 中因 $\theta>0$ 为给定，所以只要有 $\left(c_j-\sum\limits_{i=1}^{m}c_ia_{ij}\right)>0$，就有 $z^{(1)}>z^{(0)}$。$\left(c_j-\sum\limits_{i=1}^{m}c_ia_{ij}\right)$ 通常简写为 (c_j-z_j) 或 σ_j，它是对线性规划问题的解进行最优性检验的标志。由此可以得出用单纯形法求解线性规划问题时，结局为唯一最优解、无穷多最优解及无界解的判别标志如下：

(1) 当所有的 $\sigma_j\leqslant0$ 时，表明现有顶点（基可行解）的目标函数值比起相邻各顶点（基可行解）的目标函数值都大，根据线性规划问题的可行域是凸集的证明及凸集的性质，可以判定现有顶点对应的基可行解即为最优解。

(2) 当所有的 $\sigma_j\leqslant0$，又对某个非基变量 x_j 有 $c_j-z_j=0$，且按式 (1.24) 可以找到 $\theta>0$，这表明可以找到另一顶点（基可行解）目标函数值也达到最大。由于该两点连线上的点也属可行域内的点，且目标函数值相等，即该线性规划问题有无穷多最优解。反之，当所有非基变量的 $\sigma_j<0$ 时，线性规划问题具有唯一最优解。

(3) 如果存在某个 $\sigma_j>0$，又 $\boldsymbol{P}_j\leqslant0$，由式 (1.23) 看出对任意的 $\theta>0$，均有 $x_i^0-\theta a_{ij}\geqslant0$，因而 θ 的取值可无限增大不受限制。由式 (1.25) 看到 $z^{(1)}$ 也可无限增大，表明线性规划有无界解。

对线性规划问题无可行解的判别将在本章第五节中讨论。

第四节　单纯形法计算步骤

根据上节中讲述的原理,单纯形法的计算步骤如下。

第 1 步:求初始基可行解,列出初始单纯形表。

对非标准型的线性规划问题首先要化成标准形式。由于总可以设法使约束方程的系数矩阵中包含一个单位矩阵($P_1,P_2,\cdots,P_m$),以此作为求出问题的一个初始基可行解。

为检验一个基可行解是否最优,需要将其目标函数值与相邻基可行解的目标函数值进行比较。为了书写规范和便于计算,对单纯形法的计算设计了一种专门表格,称为单纯形表(见表 1-5)。迭代计算中每找出一个新的基可行解时,就重画一张单纯形表。含初始基可行解的单纯形表称初始单纯形表;含最优解的单纯形表称最终单纯形表。

表　1-5

	$c_j \rightarrow$		c_1	$\cdots$	c_m	$\cdots$	c_j	$\cdots$	c_n
C_B	基	b	x_1	$\cdots$	x_m	$\cdots$	x_j	$\cdots$	x_n
c_1	x_1	b_1	1	$\cdots$	0	$\cdots$	a_{1j}	$\cdots$	a_{1n}
c_2	x_2	b_2	0	$\cdots$	0	$\cdots$	a_{2j}	$\cdots$	a_{2n}
$\vdots$	$\vdots$	$\vdots$	$\vdots$		$\vdots$		$\vdots$		$\vdots$
c_m	x_m	b_m	0	$\cdots$	1	$\cdots$	a_{mj}	$\cdots$	a_{mn}
	$c_j - z_j$		0	$\cdots$	0	$\cdots$	$c_j - \sum\limits_{i=1}^{m} c_i a_{ij}$	$\cdots$	$c_n - \sum\limits_{i=1}^{m} c_i a_{in}$

单纯形表结构为:表的第 2~3 列列出基可行解中的基变量及其取值。接下来列出问题中所有变量,基变量下面列是单位矩阵,非基变量 x_j 下面数字是该变量系数向量 P_j 表为基向量线性组合时的系数。因 $P_1,\cdots,P_m$ 是单位向量,故有

$$P_j = a_{1j}P_1 + a_{2j}P_2 + \cdots + a_{mj}P_m$$

表 1-5 最上端的一行数是各变量在目标函数中的系数值,最左端一列数是与各基变量对应的目标函数中的系数值 C_B。

对 x_j 只要将它下面这一列数字与 C_B 中同行的数字分别相乘,再用它上端的 c_j 值减去上述乘积之和有

$$\sigma_j = c_j - (c_1 a_{1j} + c_2 a_{2j} + \cdots + c_m a_{mj}) = c_j - \sum_{i=1}^{m} c_i a_{ij} \tag{1.26}$$

对 $j=1,\cdots,n$,将分别按式(1.26)求得的检验数 σ_j,或写为(c_j-z_j)记入表的最下面一行。

第 2 步:最优性检验。

如表中所有检验数 $c_j - z_j \leqslant 0$,且基变量中不含有人工变量时,表中的基可行解即为最优解,计算结束。对基变量中含人工变量时的解的最优性检验将在下一节中讨论。当表中存在 $c_j - z_j > 0$ 时,如有 $P_j \leqslant 0$,则问题为无界解,计算结束;否则转下一步。

第 3 步：从一个基可行解转换到相邻的目标函数值更大的基可行解，列出新的单纯形表。

1. 确定换入基的变量。只要有检验数 $\sigma_j > 0$，对应的变量 x_j 就可作为换入基的变量，当有一个以上检验数大于零时，一般从中找出最大一个 σ_k

$$\sigma_k = \max_j \{\sigma_j \mid \sigma_j > 0\}$$

其对应的变量 x_k 作为换入基的变量（简称换入变量）。

2. 确定换出基的变量。根据上一节中确定 θ 的规则，对 P_k 列由式(1.24)计算得到

$$\theta = \min_i \left\{ \frac{b_i}{a_{ik}} \,\Big|\, a_{ik} > 0 \right\} = \frac{b_l}{a_{lk}} \tag{1.27}$$

确定 x_l 是换出基的变量（简称换出变量）。元素 a_{lk} 决定了从一个基可行解到相邻基可行解的转移去向，取名主元素。

3. 用换入变量 x_k 替换基变量中的换出变量 x_l，得到一个新的基 $(P_1, \cdots, P_{l-1}, P_k, P_{l+1}, \cdots, P_m)$。对应这个基可以找出一个新的基可行解，并相应地可以画出一个新的单纯形表(见表 1-6)。

在这个新的表中的基仍应是单位矩阵，即 P_k 应变换成单位向量。为此在表 1-5 中进行行的初等变换，并将运算结果填入表 1-6 相应格中。

(1) 将主元素所在 l 行数字除以主元素 a_{lk}，即有

$$\left. \begin{array}{l} b'_l = b_l / a_{lk} \\ a'_{lj} = a_{lj} / a_{lk} \end{array} \right\} \tag{1.28}$$

(2) 将表 1-6 中刚计算得到的第 l 行数字乘上 $(-a_{ik})$ 加到表 1-5 的第 i 行数字上，记入表 1-6 的相应行。即有

$$b'_i = b_i - \frac{b_l}{a_{lk}} \cdot a_{ik} \quad (i \neq l)$$

$$a'_{ij} = a_{ij} - \frac{a_{lj}}{a_{lk}} \cdot a_{ik} \quad (i \neq l) \tag{1.29}$$

表　1-6

C_B	基	b	c_1 x_1	$\cdots$	c_l x_l	$\cdots$	c_m x_m	$\cdots$	c_j x_j	$\cdots$	c_k x_k	$\cdots$
c_1	x_1	$b_1 - b_l \cdot \dfrac{a_{1k}}{a_{lk}}$	1	$\cdots$	$-\dfrac{a_{1k}}{a_{lk}}$	$\cdots$	0	$\cdots$	$a_{1j} - a_{1k} \cdot \dfrac{a_{lj}}{a_{lk}}$	$\cdots$	0	$\cdots$
$\vdots$	$\vdots$	$\vdots$	$\vdots$		$\vdots$		$\vdots$		$\vdots$		$\vdots$	
c_k	x_k	$\dfrac{b_l}{a_{lk}}$	0	$\cdots$	$\dfrac{1}{a_{lk}}$	$\cdots$	0	$\cdots$	$\dfrac{a_{lj}}{a_{lk}}$	$\cdots$	1	$\cdots$
$\vdots$	$\vdots$	$\vdots$	$\vdots$		$\vdots$		$\vdots$		$\vdots$		$\vdots$	
c_m	x_m	$b_m - b_l \cdot \dfrac{a_{mk}}{a_{lk}}$	0	$\cdots$	$-\dfrac{a_{mk}}{a_{lk}}$	$\cdots$	1	$\cdots$	$a_{mj} - a_{mk} \cdot \dfrac{a_{lj}}{a_{lk}}$	$\cdots$	0	$\cdots$
	$c_j - z_j$		0	$\cdots$	$-\dfrac{c_k - z_k}{a_{lk}}$	$\cdots$	0	$\cdots$	$(c_j - z_j) - \dfrac{a_{lj}}{a_{lk}}(c_k - z_k)$	$\cdots$	0	$\cdots$

(3) 表 1-6 中各变量的检验数求法见式(1.26)。其中：

$$(c_l - z_l)' = c_l - \frac{1}{a_{lk}}\left(-\sum_{i=1}^{l-1} c_i a_{ik} + c_k - \sum_{i=l+1}^{m} c_i a_{ik}\right)$$

$$= -\frac{c_k}{a_{lk}} + \frac{1}{a_{lk}}\sum_{i=1}^{m} c_i a_{ik}$$

$$= -\frac{1}{a_{lk}}(c_k - z_k) \quad (j = l) \tag{1.30}$$

$$(c_j - z_j)' = c_j - \left(\sum_{i=1}^{l-1} c_i a_{ij} + \sum_{i=l+1}^{m} c_i a_{ij}\right) - \frac{a_{lj}}{a_{lk}}\left(-\sum_{i=1}^{l-1} c_i a_{ik} + c_k - \sum_{i=l+1}^{m} c_i a_{ik}\right)$$

$$= \left(c_j - \sum_{i=1}^{m} c_i a_{ij}\right) - \frac{a_{lj}}{a_{lk}}\left(c_k - \sum_{i=1}^{m} c_i a_{ik}\right)$$

$$= (c_j - z_j) - \frac{a_{lj}}{a_{lk}}(c_k - z_k) \quad (j \neq l) \tag{1.31}$$

第 4 步：重复第 2、3 两步，一直到计算结束为止。

例 5　用单纯形法求解线性规划问题

$$\max z = 2x_1 + x_2$$

$$\text{s. t.}\begin{cases} 5x_2 \leqslant 15 \\ 6x_1 + 2x_2 \leqslant 24 \\ x_1 + x_2 \leqslant 5 \\ x_1, x_2 \geqslant 0 \end{cases}$$

解　先将上述问题化成标准形式有

$$\max z = 2x_1 + x_2 + 0x_3 + 0x_4 + 0x_5$$

$$\text{s. t.}\begin{cases} 5x_2 + x_3 = 15 \\ 6x_1 + 2x_2 + x_4 = 24 \\ x_1 + x_2 + x_5 = 5 \\ x_1, x_2, x_3, x_4, x_5 \geqslant 0 \end{cases}$$

其约束条件系数矩阵的增广矩阵为

$$\begin{array}{cccccc} P_1 & P_2 & P_3 & P_4 & P_5 & b \end{array}$$

$$\begin{pmatrix} 0 & 5 & 1 & 0 & 0 & 15 \\ 6 & 2 & 0 & 1 & 0 & 24 \\ 1 & 1 & 0 & 0 & 1 & 5 \end{pmatrix}$$

P_3, P_4, P_5 是单位矩阵，构成一个基，对应变量 x_3, x_4, x_5 是基变量。令非基变量 x_1, x_2 等于零，即找到一个初始基可行解

$$\boldsymbol{X} = (0, 0, 15, 24, 5)^{\mathrm{T}}$$

以此列出初始单纯形表，见表 1-7。

表 1-7

C_B	基	b	$c_j \rightarrow$				
			2	1	0	0	0
			x_1	x_2	x_3	x_4	x_5
0	x_3	15	0	5	1	0	0
0	x_4	24	[6]	2	0	1	0
0	x_5	5	1	1	0	0	1
	$c_j - z_j$		2	1	0	0	0

因表中有大于零的检验数,故表中基可行解不是最优解。因 $\sigma_1 > \sigma_2$,故确定 x_1 为换入变量。将 b 列除以 P_1 的同行数字得

$$\theta = \min\left(\infty, \frac{24}{6}, \frac{5}{1}\right) = \frac{24}{6} = 4$$

由此 6 为主元素,作为标志对主元素 6 加上方括号 $[\ ]$,主元素所在行基变量 x_4 为换出变量。用换入变量 x_1 替换出变量 x_4,得到一个新的基 P_3, P_1, P_5,按上述单纯形法计算步骤第 3 步的 $(1) \sim (3)$,可以找到新的基可行解,并列出新的单纯形表,见表 1-8。

由于表 1-8 中还存在大于零的检验数 σ_2,故重复上述步骤得表 1-9。

表 1-9 中所有 $\sigma_j \leqslant 0$,且基变量中不含人工变量,故表中的基可行解 $\boldsymbol{X} = \left(\frac{7}{2}, \frac{3}{2}, \frac{15}{2}, 0, 0\right)$ 为最优解,代入目标函数得 $z = 2 \times \frac{7}{2} + \frac{3}{2} = 8\frac{1}{2}$。

表 1-8

C_B	基	b	$c_j \rightarrow$				
			2	1	0	0	0
			x_1	x_2	x_3	x_4	x_5
0	x_3	15	0	5	1	0	0
2	x_1	4	1	2/6	0	1/6	0
0	x_5	1	0	[4/6]	0	$-1/6$	1
	$c_j - z_j$		0	1/3	0	$-1/3$	0

表 1-9

C_B	基	b	$c_j \rightarrow$				
			2	1	0	0	0
			x_1	x_2	x_3	x_4	x_5
0	x_3	15/2	0	0	1	5/4	$-15/2$
2	x_1	7/2	1	0	0	1/4	$-1/2$
1	x_2	3/2	0	1	0	$-1/4$	3/2
	$c_j - z_j$		0	0	0	$-1/4$	$-1/2$

第五节　单纯形法的进一步讨论

一、人工变量法

在上述例5中,化为标准形式后约束条件的系数矩阵中含有单位矩阵,以此作初始基,使求初始基可行解和建立初始单纯形表都十分方便。但在下述例6中,化为标准形后的约束条件的系数矩阵中不存在单位矩阵。

例6　用单纯形法求解线性规划问题

$$\max z = -3x_1 + x_3$$

$$\text{s. t.} \begin{cases} x_1 + x_2 + x_3 \leqslant 4 \\ -2x_1 + x_2 - x_3 \geqslant 1 \\ 3x_2 + x_3 = 9 \\ x_1, x_2, x_3 \geqslant 0 \end{cases}$$

解　先将其化成标准形式,有

$$\max z = -3x_1 + x_3 + 0x_4 + 0x_5$$

$$\text{s. t.} \begin{cases} x_1 + x_2 + x_3 + x_4 = 4 & (1.32a) \\ -2x_1 + x_2 - x_3 - x_5 = 1 & (1.32b) \\ 3x_2 + x_3 = 9 & (1.32c) \\ x_1, x_2, x_3, x_4, x_5 \geqslant 0 \end{cases}$$

这种情况可以添加两列单位向量 P_6, P_7,连同约束条件中的向量 P_4 构成单位矩阵

$$\begin{matrix} P_4 & P_6 & P_7 \end{matrix}$$
$$\begin{bmatrix} 1 & 0 & 0 \\ 0 & 1 & 0 \\ 0 & 0 & 1 \end{bmatrix}$$

P_6, P_7 是人为添加上去的,它相当于在上述问题的约束条件(1.32b)中添加变量 x_6,约束条件(1.32c)中添加变量 x_7,变量 x_6, x_7 相应称为人工变量。由于约束条件(1.32b)、(1.32c)在添加人工变量前已是等式,为使这些等式得到满足,因此在最优解中人工变量取值必须为零。为此,令目标函数中人工变量的系数为任意大的负值,用"$-M$"代表。"$-M$"称为"罚因子",即只要人工变量取值大于零,目标函数就不可能实现最优,因而添加人工变量后,例6的数学模型形式就变为

$$\max z = -3x_1 + x_3 + 0x_4 + 0x_5 - Mx_6 - Mx_7$$

$$\text{s. t.} \begin{cases} x_1 + x_2 + x_3 + x_4 = 4 \\ -2x_1 + x_2 - x_3 - x_5 + x_6 = 1 \\ 3x_2 + x_3 + x_7 = 9 \\ x_j \geqslant 0 \quad (j = 1, \cdots, 7) \end{cases}$$

该模型中与 P_4, P_6, P_7 对应的变量 x_4, x_6, x_7 为基变量,令非基变量 x_1, x_2, x_3, x_5 等

于零,即得到初始基可行解 $\boldsymbol{X}^{(0)}=(0,0,0,4,0,1,9)^{\mathrm{T}}$,并列出初始单纯形表。在单纯形法迭代运算中,$M$ 可当作一个数学符号一起参加运算。检验数中含 M 符号的,当 M 的系数为正时,该检验数为正;当 M 的系数为负时,该项检验数为负。例 6 添加人工变量后,用单纯形法求解的过程见表 1-10。

表 1-10

C_B	基	b	$c_j \rightarrow$ x_1	-3 x_2	0 x_3	1 x_4	0 x_5	0 x_6	$-M$ x_7
0	x_4	4	1	1	1	1	0	0	0
$-M$	x_6	1	-2	[1]	-1	0	-1	1	0
$-M$	x_7	9	0	3	1	0	0	0	1
	$c_j - z_j$		$-2M-3$	$4M$	1	0	$-M$	0	0
0	x_4	3	3	0	2	1	1	-1	0
0	x_2	1	-2	1	-1	0	-1	1	0
$-M$	x_7	6	[6]	0	4	0	3	-3	1
	$c_j - z_j$		$6M-3$	0	$4M+1$	0	$3M$	$-4M$	0
0	x_4	0	0	0	0	1	$-1/2$	$1/2$	$-1/2$
0	x_2	3	0	1	$1/3$	0	0	0	$1/3$
-3	x_1	1	1	0	[2/3]	0	$1/2$	$-1/2$	$1/6$
	$c_j - z_j$		0	0	3	0	$3/2$	$-M-3/2$	$-M+1/2$
0	x_4	0	0	0	0	1	$-1/2$	$1/2$	$-1/2$
0	x_2	5/2	$-1/2$	1	0	0	$-1/4$	$1/4$	$1/4$
1	x_3	3/2	$3/2$	0	1	0	$3/4$	$-3/4$	$1/4$
	$c_j - z_j$		$-9/2$	0	0	0	$-3/4$	$-M+3/4$	$-M-1/4$

二、两阶段法

用大 M 法处理人工变量,在用手工计算求解时不会碰到麻烦。但用电子计算机求解时,对 M 就只能在计算机内输入一个机器最大字长的数字。如果线性规划问题中的 a_{ij}、b_i 或 c_j 等参数值与这个代表 M 的数相对比较接近,或远远小于这个数字,由于计算机计算时取值上的误差,有可能使计算结果发生错误。为了克服这个困难,可以对添加人工变量后的线性规划问题分两个阶段来计算,称两阶段法。

两阶段法的第一阶段是先求解一个目标函数中只包含人工变量的线性规划问题,即令目标函数中其他变量的系数取零,人工变量的系数取某个正的常数(一般取 1),在保持原问题约束条件不变的情况下求这个目标函数极小化时的解。显然在第一阶段中,当人工变量取值为 0 时,目标函数值也为 0。这时候的最优解就是原线性规划问题的一个基可行解。如果第一阶段求解结果最优解的目标函数值不为 0,也即最优解的基变量中含有非零的人工变量,表明原线性规划问题无可行解。

当第一阶段求解结果表明问题有可行解时,第二阶段是在原问题中去除人工变量,并从此可行解(即第一阶段的最优解)出发,继续寻找问题的最优解。

例6 用两阶段法求解时,第一阶段的线性规划问题可写为

$$\min w = x_6 + x_7$$

$$\text{s. t.} \begin{cases} x_1 + x_2 + x_3 + x_4 = 4 \\ -2x_1 + x_2 - x_3 \qquad - x_5 + x_6 = 1 \\ 3x_2 + x_3 \qquad\qquad + x_7 = 9 \\ x_j \geqslant 0 \quad (j = 1, \cdots, 7) \end{cases}$$

用单纯形法求解时,先将问题化成标准形式,单纯形法迭代的过程见表1-11。

第二阶段是将表1-11中的人工变量 x_6, x_7 除去,目标函数回归到

$$\max z = -3x_1 + 0x_2 + x_3 + 0x_4 + 0x_5$$

再从表1-11中的最后一个表出发,继续用单纯形法计算,求解过程见表1-12。

表 1-11

C_B	基	b	$c_j \to$ 0 x_1	0 x_2	0 x_3	0 x_4	0 x_5	-1 x_6	-1 x_7
0	x_4	4	1	1	1	1	0	0	0
-1	x_6	1	-2	[1]	-1	0	-1	1	0
-1	x_7	9	0	3	1	0	0	0	1
	$c_j - z_j$		-2	4	0	0	-1	0	0
0	x_4	3	3	0	2	1	1	-1	0
0	x_2	1	-2	1	-1	0	-1	1	0
-1	x_7	6	[6]	0	4	0	3	-3	1
	$c_j - z_j$		6	0	4	0	3	-4	0
0	x_4	0	0	0	0	1	$-1/2$	$1/2$	$-1/2$
0	x_2	3	0	1	$1/3$	0	0	0	$1/3$
0	x_1	1	1	0	$2/3$	0	$1/2$	$-1/2$	$1/6$
	$c_j - z_j$		0	0	0	0	0	-1	-1

表 1-12

C_B	基	b	$c_j \to$ -3 x_1	0 x_2	1 x_3	0 x_4	0 x_5
0	x_4	0	0	0	0	1	$-1/2$
0	x_2	3	0	1	$1/3$	0	0
-3	x_1	1	1	0	[2/3]	0	$1/2$
	$c_j - z_j$		0	0	3	0	$3/2$
0	x_4	0	0	0	0	1	$-1/2$
0	x_2	$5/2$	$-1/2$	1	0	0	$-1/4$
1	x_3	$3/2$	$3/2$	0	1	0	$3/4$
	$c_j - z_j$		$-9/2$	0	0	0	$-3/4$

三、单纯形法计算中的几个问题

1. 目标函数极小化时解的最优性判别。有些书中规定求目标函数值的极小化作为线性规划的标准形式，这时只需以所有检验数 $\sigma_j \geqslant 0$ 作为判别表中解是否最优的标志。

2. 退化。按最小比值 θ 来确定换出基的变量时，有时出现存在两个以上相同的最小比值，从而使下一个表的基可行解中出现一个或多个基变量等于零的退化解。退化解的出现原因是模型中存在多余的约束，使多个基可行解对应同一顶点。当存在退化解时，就有可能出现迭代计算的循环，尽管可能性极其微小。为避免出现计算的循环，1974 年勃兰特(Bland)提出了一个简便有效的规则：(1)当存在多个 $\sigma_j > 0$ 时，始终选取下标值为最小的变量作为换入变量；(2)当计算 θ 值出现两个以上相同的最小比值时，始终选取下标值为最小的变量作为换出变量。

3. 无可行解的判别。本章第三节单纯形法迭代原理中，讲述了用单纯形法求解时如何判别问题结局属唯一最优解、无穷多最优解和无界解。当线性规划问题中添加人工变量后，无论用人工变量法或两阶段法，初始单纯形表中的解因含非零人工变量，故实质上是非可行解。当求解结果出现所有 $\sigma_j \leqslant 0$ 时，如基变量中仍含有非零的人工变量(两阶段法求解时第一阶段目标函数值不等于零)，表明问题无可行解。

例 7 用单纯形法求解线性规划问题

$$\max z = 2x_1 + x_2$$

$$\text{s. t.} \begin{cases} x_1 + x_2 \leqslant 2 \\ 2x_1 + 2x_2 \geqslant 6 \\ x_1, x_2 \geqslant 0 \end{cases}$$

解 在图解法一节中已看出本例无可行解(参见图 1-7)。现用单纯形法求解。在添加松弛变量和人工变量后，模型可写成

$$\max z = 2x_1 + x_2 + 0x_3 + 0x_4 - Mx_5$$

$$\text{s. t.} \begin{cases} x_1 + x_2 + x_3 = 2 \\ 2x_1 + 2x_2 - x_4 + x_5 = 6 \\ x_1, x_2, x_3, x_4, x_5 \geqslant 0 \end{cases}$$

以 x_3, x_5 为基变量列出初始单纯形表，进行迭代计算，过程见表 1-13。表中当所有 $c_j - z_j \leqslant 0$ 时，基变量中仍含有非零的人工变量 $x_5 = 2$，故例 7 的线性规划问题无可行解。

表 1-13

C_B	基	b	x_1	x_2	x_3	x_4	x_5
		$c_j \rightarrow$	2	1	0	0	$-M$
0	x_3	2	[1]	1	1	0	0
$-M$	x_5	6	2	2	0	-1	1
	$c_j - z_j$		$2+2M$	$1+2M$	0	$-M$	0
2	x_1	2	1	1	1	0	0
$-M$	x_5	2	0	0	-2	-1	1
	$c_j - z_j$		0	-1	$-2-2M$	$-M$	0

四、单纯形法小结

1. 对给定的线性规划问题应首先化为标准形式,选取或构造一个单位矩阵作为基,求出初始基可行解并列出初始单纯形表。对各种类型线性规划问题如何化为标准形式及如何选取初始基变量可参见表 1-14。

表 1-14

		线性规划模型	化为标准形式
变量		$x_j \geqslant 0$	不变
		$x_j \leqslant 0$	令 $x'_j = -x_j$,则 $x'_j \geqslant 0$
		x_j 取值无约束	令 $x_j = x'_j - x''_j$,其中 $x'_j \geqslant 0$, $x''_j \geqslant 0$
约束条件	右端项	$b_i \geqslant 0$	不变
		$b_i < 0$	约束条件两端乘"-1"
	形式	$\sum_{j=1}^{n} a_{ij} x_j \leqslant b_i$	$\sum_{j=1}^{n} a_{ij} x_j + x_{si} = b_i$
		$\sum_{j=1}^{n} a_{ij} x_j = b_i$	$\sum_{j=1}^{n} a_{ij} x_j + x_{ai} = b_i$
		$\sum_{j=1}^{n} a_{ij} x_j \geqslant b_i$	$\sum_{j=1}^{n} a_{ij} x_j - x_{si} + x_{ai} = b_i$
目标函数	极大或极小	$\max z = \sum_{j=1}^{n} c_j x_j$	不变
		$\min z = \sum_{j=1}^{n} c_j x_j$	令 $z' = -z$,化为求 $\max z' = -\sum_{j=1}^{n} c_j x_j$
	变量前的系数	加松弛变量 x_s 时	$\max z = \sum_{j=1}^{n} c_j x_j + 0 x_{si}$
		加人工变量 x_a 时	$\max z = \sum_{j=1}^{n} c_j x_j - M x_{ai}$

2. 单纯形法的计算步骤见图 1-9。

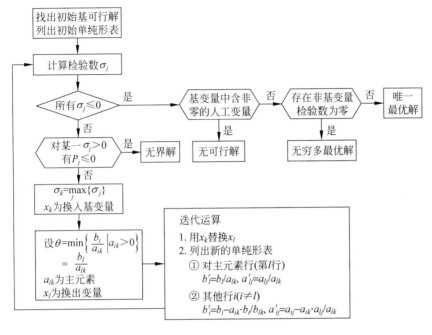

图 1-9　单纯形法的计算步骤框图

第六节　数据包络分析

一、有关概念

数据包络分析(data envelopment analysis,DEA)是一种基于线性规划的用于评价同类型组织工作绩效相对有效性的工具手段。这类组织例如学校、医院、银行的分支机构、超市的各营业部等,各自具有相同的投入和相同的产出。衡量这类组织之间的绩效高低,通常采用投入产出比这个指标,当各自的投入和产出均可折算成同一单位,如用货币来计量时,很容易计算出各自的投入产出比并按其大小进行绩效排序。但当被衡量的同类型组织有多项投入和多项产出,且不能折算成统一单位时,就无法算出投入产出比的数值,因而就需要用下面的方法进行绩效比较。例如有 4 所小学 s_1、s_2、s_3 和 s_4,在校学生规模相同,均为 800 人,各校教职工数和建筑面积的投入见表 1-15。

用横坐标表示教职工数,纵坐标表示建筑面积,则表 1-15 中各校数据可用图标示,见图 1-10。

表　1-15

投入 \ 学校	s_1	s_2	s_3	s_4
教职工数/名	25	40	35	20
建筑面积/m²	1 800	1 500	1 700	2 500

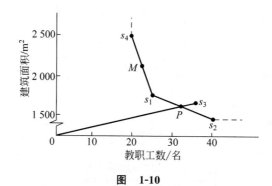

图　1-10

就培养 800 名学生来看,s_1、s_2、s_4 三所学校的投入处于 Pareto 最优状态,即不可能保持其中一项投入不变的情况下,减少另一项投入的水平,达到培养 800 名学生的目标。由 s_1,s_2,s_4 三点连成的折线被称为生产前沿面,凡前沿面上的点的投入状态均处于 Pareto 最优。例如点 s_1 和点 s_4 的连线的中间点 M,其坐标值为

$$0.5\begin{pmatrix} 25 \\ 1\,800 \end{pmatrix} + 0.5\begin{pmatrix} 20 \\ 2\,500 \end{pmatrix} = \begin{pmatrix} 22.5 \\ 2\,150 \end{pmatrix}$$

即用 22.5 名教职工和 2 150m² 的建筑面积可组成培养 800 名学生的学校,并且不可能做到在减少其中一项投入的情况下而不增加另一项投入。

从 s_4 点作垂线向上延伸,从 s_2 点作水平线向右延伸(见图 1-10 中的虚线部分),则位于由虚线和折线包围的右上方的点组成生产可行集,即按这个集合中的点坐标数字的教职工和建筑面积的投入,按已列出学校的绩效水平,均能办成一个 800 名学生规模的学校。由图 1-10 可以看出,所谓生产前沿面是生产可行集的一条数据包络线,它是在现有绩效水平下举办 800 名学生规模学校,需要投入教职工和建筑面积的最低极限。称处于生产前沿面上的点为 DEA 有效。

学校 s_3 并非 DEA 有效。例如从 s_3 作一条垂线,交 $s_1 s_2$ 连线于点(35,1 600);通过 s_3 作一条水平线,交 $s_1 s_2$ 连线于点(30,1 700)。这意味着若保持 35 名教职工不变,则只需 1 600m² 建筑面积,或保持 1 700m² 建筑面积不变,则只需教职工 30 人,就可以举办一个 800 名学生的学校。若从坐标原点作同 s_3 的连线,交 $s_1 s_2$ 连线于点 P(33.54,1 629.2)。对比 P 点同 s_3 点的投入,有 $\dfrac{33.54}{35} = \dfrac{1\,629.2}{1\,700} = 0.958$,表明 s_3 的绩效只相当于 s_1 或 s_2 的

95.8%。

上面用作图方法衡量一个组织是否 DEA 有效,只适用于投入与产出变量数总和不超过 3 个的情况,当变量总数超过 3 个时,就需要借助线性规划方法。

二、线性规划的数学模型

在 DEA 中通常称被衡量绩效的组织为决策单元(decision making unit,DMU)。设有 n 个决策单元($j=1,\cdots,n$),每个决策单元有相同的 m 项投入($i=1,\cdots,m$)和相同的 s 项产出($r=1,\cdots,s$)。用 x_{ij} 表示第 j 决策单元的第 i 项投入,用 y_{rj} 表示第 j 决策单元的第 r 项产出,图 1-11 比较形象地表示出这 n 个决策单元的投入产出关系。现在要衡量某一决策单元 j_0 是否 DEA 有效,即是否处于由包络线组成的生产前沿面上,为此先构造一个由 n 个决策单元线性组合成的假想决策单元。这个假想决策单元的第 i 项投入为 $\sum\limits_{j=1}^{n}\lambda_j x_{ij}(i=1,\cdots,m)$ 且 $\sum\limits_{j=1}^{n}\lambda_j = 1(\lambda_j \geqslant 0)$,该假想决策单元的第 r 项

决 策 单 元

$$
\begin{array}{c}
\begin{array}{cccc} 1 & 2 & \cdots & n \end{array} \\
\text{投入} \left\{ \begin{array}{c} 1\rightarrow \\ 2\rightarrow \\ \vdots \\ m\rightarrow \end{array} \right.
\begin{bmatrix}
x_{11} & x_{12} & \cdots & x_{1n} \\
x_{21} & x_{22} & \cdots & x_{2n} \\
\vdots & \vdots & x_{ij} & \vdots \\
x_{m1} & x_{m2} & \cdots & x_{mn}
\end{bmatrix} \\
\begin{bmatrix}
y_{11} & y_{12} & \cdots & y_{1n} \\
y_{21} & y_{22} & \cdots & y_{2n} \\
\vdots & \vdots & y_{rj} & \vdots \\
y_{s1} & y_{s2} & \cdots & y_{sn}
\end{bmatrix}
\begin{array}{c} \rightarrow 1 \\ \rightarrow 2 \\ \vdots \\ \rightarrow s \end{array} \left. \right\}产出
\end{array}
$$

图 1-11

产出为 $\sum\limits_{j=1}^{n}\lambda_j y_{rj}(r=1,\cdots,s)$ 且 $\sum\limits_{j=1}^{n}\lambda_j = 1(\lambda_j \geqslant 0)$。如果这个假想单元的各项产出均不低于 j_0 决策单元的各项产出,它的各项投入均不高于 j_0 决策单元的各项投入,即有

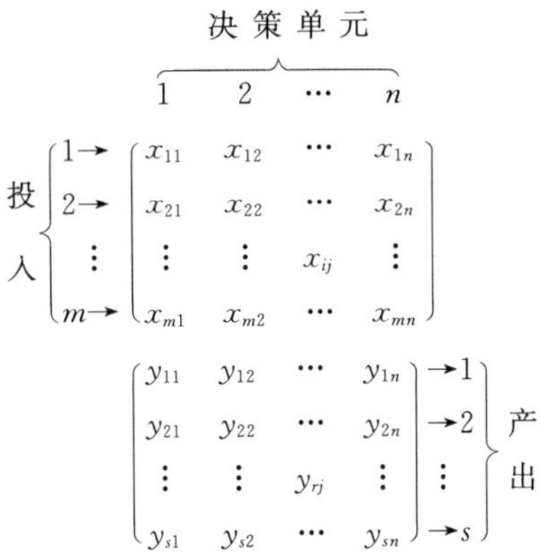

$$\sum_{j=1}^{n}\lambda_j y_{rj} \geqslant y_{rj_0} \quad (r=1,\cdots,s)$$

$$\sum_{j=1}^{n}\lambda_j x_{ij} \leqslant E \cdot x_{ij_0} \quad (i=1,\cdots,m, E<1)$$

$$\sum_{j=1}^{n}\lambda_j = 1, \quad \lambda_j \geqslant 0 \quad (j=1,\cdots,n)$$

这说明 j_0 决策单元不处在生产前沿面上。基于上述可写出如下线性规划的数学模型:

$$\min E$$

$$\text{s. t.} \begin{cases} \sum\limits_{j=1}^{n}\lambda_j y_{rj} \geqslant y_{rj_0} & (r=1,\cdots,s) \\[2mm] \sum\limits_{j=1}^{n}\lambda_j x_{ij} \leqslant E x_{ij_0} & (i=1,\cdots,m) \\[2mm] \sum\limits_{j=1}^{n}\lambda_j = 1, \quad \lambda_j \geqslant 0 & (j=1,\cdots,n) \end{cases} \tag{1.33}$$

当求解结果有 $E<1$ 时,则 j_0 决策单元非 DEA 有效,否则 j_0 决策单元 DEA 有效。

例8 振华银行的 4 个分理处的投入产出情况如表 1-16 所示(产出单位:处理笔数/月)。要求分别确定各分理处的运行是否 DEA 有效。

表　1-16

分理处	投 入		产 出		
	职员数/人	营业面积/m²	储蓄存取	贷款	中间业务
分理处 1	15	140	1 800	200	1 600
分理处 2	20	130	1 000	350	1 000
分理处 3	21	120	800	450	1 300
分理处 4	20	135	900	420	1 500

解 若先确定分理处 1 的运行是否 DEA 有效。仿式(1.33)列出线性规划模型如下:

$$\min E$$

$$\text{s. t.}\begin{cases}1\,800\lambda_1+1\,000\lambda_2+800\lambda_3+900\lambda_4\geqslant 1\,800 & (1.34\text{a})\\ 200\lambda_1+350\lambda_2+450\lambda_3+420\lambda_4\geqslant 200 & (1.34\text{b})\\ 1\,600\lambda_1+1\,000\lambda_2+1\,300\lambda_3+1\,500\lambda_4\geqslant 1\,600 & (1.34\text{c})\\ 15\lambda_1+20\lambda_2+21\lambda_3+20\lambda_4\leqslant 15E & (1.34\text{d})\\ 140\lambda_1+130\lambda_2+120\lambda_3+135\lambda_4\leqslant 140E & (1.34\text{e})\\ \lambda_1+\lambda_2+\lambda_3+\lambda_4=1 \\ \lambda_j\geqslant 0 \quad (j=1,\cdots,4)\end{cases}$$

求解结果为 $E=1$,说明分理处 1 的运行为 DEA 有效。在上述模型中,只要将式(1.34a)~式(1.34e)的右端项数字分别更换为要确定的分理处的产出和投入的数字,就可以分别计算出 E 的值。计算结果为对分理处 3 和分理处 4,$E=1$;但对分理处 2,有 $E=0.966$,$\lambda_1=0.28$,$\lambda_3=0.72$,$\lambda_2=\lambda_4=0$,即分理处 2 运行非 DEA 有效。理由为:若将 28% 的分理处 1 与 72% 的分理处 3 组合,其各项产出不低于分理处 2 的各项产出,但其投入只有分理处 2 的 96.6%。

第七节　其他应用例子

应用线性规划解决经济、管理领域的实际问题,最重要的一步是建立实际问题的线性规划模型。这是一项技巧性很强的创造性工作,既要求对研究的问题有深入了解,又要求很好地掌握线性规划模型的结构特点,并具有对实际问题进行数学描述的较强的能力。因此在研究建立一些较复杂的数学模型时,需要各方面专业人员的通力协作配合。

一般来讲，一个经济、管理问题要满足下列条件，才能归结为线性规划的模型：①要求解的问题的目标能用某种效益指标度量大小，并能用线性函数描述目标的要求；②为达到这个目标存在多种方案；③要达到的目标是在一定约束条件下实现的，这些条件可用线性等式或不等式描述；④决策变量取值是连续的，可以是小数、分数或任意实数。

下面通过一些例子来说明如何将一些实际问题归结为线性规划的数学模型。

例9　混合配料问题

某糖果厂用原料 A、B、C 加工成三种不同牌号的糖果甲、乙、丙。已知各种牌号糖果中原料 A、B、C 含量、原料成本、各种原料的每月限制用量，三种牌号糖果的单位加工费及售价，如表 1-17 所示。问该厂每月生产这三种牌号糖果各多少 kg，才能使其获利最大。试建立这个问题的线性规划的数学模型。

表　1-17

原料	甲	乙	丙	原料成本/(元/kg)	每月限制用量/kg
A	$\geqslant 60\%$	$\geqslant 30\%$		2.00	2 000
B				1.50	2 500
C	$\leqslant 20\%$	$\leqslant 50\%$	$\leqslant 60\%$	1.00	1 200
加工费/(元/kg)	0.50	0.40	0.30		
售　价/(元/kg)	3.40	2.85	2.25		

解　用 $i=1,2,3$ 分别代表原料 A、B、C，用 $j=1,2,3$ 分别代表甲、乙、丙三种糖果，x_{ij} 为生产第 j 种糖果耗用的第 i 种原料的 kg 数量。该厂的获利为三种牌号糖果的售价减去相应的加工费和原料成本，三种糖果的生产量 $x_{甲},x_{乙},x_{丙}$ 分别为：

$$x_{甲} = x_{11} + x_{21} + x_{31}$$
$$x_{乙} = x_{12} + x_{22} + x_{32}$$
$$x_{丙} = x_{13} + x_{23} + x_{33}$$

三种糖果的生产量受到原材料月供应量和原料含量成分的限制。由此例 9 的数学模型可归结为：

$$
\begin{aligned}
\max z =& (3.40-0.50)(x_{11}+x_{21}+x_{31}) + (2.85-0.40)(x_{12}+x_{22}+x_{32}) + \\
& (2.25-0.30)(x_{13}+x_{23}+x_{33}) - 2.00(x_{11}+x_{12}+x_{13}) - \\
& 1.50(x_{21}+x_{22}+x_{23}) - 1.00(x_{31}+x_{32}+x_{33}) \\
=& 0.9x_{11} + 1.4x_{21} + 1.9x_{31} + 0.45x_{12} + 0.95x_{22} + 1.45x_{32} - \\
& 0.05x_{13} + 0.45x_{23} + 0.95x_{33}
\end{aligned}
$$

$$
\text{s. t.}
\begin{cases}
x_{11}+x_{12}+x_{13} \leqslant 2\,000 \\
x_{21}+x_{22}+x_{23} \leqslant 2\,500 \\
x_{31}+x_{32}+x_{33} \leqslant 1\,200
\end{cases}
\text{原料月供应量限制}
$$

$$
\text{s. t.}
\begin{cases}
x_{11} \geqslant 0.6(x_{11}+x_{21}+x_{31}) \\
x_{31} \leqslant 0.2(x_{11}+x_{21}'+x_{31}) \\
x_{12} \geqslant 0.3(x_{12}+x_{22}+x_{32}) \\
x_{32} \leqslant 0.5(x_{12}+x_{22}+x_{32}) \\
x_{33} \leqslant 0.6(x_{13}+x_{23}+x_{33}) \\
x_{ij} \geqslant 0 \quad (i=1,2,3; \ j=1,2,3)
\end{cases}
\text{含量成分的限制}
$$

本题最优解为 $x_{11}=580, x_{21}=386.66, x_{31}=0, x_{12}=1\,420, x_{22}=2\,113.33, x_{32}=1\,200,$ $x_{13}=0, x_{23}=0, x_{33}=0$。即该糖果厂每月应生产甲种糖果 966.66kg，乙种糖果 4 733.33kg，丙种糖果 0kg，可获利 5 450 元。

例 10 产品计划问题

某厂生产Ⅰ、Ⅱ、Ⅲ三种产品，都分别经 A、B 两道工序加工。设 A 工序可分别在设备 A_1 或 A_2 上完成，有 B_1、B_2、B_3 三种设备可用于完成 B 工序。已知产品Ⅰ可在 A、B 任何一种设备上加工；产品Ⅱ可在任何规格的 A 设备上加工，但完成 B 工序时，只能在 B_1 设备上加工；产品Ⅲ只能在 A_2 与 B_2 设备上加工。加工单位产品所需工序时间及其他各项数据见表 1-18，试安排最优生产计划，使该厂获利最大。

表 1-18

设 备	产 品			设备有效台时/h	设备加工费/(元/h)
	Ⅰ	Ⅱ	Ⅲ		
A_1	5	10		6 000	0.05
A_2	7	9	12	10 000	0.03
B_1	6	8		4 000	0.06
B_2	4		11	7 000	0.11
B_3	7			4 000	0.05
原料费/(元/件)	0.25	0.35	0.50		
售 价/(元/件)	1.25	2.00	2.80		

解 设产品Ⅰ，Ⅱ，Ⅲ的产量分别为 x_1, x_2, x_3 件。产品Ⅰ有 6 种加工方案，分别利用设备 (A_1, B_1)、(A_1, B_2)、(A_1, B_3)、(A_2, B_1)、(A_2, B_2)、(A_2, B_3)，各方案加工的产品Ⅰ数量用 $x_{11}, x_{12}, x_{13}, x_{14}, x_{15}, x_{16}$ 表示；产品Ⅱ有 2 种加工方案，即 (A_1, B_1)、(A_2, B_1)，加工数

量用 x_{21}, x_{22} 表示；产品Ⅲ只有 1 种加工方案(A_2, B_2)，加工数量等于 x_3。而

$$x_1 = x_{11} + x_{12} + x_{13} + x_{14} + x_{15} + x_{16}$$
$$x_2 = x_{21} + x_{22}$$

工厂的盈利为产品售价减去相应的原料费和设备加工费。产品加工量只受设备有效台时的限制。故对例 10 可建立如下线性规划模型：

$$
\begin{aligned}
\max z = &(1.25 - 0.25)(x_{11} + x_{12} + x_{13} + x_{14} + x_{15} + x_{16}) + (2.00 - 0.35) \times \\
&(x_{21} + x_{22}) + (2.80 - 0.50)x_3 - 0.05(5x_{11} + 5x_{12} + 5x_{13} + 10x_{21}) - \\
&0.03(7x_{14} + 7x_{15} + 7x_{16} + 9x_{22} + 12x_3) - 0.06(6x_{11} + 6x_{14} + 8x_{21} + \\
&8x_{22}) - 0.11(4x_{12} + 4x_{15} + 11x_3) - 0.05(7x_{13} + 7x_{16})
\end{aligned}
$$

$$
\text{s. t.} \begin{cases}
5x_{11} + 5x_{12} + 5x_{13} \quad\quad\quad\quad\quad\quad\quad + 10x_{21} \quad\quad\quad\quad\quad \leqslant 6\,000 \\
\quad\quad\quad\quad\quad\quad 7x_{14} + 7x_{15} + 7x_{16} \quad\quad\quad + 9x_{22} + 12x_3 \leqslant 10\,000 \\
6x_{11} \quad\quad\quad\quad + 6x_{14} \quad\quad\quad\quad + 8x_{21} + 8x_{22} \quad\quad\quad \leqslant 4\,000 \\
\quad\quad 4x_{12} \quad\quad\quad\quad + 4x_{15} \quad\quad\quad\quad\quad\quad + 11x_3 \leqslant 7\,000 \\
\quad\quad\quad 7x_{13} \quad\quad\quad\quad + 7x_{16} \quad\quad\quad\quad\quad\quad\quad\quad \leqslant 4\,000 \\
x_{ij} \geqslant 0
\end{cases}
$$

本题最优解为 $x_{11} = 0, x_{12} = 628.57, x_{13} = 571.42, x_{14} = 0, x_{15} = 230.05, x_{16} = 0, x_{21} = 0,$ $x_{22} = 500, x_3 = 324.14$。即该厂应生产产品Ⅰ 1 430 件，产品Ⅱ 500 件，产品Ⅲ 324.14 件，可获利 1 190.57 元。

例 11　海河市公交公司负责全市公交车辆的运行与维修管理，已知每天各时段所需人数如表 1-19 所示，公司所有人员每天从上班起连续工作 6 小时，每周安排一天休息。要求回答：

（1）该公司需配备多少人员，能满足公司的正常运转；

（2）由于工作时间差别，有的早上 5:00 就上班，有的到 23:00 才下班；又每周休息一天，有的安排在周一到周五，有的安排在周六或周日，不够平等。因此提出如何安排一天内的倒班及每周内一天的休息日的日期，关系公司人员的切身利益。怎样才能做到完全公平合理。

表　1-19

时间段	5:00—7:00	7:00—9:00	9:00—11:00	11:00—13:00	13:00—15:00
所需人数/人	26	50	34	40	38

时间段	15:00—17:00	17:00—19:00	19:00—21:00	21:00—23:00
所需人数/人	50	46	36	26

解 (1)设以 $x_1,x_2,\cdots,x_9$ 分别表示各时段初开始上班人数,因 19:00 和 21:00 不再有人员开始上班,故 $x_8=x_9=0$。由此建立每天各班所需人员数的数学模型如下:

$$\min z = x_1 + x_2 + x_3 + x_4 + x_5 + x_6 + x_7$$

$$\text{s. t.}\begin{cases} x_1 & \geqslant 26 \\ x_1+x_2 & \geqslant 50 \\ x_1+x_2+x_3 & \geqslant 34 \\ x_2+x_3+x_4 & \geqslant 40 \\ x_3+x_4+x_5 & \geqslant 38 \\ x_4+x_5+x_6 & \geqslant 50 \\ x_5+x_6+x_7 & \geqslant 46 \\ x_6+x_7 & \geqslant 36 \\ x_7 & \geqslant 26 \\ x_j \geqslant 0 \quad (j=1,\cdots,7) \end{cases}$$

求解得最优解如下: $\boldsymbol{X}^* =(26,24,0,30,10,10,26)$, $z^* =126$。因所有人员每周休息一天,故该公交公司总需人员数为 $126 \times \dfrac{7}{6} =147$(人)。

(2)为了做到排班公平,先考虑每周休息一天的公平。对 147 名人员进行编号,从 ①、②、③…到 ⑭⑤、⑭⑥、⑭⑦号,每 21 人编一个组,即 ①~㉑、㉒~㊷、㊸~㊹、…、⑩⑥~⑫⑥、⑫⑦~⑭⑦共分 7 个组,设第一周每天上班及休息人员如表 1-20 所示。

表 1-20

休息日	周一	周二	周三	周四	周五	周六	周日
上班人员	①~⑫⑥	㉒~⑭⑦	①~㉑ ㊸~⑭⑦	①~㊷ ⑥④~⑭⑦	①~⑥③ ⑧⑤~⑭⑦	①~⑧④ ⑩⑥~⑭⑦	①~⑩⑤ ⑫⑦~⑭⑦
休息人员	⑫⑦~⑭⑦	①~㉑	㉒~㊷	㊸~⑥③	⑥④~⑧④	⑧⑤~⑩⑤	⑩⑥~⑫⑥
组合号	C_1	C_2	C_3	C_4	C_5	C_6	C_7

到第二周时,周一至周日上班及休息人员组合号调整为 $C_2,C_3,\cdots,C_6,C_7,C_1$,再到下一周,周一至周日上班及休息时间的人员依次组合号为 $C_3,C_4,\cdots,C_7,C_1,C_2$。这样经过 7 周的轮换,每个工作人员刚好从周一至周日分别各休息一天。

做到上班天数内工作人员在 7 个不同时段上班轮换的公平,原理同上述类似。以组合号为 C_1 的这组人员(编号为 ①~⑫⓪)为例,他们依次上班时间为第一周的周一、第二周的周二、……、第七周的周日,再轮转为第八周的周一,……具体轮班安排见表 1-21。

表　1-21

上班时间	需求人数	组内人员轮班时间安排							
		第一周	第二周	……	第十一周	……	第七十五周	……	第一百二十六周
5:00—11:00	26	①～㉖	②～㉗		⑪～㊱		(75)～(100)		(126),①～㉕
7:00—13:00	24	㉗～㊿	㉘～(51)		㊲～(60)		(101)～(124)		㉖～㊾
9:00—15:00	0	—	—		—		—		—
11:00—17:00	30	(51)～(80)	(52)～(81)		(61)～(90)		(125)(126),①～㉘		㊿～(79)
13:00—19:00	10	(81)～(90)	(82)～(91)		(91)～(100)		㉙～㊳		(80)～(89)
15:00—21:00	10	(91)～(100)	(92)～(101)		(101)～(110)		㊴～㊽		(90)～(99)
17:00—23:00	26	(101)～(126)	(102)～(126),①		(111)～(126),①～⑩		㊾～(74)		(100)～(125)

由上可知，该公交公司人员每 7 周才能在周一至周日的休班时间轮换一个循环，而相同组合号人员需 126 个班才能在班次轮换上做到平衡。故总需要 126×7=882(天)实现一个周内休息日安排平等和每天倒班班次平等的大循环。

即练即测

习　题

1.1　分别用图解法和单纯形法求解下列线性规划问题，(1)指出问题具有唯一最优解、无穷多最优解、无界解还是无可行解；(2)当具有限最优解时，指出单纯形表中的各基可行解对应图解法中可行域的哪一顶点。

(1) $\min z=2x_1+3x_2$

$$\text{s.t.}\begin{cases}4x_1+6x_2\geqslant 6\\3x_1+2x_2\geqslant 4\\x_1,x_2\geqslant 0\end{cases}$$

(2) $\max z=3x_1+2x_2$

$$\text{s.t.}\begin{cases}2x_1+x_2\leqslant 2\\3x_1+4x_2\geqslant 12\\x_1,x_2\geqslant 0\end{cases}$$

(3) $\max z=5x_1+6x_2$

$$\text{s.t.}\begin{cases}x_1+x_2\geqslant 3\\3x_1+2x_2\geqslant 8\\0\leqslant x_1\leqslant 6\\0\leqslant x_2\leqslant 5\end{cases}$$

(4) $\max z=5x_1+6x_2$

$$\text{s.t.}\begin{cases}2x_1-x_2\geqslant 2\\-2x_1+3x_2\leqslant 2\\x_1,x_2\geqslant 0\end{cases}$$

1.2　将下述线性规划问题化成标准形式。

(1) $\min z=-3x_1+4x_2-2x_3+5x_4$

$$\text{s.t.}\begin{cases}4x_1-x_2+2x_3-x_4=-2\\x_1+x_2-x_3+2x_4\leqslant 14\\-2x_1+3x_2+x_3-x_4\geqslant 2\\x_1,x_2,x_3\geqslant 0,x_4\text{ 无约束}\end{cases}$$

(2) $\min z=2x_1-2x_2+3x_3$

$$\text{s.t.}\begin{cases}-x_1+x_2+x_3=4\\-2x_1+x_2-x_3\leqslant 6\\x_1\leqslant 0,x_2\geqslant 0,x_3\text{ 无约束}\end{cases}$$

1.3　对下述线性规划问题找出所有基解，指出哪些是基可行解，并确定最优解。

(1) $\max z = 3x_1 + 5x_2$

$$\text{s. t.} \begin{cases} x_1 & + x_3 = 4 \\ 2x_2 & + x_4 = 12 \\ 3x_1 + 2x_2 & + x_5 = 18 \\ x_j \geqslant 0 \quad j = 1, \cdots, 5 \end{cases}$$

(2) $\min z = 5x_1 - 2x_2 + 3x_3 + 2x_4$

$$\text{s. t.} \begin{cases} x_1 + 2x_2 + 3x_3 + 4x_4 = 7 \\ 2x_1 + 2x_2 + x_3 + 2x_4 = 3 \\ x_j \geqslant 0 \quad (j = 1, \cdots, 4) \end{cases}$$

1.4　题 1.1(3)中，若目标函数变为 $\max z = cx_1 + dx_2$，讨论 c, d 的值如何变化，使该问题可行域的每个顶点依次使目标函数达到最优。

1.5　考虑下述线性规划问题：

$$\max z = c_1 x_1 + c_2 x_2$$

$$\text{s. t.} \begin{cases} a_{11} x_1 + a_{12} x_2 \leqslant b_1 \\ a_{21} x_1 + a_{22} x_2 \leqslant b_2 \\ x_1, x_2 \geqslant 0 \end{cases}$$

式中，$1 \leqslant c_1 \leqslant 3, 4 \leqslant c_2 \leqslant 6, -1 \leqslant a_{11} \leqslant 3, 2 \leqslant a_{12} \leqslant 5, 8 \leqslant b_1 \leqslant 12, 2 \leqslant a_{21} \leqslant 4, 4 \leqslant a_{22} \leqslant 6, 10 \leqslant b_2 \leqslant 14$，试确定目标函数最优值的下界和上界。

1.6　分别用单纯形法中的大 M 法和两阶段法求解下列线性规划问题，并指出属哪一类解。

(1) $\min z = 2x_1 + 3x_2 + x_3$

$$\text{s. t.} \begin{cases} x_1 + 4x_2 + 2x_3 \geqslant 8 \\ 3x_1 + 2x_2 \geqslant 6 \\ x_1, x_2, x_3 \geqslant 0 \end{cases}$$

(2) $\max z = 10x_1 + 15x_2 + 12x_3$

$$\text{s. t.} \begin{cases} 5x_1 + 3x_2 + x_3 \leqslant 9 \\ -5x_1 + 6x_2 + 15x_3 \leqslant 15 \\ 2x_1 + x_2 + x_3 \geqslant 5 \\ x_1, x_2, x_3 \geqslant 0 \end{cases}$$

1.7　已知某线性规划问题的初始单纯形表和用单纯形法迭代后得到表 1-22，试求括弧中未知数 $a \sim l$ 的值。

表　1-22

项目		x_1	x_2	x_3	x_4	x_5
x_4	6	(b)	(c)	(d)	1	0
x_5	1	-1	3	(e)	0	1
$c_j - z_j$		(a)	-1	2	0	0
x_1	(f)	(g)	2	-1	1/2	0
x_5	4	(h)	(i)	1	1/2	1
$c_j - z_j$		0	-7	(j)	(k)	(l)

1.8 线性规划问题如下：

$$\max z = c_1 x_1 + c_2 x_2$$

$$\text{s. t.} \begin{cases} a_{11} x_1 + a_{12} x_2 \leqslant b_1 \\ a_{21} x_1 + a_{22} x_2 \leqslant b_2 \\ x_1, x_2 \geqslant 0 \end{cases}$$

用单纯形法求解得表 1-23（表中 x_3, x_4 为松弛变量）。

表 **1-23**

项 目		x_1	x_2	x_3	x_4
x_1	5/2	1	0	3	2
x_2	1	0	1	1	1
$c_j - z_j$		0	0	-2	-3

求 $a_{11}, a_{12}, a_{21}, a_{22}, c_1, c_2, b_1, b_2$ 的值。

1.9 考虑线性规划问题

$$\max z = \alpha x_1 + 2x_2 + x_3 - 4x_4$$

$$\text{s. t.} \begin{cases} x_1 + x_2 \qquad\quad - x_4 = 4 + 2\beta & \text{(i)} \\ 2x_1 - x_2 + 3x_3 - 2x_4 = 5 + 7\beta & \text{(ii)} \\ x_1, x_2, x_3, x_4 \geqslant 0 \end{cases}$$

模型中 α, β 为参数，要求：

(1) 组成两个新的约束 $(\text{i})' = (\text{i}) + (\text{ii}), (\text{ii})' = (\text{ii}) - 2(\text{i})$，根据式 $(\text{i})'$ 和式 $(\text{ii})'$，以 x_1, x_2 为基变量，列出初始单纯形表；

(2) 在表中，假定 $\beta = 0$，则 α 为何值时，x_1, x_2 为问题的最优基；

(3) 在表中，假定 $\alpha = 3$，则 β 为何值时，x_1, x_2 为问题的最优基。

1.10 试述线性规划模型中"线性"二字的含义，并用实例说明什么情况下线性的假设将被违背。

1.11 判断下列说法是否正确，为什么？

(1) 含 n 个变量 m 个约束的标准型的线性规划问题，基解数恰好为 C_n^m 个；

(2) 线性规划问题的可行解如为最优解，则该可行解一定为基可行解；

(3) 如线性规划问题存在可行域，则可行域一定包含坐标的原点；

(4) 单纯形法迭代计算中，必须选取同最大检验数 $\sigma_j > 0$ 对应的变量作为换入基的变量。

1.12 线性规划问题 $\max z = CX, AX = b, X \geqslant 0$，如 X^* 是该问题的最优解，又 $\lambda > 0$ 为某一常数，分别讨论下列情况时最优解的变化。

(1) 目标函数变为 $\max z = \lambda CX$；

(2) 目标函数变为 $\max z = (C + \lambda)X$；

（3）目标函数变为 $\max z = \dfrac{C}{\lambda} X$，约束条件变为 $AX = \lambda b$。

1.13 某饲养场饲养动物出售，设每头动物每天至少需 700g 蛋白质、30g 矿物质、100mg 维生素。现有五种饲料可供选用，各种饲料每 kg 营养成分含量及单价如表 1-24 所示。

表　1-24

饲料	蛋白质/g	矿物质/g	维生素/mg	价格/(元/kg)
1	3	1	0.5	0.2
2	2	0.5	1.0	0.7
3	1	0.2	0.2	0.4
4	6	2	2	0.3
5	18	0.5	0.8	0.8

要求确定既满足动物生长的营养需要，又使费用最省的选用饲料的方案。

1.14 辽源街邮局从周一到周日每天所需的职员人数如下表 1-25 所示。职员分别安排在周内某一天开始上班，并连续工作 5 天，休息 2 天。

表　1-25　　　　　　　　　　　　　　　　　　　　　　　　　人

周	一	二	三	四	五	六	日
所需人数	17	13	15	19	14	16	11

要求确定：

（1）该邮局至少应配备多少职员，才能满足值班需要；

（2）因从周一开始上班的，双休日都能休息；周二或周日开始上班的，双休日内只能有一天得到休息；其他时间开始上班的，两个双休日都得不到休息，很不合理。因此邮局准备对每周上班的起始日进行轮换（但从起始日开始连续上 5 天班的规定不变），问如何安排轮换，才能做到在一个周期内每名职工享受到同等的双休日的休假天数；

（3）该邮局职员中有一名领班，一名副领班。为便于领导，规定领班于每周一、三、四、五、六上班，副领班于一、二、三、五、日这 5 天上班。据此试重新对上述要求（1）和（2）建模和求解。

1.15 一艘货轮分前、中、后三个舱位，它们的容积与最大允许载重量如表 1-26 所示。现有三种货物待运，已知有关数据列于表 1-27。

表　1-26

项　目	前舱	中舱	后舱
最大允许载重量/t	2 000	3 000	1 500
容积/m³	4 000	5 400	1 500

表 1-27

商品	数量/件	每件体积/(m³/件)	每件重量/(t/件)	运价/(元/件)
A	600	10	8	1 000
B	1 000	5	6	700
C	800	7	5	600

又为了航运安全,前、中、后舱的实际载重量大体保持各舱最大允许载重量的比例关系。具体要求:前、后舱分别与中舱之间载重量比例的偏差不超过 15%,前、后舱之间不超过 10%。问该货轮应装载 A、B、C 各多少件运费收入为最大? 试建立这个问题的线性规划模型。

1.16 长城通信公司拟对新推出的一款手机收费套餐服务进行调查,以便进一步设计改进。调查对象设定为商界人士及大学生,要求:(1)总共调查 600 人,其中大学生不少于 250 人;(2)方式分电话调查和问卷调查,其中问卷调查人数不少于 30%;(3)对大学生电话调查 80% 以上应安排在周六或周日,对商界人士电话调查 80% 以上应安排在周一至周五;(4)问卷调查时间不限。已知有关调查费用如表 1-28 所示,问该公司应如何安排调查,使总的费用为最省。

表 1-28 元/人次

调查对象	电话调查		问卷调查
	周一至周五	周六、日	
大学生	3.0	2.5	5.0
商界人士	3.5	3.0	5.0

1.17 生产存储问题。某厂签订了 5 种产品($i=1,\cdots,5$)上半年的交货合同。已知各产品在第 j 月($j=1,\cdots,6$)的合同交货量 D_{ij},该月售价 s_{ij}、成本价 c_{ij} 及生产 1 件时所需工时 a_{ij}。该厂第 j 月的正常生产工时为 t_j,但必要时可加班生产,第 j 月允许的最多加班工时不超过 t'_j,并且加班时间内生产出来的产品每件成本增加额外费用 c'_{ij} 元。若生产出来的产品当月不交货,每件库存 1 个月交存储费 p_i 元。试为该厂设计一个保证完成合同交货,又使上半年预期盈利总额为最大的生产计划安排。

1.18 宏银公司承诺为某建设项目从 2003 年起的 4 年中每年年初分别提供以下数额贷款:2003 年——100 万元,2004 年——150 万元,2005 年——120 万元,2006 年——110 万元。以上贷款资金均需于 2002 年年底前筹集齐。但为了充分发挥这笔资金的作用,在满足每年贷款额情况下,可将多余资金分别用于下列投资项目:

(1) 于 2003 年年初购买 A 种债券,期限 3 年,到期后本息合计为投资额的 140%,但限购 60 万元;

(2) 于 2003 年年初购买 B 种债券,期限 2 年,到期后本息合计为投资额的 125%,且

限购90万元;

(3) 于2004年年初购买C种债券,期限2年,到期后本息合计为投资额的130%,但限购50万元;

(4) 于每年年初将任意数额的资金存放于银行,年息4%,于每年年底取出。

求宏银公司应如何运用好这笔筹集到的资金,使2002年年底需筹集到的资金数额为最少。

1.19 红豆服装厂新推出一款时装,据经验和市场调查,预测今后6个月对该款时装的需求为:1月——3 000件;2月——3 600件;3月——4 000件;4月——4 600件;5月——4 800件;6月——5 000件。生产每件需熟练工人工作4h,耗用原材料150元,售价为240元/件。该厂1月初有熟练工80人,每人每月工作160h。为适应生产需要,该厂可招收新工人培训,但培训一名新工人需占用熟练工人50h用于指导操作,培训期为一个月,结束后即可上岗。熟练工人每月工资2 000元,新工人培训期间给予生活补贴800元,转正后工资与生产效率同熟练工人。又熟练工人(含转正一个月后的新工人)每月初有2%因各种原因离职。已知该厂年初已加工出400件该款时装作为库存,要求6月末存库1 000件。又每月生产出来时装如不在当月交货,库存费用为每件每月10元。试为该厂设计一个满足各月及6月末库存要求,又使1~6月总收入为最大的劳动力安排方案。

1.20 祥瑞贸易公司专门经营某种杂粮的批发业务。公司现有库容5 000吨的仓库。1月1日公司拥有库存1 000吨的杂粮,并有资金20 000元。估计第一季度杂粮价格如表1-29所示。如买进的杂粮当月到货,则需到下月才能卖出,且规定"货到付款"。公司希望本季末库存为2 000吨,问应采取什么样的买进与卖出的策略使3个月总的获利最大。要求列出本问题的线性规划模型,但不需求解。

表 1-29   元/吨

月份	进货价	出货价
1	2 850	3 100
2	3 050	3 250
3	2 900	2 950

CHAPTER 2
第二章

线性规划的对偶理论与灵敏度分析

第一节 线性规划的对偶问题

一、对偶问题的提出

《现代汉语词典》（修订本）中有关"对偶"的释义为"修辞方式,用对称的字句加强语言的效果。"《中国企业管理百科全书》中,有关对偶理论词条的释义为"实质相同但从不同角度提出的不同提法的一对互为对偶的问题。如企业怎样充分利用现有人力、物力完成更多任务和怎样用最少人力物力去完成给定的任务,就是互为对偶的一对问题。对偶理论是从数量关系上研究这一对问题的性质、关系及应用的理论和方法。"因此无论从理论或实践角度,对偶理论都是线性规划中的一个最重要和有趣的概念。对偶理论的基本思想是,每一个线性规划问题都存在一个与其对偶的问题,在求出一个问题解的时候,也同时给出了另一问题的解。下面先通过实际例子看对偶问题的经济意义。

例 1 第一章例 1 美佳公司利用该公司资源生产两种家电产品时,其线性规划问题为

$$(\text{LP1}) \quad \max z = 2x_1 + x_2$$

$$\text{s. t.} \begin{cases} 5x_2 \leqslant 15 \\ 6x_1 + 2x_2 \leqslant 24 \\ x_1 + x_2 \leqslant 5 \\ x_1, x_2 \geqslant 0 \end{cases}$$

现从另一角度提出问题。假定有某个公司想把美佳公司的资源收买过来,它至少应付出多大代价,才能使美佳公司愿意放弃生产活动,出让自己的资源?显然美佳公司愿出让自己资源的条件是,出让代价应不低于用同等数量资源由自己组织生产活动时获取的盈利。设分别用 y_1, y_2 和 y_3 代表单位时间(h)设备 A、设备 B 和调试工序的出让代价。因美佳公司用 6h 设备 B 和 1h 调试可生产一件家电 I,盈利 2 元;用 5h 设备 A,2h 设备 B 及 1h 调试可生产一件家电 II,盈利 1 元。由此 y_1, y_2, y_3 的取值应满足

$$\left. \begin{array}{l} 6y_2 + y_3 \geqslant 2 \\ 5y_1 + 2y_2 + y_3 \geqslant 1 \end{array} \right\} \tag{2.1}$$

又该公司希望用最小代价把美佳公司的全部资源收买过来,故有

$$\min z = 15y_1 + 24y_2 + 5y_3 \tag{2.2}$$

显然 $y_i \geqslant 0$ $(i=1,2,3)$,再综合式(2.1)和式(2.2),有

$$(\text{LP 2}) \quad \min w = 15y_1 + 24y_2 + 5y_3$$

$$\text{s. t.} \begin{cases} 6y_2 + y_3 \geqslant 2 \\ 5y_1 + 2y_2 + y_3 \geqslant 1 \\ y_1, y_2, y_3 \geqslant 0 \end{cases}$$

上述 LP1 和 LP2 两个线性规划问题,通常称前者为原问题,后者是前者的对偶问题。

二、对称形式下对偶问题的一般形式

定义:满足下列条件的线性规划问题称为具有对称形式:其变量均具有非负约束,其约束条件当目标函数求极大时均取"$\leqslant$"号,当目标函数求极小时均取"$\geqslant$"号。

对称形式下线性规划原问题的一般形式为

$$\max z = c_1 x_1 + c_2 x_2 + \cdots + c_n x_n$$

$$\text{s. t.} \begin{cases} a_{11}x_1 + a_{12}x_2 + \cdots + a_{1n}x_n \leqslant b_1 \\ a_{21}x_1 + a_{22}x_2 + \cdots + a_{2n}x_n \leqslant b_2 \\ \qquad\qquad\qquad \vdots \\ a_{m1}x_1 + a_{m2}x_2 + \cdots + a_{mn}x_n \leqslant b_m \\ x_j \geqslant 0 \quad (j=1,\cdots,n) \end{cases} \tag{2.3}$$

用 $y_i(i=1,\cdots,m)$ 代表第 i 种资源的估价,则其对偶问题的一般形式为

$$\min w = b_1 y_1 + b_2 y_2 + \cdots + b_m y_m$$

$$\text{s. t.} \begin{cases} a_{11}y_1 + a_{21}y_2 + \cdots + a_{m1}y_m \geqslant c_1 \\ a_{12}y_1 + a_{22}y_2 + \cdots + a_{m2}y_m \geqslant c_2 \\ \qquad\qquad\qquad \vdots \\ a_{1n}y_1 + a_{2n}y_2 + \cdots + a_{mn}y_m \geqslant c_n \\ y_i \geqslant 0 \quad (i=1,\cdots,m) \end{cases} \tag{2.4}$$

用矩阵形式表示,对称形式的线性规划问题的原问题和对偶问题可分别表示为

$$\max z = \boldsymbol{CX}$$
$$\text{s. t.} \begin{cases} \boldsymbol{AX} \leqslant \boldsymbol{b} \\ \boldsymbol{X} \geqslant \boldsymbol{0} \end{cases} \tag{2.5}$$

$$\min w = \boldsymbol{Y}^{\text{T}} \boldsymbol{b}$$
$$\text{s. t.} \begin{cases} \boldsymbol{A}^{\text{T}} \boldsymbol{Y} \geqslant \boldsymbol{C}^{\text{T}} \\ \boldsymbol{Y} \geqslant \boldsymbol{0}, \end{cases} \tag{2.6}$$

$\boldsymbol{Y}$ 是列向量, $\boldsymbol{Y} = (y_1, y_2, \cdots, y_m)^{\text{T}}$

将上述对称形式下线性规划的原问题与对偶问题进行比较,可以列出如表 2-1 所示的对应关系。

表　2-1

项　目	原　问　题	对　偶　问　题
A	约束系数矩阵	其约束系数矩阵的转置
b	约束条件的右端项向量	目标函数中的价格系数向量
C	目标函数中的价格系数向量	约束条件的右端项向量
目标函数	$\max z = CX$	$\min w = Y^T b$
约束条件	$AX \leqslant b$	$A^T Y \geqslant C^T$
决策变量	$X \geqslant 0$	$Y \geqslant 0$

上述式 (2.6) 对偶问题中令 $w' = -w$，可改写为

$$\max w' = -Y^T b$$
$$\text{s. t.} \begin{cases} -A^T Y \leqslant -C^T \\ Y \geqslant 0 \end{cases}$$

如将其作为原问题，并按表 2-1 所列对应关系写出它的对偶问题则有

$$\min z' = -CX$$
$$\text{s. t.} \begin{cases} -AX \geqslant -b \\ X \geqslant 0 \end{cases}$$

再令 $z = -z'$，则上式可改写为

$$\max z = CX$$
$$\text{s. t.} \begin{cases} AX \leqslant b \\ X \geqslant 0 \end{cases}$$

可见对偶问题的对偶即原问题。因此也可以把表 2-1 右端的线性规划问题作为原问题，写出其左端形式的对偶问题。

三、非对称形式的原-对偶问题关系

因为并非所有线性规划问题具有对称形式，故下面讨论一般形式下线性规划问题如何写出其对偶问题。考虑下面的例子：

例 2　写出下述线性规划问题的对偶问题

$$\max z = c_1 x_1 + c_2 x_2 + c_3 x_3$$

$$\text{s. t.} \begin{cases} a_{11} x_1 + a_{12} x_2 + a_{13} x_3 \leqslant b_1 & \text{(2.7a)} \\ a_{21} x_1 + a_{22} x_2 + a_{23} x_3 = b_2 & \text{(2.7b)} \\ a_{31} x_1 + a_{32} x_2 + a_{33} x_3 \geqslant b_3 & \text{(2.7c)} \\ x_1 \geqslant 0, \quad x_2 \leqslant 0, \quad x_3 \text{ 无约束} & \text{(2.7d)} \end{cases}$$

先将式(2.7)转换成对称形式,再按表 2-1 的对应关系写出其对偶问题。为此:

(1) 将约束(2.7b)先转换成 $a_{21}x_1+a_{22}x_2+a_{23}x_3 \leqslant b_2$ 和 $a_{21}x_1+a_{22}x_2+a_{23}x_3 \geqslant b_2$,再变换为 $a_{21}x_1+a_{22}x_2+a_{23}x_3 \leqslant b_2$ 和 $-a_{21}x_1-a_{22}x_2-a_{23}x_3 \leqslant -b_2$;

(2) 将约束(2.7c)两端乘"-1",得 $-a_{31}x_1-a_{32}x_2-a_{33}x_3 \leqslant -b_3$;

(3) 在约束(2.7d)中令 $x_2=-x_2'$,由此 $x_2' \geqslant 0$;令 $x_3=x_3'-x_3''$,其中 $x_3' \geqslant 0, x_3'' \geqslant 0$。

经上述变换后例 2 可重新表达为

$$\max z = c_1x_1 - c_2x_2' + c_3x_3' - c_3x_3'' \qquad \text{对偶变量}$$

$$\text{s. t.}\begin{cases} a_{11}x_1 - a_{12}x_2' + a_{13}x_3' - a_{13}x_3'' \leqslant b_1 & y_1 \\ a_{21}x_1 - a_{22}x_2' + a_{23}x_3' - a_{23}x_3'' \leqslant b_2 & y_2' \\ -a_{21}x_1 + a_{22}x_2' - a_{23}x_3' + a_{23}x_3'' \leqslant -b_2 & y_2'' \\ -a_{31}x_1 + a_{32}x_2' - a_{33}x_3' + a_{33}x_3'' \leqslant -b_3 & y_3' \\ x_1 \geqslant 0, \quad x_2' \geqslant 0, \quad x_3' \geqslant 0, \quad x_3'' \geqslant 0 \end{cases}$$

令各约束对应的对偶变量分别为 y_1, y_2', y_2'' 和 y_3',按表 2-1 的对应关系写出其对偶问题为

$$\min w = b_1y_1 + b_2y_2' - b_2y_2'' - b_3y_3'$$

$$\text{s. t.}\begin{cases} a_{11}y_1 + a_{21}y_2' - a_{21}y_2'' - a_{31}y_3' \geqslant c_1 & (2.8\text{a}) \\ -a_{12}y_1 - a_{22}y_2' + a_{22}y_2'' + a_{32}y_3' \geqslant -c_2 & (2.8\text{b}) \\ a_{13}y_1 + a_{23}y_2' - a_{23}y_2'' - a_{33}y_3' \geqslant c_3 & (2.8\text{c}) \\ -a_{13}y_1 - a_{23}y_2' + a_{23}y_2'' + a_{33}y_3' \geqslant -c_3 & (2.8\text{d}) \\ y_1 \geqslant 0, \quad y_2' \geqslant 0, \quad y_2'' \geqslant 0, \quad y_3' \geqslant 0 \end{cases}$$

在式(2.8)中,令 $y_2=y_2'-y_2''$,$y_3=-y_3'$,将式(2.8c)和式(2.8d)转换为 $a_{13}y_1+a_{23}y_2+a_{33}y_3=c_3$,将式(2.8b)两端乘以"$-1$",由此得

$$\min w = b_1y_1 + b_2y_2 + b_3y_3$$

$$\text{s. t.}\begin{cases} a_{11}y_1 + a_{21}y_2 + a_{31}y_3 \geqslant c_1 \\ a_{12}y_1 + a_{22}y_2 + a_{32}y_3 \leqslant c_2 \\ a_{13}y_1 + a_{23}y_2 + a_{33}y_3 = c_3 \\ y_1 \geqslant 0, \quad y_2 \text{ 无约束}, \quad y_3 \leqslant 0 \end{cases}$$

将上述对偶问题同原问题对比发现,无论对称或非对称的线性规划问题在写出其对偶问题时,表 2-1 中前 4 行的对应关系都适用,区别的只是约束条件的形式与其对应变量的取值。根据例 2 中约束和变量的对应关系,下面将对称或不对称线性规划原问题同对偶问题的对应关系,统一归纳为表 2-2 所示形式。

表　2-2

项目	原问题（对偶问题）	对偶问题（原问题）
A	约束系数矩阵	约束系数矩阵的转置
b	约束条件右端项向量	目标函数中的价格系数向量
C	目标函数中的价格系数向量	约束条件右端项向量
目标函数	$\max z = \sum\limits_{j=1}^{n} c_j x_j$	$\min w = \sum\limits_{i=1}^{m} b_i y_i$
变量	$\begin{cases} x_j \quad (j=1,\cdots,n) \\ x_j \geqslant 0 \\ x_j \leqslant 0 \\ x_j \text{ 无约束} \end{cases}$	有 n 个 $(j=1,\cdots,n)$ $\left.\begin{cases} \sum\limits_{i=1}^{m} a_{ij} y_i \geqslant c_j \\ \sum\limits_{i=1}^{m} a_{ij} y_i \leqslant c_j \\ \sum\limits_{i=1}^{m} a_{ij} y_i = c_j \end{cases}\right\}$ 约束条件
约束条件	有 m 个 $(i=1,\cdots,m)$ $\begin{cases} \sum\limits_{j=1}^{n} a_{ij} x_j \leqslant b_i \\ \sum\limits_{j=1}^{n} a_{ij} x_j \geqslant b_i \\ \sum\limits_{j=1}^{n} a_{ij} x_j = b_i \end{cases}$	$\left.\begin{array}{c} y_i \quad (i=1,\cdots,m) \\ y_i \geqslant 0 \\ y_i \leqslant 0 \\ y_i \text{ 无约束} \end{array}\right\}$ 变量

第二节　对偶问题的基本性质

本节的讨论先假定原问题及对偶问题为对称形式线性规划问题，即原问题为

$$\max z = \sum_{j=1}^{n} c_i x_j$$

$$\text{s. t.} \begin{cases} \sum\limits_{j=1}^{n} a_{ij} x_j \leqslant b_i & (i=1,\cdots,m) \\ x_j \geqslant 0 & (j=1,\cdots,n) \end{cases} \tag{2.9}$$

其对偶问题为

$$\min w = \sum_{i=1}^{m} b_i y_i$$

$$\text{s. t.} \begin{cases} \sum\limits_{i=1}^{m} a_{ij} y_i \geqslant c_j & (j=1,\cdots,n) \\ y_i \geqslant 0 & (i=1,\cdots,m) \end{cases} \tag{2.10}$$

然后说明对偶问题的基本性质在非对称形式时也适用。

为本节讨论及后面讲述的需要,这里先介绍有关单纯形法计算的矩阵描述。

一、单纯形法计算的矩阵描述

对称形式线性规划问题式(2.9)的矩阵表达式加上松弛变量 X_S 后为

$$\max z = CX + 0X_S$$
$$\text{s. t.} \begin{cases} AX + IX_S = b \\ X \geqslant 0, \quad X_S \geqslant 0 \end{cases} \tag{2.11}$$

上式中 X_S 为松弛变量, $X_S = (x_{n+1}, x_{n+2}, \cdots, x_{n+m})^{\mathrm{T}}$, I 为 $m \times m$ 单位矩阵。

单纯形法计算时,总选取 I 为初始基,对应基变量为 X_S 。设迭代若干步后,基变量为 X_B , X_B 在初始单纯形表中的系数矩阵为 B 。将 B 在初始单纯形表中单独列出,而 A 中去掉 B 的若干列后剩下的列组成矩阵 N ,这样式(2.11)的初始单纯形表可列成如表 2-3 的形式。

表 2-3

项 目			非 基 变 量		基变量
C_B	基	b	X_B	X_N	X_S
0	X_S	b	B	N	I
$c_j - z_j$			C_B	C_N	0

当迭代若干步,基变量为 X_B 时,则该步的单纯形表中由 X_B 系数组成的矩阵为 I 。又因单纯形法的迭代是对约束增广矩阵进行的行的初等变换,对应 X_S 的系数矩阵 I 在新表中应为 B^{-1} 。故当基变量为 X_B 时,新的单纯形表具有表 2-4 形式。

表 2-4

项 目			基变量	非 基 变 量	
C_B	基	b	X_B	X_N	X_S
C_B	X_B	$B^{-1}b$	I	$B^{-1}N$	B^{-1}
$c_j - z_j$			0	$C_N - C_B B^{-1}N$	$-C_B B^{-1}$

从表 2-3 和表 2-4 看出,当迭代后基变量由 X_S 变化为 X_B 时,其在初始单纯形表同迭代后单纯形表中的系数矩阵的变化有:

(1) 对应初始单纯形表中的单位矩阵 I ,迭代后的单纯形表中为 B^{-1} ;

(2) 初始单纯形表中基变量 $X_S = b$,迭代后的表中

$$X_B = B^{-1}b; \tag{2.12}$$

（3）初始单纯形表中约束系数矩阵为 $[\boldsymbol{A},\boldsymbol{I}]=[\boldsymbol{B},\boldsymbol{N},\boldsymbol{I}]$，迭代后的表中约束系数矩阵为 $[\boldsymbol{B}^{-1}\boldsymbol{A},\boldsymbol{B}^{-1}\boldsymbol{I}]=[\boldsymbol{B}^{-1}\boldsymbol{B},\boldsymbol{B}^{-1}\boldsymbol{N},\boldsymbol{B}^{-1}\boldsymbol{I}]=[\boldsymbol{I},\boldsymbol{B}^{-1}\boldsymbol{N},\boldsymbol{B}^{-1}]$。

（4）若初始矩阵中变量 x_j 的系数向量为 $\boldsymbol{P}_j$，迭代后为 $\boldsymbol{P}_j'$，则有

$$\boldsymbol{P}_j' = \boldsymbol{B}^{-1}\boldsymbol{P}_j \tag{2.13}$$

（5）当 B 为最优基时，在表 2-4 中应有

$$\boldsymbol{C}_N - \boldsymbol{C}_B\boldsymbol{B}^{-1}\boldsymbol{N} \leqslant 0 \tag{2.14}$$

$$-\boldsymbol{C}_B\boldsymbol{B}^{-1} \leqslant 0 \tag{2.15}$$

因 x_B 的检验数可写为

$$\boldsymbol{C}_B - \boldsymbol{C}_B \cdot \boldsymbol{I} = 0 \tag{2.16}$$

故式(2.14)～式(2.16)可重写为

$$\boldsymbol{C} - \boldsymbol{C}_B\boldsymbol{B}^{-1}\boldsymbol{A} \leqslant 0 \tag{2.17}$$

$$-\boldsymbol{C}_B\boldsymbol{B}^{-1} \leqslant 0 \tag{2.18}$$

$\boldsymbol{C}_B\boldsymbol{B}^{-1}$ 称为单纯形乘子，若令 $\boldsymbol{Y}^{\mathrm{T}}=\boldsymbol{C}_B\boldsymbol{B}^{-1}$，则式(2.17)和式(2.18)可改写为

$$\begin{cases} \boldsymbol{A}^{\mathrm{T}}\boldsymbol{Y} \geqslant \boldsymbol{C}' \\ \boldsymbol{Y} \geqslant \boldsymbol{0} \end{cases} \tag{2.19}$$

看出这时检验数行，若取其相反数恰好是其对偶问题的一个可行解。将这个解代入对偶问题的目标函数值，有

$$w = \boldsymbol{Y}^{\mathrm{T}}\boldsymbol{b} = \boldsymbol{C}_B\boldsymbol{B}^{-1}\boldsymbol{b} = z \tag{2.20}$$

由式(2.20)看出，当原问题为最优解时，这时对偶问题为可行解，且两者具有相同的目标函数值。根据下一节讲述的对偶问题的基本性质，将看到这时对偶问题的解也为最优解。

下面通过例子说明两个问题的变量及解之间的对应关系，见例 3。

例 3 本章例 1 中列出了两个互为对偶的线性规划问题，两者分别加上松弛和剩余变量后为

$$\max z = 2x_1 + x_2 + 0x_3 + 0x_4 + 0x_5 \qquad \text{对偶变量}$$

$$\text{s. t.} \begin{cases} 5x_2 + x_3 & = 15 & y_1 \\ 6x_1 + 2x_2 + x_4 & = 24 & y_2 \\ x_1 + x_2 + x_5 & = 5 & y_3 \\ x_j \geqslant 0 \quad (j=1,\cdots,5) \end{cases}$$

$$\min w = 15y_1 + 24y_2 + 5y_3 + 0y_4 + 0y_5 \qquad \text{对偶变量}$$

$$\text{s. t.} \begin{cases} 6y_2 + y_3 - y_4 & = 2 & x_1 \\ 5y_1 + 2y_2 + y_3 - y_5 & = 1 & x_2 \\ y_i \geqslant 0 \quad (i=1,\cdots,5) \end{cases}$$

用单纯形法和两阶段法求得两个问题的最终单纯形表分别见表 2-5 和表 2-6。

表 2-5

项 目		原问题变量		原问题松弛变量		
		x_1	x_2	x_3	x_4	x_5
x_3	15/2	0	0	1	5/4	−15/2
x_1	7/2	1	0	0	1/4	−1/2
x_2	3/2	0	1	0	−1/4	3/2
$z_j - c_j$		0	0	0	1/4	1/2
变量		对偶问题的剩余变量		对偶问题变量		
		y_4	y_5	y_1	y_2	y_3

表 2-6

项 目		对偶问题变量			对偶问题剩余变量	
		y_1	y_2	y_3	y_4	y_5
y_2	1/4	−5/4	1	0	−1/4	1/4
y_3	1/2	15/2	0	1	1/2	−3/2
$c_j - z_j$		15/2	0	0	7/2	3/2
变量		原问题松弛变量			原问题变量	
		x_3	x_4	x_5	x_1	x_2

从表 2-5 和表 2-6,可以清楚地看出两个问题变量之间的对应关系。同时看出只需求解其中一个问题,从最优解的单纯形表中可得到另一个问题的最优解。

二、对偶问题的基本性质

设原问题如式(2.9)所示,其对偶问题如式(2.10)所示,则对偶问题具有以下性质。

1. 弱对偶性。如果 $\bar{x}_j (j=1,\cdots,n)$ 是原问题的可行解,$\bar{y}_i (i=1,\cdots,m)$ 是其对偶问题的可行解,则恒有

$$\sum_{j=1}^{n} c_j \bar{x}_j \leqslant \sum_{i=1}^{m} b_i \bar{y}_i$$

证　因为　$\sum_{j=1}^{n} c_j \bar{x}_j \leqslant \sum_{j=1}^{n} \left(\sum_{i=1}^{m} a_{ij} \bar{y}_i \right) \bar{x}_j = \sum_{i=1}^{m} \sum_{j=1}^{n} a_{ij} \bar{x}_j \bar{y}_i$

$$\sum_{i=1}^{m} b_i \bar{y}_i \geqslant \sum_{i=1}^{m} \left(\sum_{j=1}^{n} a_{ij} \bar{x}_j \right) \bar{y}_i = \sum_{i=1}^{m} \sum_{j=1}^{n} a_{ij} \bar{x}_j \bar{y}_i$$

所以　　　　　　　　　$\sum_{j=1}^{n} c_j \bar{x}_j \leqslant \sum_{i=1}^{m} b_i \bar{y}_i$

由弱对偶性,可得出以下推论:

(1) 原问题最优解的目标函数值是其对偶问题目标函数值的下界;反之对偶问题最

优解的目标函数值是其原问题目标函数值的上界。

（2）如原问题有可行解且目标函数值无界（具有无界解），则其对偶问题无可行解；反之对偶问题有可行解且目标函数值无界，则其原问题无可行解（注意：本点性质的逆不成立，当对偶问题无可行解时，其原问题或具有无界解或无可行解，反之亦然）。

（3）若原问题有可行解而其对偶问题无可行解，则原问题目标函数值无界；反之对偶问题有可行解而其原问题无可行解，则对偶问题的目标函数值无界。

2. 最优性。如果 $\hat{x}_j(j=1,\cdots,n)$ 是原问题的可行解，$\hat{y}_i(i=1,\cdots,m)$ 是其对偶问题的可行解，且有

$$\sum_{j=1}^n c_j \hat{x}_j = \sum_{i=1}^m b_i \hat{y}_i$$

则 $\hat{x}_j(j=1,\cdots,n)$ 是原问题的最优解，$\hat{y}_i(i=1,\cdots,m)$ 是其对偶问题的最优解。

证　设 $x_j^*(j=1,\cdots,n)$ 是原问题的最优解，$y_i^*(i=1,\cdots,m)$ 是其对偶问题的最优解

因为 $\qquad \sum_{j=1}^n c_j \hat{x}_j \leqslant \sum_{j=1}^n c_j x_j^*, \qquad \sum_{i=1}^m b_i y_i^* \leqslant \sum_{i=1}^m b_i \hat{y}_i$

又知 $\qquad \sum_{j=1}^n c_j \hat{x}_j = \sum_{i=1}^m b_i \hat{y}_i, \qquad \sum_{j=1}^n c_j x_j^* \leqslant \sum_{i=1}^m b_i y_i^*$

故 $\qquad \sum_{j=1}^n c_j \hat{x}_j = \sum_{j=1}^n c_j x_j^* = \sum_{i=1}^m b_i y_i^* = \sum_{i=1}^m b_i \hat{y}_i$

3. 强对偶性（或称对偶定理）。若原问题及其对偶问题均具有可行解，则两者均具有最优解，且它们最优解的目标函数值相等。

证　由于两者均有可行解，根据弱对偶性的推论（1），对原问题的目标函数值具有上界，对偶问题的目标函数值具有下界，因此两者均具有最优解。又由本节的式（2.19）和式（2.20）知，当原问题为最优解时，其对偶问题的解为可行解，且有 $z=w$，由最优性知，这时两者的解均为最优解。

4. 互补松弛性。在线性规划问题的最优解中，如果对应某一约束条件的对偶变量值为非零，则该约束条件取严格等式；反之如果约束条件取严格不等式，则其对应的对偶变量一定为零。也即

若 $\hat{y}_i > 0$，则有 $\sum_{j=1}^n a_{ij} \hat{x}_j = b_i$，即 $\hat{x}_{si} = 0$

若 $\sum_{j=1}^n a_{ij} \hat{x}_j < b_i$，即 $\hat{x}_{si} > 0$，则有 $\hat{y}_i = 0$

因此一定有 $\hat{x}_{si} \cdot \hat{y}_i = 0$

证　由弱对偶性知

$$\sum_{j=1}^n c_j \hat{x}_j \leqslant \sum_{i=1}^m \sum_{j=1}^n a_{ij} \hat{x}_j \hat{y}_i \leqslant \sum_{i=1}^m b_i \hat{y}_i \tag{2.21}$$

又根据最优性 $\sum_{j=1}^{n} c_j \hat{x}_j = \sum_{i=1}^{m} b_i \hat{y}_i$，故式(2.21)中应全为等式。由式(2.21)右端等式得

$$\sum_{i=1}^{m} \left(\sum_{j=1}^{n} a_{ij} \hat{x}_j - b_i \right) \hat{y}_i = 0 \qquad (2.22)$$

因 $\hat{y}_i \geqslant 0, \sum_{j=1}^{n} a_{ij} \hat{x}_j - b_i \leqslant 0$，故式(2.22)成立必须对所有 $i = 1, \cdots, m$，有

$$\left(\sum_{j=1}^{n} a_{ij} \hat{x}_j - b_i \right) \hat{y}_i = 0$$

由此当 $\hat{y}_i > 0$ 时，必有 $\sum_{j=1}^{n} a_{ij} \hat{x}_j - b_i = 0$；当 $\sum_{j=1}^{n} a_{ij} \hat{x}_j - b_i < 0$ 时，必有 $\hat{y}_i = 0$。

将互补松弛性质应用于其对偶问题时可以这样叙述：

如果有 $\hat{x}_j > 0$，则 $\sum_{i=1}^{m} a_{ij} \hat{y}_i = c_j$；如果有 $\sum_{i=1}^{m} a_{ij} \hat{y}_j > c_j$，则 $\hat{x}_j = 0$

其证明方法同上所述。

上述针对对称形式证明的对偶问题的性质，同样适用于非对称形式，读者不妨自己找一个例子来进行验证。

从一些书籍的讲述中，将看到原问题最优解同对偶问题最优解之间的互补松弛性质是理解非线性规划中库恩-塔克条件的重要基础。

第三节　影子价格

从上节对偶问题的基本性质可以看出，当线性规划原问题求得最优解 x_j^*（$j = 1, \cdots, n$）时，其对偶问题也得到最优解 y_i^*（$i = 1, \cdots, m$），且代入各自的目标函数后有

$$z^* = \sum_{j=1}^{n} c_j x_j^* = \sum_{i=1}^{m} b_i y_i^* = w^* \qquad (2.23)$$

式中 b_i 是线性规划原问题约束条件的右端项，它代表第 i 种资源的拥有量；对偶变量 y_i^* 的意义代表在资源最优利用条件下对单位第 i 种资源的估价。这种估价不是资源的市场价格，而是单位第 i 种资源在所给问题的最优方案中作出的贡献的估价，为区别起见，称为影子价格(shadow price)。

1. 资源的市场价格是其价值的客观体现，随供求关系的变化，价格围绕价值波动。而资源的影子价格则有赖于资源的利用情况，它是当目前一组基变量用于获得原问题最优解时，对偶变量 y_i（即第 i 种资源）每单位对利润的贡献。这个贡献因不同企业或同一企业生产任务、产品结构等情况发生变化，资源的影子价格也随之改变。

2. 影子价格是一种边际价格,在式(2.23)中对 z 求 b_i 的偏导数得 $\dfrac{\partial z^*}{\partial b_i} = y_i^*$。这说明 y_i^* 的值理论上相当于在资源得到最优利用的生产条件下,b_i 每增加一个单位时目标函数 z 的增量。

图 2-1 为例 1 用图解法求解时的情形,图中阴影线部分标出了问题的可行域,点 $\left(\dfrac{7}{2}, \dfrac{3}{2}\right)$ 是最优解,代入目标函数得 $z = 8\dfrac{1}{2}$。在该例目标函数和其他约束不变的条件下,如果第②个约束条件右端项增加 1,变为 $6x_1 + 2x_2 \leqslant 25$,可行域边界线②将移至②′,最优解的点为 $\left(\dfrac{15}{4}, \dfrac{5}{4}\right)$,代入目标函数得 $z = 8\dfrac{3}{4}$,说明第 2 种资源

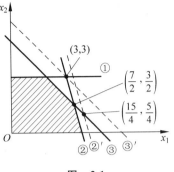

图　2-1

的边际价格为 1/4。又如第③个约束条件右端项增加 1,可行域的边界线③将移至③′,最优解的点为 (3,3),代入目标函数得 $z = 9$,说明第 3 种资源的边际价格为 1/2。

3. 资源的影子价格实际上又是一种机会成本。在完全市场经济条件下,本章例 1 中当第 2 种资源的市场价格低于资源成本加上 1/4 时,可以买进这种资源;相反,当市场价格高于某种资源的成本加上其影子价格时,就可以卖出这种资源。随着资源的买进卖出,它的影子价格也将随之发生变化,一直到上述两者之间保持同等水平时,才处于平衡状态。

4. 在上一节对偶问题的互补松弛性质中有 $\sum\limits_{j=1}^{n} a_{ij}\hat{x}_j < b_i$ 时,$\hat{y}_i = 0$;当 $\hat{y}_i > 0$ 时,有 $\sum\limits_{j=1}^{n} a_{ij}x_j = b_i$,这表明生产过程中如果某种资源 b_i 未得到充分利用时,该种资源的影子价格为零;又当资源的影子价格不为零时,表明该种资源在生产中已耗费完毕。注意当出现退化的最优解时,会出现某种资源 i 刚好耗尽,而并非稀缺,但影子价格 y_i 仍大于零的情况(对应 y_i 的第 i 个约束条件的松弛变量取值为零)。这时 b_i 值的任何增加只会带来该种资源的剩余,而不会增加利润值。

5. 从影子价格的含义上再来考察单纯形表的计算。因为由表 2-4 得知

$$\sigma_j = c_j - C_B B^{-1} P_j = c_j - \sum_{i=1}^{m} a_{ij} y_i \tag{2.24}$$

式(2.24)中 c_j 代表第 j 种产品的利润,$\sum\limits_{i=1}^{m} a_{ij} y_i$ 是生产该种产品所消耗各项资源的影子价格的总和,即产品的隐含成本。当产品利润大于各项资源隐含成本总和时,表明生产该项产品有利,可在计划中安排,否则用这些资源来生产别的产品更为有利,就不在生产计划中安排。这就是单纯形表中各个检验数的经济意义。

6. 一般来说对线性规划问题的求解是确定资源的最优分配方案,而对于对偶问题的求解则是确定对资源的恰当估价,这种估价直接涉及资源的最有效利用。如在一个大公司内部,可借助资源的影子价格确定一些内部结算价格,以便控制有限资源的使用和考核下属企业经营的好坏。又如在社会上可对一些最紧缺的资源,借助影子价格规定使用这种资源一单位时必须上缴的利润额,以强制一些经济效益低的企业自觉地节约使用紧缺资源,使有限资源发挥更大的经济效益。

第四节　对偶单纯形法

一、对偶单纯形法的基本思路

对偶单纯形法是应用对偶理论求解线性规划问题的方法。求解线性规划的单纯形法的思路是:对原问题的一个基可行解,判别是否所有检验数 $c_j - z_j \leqslant 0 (j=1,\cdots,n)$。若是,又基变量中无非零人工变量,即找到了问题最优解;若为否,再找出相邻的目标函数值更大的基可行解,并继续判别,只要最优解存在,就一直循环进行到找出最优解为止。

根据对偶问题的性质,因为 $c_j - z_j = c_j - C_B B^{-1} P_j$,当 $c_j - z_j \leqslant 0 (j=1,\cdots,n)$,即有 $Y^T P_j \geqslant c_j$ 或 $\sum_{i=1}^{m} a_{ij} y_i \geqslant c_j (j=1,\cdots,n)$,也即其对偶问题的解为可行解,由此原问题和对偶问题均为最优解。反之,如果存在一个对偶问题的可行基 B,即对 $j=1,\cdots,n$,有 $C_B B^{-1} P_j \geqslant c_j$ 或 $c_j - z_j \leqslant 0$,这时只要有 $X_B = C_B B^{-1} \geqslant 0$,即原问题的解也为可行解,即两者均为最优解。否则保持对偶问题为可行解,找出原问题的相邻基解,再判别是否有 $X_B \geqslant 0$,循环进行,一直使原问题也为可行解,从而两者均为最优解。上述先找出一个对偶问题的可行基,并保持对偶问题为基可行解条件下,如不存在 $X_B \geqslant 0$,通过变换到一个相邻的目标函数值较小的基可行解(因对偶问题是求目标函数极小化),并循环进行,一直到原问题也为可行解(即 $X_B \geqslant 0$),这时对偶问题与原问题均为可行解。这就是对偶单纯形法的基本思路。

二、对偶单纯形法的计算步骤

设对某标准形式的线性规划问题

$$\max z = CX$$
$$\text{s. t.} \begin{cases} AX = b \\ X \geqslant 0 \end{cases} \tag{2.25}$$

存在一个对偶问题的可行基 B,不妨设 $B=(P_1,P_2,\cdots,P_m)$,列出单纯形表(见表2-7)。

表2-7中必须有 $c_j - z_j \leqslant 0 (j=1,\cdots,n)$,$\bar{b}_i (i=1,\cdots,m)$ 的值不要求为正。当对 $i=1,\cdots,m$,有 $\bar{b}_i \geqslant 0$ 时,即表中原问题和对偶问题均为最优解。否则,通过变换一个基变

量,找出原问题的一个目标函数值较小的相邻基解。

表　2-7

C_B	基	b	x_1	$\cdots$	x_r	$\cdots$	x_m	x_{m+1}	$\cdots$	x_s	$\cdots$	x_n
c_1	x_1	$\overline{b}_1$	1	$\cdots$	0	$\cdots$	0	$a_{1,m+1}$	$\cdots$	a_{1s}	$\cdots$	a_{1n}
$\vdots$	$\vdots$	$\vdots$	$\vdots$		$\vdots$		$\vdots$	$\vdots$		$\vdots$		$\vdots$
c_r	x_r	$\overline{b}_r$	0	$\cdots$	1	$\cdots$	0	$a_{r,m+1}$	$\cdots$	a_{rs}	$\cdots$	a_{rn}
$\vdots$	$\vdots$	$\vdots$	$\vdots$		$\vdots$		$\vdots$	$\vdots$		$\vdots$		$\vdots$
c_m	x_m	$\overline{b}_m$	0	$\cdots$	0	$\cdots$	1	$a_{m,m+1}$	$\cdots$	a_{ms}	$\cdots$	a_{mn}
	$c_j - z_j$		0	$\cdots$	0	$\cdots$	0	$c_{m+1}-z_{m+1}$	$\cdots$	$c_s - z_s$	$\cdots$	$c_n - z_n$

1. 确定换出基的变量

因为总存在 <0 的 $\overline{b}_i$,令 $\overline{b}_r = \min\limits_i\{\overline{b}_i\}$,其对应变量 x_r 为换出基的变量。

2. 确定换入基的变量

(1) 为了使下一个表中第 r 行基变量为正值,只有对应 $a_{rj}<0\,(j=m+1,\cdots,n)$ 的非基变量才可以考虑作为换入基的变量。

(2) 为了使下一个表中对偶问题的解仍为可行解,令

$$\theta = \min_j \left\{ \frac{c_j - z_j}{a_{rj}} \,\middle|\, a_{rj} < 0 \right\} = \frac{c_s - z_s}{a_{rs}} \qquad (2.26)$$

称 a_{rs} 为主元素,x_s 为换入基的变量。

设下一个表中的检验数为 $(c_j - z_j)'$,由式(1.31)

$$(c_j - z_j)' = (c_j - z_j) - \frac{a_{rj}}{a_{rs}}(c_s - z_s) = a_{rj}\left[\frac{c_j - z_j}{a_{rj}} - \frac{c_s - z_s}{a_{rs}}\right] \qquad (2.27)$$

分两种情况说明满足式(2.26)来选取主元素时,式(2.27)中,$(c_j - z_j)' \leqslant 0$(对 $j = 1, \cdots, n$)。

(a) 对 $a_{rj} \geqslant 0$,因 $c_j - z_j \leqslant 0$,故 $\dfrac{c_j - z_j}{a_{rj}} \leqslant 0$,又因主元素 $a_{rs} < 0$,故 $\dfrac{c_s - z_s}{a_{rs}} \geqslant 0$,由此式(2.27)方括号内的值 $\leqslant 0$,故有 $(c_j - z_j)' \leqslant 0$。

(b) 对 $a_{rj} < 0$,因 $\left[\dfrac{c_j - z_j}{a_{rj}} - \dfrac{c_s - z_s}{a_{rs}}\right] > 0$,故有 $(c_j - z_j)' \leqslant 0$。

3. 用换入变量替换换出变量,得到一个新的基

对新的基再检查是否所有 $\overline{b}_i\,(i = 1, \cdots, m) \geqslant 0$。如是,则找到了两者的最优解,如为否,则回到第 1 步再循环进行。

因为由对偶问题的基本性质 1 知,当对偶问题有可行解时,原问题可能有可行解,也可能无可行解。对出现后一种情况的判断准则是:对 $\overline{b}_r < 0$,而对所有 $j = 1, \cdots, n$,有

$a_{rj} \geqslant 0$。因为这种情况,若把表中第 r 行的约束方程列出有

$$x_r + a_{r,m+1}x_{m+1} + \cdots + a_{rn}x_n = \overline{b}_r \tag{2.28}$$

因 $a_{rj} \geqslant 0(j=m+1,\cdots,n)$,又 $\overline{b}_r < 0$,故不可能存在 $x_j \geqslant 0(j=1,\cdots,n)$ 的解。故原问题无可行解,这时对偶问题的目标函数值无界。

下面举例说明对偶单纯形法的计算步骤。

例4 用对偶单纯形法求解下述线性规划问题:

$$\min w = 15y_1 + 24y_2 + 5y_3$$

$$\text{s.t.} \begin{cases} 6y_2 + y_3 \geqslant 2 \\ 5y_1 + 2y_2 + y_3 \geqslant 1 \\ y_1, y_2, y_3 \geqslant 0 \end{cases}$$

解 先将问题改写为

$$\max w' = -15y_1 - 24y_2 - 5y_3 + 0y_4 + 0y_5$$

$$\text{s.t.} \begin{cases} 6y_2 + y_3 - y_4 = 2 & (2.29\text{a}) \\ 5y_1 + 2y_2 + y_3 - y_5 = 1 & (2.29\text{b}) \\ y_i \geqslant 0 \quad (i=1,\cdots,5) \end{cases}$$

约束条件(2.29a)和(2.29b)两端乘"-1"得

$$\max w' = -15y_1 - 24y_2 - 5y_3 + 0y_4 + 0y_5$$

$$\text{s.t.} \begin{cases} -6y_2 - y_3 + y_4 = -2 \\ -5y_1 - 2y_2 - y_3 + y_5 = -1 \\ y_i \geqslant 0 \quad (i=1,\cdots,5) \end{cases}$$

列出单纯形表,并用上述对偶单纯形法求解步骤进行计算,其过程见表 2-8。

表 2-8

C_B	基	b	$c_j \rightarrow$ y_1 -15	y_2 -24	y_3 -5	y_4 0	y_5 0
0	y_4	-2	0	$[-6]$	-1	1	0
0	y_5	-1	-5	-2	-1	0	1
	$c_j - z_j$		-15	-24	-5	0	0
-24	y_2	$1/3$	0	1	$1/6$	$-1/6$	0
0	y_5	$-1/3$	-5	0	$[-2/3]$	$-1/3$	1
	$c_j - z_j$		-15	0	-1	-4	0
-24	y_2	$1/4$	$-5/4$	1	0	$-1/4$	$1/4$
-5	y_3	$1/2$	$15/2$	0	1	$1/2$	$-3/2$
	$c_j - z_j$		$-15/2$	0	0	$-7/2$	$-3/2$

从表 2-8 中看出，用对偶单纯形法求解线性规划问题，当约束条件为"≥"时，不必引进人工变量，使计算简化。但在初始单纯形表中其对偶问题应是基可行解这点，对多数线性规划问题很难实现。因此对偶单纯形法一般不单独使用，而主要应用于灵敏度分析及解整数规划的割平面法等有关章节中。

第五节　灵敏度分析

灵敏度分析一词的含义是指对系统或事物因周围条件变化显示出来的敏感程度的分析。

在这之前讲的线性规划问题中，都假定问题中的 a_{ij}, b_i, c_j 是已知常数。但实际上这些参数往往是一些估计和预测的数字。如随市场条件变化，c_j 值就会变化；a_{ij} 随工艺技术条件的改变而改变；而 b_i 值则是根据资源投入后能产生多大经济效果来决定的一种决策选择。因此就会提出以下问题：当这些参数中的一个或几个发生变化时，问题的最优解会有什么变化，或者这些参数在一个多大范围内变化时，问题的最优解或最优基不变。这就是灵敏度分析所要研究解决的问题。

当然，当线性规划问题中的一个或几个参数变化时，可以用单纯形法从头计算，看最优解有无变化，但这样做既麻烦又没有必要。因为前面已经讲到，单纯形法的迭代计算是从一组基向量变换为另一组基向量，表中每步迭代得到的数字只随基向量的不同选择而改变，因此有可能把个别参数的变化直接在计算得到最优解的最终单纯形表上反映出来。这样就不需要从头计算，而直接对计算得到最优解的单纯形表进行审查，看一些数字变化后，是否仍满足最优解的条件，如果不满足的话，再从这个表开始进行迭代计算，求得新的最优解。

灵敏度分析的步骤可归纳如下：

1. 将参数的改变通过计算反映到最终单纯形表上来。

具体计算方法是，按下列公式计算出由参数 a_{ij}, b_i, c_j 的变化而引起的最终单纯形表上有关数字的变化。由式(2.12)、式(2.13)和式(2.17)可得出下列各式：

$$\Delta \boldsymbol{b}' = \boldsymbol{B}^{-1} \Delta \boldsymbol{b} \tag{2.30}$$

$$\Delta \boldsymbol{P}_j' = \boldsymbol{B}^{-1} \Delta \boldsymbol{P}_j \tag{2.31}$$

$$(c_j - z_j)' = c_j - \sum_{i=1}^{m} a_{ij} y_i^* \tag{2.32}$$

2. 检查原问题是否仍为可行解。

3. 检查对偶问题是否仍为可行解。

4. 按表 2-9 所列情况得出结论或决定继续计算的步骤。

表 2-9

原问题	对偶问题	结论或继续计算的步骤
可行解	可行解	问题的最优解或最优基不变
可行解	非可行解	用单纯形法继续迭代求最优解
非可行解	可行解	用对偶单纯形法继续迭代求最优解
非可行解	非可行解	引进人工变量,编制新的单纯形表重新计算

下面分别就各个参数改变后的情形进行讨论。

一、分析 c_j 的变化

线性规划目标函数中变量系数 c_j 的变化仅仅影响到检验数 $(c_j - z_j)$ 的变化。所以将 c_j 的变化直接反映到最终单纯形表中,只可能出现如表 2-9 中的前两种情况。

下面举例说明。

例5 在第一章例1的美佳公司例子中:(1)若家电 Ⅰ 的利润降至 1.5 元/件,而家电 Ⅱ 的利润增至 2 元/件时,美佳公司最优生产计划有何变化;(2)若家电 Ⅰ 的利润不变,则家电 Ⅱ 的利润在什么范围内变化时,该公司的最优生产计划将不发生变化?

解 (1)将家电 Ⅰ、Ⅱ 的利润变化直接反映到最终单纯形表(见表1-9)中得表 2-10。

表 2-10

C_B	基	b	$c_j \rightarrow$ 1.5	2	0	0	0
			x_1	x_2	x_3	x_4	x_5
0	x_3	15/2	0	0	1	[5/4]	-15/2
1.5	x_1	7/2	1	0	0	1/4	-1/2
2	x_2	3/2	0	1	0	-1/4	3/2
	$c_j - z_j$		0	0	0	1/8	-9/4

因变量 x_4 的检验数大于零,故需继续用单纯形法迭代计算得表 2-11。

表 2-11

C_B	基	b	x_1	x_2	x_3	x_4	x_5
0	x_4	6	0	0	4/5	1	-6
1.5	x_1	2	1	0	-1/5	0	1
2	x_2	3	0	1	1/5	0	0
	$c_j - z_j$		0	0	-1/10	0	-3/2

即美佳公司随家电Ⅰ、Ⅱ的利润变化应调整为生产 2 件Ⅰ,生产 3 件Ⅱ。

(2) 设家电Ⅱ的利润为 $(1+\lambda)$ 元,反映到最终单纯形表中,得表 2-12。

表 2-12

项 目			2	$1+\lambda$	0	0	0
C_B	基	b	x_1	x_2	x_3	x_4	x_5
0	x_3	15/2	0	0	1	5/4	$-15/2$
2	x_1	7/2	1	0	0	1/4	$-1/2$
$1+\lambda$	x_2	3/2	0	1	0	$-1/4$	3/2
	$c_j - z_j$		0	0	0	$-\dfrac{1}{4}+\dfrac{1}{4}\lambda$	$-\dfrac{1}{2}-\dfrac{3}{2}\lambda$

为使表 2-12 中的解仍为最优解,应有

$$-\frac{1}{4}+\frac{1}{4}\lambda \leqslant 0, \quad -\frac{1}{2}-\frac{3}{2}\lambda \leqslant 0$$

解得

$$-\frac{1}{3} \leqslant \lambda \leqslant 1$$

即家电Ⅱ的利润 c_2 的变化范围应满足

$$\frac{2}{3} \leqslant c_2 \leqslant 2$$

二、分析 b_i 的变化

右端项 b_i 的变化在实际问题中反映为可用资源数量的变化。由式(2.30)看出 b_i 变化反映到最终单纯形表上将引起 b 列数字的变化,在表 2-9 中可能出现第一或第三的两种情况。出现第一种情况时,问题的最优基不变,变化后的 b 列值为最优解。出现第三种情况时,用对偶单纯形法迭代继续找出最优解。

例 6 在上述美佳公司的例子中:(1)若设备 A 和调试工序的每天能力不变,而设备 B 每天的能力增加到 32h,分析公司最优计划的变化;(2)若设备 A 和设备 B 每天可用能力不变,则调试工序能力在什么范围内变化时,问题的最优基不变。

解 (1) 因有 $\Delta b = \begin{bmatrix} 0 \\ 8 \\ 0 \end{bmatrix}$,由式(2.30)有

$$\Delta b' = B^{-1}\Delta b = \begin{bmatrix} 1 & 5/4 & -15/2 \\ 0 & 1/4 & -1/2 \\ 0 & -1/4 & 3/2 \end{bmatrix} \begin{bmatrix} 0 \\ 8 \\ 0 \end{bmatrix} = \begin{bmatrix} 10 \\ 2 \\ -2 \end{bmatrix}$$

将其反映到最终单纯形表中得表 2-13。因表 2-13 中原问题为非可行解,故用对偶单纯形法继续计算得表 2-14。

表　2-13

C_B	基	b	x_1	x_2	x_3	x_4	x_5
			2	1	0	0	0
0	x_3	35/2	0	0	1	5/4	−15/2
2	x_1	11/2	1	0	0	1/4	−1/2
1	x_2	−1/2	0	1	0	[−1/4]	3/2
c_j-z_j			0	0	0	−1/4	−1/2

表　2-14

C_B	基	b	x_1	x_2	x_3	x_4	x_5
			2	1	0	0	0
0	x_3	15	0	5	1	0	0
2	x_1	5	1	1	0	0	1
0	x_4	2	0	−4	0	1	−6
c_j-z_j			0	−1	0	0	−2

由此美佳公司的最优计划改变为只生产5件家电Ⅰ。

（2）设调试工序每天可用能力为$(5+\lambda)$h,因有

$$\Delta b' = B^{-1}\Delta b = \begin{bmatrix} 1 & 5/4 & -15/2 \\ 0 & 1/4 & -1/2 \\ 0 & -1/4 & 3/2 \end{bmatrix}\begin{bmatrix} 0 \\ 0 \\ \lambda \end{bmatrix} = \begin{bmatrix} -\dfrac{15}{2}\lambda \\ -\dfrac{1}{2}\lambda \\ \dfrac{3}{2}\lambda \end{bmatrix}$$

将其反映到最终单纯形表中,其 b 列数字为

$$b = \begin{bmatrix} \dfrac{15}{2}-\dfrac{15}{2}\lambda \\ \dfrac{7}{2}-\dfrac{1}{2}\lambda \\ \dfrac{3}{2}+\dfrac{3}{2}\lambda \end{bmatrix}$$

当 $b\geqslant0$ 时问题的最优基不变,解得$-1\leqslant\lambda\leqslant1$。由此调试工序的能力应在4～6h之间。

三、增加一个变量 x_j 的分析

增加一个变量在实际问题中反映为增加一种新的产品。其分析步骤如下:

1. 计算 $\sigma'_j = c_j - z_j = c_j - \sum_{i=1}^{m} a_{ij}y_i^*$。

2. 计算 $\boldsymbol{P}'_j = \boldsymbol{B}^{-1}\boldsymbol{P}_j$。

3. 若 $\sigma'_j \leqslant 0$，原最优解不变，只需将计算得到的 $\boldsymbol{P}'_j$ 和 σ'_j 直接写入最终单纯形表中；若 $\sigma'_j > 0$，则按单纯形法继续迭代计算找出最优。

例 7 在美佳公司例子中，设该公司又计划推出新型号的家电Ⅲ，生产一件所需设备 A、设备 B 及调试工序的时间分别为 3h、4h、2h，该产品的预期盈利为 3 元/件，试分析该种产品是否值得投产；如投产，对该公司的最优生产计划有何变化。

解 设该公司生产 x_6 件家电Ⅲ，有 $c_6 = 3$，$\boldsymbol{P}_6 = (3,4,2)^{\mathrm{T}}$。

$$\sigma'_3 = 3 - \left(0, \frac{1}{4}, \frac{1}{2}\right) \begin{bmatrix} 3 \\ 4 \\ 2 \end{bmatrix} = 1$$

$$\boldsymbol{P}'_6 = \begin{bmatrix} 1 & 5/4 & -15/2 \\ 0 & 1/4 & -1/2 \\ 0 & -1/4 & 3/2 \end{bmatrix} \begin{bmatrix} 3 \\ 4 \\ 2 \end{bmatrix} = \begin{bmatrix} -7 \\ 0 \\ 2 \end{bmatrix}$$

将其反映到最终单纯形表（见表 1-9）中得表 2-15。

表　2-15

C_B	$c_j \rightarrow$ 基	b	2 x_1	1 x_2	0 x_3	0 x_4	0 x_5	3 x_6
0	x_3	15/2	0	0	1	5/4	−15/2	−7
2	x_1	7/2	1	0	0	1/4	−1/2	0
1	x_2	3/2	0	1	0	−1/4	3/2	[2]
	$c_j - z_j$		0	0	0	−1/4	−1/2	1

因 $\sigma_6 > 0$，故用单纯形法继续迭代计算得表 2-16。

表　2-16

C_B	$c_j \rightarrow$ 基	b	2 x_1	1 x_2	0 x_3	0 x_4	0 x_5	3 x_6
0	x_3	51/4	0	7/2	1	3/8	−9/4	0
2	x_1	7/2	1	0	0	1/4	−1/2	0
3	x_6	3/4	0	1/2	0	−1/8	3/4	1
	$c_j - z_j$		0	−1/2	0	−1/8	−5/4	0

由表 2-16，美佳公司新的最优生产计划应为每天生产 $\frac{7}{2}$ 件家电Ⅰ，$\frac{3}{4}$ 件家电Ⅲ。

四、分析参数 a_{ij} 的变化

a_{ij} 的变化使线性规划的约束系数矩阵 $\boldsymbol{A}$ 发生变化。若变量 x_j 在最终单纯形表中为

非基变量,其约束条件中系数 a_{ij} 的变化分析步骤可参照本节之三;若变量 x_j 在最终单纯形表中为基变量,则 a_{ij} 的变化将使相应的 $\boldsymbol{B}$ 和 $\boldsymbol{B}^{-1}$ 发生变化,因此有可能出现原问题和对偶问题均为非可行解的情况。出现这种情况时,需引进人工变量先将原问题的解转化为可行解,再用单纯形法求解,下面举例说明。

例 8 在美佳公司的例子中,若家电Ⅱ每件需设备 A、设备 B 和调试工时变为 8h、4h、1h,该产品的利润变为 3 元/件,试重新确定该公司最优生产计划。

解 先将生产工时变化后的新家电Ⅱ看作是一种新产品,生产量为 x_2',仿照本节"标题三"的步骤直接计算 σ_2' 和 $\boldsymbol{P}_2'$ 并反映到最终单纯形表中。其中:

$$\sigma_2' = 3 - (0,1/4,1/2)\begin{pmatrix}8\\4\\1\end{pmatrix} = 3/2$$

$$\boldsymbol{P}_2' = \begin{pmatrix}1 & 5/4 & -15/2\\0 & 1/4 & -1/2\\0 & -1/4 & 3/2\end{pmatrix}\begin{pmatrix}8\\4\\1\end{pmatrix} = \begin{pmatrix}11/2\\1/2\\1/2\end{pmatrix}$$

将其反映到最终单纯形表(见表 1-9)中得表 2-17。

表 2-17

C_B	基	b	x_1	x_2	x_2'	x_3	x_4	x_5
	$c_j \rightarrow$		2	1	3	0	0	0
0	x_3	15/2	0	0	11/2	1	5/4	−15/2
2	x_1	7/2	1	0	1/2	0	1/4	−1/2
1	x_2	3/2	0	1	[1/2]	0	−1/4	3/2
	$c_j - z_j$		0	0	3/2	0	−1/4	−1/2

因 x_2 已变换为 x_2',故用单纯形算法将 x_2' 替换出基变量中的 x_2,并在下一个表中不再保留 x_2,得表 2-18。

表 2-18

C_B	基	b	x_1	x_2'	x_3	x_4	x_5
	$c_j \rightarrow$		2	3	0	0	0
0	x_3	−9	0	0	1	4	−24
2	x_1	2	1	0	0	1/2	−2
3	x_2'	3	0	1	0	−1/2	3
	$c_j - z_j$		0	0	0	1/2	−5

表 2-18 中原问题与对偶问题均为非可行解,故先设法使原问题变为可行解。

表 2-18 第 1 行的约束可写为

$$x_3 + 4x_4 - 24x_5 = -9 \tag{2.33}$$

式(2.33)两端乘以(-1),再加上人工变量x_6得

$$-x_3 - 4x_4 + 24x_5 + x_6 = 9 \qquad (2.34)$$

将式(2.34)替换表 2-18 的第 1 行,得表 2-19。

表　2-19

C_B	基	b	$c_j \rightarrow$ x_1	x_2'	x_3	x_4	x_5	x_6
			2	3	0	0	0	$-M$
$-M$	x_6	9	0	0	-1	-4	$[24]$	1
2	x_1	2	1	0	0	1/2	-2	0
3	x_2'	3	0	1	0	$-1/2$	3	0
$c_j - z_j$			0	0	$-M$	$\frac{1}{2} - 4M$	$-5 + 24M$	0

因对偶问题为非可行解,用单纯形法计算得表 2-20。

表　2-20

C_B	基	b	$c_j \rightarrow$ x_1	x_2'	x_3	x_4	x_5	x_6
			2	3	0	0	0	$-M$
0	x_5	3/8	0	0	$-1/24$	$-1/6$	1	1/24
2	x_1	11/4	1	0	$-1/12$	1/6	0	1/12
3	x_2'	15/8	0	1	1/8	0	0	$-1/8$
$c_j - z_j$			0	0	$-5/24$	$-1/3$	0	$-M + \frac{5}{24}$

由表 2-20 可知,美佳公司的最优生产计划为每天生产 11/4 件家电Ⅰ,15/8 件新家电Ⅱ。

五、增加一个约束条件的分析

增加一个约束条件在实际问题中相当于增添一道工序。分析的方法是先将原问题最优解的变量值代入新增的约束条件,如满足,说明新增的约束未起到限制作用,原最优解不变。否则,将新增的约束直接反映到最终单纯形表中再进一步分析。

例 9　仍以美佳公司为例,设家电Ⅰ、Ⅱ经调试后,还需经过一道环境试验工序。家电Ⅰ每件需环境试验 3h,家电Ⅱ每件需 2h,又环境试验工序每天生产能力为 12h。试分析增加该工序后的美佳公司最优生产计划。

解　先将原问题的最优解 $x_1 = 7/2$,$x_2 = 3/2$ 代入环境试验工序的约束条件 $3x_1 + 2x_2 \leqslant 12$。因 $3 \times \frac{7}{2} + 2 \times \frac{3}{2} = \frac{27}{2} > 12$,故原问题最优解不是本例的最优解。

在试验工序的约束条件中加松弛变量得

$$3x_1 + 2x_2 + x_6 = 12 \qquad (2.35)$$

以 x_6 为基变量,将式(2.35)反映到最终单纯形表(见表1-9)中得表2-21。

表 2-21

C_B	基	b	$c_j \rightarrow$ 2	1	0	0	0	0	
			x_1	x_2	x_3	x_4	x_5	x_6	
0	x_3	15/2	0	0	1	5/4	$-15/2$	0	①
2	x_1	7/2	1	0	0	1/4	$-1/2$	0	②
1	x_2	3/2	0	1	0	$-1/4$	3/2	0	③
0	x_6	12	3	2	0	0	0	1	④
	$c_j - z_j$		0	0	0	$-1/4$	$-1/2$	0	

表 2-21 中 x_1、x_2 列不是单位向量,故需进行变换,得表2-22。表2-22 中第①′②′③′行同原表第①②③行,表中第④′行由以下初等变换得到:④′=④−3×②−2×③。

表 2-22

C_B	基	b	$c_j \rightarrow$ 2	1	0	0	0	0	
			x_1	x_2	x_3	x_4	x_5	x_6	
0	x_3	15/2	0	0	1	5/4	$-15/2$	0	①′
2	x_1	7/2	1	0	0	1/4	$-1/2$	0	②′
1	x_2	3/2	0	1	0	$-1/4$	3/2	0	③′
0	x_6	$-3/2$	0	0	0	$-1/4$	$[-3/2]$	1	④′
	$c_j - z_j$		0	0	0	$-1/4$	$-1/2$	0	

因表 2-22 中对偶问题为可行解,原问题为非可行解,故用对偶单纯形法迭代计算得表2-23。

表 2-23

C_B	基	b	$c_j \rightarrow$ 2	1	0	0	0	0
			x_1	x_2	x_3	x_4	x_5	x_6
0	x_3	15	0	0	1	5/2	0	-5
2	x_1	4	1	0	0	1/3	0	$-1/3$
1	x_2	0	0	1	0	$-1/2$	0	1
0	x_5	1	0	0	0	1/6	1	$-2/3$
	$c_j - z_j$		0	0	0	$-1/6$	0	$-1/3$

由表 2-23 知,添加环境试验工序后,美佳公司的最优生产计划为只生产4件家电Ⅰ。

第六节　参数线性规划

灵敏度分析中研究 c_j，b_i 等参数在保持最优解或最优基不变时的允许变化范围或改变到某一值时对问题最优解的影响，若 C 按 $(C+\lambda C^*)$ 或 b 按 $(b+\lambda b^*)$ 连续变化，而目标函数值 $z(\lambda)$ 是参数 λ 的线性函数时，式(2.36)或式(2.37)被称为参数线性规划。

当目标函数中 c_j 值连续变化时，其参数线性规划的形式为

$$\max z(\lambda) = (C+\lambda C^*)X$$

$$\text{s. t.} \begin{cases} AX = b \\ X \geqslant 0 \end{cases} \tag{2.36}$$

式(2.36)中 C 为原线性规划问题的价值向量，C^* 为变动向量，λ 为参数。

当约束条件右端项连续变化时，其参数线性规划的形式为

$$\max z(\lambda) = CX$$

$$\text{s. t.} \begin{cases} AX = b+\lambda b^* \\ X \geqslant 0 \end{cases} \tag{2.37}$$

式(2.37)中 b 为原线性规划问题的资源向量，b^* 为变动向量，λ 为参数。

参数线性规划问题的分析步骤是：

(1) 令 $\lambda=0$ 求解得最终单纯形表；

(2) 将 λC^* 或 λb^* 项反映到最终单纯形表中去；

(3) 随 λ 值的增大或减小，观察原问题或对偶问题，一是确定表中现有解(基)允许 λ 值的变动范围；二是当 λ 值的变动超出这个范围时，用单纯形法或对偶单纯形法求取新的解；

(4) 重复第(3)步，一直到 λ 值继续增大或减小时，表中的解(基)不再出现变化时为止。

下面通过例子具体说明。

例 10　分析 λ 值变化时，下述参数线性规划问题最优解的变化。

$$\max z(\lambda) = (2+\lambda)x_1 + (1+2\lambda)x_2$$

$$\text{s. t.} \begin{cases} 5x_2 \leqslant 15 \\ 6x_1 + 2x_2 \leqslant 24 \\ x_1 + x_2 \leqslant 5 \\ x_1, x_2 \geqslant 0 \end{cases}$$

解　先令 $\lambda=0$ 求得最优解，并将 λC^* 反映到最终单纯形表中，得表 2-24。

表 2-24 中，当 $-\dfrac{1}{5} \leqslant \lambda \leqslant 1$ 时，表中解为最优，且 $z = \dfrac{17}{2} + \dfrac{13}{2}\lambda$。

当 $\lambda > 1$ 时,变量 x_4 的检验数>0,用单纯形迭代计算得表 2-25。

表 2-24

C_B	基	b	x_1	x_2	x_3	x_4	x_5	
$c_j \rightarrow$			$2+\lambda$	$1+2\lambda$	0	0	0	
0	x_3	15/2	0	0	1	[5/4]	$-15/2$	
$2+\lambda$	x_1	7/2	1	0	0	1/4	$-1/2$	$-\dfrac{1}{5} \leqslant \lambda \leqslant 0$
$1+2\lambda$	x_2	3/2	0	1	0	$-1/4$	3/2	
	$c_j - z_j$		0	0	0	$-\dfrac{1}{4}+\dfrac{1}{4}\lambda$	$-\dfrac{1}{2}-\dfrac{5}{2}\lambda$	

表 2-25

C_B	基	b	x_1	x_2	x_3	x_4	x_5	
$c_j \rightarrow$			$2+\lambda$	$1+2\lambda$	0	0	0	
0	x_4	6	0	0	4/5	1	-6	
$2+\lambda$	x_1	2	1	0	$-1/5$	0	1	$\lambda \geqslant 1$
$1+2\lambda$	x_2	3	0	1	1/5	0	0	
	$c_j - z_j$		0	0	$\dfrac{1}{5}-\dfrac{1}{5}\lambda$	0	$-2-\lambda$	

表 2-25 中只要 $\lambda \geqslant 1$,表中解即为最优解。这时有 $z = 7 + 8\lambda$。

又在表 2-24 中若 $\lambda \leqslant -\dfrac{1}{5}$ 时,变量 x_5 的检验数>0,这时用单纯形法迭代得表 2-26。

表 2-26

C_B	基	b	x_1	x_2	x_3	x_4	x_5	
$c_j \rightarrow$			$2+\lambda$	$1+2\lambda$	0	0	0	
0	x_3	15	0	5	1	0	0	
$2+\lambda$	x_1	4	1	1/3	0	1/6	0	$-2 \leqslant \lambda \leqslant -\dfrac{1}{5}$
0	x_5	1	0	2/3	0	$-1/6$	1	
	$c_j - z_j$		0	$\dfrac{1}{3}+\dfrac{5}{3}\lambda$	0	$-\dfrac{1}{3}-\dfrac{1}{6}\lambda$	0	
0	x_3	15	0	5	1	0	0	
0	x_4	24	6	2	0	1	0	$\lambda \leqslant -2$
0	x_5	5	1	1	0	0	1	
	$c_j - z_j$		$2+\lambda$	$1+2\lambda$	0	0	0	

表 2-26 中,当 $-2 \leqslant \lambda \leqslant -\dfrac{1}{5}$ 时,$z=8+4\lambda$;当 $\lambda \leqslant -2$ 时,$z=0$。图 2-2 表明了例 10 中目标函数值 $z(\lambda)$ 随 λ 值变化的情况。

例 11 分析 λ 值变化时,下述参数线性规划问题最优解的变化。

$$\max z(\lambda) = 2x_1 + x_2$$
$$\text{s. t.} \begin{cases} \qquad\quad 5x_2 \leqslant 15 \\ 6x_1 + 2x_2 \leqslant 24+\lambda \\ \ x_1 + \ x_2 \leqslant 5 \\ x_1, x_2 \geqslant 0 \end{cases}$$

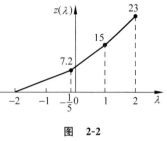

图 2-2

解 令 $\lambda = 0$ 求解得最终单纯形表(见表 1-9)。又因有

$$\Delta b' = B^{-1}\Delta b = \begin{pmatrix} 1 & 5/4 & -15/2 \\ 0 & 1/4 & -1/2 \\ 0 & -1/4 & 3/2 \end{pmatrix}\begin{pmatrix} 0 \\ \lambda \\ 0 \end{pmatrix} = \begin{pmatrix} 5/4\lambda \\ 1/4\lambda \\ -1/4\lambda \end{pmatrix}$$

将其反映到最终单纯形表中,得表 2-27。

表 **2-27**

C_B	基	b	$c_j \to$ 2	1	0	0	0	
			x_1	x_2	x_3	x_4	x_5	
0	x_3	$\dfrac{15}{2}+\dfrac{5}{4}\lambda$	0	0	1	5/4	$-15/2$	
2	x_1	$\dfrac{7}{2}+\dfrac{1}{4}\lambda$	1	0	0	1/4	$-1/2$	$-6 \leqslant \lambda \leqslant 6$
1	x_2	$\dfrac{3}{2}-\dfrac{1}{4}\lambda$	0	1	0	$-1/4$	3/2	
	$c_j - z_j$		0	0	0	$-1/4$	$-1/2$	

表 2-27 中最优基不变的条件为 $-6 \leqslant \lambda \leqslant 6$,这时表中最优解为 $z = \dfrac{17}{2}+\dfrac{1}{4}\lambda$。

当 $\lambda > 6$ 时,表 2-27 中基变量 x_2 将小于零,这时可用对偶单纯形法继续求解得表 2-28。

表 **2-28**

C_B	基	b	$c_j \to$ 2	1	0	0	0	
			x_1	x_2	x_3	x_4	x_5	
0	x_3	15	0	5	1	0	0	
2	x_1	5	1	1	0	0	1	$\lambda \geqslant 6$
0	x_4	$-6+\lambda$	0	-4	0	1	-6	
	$c_j - z_j$		0	-1	0	0	-2	

当 $\lambda > 6$ 时,表 2-28 中的最优基将不变。因此当 $\lambda > 6$ 时有 $z = 10$。

当 $\lambda < -6$ 时,表 2-27 中基变量 x_3 将小于零,用对偶单纯形法求解得表 2-29。

表 2-29

C_B	基	b	x_1	x_2	x_3	x_4	x_5	
		$c_j \rightarrow$	2	1	0	0	0	
0	x_5	$-1-\frac{1}{6}\lambda$	0	0	$-2/15$	$-1/6$	1	
2	x_1	$3+\frac{1}{6}\lambda$	1	0	$[-1/15]$	$1/6$	0	$-18 \leqslant \lambda \leqslant -6$
1	x_2	3	0	1	$1/5$	0	0	
	$c_j - z_j$		0	0	$-1/15$	$-1/3$	0	
0	x_5	$-7-\frac{1}{2}\lambda$	-2	0	0	$-1/2$	1	
0	x_3	$-45-\frac{5}{2}\lambda$	-15	0	1	$-5/2$	0	$-24 \leqslant \lambda \leqslant -18$
1	x_2	$12+\frac{1}{2}\lambda$	3	1	0	$1/2$	0	
	$c_j - z_j$		-1	0	0	$-1/2$	0	

当 $\lambda < -24$ 时,x_2 将小于零,但 x_2 所在行元素均为正,故这时问题无可行解。

当 $-18 \leqslant \lambda \leqslant -6$ 时,$z = 9 + \frac{1}{3}\lambda$;当 $-24 \leqslant \lambda \leqslant -18$ 时,$z = 12 + \frac{1}{2}\lambda$。综合表 2-27~ 表 2-29,将例 11 中 $z(\lambda)$ 随参数 λ 的变化情况图示如图 2-3 所示。

即练即测

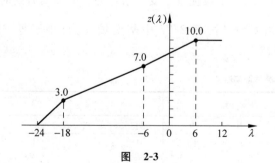

图 2-3

习　题

2.1　写出下列线性规划问题的对偶问题，并以对偶问题为原问题，再写出对偶的对偶问题。

(1) $\min z = 2x_1 + 2x_2 + 4x_3$

$$\text{s. t.}\begin{cases} x_1 + 3x_2 + 4x_3 \geqslant 2 \\ 2x_1 + x_2 + 3x_3 \leqslant 3 \\ x_1 + 4x_2 + 3x_3 = 5 \\ x_1, x_2 \geqslant 0, x_3 \text{ 无约束} \end{cases}$$

(2) $\max z = 5x_1 + 6x_2 + 3x_3$

$$\text{s. t.}\begin{cases} x_1 + 2x_2 + 2x_3 = 5 \\ -x_1 + 5x_2 - x_3 \geqslant 3 \\ 4x_1 + 7x_2 + 3x_3 \leqslant 8 \\ x_1 \text{ 无约束}, x_2 \geqslant 0, x_3 \leqslant 0 \end{cases}$$

(3) $\max z = \sum_{j=1}^{n} c_j x_j$

$$\text{s. t.}\begin{cases} \sum_{j=1}^{n} a_{ij} x_j \leqslant b_i & (i = 1, \cdots, m_1 < m) \\ \sum_{j=1}^{n} a_{ij} x_j = b_i & (i = m_1 + 1, m_1 + 2, \cdots, m) \\ x_j \geqslant 0 & (j = 1, \cdots, n_1 < n) \\ x_j \text{ 无约束} & (j = n_1 + 1, \cdots, n) \end{cases}$$

2.2　判断下列说法是否正确，并说明为什么。

(1) 如果线性规划的原问题存在可行解，则其对偶问题也一定存在可行解；

(2) 如果线性规划的对偶问题无可行解，则原问题也一定无可行解；

(3) 在互为对偶的一对原问题与对偶问题中，不管原问题是求极大或极小，原问题可行解的目标函数值一定不超过其对偶问题可行解的目标函数值；

(4) 任何线性规划问题具有唯一的对偶问题。

2.3　对本章第三节影子价格的 6 点叙述试分别举例说明其实际应用。

2.4　下列两个线性规划问题

(LP1)　$\max z = c_1 x_1 + c_2 x_2$

$$\text{s. t.}\begin{cases} a_{11} x_1 + a_{12} x_2 \leqslant b_1 \\ a_{21} x_1 + a_{22} x_2 \leqslant b_2 \\ x_1, x_2 \geqslant 0 \end{cases}$$

(LP2)　$\max z = 100 c_1 x_1 + 100 c_2 x_2$

$$\text{s. t.}\begin{cases} 100 a_{11} x_1 + 100 a_{12} x_2 \leqslant b_1 \\ 100 a_{21} x_1 + 100 a_{22} x_2 \leqslant b_2 \\ x_1, x_2 \geqslant 0 \end{cases}$$

已知对(LP1)有最优解 $\boldsymbol{X}^* = (50, 500)$，$z^* = 550$，求(LP2)的最优解。

2.5　已知某求极大化线性规划问题用单纯形法求解时的初始单纯形表及最终单纯形表如表 2-30 所示，求表中各括号内未知数$(a) \sim (l)$的值。

表 2-30

C_B	基	b	$c_j \rightarrow$ 3 x_1	2 x_2	2 x_3	0 x_4	0 x_5	0 x_6
0	x_4	(b)	1	1	1	1	0	0
0	x_5	15	(a)	1	2	0	1	0
0	x_6	20	2	(c)	1	0	0	1
	$c_j - z_j$		3	2	2	0	0	0
	⋮				⋮			
0	x_4	5/4	0	0	(d)	(l)	$-1/4$	$-1/4$
3	x_1	25/4	1	0	(e)	0	3/4	(i)
2	x_2	5/2	0	1	(f)	0	(h)	1/2
	$c_j - z_j$		0	(k)	(g)	0	$-5/4$	(j)

2.6 给出线性规划问题

$$\min z = 2x_1 + 3x_2 + 5x_3 + 6x_4$$
$$\text{s. t.} \begin{cases} x_1 + 2x_2 + 3x_3 + \quad x_4 \geqslant 2 \\ -2x_1 + x_2 - x_3 + \quad 3x_4 \leqslant -3 \\ x_j \geqslant 0 \quad (j = 1, \cdots, 4) \end{cases}$$

(1) 写出其对偶问题;(2) 用图解法求解对偶问题;(3) 利用(2)的结果及根据对偶问题性质写出原问题最优解。

2.7 给出线性规划问题

$$\max z = 6x_1 + 10x_2 + 9x_3 + 20x_4$$
$$\text{s. t.} \begin{cases} 4x_1 + 9x_2 + 7x_3 + 10x_4 \leqslant 600 \\ x_1 + x_2 + 3x_3 + 40x_4 \leqslant 400 \\ 3x_1 + 4x_2 + 2x_3 + x_4 \leqslant 500 \\ x_j \geqslant 0 (j = 1, \cdots, 4) \end{cases}$$

其最优解为:$\boldsymbol{X} = \left(\dfrac{400}{3}, 0, 0, \dfrac{20}{3} \right), z^* = \dfrac{2\,800}{3}$。

(1) 写出其对偶问题;(2) 利用互补松弛性质找出对偶问题的最优解。

2.8 已知线性规划问题

$$\max z = x_1 + x_2$$
$$\text{s. t.} \begin{cases} -x_1 + x_2 + x_3 \leqslant 2 \\ -2x_1 + x_2 - x_3 \leqslant 1 \\ x_1, x_2, x_3 \geqslant 0 \end{cases}$$

试根据对偶问题性质证明上述线性规划问题目标函数值无界。

2.9 给出线性规划问题

$$\max z = 2x_1 + 4x_2 + x_3 + x_4$$

$$\text{s. t.} \begin{cases} x_1 + 3x_2 \quad\quad + x_4 \leqslant 8 \\ 2x_1 + x_2 \quad\quad\quad \leqslant 6 \\ \quad\quad x_2 + x_3 + x_4 \leqslant 6 \\ x_1 + x_2 + x_3 \quad\quad \leqslant 9 \\ x_j \geqslant 0 \quad (j = 1, \cdots, 4) \end{cases}$$

要求：(1)写出其对偶问题；(2)已知原问题最优解为 $\boldsymbol{X}^* = (2, 2, 4, 0)$，试根据对偶理论，直接求出对偶问题的最优解。

2.10 已知线性规划问题 A 和 B 如下：

问题 A		问题 B	

$$\max z = \sum_{j=1}^{n} c_j x_j \qquad \text{影子价格} \qquad \max z = \sum_{j=1}^{n} c_j x_j \qquad\qquad \text{影子价格}$$

$$\text{s. t.} \begin{cases} \sum_{j=1}^{n} a_{1j} x_j = b_1 \quad\quad y_1 \\ \sum_{j=1}^{n} a_{2j} x_j = b_2 \quad\quad y_2 \\ \sum_{j=1}^{n} a_{3j} x_j = b_3 \quad\quad y_3 \\ x_j \geqslant 0 \quad (j = 1, \cdots, n) \end{cases} \qquad \text{s. t.} \begin{cases} \sum_{j=1}^{n} 5a_{1j} x_j = 5b_1 \quad\quad \hat{y}_1 \\ \sum_{j=1}^{n} \frac{1}{5} a_{2j} x_j = \frac{1}{5} b_2 \quad\quad \hat{y}_2 \\ \sum_{j=1}^{n} (a_{3j} + 3a_{1j}) x_j = b_3 + 3b_1 \quad \hat{y}_3 \\ x_j \geqslant 0 \quad (j = 1, \cdots, n) \end{cases}$$

试分别写出 $\hat{y}_i$ 同 $y_i (i = 1, 2, 3)$ 间的关系式。

2.11 用对偶单纯形法求解下列线性规划问题。

(1) $\min z = 4x_1 + 12x_2 + 18x_3$

$$\text{s. t.} \begin{cases} x_1 \quad\quad + 3x_3 \geqslant 3 \\ 2x_2 + 2x_3 \geqslant 5 \\ x_1, x_2, x_3 \geqslant 0 \end{cases}$$

(2) $\min z = 5x_1 + 2x_2 + 4x_3$

$$\text{s. t.} \begin{cases} 3x_1 + x_2 + 2x_3 \geqslant 4 \\ 6x_1 + 3x_2 + 5x_3 \geqslant 10 \\ x_1, x_2, x_3 \geqslant 0 \end{cases}$$

2.12 考虑如下线性规划问题：

$$\min z = 60x_1 + 40x_2 + 80x_3$$

$$\text{s. t.} \begin{cases} 3x_1 + 2x_2 + x_3 \geqslant 2 \\ 4x_1 + x_2 + 3x_3 \geqslant 4 \\ 2x_1 + 2x_2 + 2x_3 \geqslant 3 \\ x_1, x_2, x_3 \geqslant 0 \end{cases}$$

要求：(1)写出其对偶问题；(2)用对偶单纯形法求解原问题；(3)用单纯形法求解其对偶

问题；(4)对比(2)与(3)中每步计算得到的结果。

2.13 已知线性规划问题：

$$\max z = 2x_1 - x_2 + x_3$$

$$\text{s. t.} \begin{cases} x_1 + x_2 + x_3 \leqslant 6 \\ -x_1 + 2x_2 \qquad \leqslant 4 \\ x_1, x_2, x_3 \geqslant 0 \end{cases}$$

先用单纯形法求出最优解，再分析在下列条件单独变化的情况下最优解的变化。

(1) 目标函数变为 $\max z = 2x_1 + 3x_2 + x_3$；

(2) 约束右端项由 $\begin{pmatrix} 6 \\ 4 \end{pmatrix}$ 变为 $\begin{pmatrix} 3 \\ 4 \end{pmatrix}$；

(3) 增添一个新的约束条件 $-x_1 + 2x_3 \geqslant 2$。

2.14 给出线性规划问题

$$\max z = -x_1 + 18x_2 + c_3 x_3 + c_4 x_4$$

$$\text{s. t.} \begin{cases} x_1 + 2x_2 + 3x_3 + 4x_4 \leqslant 15 \\ -3x_1 + 4x_2 - 5x_3 - 6x_4 \leqslant 5 + \lambda \\ x_j \geqslant 0 \quad (j = 1, \cdots, 4) \end{cases}$$

要求：

(1) 以 x_1, x_2 为基变量列出单纯形表(当 $\lambda = 0$ 时)；

(2) 若 x_1, x_2 为最优基，确定问题最优解不变时 c_3, c_4 的变化范围；

(3) 保持最优基不变时的 λ 的变化范围；

(4) 增加一个新变量，其系数为 $(c_k, 2, 3)^{\text{T}}$，试求问题最优解不变时 c_k 的取值范围。

2.15 分析下列线性规划问题中，当 λ 变化时($\lambda \geqslant 0$)最优解的变化，并画出 $z(\lambda)$ 对 λ 的变化关系图。

(1) $\min z = x_1 + x_2 - \lambda x_3 + 2\lambda x_4$

$$\text{s. t.} \begin{cases} x_1 \qquad + x_3 + 2x_4 = 2 \\ 2x_1 + x_2 \qquad + 3x_4 = 5 \\ x_j \geqslant 0 \quad (j = 1, \cdots, 4) \end{cases}$$

(2) $\max z(\lambda) = (8 + \lambda)x_1 + (24 - 2\lambda)x_2$

$$\text{s. t.} \begin{cases} x_1 + 2x_2 \leqslant 10 \\ 2x_1 + x_2 \leqslant 10 \\ x_1, x_2 \geqslant 0 \end{cases}$$

(3) $\max z(\lambda) = 3x_1 + 2x_2 + 5x_3$

$$\text{s. t.} \begin{cases} x_1 + 2x_2 + x_3 \leqslant 40 - \lambda \\ 3x_1 \qquad + 2x_3 \leqslant 60 + 2\lambda \\ x_1 + 4x_2 \qquad \leqslant 30 - 7\lambda \\ x_j \geqslant 0 \quad (j = 1, 2, 3) \end{cases}$$

(4) $\max z(\lambda) = 2x_1 + x_2$

$$\text{s. t.} \begin{cases} x_1 \qquad \leqslant 10 + z\lambda \\ x_1 + x_2 \leqslant 25 - \lambda \\ x_2 \leqslant 10 + 2\lambda \\ x_1, x_2 \geqslant 0 \end{cases}$$

2.16 某厂生产 A、B、C 三种产品，其所需劳动力、材料等有关数据见表 2-31。要求：(1)确定获利最大的产品生产计划；(2)产品 A 的利润在什么范围内变动时，上述最优计划不变;(3)如果设计一种新产品 D,单件劳动力消耗为 8h,材料消耗为 2kg,每件可获利 3 元,问该种产品是否值得生产?(4)如果原材料数量不增,劳动力不足时可从市场购买,为 1.8 元/h。问:该厂要不要招收劳动力扩大生产,以购多少为宜?

表　2-31

资源 ＼ 消耗定额 ＼ 产品	A	B	C	可用量
劳动力/h	6	3	5	450
材料/kg	3	4	5	300
产品利润/(元/件)	30	10	40	

2.17 已知线性规划问题:

$$\max z = (c_1+t_1)x_1 + c_2x_2 + c_3x_3 + 0x_4 + 0x_5$$

$$\text{s.t.}\begin{cases} a_{11}x_1 + a_{12}x_2 + a_{13}x_3 + x_4 = b_1 + 3t_2 \\ a_{21}x_1 + a_{22}x_2 + a_{23}x_3 + x_5 = b_2 + t_2 \\ x_j \geqslant 0 \quad (j=1,\cdots,5) \end{cases}$$

当 $t_1 = t_2 = 0$ 时求解得最终单纯形表见表 2-32。

表　2-32

项目		x_1	x_2	x_3	x_4	x_5
x_3	5/2	0	1/2	1	1/2	0
x_1	5/2	1	−1/2	0	−1/6	1/3
$c_j - z_j$		0	−4	0	−4	−2

(1) 确定 $c_1, c_2, c_3, a_{11}, a_{12}, a_{13}, a_{21}, a_{22}, a_{23}$ 和 b_1, b_2 的值;

(2) 当 $t_2 = 0$ 时,t_1 在什么范围内变化上述最优解不变;

(3) 当 $t_1 = 0$ 时,t_2 在什么范围内变化上述最优基不变。

2.18 某文教用品厂利用原材料白坯纸生产原稿纸、日记本和练习本三种产品。该厂现有工人 100 人,每天白坯纸的供应量为 30 000kg。如单独生产各种产品时,每个工人每天可生产原稿纸 30 捆,或日记本 30 打,或练习本 30 箱。已知原材料消耗为:每捆原稿纸用白坯纸 $3\frac{1}{3}$kg;每打日记本用白坯纸 $13\frac{1}{3}$kg;每箱练习本用白坯纸 $26\frac{2}{3}$kg。已知生产各种产品的盈利为:每捆原稿纸 1 元,每打日记本 2 元,每箱练习本 3 元。试决定:(1)在现有生产条件下使该厂盈利最大的方案;(2)如白坯纸供应量不变,而工人数量不足时可从市场上招收临时工,临时工费用为每人每天 40 元。问:该厂应否招临时工及招收多少人为宜?

2.19 某厂生产Ⅰ、Ⅱ、Ⅲ三种产品,分别经过 A、B、C 三种设备加工。已知生产单位各种产品所需的设备台时、设备的现有加工能力及每件产品的预期利润见表 2-33。

表 2-33

	Ⅰ	Ⅱ	Ⅲ	设备能力/台·h
A	1	1	1	100
B	10	4	5	600
C	2	2	6	300
单位产品利润/元	10	6	4	

要求:

(1) 求获利最大的生产计划;

(2) 产品Ⅲ每件的利润增加到多大时才值得安排生产? 如产品Ⅲ每件利润增加到 50/6 元,求最优计划的变化;

(3) 产品Ⅰ的利润在多大范围内变化时,原最优计划保持不变;

(4) 设备 A 的能力为 $100+\lambda$,求保持最优基不变时的 λ 的变化范围;

(5) 如有一种新产品,加工一件需设备 A、B、C 的台时分别为 1、4、3h,预计每件的利润为 8 元,是否值得安排生产;

(6) 如合同规定该厂至少生产 10 件产品Ⅲ,试重新确定最优生产计划。

CHAPTER 3
第三章

运 输 问 题

　　在社会生产和消费过程中,离不开人员、物资、资金和信息的合理组织和流动,其中实体物品的流动一直受到人们特别的重视,并于 20 世纪 50 年代开始明确形成了物流的概念。物流包括物品的分拣、包装、搬运、装卸、仓储、运输、保管、信息联系与处理等各项基本活动。其中,运输是要改变物品的空间位置以创造其场所效用,它是物流活动中的一个不可或缺的重要环节。随着社会和经济的发展,运输变得越来越复杂,运输量有时非常巨大,科学组织运输可有效降低物流活动的成本,及时实现需要的物品空间位置的变动,以有效提升其空间价值。

第一节　运输问题及其数学模型

一、运输问题的数学模型

　　本章研究单一品种物资的运输调度问题,其典型情况是:设某种物品有 m 个产地 $A_1, A_2, \cdots, A_m$,各产地的产量分别是 $a_1, a_2, \cdots, a_m$;有 n 个销地 $B_1, B_2, \cdots, B_n$,各销地的销量分别为 $b_1, b_2, \cdots, b_n$。假定从产地 $A_i(i=1,2,\cdots,m)$ 向销地 $B_j(j=1,2,\cdots,n)$ 运输单位物品的运价是 c_{ij},问怎样调运这些物品才能使总运费最小?

　　为直观清楚起见,可列出该问题的运输表,如表 3-1 所示。表中的变量 $x_{ij}(i=1, 2, \cdots, m; j=1,2,\cdots,n)$ 为由产地 A_i 运往销地 B_j 的物品数量,c_{ij} 为 A_i 到 B_j 的单位运价。有时,将单位运价单独列入另一个表中,并称其为单位运价表。

表　3-1

产地＼销地	B_1		B_2		$\cdots$	B_n		产量
A_1	x_{11}	c_{11}	x_{12}	c_{12}		x_{1n}	c_{1n}	a_1
A_2	x_{21}	c_{21}	x_{22}	c_{22}		x_{2n}	c_{2n}	a_2
$\vdots$	$\vdots$		$\vdots$			$\vdots$		$\vdots$
A_m	x_{m1}	c_{m1}	x_{m2}	c_{m2}		x_{mn}	c_{mn}	a_m
销量	b_1		b_2		$\cdots$	b_n		

如果运输问题的总产量等于其总销量,即有

$$\sum_{i=1}^{m} a_i = \sum_{j=1}^{n} b_j \qquad (3.1)$$

则称该运输问题为产销平衡运输问题;反之,称产销不平衡运输问题。

产销平衡运输问题的数学模型可表示如下:

$$\min z = \sum_{i=1}^{m} \sum_{j=1}^{n} c_{ij} x_{ij}$$

$$\text{s. t.} \begin{cases} \sum\limits_{j=1}^{n} x_{ij} = a_i, & (i=1,2,\cdots,m) \qquad (3.2a) \\[2mm] \sum\limits_{i=1}^{m} x_{ij} = b_j, & (j=1,2,\cdots,n) \qquad (3.2b) \\[2mm] x_{ij} \geqslant 0, & (i=1,2,\cdots,m;\ j=1,2,\cdots,n) \qquad (3.2c) \end{cases}$$

其中,约束条件右侧常数 a_i 和 b_j 满足式(3.1)。

在模型(3.2)中,目标函数表示运输总费用,要求其极小化;约束条件(3.2a)的意义是由某一产地运往各个销地的物品数量之和等于该产地的产量;约束条件(3.2b)指由各产地运往某一销地的物品数量之和等于该销地的销量;约束条件(3.2c)为变量非负条件。

模型(3.2)是一种线性规划模型,因而可用单纯形法求解。但是,当用单纯形法求解运输问题时,先得在每个约束条件中引入一个人工变量,这样一来,即使对于 $m=3$,$n=4$ 这样简单的运输问题,变量数目也会达到 19 个之多(未考虑去掉一个多余约束条件),因而需要寻求更简便的解法。

为了说明适于求解运输问题的更好的解法,先分析一下运输问题数学模型的特点。

二、产销平衡运输问题数学模型的特点

由于运输问题的结构和性质,使其具有以下几个特点。

1. 运输问题有有限最优解

对运输问题(3.2),若令其变量

$$x_{ij} = \frac{a_i b_j}{Q}, \quad (i=1,2,\cdots,m;\quad j=1,2,\cdots,n) \qquad (3.3)$$

其中,$Q = \sum\limits_{i=1}^{m} a_i = \sum\limits_{j=1}^{n} b_j$,则式(3.3)就是运输问题(3.2)的一个可行解;这说明运输问题(3.2)的目标函数有下界,目标函数值不会趋于 $-\infty$。由此可知,运输问题必存在有限最优解。

2. 运输问题约束条件的系数矩阵

将式(3.2)的结构约束加以整理,可知其系数矩阵具有下述形式:

$$\begin{array}{cccccccccccc}
x_{11} & x_{12} & \cdots & x_{1n} & x_{21} & x_{22} & \cdots & x_{2n} & \cdots & x_{m1} & x_{m2} & \cdots & x_{mn}
\end{array}$$

$$\left.\begin{bmatrix}
1 & 1 & \cdots & 1 & & & & & & & & \\
& & & & 1 & 1 & \cdots & 1 & & & & \\
& & & & & & & & \ddots & & & \\
& & & & & & & & & 1 & 1 & \cdots & 1 \\
1 & & & & 1 & & & & & 1 & & \\
& 1 & & & & 1 & & & & & 1 & \\
& & \ddots & & & & \ddots & & & & & \ddots \\
& & & 1 & & & & 1 & & & & 1
\end{bmatrix}\right\} \begin{matrix} m\ 行 \\ \\ n\ 行 \end{matrix} \qquad (3.4)$$

其系数列向量的结构是:

$$\boldsymbol{A}_{ij} = (0, \cdots, 0, \underset{\text{第}\,i\,\text{个}}{1}, 0, \cdots, 0, \underset{\text{第}(m+j)\,\text{个}}{1}, 0, \cdots, 0)^{\mathrm{T}} \qquad (3.5)$$

即除第 i 个和第 $(m+j)$ 个分量为 1 外,其他分量全等于 0。

由此可知,运输问题的约束条件具有下述特点:

(1) 约束条件系数矩阵的元素等于 0 或 1;

(2) 约束条件系数矩阵的每一列有两个非零元素,这对应于每一个变量在前 m 个约束方程中出现一次,在后 n 个约束方程中也出现一次。

对产销平衡运输问题,除上述两个特点外,还有以下特点:

(1) 所有结构约束条件都是等式约束;

(2) 各产地产量之和等于各销地销量之和。

例 1 某部门有 3 个生产同类产品的工厂(产地),生产的产品由 4 个销售点(销地)出售,各工厂的生产量、各销售点的销售量(假定单位均为 t)以及各工厂到各销售点的单位运价(元/t)示于表 3-2 中。要求研究产品如何调运才能使总运费最小。

表 3-2

产地＼销地	B_1	B_2	B_3	B_4	产量
A_1	4	12	4	11	16
A_2	2	10	3	9	10
A_3	8	5	11	6	22
销量	8	14	12	14	48

由于总产量和总销量均为 48,故知这是一个产销平衡运输问题。

用 x_{ij} 表示由第 i 个产地运往第 j 个销地的产品数量,即可写出该问题的数学模型如下:

$$\min z = \sum_{i=1}^{3} \sum_{j=1}^{4} c_{ij} x_{ij} = 4x_{11} + 12x_{12} + 4x_{13} + 11x_{14} + 2x_{21}$$
$$+ 10x_{22} + 3x_{23} + 9x_{24} + 8x_{31} + 5x_{32} + 11x_{33} + 6x_{34}$$

$$\text{s. t.} \begin{cases} x_{11} + x_{12} + x_{13} + x_{14} = 16 \\ x_{21} + x_{22} + x_{23} + x_{24} = 10 \\ x_{31} + x_{32} + x_{33} + x_{34} = 22 \\ x_{11} + x_{21} + x_{31} = 8 \\ x_{12} + x_{22} + x_{32} = 14 \\ x_{13} + x_{23} + x_{33} = 12 \\ x_{14} + x_{24} + x_{34} = 14 \\ x_{ij} \geqslant 0, \quad (i = 1,2,3; \quad j = 1,2,3,4) \end{cases} \quad (3.6)$$

3. 运输问题的解

根据运输问题的数学模型求出的运输问题的解 $\boldsymbol{X} = (x_{ij})$,代表着一个运输方案,其中每一个变量 x_{ij} 的值表示由 A_i 调运数量为 x_{ij} 的物品给 B_j。前已指出运输问题是一种线性规划问题,可设想用迭代法进行求解,即先找出它的某一个基可行解,再进行解的最优性检验,若它不是最优解,就进行迭代调整,以得到一个新的更好的解,继续检验和调整改进,直至得到最优解为止。

为了能按上述思路求解运输问题,要求每步得到的解 $\boldsymbol{X} = (x_{ij})$ 都必须是其基可行解,这意味着:(1)解 $\boldsymbol{X}$ 必须满足模型中的所有约束条件;(2)基变量对应的约束方程组的系数列向量线性无关;(3)解中非零变量 x_{ij} 的个数不能大于 $(m+n-1)$ 个,原因是运输问题中虽有 $(m+n)$ 个结构约束条件,但由于总产量等于总销量,故只有 $(m+n-1)$ 个结构约束条件是线性独立的;(4)为使迭代顺利进行,基变量的个数在迭代过程中应始终保持为 $(m+n-1)$ 个。

运输问题解的每一个分量,都唯一对应其运输表中的一个格。得出运输问题的一个基可行解后,就将基变量的值 x_{ij} 填入运输表相应的格(A_i,B_j)内,并将这种格称为填有数字的格(含填数字 0 的格,这时的解为退化解);非基变量对应的格不填入数字,称为空格。

第二节 用表上作业法求解运输问题

表上作业法是求解运输问题的一种简便而有效的方法,其求解工作在运输表上进行。它是一种迭代法,迭代步骤为:先按某种规则找出一个初始解(初始调运方案);再对现行解作最优性判别；若这个解不是最优解，就在运输表上对它进行调整改进，得出一个新解；再判别，再改进，直至得到运输问题的最优解为止。如前所述，迭代过程中得出的所有解都要求是运输问题的基可行解。下面阐明这几个步骤，并结合例 1 详细加以说明。

当用一般单纯形法求解运输问题时，应去掉一个多余的约束等式（任一个约束等式均可）；当用表上作业法求解时，因在运输表上进行，不必写出其上述数学模型。

一、给出运输问题的初始基可行解（初始调运方案）

下面介绍两种常用的方法。

1. 最小元素法

人们容易直观想到，为了减少运费，应优先考虑单位运价最小（或运距最短）的供销业务，最大限度地满足其供销量。即对所有 i 和 j，找出 $c_{i_0 j_0} = \min(c_{ij})$，并将 $x_{i_0 j_0} = \min(a_{i_0}, b_{j_0})$ 的物品量由 A_{i_0} 供应给 B_{j_0}。若 $x_{i_0 j_0} = a_{i_0}$，则产地 A_{i_0} 的可供物品已用完，以后不再继续考虑这个产地，且 B_{j_0} 的需求量由 b_{j_0} 减少为 $b_{j_0} - a_{i_0}$；如果 $x_{i_0 j_0} = b_{j_0}$，则销地 B_{j_0} 的需求已全部得到满足，以后不再考虑这个销地，且 A_{i_0} 的可供量由 a_{i_0} 减少为 $a_{i_0} - b_{j_0}$。然后，在余下的供、销地的供销关系中，继续按上述方法安排调运，直至安排完所有供销任务，得到一个完整的调运方案（完整的解）为止。这样就得到了运输问题的一个初始基可行解（初始调运方案）。

由于该方法基于优先满足单位运价（或运距）最小的供销业务，故称为最小元素法。

在例 1 中，因 A_2 到 B_1 的单位运价 2 最小，故首先考虑这项运输业务。由于 $\min(a_2, b_1) = b_1 = 8$，所以令 $x_{21} = 8$，在表 3-2 的 (A_2, B_1) 格中填入数字 8，见表 3-3 这时 A_2 的可供量变为 $a_2 - b_1 = 10 - 8 = 2$；B_1 的需求量全部得到满足，在以后运输量分配时不再考虑，故划去 B_1 列（见虚线①）。

在表 3-3 尚未划去的各格中再寻求最小单位运价，它等于 3，对应 (A_2, B_3) 格。由于 A_2 供应 B_1 后其供应能力变为 2，小于 $b_3 = 12$，故在格 (A_2, B_3) 中填入数字 2。这时 A_2 的供应能力已用尽，划去 A_2 行（见虚线②）。

表　3-3

销地＼产地	B₁	B₂	B₃	B₄	产量
A₁	4	12	4　10	11　6	16 ⑥
A₂	2　8	10	3　2	9	10 ②
A₃	8	5　14	11	6　8	22 ⑤
销量	8	14	12	14	48
	①	④	③	⑥	

继续如上进行,在(A_1,B_3)格中填入数字10,划去B_3列(见虚线③);在(A_3,B_2)格中填入数字14,划去B_2列(见虚线④);在(A_3,B_4)格中填入数字8,划去A_3行(见虚线⑤);至此,只有(A_1,B_4)格未被划去,在其中填入数字6,使A_1的可供量和B_4的需求量同时得到满足,并同时划去A_1行和B_4列(见虚线⑥)。这时,运输表中的全部格子均被划去,所有供销要求均得到满足。上述过程和结果示于表 3-3 中,该表中下部和右侧小圆圈中的数字①、②、…、⑥表示各列和各行划去的先后顺序。

这时得到了该运输问题的一个初始基可行解:$x_{13}=10$,$x_{14}=6$,$x_{21}=8$,$x_{23}=2$,$x_{32}=14$,$x_{34}=8$,其他变量全等于零。即由 A_1 运 10 个单位物品给 B_3,运 6 个单位物品给 B_4 等。读者可以验证这 6 个数字对应的约束方程组的系数列向量线性无关。总运费(目标函数值)

$$z = \sum_{i=1}^{3} \sum_{j=1}^{4} c_{ij} x_{ij}$$

$$= 10 \times 4 + 6 \times 11 + 8 \times 2 + 2 \times 3 + 14 \times 5 + 8 \times 6 = 246$$

这个解满足所有约束条件,其非零变量的个数为 6(等于 $m+n-1=3+4-1=6$)。

2. 沃格尔(Vogel)法

初看起来,最小元素法十分合理。但是,有时按某一最小单位运价优先安排物品调运时,却可能导致不得不采用运费很高的其他供销点对,从而使整个运输费用增加。对每一个供应地或销售地,均可由它到各销售地或到各供应地的单位运价中找出最小单位运价和次小单位运价,并称这两个单位运价之差为该供应地或销售地的罚数。若罚数的值不大,当不能按最小单位运价安排运输时造成的运费损失不大;反之,如果罚数的值很大,不按最小运价组织运输就会造成很大损失,故应尽量按最小单位运价安排运输。沃格尔法就是基于这种考虑提出来的。

现再结合例 1 说明这种方法。

首先计算运输表中每一行和每一列的次小单位运价和最小单位运价之间的差值,并分别称为相应的行罚数和列罚数。将算出的行罚数填入位于运输表右侧行罚数栏的左边第一列的相应格子中,列罚数填入位于运输表下边列罚数栏的第一行的相应格子中(见表 3-4)。例如,A_1 行中的次小和最小单位运价均为 4,故其行罚数等于 0;A_2 行中的次小和最小单位运价分别为 3 和 2,其行罚数等于 $3-2=1$;B_1 列中的次小单位运价和最小单位运价分别为 4 和 2,其列罚数等于 2。如此进行,计算出本例 A_1、A_2 和 A_3 行的行罚数分别为 0、1 和 1;B_1、B_2、B_3 和 B_4 列的列罚数分别为 2、5、1 和 3。在这些罚数中,最大者为 5(在表 3-4 中用小圆圈示出),它位于 B_2 列。由于 B_2 列中的最小单位运价是位于(A_3,B_2)格中的 5,故在(A_3,B_2)格中填入尽可能大的运量 14,此时 B_2 的需要量得到满足,划去 B_2 列。

表　3-4

销地\产地	B₁	B₂	B₃	B₄	产量	1	2	3	4	5
A₁	(4)	(12)	12 (4)	4 (11)	16	0	0	0	⑦	0
A₂	8 (2)	(10)	(3)	2 (9)	10	1	1	1	6	0
A₃	(8)	14 (5)	(11)	8 (6)	22	1	2			
销量	8	14	12	14	48					

列罚数		B₁	B₂	B₃	B₄
	1	2	⑤	1	3
	2	2		1	③
	3	②		1	2
	4			1	2
	5				②

在尚未划去的各行和各列中,如上重新计算各行罚数和列罚数,并分别填入行罚数栏的第 2 列和列罚数栏的第 2 行。例如,在 A₃ 行中剩下的次小单位运价和最小单位运价分别为 8 和 6,故其罚数等于 2。由表 3-4 中填入这一轮计算出的各罚数可知,最大者等于 3,位于 B₄ 列,由于 B₄ 列中的最小单位运价为 6,故在其相应的格中填入这时可能的最大调运量 8,划去 A₃ 行。

用上述方法继续做下去,依次算出每次迭代的行罚数和列罚数,根据其最大罚数值的位置在运输表中的适当格中填入一个尽可能大的运输量,并划去对应的一行或一列。在本例中,依次在运输表中填入运输量:$x_{32}=14$,$x_{34}=8$,$x_{21}=8$,$x_{13}=12$,$x_{24}=2$,并相应地依次划去:B_2 列、A_3 行、B_1 列、B_3 列、A_2 行。最后未划去的格仅为(A_1,B_4),在这个格中填入数字 4,并同时划去 A_1 行和 B_4 列。

用这种方法得到的初始基可行解是:$x_{13}=12$,$x_{14}=4$,$x_{21}=8$,$x_{24}=2$,$x_{32}=14$,$x_{34}=8$,其他变量的值等于零。这个解的目标函数值

$$z = 12 \times 4 + 4 \times 11 + 8 \times 2 + 2 \times 9 + 14 \times 5 + 8 \times 6 = 244$$

在例 1 中,比较上述两种方法给出的初始基可行解,以沃格尔法给出的解的目标函数值较小。一般来说,沃格尔法得出的初始解的质量较好,常用来作为规模较小时运输问题最优解的近似解。

二、解的最优性检验

得到了运输问题的初始基可行解之后,即应对这个解进行最优性判别,看它是不是最优解。下面介绍两种常用的判别方法:闭回路法和对偶变量法(也称位势法)。

1. 闭回路法(cycle method)

要判定运输问题的某个解是否为最优解,可仿照一般单纯形法,检验这个解的各非基变量(对应于运输表中的空格)的检验数,若有某空格(A_i,B_j)的检验数为负,说明将x_{ij}变为基变量将使运输费用减少,故当前这个解不是最优解。若所有空格的检验数全非负,则不管怎样变换解均不能使运输费用降低,即这时的目标函数值已无法加以改进,这个解就是最优解。

现结合例1中用最小元素法给出的初始解(参看表3-3)说明检验数的计算方法。

首先考虑表3-3中的空格(A_1,B_1),设想由产地A_1供应1个单位的物品给销地B_1,为使运入销地B_1的物品总数量不大于它的销量,就应将A_2运到B_1的物品数量减去1个单位,即将格子(A_2,B_1)中填入的数字8改为7;为了使由产地A_2运出的物品数量正好等于它的产量,且保持新得到的解仍为基可行解,需将x_{23}由原来的2增加1,即改为3;然后将x_{13}由10减去1,即变为9,以使运入销地B_3的物品数量正好等于它的销量,同时使由A_1运出的物品数量正好等于它的产量。显然,这样的调整将影响到x_{11}、x_{21}、x_{23}和x_{13}这四个变量的取值,即(A_1,B_1)、(A_2,B_1)、(A_2,B_3)和(A_1,B_3)这四个格子中填入的数据。这些格子除(A_1,B_1)为空格外,其他都是填有数字的格。在运输表中,每一个空格总可以和一些填有数字的格用水平线段和垂直线段交替连在一闭合回路上(见表3-5)。按照上述设想,由产地A_1供给1个单位物品给销地B_1,由此引起的总运费变化是:$c_{11}-c_{21}+c_{23}-c_{13}=4-2+3-4=1$,根据检验数的定义,它正是非基变量$x_{11}$(或说空格$(A_1,B_1)$)的检验数。

现再看空格(A_2,B_2),它的闭回路(表3-5中的虚线)的顶点由以下各格组成:(A_2,B_2),(A_3,B_2),(A_3,B_4),(A_1,B_4),(A_1,B_3),(A_2,B_3),(A_2,B_2),其检验数$\sigma_{22}=c_{22}-c_{32}+c_{34}-c_{14}+c_{13}-c_{23}=10-5+6-11+4-3=1$。

按照同样的方法,可得表3-3中其他各空格(非基变量)的检验数如下:

$$\sigma_{12}=c_{12}-c_{32}+c_{34}-c_{14}=12-5+6-11=2$$
$$\sigma_{24}=c_{24}-c_{14}+c_{13}-c_{23}=9-11+4-3=-1$$
$$\sigma_{31}=c_{31}-c_{21}+c_{23}-c_{13}+c_{14}-c_{34}=8-2+3-4+11-6=10$$
$$\sigma_{33}=c_{33}-c_{34}+c_{14}-c_{13}=11-6+11-4=12$$

表 3-5

产地＼销地	B_1	B_2	B_3	B_4	产量
A_1	4	12	4 ⸻10⸻⸻6	11	16
A_2	2 8	10	3 ⸻2	9	10
A_3	8	5 14⸻	11	6 ⸻8	22
销量	8	14	12	14	

由于 $\sigma_{24} = -1 < 0$，故知表 3-3 中的解不是最优解。

用上述闭回路法算出的例 1 初始调运方案(见表 3-3)各空格的检验数示于表 3-6 的检验数表中。

表　3-6

销地 产地	B_1	B_2	B_3	B_4
A_1	1	2		
A_2		1		-1
A_3	10		12	

由上可知,为了求某个空格(非基变量)的检验数,先要找出它在运输表上的闭回路,这个闭回路的顶点,除这个空格外,其他均为填有数字的格(基变量格),它是由水平线段和竖直线段依次连接这些顶点构成的一封闭多边形。可以证明,每个空格都唯一存在这样的一条闭回路。

闭回路可以是一个简单的矩形,也可以是由水平和竖直边线组成的其他封闭多边形,图 3-1 示出了几种较简单的闭回路的可能图形,更为复杂的闭回路是上述图形的组合。

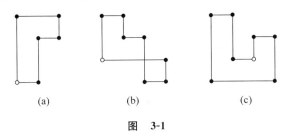

(a)　　　(b)　　　(c)

图　3-1

位于闭回路上的一组变量,它们对应的运输问题约束条件的系数列向量线性相关,因而在运输问题基可行解的迭代过程中,不允许出现全部顶点由填有数字的格构成的闭回路。这就是说,在确定运输问题的基可行解时,除要求基变量的个数为 $(m+n-1)$ 个外,还要求运输表中填有数字的格不构成闭回路(当然还要满足所有约束条件)。用前述最小元素法和 Vogel 法得到的解都满足这些条件。

2. 对偶变量法(位势法)(dual variable method)

用闭回路法判定一个运输方案是否为最优方案,需要找出所有空格的闭回路,并计算出其检验数。当运输问题的产地和销地很多时,空格的数目很大,计算检验数的工作十分繁重,而用对偶变量法(位势法)就要简便得多。

对产销平衡运输问题(3.2),若用 $u_1, u_2, \cdots, u_m$ 分别表示前 m 个约束等式相应的对偶变量(或称行位势),用 $v_1, v_2, \cdots, v_n$ 分别表示后 n 个等式约束相应的对偶变量(或称列位势),即有对偶变量向量

$$Y = (u_1, u_2, \cdots, u_m, v_1, v_2, \cdots, v_n)$$

这时可将运输问题(3.2)的对偶规划写为

$$\max z' = \sum_{i=1}^{m} a_i u_i + \sum_{j=1}^{n} b_j v_j$$

$$\text{s. t.} \begin{cases} u_i + v_j \leqslant c_{ij} \\ i = 1, \cdots, m \\ j = 1, \cdots, n \\ u_i, v_j \text{ 的符号不限} \end{cases} \tag{3.7}$$

由第二章公式(2.17)推导知,线性规划问题变量 x_j 的检验数可表示为

$$\sigma_j = c_j - z_j = c_j - \boldsymbol{C_B} \boldsymbol{B}^{-1} \boldsymbol{P}_j = c_j - \boldsymbol{Y} \boldsymbol{P}_j$$

由此可写出运输问题某变量 x_{ij}(对应于运输表中的 (A_i, B_j) 格)的检验数如下:

$$\begin{aligned} \sigma_{ij} &= c_{ij} - z_{ij} = c_{ij} - \boldsymbol{Y} \boldsymbol{P}_{ij} \\ &= c_{ij} - (u_1, u_2, \cdots, u_m, v_1, v_2, \cdots, v_n) \boldsymbol{P}_{ij} \\ &= c_{ij} - (u_i + v_j) \end{aligned} \tag{3.8}$$

现设我们已得到了运输问题(3.2)的一个基可行解,其基变量为

$$x_{i_1 j_1}, x_{i_2 j_2}, \cdots, x_{i_s j_s}, \quad s = m + n - 1$$

由于基变量的检验数等于零,故对这组基变量可写出方程组

$$\begin{cases} u_{i_1} + v_{j_1} = c_{i_1 j_1} \\ u_{i_2} + v_{j_2} = c_{i_2 j_2} \\ \vdots \\ u_{i_s} + v_{j_s} = c_{i_s j_s} \end{cases} \tag{3.9}$$

显然,这个方程组有 $(m+n-1)$ 个方程。运输表中每个产地和每个销地都对应原运输问题的一个约束条件,从而也对应各自的一个对偶变量。由于运输表中每行和每列都含有基变量,可知这样构造的方程组(3.9)中含有全部 $(m+n)$ 个对偶变量。

可以证明,方程组(3.9)有解,且由于对偶变量数比方程数多一个,故解不唯一。从而位势的值也不唯一。

若由方程组(3.9)解得的某组解满足式(3.7)的所有约束条件,即对所有 i 和 j 均有

$$\sigma_{ij} = c_{ij} - (u_i + v_j) \geqslant 0$$

即这组对偶变量(位势)对偶可行,则互补松弛条件 $(\boldsymbol{YA} - \boldsymbol{C}) \boldsymbol{X} = \boldsymbol{0}$ 成立(请读者说明理由),从而这时得到的解

$$\boldsymbol{X} = (\boldsymbol{X}_B, \boldsymbol{X}_N)^{\mathrm{T}} = (x_{i_1 j_1}, x_{i_2 j_2}, \cdots, x_{i_s j_s}, 0, 0, \cdots, 0)^{\mathrm{T}}$$

和

$$\boldsymbol{Y} = (u_1, u_2, \cdots, u_m, v_1, v_2, \cdots, v_n)$$

分别为原运输问题及其对偶问题的最优解。

若由式(3.9)解得的解不满足约束条件式(3.7),即非基变量的检验数有负值存在,则上面得到的运输问题的解不是最优解,需要进行解的调整。

现仍用前面的例子(见表 3-3)说明用位势法求检验数的方法和步骤。

例 2 用位势法对表 3-3 给出的运输问题的解作最优性检验。

解 (1)在表 3-3 上增加一位势列 u_i 和位势行 v_j,得表 3-7。

表 **3-7**

销地 产地	B_1	B_2	B_3	B_4	产量	u_i
A_1	4	12	4 10	11 6	16	$u_1(1)$
A_2	2 8	10	3 2	9	10	$u_2(0)$
A_3	8	5 14	11	6 8	22	$u_3(-4)$
销量	8	14	12	14	48	
v_j	$v_1(2)$	$v_2(9)$	$v_3(3)$	$v_4(10)$		

(2)计算位势。可先建立方程组(3.9),并据此计算出运输表各行和各列的位势。在本例中,$x_{13},x_{14},x_{21},x_{23},x_{32},x_{34}$ 这 6 个变量为基变量,故有

$$\begin{cases} u_1 + v_3 = 4 \\ u_1 + v_4 = 11 \\ u_2 + v_1 = 2 \\ u_2 + v_3 = 3 \\ u_3 + v_2 = 5 \\ u_3 + v_4 = 6 \end{cases} \tag{3.10}$$

在求解方程组(3.9)时,为计算简便,常任意指定某一位势等于一个较小的整数或零。在本例求解方程组(3.10)时,任意指定 $u_2=0$,由此可算出:

$$v_1 = 2, \quad v_3 = 3, \quad u_1 = 1, \quad v_4 = 10, \quad u_3 = -4, \quad v_2 = 9$$

上述各位势的值示于表 3-8 中相应的格子内。

在实际计算时,不必在形式上列出方程组(3.10),可在运输表上凭观察直接计算,并填入 u_i 和 v_j 相应的值。

(3)计算检验数

有了位势 u_i 和 v_j 之后,即可由式(3.8)计算各空格的检验数。本例算出的各空格的检验数示于表 3-8 中(基变量的检验数等于 0,表中不再列出)。

表 3-8

产地＼销地	B_1		B_2		B_3		B_4		u_i
A_1	1	4	2	12		4		11	1
A_2		2	1	10		3	-1	9	0
A_3	10	8		5	12	11		6	-4
v_j	2		9		3		10		

比较表 3-8 和表 3-6,可知用位势法(对偶变量法)与用闭回路法算出的检验数完全相同。因 $\sigma_{24}=-1<0$,故这个解不是最优解。

三、解的改进

对运输问题的一个解来说,若最优性检验时某非基变量 x_{ij}(空格(A_i,B_j))的检验数 σ_{ij} 为负,说明将这个非基变量变为基变量时运费会更小,因而这个解不是最优解,还可以进一步改进。改进的方法是在运输表中找出这个空格对应的闭回路 L_{ij},在满足所有约束条件的前提下,使 x_{ij} 尽量增大并相应调整此闭回路上其他顶点的运输量,以得到另一个更好的基可行解。

解改进的具体步骤为:

(1) 以 x_{ij} 为换入变量,找出它在运输表中的闭回路;

(2) 以空格(A_i,B_j)为第一个奇数顶点,沿闭回路的顺(或逆)时针方向前进,对闭回路上的顶点依次编号;

(3) 在闭回路上的所有偶数顶点集合 $L(e)$ 中,找出运输量最小$\left(\min\limits_{L(e)} x_{ij}\right)$的顶点(格子),以该格中的变量为换出变量;

(4) 以 $\min\limits_{L(e)} x_{ij}$ 为调整量,将该闭回路上所有奇数顶点处的运输量都增加这一数值,所有偶数顶点处的运输量都减去这一数值,从而得出一新的运输方案。该运输方案的总运费比原运输方案减少,改变量等于 $\sigma_{ij}\left(\min\limits_{L(e)} x_{ij}\right)$。

然后,再对得到的新解进行最优性检验,如不是最优解,就重复以上步骤继续进行调整,一直到得出最优解为止。

例 3 对例 1 中用最小元素法得出的解(见表 3-3)进行改进。

解 在例 1 和例 2 中已算出了这个解的检验数(见表 3-6 或表 3-8),由于 $\sigma_{24}=-1<0$,故以 x_{24} 为换入变量,它对应的闭回路示于表 3-9 中。

表　3-9

产地＼销地	B₁	B₂	B₃	B₄	产量
A₁	4	12	4 (+2)10 ——————— 6(−2)	11	16
A₂	2 8	10	3 (−2)2	9 (+2)	10
A₃	8	5 14	11	6 8	22
销量	8	14	12	14	48

该闭回路的偶数顶点位于格(A_1,B_4)和(A_2,B_3),由于

$$\min\{x_{14},x_{23}\}=\min\{6,2\}=2$$

故应对解作如下调整:

$$x_{24}:\text{加}\,2 \qquad x_{14}:\text{减}\,2$$
$$x_{13}:\text{加}\,2 \qquad x_{23}:\text{减}\,2$$

得到的新的基可行解是(见表 3-10):$x_{13}=10+2=12$,$x_{14}=6-2=4$,$x_{21}=8$,$x_{24}=0+2=2$,$x_{32}=14$,$x_{34}=8$,其他为非基变量。原来的基变量 x_{23} 变为非基变量,基变量的个数仍维持为 6 个。这时的目标函数值等于 $246+2(-1)=244$。

表　3-10

产地＼销地	B₁	B₂	B₃	B₄	产量
A₁	4 ⓪	12 ②	4 12	11 4	16
A₂	2 8	10 ②	3 ①	9 2	10
A₃	8 ⑨	5 14	11 ⑫	6 8	22
销量	8	14	12	14	48

现再用位势法或闭回路法求这个新解各非基变量的检验数,结果示于表 3-10 中各空格的小圆圈内。由于所有非基变量的检验数全非负,故这个解为最优解。

对这个解来说,因 $\sigma_{11}=0$,若以 x_{11} 为换入变量可再得一解,它与上面最优解的目标函数值相等,故它也是一个最优解。例 1 的运输问题有两个最优基解,由第一章第三节有关单纯形法迭代结果的最优性检验和解的判别的讨论,可知它有无穷多个最优解。

四、几点说明

1. 若运输问题的某一基可行解有多个非基变量的检验数为负,在继续进行迭代时,取它们中的任一变量为换入变量均可使目标函数值得到改善,但通常取 $\sigma_{ij} < 0$ 中最小者对应的变量为换入变量。

2. 当迭代到运输问题的最优解时,如果有某非基变量的检验数等于零,则说明该运输问题有多重最优解。

3. 当运输问题某部分产地的产量和,与某一部分销地的销量和相等时,在迭代过程中间有可能在某个格填入一个运量时需同时划去运输表的一行和一列,这时就出现了退化。在运输问题中,退化解是时常发生的。为了使表上作业法的迭代工作能顺利进行下去,退化时应在同时划去的一行或一列中的某个格中填入数字 0,表示这个格中的变量是取值为 0 的基变量,以使迭代过程中基变量个数始终恰好为 $(m+n-1)$ 个。

第三节　运输问题的进一步讨论

一、产销不平衡的运输问题

第二节讲述的运输问题的算法,是以总产量等于总销量(产销平衡)为前提的。实际上,在很多实际运输问题中,总产量不等于总销量。这时,为了能使用前述表上作业法求解,就需将产销不平衡运输问题化为产销平衡运输问题。

如果总产量大于总销量,即

$$\sum_{i=1}^{m} a_i > \sum_{j=1}^{n} b_j$$

这时的数学模型为

$$\min z = \sum_{i=1}^{m} \sum_{j=1}^{n} c_{ij} x_{ij}$$

$$\text{s. t.} \begin{cases} \sum_{j=1}^{n} x_{ij} \leqslant a_i, & (i=1,2,\cdots,m) \\ \sum_{i=1}^{m} x_{ij} = b_j, & (j=1,2,\cdots,n) \\ x_{ij} \geqslant 0 \end{cases} \tag{3.11}$$

为借助于产销平衡时的表上作业法求解,可增加一个假想的销地 B_{n+1},由于实际上它不存在,因而由产地 $A_i(i=1,2,\cdots,m)$ 调运到这个假想销地的物品数量 $x_{i,n+1}$(相当于松弛变量),实际上就是就地存储在 A_i 的物品数量。就存储的物品不经运输,故可令其单

位运价 $c_{i,n+1} = 0$ $(i=1,2,\cdots,m)$。

若令假想销地的销量为 b_{n+1}，且

$$b_{n+1} = \sum_{i=1}^{m} a_i - \sum_{j=1}^{n} b_j \tag{3.12}$$

则模型(3.11)变为

$$\min z = \sum_{i=1}^{m} \sum_{j=1}^{n+1} c_{ij} x_{ij}$$

$$\text{s. t.} \begin{cases} \sum_{j=1}^{n+1} x_{ij} = a_i, & (i=1,2,\cdots,m) \\ \sum_{i=1}^{m} x_{ij} = b_j, & (j=1,2,\cdots,n+1) \\ x_{ij} \geqslant 0 \end{cases} \tag{3.13}$$

总销量大于总产量的情形可仿照上述方法类似处理，即增加一个假想的产地 A_{m+1}，它的产量等于

$$a_{m+1} = \sum_{j=1}^{n} b_j - \sum_{i=1}^{m} a_i \tag{3.14}$$

由于这个假想的产地并不存在，求出由它发往各个销地的物品数量 $x_{m+1,j}$ $(j=1,2,\cdots,n)$，实际上是各销地 b_j 所需物品的欠缺额，显然有

$$c_{m+1,j} = 0, \quad (j=1,2,\cdots,n)$$

例 4 某市有三个造纸厂 A_1、A_2 和 A_3，其纸的产量分别为 8 个单位、5 个单位和 9 个单位，有 4 个集中用户 B_1、B_2、B_3 和 B_4，其需用量分别为 4 个单位、3 个单位、5 个单位和 6 个单位。由各造纸厂到各用户的单位运价如表 3-11 所示，请确定总运费最少的调运方案。

表 3-11

产地＼销地	B_1	B_2	B_3	B_4	产量
A_1	3	12	3	4	8
A_2	11	2	5	9	5
A_3	6	7	1	5	9
销量	4	3	5	6	

解 由于总产量 22 大于总销量 18,故本问题是个产销不平衡运输问题。为用表上作业法求解,需增加一假想销地 B_5,并参照上面的叙述写出其运输表,再用表上作业法求解。请读者自己完成写出运输表和求解过程。

二、有转运的运输问题

在以上讨论中,我们假定物品由产地直接运送到销售目的地,不经中间转运 (transshipment)。但是,常常会遇到这种情形:需先将物品由产地运到某个中间转运站(可能是另外的产地、销地或中间转运仓库),然后再转运到销售目的地。有时,经转运比直接运到目的地更为经济。总之,在很多情况下,在决定运输方案时有必要把转运也考虑进去。显然,考虑转运将使运输问题变得更为复杂(参看图 3-2)。

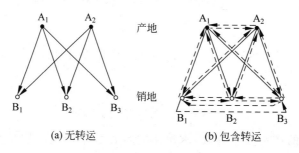

图 3-2

假定 m 个产地 $A_1, A_2, \cdots, A_m$ 和 n 个销地 $B_1, B_2, \cdots, B_n$ 都可以作为中间转运站使用,从而发送物品的地点和接收物品的地点都有 $m+n$ 个。这样一来,我们就得到了一个扩大了的运输问题。令

a_i:第 i 个产地的产量(净供应量);

b_j:第 j 个销地的销量(净需要量);

x_{ij}:由第 i 个发送地运到第 j 个接收地的物品数量;

c_{ij}:由第 i 个发送地到第 j 个接收地的单位运价;

c_i:第 i 个地点转运单位物品的费用。

若将产地和销地统一编号,并把产地排在前面,销地排在后面,则有

$$a_{m+1} = a_{m+2} = \cdots = a_{m+n} = 0$$
$$b_1 = b_2 = \cdots = b_m = 0$$

假定为产销平衡运输问题,即有

$$\sum_{i=1}^{m} a_i = \sum_{j=m+1}^{m+n} b_j = Q$$

有转运运输问题的运输表和运价表分别示于表 3-12 和表 3-13 中。

当不考虑转运费时,可令 $c_i = 0 (i = 1, 2, \cdots, m+n)$。

表 3-12

发送 ＼ 接收		产　地			销　地			发送量
		1	$\cdots$	m	$m+1$	$\cdots$	$m+n$	
产地	1	x_{11}	$\cdots$	x_{1m}	$x_{1,m+1}$	$\cdots$	$x_{1,m+n}$	$Q+a_1$
	$\vdots$	$\vdots$		$\vdots$	$\vdots$		$\vdots$	$\vdots$
	m	x_{m1}	$\cdots$	x_{mm}	$x_{m,m+1}$	$\cdots$	$x_{m,m+n}$	$Q+a_m$
销地	$m+1$	$x_{m+1,1}$	$\cdots$	$x_{m+1,m}$	$x_{m+1,m+1}$	$\cdots$	$x_{m+1,m+n}$	Q
	$\vdots$	$\vdots$		$\vdots$	$\vdots$		$\vdots$	$\vdots$
	$m+n$	$x_{m+n,1}$	$\cdots$	$x_{m+n,m}$	$x_{m+n,m+1}$	$\cdots$	$x_{m+n,m+n}$	Q
接收量		Q	$\cdots$	Q	$Q+b_{m+1}$	$\cdots$	$Q+b_{m+n}$	

表 3-13

发送 ＼ 接收		产　地			销　地			发送量
		1	$\cdots$	m	$m+1$	$\cdots$	$m+n$	
产地	1	$-c_1$	$\cdots$	c_{1m}	$c_{1,m+1}$	$\cdots$	$c_{1,m+n}$	$Q+a_1$
	$\vdots$	$\vdots$		$\vdots$	$\vdots$		$\vdots$	$\vdots$
	m	c_{m1}	$\cdots$	$-c_m$	$c_{m,m+1}$	$\cdots$	$c_{m,m+n}$	$Q+a_m$
销地	$m+1$	$c_{m+1,1}$	$\cdots$	$c_{m+1,m}$	$-c_{m+1}$	$\cdots$	$c_{m+1,m+n}$	Q
	$\vdots$	$\vdots$		$\vdots$	$\vdots$		$\vdots$	$\vdots$
	$m+n$	$c_{m+n,1}$	$\cdots$	$c_{m+n,m}$	$c_{m+n,m+1}$	$\cdots$	$-c_{m+n}$	Q
接收量		Q	$\cdots$	Q	$Q+b_{m+1}$	$\cdots$	$Q+b_{m+n}$	

例 5　图 3-3 示出了一个运输系统,它包括两个产地(①和②)、两个销地(④和⑤)及一个中间转运站(③),各产地的产量和各销地的销量用相应节点处箭线旁的数字表示,节点连线上的数字表示其间的运输单价,节点旁的数字为该地的转运单价,试确定最优运输方案。

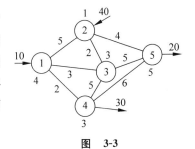

图 3-3

解　在本例中:

$$a_1 = 10, \quad a_2 = 40, \quad a_3 = a_4 = a_5 = 0$$
$$b_1 = b_2 = b_3 = 0, \quad b_4 = 30, \quad b_5 = 20$$
$$Q = 10 + 40 = 30 + 20 = 50$$
$$c_1 = 4, \quad c_2 = 1, \quad c_3 = 3, \quad c_4 = 3, \quad c_5 = 5$$

现以 M 表示足够大的正数,可将该运输问题的运输表列出,如表 3-14 所示。

表 3-14

发送 \ 接收		产　地		转　运	销　地		发送量
		1	2	3	4	5	
产地	1	-4	5	3	2	M	60
	2	5	-1	2	M	4	90
转运	3	3	2	-3	5	5	50
销地	4	2	M	5	-3	6	50
	5	M	4	5	6	-5	50
接收量		50	50	50	80	70	

根据表 3-14,用最小元素法得出本例的初始运输方案(见表 3-15),再经过两次迭代得最优解(示于表 3-16 中)。其运输方案是:由①地运 10 个单位物品到④地;由②地运 20 个单位物品到⑤地;由②地运 20 个单位物品到③地,再由③地转运到④地。总运费为

$$z = c_{14}x_{14} + c_{25}x_{25} + c_{23}x_{23} + c_{23}x_{34} + c_{34}x_{34}$$

$$= 2 \times 10 + 4 \times 20 + 2 \times 20 + 3 \times 20 + 5 \times 20 = 300$$

表 3-15

发送 \ 接收	1	2	3	4	5	发送量
1	50			10		60
2		50		20	20	90
3			50		0	50
4				50		50
5					50	50
接收量	50	50	50	80	70	

表 3-16

发送 \ 接收	1	2	3	4	5	发送量
1	50			10		60
2		50	20		20	90
3			30	20		50
4				50		50
5					50	50
接收量	50	50	50	80	70	

第四节　应用问题举例

由于运输问题的表上作业法概念清晰、直观,且通常比一般单纯形法计算简单,因而人们在解决有些实际问题时,常设法将其转化为运输问题的数学模型求解,下面通过几个例子加以说明。

例 6　有三个产地 A_1、A_2 和 A_3 生产同一种物品,使用者为 B_1、B_2 和 B_3,各产地到各使用者的单位运价示于表 3-17 中。这三个使用者的需求量分别为 10 个单位、4 个单位和 6 个单位。由于销售需要和客观条件的限制,产地 A_1 至少要发出 6 个单位的产品,它最多只能生产 11 个单位的产品;A_2 必须发出 7 个单位的产品;A_3 至少要发出 4 个单位的产品。试根据上述条件用表上作业法求该运输问题的最优运输方案。

表　3-17

生产＼使用	B_1	B_2	B_3	生产量
A_1	2	4	3	$6 \leqslant a_1 \leqslant 11$
A_2	1	5	6	$a_2 = 7$
A_3	3	2	4	$a_3 \geqslant 4$
使用量	10	4	6	

解　由表 3-17 可知,当 A_1 的产量 a_1 取最小值 6 时,A_1 和 A_2 的产量之和等于 13,而总需量为 20,故在产销平衡的条件下产地 A_3 的产量 a_3 最多等于 7。如果产地 A_1 和 A_3 的产量都取各自的最大值 11 和 7,总产量可达 25,它大于总需量 20,这时应增设一个虚销点 B_4,其需用量为 5。

为考虑可能出现的各种情况,将 A_1 和 A_3 这两个产地的产量都分成两部分,其中一部分是必须发出的,应运至实在的需用地,而不能运往虚销点 B_4,从而应将这部分产品运往虚销点 B_4 的单位运价取为充分大的正数 M;另一部分产品可以运往虚销点,但由于这时实际上不需运输,故取相应的单位运价等于零。

基于上述分析,可将该运输问题的运输表写成表 3-18 的形式。用表 3-18 求解该运输问题的过程请读者完成。

表 3-18

生产 \ 使用	B_1		B_2		B_3		B_4		生产量
A_1		2		4		3		M	6
A_1'		2		4		3		0	5
A_2		1		5		6		M	7
A_3		3		2		4		M	4
A_3'		3		2		4		0	3
使用量	10		4		6		5		

例 7 某公司承担 4 条航线的运输任务,已知:(1)各条航线的起点城市和终点城市及每天的航班数(见表 3-19);(2)各城市间的航行时间(见表 3-20);(3)所有航线都使用同一种船只,每次装船和卸船时间均为 1 天。问该公司至少应配备多少条船才能满足所有航线运输的需要?

表 3-19

航线	起点城市	终点城市	每天航班数量
1	E	D	3
2	B	C	2
3	A	F	1
4	D	B	1

表 3-20 天

从 \ 至	A	B	C	D	E	F
A	0	1	2	14	7	7
B	1	0	3	13	8	8
C	2	3	0	15	5	5
D	14	13	15	0	17	20
E	7	8	5	17	0	3
F	7	8	5	20	3	0

解 所需船只可分为两部分:

(1) 各航线航行、装船、卸船所占用的船只。对各航线逐一分析,所需船只数列入表 3-21 中,累计共需 91 条船。

表 3-21

航线	装船时间/天	卸船时间/天	航行时间/天	小计/天	航班数量	所需船只/条
1	1	1	17	19	3	57
2	1	1	3	5	2	10
3	1	1	7	9	1	9
4	1	1	13	15	1	15

（2）各港口之间调度所需船只数量。这由每天到达一港口的船只数量与它所需发出的船只数量不相等而产生。各港口城市每天到达船只、需求船只数量及其差额示于表 3-22 中。

表 3-22

城 市	A	B	C	D	E	F
每天到达	0	1	2	3	0	1
每天需要	1	2	0	1	3	0
余缺数	−1	−1	2	2	−3	1

将船由多余船只的港口调往需用船只的港口为空船行驶，应采用合理的调度方案，以使"调运量"最小。为此，建立表 3-23 所示的运输问题，其单位运价取为相应一对港口城市间的航行时间（天）。

表 3-23

从 \ 至	A	B	E	多余船只/条
C	2	3	5	2
D	14	13	17	2
F	7	8	3	1
缺少船只	1	1	3	

用表上作业法求解这一运输问题，可得如下两个最优解：
$$x_{CE} = 2, \quad x_{DA} = 1, \quad x_{DB} = 1, \quad x_{FE} = 1$$
和
$$x_{CA} = 1, \quad x_{CE} = 1, \quad x_{DB} = 1, \quad x_{DE} = 1, \quad x_{FE} = 1$$

按这两个方案调运多余船只，其目标函数值等于 40，说明各港口之间调度所需船只至少为 40 艘。综合以上两个方面的要求，在不考虑维修、储备等情况下，该公司至少要配备 131 条船，才能满足 4 条航线正常运输的需要。

即练即测

习　　题

3.1　下列说法中正确的有：

（1）运输问题是一类特殊的线性规划模型，因而对模型(3.1)的求解结果可能有：唯一最优解，无穷多最优解，无界解，无可行解；

（2）表上作业法实质上就是求解运输问题的单纯形法；

（3）如果表 3-2 单位运价的某一行均加上常数 k，最优调运方案不会改变；

（4）如果表 3-2 单位运价的某一行均乘上常数 k，最优调运方案不会改变。

3.2　运输问题的基可行解应满足什么条件？试判断表 3-24 和表 3-25 中给出的调运方案可否作为表上作业法迭代时的基可行解？为什么？

表　3-24

产地＼销地	B_1	B_2	B_3	B_4	产量
A_1	0	15			15
A_2			15	10	25
A_3	5				5
销量	5	15	15	10	

表　3-25

产地＼销地	B_1	B_2	B_3	B_4	B_5	产量
A_1	150			250		400
A_2		200	300			500
A_3			250		50	300
A_4	90	210				300
A_5				80	20	100
销量	240	410	550	330	70	

3.3　试对给出运输问题初始基可行解的最小元素法和 Vogel 法进行比较，分析给出的解之质量不同的原因。

3.4　简要说明用位势法（对偶变量法）求检验数的原理。

3.5　用表上作业法求解运输问题时，在什么情况下会出现退化解？当出现退化解时应如何处理？

3.6　一般线性规划问题具备什么特征才能将其转化为运输问题求解，请举例说明。

3.7 表 3-26 和表 3-27 分别给出了各产地和各销地的产量和销量,以及各产地至各销地的单位运价,试用表上作业法求最优解。

表　3-26

产地＼销地	B₁	B₂	B₃	B₄	产量
A₁	4	1	4	6	8
A₂	1	2	5	0	8
A₃	3	7	5	1	4
销量	6	5	6	3	20

表　3-27

产地＼销地	B₁	B₂	B₃	B₄	产量
A₁	3	7	6	4	5
A₂	2	4	3	2	2
A₃	4	3	8	5	6
销量	3	3	2	2	

3.8 某企业和用户签订了设备交货合同,已知该企业各季度的生产能力、每台设备的生产成本和每季度末的交货量(见表 3-28),若生产出的设备当季度不交货,每台设备每季度需支付保管维护费 0.1 万元,试问在遵守合同的条件下,企业应如何安排生产计划,才能使年消耗费用最低?

表　3-28

季度	工厂生产能力/台	交货量/台	每台设备生产成本/万元
1	25	15	12.0
2	35	20	11.0
3	30	25	11.5
4	20	20	12.5

3.9 某市有 3 个面粉厂,它们供给 3 个面食加工厂所需的面粉。各面粉厂的产量、各面食加工厂加工面粉的能力、各面食加工厂和各面粉厂之间的单位运价,均示于表 3-29 中。假定在第 1、2 和 3 面食加工厂制作单位面粉食品的利润分别为 12、16 和 11,试确定使总效益最大的面粉分配计划(假定面粉厂和面食加工厂都属于同一个主管单位)。

表　3-29

面粉厂＼食品厂	1	2	3	面粉厂产量
Ⅰ	3	10	2	20
Ⅱ	4	11	8	30
Ⅲ	8	11	4	20
食品厂需量	15	25	20	

3.10　表 3-30 示出一个运输问题及它的一个解,试问:

(1) 表中给出的解是否为最优解?请用位势法进行检验。

(2) 若价值系数 c_{24} 由 1 变为 3,所给的解是否仍为最优解?若不是,请求出最优解。

(3) 若所有价值系数均增加 1,最优解是否改变?为什么?

(4) 若所有价值系数均乘以 2,最优解是否改变?为什么?

(5) 写出该运输问题的对偶问题,并说明二者最优解的关系。

表　3-30

产地＼销地	B_1	B_2	B_3	B_4	产量
A_1	4	1 / 5	4 / 3	6	8
A_2	1 / 8	2	6	1 / 2	10
A_3	3	7	5 / 3	1 / 1	4
销量	8	5	6	3	22

　　3.11　1、2、3 三个城市每年需分别供应电力 320 个单位、250 个单位和 350 个单位,由Ⅰ、Ⅱ两个电站提供,它们的最大可供电量分别为 400 个单位和 450 个单位,单位费用如表 3-31 所示。由于需要量大于可供量,决定城市 1 的供应量可减少 0～30 个单位,城市 2 的供应量不变,城市 3 的供应量不能少于 270 个单位,试求总费用最低的分配方案(将可供电量用完)。

表　3-31

电站＼城市	1	2	3
Ⅰ	15	18	22
Ⅱ	21	25	16

C HAPTER 4
第四章

目 标 规 划

第一节　目标规划问题及其数学模型

一、目标规划问题的提出

应用线性规划,可以处理许多线性系统的最优化问题。但是,线性规划作为一种决策工具,在解决实际问题时,存在着一定的局限性。

例1　某工厂生产两种产品,受到原材料供应和设备工时的限制。在单件利润等有关数据已知的条件下,要求制订一个获利最大的生产计划。具体数据见表4-1。

表　4-1

产品	I	II	限量/件
原材料/(kg/件)	5	10	60
设备工时/(h/件)	4	4	40
利润/(元/件)	6	8	

设产品 I 和产品 II 的产量分别为 x_1 和 x_2,当用线性规划来描述和解决这个问题时,其数学模型为

$$\max z = 6x_1 + 8x_2$$

$$\text{s. t.} \begin{cases} 5x_1 + 10x_2 \leqslant 60 \\ 4x_1 + 4x_2 \leqslant 40 \\ x_1, x_2 \geqslant 0 \end{cases}$$

其最优解,即最优生产计划为 $x_1 = 8$(件),$x_2 = 2$(件),$\max z = 64$(元)。

从线性规划的角度来看,问题似乎已经得到了圆满的解决。但是,如果站在工厂领导的立场上对此进行评价的话,问题就不是这么简单了。

第一,一般来说,一个计划问题要满足多方面的要求。例如,财务部门可能希望有尽可能大的利润,以实现其年度利润目标;物资部门可能希望有尽可能小的物资消耗,以节约储备资金占用;销售部门可能希望产品品种多样,适销对路;计划部门可能希望有尽可能大的产品批量,便于安排生产等。也就是说,一个计划问题实际上是一个多目标决策

105

问题。只是由于需要用线性规划来处理,计划人员才不得不从众多目标要求中硬性选择其一,作为线性规划的目标函数。

第二,线性规划有最优解的必要条件是其可行解集非空,即各约束条件彼此相容。但是,实际问题有时不能满足这样的要求。例如,在生产计划中,由于储备资金的限制,原材料的最大供应量不能满足计划产量的需要时,从供给和需求两方面产生的约束条件彼此就是互不相容的;或者,由于设备维修、能源供应、其他产品生产需要等原因,计划期内可以提供的设备工时不能满足计划产量工时需要时,也会产生彼此互不相容的情况。

第三,线性规划解的可行性和最优性具有十分明确的意义,但那都是针对特定数学模型而言的。在实际问题中,决策者需要计划人员提供的不是严格的数学上的最优解,而是可以帮助作出最优决策的参考性的计划,或是提供多种计划方案,供最终决策时选择。

上述分析表明,同任何其他决策工具一样,线性规划并不是完美无缺的。在处理实际问题时,线性规划存在着由其"刚性"本质所注定的某些固有的局限性。现代决策强调定量分析和定性分析相结合,强调硬技术和软技术相结合,强调矛盾和冲突的合理性,强调妥协和让步的必要性。线性规划无法胜任这些要求。

1961年,查恩斯(A. Charnes)和库伯(W. W. Cooper)提出目标规划(goal programming),得到广泛重视和较快发展。目标规划在处理实际决策问题时,承认各项决策要求(即使是冲突的)的存在有其合理性;在做最终决策时,不强调其绝对意义上的最优性。由于目标规划在一定程度上弥补了线性规划的上述局限性,因此,目标规划被认为是一种较之线性规划更接近于实际决策过程的决策工具。

二、目标规划的数学模型

例 2 假设在例 1 中,计划人员被要求考虑如下的意见:

(1) 由于产品 II 销售疲软,故希望产品 II 的产量不超过产品 I 的一半;

(2) 原材料严重短缺,生产中应避免过量消耗;

(3) 最好能节约 4h 设备工时;

(4) 计划利润不少于 48 元。

面对这些意见,计划人员需要会同有关各方作进一步的协调,最后达成了一致意见:原材料使用限额不得突破;产品 II 产量要求必须优先考虑;设备工时问题其次考虑;最后考虑计划利润的要求。类似这样的多目标决策问题是典型的目标规划问题。

目标规划数学模型涉及下述基本概念:

1. 偏差变量

对每一个决策目标,引入正、负偏差变量 d^+ 和 d^-,分别表示决策值超过或不足目标值的部分。按定义应有 $d^+ \geqslant 0$,$d^- \geqslant 0$,$d^+ \cdot d^- = 0$。

2. 绝对约束和目标约束

绝对约束是指必须严格满足的约束条件,如线性规划中的约束条件都是绝对约束。

绝对约束是硬约束,对它的满足与否,决定了解的可行性。目标约束是目标规划特有的概念,是一种软约束,目标约束中决策值和目标值之间的差异用偏差变量表示。

3. 优先因子和权系数

不同目标的主次轻重有两种差别。一种差别是绝对的,可用优先因子 P_l 来表示。只有在高级优先因子对应的目标已满足的基础上,才能考虑较低级优先因子对应的目标;在考虑低级优先因子对应的目标时,绝不允许违背已满足的高级优先因子对应的目标。优先因子间的关系为 $P_l \gg P_{l+1}$,即 P_l 对应的目标比 P_{l+1} 对应的目标有绝对的优先性。另一种差别是相对的,这些目标具有相同的优先因子,它们的重要程度可用权系数的不同来表示。

4. 目标规划的目标函数

目标规划的目标函数(又称为准则函数或达成函数)由各目标约束的偏差变量及相应的优先因子和权系数构成。由于目标规划追求的是尽可能接近各既定目标值,也就是使各有关偏差变量尽可能小,所以其目标函数只能是极小化。应用时,有三种基本表达式:

(1) 要求恰好达到目标值。这时,决策值超过或不足目标值都是不希望的,因此有

$$\min\{f(d^+ + d^-)\}$$

(2) 要求不超过目标值,但允许不足目标值。这时,不希望决策值超过目标值,因此有

$$\min\{f(d^+)\}$$

(3) 要求不低于目标值,但允许超过目标值。这时,不希望决策值低于目标值,因此有

$$\min\{f(d^-)\}$$

除以上三种基本表达式外,目标规划的目标函数还可以有其他表达式,如 $\min\{d^- - d^+\}$ 和 $\min\{d^+ - d^-\}$ 等,但很少使用。

根据上述概念,例 2 的目标规划数学模型如下:

$$\min\{P_1 d_1^-, P_2 d_2^+, P_3 d_3^-\}$$

$$\text{s. t.} \begin{cases} 5x_1 + 10x_2 & \leqslant 60 & (4.1\text{a}) \\ x_1 - 2x_2 & + d_1^- - d_1^+ & = 0 & (4.1\text{b}) \\ 4x_1 + 4x_2 & + d_2^- - d_2^+ & = 36 & (4.1\text{c}) \\ 6x_1 + 8x_2 & + d_3^- - d_3^+ = 48 & (4.1\text{d}) \\ x_1, x_2, d_i^-, d_i^+ \geqslant 0 & (i = 1, 2, 3) \end{cases}$$

其中,式(4.1a)为绝对约束,式(4.1b)、式(4.1c)、式(4.1d)为目标约束。根据题意,P_1 为两种产品产量要求的优先因子;P_2 为节约工时要求的优先因子;P_3 为计划利润要求的优先因子,它们应满足 $P_1 \gg P_2 \gg P_3$。

目标规划数学模型的一般形式为

$$\min\left\{P_l\left(\sum_{k=1}^{K}(W_{lk}^- d_k^- + W_{lk}^+ d_k^+)\right), l = 1, 2, \cdots, L\right\}$$

$$\text{s. t.}\begin{cases} \sum_{j=1}^{n} c_{kj} x_j + d_k^- - d_k^+ = g_k & (k = 1, 2, \cdots, K) \\ \sum_{j=1}^{n} a_{ij} x_j \leqslant (=, \geqslant) b_i & (i = 1, 2, \cdots, m) \\ x_j \geqslant 0 & (j = 1, 2, \cdots, n) \\ d_k^-, d_k^+ \geqslant 0 & (k = 1, 2, \cdots, K) \end{cases} \tag{4.2}$$

模型式(4.2)中 g_k 为第 k 个目标约束的预期目标值，W_{lk}^- 和 W_{lk}^+ 为 P_l 优先因子对应各目标的权系数。

在建立目标规划数学模型时，需要确定预期目标值、优先级和权系数等，应当综合运用各种决策技术，尽可能地减少主观片面性。

第二节 目标规划的图解法

对于只有两个决策变量的目标规划问题，可以用图解方法来求解。

在用图解法解目标规划时，首先必须满足所有绝对约束。在此基础上，再按照优先级从高到低的顺序，逐个地考虑各个目标约束。一般地，若优先因子 P_j 对应的解空间为 R_j，则优先因子 P_{j+1} 对应的解空间只能在 R_j 中考虑，即 $R_{j+1} \subseteq R_j$。若 $R_j \neq \varnothing$，而 $R_{j+1} = \varnothing$，则 R_j 中的解为目标规划的满意解，它只能保证满足 $P_1, P_2, \cdots, P_j$ 级目标，而不保证满足其后的各级目标。

例3 用图解法解例2的目标规划模型。

解 解题过程见图 4-1。

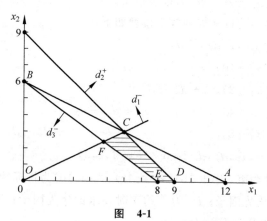

图 4-1

图 4-1 中，△OAB 区域是满足绝对约束(4.1a)和非负条件的解空间。对于所有目标约束，去掉偏差变量，画出相应直线，然后标出偏差变量变化时直线平移方向，见图 4-1 所示。

按优先级高低，首先考虑 P_1，此时要求 $\min d_1^-$，因而解空间 R_1 为△OAC 区域；再考虑 P_2，此时要求 $\min d_2^+$，因而解空间 R_2 为△ODC 区域；最后考虑 P_3，此时要求 $\min d_3^-$，因而解空间 R_3 为四边形 EDCF 区域。容易求得 E, D, C, F 四点的坐标分别为(8,0)、(9,0)、(6,3)、(4.8,2.4)，故问题的解可表示为

$$\alpha_1(8,0) + \alpha_2(9,0) + \alpha_3(6,3) + \alpha_4(4.8,2.4)$$
$$= (8\alpha_1 + 9\alpha_2 + 6\alpha_3 + 4.8\alpha_4, 3\alpha_3 + 2.4\alpha_4)$$

其中：$\alpha_1, \alpha_2, \alpha_3, \alpha_4 \geqslant 0, \alpha_1 + \alpha_2 + \alpha_3 + \alpha_4 = 1$。

本题解能满足式(4.1)的所有目标的要求，即能使 $\min z = 0$，这种情况并不总是出现，即很多目标规划问题只能满足前面 P_j 级目标的要求。

例4　用图解法解下面的目标规划。

$$\min\{P_1 d_1^-, P_2 d_2^+, P_3(5d_3^- + 3d_4^-), P_4 d_1^+\}$$

$$\text{s.t.}\begin{cases} x_1 + 2x_2 + d_1^- - d_1^+ & = 6 & (4.3a) \\ x_1 + 2x_2 & + d_2^- - d_2^+ & = 9 & (4.3b) \\ x_1 - 2x_2 & + d_3^- - d_3^+ & = 4 & (4.3c) \\ x_2 & + d_4^- - d_4^+ = 2 & (4.3d) \\ x_1, x_2, d_i^-, d_i^+ \geqslant 0 & (i = 1,2,3,4) \end{cases}$$

解　解题过程见图 4-2。

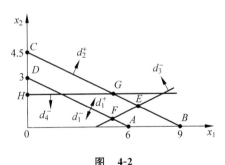

图　4-2

从图 4-2 可见，在考虑 P_1 和 P_2 的目标后，解空间 R_2 为四边形 ABCD 区域。在考虑 P_3 的目标时，为使 d_3^- 尽可能小，应在 EF 右下方；为使 d_4^- 尽可能小，应在 GH 上方，在四边形 ABCD 内两者无公共区域。比较两个最接近的点 G 和 E，解出 G 点坐标为(5,2)，E 点坐标为(6.5,1.25)，将其分别代入式(4.3c)和式(4.3d)，可得 G 点处 $d_3^- = 3$，

$d_4^- = 0, 5d_3^- + 3d_4^- = 5$，$E$ 点处 $d_3^- = 0$，$d_4^- = 0.75$，$5d_3^- + 3d_4^- = 2.25$，比较找出小者为点 $E(6.5, 1.25)$。所以，问题的满意解为 $x_1 = 6.5$，$x_2 = 1.25$。

在用图解法解目标规划时，可能会遇到下面两种情况。

一种情况是像例 3 那样，最后一级目标的解空间非空。这时得到的解能满足所有目标的要求。当解不唯一时（如例 3，R_3 为四边形 $EDCF$ 区域），决策者在作实际决策时究竟选择哪一个解，完全取决于决策者自身的考虑。

另一种情况是像例 4 那样，得到的解不能满足所有目标。这时，我们要做的是寻找满意解，使它尽可能满足高级别的目标，同时又使它对那些不能满足的较低级别目标的偏离程度尽可能的小。如在例 4 中，解空间 $R_3 = \varnothing$。于是我们在 R_2（四边形 $ABCD$ 区域）中选择了 E 点，它满足 P_1 和 P_2 的目标。对 P_3 的目标，它只满足 $d_3^- = 0$，而 $d_4^- = 0$ 未能满足（$d_4^- = 0.75$）。至于更低级的 P_4 目标 $d_1^+ = 0$，它也不能满足（$d_1^+ = 3$）。必须注意的是，在考虑低级别目标时，不能破坏已经满足的高级别目标，这是目标规划的基本原则。但是，也不能因此认为，当高级别目标不能满足时，其后的低级别目标也一定不能被满足。事实上，在有些目标规划中，当某一优先级的目标不能满足时，其后的某些低级别目标仍有可能被满足。

第三节　解目标规划的单纯形法

目标规划的数学模型实际上是最小化型的线性规划，可以用单纯形法求解，下面分三种不同方法求解。

一、检验数分列的单纯形法

因目标规划中的目标函数是各偏差变量乘上相应优先因子的线性组合。因此，在判别各检验数的正负及大小时，必须注意 $P_1 \gg P_2 \gg P_3 \gg \cdots$。当所有检验数都已满足最优性条件（$c_j - z_j \geqslant 0$）时，从最终单纯形表上就可以得到目标规划的解。

例 5　用单纯形法解例 2。

解　引入松弛变量 x_3，将例 2 的目标规划模型化为线性规划标准形式：

$$\min \{P_1 d_1^-, P_2 d_2^+, P_3 d_3^-\}$$

$$\text{s. t.} \begin{cases} 5x_1 + 10x_2 + x_3 & = 60 \\ x_1 - 2x_2 & + d_1^- - d_1^+ & = 0 \\ 4x_1 + 4x_2 & + d_2^- - d_2^+ & = 36 \\ 6x_1 + 8x_2 & + d_3^- - d_3^+ = 48 \\ x_1, x_2, x_3, d_i^-, d_i^+ \geqslant 0 \quad i = 1, 2, 3 \end{cases}$$

用单纯形法解上面的标准形式。解题过程的单纯形表见表 4-2。

表　4-2

	C_B	X_B	b	x_1	x_2	x_3	d_1^-	d_1^+	d_2^-	d_2^+	d_3^-	d_3^+
	$c_j \to$			0	0	0	P_1	0	0	P_2	P_3	0
Ⅰ	0	x_3	60	5	10	1	0	0	0	0	0	0
	P_1	d_1^-	0	[1]	−2	0	1	−1	0	0	0	0
	0	d_2^-	36	4	4	0	0	0	1	−1	0	0
	P_3	d_3^-	48	6	8	0	0	0	0	0	1	−1
	$c_j - z_j$	P_1		−1	2	0	0	1	0	0	0	0
		P_2		0	0	0	0	0	0	1	0	0
		P_3		−6	−8	0	0	0	0	0	0	1
Ⅱ	0	x_3	60	0	20	1	−5	5	0	0	0	0
	0	x_1	0	1	−2	0	1	−1	0	0	0	0
	0	d_2^-	36	0	12	0	−4	4	1	−1	0	0
	P_3	d_3^-	48	0	[20]	0	−6	6	0	0	1	−1
	$c_j - z_j$	P_1		0	0	0	1	0	0	0	0	0
		P_2		0	0	0	0	0	0	1	0	0
		P_3		0	−20	0	6	−6	0	0	0	1
Ⅲ	0	x_3	12	0	0	1	1	−1	0	0	−1	1
	0	x_1	24/5	1	0	0	2/5	−2/5	0	0	1/10	−1/10
	0	d_2^-	36/5	0	0	0	−2/5	2/5	1	−1	−3/5	3/5
	0	x_2	12/5	0	1	0	−3/10	3/10	0	0	1/20	−1/20
	$c_j - z_j$	P_1		0	0	0	1	0	0	0	0	0
		P_2		0	0	0	0	0	0	1	0	0
		P_3		0	0	0	0	0	0	0	1	0

表 4-2 中，单纯形表 Ⅰ 为初始单纯形表。其中，非基变量 x_1 的检验数 $-P_1-6P_3<0$，其他非基变量检验数均非负，故确定 x_1 为换入变量。按最小比值规则，确定基变量 d_1^- 为换出变量。经迭代变换得单纯形表 Ⅱ。在单纯形表 Ⅱ 中，非基变量 x_2 和 d_1^+ 的检验数皆负，但 x_2 的检验数更小些，故确定 x_2 为换入变量。按最小比值规则，d_3^- 为换出变量。经迭代变换得单纯形表 Ⅲ。由于单纯形表 Ⅲ 中所有非基变量检验数皆非负，故单纯形表 Ⅲ 为最终单纯形表。因此，从单纯形表 Ⅲ 得例 2 的一个满意解 $x_1=24/5=4.8$，$x_2=12/5=2.4$，此即图 4-1 中 F 点。

在单纯形表 Ⅲ 中，由于非基变量 d_1^+ 和 d_3^+ 的检验数都是零，故知例 2 有多重最优解（满意解）。如以 d_1^+ 为换入变量继续迭代，可得计算结果 Ⅳ；如以 d_3^+ 为换入变量继续迭代，可得计算结果 Ⅴ。再从 Ⅳ 或 Ⅴ 的结果继续迭代可得结果 Ⅵ。下面将 Ⅳ、Ⅴ、Ⅵ 的计算结果及对应图 4-1 中的点列表显示，见表 4-3。

表4-3 Ⅳ、Ⅴ、Ⅵ的计算结果及对应图4-1中的点

	x_1	x_2	x_3	d_1^-	d_1^+	d_2^-	d_2^+	d_3^-	d_3^+	对应图4-1中的点
Ⅳ	8	0	12	0	8	4	0	0	0	E
Ⅴ	6	3	0	0	0	0	0	0	12	C
Ⅵ	9	0	15	0	9	0	0	0	6	D

综上所述,例2的解为以上四个满意解(即C,D,E,F四点)的凸组合。而且,由单纯形表Ⅲ、Ⅳ、Ⅴ、Ⅵ中可知,各非基变量检验数中三个优先因子的系数全部非负,这表示任何一个满意解都能满足所有目标的要求。单纯形法和图解法的解题结果完全一致。

例6 用单纯形法解例4。

解 解题过程见表4-4。表4-4给出了单纯形法求解时的初始单纯形表(Ⅰ)和经5步迭代后的最终单纯形表(Ⅵ)。

表 4-4

		c_j		0	0	P_1	P_4	0	P_2	$5P_3$	0	$3P_3$	0
	C_B	X_B	b	x_1	x_2	d_1^-	d_1^+	d_2^-	d_2^+	d_3^-	d_3^+	d_4^-	d_4^+
Ⅰ	P_1	d_1^-	6	1	2	1	-1	0	0	0	0	0	0
	0	d_2^-	9	1	2	0	0	1	-1	0	0	0	0
	$5P_3$	d_3^-	4	1	-2	0	0	0	0	1	-1	0	0
	$3P_3$	d_4^-	2	0	1	0	0	0	0	0	0	1	-1
			P_1	-1	-2	0	1	0	0	0	0	0	0
	$c_j - z_j$		P_2	0	0	0	0	0	1	0	0	0	0
			P_3	-5	7	0	0	0	0	0	5	0	3
			P_4	0	0	0	1	0	0	0	0	0	0
			⋮										
Ⅵ	0	x_1	13/2	1	0	0	0	1/2	$-1/2$	1/2	$-1/2$	0	0
	P_4	d_1^+	3	0	0	-1	1	1	-1	0	0	0	0
	$3P_3$	d_4^-	3/4	0	0	0	0	$-1/4$	1/4	1/4	$-1/4$	1	-1
	0	x_2	5/4	0	1	0	0	1/4	$-1/4$	$-1/4$	1/4	0	0
			P_1	0	0	1	0	0	0	0	0	0	0
	$c_j - z_j$		P_2	0	0	0	0	0	0	0	0	0	0
			P_3	0	0	0	0	3/4	$-3/4$	17/4	3/4	0	3
			P_4	0	0	1	0	-1	0	0	0	0	0

从表4-4的最终单纯形表可以看到,所有非基变量的检验数都已非负。从线性规划的角度看,该解为最优解,它对应图4-2中的E点。但是,作为目标规划,该解只是一个满意解,因为它并没有能满足所有的目标要求。事实上,在检验数$c_j - z_j$中,虽然优先因

子 P_1 和 P_2 的系数皆为非负,但优先因子 P_3 和 P_4 的系数中还有负系数。这表明,作为目标规划,P_1 和 P_2 优先因子各目标皆已满足,但 P_3 和 P_4 优先因子各目标并未全部满足。对于 P_3 优先因子而言,由于 $d_3^- = 0$ 和 $d_4^- = 3/4$,故它的两个目标中,$d_3^- \to 0$ 已实现,但 $d_4^- \to 0$ 的目标未实现。对于 P_4 优先因子而言,由于 $d_1^+ = 3$,故 $d_1^+ \to 0$ 的目标并未实现。以上结果同图解法的结果(见图 4-2)完全一致。

二、对优先因子给定权重的计算方法

由前述目标规划中的优先因子应满足 $P_1 \gg P_2 \gg P_3 \cdots$,因此不妨在模型中假设优先因子 P_k 的权重等于 10^{k-1},由此本章例 2 的目标规划模型就可表示为

$$\min\{100d_1^- + 10d_2^+ + d_3^-\}$$

$$\text{s. t.} \begin{cases} 5x_1 + 10x_2 & \leqslant 60 \\ x_1 - 2x_2 + d_1^- - d_1^+ & = 0 \\ 4x_1 + 4x_2 & + d_2^- - d_2^+ & = 36 \\ 6x_1 + 8x_2 & + d_3^- - d_3^+ = 48 \\ x_1, x_2, d_i^-, d_i^+ \geqslant 0 \quad (i = 1, 2, 3) \end{cases}$$

这样就不需要在单纯形法计算中将优先级分列,只需按一般单纯形法进行计算即可。本题用单纯形法计算得到的最终表见表 4-5。

表　4-5

		x_1	x_2	x_3	d_1^-	d_1^+	d_2^-	d_2^+	d_3^-	d_3^+
x_3	12	0	0	1	1	-1	0	0	-1	1
x_1	24/5	1	0	0	2/5	$-2/5$	0	0	1/10	$-1/10$
d_2^-	36/5	0	0	0	$-2/5$	2/5	1	-1	$-3/5$	3/5
x_2	12/5	0	1	0	$-3/10$	3/10	0	0	1/20	$-1/20$
$c_j - z_j$		0	0	0	100	0	0	10	1	0

表中结果对应图 4-1 的 F 点,因非基变量 d_1^+、d_3^+ 的检验数均为零,故继续迭代,可找出图 4-1 中的 C、D、E 点。

三、优先级分层优化的计算方法

因目标规划求解时,遵循从高优先级到低优先级逐层优化的原则,故为保证较低层级的优化在较高层级优化的约束范围内进行。可将上一层级目标的优化值作为约束,加到下一层的模型中,这种方法也称为字典序计算法,下面仍以本章例 2 用作说明。

先列出例 2 第一层级的优化模型:

$$\min d_1^-$$

$$\text{s.t.} \begin{cases} 5x_1 + 10x_2 + x_3 & = 60 \\ x_1 - 2x_2 & + d_1^- - d_1^+ & = 0 \\ 4x_1 + 4x_2 & + d_2^- - d_2^+ & = 36 \\ 6x_1 + 8x_2 & + d_3^- - d_3^+ = 48 \\ x_1, x_2, x_3 \geqslant 0 \quad d_i^-, d_i^+ \geqslant 0 \quad (i = 1,2,3) \end{cases}$$

解得 $x_1 = 0, x_2 = 0, x_3 = 60, d_1^- = 0, d_1^+ = 0, d_2^- = 36, d_2^+ = 0, d_3^- = 48, d_3^+ = 0$。将 $d_1^- = 0$ 加到第一层级的优化模型中,写出第二层级的优化模型:

$$\min d_2^+$$

$$\text{s.t.} \begin{cases} 5x_1 + 10x_2 + x_3 & = 60 \\ x_1 - 2x_2 & + d_1^- - d_1^+ & = 0 \\ 4x_1 + 4x_2 & + d_2^- - d_2^+ & = 36 \\ 6x_1 + 8x_2 & + d_3^- - d_3^+ = 48 \\ d_1^- = 0 \\ x_1, x_2, x_3 \geqslant 0 \quad d_i^-, d_i^+ \geqslant 0 \quad (i = 1,2,3) \end{cases}$$

解得 $x_1 = 0, x_2 = 0, x_3 = 60, d_1^- = 0, d_1^+ = 0, d_2^- = 36, d_2^+ = 0, d_3^- = 48, d_3^+ = 0$。再将 $d_2^+ = 0$ 加到第二层级的优化模型中,写出第三层级的优化模型:

$$\min d_3^-$$

$$\text{s.t.} \begin{cases} 5x_1 + 10x_2 + x_3 & = 60 \\ x_1 - 2x_2 & + d_1^- - d_1^+ & = 0 \\ 4x_1 + 4x_2 & + d_2^- - d_2^+ & = 36 \\ 6x_1 + 8x_2 & + d_3^- - d_3^+ = 48 \\ d_1^- = 0 \\ d_2^+ = 0 \\ x_1, x_2, x_3 \geqslant 0, d_i^-, d_i^+ \geqslant 0 \quad (i = 1,2,3) \end{cases}$$

解得 $x_1 = 4.8, x_2 = 2.4, x_3 = 12, d_1^- = 0, d_1^+ = 0, d_2^- = 7.2, d_2^+ = 0, d_3^- = 0, d_3^+ = 0$。这个解对应图 4-1 中的 F 点或表 4-2 的计算结果Ⅲ。

第四节　目标规划的灵敏度分析

在目标规划建模时,目标优先级和权系数的确定往往带有一定的主观性,因此,对它们的灵敏度分析是目标规划灵敏度分析的主要内容。目标规划灵敏度分析的方法、原理同线性规划的灵敏度分析本质上相同,下面通过例子讲述。

例 7　对例 4 的目标规划问题,已求得满意解为 $x_1 = 13/2, x_2 = 5/4$(见表 4-4)。现

决策者想知道,目标函数中各目标的优先因子和权系数对最终解的影响。为此,提出了下面两个灵敏度分析问题,即目标函数分别变为:

(1) $\min\{P_1 d_1^-, P_2 d_2^+, P_3 d_1^+, P_4(5d_3^- + 3d_4^-)\}$

(2) $\min\{P_1 d_1^-, P_2 d_2^+, P_3(W_1 d_3^- + W_2 d_4^-), P_4 d_1^+\}$ $(W_1, W_2 > 0)$

解 目标函数的变化仅影响原解的最优性,即各变量的检验数。因此,应当先考察检验数的变化,然后再作适当的处理。

1. 当目标函数变为(1),就是要了解交换第三和第四优先级目标对原解的影响。此时,单纯形表变为表 4-6。

表 4-6

c_j			0	0	P_1	P_3	0	P_2	$5P_4$	0	$3P_4$	0
C_B	X_B	b	x_1	x_2	d_1^-	d_1^+	d_2^-	d_2^+	d_3^-	d_3^+	d_4^-	d_4^+
0	x_1	13/2	1	0	0	0	1/2	$-1/2$	1/2	$-1/2$	0	0
P_3	d_1^+	3	0	0	-1	1	1	-1	0	0	0	0
$3P_4$	d_4^-	3/4	0	0	0	0	$-1/4$	1/4	1/4	$-1/4$	1	-1
0	x_2	5/4	0	1	0	0	1/4	$-1/4$	$-1/4$	1/4	0	0
$c_j - z_j$	P_1		0	0	1	0	0	0	0	0	0	0
	P_2		0	0	0	0	0	1	0	0	0	0
	P_3		0	0	1	0	-1	1	0	0	0	0
	P_4		0	0	0	0	3/4	$-3/4$	17/4	3/4	0	3

从表 4-6 可见,原解最优性已被破坏 $\left(d_2^-\text{ 的检验数}-P_3 + \dfrac{3}{4}P_4 < 0\right)$,故应用单纯形法继续求解。见表 4-7。

表 4-7

c_j			0	0	P_1	P_3	0	P_2	$5P_4$	0	$3P_4$	0
C_B	X_B	b	x_1	x_2	d_1^-	d_1^+	d_2^-	d_2^+	d_3^-	d_3^+	d_4^-	d_4^+
0	x_1	5	1	0	1/2	$-1/2$	0	0	1/2	$-1/2$	0	0
0	d_2^-	3	0	0	-1	1	1	-1	0	0	0	0
$3P_4$	d_4^-	3/2	0	0	$-1/4$	1/4	0	0	1/4	$-1/4$	1	-1
0	x_2	1/2	0	1	1/4	$-1/4$	0	0	$-1/4$	1/4	0	0
$c_j - z_j$	P_1		0	0	1	0	0	0	0	0	0	0
	P_2		0	0	0	0	0	1	0	0	0	0
	P_3		0	0	0	1	0	0	0	0	0	0
	P_4		0	0	3/4	$-3/4$	0	0	17/4	3/4	0	3

从表 4-7 可知,第三和第四优先级目标交换后,原满意解已失去了最优性。新的满意解为 $x_1=5, x_2=1/2$,即图 4-2 中 F 点。

2. 当目标函数变为(2),就是要了解第三优先级中两目标权系数取值对原解的影响。此时,单纯形表变为表 4-8。

从表 4-8 可知,原解是否改变取决于 d_3^- 的检验数 $W_1-W_2/4$。因此:

当 $W_1-W_2/4>0$,即 $W_1/W_2>1/4$ 时,原解不变,仍为 $x_1=13/2, x_2=5/4$,即图 4-2 中 E 点;

表 4-8

	c_j		0	0	P_1	P_4	0	P_2	W_1P_3	0	W_2P_3	0
C_B	X_B	b	x_1	x_2	d_1^-	d_1^+	d_2^-	d_2^+	d_3^-	d_3^+	d_4^-	d_4^+
0	x_1	13/2	1	0	0	0	1/2	$-1/2$	1/2	$-1/2$	0	0
P_4	d_1^+	3	0	0	-1	1	1	-1	0	0	0	0
W_2P_3	d_4^-	3/4	0	0	0	0	$-1/4$	1/4	1/4	$-1/4$	1	-1
0	x_2	5/4	0	1	0	0	1/4	$-1/4$	$-1/4$	1/4	0	0
c_j-z_j		P_1	0	0	1	0	0	0	0	0	0	0
		P_2	0	0	0	0	0	1	0	0	0	0
		P_3	0	0	0	0	$W_2/4$	$-W_2/4$	$W_1-W_2/4$	$W_2/4$	0	W_2
		P_4	0	0	1	0	-1	1	0	0	0	0

当 $W_1/W_2<1/4$ 时,原解改变。用单纯形法继续求解,可得新的满意解 $x_1=5, x_2=2$ (此时,$d_3^-=3, d_4^-=0$),即图 4-2 中 G 点;

当 $W_1/W_2=1/4$ 时,E 点和 G 点皆为满意解。

从上面的分析可知,第三优先级两目标权系数的改变有可能会影响所得的满意解。解的变化取决于两目标权系数的比值 W_1/W_2,其临界点为 1/4。事实上,在前两优先级目标均已被满足的条件下,如满足 $d_3^-=0$,则使 $d_4^-=3/4$;如满足 $d_4^-=0$,则使 $d_3^-=3$。$d_4^-/d_3^-=1/4$。如将 W_1/W_2 看作同一优先级下两目标重要程度的比较,而将 d_4^-/d_3^- 看作因此而引起的不满足程度的比较,则两者的一致恰好说明了目标规划中权系数的作用和意义。

若用图解法作灵敏度分析,当 $1/4<W_1/W_2<1$ 时,因 $W_1<W_2$,我们会以为满意解是 G 点,这是错误的。图解法虽然有直观形象的优点,但不能识别权系数取值的微妙作用和意义,往往将目标权系数的大小差别混同于优先级的高低。

第五节 目标规划应用举例

目标规划是一种十分有用的多目标决策工具,有着广泛的实际应用。

例 8 运输问题一章的例 1 中给出了产地 A_1、A_2、A_3 和销地 B_1、B_2、B_3、B_4 的各自产

销量及各产销地之间的单位运价,见表4-9(同表3-2)。现假定:

P_1:B_1 是重点单位,希望销量增至 12 单位,并尽量满足;

P_2:B_1 需求量中至少有 6 个单位来自 A_2;

P_3:B_2、B_3、B_4 的需求量应均不少于 90% 得到满足;

P_4:因路况较差,从 A_3 至 B_4 的运量不要超过 8 单位;

P_5:使总运费尽可能节省。

试找出问题的满意解。

表 4-9

产地＼销地	B₁		B₂		B₃		B₄		产量
A₁		4		12		4		11	16
A₂		2		10		3		9	10
A₃		8		5		11		6	22
销量	8		14		12		14		48

解 原运输问题的最小运费为 244。设从 A_i 运往 B_j 的物品数量为 x_{ij}($i=1,2,3$; $j=1,2,3,4$),问题的目标规划模型为:

$$\min z = \{P_1 d_1^-, P_2 d_5^-, P_3(d_2^- + d_3^- + d_4^-), P_4 d_6^+, P_5 d_7^+\}$$

s.t.
$$x_{11} + x_{12} + x_{13} + x_{14} \leqslant 16 \tag{4.4a}$$
$$x_{21} + x_{22} + x_{23} + x_{24} \leqslant 10 \tag{4.4b}$$
$$x_{31} + x_{32} + x_{33} + x_{34} \leqslant 22 \tag{4.4c}$$
$$x_{11} + x_{21} + x_{31} + d_1^- - d_1^+ = 12 \tag{4.4d}$$
$$x_{12} + x_{22} + x_{32} + d_2^- - d_2^+ = 12.6 \tag{4.4e}$$
$$x_{13} + x_{23} + x_{33} + d_3^- - d_3^+ = 10.8 \tag{4.4f}$$
$$x_{14} + x_{24} + x_{34} + d_4^- - d_4^+ = 12.6 \tag{4.4g}$$
$$x_{21} + d_5^- - d_5^+ = 6 \tag{4.4h}$$
$$x_{34} + d_6^- - d_6^+ = 8 \tag{4.4i}$$
$$\sum_{i=1}^{3} \sum_{j=1}^{4} c_{ij} x_{ij} + d_7^- + d_7^+ = 244 \tag{4.4j}$$
$$x_{ij}, d_k^-, d_k^+ \geqslant 0 (i=1,2,3; j=,\cdots,4; k=1,\cdots,7)$$

模型中各约束的含义为:

式(4.4a)至式(4.4c)是产量的约束;

式(4.4d)至式(4.4g)是考虑了实际情况后的需求量约束;

式(4.4h)为 B_1 由 A_2 供应量的目标约束;

式(4.4i)为由 A_3 至 B_4 路况对运量的限制;

式(4.4j)使运费尽可能节省的目标约束。

目标函数则反映了使优先级各不相同的 5 项目标不被满足的程度尽可能小的总目标。

解上面的目标规划,可得使各方面尽可能满意的调运方案,见表 4-10。相应的总运费为 238.4 元。

表　4-10

x_{ij} ＼ B_j A_i	B_1	B_2	B_3	B_4	$\sum$
A_1	0.6		10.8	4.6	16
A_2	10				10
A_3	1.4	12.6		8.0	22
$\sum$	12	12.6	10.8	12.6	

即练即测

该调运方案满足 P_1, P_2, P_3, P_4, P_5 各优先级目标,总运费的减少主要是因为 B_1 需求量的增加,而从 A_2 至 B_1 的单位运价又较低的原因。

习　题

4.1　若用以下表达式作为目标规划的目标函数,其逻辑是否正确? 为什么?

(1) $\max\{d^- + d^+\}$　　　　(2) $\max\{d^- - d^+\}$

(3) $\min\{d^- + d^+\}$　　　　(4) $\min\{d^- - d^+\}$

4.2　下列说法中正确的有:

(1) 目标规划中正偏差变量应取正值,负偏差变量应取负值;

(2) 目标规划的目标函数中含决策变量与偏差变量;

(3) 同一目标约束中的一对偏差变量 d_i^-、d_i^+ 至少一个取值为零;

(4) 只含目标约束的目标规划模型一定存在满意解。

4.3　用图解法解下列目标规划问题:

(1)
$$\min\{P_1 d_1^-, P_2(2d_3^+ + d_2^+), P_3 d_1^+\}$$
$$\text{s.t.} \begin{cases} 2x_1 + x_2 + d_1^- - d_1^+ = 150 \\ x_1 \qquad + d_2^- - d_2^+ = 40 \\ \qquad x_2 + d_3^- - d_3^+ = 40 \\ x_1, x_2, d_i^-, d_i^+ \geqslant 0 \qquad (i = 1,2,3) \end{cases}$$

(2)
$$\min\{P_1(d_3^+ + d_4^+), P_2 d_2^+, P_3 d_2^-, P_4(d_3^- + 1.5 d_4^-)\}$$

$$\text{s. t.} \begin{cases} x_1 + x_2 + d_1^- - d_1^+ = 40 \\ x_1 + x_2 + d_2^- - d_2^+ = 100 \\ x_1 + d_3^- - d_3^+ = 30 \\ x_2 + d_4^- - d_4^+ = 15 \\ x_1, x_2, d_i^-, d_i^+ \geqslant 0 \quad (i = 1, 2, 3, 4) \end{cases}$$

4.4 用单纯形法解下列目标规划问题:

(1)
$$\min\{P_1(d_1^- + d_1^+), P_2 d_2^-, P_3 d_3^-, P_4(5d_3^+ + 3d_2^+)\}$$

$$\text{s. t.} \begin{cases} x_1 + x_2 + d_1^- - d_1^+ = 800 \\ 5x_1 + d_2^- - d_2^+ = 2\,500 \\ 3x_2 + d_3^- - d_3^+ = 1\,400 \\ x_1, x_2, d_i^-, d_i^+ \geqslant 0 \quad (i = 1, 2, 3) \end{cases}$$

(2) 对(1)作灵敏度分析,若目标函数改变为

$$\min\{P_1 d_3^-, P_2(d_1^- + d_1^+), P_3 d_2^-, P_4(5d_3^+ + 3d_2^+)\}$$

4.5 某成品酒有三种商标(红、黄、蓝),都是由三种原料酒(等级Ⅰ、Ⅱ、Ⅲ)兑制而成。三种等级的原料酒的日供应量和成本见表 4-11,三种商标的成品酒的兑制要求和售价见表 4-12。决策者规定:首先是必须严格按规定比例兑制各商标的酒;其次是获利最大;最后是红商标的酒每天至少生产 2 000kg。试列出该问题的数学模型。

表 4-11

等级	日供应量/kg	成本/元/kg
Ⅰ	1 500	6
Ⅱ	2 000	4.5
Ⅲ	1 000	3

表 4-12

商标	兑制要求/%	售价/(元/kg)
红	Ⅲ少于 10 Ⅰ多于 50	5.5
黄	Ⅲ少于 70 Ⅰ多于 20	5.0
蓝	Ⅲ少于 50 Ⅰ多于 10	4.8

4.6 公司决定使用 1 000 万元新产品开发基金开发 A、B、C 三种新产品。经预测估计,开发 A、B、C 三种新产品的投资利润率分别为 5%、7%、10%。由于新产品开发有一

定风险,公司研究后确定了下列优先顺序目标:

第一,A 产品至少投资 300 万元;

第二,为分散投资风险,任何一种新产品的开发投资不超过开发基金总额的 35%;

第三,应至少留有 10% 的开发基金,以备急用;

第四,使总的投资利润最大。

试建立投资分配方案的目标规划模型。

4.7 已知单位牛奶、牛肉、鸡蛋中的维生素及胆固醇含量等有关数据见表 4-13。如果只考虑这三种食物,并且设立了下列三个目标:

第一,满足三种维生素的每日最小需要量;

第二,使每日摄入的胆固醇最少;

第三,使每日购买食品的费用最少。

要求建立问题的目标规划模型。

表　4-13

项　　目	牛奶(500g)	牛肉(500g)	鸡蛋(500g)	每日最小需要量/mg
维生素 A/mg	1	1	10	1
维生素 C/mg	100	10	10	30
维生素 D/mg	10	100	10	10
胆固醇/单位	70	50	120	
费用/元	1.5	8	4	

4.8 金源公司生产三种产品,其整个计划期分为三个阶段。现需编制生产计划,确定各个阶段各种产品的生产数量。

计划受市场需求、设备台时、财务资金等方面条件的约束,有关数据如表 4-14 和表 4-15 所示。假设计划期初及期末各种产品的库存量皆为零。

表　4-14　　　　　　　　　　　　　　　　　　　　　　　　　　　　　　　台

阶段 \ 需求 \ 产品	1	2	3
1	500	750	900
2	680	800	800
3	800	950	1 000

表　4-15

项目 \ 产品	每台产品资源消耗(占用)量			每阶段资源消耗(占用)限额
	1	2	3	
设备工作台时/h	2.0	1.0	3.1	5 000
流动资金占用量/元	40	20	55	93 000

公司设定以下三个优先等级的目标：

P_1：及时供货，保证需求，尽量减少缺货，并且第三种产品及时供货的重要性相当于第一种、第二种产品的 2 倍；

P_2：尽量使各阶段加工设备不超负荷；

P_3：流动资金占用量不超过限额；

要求建立目标规划的模型。

CHAPTER 5
第五章

整 数 规 划

第一节　整数规划的数学模型及解的特点

一、整数规划数学模型的一般形式

要求一部分或全部决策变量必须取整数值的规划问题称为整数规划（integer programming, IP）。不考虑整数条件，由余下的目标函数和约束条件构成的规划问题称为该整数规划问题的松弛问题（slack problem）。若松弛问题是一个线性规划，则称该整数规划为整数线性规划（integer linear programming）。整数线性规划数学模型的一般形式为

$$\max(\text{或 } \min)z = \sum_{j=1}^{n} c_j x_j \tag{5.1a}$$

$$\text{s. t.} \begin{cases} \sum_{j=1}^{n} a_{ij} x_j \leqslant (\text{或 } =, \text{或} \geqslant) b_i & (i = 1, 2, \cdots, m) \tag{5.1b} \\ x_j \geqslant 0 & (j = 1, 2, \cdots, n) \tag{5.1c} \\ x_1, x_2, \cdots, x_n \text{ 中部分或全部取整数} \tag{5.1d} \end{cases}$$

整数线性规划问题可以分为下列几种类型：

1. 纯整数线性规划（pure integer linear programming）：指全部决策变量都必须取整数值的整数线性规划。有时，也称为全整数规划。

2. 混合整数线性规划（mixed integer linear programming）：指决策变量中有一部分必须取整数值，另一部分可以不取整数值的整数线性规划。

3. 0-1 型整数线性规划（zero-one integer linear programming）：指决策变量只能取值 0 或 1 的整数线性规划。

本章仅讨论整数线性规划。后面提到的整数规划，一般都是指整数线性规划。

二、整数规划的例子

例 1　本书第一章例 11 给出了一个海河市公交公司人员各时间段班次安排问题。表 5-1 给出了该公司上班时间段及所需人员数，问题中提出该公司需配备多少人员，才能满足公司的正常运转。

表 5-1

时间段	5:00—7:00	7:00—9:00	9:00—11:00	11:00—13:00	13:00—15:00
所需人数	26	50	34	40	38

时间段	15:00—17:00	17:00—19:00	19:00—21:00	21:00—23:00
所需人数	50	46	36	26

设 $x_1, x_2, \cdots, x_9$ 分别为从 5:00 至 17:00 各时段开始时上班人数,该题列出了如下线性规划模型:

$$\min z = x_1 + x_2 + \cdots + x_7$$

$$\text{s. t.} \begin{cases} x_1 & \geqslant 26 & x_4 + x_5 + x_6 & \geqslant 50 \\ x_1 + x_2 & \geqslant 50 & x_5 + x_6 + x_7 \geqslant 46 \\ x_1 + x_2 + x_3 & \geqslant 34 & x_6 + x_7 \geqslant 36 \\ x_2 + x_3 + x_4 & \geqslant 40 & x_7 \geqslant 26 \\ x_3 + x_4 + x_5 \geqslant 38 & x_j \geqslant 0 \quad (j = 1, \cdots, 7) \end{cases}$$

实际上要求 $x_j (j = 1, \cdots, 7)$ 必须取整数值,所以这是一个整数规划问题。

例 2 现有资金总额为 B。可供选择的投资项目有 n 个,项目 j 所需投资额和预期收益分别为 a_j 和 $c_j (j = 1, 2, \cdots, n)$。此外,由于种种原因,有三个附加条件:第一,若选择项目 1,就必须同时选择项目 2。反之,则不一定;第二,项目 3 和项目 4 中至少选择一个;第三,项目 5、项目 6 和项目 7 中恰好选择两个。应当怎样选择投资项目,才能使总预期收益最大?

解 每一个投资项目都有被选择和不被选择两种可能,为此令

$$x_j = \begin{cases} 1 & \text{对项目 } j \text{ 投资} \\ 0 & \text{对项目 } j \text{ 不投资} \end{cases} \quad (j = 1, 2, \cdots, n)$$

这样,问题可表示为

$$\max z = \sum_{j=1}^{n} c_j x_j$$

$$\text{s. t.} \begin{cases} \sum_{j=1}^{n} a_j x_j \leqslant B \\ x_2 \geqslant x_1 \\ x_3 + x_4 \geqslant 1 \\ x_5 + x_6 + x_7 = 2 \\ x_j = 0 \text{ 或 } 1 \quad (j = 1, 2, \cdots, n) \end{cases}$$

这是一个 0-1 规划问题。其中,中间三个约束条件分别对应三个附加条件。

例3 工厂 A_1 和 A_2 生产某种物资。由于该种物资供不应求,故需要再建一家工厂。相应的建厂方案有 A_3 和 A_4 两个。这种物资的需求地有 B_1,B_2,B_3,B_4 四个。各工厂年生产能力、各地年需求量、各厂至各需求地的单位物资运费 $c_{ij}(i,j=1,2,3,4)$ 见表 5-2。

表 5-2

c_{ij}/(万元/kt) $\diagdown^{B_j}_{A_i}$	B_1	B_2	B_3	B_4	生产能力/ (kt/年)
A_1	2	9	3	4	400
A_2	8	3	5	7	600
A_3	7	6	1	2	200
A_4	4	5	2	5	200
需求量(kt/年)	350	400	300	150	

工厂 A_3 或 A_4 开工后,每年的生产费用估计分别为 1 200 万元或 1 500 万元。现要决定应该建设工厂 A_3 还是 A_4,才能使今后每年的总费用(即全部物资运费和新工厂生产费用之和)最少。

解 这是一个物资运输问题,其特点是事先不能确定应该建 A_3 和 A_4 中的哪一个,因而不知道新厂投产后的实际生产费用。为此,引入 0-1 变量

$$y = \begin{cases} 1 & \text{若建工厂 } A_3 \\ 0 & \text{若建工厂 } A_4 \end{cases}$$

再设 x_{ij} 为由 A_i 运往 B_j 的物资数量($i,j=1,2,3,4$),单位是千吨;z 表示总费用,单位是万元。

问题的数学模型为

$$\min z = \sum_{i=1}^{4} \sum_{j=1}^{4} c_{ij} x_{ij} + [1\,200y + 1\,500(1-y)]$$

$$\text{s. t.} \begin{cases} x_{11} + x_{21} + x_{31} + x_{41} = 350 & (5.2a) \\ x_{12} + x_{22} + x_{32} + x_{42} = 400 & (5.2b) \\ x_{13} + x_{23} + x_{33} + x_{43} = 300 & (5.2c) \\ x_{14} + x_{24} + x_{34} + x_{44} = 150 & (5.2d) \\ x_{11} + x_{12} + x_{13} + x_{14} = 400 & (5.2e) \\ x_{21} + x_{22} + x_{23} + x_{24} = 600 & (5.2f) \\ x_{31} + x_{32} + x_{33} + x_{34} = 200y & (5.2g) \\ x_{41} + x_{42} + x_{43} + x_{44} = 200(1-y) & (5.2h) \\ x_{ij} \geqslant 0 \quad (i,j=1,2,3,4) & (5.2i) \\ y = 0 \text{ 或 } 1 & (5.2j) \end{cases}$$

上述数学模型中,目标函数由两部分组成,和式部分为由各工厂运往各需求地的物资总运费,加号后的中括号部分为建工厂 A_3 或 A_4 后相应的生产费用。约束条件(5.2a)～约束条件(5.2h)为供需平衡条件。约束条件(5.2g)和约束条件(5.2h)中含 0-1 变量 y。若 $y=1$,表示建工厂 A_3。此时,约束条件(5.2g)就是对工厂 A_3 的运出量约束。再由约束条件(5.2h),必有 $x_{41}=x_{42}=x_{43}=x_{44}=0$;反之,若 $y=0$,表示建工厂 A_4。

显然,这是一个混合整数规划问题。

三、解的特点

整数线性规划及其松弛问题,从解的特点上来说,二者之间既有密切的联系,又有本质的区别。

松弛问题作为一个线性规划问题,其可行解的集合是一个凸集,任意两个可行解的凸组合仍为可行解。整数规划问题的可行解集合是它的松弛问题可行解集合的一个子集,任意两个可行解的凸组合不一定满足整数约束条件,因而不一定仍为可行解。由于整数规划问题的可行解一定也是它的松弛问题的可行解(反之则不一定),所以,前者最优解的目标函数值不会优于后者最优解的目标函数值。

在一般情况下,松弛问题的最优解不会刚好满足变量的整数约束条件,因而不是整数规划的可行解,自然就不是整数规划的最优解。此时,若对松弛问题的这个最优解中不符合整数要求的分量简单地取整,所得到的解不一定是整数规划问题的最优解,甚至也不一定是整数规划问题的可行解。

例 4　考虑下面的整数规划问题:

$$\max z = x_1 + 4x_2$$

$$\text{s.t.} \begin{cases} -2x_1 + 3x_2 \leqslant 3 \\ x_1 + 2x_2 \leqslant 8 \\ x_1, x_2 \geqslant 0 \text{ 且取整数} \end{cases}$$

图 5-1 中四边形 $OBPC$ 及其内部为松弛问题的可行域,其中那些整数格点为整数规划问题的可行解。根据目标函数等值线的优化方向,从直观可知,P 点($x_1=18/7$,$x_2=19/7$)是其松弛问题的最优解,其目标函数值 $z=94/7$。在 P 点附近对 x_1 和 x_2 简单取整,可得四点:A_1、A_2、A_3 和 A_4。其中,A_1 和 A_2 为非可行解;A_3 和 A_4 虽为整数可行解,但不是最优解。本例整数规划的最优解为 A^* 点($x_1=4$,$x_2=2$),其目标函数值 $z=12$。

由于整数规划及其松弛问题之间的上述特殊关系,像例 4 中先求松弛问题最优解,再用简单取整的方法虽然直观简单,却并不是求解整数规划的有效方法。

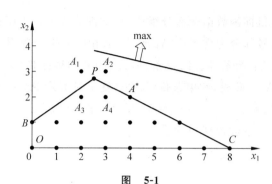

图　5-1

第二节　解纯整数规划的割平面法

考虑纯整数规划问题

$$\max z = \sum_{j=1}^{n} c_j x_j \tag{5.3a}$$

$$\text{s. t.} \begin{cases} \sum_{j=1}^{n} a_{ij} x_j = b_i & (i = 1, 2, \cdots, m) \tag{5.3b} \\ x_j \geqslant 0 & (j = 1, 2, \cdots, n) \tag{5.3c} \\ x_j \text{ 取整数} & (j = 1, 2, \cdots, n) \tag{5.3d} \end{cases}$$

设其中 $a_{ij}(i=1,2,\cdots,m;\ j=1,2,\cdots,n)$ 和 $b_i(i=1,2,\cdots,m)$ 皆为整数(若不为整数时,可乘上一个倍数化为整数)。

纯整数规划的松弛问题由式(5.3a)、式(5.3b)和式(5.3c)构成,是一个线性规划问题,可以用单纯形法求解。在松弛问题的最优单纯形表中,记 Q 为 m 个基变量的下标集合,K 为 $n-m$ 个非基变量的下标集合,则 m 个约束方程可表示为

$$x_i + \sum_{j \in K} \bar{a}_{ij} x_j = \bar{b}_i \quad i \in Q \tag{5.4}$$

而对应的最优解 $\boldsymbol{X}^* = (x_1^*, x_2^*, \cdots, x_n^*)^{\mathrm{T}}$,其中

$$x_j^* = \begin{cases} \bar{b}_j & j \in Q \\ 0 & j \in K \end{cases} \tag{5.5}$$

若各 $\bar{b}_j(j \in Q)$ 皆为整数,则 $\boldsymbol{X}^*$ 满足式(5.3d),因而就是纯整数规划的最优解;若各 $\bar{b}_j(j \in Q)$ 不全为整数,则 $\boldsymbol{X}^*$ 不满足式(5.3d),因而就不是纯整数规划的可行解,自然也不是原整数规划的最优解。

用割平面法(cutting plane approach)解整数规划时,若其松弛问题的最优解 $\boldsymbol{X}^*$ 不满

足式(5.3d),则从 $\boldsymbol{X}^*$ 的非整分量中选取一个,用以构造一个线性约束条件,将其加入原松弛问题中,形成一个新的线性规划,然后求解之。若新的最优解满足整数要求,则它就是整数规划的最优解;否则,重复上述步骤,直到获得整数最优解为止。

为最终获得整数最优解,每次增加的线性约束条件应当具备两个基本性质:其一是已获得的不符合整数要求的线性规划最优解不满足该线性约束条件,从而不可能在以后的解中再出现;其二是凡整数可行解均满足该线性约束条件,因而整数最优解始终被保留在每次形成的线性规划可行域中。

为此,若 $\bar{b}_{i_0}(i_0 \in Q)$ 不是整数,在式(5.4)中对应的约束方程为

$$x_{i_0} + \sum_{j \in K} \bar{a}_{i_0,j} x_j = \bar{b}_{i_0} \tag{5.6}$$

其中,x_{i_0} 和 $x_j(j \in K)$ 按式(5.3d)应为整数;$\bar{b}_{i_0}$ 按假设不是整数;$\bar{a}_{i_0,j}(j \in K)$ 可能是整数,也可能不是整数。

分解 $\bar{a}_{i_0,j}$ 和 $\bar{b}_{i_0}$ 成两部分。一部分是不超过该数的最大整数,另一部分是余下的小数。即

$$\bar{a}_{i_0,j} = N_{i_0,j} + f_{i_0,j}, \quad N_{i_0,j} \leqslant \bar{a}_{i_0,j} \text{ 且为整数}, \quad 0 \leqslant f_{i_0,j} < 1(j \in K) \tag{5.7}$$

$$\bar{b}_{i_0} = N_{i_0} + f_{i_0}, \quad N_{i_0} < \bar{b}_{i_0} \text{ 且为整数}, \quad 0 < f_{i_0} < 1 \tag{5.8}$$

把式(5.7)和式(5.8)代入式(5.6),移项后得

$$x_{i_0} + \sum_{j \in K} N_{i_0,j} x_j - N_{i_0} = f_{i_0} - \sum_{j \in K} f_{i_0,j} x_j \tag{5.9}$$

式(5.9)中,左边是一个整数,右边是一个小于 1 的数,因此有 $f_{i_0} - \sum_{j \in K} f_{i_0,j} x_j \leqslant 0$,即

$$\sum_{j \in K} (-f_{i_0,j}) x_j \leqslant -f_{i_0} \tag{5.10}$$

现在,来考察线性约束条件(5.10)的性质:

一方面,由于式(5.10)中 $j \in K$,所以,如将 $\boldsymbol{X}^*$ 代入,各 x_j 作为非基变量皆为 0,因而有

$$0 \leqslant -f_{i_0}$$

这和式(5.8)矛盾。由此可见,$\boldsymbol{X}^*$ 不满足式(5.10)。

另外,满足式(5.3b)、式(5.3c)和式(5.3d)的任何一个整数可行解 $\boldsymbol{X}$ 一定也满足式(5.4)。式(5.6)是式(5.4)中的一个表达式,当然也满足。因而 $\boldsymbol{X}$ 必定满足式(5.9)和式(5.10)。由此可知,任何整数可行解一定能满足式(5.10)。

综上所述,线性约束条件(5.10)具备上述两个基本性质。将式(5.10)和式(5.3a)、式(5.3b)、式(5.3c)合并,构成一个新的线性规划。记 R 为原松弛问题可行域,R' 为新的线性规划可行域。从几何意义上看,式(5.10)实际上对 R 做了一次"切割",在留下的 R' 中,保留了整数规划的所有整数可行解,但不符合整数要求的 $\boldsymbol{X}^*$ 被"切割"掉了。随着

"切割"过程的不断继续,整数规划最优解最终有机会成为某个线性规划可行域的顶点,作为该线性规划的最优解而被解得。

割平面法在 1958 年由高莫瑞(R. E. Gomory)首先提出,故又称 Gomory 割平面法。在割平面法中,每次增加的用于"切割"的线性约束称为割平面约束或 Gomory 约束。构造割平面约束的方法很多,但式(5.10)是最常用的一种,它可以从相应线性规划的最终单纯形表中直接产生。

实际解题时,经验表明若从最优单纯形表中选择具有最大小(分)数部分的非整分量所在行构造割平面约束,往往可以提高"切割"效果,减少"切割"次数。

例 5 用割平面法求解纯整数规划

$$\max z = 3x_1 - x_2$$

$$\text{s. t.} \begin{cases} 3x_1 - 2x_2 \leqslant 3 \\ 5x_1 + 4x_2 \geqslant 10 \\ 2x_1 + x_2 \leqslant 5 \\ x_1, x_2 \geqslant 0 \\ x_1, x_2 \text{ 为整数} \end{cases}$$

解 引入松弛变量 x_3, x_4, x_5,将问题化为标准形式,用单纯形法解其松弛问题,得最优单纯形表,见表 5-3。

表 5-3

C_B	X_B	b	x_1	x_2	x_3	x_4	x_5
	c_j		3	-1	0	0	0
3	x_1	13/7	1	0	1/7	0	2/7
-1	x_2	9/7	0	1	$-2/7$	0	3/7
0	x_4	31/7	0	0	$-3/7$	1	22/7
	$c_j - z_j$		0	0	$-5/7$	0	$-3/7$

由于 b 列各分数中 $x_1 = 13/7$ 有最大小数部分 6/7,故从表 5-4 中第一行产生割平面约束。按照式(5.10),割平面约束为

$$-\frac{1}{7}x_3 - \frac{2}{7}x_5 \leqslant -\frac{6}{7} \tag{5.11a}$$

引入松弛变量 x_6,得割平面方程

$$-\frac{1}{7}x_3 - \frac{2}{7}x_5 + x_6 = -\frac{6}{7} \tag{5.11b}$$

将式(5.11b)并入表 5-3,然后用对偶单纯形法求解,得表 5-4。

表 5-4

C_B	X_B	b	c_j 3	-1	0	0	0	0
			x_1	x_2	x_3	x_4	x_5	x_6
3	x_1	13/7	1	0	1/7	0	2/7	0
-1	x_2	9/7	0	1	$-2/7$	0	3/7	0
0	x_4	31/7	0	0	$-3/7$	1	22/7	0
0	x_6	$-6/7$	0	0	$-1/7$	0	$[-2/7]$	1
	c_j-z_j		0	0	$-5/7$	0	$-3/7$	0

$$\vdots$$

C_B	X_B	b	x_1	x_2	x_3	x_4	x_5	x_6
3	x_1	1	1	0	0	0	0	1
-1	x_2	5/4	0	1	0	$-1/4$	0	$-5/4$
0	x_3	5/2	0	0	1	$-1/2$	0	$-11/2$
0	x_5	7/4	0	0	0	1/4	1	$-3/4$
	c_j-z_j		0	0	0	$-1/4$	0	$-17/4$

类似地,从表5-4中最后一个单纯形表的第四行产生割平面约束

$$-\frac{1}{4}x_4 - \frac{1}{4}x_6 \leqslant -\frac{3}{4} \tag{5.11c}$$

引入松弛变量 x_7,得割平面方程

$$-\frac{1}{4}x_4 - \frac{1}{4}x_6 + x_7 = -\frac{3}{4} \tag{5.11d}$$

将式(5.11d)并入表5-4中最后一个单纯形表,然后用对偶单纯形法解之,得表5-5。

表 5-5

C_B	X_B	b	c_j 3	-1	0	0	0	0	0
			x_1	x_2	x_3	x_4	x_5	x_6	x_7
3	x_1	1	1	0	0	0	0	1	0
-1	x_2	2	0	1	0	0	0	-1	-1
0	x_3	4	0	0	1	0	0	-5	-2
0	x_5	1	0	0	0	0	1	-1	1
0	x_4	3	0	0	0	1	0	1	-4
	c_j-z_j	-1	0	0	0	0	0	-4	-1

表 5-5 给出的最优解$(x_1,x_2,x_3,x_4,x_5,x_6,x_7)^{\mathrm{T}}=$ $(1,2,4,3,1,0,0)^{\mathrm{T}}$ 已满足整数要求,因而,原整数规划问题的最优解为

$$x_1=1, \quad x_2=2, \quad \max z=1.$$

如果,在先后构造的割平面约束(5.11a)和(5.11c)中,将各变量用原整数规划的决策变量 x_1 和 x_2 来表示,则式(5.11a)和式(5.11c)成为$x_1\leqslant1$和 $x_1+x_2\geqslant3$。在这种形式下,"切割"的几何意义是显而易见的,见图 5-2。

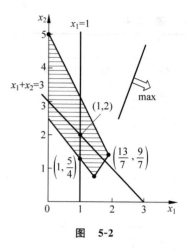

图 5-2

在用割平面法解整数规划时,常会遇到收敛很慢的情形。因此,在实际使用时,有时往往和下一节中讲述的分支定界法配合使用。

第三节 分支定界法

分支定界法(branch and bound method)是一种隐枚举法(implicit enumeration)或部分枚举法,它不是一种有效算法,是枚举法基础上的改进。分支定界法的关键是分支和定界。

若整数规划的松弛问题的最优解不符合整数要求,假设 $x_i=\bar{b}_i$ 不符合整数要求,$[\bar{b}_i]$是不超过$\bar{b}_i$的最大整数,则构造两个约束条件:$x_i\leqslant[\bar{b}_i]$和 $x_i\geqslant[\bar{b}_i]+1$。分别将其并入上述松弛问题中,从而形成两个分支,即两个后继问题。两个后继问题的可行域中包含原整数规划问题的所有可行解。而在原松弛问题可行域中,满足$[\bar{b}_i]<x_i<[\bar{b}_i]+1$的一部分区域在以后的求解过程中被遗弃了,然而它不包含整数规划的任何可行解。根据需要,各后继问题可以类似地产生自己的分支,即自己的后继问题。如此不断继续,直到获得整数规划的最优解。这就是所谓的"分支"。

所谓"定界",是在分支过程中,若某个后继问题恰巧获得整数规划问题的一个可行解,那么,它的目标函数值就是一个"界限",可作为衡量处理其他分支的一个依据。因为整数规划问题的可行解集是它的松弛问题可行解集的一个子集,前者最优解的目标函数值不会优于后者最优解的目标函数值。所以,对于那些相应松弛问题最优解的目标函数值劣于上述"界限"值的后继问题,就可以剔除而不再考虑了。当然,如果在以后的分支过程中出现了更好的"界限",则以它来取代原来的界限,这样可以提高求解的效率。

"分支"为整数规划最优解的出现缩减了搜索范围,而"定界"则可以提高搜索的效率。经验表明,在可能的情况下,根据对实际问题的了解,事先选择一个合理的"界限",可以提高分支定界法的搜索效率。

下面,通过例子来阐明分支定界法的基本思想和一般步骤。

例 6 求解

$$\max z = x_1 + x_2$$

$$\text{s. t.} \begin{cases} x_1 + \dfrac{9}{14}x_2 \leqslant \dfrac{51}{14} \\[2mm] -2x_1 + x_2 \leqslant \dfrac{1}{3} \\[2mm] x_1, x_2 \geqslant 0 \\[1mm] x_1, x_2 \text{ 取整数} \end{cases}$$

解 记整数规划问题为(IP),它的松弛问题为(LP)。图 5-3 中 S 为(LP)的可行域,黑点表示(IP)的可行解。用单纯形法解(LP),最优解为 $x_1 = 3/2, x_2 = 10/3$,即点 A,$\max z = 29/6$。

(LP)的最优解不符合整数要求,可任选一个变量,如选择 $x_1 = 3/2$ 进行分支。由于最接近 3/2 的整数是 1 和 2,因而可以构造两个约束条件

$$x_1 \geqslant 2 \tag{5.12a}$$

和

$$x_1 \leqslant 1 \tag{5.12b}$$

将式(5.12a)和式(5.12b)分别并入例 6 的松弛问题(LP)中,形成两个分支,即后继问题(LP$_1$)和(LP$_2$),分别由(LP)及式(5.12a)和(LP)及式(5.12b)组成。图 5-4 中 S_1 和 S_2 分别为(LP$_1$)和(LP$_2$)的可行域。不连通的域 $S_1 \cup S_2$ 中包含了(IP)的所有可行解,S 中被舍去的一部分 $S \backslash S_1 \cup S_2$ 中不包含(IP)的任何可行解。

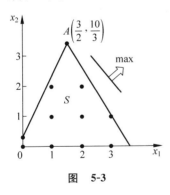

图 5-3

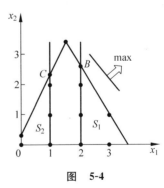

图 5-4

解(LP$_1$),最优解为 $x_1 = 2, x_2 = 23/9$,即点 B,$\max z = 41/9$。点 B 仍不符合整数要求,再解(LP$_2$)。(LP$_2$)最优解为 $x_1 = 1, x_2 = 7/3$,即点 C,$\max z = 10/3$。点 C 也不符合整数要求。因此,必须继续分支。

由于 $41/9 > 10/3$,所以优先选择 S_1 分支。因 B 点 $x_1 = 2$,而 $x_2 = 23/9$ 不符合整数要求,故可以构造两个约束条件

$$x_2 \geqslant 3 \tag{5.12c}$$

和

$$x_2 \leqslant 2 \tag{5.12d}$$

将式(5.12c)和式(5.12d)分别并入(LP$_1$),形成两个新分支,即(LP$_1$)的后继问题(LP$_{11}$)和(LP$_{12}$),分别由(LP$_1$)及式(5.12c)和(LP$_1$)及式(5.12d)组成。图 5-5 中 S_{12} 为(LP$_{12}$)的可行域。由于式(5.12c)和(LP$_1$)不相容,故(LP$_{11}$)无可行解,也就是说,(LP$_{11}$)的可行域 S_{11} 为空集,所以只需考虑后继问题(LP$_{12}$)。

在 S_{12} 上解(LP$_{12}$),最优解为 $x_1 = 33/14$,$x_2 = 2$,即图 5-5 中点 D,$\max z = 61/14$。

对于原整数规划(IP)来说,至此还剩两个分支:后继问题(LP$_2$)和(LP$_{12}$)。因为(LP$_{12}$)的最优解目标函数值比(LP$_2$)的大,所以优先考虑对(LP$_{12}$)进行分支。

两个新约束条件为

$$x_1 \geqslant 3 \tag{5.12e}$$

和

$$x_1 \leqslant 2 \tag{5.12f}$$

类似地,形成(LP$_{12}$)的两个后继问题(LP$_{121}$)和(LP$_{122}$)。图 5-6 中 S_{121} 和 S_{122} 分别为它们的可行域,其中 S_{122} 是一条直线段。

(LP$_{121}$)的最优解是 $x_1 = 3$,$x_2 = 1$,即图 5-6 中点 E,$\max z = 4$;(LP$_{122}$)的最优解是 $x_1 = 2$,$x_2 = 2$,即图 5-6 中点 F,$\max z = 4$。这两个解都是(IP)的可行解,且目标函数值相等。至此,可以肯定两点:第一,在 S_{121} 和 S_{122} 中不可能存在比 E 点和 F 点更好的(IP)的可行解,因此不必再在它们中继续搜索;第二,既然点 E 和点 F 都是(IP)的可行解,那么,它们的目标函数值 $z = 4$ 就可看作(IP)最优解的目标函数值的一个界限(对于最大化问题,是下界;对于最小化问题,是上界)。

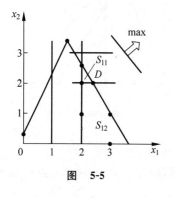

图   5-5

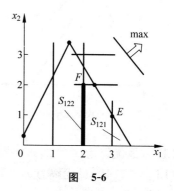

图   5-6

现在,尚未检查的后继问题只有(LP$_2$)了。但(LP$_2$)的最优解的目标函数值是 10/3,比界限 4 小。因此,S_2 中不存在目标函数值比 4 大的(IP)的可行解,也就是说,不必再对(LP$_2$)进行分支搜索了。

综上所述,我们已经求得了整数规划(IP)的两个最优解。它们分别是 $x_1=3, x_2=1$ 和 $x_1=2, x_2=2, \max z=4$。

上述分支定界法求解的过程可用图 5-7 来表示。

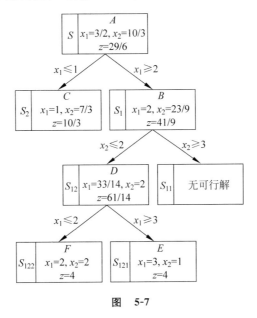

图 **5-7**

分支定界法解整数规划的一般步骤如下:

步骤 1:称整数规划问题为问题 A,它的松弛问题为问题 B,以 z_b 表示问题 A 的目标函数的初始界(如已知问题 A 的一个可行解,则可取它的目标函数值为 z_b)。对最大化问题 A,z_b 为下界;对最小化问题 A,z_b 为上界。解问题 B。转步骤 2;

步骤 2:如问题 B 无可行解,则问题 A 也无可行解;如问题 B 的最优解符合问题 A 的整数要求,则它就是问题 A 的最优解。对于这两种情况,求解过程到此结束。如问题 B 的最优解存在,但不符合问题 A 的整数要求,则转步骤 3;

步骤 3:对问题 B,任选一个不符合整数要求的变量进行分支。设选择 $x_j = \overline{b}_j$,且设 $[\overline{b}_j]$ 为不超过 $\overline{b}_j$ 的最大整数。对问题 B 分别增加下面两个约束条件中的一个:
$$x_j \leqslant [\overline{b}_j] \text{ 和 } x_j \geqslant [\overline{b}_j]+1,$$
从而形成两个后继问题。解这两个后继问题。转步骤 4;

步骤 4:考查所有后继问题,如其中有某几个存在最优解,且其最优解满足问题 A 的整数要求,则以它们中最优的目标函数值和界 z_b 作比较。若比界 z_b 更优,则以其取代原来的界 z_b,并称相应的后继问题为问题 C。否则,原来的界 z_b 不变。转步骤 5;

步骤 5:不属于 C 的后继问题中,称存在最优解且其目标函数值比界 z_b 更优的后继问题为待检查的后继问题。

若不存在待检查的后继问题,当问题 C 存在时,问题 C 的最优解就是问题 A 的最优解;当问题 C 不存在时,和界 z_b 对应的可行解就是问题 A 的最优解。z_b 即为问题 A 的最优解的目标函数值,求解到此结束。

若存在待检查的后继问题,则选择其中目标函数值最优的一个后继问题,改称其为问题 B。回到步骤 3。

分支定界法是求解整数规划的较好方法,很多求解整数规划的计算机软件是根据分支定界法原理编写的,同时这种方法也适用于求解混合整数规划问题,在实际中有着广泛应用。

第四节　0-1 型整数规划

一、0-1 变量及其应用

若变量只能取值 0 或 1,称其为 0-1 变量。0-1 变量作为逻辑变量(logical variable),常被用来表示系统是否处于某个特定状态,或者决策时是否取某个特定方案。例如

$$x = \begin{cases} 1 & \text{当决策取方案 } P \text{ 时} \\ 0 & \text{当决策不取方案 } P \text{ 时(即取 } \overline{P} \text{ 时)} \end{cases}$$

当问题含有多项要素,而每项要素皆有两种选择时,可用一组 0-1 变量来描述。一般地,设问题有有限项要素 $E_1, E_2, \cdots, E_n$,其中每项 E_j 有两种选择 A_j 和 $\overline{A}_j (j = 1, 2, \cdots, n)$,则可令

$$x_j = \begin{cases} 1 & \text{若 } E_j \text{ 选择 } A_j \\ 0 & \text{若 } E_j \text{ 选择 } \overline{A}_j \end{cases} \quad (j = 1, 2, \cdots, n)$$

在应用中,有时会遇到变量可以取多个整数值的问题。这时,利用 0-1 变量是二进制变量(binary variable)的性质,可以用一组 0-1 变量来取代该变量。例如,变量 x 可取 0 与 9 之间的任意整数时,可令

$$x = 2^0 x_0 + 2^1 x_1 + 2^2 x_2 + 2^3 x_3 \leqslant 9$$

其中,x_0, x_1, x_2, x_3 皆为 0-1 变量。

0-1 变量不仅广泛应用于科学技术问题,在经济管理问题中也有十分重要的应用。

例 7　含有相互排斥的约束条件的问题

设工序 B 的每周工时约束条件为

$$0.3x_1 + 0.5x_2 \leqslant 150 \tag{5.13a}$$

现在假设工序 B 还有一种新的加工方式,相应的每周工时约束变成

$$0.2x_1 + 0.4x_2 \leqslant 120 \tag{5.13b}$$

如果工序 B 只能从两种加工方式中选择一种,那么,式(5.13a)和式(5.13b)就成为两个相互排斥的约束条件。为了统一在一个问题中,引入 0-1 变量

$$y_1 = \begin{cases} 0 & \text{若工序 } B \text{ 采用原加工方式} \\ 1 & \text{若工序 } B \text{ 不采用原加工方式} \end{cases}$$

和

$$y_2 = \begin{cases} 0 & \text{若工序 } B \text{ 采用新加工方式} \\ 1 & \text{若工序 } B \text{ 不采用新加工方式} \end{cases}$$

于是,相互排斥的约束条件(5.13a)和约束条件(5.13b)可用下列三个约束条件统一起来:

$$\begin{cases} 0.3x_1 + 0.5x_2 \leqslant 150 + My_1 & (5.13c) \\ 0.2x_1 + 0.4x_2 \leqslant 120 + My_2 & (5.13d) \\ y_1 + y_2 = 1 & (5.13e) \end{cases}$$

其中 M 是充分大的数。由于式(5.13e),y_1 和 y_2 中必定有一个是1,另一个是0。若 $y_1 = 1$,而 $y_2 = 0$,即采用新加工方式,此时式(5.13d)就是式(5.13b),而式(5.13c)自然成立,因而是多余的;反之,若 $y_1 = 0$,$y_2 = 1$,即采用原加工方式,此时式(5.13c)就是式(5.13a),而式(5.13d)自然成立,因而是多余的。

一般地,若需要从 p 个约束条件

$$\sum_{j=1}^{n} a_{ij}x_j \leqslant b_i \quad (i = 1, 2, \cdots, p)$$

中恰好选择 $q(q < p)$ 个约束条件,则可以引入 p 个 0-1 变量

$$y_i = \begin{cases} 0 & \text{若选择第 } i \text{ 个约束条件} \\ 1 & \text{若不选择第 } i \text{ 个约束条件} \end{cases} \quad (i = 1, 2, \cdots, p)$$

那么,约束条件组

$$\begin{cases} \sum_{j=1}^{n} a_{ij}x_j \leqslant b_i + My_i \\ \sum_{i=1}^{p} y_i = p - q \end{cases} \quad (i = 1, 2, \cdots, p)$$

就可以达到这个目的。因为上述约束条件组保证了在 p 个 0-1 变量中有 $p-q$ 个为1,q 个为0。凡取 0 值的 y_i 对应的约束条件即为原约束条件;而取 1 值的 y_i 对应的约束条件将自然满足,因而是多余的。

例8　固定费用问题

有三种资源被用于生产三种产品,资源量、产品单件可变费用及售价、资源单耗量及组织三种产品生产的固定费用见表 5-6。要求制订一个生产计划,使总收益最大。

表 5-6

单耗量＼产品＼资源	I	II	III	资源量
A	2	4	8	500
B	2	3	4	300
C	1	2	3	100
单件可变费用	4	5	6	
固定费用	100	150	200	
单件售价	8	10	12	

解 总收益等于销售收入减去生产上述产品的固定费用和可变费用之和。建模碰到的困难主要是事先不能确切知道某种产品是否生产，因而不能确定相应的固定费用是否发生。下面借助 0-1 变量解决这个困难。

设 x_j 是第 j 种产品的产量，$j=1,2,3$；再设

$$y_j = \begin{cases} 1 & \text{若生产第 } j \text{ 种产品（即 } x_j > 0\text{）} \\ 0 & \text{若不生产第 } j \text{ 种产品（即 } x_j = 0\text{）} \end{cases} \quad (j=1,2,3)$$

则问题的整数规划模型是

$$\max z = (8-4)x_1 + (10-5)x_2 + (12-6)x_3 - 100y_1 - 150y_2 - 200y_3$$

$$\text{s. t.} \begin{cases} 2x_1 + 4x_2 + 8x_3 \leqslant 500 \\ 2x_1 + 3x_2 + 4x_3 \leqslant 300 \\ x_1 + 2x_2 + 3x_3 \leqslant 100 \\ x_1 \leqslant M_1 y_1 \\ x_2 \leqslant M_2 y_2 \\ x_3 \leqslant M_3 y_3 \\ x_j \geqslant 0 \text{ 且为整数，} \quad (j=1,2,3) \\ y_j = 0 \text{ 或 } 1, \quad\quad\quad (j=1,2,3) \end{cases}$$

其中 M_j 为 x_j 的某个上界。例如，根据第 3 个约束条件，可取 $M_1 = 100, M_2 = 50, M_3 = 34$。

如果生产第 j 种产品，则其产量 $x_j > 0$。此时，由约束条件 $x_j \leqslant M_j y_j$，知 $y_j = 1$。因此，相应的固定费用在目标函数中将被考虑。如果不生产第 j 种产品，则其产量 $x_j = 0$。此时，由约束条件 $x_j \leqslant M_j y_j$ 可知，y_j 可以是 0，也可以是 1。但 $y_j = 1$ 不利于目标函数 z 的最大化，因而在问题的最优解中必然是 $y_j = 0$，从而相应的固定费用在目标函数中将不被考虑。

例9 工件排序问题

用 4 台机床加工 3 件产品。各产品的机床加工顺序，以及产品 i 在机床 j 上的加工

工时 a_{ij} 见表 5-7。

表 5-7

产品 1	a_{11} 机床 1	$\longrightarrow$	a_{13} 机床 3	$\longrightarrow$	a_{14} 机床 4
产品 2	a_{21} 机床 1	$\longrightarrow$ a_{22} 机床 2		$\longrightarrow$	a_{24} 机床 4
产品 3		a_{32} 机床 2	$\longrightarrow$ a_{33} 机床 3		

由于某种原因,产品 2 的加工总时间不得超过 d。现要求确定各件产品在机床上的加工方案,使在最短的时间内加工完全部产品。

解 设 x_{ij} 表示产品 i 在机床 j 上开始加工的时间($i=1,2,3$; $j=1,2,3,4$)。

下面将逐步列出问题的整数规划模型。

1. 同一件产品在不同机床上的加工顺序约束

对于同一件产品,在下一台机床上加工的开始时间不得早于在上一台机床上加工的结束时间,故应有

产品 1:$x_{11}+a_{11}\leqslant x_{13}$ 及 $x_{13}+a_{13}\leqslant x_{14}$

产品 2:$x_{21}+a_{21}\leqslant x_{22}$ 及 $x_{22}+a_{22}\leqslant x_{24}$

产品 3:$x_{32}+a_{32}\leqslant x_{33}$

2. 每一台机床对不同产品的加工顺序约束

一台机床在工作中,如已开始的加工还没有结束,则不能开始另一件产品的加工。对于机床 1,有两种加工顺序。或先加工产品 1,后加工产品 2;或反之。对于其他 3 台机床,情况也类似。为了容纳两种相互排斥的约束条件,对于每台机床,分别引入 0-1 变量:

$$y_j=\begin{cases}0 & \text{先加工某件产品}\\ 1 & \text{先加工另一件产品}\end{cases} \quad (j=1,2,3,4)$$

那么,每台机床上加工产品的顺序可用下列四组约束条件来保证:

机床 1:$x_{11}+a_{11}\leqslant x_{21}+My_1$ 及 $x_{21}+a_{21}\leqslant x_{11}+M(1-y_1)$

机床 2:$x_{22}+a_{22}\leqslant x_{32}+My_2$ 及 $x_{32}+a_{32}\leqslant x_{22}+M(1-y_2)$

机床 3:$x_{13}+a_{13}\leqslant x_{33}+My_3$ 及 $x_{33}+a_{33}\leqslant x_{13}+M(1-y_3)$

机床 4:$x_{14}+a_{14}\leqslant x_{24}+My_4$ 及 $x_{24}+a_{24}\leqslant x_{14}+M(1-y_4)$

其中 M 是一个足够大的数。

各 y_j 的意义是明显的。如当 $y_1=0$ 时,表示机床 1 先加工产品 1,后加工产品 2;当 $y_1=1$ 时,表示机床 1 先加工产品 2,后加工产品 1。y_2,y_3,y_4 的意义类似。

3. 产品 2 的加工总时间约束

产品 2 的开始加工时间是 x_{21},结束加工时间是 $x_{24}+a_{24}$,故应有

$$x_{24} + a_{24} - x_{21} \leqslant d$$

4. 目标函数的建立

设全部产品加工完毕的结束时间为 W。

由于三件产品的加工结束时间分别为 $x_{14} + a_{14}, x_{24} + a_{24}, x_{33} + a_{33}$，故全部产品的实际加工结束时间为：

$$W = \max(x_{14} + a_{14}, x_{24} + a_{24}, x_{33} + a_{33})$$

因此,目标函数 z 的线性表达式为

$$\min z = W$$

$$\text{s.t.} \begin{cases} W \geqslant x_{14} + a_{14} \\ W \geqslant x_{24} + a_{24} \\ W \geqslant x_{33} + a_{33} \end{cases}$$

综上所述,例 9 的整数规划模型为

$$\min z = W$$

$$\text{s.t.} \begin{cases} x_{11} + a_{11} \leqslant x_{13} & x_{13} + a_{13} \leqslant x_{33} + My_3 \\ x_{13} + a_{13} \leqslant x_{14} & x_{33} + a_{33} \leqslant x_{13} + M(1 - y_3) \\ x_{21} + a_{21} \leqslant x_{22} & x_{14} + a_{14} \leqslant x_{24} + My_4 \\ x_{22} + a_{22} \leqslant x_{24} & x_{24} + a_{24} \leqslant x_{14} + M(1 - y_4) \\ x_{32} + a_{32} \leqslant x_{33} & x_{24} + a_{24} - x_{21} \leqslant d \\ x_{11} + a_{11} \leqslant x_{21} + My_1 & W \geqslant x_{14} + a_{14} \\ x_{21} + a_{21} \leqslant x_{11} + M(1 - y_1) & W \geqslant x_{24} + a_{24} \\ x_{22} + a_{22} \leqslant x_{32} + My_2 & W \geqslant x_{33} + a_{33} \\ x_{32} + a_{32} \leqslant x_{22} + M(1 - y_2) & \\ x_{11}, x_{13}, x_{14}, x_{21}, x_{22}, x_{24}, x_{32}, x_{33}, W \geqslant 0 & \\ y_j = 0 \text{ 或 } 1, \quad (j = 1, 2, 3, 4) & \end{cases}$$

二、0-1 型整数规划的解法

0-1 型整数规划是一种特殊的整数规划,若含有 n 个变量,则可以产生 2^n 个可能的变量组合。当 n 较大时,采用完全枚举法解题几乎是不可能的。已有的求解 0-1 型整数规划的方法一般都属于隐枚举法。

在 2^n 个可能的变量组合中,往往只有一部分是可行解。只要发现某个变量组合不满足其中一个约束条件时,就不必再去检验其他约束条件是否可行。对于可行解,其目标函数值也有优劣之分。若已发现一个可行解,则根据它的目标函数值可以产生一个过滤条件(filtering constraint),即对于目标函数值比它差的变量组合就不必再去检验它的可行性。在以后的求解过程中,每当发现比原来更好的可行解,则以此替换原来的过滤条件。

上述这些做法,都可以减少运算次数,使最优解能较快地被发现。

例 10 求解 0-1 整数规划

$$\max z = 3x_1 - 2x_2 + 5x_3$$

$$\text{s. t.}\begin{cases} x_1 + 2x_2 - x_3 \leqslant 2 & (5.14a) \\ x_1 + 4x_2 + x_3 \leqslant 4 & (5.14b) \\ x_1 + x_2 \leqslant 3 & (5.14c) \\ 4x_2 + x_3 \leqslant 6 & (5.14d) \\ x_1, x_2, x_3 = 0 \text{ 或 } 1 \end{cases}$$

解 求解过程可以列表表示(见表 5-8)。

表 5-8

(x_1, x_2, x_3)	z 值	约束条件 a b c d				过滤条件
(0,0,0)	0	✓	✓	✓	✓	$z \geqslant 0$
(0,0,1)	5	✓	✓	✓	✓	$z \geqslant 5$
(0,1,0)	−2					
(0,1,1)	3					
(1,0,0)	3					
(1,0,1)	8	✓	✓	✓	✓	$z \geqslant 8$
(1,1,0)	1					
(1,1,1)	6					

所以,最优解 $(x_1, x_2, x_3)^{\mathrm{T}} = (1,0,1)^{\mathrm{T}}$,$\max z = 8$。

由于采用上述算法,实际只做了 20 次运算。

为了进一步减少运算量,常按目标函数中各变量系数的大小顺序重新排列各变量,以使最优解有可能较早出现。对于最大化问题,可按由小到大的顺序排列;对于最小化问题,则相反。为此上例可写成下列形式:

$$\max z = 5x_3 + 3x_1 - 2x_2$$

$$\text{s. t.}\begin{cases} -x_3 + x_1 + 2x_2 \leqslant 2 & (5.15a) \\ x_3 + x_1 + 4x_2 \leqslant 4 & (5.15b) \\ x_1 + x_2 \leqslant 3 & (5.15c) \\ x_3 + 4x_2 \leqslant 6 & (5.15d) \\ x_3, x_1, x_2 = 0 \text{ 或 } 1 \end{cases}$$

求解时先令排在前面的变量取值为 1,如本例中可取 $(x_3, x_1, x_2) = (1,0,0)$,若不满足约束条件时,可调整取值为 $(0,1,0)$;若仍不满足约束条件,可退为取值 $(0,0,1)$ 等,依次类推。据此改写后模型的求解过程可见表 5-9。

表 5-9

(x_3, x_1, x_2)	z 值	约束条件 a b c d	过滤条件
(0,0,0)	0	√ √ √ √	$z \geqslant 0$
(1,0,0)	5	√ √ √	$z \geqslant 5$
(1,1,0)	8	√ √ √	$z \geqslant 8$

从目标函数方程看到,z 值已不可能再增大,$(x_3, x_1, x_2) = (1,1,0)$ 即为本例的最优解。

采取这样的形式用上法解此例,可以很大程度减少运算次数。一般问题的规模越大,这样做的好处就越明显。

第五节　指派问题

一、指派问题的标准形式及其数学模型

在现实生活中,有各种性质的指派问题(assignment problem)。例如,有若干项工作需要分配给若干人(或部门)来完成;有若干项合同需要选择若干个投标者来承包;有若干班级需要安排在各教室里上课等。诸如此类问题,它们的基本要求是在满足特定的指派要求条件下,使指派方案的总体效果最佳。由于指派问题的多样性,有必要定义指派问题的标准形式。

指派问题的标准形式(以人和事为例)是:有 n 个人和 n 件事,已知第 i 人做第 j 事的费用为 $c_{ij}(i,j=1,2,\cdots,n)$,要求确定人和事之间的一一对应的指派方案,使完成这 n 件事的总费用最少。

一般称矩阵 $C = (c_{ij})_{n \times n}$ 为指派问题的系数矩阵(coefficient matrix)。在实际问题中,根据 c_{ij} 的具体意义,矩阵 C 可以有不同的含义,如费用、成本、时间等。系数矩阵 C 中,第 i 行中各元素表示第 i 人做各事的费用,第 j 列各元素表示第 j 事由各人做的费用。

为了建立标准指派问题的数学模型,引入 n^2 个 0-1 变量:

$$x_{ij} = \begin{cases} 1 & \text{若指派第 } i \text{ 人做第 } j \text{ 事} \\ 0 & \text{若不指派第 } i \text{ 人做第 } j \text{ 事} \end{cases} \quad (i,j=1,2,\cdots,n)$$

这样,问题的数学模型可写成

$$\min z = \sum_{i=1}^{n} \sum_{j=1}^{n} c_{ij} x_{ij} \tag{5.16a}$$

$$\text{s.t.} \begin{cases} \sum_{i=1}^{n} x_{ij} = 1 & (j=1,2,\cdots,n) \\ \\ \sum_{j=1}^{n} x_{ij} = 1 & (i=1,2,\cdots,n) \\ x_{ij} = 0 \text{ 或 } 1 & (i,j=1,2,\cdots,n) \end{cases} \tag{5.16b} \tag{5.16c} \tag{5.16d}$$

模型中,约束条件(5.16b)表示每件事必有且只有一个人去做,约束条件(5.16c)表示每个人必做且只做一件事。

对于问题的每一个可行解,可用解矩阵 $X=(x_{ij})_{n \times n}$ 来表示。当然,作为可行解,矩阵每列各元素中都有且只有一个 1,以满足约束条件(5.16b);每行各元素中都有且只有一个 1,以满足约束条件(5.16c)。指派问题有 $n!$ 个可行解。

例 11 某商业公司计划开办 5 家新商店,决定由 5 家建筑公司分别承建。已知建筑公司 $A_i(i=1,2,\cdots,5)$ 对新商店 $B_j(j=1,2,\cdots,5)$ 的建造费用的报价(万元)为 $c_{ij}(i,j=1,2,\cdots,5)$,见表 5-10。如仅考虑节省费用,商业公司应当对 5 家建筑公司怎样分配建造任务,才能使总的建造费用最少?

表 5-10

c_{ij} \\ B_j A_i	B_1	B_2	B_3	B_4	B_5
A_1	4	8	7	15	12
A_2	7	9	17	14	10
A_3	6	9	12	8	7
A_4	6	7	14	6	10
A_5	6	9	12	10	6

这是一个标准的指派问题。若设 0-1 变量

$$x_{ij} = \begin{cases} 1 & \text{当 } A_i \text{ 承建 } B_j \text{ 时} \\ 0 & \text{当 } A_i \text{ 不承建 } B_j \text{ 时} \end{cases} \quad (i,j=1,2,\cdots,5)$$

则问题的数学模型为

$$\min z = 4x_{11} + 8x_{12} + \cdots + 10x_{54} + 6x_{55}$$

$$\text{s. t.} \begin{cases} \sum_{i=1}^{5} x_{ij} = 1 & (j=1,2,\cdots,5) \\ \sum_{j=1}^{5} x_{ij} = 1 & (i=1,2,\cdots,5) \\ x_{ij} = 0 \text{ 或 } 1 & (i,j=1,2,\cdots,5) \end{cases}$$

二、匈牙利解法

从上述数学模型可知,标准的指派问题是一类特殊的整数规划问题,又是特殊的 0-1 规划问题和特殊的运输问题,因此,它可以用多种相应的解法来求解。但是,这些解法都没有充分利用指派问题的特殊性质,有效地减少其计算量。1955 年,库恩(W. W. Kuhn)利用匈牙利数学家康尼格(D. König)的关于矩阵中独立零元素的定理,提出了解指派问题的一种算法,习惯上称之为匈牙利解法。

匈牙利解法的关键是利用了指派问题最优解的以下性质：若从指派问题的系数矩阵 $C=(c_{ij})_{n\times n}$ 的某行(或某列)各元素分别减去一个常数 k，得到一个新的矩阵 $C'=(c'_{ij})_{n\times n}$。则以 C' 和 C 为系数矩阵的两个指派问题有相同的最优解。这个性质是容易理解的。由于系数矩阵的这种变化并不影响数学模型的约束方程组，而只是使目标函数值减少了常数 k。所以，最优解并不改变。

下面结合例 11 具体讲述匈牙利解法的计算步骤。

步骤 1：变换系数矩阵。先对各行元素分别减去本行中的最小元素得矩阵 C'，再对 C' 的各列元素分别减去本列中最小元素得 C''。这样，系数矩阵 C'' 中每行及每列至少有一个零元素，同时不出现负元素。转步骤 2。

已知例 11 指派问题的系数矩阵为

$$C = \begin{pmatrix} 4 & 8 & 7 & 15 & 12 \\ 7 & 9 & 17 & 14 & 10 \\ 6 & 9 & 12 & 8 & 7 \\ 6 & 7 & 14 & 6 & 10 \\ 6 & 9 & 12 & 10 & 6 \end{pmatrix}$$

先对各行元素分别减去本行的最小元素，然后对各列也如此，即

$$C' = \begin{pmatrix} 0 & 4 & 3 & 11 & 8 \\ 0 & 2 & 10 & 7 & 3 \\ 0 & 3 & 6 & 2 & 1 \\ 0 & 1 & 8 & 0 & 4 \\ 0 & 3 & 6 & 4 & 0 \end{pmatrix} \rightarrow C'' = \begin{pmatrix} 0 & 3 & 0 & 11 & 8 \\ 0 & 1 & 7 & 7 & 3 \\ 0 & 2 & 3 & 2 & 1 \\ 0 & 0 & 5 & 0 & 4 \\ 0 & 2 & 3 & 4 & 0 \end{pmatrix}$$

此时，C'' 中各行和各列都已出现零元素。

步骤 2：在变换后的系数矩阵中确定独立零元素。若独立零元素有 n 个，则已得出最优解；若独立零元素少于 n 个，则做能覆盖所有零元素的最少直线数目的直线集合，理由是对于系数矩阵非负的指派问题来说，若能在系数矩阵中找到 n 个位于不同行和不同列的零元素，则对应的指派方案总费用为零，从而一定是最优的。在选择零元素时，当同一行(或列)上有多个零元素时，如选择其一，则其余的零元素就不能再被选择，而成为多余的。所以，关键并不在于有多少个零元素，而要看它们是否恰当地分布在不同行和不同列上，即独立零元素的数目。

为了确定独立零元素，可以在只有一个零元素的行(或列)中加圈(标记为⓪)，因为这表示此人只能做该事(或此事只能由该人来做)。每圈一个"0"，同时把位于同列(或同行)的其他零元素划去(标记为∅)，这表示此事已不能再由其他人来做(或此人已不能做其他事)。如此反复进行，直至系数矩阵中所有零元素都被圈去或划去为止。在此过程中，如遇到在所有的行和列中，零元素都不止一个时(存在零元素的闭回路)，可任选其中一个零元素加圈，同时划去同行和同列中其他零元素。当过程结束时，被画圈的零元素即是独立零元素。

如独立零元素有 n 个，则表示已可确定最优指派方案。此时，令解矩阵中和独立零元

素对应位置上的元素为"1",其他元素为"0",即得最优解矩阵。但如独立零元素少于 n 个,则表示还不能确定最优指派方案。此时,需要确定能覆盖所有零元素的最少直线数目的直线集合。可按下面的方法来进行:

(1) 对没有⓪的行打"$\checkmark$";

(2) 在已打"$\checkmark$"的行中,对$\emptyset$所在列打"$\checkmark$";

(3) 在已打"$\checkmark$"的列中,对⓪所在行打"$\checkmark$";

(4) 重复(2)和(3),直到再也不能找到可以打"$\checkmark$"的行或列为止;

(5) 对没有打"$\checkmark$"的行画一横线,对打"$\checkmark$"的列画一垂线,这样就得到了覆盖所有零元素的最少直线数目的直线集合。

为了确定 C'' 中的独立零元素个数,对 C'' 中的零元素加圈,即有

$$C'' = \begin{pmatrix} \emptyset & 3 & ⓪ & 11 & 8 \\ ⓪ & 1 & 7 & 7 & 3 \\ \emptyset & 2 & 3 & 2 & 1 \\ \emptyset & ⓪ & 5 & \emptyset & 4 \\ \emptyset & 2 & 3 & 4 & ⓪ \end{pmatrix}$$

由于只有 4 个独立零元素,少于系数矩阵阶数 $n=5$,故需要确定能覆盖所有零元素的最少直线数目的直线集合。采用上述(1)—(5)的步骤的方法,结果如下:

$$C'' = \begin{pmatrix} \vdots & & & & \\ \cdots \emptyset \cdots & 3 & \cdots ⓪ \cdots & 11 & \cdots 8 \cdots \\ \vdots & & & & \\ ⓪ & 1 & 7 & 7 & 3 \\ \vdots & & & & \\ \emptyset & 2 & 3 & 2 & 1 \\ \vdots & & & & \\ \cdots \emptyset \cdots & ⓪ & \cdots 5 \cdots & \emptyset & \cdots 4 \cdots \\ \vdots & & & & \\ \cdots \emptyset \cdots & 2 & \cdots 3 \cdots & 4 & \cdots ⓪ \cdots \\ \vdots & & & & \end{pmatrix} \begin{matrix} \checkmark \\ \checkmark \end{matrix}$$

步骤 3:继续变换系数矩阵。方法是在未被直线覆盖的元素中找出一个最小元素。对未被直线覆盖的元素所在行(或列)中各元素都减去这一最小元素。这样,在未被直线覆盖的元素中势必会出现零元素,但同时却又使已被直线覆盖的元素中出现负元素。为了消除负元素,只要对它们所在列(或行)中各元素都加上这一最小元素(可以看作减去这一最小元素的相反数)即可。返回步骤 2。

为了使 C' 中未被直线覆盖的元素中出现零元素,将第二行和第三行中各元素都减去未被直线覆盖的元素中的最小元素 1。但这样一来,第一列中出现了负元素。为了消除

负元素,再对第一列各元素分别加上 1,即

$$
\boldsymbol{C}' \rightarrow
\begin{pmatrix}
0 & 3 & 0 & 11 & 8 \\
-1 & 0 & 6 & 6 & 2 \\
-1 & 1 & 2 & 1 & 0 \\
0 & 0 & 5 & 0 & 4 \\
0 & 2 & 3 & 4 & 0
\end{pmatrix}
\rightarrow
\begin{pmatrix}
1 & 3 & 0 & 11 & 8 \\
0 & 0 & 6 & 6 & 2 \\
0 & 1 & 2 & 1 & 0 \\
1 & 0 & 5 & 0 & 4 \\
1 & 2 & 3 & 4 & 0
\end{pmatrix}
= \boldsymbol{C}''
$$

回到步骤 2,对 $\boldsymbol{C}''$ 加圈:

$$
\boldsymbol{C}'' =
\begin{pmatrix}
1 & 3 & ⓪ & 11 & 8 \\
\emptyset & ⓪ & 6 & 6 & 2 \\
⓪ & 1 & 2 & 1 & \emptyset \\
1 & \emptyset & 5 & ⓪ & 4 \\
1 & 2 & 3 & 4 & ⓪
\end{pmatrix}
$$

$\boldsymbol{C}''$ 中已有 5 个独立零元素,故可确定例 11 指派问题的最优指派方案为

$$
\boldsymbol{X}^* =
\begin{pmatrix}
0 & 0 & 1 & 0 & 0 \\
0 & 1 & 0 & 0 & 0 \\
1 & 0 & 0 & 0 & 0 \\
0 & 0 & 0 & 1 & 0 \\
0 & 0 & 0 & 0 & 1
\end{pmatrix}
$$

让 A_1 承建 B_3,A_2 承建 B_2,A_3 承建 B_1,A_4 承建 B_4,A_5 承建 B_5。这样安排能使总的建造费用最少,为 $7+9+6+6+6=34$(万元)。

三、非标准形式的指派问题

在实际应用中,常会遇到各种非标准形式的指派问题。通常的处理方法是先将它们转化为标准形式,然后再用匈牙利解法解之。

1. 最大化指派问题

设最大化指派问题系数矩阵 $\boldsymbol{C} = (c_{ij})_{n \times n}$,其中最大元素为 m。令矩阵 $\boldsymbol{B} = (b_{ij})_{n \times n} = (m - c_{ij})_{n \times n}$,则以 $\boldsymbol{B}$ 为系数矩阵的最小化指派问题和以 $\boldsymbol{C}$ 为系数矩阵的原最大化指派问题有相同最优解。

2. 人数和事数不等的指派问题

若人少事多,则添上一些虚拟的“人”。这些虚拟的“人”做各事的费用系数可取 0,理解为这些费用实际上不会发生。若人多事少,则添上一些虚拟的“事”。这些虚拟的“事”被各人做的费用系数同样也取 0。

3. 一个人可做几件事的指派问题

若某个人可做几件事,则可将该人化作相同的几个“人”来接受指派。这几个“人”做同一件事的费用系数当然都一样。

4. 某事一定不能由某人做的指派问题

若某事一定不能由某个人做,则可将相应的费用系数取作足够大的数 M。

例 12　对于例 11 的指派问题,为了保证工程质量,经研究决定,舍弃建筑公司 A_4 和 A_5,而让技术力量较强的建筑公司 A_1、A_2 和 A_3 来承建。根据实际情况,可以允许每家建筑公司承建一家或两家商店。求使总费用最少的指派方案。

反映投标费用的系数矩阵为 **M**

$$M=\begin{array}{c}\ \ B_1\ \ B_2\ \ \ B_3\ \ \ B_4\ \ \ B_5 \\ \left[\begin{array}{ccccc} 4 & 8 & 7 & 15 & 12 \\ 7 & 9 & 17 & 14 & 10 \\ 6 & 9 & 12 & 8 & 7 \end{array}\right]\begin{array}{c}A_1\\A_2\\A_3\end{array}\end{array}$$

由于每家建筑公司最多可承建两家商店,因此,把每家建筑公司化作相同的两家建筑公司(A_i 和 A_i',$i=1,2,3$)。这样,系数矩阵变为 **M′**

$$M'=\begin{array}{c}\ \ B_1\ \ B_2\ \ \ B_3\ \ \ B_4\ \ \ B_5 \\ \left[\begin{array}{ccccc} 4 & 8 & 7 & 15 & 12 \\ 4 & 8 & 7 & 15 & 12 \\ 7 & 9 & 17 & 14 & 10 \\ 7 & 9 & 17 & 14 & 10 \\ 6 & 9 & 12 & 8 & 7 \\ 6 & 9 & 12 & 8 & 7 \end{array}\right]\begin{array}{c}A_1\\A_1'\\A_2\\A_2'\\A_3\\A_3'\end{array}\end{array}$$

上面的系数矩阵有 6 行 5 列,为了使"人"和"事"的数目相同,引入一件虚事 B_6,使之成为标准指派问题的系数矩阵 **M″**:

$$M''=\begin{array}{c}\ \ B_1\ \ B_2\ \ \ B_3\ \ \ B_4\ \ \ B_5\ \ \ B_6 \\ \left[\begin{array}{cccccc} 4 & 8 & 7 & 15 & 12 & 0 \\ 4 & 8 & 7 & 15 & 12 & 0 \\ 7 & 9 & 17 & 14 & 10 & 0 \\ 7 & 9 & 17 & 14 & 10 & 0 \\ 6 & 9 & 12 & 8 & 7 & 0 \\ 6 & 9 & 12 & 8 & 7 & 0 \end{array}\right]\begin{array}{c}A_1\\A_1'\\A_2\\A_2'\\A_3\\A_3'\end{array}\end{array}$$

用匈牙利解法解以 **C** 为系数矩阵的最小化指派问题,得最优指派方案为由 A_1 承建 B_1 和 B_3,A_2 承建 B_2,A_3 承建 B_4 和 B_5。这样,总的建造费用最省,为 $4+7+9+8+7=35$(万元)。

即练即测

习　　题

5.1　下列说法中正确的有:

(1)用分枝定界法求解一个极大化的整数规划问题时,任何一个可行解的目标函数值是该问题目标函数值的下界;

(2)用割平面法求解整数规划时,构造的割平面有可能切去一些不属于最优解的整数值;

（3）指派问题可用求解运输问题的表上作业法求解,反过来运输问题经处理后也可用匈牙利解法求解;

（4）一个整数规划问题如存在两个以上最优解,则一定有无穷多最优解。

5.2 篮球队需要选择5名队员组成出场阵容参加比赛。8名队员的身高及擅长位置见表5-11。

表 5-11

队员	1	2	3	4	5	6	7	8
身高/m	1.92	1.90	1.88	1.86	1.85	1.83	1.80	1.78
擅长位置	中锋	中锋	前锋	前锋	前锋	后卫	后卫	后卫

出场阵容应满足以下条件:

（1）必须且只有一名中锋上场;

（2）至少有一名后卫;

（3）如1号或4号上场,则6号不出场,反之如6号上场,则1号和4号均不出场;

（4）2号和8号至少有一个不出场。

问应当选择哪5名队员上场,才能使出场队员平均身高最高,试建立数学模型。

5.3 一个旅行者要在其背包里装一些最有用的旅行物品。背包容积为 a,携带物品总重量最多为 b。现有物品 m 件,第 i 件物品体积为 a_i,重量为 $b_i(i=1,2,\cdots,m)$。为了比较物品的有用程度,假设第 i 件物品的价值为 $c_i(i=1,2,\cdots,m)$。若每件物品只能整件携带,每件物品都能放入背包中,并且不考虑物品放入背包后相互的间隙。问旅行者应当携带哪几件物品,才能使携带物品的总价值最大,要求建立本问题的数学模型。

5.4 分别用割平面法和用分支定界法解下列整数规划:

（1） $\max z=2x_1+x_2$

$$\text{s.t.} \begin{cases} x_1+x_2 \leqslant 5 \\ -x_1+x_2 \leqslant 0 \\ 6x_1+2x_2 \leqslant 21 \\ x_1,x_2 \geqslant 0,\text{且为整数} \end{cases}$$

（2） $\min z=5x_1+x_2$

$$\text{s.t.} \begin{cases} 3x_1+x_2 \geqslant 9 \\ x_1+x_2 \geqslant 5 \\ x_1+8x_2 \geqslant 8 \\ x_1,x_2 \geqslant 0,\text{且为整数} \end{cases}$$

5.5 用隐枚举法解下列0-1型整数规划:

（1） $\min z=5x_1+7x_2+10x_3+3x_4+x_5$

$$\text{s.t.} \begin{cases} x_1-3x_2+5x_3+x_4-4x_5 \geqslant 2 \\ -2x_1+6x_2-3x_3-2x_4+2x_5 \geqslant 0 \\ -2x_2+2x_3-x_4-x_5 \geqslant 1 \\ x_1,x_2,x_3,x_4,x_5=0 \text{ 或 } 1 \end{cases}$$

（2） $\max z=2x_1+x_2-x_3$

$$\text{s.t.} \begin{cases} x_1+3x_2+x_3 \leqslant 2 \\ 4x_2+x_3 \leqslant 5 \\ x_1+2x_2-x_3 \leqslant 2 \\ x_1+4x_2-x_3 \leqslant 4 \\ x_1,x_2,x_3=0 \text{ 或 } 1 \end{cases}$$

5.6 某城市可划分为 11 个防火区,已设有 4 个消防站,如图 5-8 所示。

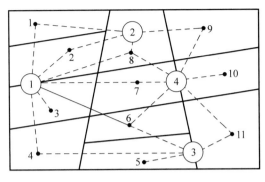

图 5-8

图 5-8 中,虚线表示该消防站可以在消防允许时间内到达该防火区进行有效的消防灭火。问能否关闭若干消防站,但仍不影响任何一个防火区的消防救灾工作(提示:对每一个消防站建立一个表示是否将关闭的 0-1 变量)。

5.7 现有 p 个约束条件

$$\sum_{j=1}^{n} a_{ij} x_j \geqslant b_i \quad (i = 1, 2, \cdots, p)$$

需要从中选择 q 个约束条件,试借助 0-1 变量列出表达式。

5.8 解下列系数矩阵的最小化指派问题:

$$(1)\begin{pmatrix} 10 & 11 & 4 & 2 & 8 \\ 7 & 11 & 10 & 14 & 12 \\ 5 & 6 & 9 & 12 & 14 \\ 13 & 15 & 11 & 10 & 7 \end{pmatrix} \qquad (2)\begin{pmatrix} 3 & 6 & 2 & 6 \\ 7 & 1 & 4 & 4 \\ 3 & 8 & 5 & 8 \\ 6 & 4 & 3 & 7 \\ 5 & 2 & 4 & 3 \\ 5 & 7 & 6 & 2 \end{pmatrix}$$

5.9 需要分派 5 人去做 5 项工作,每人做各项工作的能力评分见表 5-11。应如何分派,才能使总的得分最大? 试分别用匈牙利法和表上作业法求解。

表 5-12

人员＼业务	B_1	B_2	B_3	B_4	B_5
A_1	1.3	0.8	0	0	1.0
A_2	0	1.2	1.3	1.3	0
A_3	1.0	0	0	1.2	0
A_4	0	1.05	0	0.2	1.4
A_5	1.0	0.9	0.6	0	1.1

5.10   上题的指派问题也可用分支定界法求解,试说明求解思路。

5.11   考虑下列问题:

$$\max\,(3x+7y)$$

$$\text{s.t.}\begin{cases}2x+y\leqslant 25\\ x+2y\leqslant 6\end{cases}$$

式中 $0\leqslant y\leqslant 10$,为整数值,且 x 的值只能等于 0、1、4 和 6。

(1) 请用一等价的整数规划模型来表达这个问题。

(2) 如果在目标函数中,用 $3x^2$ 来代替 $3x$,请相应地修改(1)的答案。

5.12   卡车送货问题(覆盖问题)。龙运公司目前必须向 5 家用户送货,需在用户 A 处卸下 1 个单位重量的货物,在用户 B 处卸下 2 个单位重量的货物,在用户 C 处卸下 3 个单位重量的货物,在用户 D 处卸下 4 个单位重量的货物,在用户 E 处卸下 8 个单位重量的货物。公司有各种卡车四辆:1 号车载重能力为 2 个单位,2 号车载重能力为 6 个单位,3 号车载重能力为 8 个单位,4 号车载重能力为 11 个单位。每辆车只运货一次,卡车 j 的一次运费为 c_j。假定一辆卡车不能同时给用户 A 和 C 二者送货;同样,也不能同时给用户 B 和 D 二者送货。

(1) 请列出一个整数规划模型表达式,以确定装运全部货物应如何配置卡车,使其运费为最小。

(2) 如果卡车 j 只要给用户 i 运货时需收附加费 K_{ij}(同卸货量无关),试述应如何修改这一表达式。

CHAPTER 6 第六章

非线性规划

　　线性规划的目标函数和约束条件都是其自变量的线性函数,如果目标函数或约束条件中包含有自变量的非线性函数,则这样的规划问题就属于非线性规划。很多工程设计优化问题的表达式中,含有变量的非线性函数。在管理问题中,如著名的马可维茨(Markowitz)投资优化组合模型,存储论中平均总费用同订货批量的关系,产品定价的决策及车间设施布局等,都涉及非线性函数的情况,这些问题均需用非线性规划的模型来表达,并借助于非线性规划的解法来求解。

第一节　基本概念

一、非线性规划的数学模型

　　非线性规划数学模型的一般形式是

$$\begin{cases} \min f(\boldsymbol{X}) \\ \quad h_i(\boldsymbol{X}) = 0 \quad (i=1,2,\cdots,m) \\ \quad g_j(\boldsymbol{X}) \geqslant 0 \quad (j=1,2,\cdots,l) \end{cases} \tag{6.1}$$

其中,$\boldsymbol{X}=(x_1,x_2,\cdots,x_n)^{\mathrm{T}}$ 是 n 维欧氏空间 E_n 中的点(向量),目标函数 $f(\boldsymbol{X})$ 和约束函数 $h_i(\boldsymbol{X})$、$g_j(\boldsymbol{X})$ 为 $\boldsymbol{X}$ 的实函数。

　　有时,也将非线性规划的数学模型写成

$$\begin{cases} \min f(\boldsymbol{X}) \\ \quad g_j(\boldsymbol{X}) \geqslant 0 \quad (j=1,2,\cdots,l) \end{cases} \tag{6.2}$$

即约束条件中不出现等式,如果有某一约束条件为等式 $g_j(\boldsymbol{X})=0$,则可用如下两个不等式约束替代它:

$$\begin{cases} g_j(\boldsymbol{X}) \geqslant 0 \\ -g_j(\boldsymbol{X}) \geqslant 0 \end{cases}$$

模型(6.2)也常表示成另一种形式:

$$\begin{cases} \min f(\boldsymbol{X}), \boldsymbol{X} \in \boldsymbol{R} \subset E_n \\ \quad R = \{\boldsymbol{X} \mid g_j(\boldsymbol{X}) \geqslant 0, \quad (j=1,2,\cdots,l)\} \end{cases} \tag{6.3}$$

上式中 R 为问题的可行域。

若某个约束条件是"$\leqslant$"不等式的形式,只需用"-1"乘这个约束的两端,即可将其变成"$\geqslant$"的形式。此外,由于 $\max f(\boldsymbol{X}) = -\min[-f(\boldsymbol{X})]$,且这两种情况下求出的最优解相同(如有最优解存在),故当需使目标函数极大化时,只需求其负函数极小化即可。

二、二维问题的图解

当只有两个自变量时,求解非线性规划也可像对线性规划那样借助于图解法。

考虑非线性规划问题

$$\begin{cases} \min f(\boldsymbol{X}) = (x_1 - 2)^2 + (x_2 - 1)^2 \\ x_1 + x_2^2 - 5x_2 = 0 \\ x_1 + x_2 - 5 \geqslant 0 \\ x_1 \geqslant 0 \\ x_2 \geqslant 0 \end{cases} \tag{6.4}$$

如对线性规划所作的那样,在 $x_1 O x_2$ 坐标平面上画出目标函数的等值线,它是以点 $(2,1)$ 为圆心的同心圆,再根据约束条件画出可行域,它是抛物线段 $ABCD$(见图 6-1)。现分析当自变量在可行域内变化时目标函数值的变化情况。

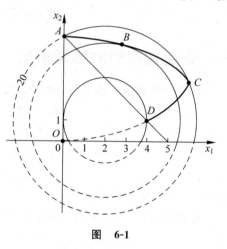

令动点从 A 出发沿抛物线 $ABCD$ 移动,当动点从 A 移向 B 时,目标函数值下降;当动点由 B 移向 C 时,目标函数值上升。从而可知,在可行域 AC 这一范围内,B 点的目标函数值 $f(B)$ 最小,因而点 B 是一个极小点。当动点由 C 向 D 移动时,目标函数值再次下降,在 D 点(其坐标为 $(4,1)$)目标函数值最小。在本例中,目标函数值 $f(B)$ 仅是目标函数 $f(\boldsymbol{X})$ 在一部分可行域

图 6-1

上的极小值,而不是在整个可行域上的极小值,这样的极小值称为局部极小值(或相对极小值)。像 B 这样的点称为局部极小点(或相对极小点)。$f(D)$ 是目标函数在整个可行域上的极小值,称全局极小值(最小值),或绝对极小值;像 D 这样的点称全局极小点(最小点),或绝对极小点。全局极小点当然也是局部极小点,但局部极小点不一定是全局极小点。

三、几个定义

下面给出有关局部极小和全局极小的定义。

设 $f(\boldsymbol{X})$ 为定义在 n 维欧氏空间 E_n 的某一区域 R 上的 n 元实函数(可记为 $f(\boldsymbol{X})$;

$R \subset E_n \rightarrow E_1$），对于 $X^* \in R$，如果存在某个 $\varepsilon > 0$，使所有与 X^* 的距离小于 ε 的 $X \in R$（即 $X \in R$ 且 $\| X - X^* \| < \varepsilon$），都有 $f(X) \geqslant f(X^*)$，则称 X^* 为 $f(X)$ 在 R 上的局部极小点，$f(X^*)$ 为局部极小值。若对于所有 $X \neq X^*$ 且与 X^* 的距离小于 ε 的 $X \in R$，都有 $f(X) > f(X^*)$，则称 X^* 为 $f(X)$ 在 R 上的严格局部极小点，$f(X^*)$ 为严格局部极小值。

设 $f(X)$ 为定义在 E_n 的某一区域 R 上的 n 元实函数，若存在 $X^* \in R$，对所有 $X \in R$ 都有 $f(X) \geqslant f(X^*)$，则称 X^* 为 $f(X)$ 在 R 上的全局极小点，$f(X^*)$ 为全局极小值。若对于所有 $X \in R$ 且 $X \neq X^*$，都有 $f(X) > f(X^*)$，则称 X^* 为 $f(X)$ 在 R 上的严格全局极小点，$f(X^*)$ 为严格全局极小值。

如将上述定义中的不等号反向，即可得到相应极大点和极大值的定义。下面仅就极小点和极小值加以说明，而且主要研究局部极小问题。

四、多元函数极值点存在的条件

二阶可微的一元函数 $f(x)$ 极值点存在的条件如下：

必要条件：$f'(x) = 0$。

充分条件：对于极小点：$f'(x) = 0$ 且 $f''(x) > 0$；

对于极大点：$f'(x) = 0$ 且 $f''(x) < 0$。

对于无约束多元函数，其极值点存在的必要条件和充分条件，与一元函数极值点的相应条件类似。

1. 必要条件

下述定理 1 给出了 n 元实函数 $f(X)$ 在 X^* 点取得极值的必要条件。

定理 1 设 R 是 n 维欧氏空间 E_n 上的某一开集，$f(X)$ 在 R 上有连续一阶偏导数，且在点 $X^* \in R$ 取得局部极值，则必有

$$\frac{\partial f(X^*)}{\partial x_1} = \frac{\partial f(X^*)}{\partial x_2} = \cdots = \frac{\partial f(X^*)}{\partial x_n} = 0 \qquad (6.5)$$

或写成

$$\nabla f(X^*) = 0 \qquad (6.6)$$

此处

$$\nabla f(X^*) = \left(\frac{\partial f(X^*)}{\partial x_1}, \frac{\partial f(X^*)}{\partial x_2}, \cdots, \frac{\partial f(X^*)}{\partial x_n} \right)^{\mathrm{T}} \qquad (6.7)$$

为函数 $f(X)$ 在点 X^* 处的梯度。

这个定理是显然的。像一元函数那样，称满足条件 (6.5) 的点为稳定点（驻点）。

函数 $f(X)$ 的梯度 $\nabla f(X)$ 有两个十分重要的性质：(1) 函数 $f(X)$ 在某点 $X^{(0)}$ 的梯度 $\nabla f(X^{(0)})$ 必与函数过该点的等值面（或等值线）正交（设 $\nabla f(X^{(0)})$ 不为零）；(2) 梯度向量的方向是函数值（在该点处）增加最快的方向，而负梯度方向则是函数值（在该点处）减少最快的方向。

2. 二次型

二次型是 $\boldsymbol{X}=(x_1, x_2, \cdots, x_n)^{\mathrm{T}}$ 的二次齐次函数：

$$f(\boldsymbol{X}) = a_{11}x_1^2 + 2a_{12}x_1x_2 + \cdots + 2a_{1n}x_1x_n + a_{22}x_2^2 + 2a_{23}x_2x_3 + \cdots +$$
$$2a_{2n}x_2x_n + \cdots + a_{nn}x_n^2$$
$$= \sum_{i=1}^{n}\sum_{j=1}^{n} a_{ij}x_ix_j = \boldsymbol{X}^{\mathrm{T}}\boldsymbol{A}\boldsymbol{X} \tag{6.8}$$

式中，$a_{ij}=a_{ji}$，$\boldsymbol{A}$ 为 $n \times n$ 对称矩阵。若 $\boldsymbol{A}$ 的所有元素都是实数，则称上述二次型为实二次型。

一个二次型唯一对应一个对称矩阵 $\boldsymbol{A}$；反之，一个对称矩阵 $\boldsymbol{A}$ 也唯一确定一个二次型。

若对任意 $\boldsymbol{X}\neq 0$（即 $\boldsymbol{X}$ 的元素不全等于零），实二次型 $f(\boldsymbol{X})=\boldsymbol{X}^{\mathrm{T}}\boldsymbol{A}\boldsymbol{X}$ 总为正，则称该二次型是正定的。若对任意 $\boldsymbol{X}\neq 0$，实二次型 $f(\boldsymbol{X})=\boldsymbol{X}^{\mathrm{T}}\boldsymbol{A}\boldsymbol{X}$ 总为负，则称该二次型是负定的。若对某些 $\boldsymbol{X}\neq 0$，实二次型 $f(\boldsymbol{X})=\boldsymbol{X}^{\mathrm{T}}\boldsymbol{A}\boldsymbol{X}>0$；而对另一些 $\boldsymbol{X}\neq 0$，实二次型 $f(\boldsymbol{X})=\boldsymbol{X}^{\mathrm{T}}\boldsymbol{A}\boldsymbol{X}<0$，即它既非正定，又非负定，则称它是不定的。若对任意 $\boldsymbol{X}\neq 0$，总有 $f(\boldsymbol{X})=\boldsymbol{X}^{\mathrm{T}}\boldsymbol{A}\boldsymbol{X}\geqslant 0$，即对某些 $\boldsymbol{X}\neq 0$，$f(\boldsymbol{X})=\boldsymbol{X}^{\mathrm{T}}\boldsymbol{A}\boldsymbol{X}>0$，对另外一些 $\boldsymbol{X}\neq 0$，$f(\boldsymbol{X})=\boldsymbol{X}^{\mathrm{T}}\boldsymbol{A}\boldsymbol{X}=0$，则称该实二次型半正定。类似地，若对任意 $\boldsymbol{X}\neq 0$，总有 $f(\boldsymbol{X})=\boldsymbol{X}^{\mathrm{T}}\boldsymbol{A}\boldsymbol{X}\leqslant 0$，则称其为半负定。

如果实二次型 $\boldsymbol{X}^{\mathrm{T}}\boldsymbol{A}\boldsymbol{X}$ 为正定、负定、不定、半正定或半负定，则称它的对称矩阵 $\boldsymbol{A}$ 分别为正定、负定、不定、半正定或半负定。

由线性代数学知道，实二次型 $\boldsymbol{X}^{\mathrm{T}}\boldsymbol{A}\boldsymbol{X}$ 为正定的充要条件，是它的矩阵 $\boldsymbol{A}$ 的左上角各阶主子式都大于零。即

$$a_{11}>0, \quad \begin{vmatrix} a_{11} & a_{12} \\ a_{21} & a_{22} \end{vmatrix}>0, \quad \begin{vmatrix} a_{11} & a_{12} & a_{13} \\ a_{21} & a_{22} & a_{23} \\ a_{31} & a_{32} & a_{33} \end{vmatrix}>0, \cdots, \begin{vmatrix} a_{11} & \cdots & a_{1n} \\ \vdots & & \vdots \\ a_{n1} & \cdots & a_{nn} \end{vmatrix}>0$$

实二次型 $\boldsymbol{X}^{\mathrm{T}}\boldsymbol{A}\boldsymbol{X}$ 为负定的充要条件是，它的矩阵 $\boldsymbol{A}$ 的左上角顺序各阶主子式负、正相间，即有

$$a_{11}<0, \quad \begin{vmatrix} a_{11} & a_{12} \\ a_{21} & a_{22} \end{vmatrix}>0, \quad \begin{vmatrix} a_{11} & a_{12} & a_{13} \\ a_{21} & a_{22} & a_{23} \\ a_{31} & a_{32} & a_{33} \end{vmatrix}<0, \cdots, (-1)^n \begin{vmatrix} a_{11} & \cdots & a_{1n} \\ \vdots & & \vdots \\ a_{n1} & \cdots & a_{nn} \end{vmatrix}>0$$

例 1 判定以下矩阵的正定性。

$$\boldsymbol{A} = \begin{bmatrix} -5 & 2 & 2 \\ 2 & -6 & 0 \\ 2 & 0 & -4 \end{bmatrix} \qquad \boldsymbol{B} = \begin{bmatrix} 0 & 1 & 1 \\ 1 & 0 & -3 \\ 1 & -3 & 0 \end{bmatrix}$$

解 对矩阵 $\boldsymbol{A}$：

$$a_{11}=-5<0, \quad \begin{vmatrix} a_{11} & a_{12} \\ a_{21} & a_{22} \end{vmatrix} = \begin{vmatrix} -5 & 2 \\ 2 & -6 \end{vmatrix} = 26>0,$$

$$|\boldsymbol{A}| = \begin{vmatrix} -5 & 2 & 2 \\ 2 & -6 & 0 \\ 2 & 0 & -4 \end{vmatrix} = -80 < 0, \quad 故 \boldsymbol{A} 负定。$$

对矩阵 $\boldsymbol{B}$：

$$b_{11} = 0, \quad \begin{vmatrix} b_{11} & b_{12} \\ b_{21} & b_{22} \end{vmatrix} = \begin{vmatrix} 0 & 1 \\ 1 & 0 \end{vmatrix} = -1$$

故知 $\boldsymbol{B}$ 不定。

3. 多元函数的泰勒(Taylor)公式

设 n 元实函数 $f(\boldsymbol{X})$ 在 $\boldsymbol{X}^{(0)}$ 的某一邻域内有连续二阶偏导数,则可写出它在 $\boldsymbol{X}^{(0)}$ 处的泰勒展开式如下：

$$f(\boldsymbol{X}) = f(\boldsymbol{X}^{(0)}) + \nabla f(\boldsymbol{X}^{(0)})^{\mathrm{T}}(\boldsymbol{X} - \boldsymbol{X}^{(0)}) + \frac{1}{2}(\boldsymbol{X} - \boldsymbol{X}^{(0)})^{\mathrm{T}} \nabla^2 f(\bar{\boldsymbol{X}})(\boldsymbol{X} - \boldsymbol{X}^{(0)})$$

$$(6.9)$$

其中, $\bar{\boldsymbol{X}} = \boldsymbol{X}^{(0)} + \theta(\boldsymbol{X} - \boldsymbol{X}^{(0)}), 0 < \theta < 1$。

若以 $\boldsymbol{X} = \boldsymbol{X}^{(0)} + \boldsymbol{P}$ 代入,则式(6.9)变为

$$f(\boldsymbol{X}^{(0)} + \boldsymbol{P}) = f(\boldsymbol{X}^{(0)}) + \nabla f(\boldsymbol{X}^{(0)})^{\mathrm{T}} \boldsymbol{P} + \frac{1}{2} \boldsymbol{P}^{\mathrm{T}} \nabla^2 f(\bar{\boldsymbol{X}}) \boldsymbol{P} \tag{6.10}$$

其中, $\bar{\boldsymbol{X}} = \boldsymbol{X}^{(0)} + \theta \boldsymbol{P}$。

也可将式(6.9)写成

$$f(\boldsymbol{X}) = f(\boldsymbol{X}^{(0)}) + \nabla f(\boldsymbol{X}^{(0)})^{\mathrm{T}}(\boldsymbol{X} - \boldsymbol{X}^{(0)}) + \frac{1}{2}(\boldsymbol{X} - \boldsymbol{X}^{(0)})^{\mathrm{T}} \nabla^2 f(\boldsymbol{X}^{(0)})(\boldsymbol{X} - \boldsymbol{X}^{(0)}) +$$

$$o(\parallel \boldsymbol{X} - \boldsymbol{X}^{(0)} \parallel^2)$$

其中,当 $\boldsymbol{X} \to \boldsymbol{X}^{(0)}$ 时, $o(\parallel \boldsymbol{X} - \boldsymbol{X}^{(0)} \parallel^2)$ 是 $\parallel \boldsymbol{X} - \boldsymbol{X}^{(0)} \parallel^2$ 的高阶无穷小,即

$$\lim_{\boldsymbol{X} \to \boldsymbol{X}^{(0)}} \frac{o(\parallel \boldsymbol{X} - \boldsymbol{X}^{(0)} \parallel^2)}{\parallel \boldsymbol{X} - \boldsymbol{X}^{(0)} \parallel^2} = 0$$

4. 充分条件

$\boldsymbol{X}^*$ 是 $f(\boldsymbol{X})$ 的极小点的充分条件由下面的定理 2 给出。

定理 2 设 R 是 n 维欧氏空间 E_n 上的某一开集, $f(\boldsymbol{X})$ 在 R 上具有连续二阶偏导数,若 $\nabla f(\boldsymbol{X}^*) = 0$,且 $\nabla^2 f(\boldsymbol{X}^*)$ 正定,则 $\boldsymbol{X}^* \in R$ 为 $f(\boldsymbol{X})$ 的严格局部极小点。此处

$$\nabla^2 f(\boldsymbol{X}^*) = \begin{bmatrix} \dfrac{\partial^2 f(\boldsymbol{X}^*)}{\partial x_1^2} & \dfrac{\partial^2 f(\boldsymbol{X}^*)}{\partial x_1 \partial x_2} & \cdots & \dfrac{\partial^2 f(\boldsymbol{X}^*)}{\partial x_1 \partial x_n} \\ \dfrac{\partial^2 f(\boldsymbol{X}^*)}{\partial x_2 \partial x_1} & \dfrac{\partial^2 f(\boldsymbol{X}^*)}{\partial x_2^2} & \cdots & \dfrac{\partial^2 f(\boldsymbol{X}^*)}{\partial x_2 \partial x_n} \\ \vdots & \vdots & & \vdots \\ \dfrac{\partial^2 f(\boldsymbol{X}^*)}{\partial x_n \partial x_1} & \dfrac{\partial^2 f(\boldsymbol{X}^*)}{\partial x_n \partial x_2} & \cdots & \dfrac{\partial^2 f(\boldsymbol{X}^*)}{\partial x_n^2} \end{bmatrix} \tag{6.11}$$

为 $f(\boldsymbol{X})$ 在点 $\boldsymbol{X}^*$ 处的黑塞(Hesse)矩阵。

本定理证明略,请参看有关著作。

若将 $\nabla^2 f(\boldsymbol{X}^*)$ 正定改为负定,定理 2 就变成了 $\boldsymbol{X}^*$ 为 $f(\boldsymbol{X})$ 的严格局部极大点的充分条件。

例 2　研究函数 $f(\boldsymbol{X}) = x_1^2 - x_2^2$ 是否存在极值点。

解　先由极值点存在的必要条件求出稳定点。

$$\frac{\partial f(\boldsymbol{X})}{\partial x_1} = 2x_1, \quad \frac{\partial f(\boldsymbol{X})}{\partial x_2} = -2x_2$$

令 $\nabla f(\boldsymbol{X}) = 0$,即: $2x_1 = 0$ 和 $-2x_2 = 0$,得稳定点

$$\boldsymbol{X} = (x_1, x_2)^{\mathrm{T}} = (0,0)^{\mathrm{T}}$$

再用充分条件进行检验。

$$\frac{\partial^2 f(\boldsymbol{X})}{\partial x_1^2} = 2, \quad \frac{\partial^2 f(\boldsymbol{X})}{\partial x_2^2} = -2, \quad \frac{\partial^2 f(\boldsymbol{X})}{\partial x_1 \partial x_2} = \frac{\partial^2 f(\boldsymbol{X})}{\partial x_2 \partial x_1} = 0$$

从而

$$\nabla^2 f(\boldsymbol{X}) = \begin{bmatrix} 2 & 0 \\ 0 & -2 \end{bmatrix}$$

由于其黑塞矩阵 $\nabla^2 f(\boldsymbol{X})$ 不定,故 $\boldsymbol{X} = (0,0)^{\mathrm{T}}$ 不是极值点,而是一个鞍点。

五、凸函数和凹函数

1. 定义

设 $f(\boldsymbol{X})$ 为定义在 n 维欧氏空间 E_n 中某个凸集 R_c 上的函数,若对任何实数 $\alpha(0 < \alpha < 1)$ 以及 R_c 中的任意两点 $\boldsymbol{X}^{(1)}$ 和 $\boldsymbol{X}^{(2)}$,恒有

$$f(\alpha \boldsymbol{X}^{(1)} + (1-\alpha)\boldsymbol{X}^{(2)}) \leqslant \alpha f(\boldsymbol{X}^{(1)}) + (1-\alpha)f(\boldsymbol{X}^{(2)}) \tag{6.12}$$

则称 $f(\boldsymbol{X})$ 为定义在 R_c 上的凸函数。

若对每一个 $\alpha(0 < \alpha < 1)$ 和任意两点 $\boldsymbol{X}^{(1)} \neq \boldsymbol{X}^{(2)} \in R_c$,恒有

$$f(\alpha \boldsymbol{X}^{(1)} + (1-\alpha)\boldsymbol{X}^{(2)}) < \alpha f(\boldsymbol{X}^{(1)}) + (1-\alpha)f(\boldsymbol{X}^{(2)}) \tag{6.13}$$

则称 $f(\boldsymbol{X})$ 为定义在 R_c 上的严格凸函数。

若式(6.12)和式(6.13)中的不等号反向,即可得到凹函数和严格凹函数的定义。显然,若函数 $f(\boldsymbol{X}) = -g(\boldsymbol{X})$ 是凸函数(严格凸函数),则 $g(\boldsymbol{X})$ 一定是凹函数(严格凹函数)。

凸函数和凹函数的几何意义很明显。若函数图形上任意两点的连线都不在这个图形的下方,它就是向下凸的(见图 6-2(a))。凹函数则是向下凹的(上凸的)(见图 6-2(b))。线性函数既可以看成凸函数,也可以看成凹函数。

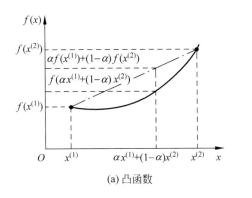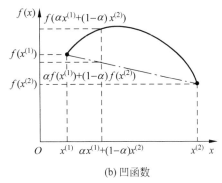

(a) 凸函数　　　　　　　　　　　(b) 凹函数

图　6-2

2. 凸函数的性质

性质 1　设 $f(\boldsymbol{X})$ 为定义在凸集 R_c 上的凸函数,则对任意实数 $\beta \geqslant 0$,函数 $\beta f(\boldsymbol{X})$ 也是定义在 R_c 上的凸函数。

性质 2　设 $f_1(\boldsymbol{X})$ 和 $f_2(\boldsymbol{X})$ 为定义在凸集 R_c 上的两个凸函数,则这两个凸函数的和 $f(\boldsymbol{X}) = f_1(\boldsymbol{X}) + f_2(\boldsymbol{X})$ 仍为定义在 R_c 上的凸函数。

由以上两个性质可以推得:有限个凸函数的非负线性组合

$$\beta_1 f_1(\boldsymbol{X}) + \beta_2 f_2(\boldsymbol{X}) + \cdots + \beta_m f_m(\boldsymbol{X})$$

$$\beta_i \geqslant 0 \quad (i = 1, 2, \cdots, m)$$

仍为凸函数。

性质 3　设 $f(\boldsymbol{X})$ 为定义在凸集 R_c 上的凸函数,则对每一实数 β,集合(称为水平集)

$$S_\beta = \{\boldsymbol{X} \mid \boldsymbol{X} \in R_c, f(\boldsymbol{X}) \leqslant \beta\} \tag{6.14}$$

是凸集。

3. 凸函数的判定

要判定一个函数是不是凸函数,可直接依据定义;对于可微凸函数,也可利用下述两个条件。

(1) 一阶条件

设 R_c 为 E_n 上的开凸集,$f(\boldsymbol{X})$ 在 R_c 上可微,则 $f(\boldsymbol{X})$ 为 R_c 上的凸函数的充要条件是:对任意不同两点 $\boldsymbol{X}^{(1)} \in R_c$ 和 $\boldsymbol{X}^{(2)} \in R_c$,恒有

$$f(\boldsymbol{X}^{(2)}) \geqslant f(\boldsymbol{X}^{(1)}) + \nabla f(\boldsymbol{X}^{(1)})^{\mathrm{T}} \cdot (\boldsymbol{X}^{(2)} - \boldsymbol{X}^{(1)}) \tag{6.15}$$

若式(6.15)为严格不等式,它就是严格凸函数的充要条件。如将上式中的不等号反向,就可得到凹函数(严格不等号时为严格凹函数)的充要条件。

(2) 二阶条件

设 R_c 为 E_n 上的开凸集,$f(\boldsymbol{X})$ 在 R_c 上二阶可微,则 $f(\boldsymbol{X})$ 为 R_c 上的凸函数(凹函数)的充要条件是:对所有 $\boldsymbol{X} \in R_c$,其黑塞矩阵半正定(半负定)。

若 $f(\boldsymbol{X})$ 的黑塞矩阵对所有 $\boldsymbol{X} \in R_c$ 都是正定(负定)的,则 $f(\boldsymbol{X})$ 是 R_c 上的严格凸函数(严格凹函数)。

证明从略。读者可从有关文献中查找。

例 3 证明 $f(\boldsymbol{X}) = x_1^2 + x_2^2$ 为严格凸函数。

证明 先用一阶条件证明。

任取两个不同的点 $\boldsymbol{X}^{(1)} = (a_1, b_1)^{\mathrm{T}}$ 和 $\boldsymbol{X}^{(2)} = (a_2, b_2)^{\mathrm{T}}$,有

$$f(\boldsymbol{X}^{(1)}) = a_1^2 + b_1^2, \quad f(\boldsymbol{X}^{(2)}) = a_2^2 + b_2^2, \quad \nabla f(\boldsymbol{X}^{(1)}) = (2a_1, 2b_1)^{\mathrm{T}}$$

现看下式是否成立

$$a_2^2 + b_2^2 > a_1^2 + b_1^2 + (2a_1, 2b_1) \begin{pmatrix} a_2 - a_1 \\ b_2 - b_1 \end{pmatrix}$$

或

$$a_2^2 + b_2^2 > a_1^2 + b_1^2 + 2a_1a_2 - 2a_1^2 + 2b_1b_2 - 2b_1^2$$

或

$$(a_2 - a_1)^2 + (b_2 - b_1)^2 > 0$$

由于 $\boldsymbol{X}^{(1)} \neq \boldsymbol{X}^{(2)}$,故上式成立,从而得证。

下面用二阶条件证明:

$$\frac{\partial f(\boldsymbol{X})}{\partial x_1} = 2x_1, \quad \frac{\partial f(\boldsymbol{X})}{\partial x_2} = 2x_2, \quad \frac{\partial^2 f(\boldsymbol{X})}{\partial x_1^2} = 2$$

$$\frac{\partial^2 f(\boldsymbol{X})}{\partial x_2^2} = 2, \quad \frac{\partial^2 f(\boldsymbol{X})}{\partial x_1 \partial x_2} = \frac{\partial^2 f(\boldsymbol{X})}{\partial x_2 \partial x_1} = 0$$

其黑塞矩阵为:

$$\nabla^2 f(\boldsymbol{X}) = \begin{pmatrix} 2 & 0 \\ 0 & 2 \end{pmatrix}$$

因 $\nabla^2 f(\boldsymbol{X})$ 正定,故 $f(\boldsymbol{X})$ 为严格凸函数。

4. 凸函数的极值

前已指出,函数的局部极小值并不一定等于它的最小值。前者只不过反映了函数的局部性质。而最优化的目的,往往是要求函数在整个域中的最小值(或最大值)。为此,必须求出其所有的极小值并加以比较(有时尚需考虑其边界值),以便从中选出最小者。然而,对于定义在凸集上的凸函数来说,则用不着进行这种麻烦的工作,它的任一极小值就等于其最小值。而且,它的极小点形成一个凸集。

现设 $f(\boldsymbol{X})$ 是定义在凸集 R_c 上的可微凸函数,如果存在点 $\boldsymbol{X}^* \in R_c$,使得对于所有的 $\boldsymbol{X} \in R_c$,都有

$$\nabla f(\boldsymbol{X}^*)^{\mathrm{T}}(\boldsymbol{X} - \boldsymbol{X}^*) \geqslant 0 \qquad (6.16)$$

则 $\boldsymbol{X}^*$ 就是 $f(\boldsymbol{X})$ 在 R_c 上的最小点(全局极小点)。请参看图 6-3。

上述结论可由凸函数的一阶判定条件直接推出。

若 $\boldsymbol{X}^*$ 是 R_c 的内点,则向量 $\boldsymbol{X} - \boldsymbol{X}^*$ 在 n 维欧氏空间 E_n 中可取任一方向,这意味着这时可用式 $\nabla f(\boldsymbol{X}^*) = 0$ 代替

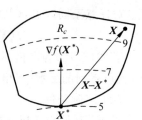

图 6-3

式(6.16),可知在这种情况下,$\nabla f(\boldsymbol{X})=0$不仅是极值点存在的必要条件,它同时也是其充分条件。

六、凸规划

现考虑非线性规划式(6.2),若其中的$f(\boldsymbol{X})$为凸函数,$g_j(\boldsymbol{X})(j=1,2,\cdots,l)$全是凹函数(即所有$-g_j(\boldsymbol{X})$全为凸函数),就称这种规划为凸规划。

凸规划具有人们希望的下述很好的性质:

(1) 可行解集为凸集。

(2) 最优解集为凸集(假定最优解存在)。

(3) 任何局部最优解也是其全局最优解。

(4) 若目标函数为严格凸函数,且最优解存在,则其最优解必唯一。

考虑凸规划

$$\begin{cases} \min f(\boldsymbol{X}) \\ \quad g_j(\boldsymbol{X}) \geqslant 0 \quad (j=1,2,\cdots,l) \\ \quad f(\boldsymbol{X}) \text{ 和} -g_j(\boldsymbol{X}) \text{ 为凸函数} \end{cases} \tag{6.17}$$

以R_c表示其可行解的集合。若任取$\boldsymbol{X}^{(1)} \in R_c$,$\boldsymbol{X}^{(2)} \in R_c$,则对任意$\alpha \in (0,1)$,有

$$g_j(\alpha \boldsymbol{X}^{(1)} + (1-\alpha)\boldsymbol{X}^{(2)}) \geqslant \alpha g_j(\boldsymbol{X}^{(1)}) + (1-\alpha)g_j(\boldsymbol{X}^{(2)}) \geqslant 0$$
$$j = 1,2,\cdots,l$$

即$\alpha \boldsymbol{X}^{(1)} + (1-\alpha)\boldsymbol{X}^{(2)} \in R_c$。这就证明了性质(1)。

由于凸规划的可行域为凸集,$f(\boldsymbol{X})$为凸函数,可知性质(2)和性质(3)成立。下面用反证法证明性质(4)。

设其最优解不唯一,即存在最优解$\boldsymbol{X}^{(1)} \in R_c$和$\boldsymbol{X}^{(2)} \in R_c$,且$\boldsymbol{X}^{(1)} \neq \boldsymbol{X}^{(2)}$,而$f(\boldsymbol{X}^{(1)}) = f(\boldsymbol{X}^{(2)})$。现任取$\alpha \in (0,1)$,由于$R_c$为凸集,故

$$\alpha \boldsymbol{X}^{(1)} + (1-\alpha)\boldsymbol{X}^{(2)} \in R_c$$

根据严格凸函数的定义,

$$f(\alpha \boldsymbol{X}^{(1)} + (1-\alpha)\boldsymbol{X}^{(2)}) < \alpha f(\boldsymbol{X}^{(1)}) + (1-\alpha)f(\boldsymbol{X}^{(2)}) = f(\boldsymbol{X}^{(1)})$$

这说明还有比$\boldsymbol{X}^{(1)}$和$\boldsymbol{X}^{(2)}$更好的解,从而引出矛盾。

容易想到,线性规划也是一种凸规划。

例4　验证下述非线性规划为凸规划:

$$\begin{cases} \min f(\boldsymbol{X}) = x_1^2 + x_2^2 - 4x_1 + 4 \\ \quad g_1(\boldsymbol{X}) = x_1 - x_2 + 2 \geqslant 0 \\ \quad g_2(\boldsymbol{X}) = -x_1^2 + x_2 - 1 \geqslant 0 \\ \quad g_3(\boldsymbol{X}) = x_1 \geqslant 0 \\ \quad g_4(\boldsymbol{X}) = x_2 \geqslant 0 \end{cases}$$

解　第一、第三和第四个约束条件都是自变量的线性函数,把它们看成凸函数和凹函

数都可以,现视它们为凹函数。

第二个约束条件的黑塞矩阵是

$$\nabla^2 g_2(\boldsymbol{X}) = \begin{pmatrix} -2 & 0 \\ 0 & 0 \end{pmatrix}$$

因它半负定,故 $g_2(\boldsymbol{X})$ 也为凹函数。

目标函数 $f(\boldsymbol{X})$ 的黑塞矩阵是

$$\nabla^2 f(\boldsymbol{X}) = \begin{pmatrix} 2 & 0 \\ 0 & 2 \end{pmatrix}$$

因它正定,故 $f(\boldsymbol{X})$ 为严格凸函数。

从而可知该非线性规划是凸规划。它有唯一极
小点 $\boldsymbol{X}^* = (0.58, 1.34)^\mathrm{T}$,$f(\boldsymbol{X}^*) = 3.8$,见图 6-4。

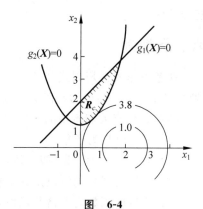

图 6-4

七、下降迭代算法

由前面所述,对于可微函数来说,为了求最优解,可令其梯度等于零,由此求得稳定点。然后再用充分条件进行判别,以求出最优解。表面看来,问题似乎已经解决。但是,对一般 n 元函数 $f(\boldsymbol{X})$ 来说,由条件 $\nabla f(\boldsymbol{X}) = 0$ 得到的常常是一个非线性方程组,求解它相当困难。此外,很多实际问题往往很难求出或根本求不出目标函数对各自变量的偏导数,从而使一阶必要条件(6.5)难以应用。因此,除了极个别的情形之外,一般并非从式(6.5)出发,而是采用迭代法。

迭代法的基本思想是:从最优点的某一个初始估计 $\boldsymbol{X}^{(0)}$ 出发,按照一定的规则(即所谓算法),先找一个比 $\boldsymbol{X}^{(0)}$ 更好的点 $\boldsymbol{X}^{(1)}$(对极小化问题来说,$f(\boldsymbol{X}^{(1)})$ 比 $f(\boldsymbol{X}^{(0)})$ 更小;对极大化问题来说,$f(\boldsymbol{X}^{(1)})$ 比 $f(\boldsymbol{X}^{(0)})$ 更大),再找比 $\boldsymbol{X}^{(1)}$ 更好的点 $\boldsymbol{X}^{(2)}$,…,如此继续,就产生了一个解点的序列 $\{\boldsymbol{X}^{(k)}\}$。若该点列有一极限点 $\boldsymbol{X}^*$,即

$$\lim_{k \to \infty} \| \boldsymbol{X}^{(k)} - \boldsymbol{X}^* \| = 0 \tag{6.18}$$

就称该点列收敛于 $\boldsymbol{X}^*$。对于某一算法来说,我们要求它产生的点列 $\{\boldsymbol{X}^{(k)}\}$ 中的某一点本身就是最优点,或者该点列的极限点 $\boldsymbol{X}^*$ 是问题的最优点。

对于极小化问题,我们要求由选取的某一算法所产生的解的序列 $\{\boldsymbol{X}^{(k)}\}$,其对应的目标函数值 $f(\boldsymbol{X}^{(k)})$ 应是逐步减小的,即要求

$$f(\boldsymbol{X}^{(0)}) > f(\boldsymbol{X}^{(1)}) > \cdots > f(\boldsymbol{X}^{(k)}) > \cdots$$

具有这种性质的算法称为下降迭代算法。

下降迭代算法的一般迭代格式是:

(1) 选取某一初始点 $\boldsymbol{X}^{(0)}$,令 $k := 0$(:= 为赋值号,$k := 0$ 表示将 0 赋给变量 k)。

(2) 确定搜索方向。若已得出某一迭代点 $\boldsymbol{X}^{(k)}$,且 $\boldsymbol{X}^{(k)}$ 不是极小点。这时,就从 $\boldsymbol{X}^{(k)}$ 出发确定一搜索方向 $\boldsymbol{P}^{(k)}$,沿这个方向应能找到使目标函数值下降的点。对约束极值问题,有时(视所用的算法而定)还要求这样的点是可行点。

（3）确定步长。沿 $\boldsymbol{P}^{(k)}$ 方向前进一个步长，得新点 $\boldsymbol{X}^{(k+1)}$。即在由 $\boldsymbol{X}^{(k)}$ 出发的射线

$$\boldsymbol{X} = \boldsymbol{X}^{(k)} + \lambda \boldsymbol{P}^{(k)} \quad \lambda \geqslant 0$$

上，通过选定步长（因子）$\lambda = \lambda_k$，得下一个迭代点

$$\boldsymbol{X}^{(k+1)} = \boldsymbol{X}^{(k)} + \lambda_k \boldsymbol{P}^{(k)}$$

使得

$$f(\boldsymbol{X}^{(k+1)}) = f(\boldsymbol{X}^{(k)} + \lambda_k \boldsymbol{P}^{(k)}) < f(\boldsymbol{X}^{(k)})$$

（4）检验新得到的点是否为要求的极小点或近似极小点，如满足要求，迭代停止。否则，令 $k := k+1$，返回第（2）步继续迭代。

在以上步骤中，选定搜索方向对算法起着关键性的作用，各种算法的区分，主要在于确定搜索方向的方法不同。

在许多算法中，步长的选定是由使目标函数值沿搜索方向下降最多（在极小化问题中）为依据的，即沿射线 $\boldsymbol{X}^{(k)} + \lambda \boldsymbol{P}^{(k)}$ 求 $f(\boldsymbol{X})$ 的极小，即选取 λ_k，使

$$f(\boldsymbol{X}^{(k)} + \lambda_k \boldsymbol{P}^{(k)}) = \min_{\lambda} f(\boldsymbol{X}^{(k)} + \lambda \boldsymbol{P}^{(k)}) \tag{6.19}$$

由于这一工作是求以 λ 为变量的一元函数 $f(\boldsymbol{X}^{(k)} + \lambda \boldsymbol{P}^{(k)})$ 的极小点 λ_k，故称这一过程为（最优）一维搜索或线搜索，由此确定的步长称为最佳步长。

上述一维搜索有个重要的性质，就是在搜索方向上所得最优点处的梯度和该搜索方向正交。这可表述成如下定理：

定理 3　设目标函数 $f(\boldsymbol{X})$ 具有连续一阶偏导数，$\boldsymbol{X}^{(k+1)}$ 按下述规则产生

$$\begin{cases} f(\boldsymbol{X}^{(k)} + \lambda_k \boldsymbol{P}^{(k)}) = \min_{\lambda} f(\boldsymbol{X}^{(k)} + \lambda \boldsymbol{P}^{(k)}) \\ \boldsymbol{X}^{(k+1)} = \boldsymbol{X}^{(k)} + \lambda_k \boldsymbol{P}^{(k)} \end{cases}$$

则有

$$\nabla f(\boldsymbol{X}^{(k+1)})^{\mathrm{T}} \boldsymbol{P}^{(k)} = 0 \tag{6.20}$$

证　构造函数 $\varphi(\lambda) = f(\boldsymbol{X}^{(k)} + \lambda \boldsymbol{P}^{(k)})$，则

$$\begin{cases} \varphi(\lambda_k) = \min_{\lambda} \varphi(\lambda) \\ \boldsymbol{X}^{(k+1)} = \boldsymbol{X}^{(k)} + \lambda_k \boldsymbol{P}^{(k)} \end{cases}$$

即 λ_k 为 $\varphi(\lambda)$ 的极小点。另外

$$\varphi'(\lambda) = \nabla f(\boldsymbol{X}^{(k)} + \lambda \boldsymbol{P}^{(k)})^{\mathrm{T}} \boldsymbol{P}^{(k)}$$

由 $\varphi'(\lambda)|_{\lambda = \lambda_k} = 0$，得

$$\nabla f(\boldsymbol{X}^{(k)} + \lambda_k \boldsymbol{P}^{(k)})^{\mathrm{T}} \boldsymbol{P}^{(k)} = \nabla f(\boldsymbol{X}^{(k+1)})^{\mathrm{T}} \boldsymbol{P}^{(k)} = 0$$

由于函数 $f(\boldsymbol{X})$ 在某点的梯度和过该点的等值面的切线正交，从而一维（最优）搜索的搜索方向和其上最优点处函数的等值面相切（见图 6-5）。

因真正的极值点 $\boldsymbol{X}^*$ 事先并不知道，故在实用上只能根据相继两次迭代得到的计算结果的

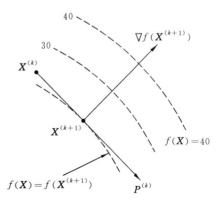

图 6-5

变化来判断是否已达到要求,从而建立终止迭代计算的准则。常用的终止迭代准则有以下几种

(1)根据相继两次迭代结果的绝对误差

$$\| \boldsymbol{X}^{(k+1)} - \boldsymbol{X}^{(k)} \| \leqslant \varepsilon_1$$

$$| f(\boldsymbol{X}^{(k+1)}) - f(\boldsymbol{X}^{(k)}) | \leqslant \varepsilon_2$$

(2)根据相继两次迭代结果的相对误差

$$\frac{\| \boldsymbol{X}^{(k+1)} - \boldsymbol{X}^{(k)} \|}{\| \boldsymbol{X}^{(k)} \|} \leqslant \varepsilon_3 \tag{6.21}$$

$$\frac{| f(\boldsymbol{X}^{(k+1)}) - f(\boldsymbol{X}^{(k)}) |}{| f(\boldsymbol{X}^{(k)}) |} \leqslant \varepsilon_4 \tag{6.22}$$

式(6.21)和式(6.22)中的分母要求不等于和不接近于零。

(3)根据函数梯度的模足够小

$$\| \nabla f(\boldsymbol{X}^{(k)}) \| \leqslant \varepsilon_5$$

以上各式中的 $\varepsilon_1,\varepsilon_2,\varepsilon_3,\varepsilon_4$ 和 ε_5 为足够小的正数。

第二节 一 维 搜 索

一维搜索用于求解单变量的无约束极值问题,它同时也为求解后面各节中更复杂的问题提供基础。

一维搜索的方法很多,这里仅介绍斐波那契(Fibonacci)法和 0.618 法。这两种方法属直接法,仅需计算函数值,不必计算函数的导数。

一、斐波那契法(分数法)

设 $y = f(t)$ 是区间 $[a,b]$ 上的单变量下单峰函数,它在该区间上有唯一极小点 t^*,而且函数在 t^* 之左严格下降,在 t^* 之右严格上升。若在此区间之内任取两点 a_1 和 b_1,且 $a_1 < b_1$,并计算函数值 $f(a_1)$ 和 $f(b_1)$,则可能有以下两种情况:

(1) $f(a_1) < f(b_1)$:这时极小点 t^* 必在区间 $[a,b_1]$ 内(见图 6-6(a))。

(2) $f(a_1) \geqslant f(b_1)$:这时极小点 t^* 必在区间 $[a_1,b]$ 内(见图 6-6(b))。

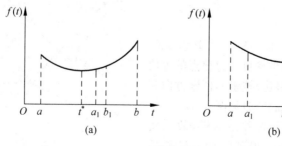

(a)   (b)

图 **6-6**

这说明,只要在搜索区间 $[a,b]$ 内取两个不同点,并算出它们的函数值加以比较,即可把包含极小点的区间由 $[a,b]$ 缩小为 $[a,b_1]$ 或 $[a_1,b]$。这时,如要继续缩小搜索区间 $[a,b_1]$ 或 $[a_1,b]$,就只需在新的区间内再取一点算出其函数值,与 $f(a_1)$ 或 $f(b_1)$ 加以比较即可。只要按上述方法使缩小后的区间始终包含极小点 t^*,则区间缩得越小,就越接近于函数的极小点;当然,区间缩得越小,要计算函数值的次数也就越多。这表明,区间的缩短率和函数值的计算次数有关。现在要问,计算 n 次函数值能把区间(包含极小点)缩小到什么程度? 或者说,计算函数值 n 次能把至多多大的原区间缩小为长度为 1 个单位的区间呢?

现用 F_n 表示计算 n 次函数值能将其缩短为 1 个单位长度区间的最大原区间长度,则显然有

$$F_0 = F_1 = 1 \tag{6.23}$$

其原因是,只有当原区间长度本来就等于一个单位区间长度时才不必计算函数值;此外,只计算一次函数值无法将区间缩短,只有原区间长度本来就是一个单位区间长度时才行。

现考虑 F_2。在区间 $[a,b]$ 内设想取两个不同点 a_1 和 b_1,并计算它们的函数值以缩短区间,缩短后的区间为 $[a,b_1]$ 或 $[a_1,b]$。由于 a_1 和 b_1 是不同的二个点,因而 $[a,b_1]$ 和 $[a_1,b]$ 这两个区间长度之和必大于 $[a,b]$ 的长度。这说明计算两次函数值一般无法把长度大于 2 个单位长度的区间缩成单位区间。但是,可以把计算函数值的点(今后称为试点)选得尽量靠近区间 $[a,b]$ 的中点,对于长度等于 2 个单位长度的区间,缩短后的区间长度等于单位长度的 $(1+\varepsilon)$ 倍(ε 为任意小的正数),从而使缩短后的区间长度接近于 1 个单位长度,由此得到 $F_2=2$(见图6-7)。

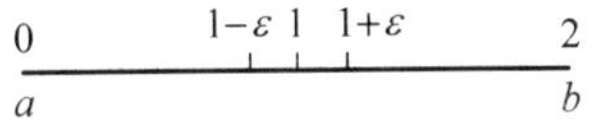

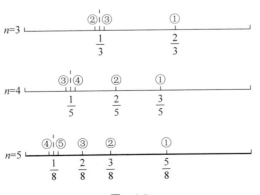

图 6-7

用上述的类似分析方法可得

$$F_3 = 3, \quad F_4 = 5, \quad F_5 = 8, \quad \cdots$$

在图 6-8 中示出了 $n=3,4,5$ 这三种情况,图中小圆圈中的数字表示选取这个试点的先后顺序,分数为该点在整个区间的相对位置。

图 6-8

序列$\{F_n\}$服从于一个一般递推公式：

$$F_n = F_{n-1} + F_{n-2}, \quad n \geqslant 2 \tag{6.24}$$

使用式(6.24)可依次计算出各 F_n 的值(见表6-1)。

表 6-1

n	0	1	2	3	4	5	6	7	8	9	10	11	12
F_n	1	1	2	3	5	8	13	21	34	55	89	144	233

由上面的讨论可知，计算 n 次函数值所能得到的最大缩短率(缩短后的区间长度与原区间长度之比)为 $1/F_n$。要想把区间 $[a_0, b_0]$ 的长度缩短为原来区间长度的 $\delta(\delta < 1)$ 倍或更小，即缩短后的区间长度

$$b_{n-1} - a_{n-1} \leqslant (b_0 - a_0)\delta \tag{6.25}$$

只要 n 足够大，能使下式成立即可：

$$F_n \geqslant \frac{1}{\delta} \tag{6.26}$$

上式中 δ 为区间缩短的相对精度。

有时给出区间缩短的绝对精度 η，即要求

$$b_{n-1} - a_{n-1} \leqslant \eta$$

显然 δ 和 η 之间应有如下关系：

$$\eta = (b_0 - a_0)\delta \tag{6.27}$$

现将用斐波那契法缩短区间的步骤总结如下：

(1) 确定试点的个数 n。

根据缩短率 δ，即可用式(6.26)算出 F_n，然后由表6-1确定最小的 n。

(2) 选取前两个试点的位置。

由式(6.24)，可知第一次缩短时的两个试点位置为(见图6-9)：

$$\begin{cases} t_1 = a_0 + \dfrac{F_{n-2}}{F_n}(b_0 - a_0) \\[2mm] \quad = b_0 + \dfrac{F_{n-1}}{F_n}(a_0 - b_0) \\[2mm] t'_1 = a_0 + \dfrac{F_{n-1}}{F_n}(b_0 - a_0) \end{cases} \tag{6.28}$$

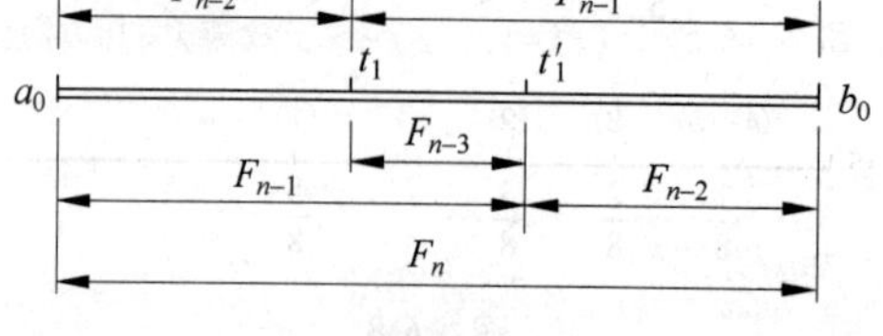

图 6-9

它们在区间内的位置是对称的。

(3) 计算函数值 $f(t_1)$ 和 $f(t_1')$，并比较它们的大小。

若 $f(t_1) < f(t_1')$，则取

$$a_1 = a_0, \quad b_1 = t_1', \quad t_2' = t_1$$

并令

$$t_2 = b_1 + \frac{F_{n-2}}{F_{n-1}}(a_1 - b_1)$$

否则，取

$$a_1 = t_1, \quad b_1 = b_0, \quad t_2 = t_1'$$

并令

$$t_2' = a_1 + \frac{F_{n-2}}{F_{n-1}}(b_1 - a_1)$$

(4) 计算 $f(t_2)$ 或 $f(t_2')$（其中的一个已经算出），如第(3)步那样一步步迭代。计算试点的一般公式为

$$\begin{cases} t_k = b_{k-1} + \dfrac{F_{n-k}}{F_{n-k+1}}(a_{k-1} - b_{k-1}) \\ t_k' = a_{k-1} + \dfrac{F_{n-k}}{F_{n-k+1}}(b_{k-1} - a_{k-1}) \end{cases} \tag{6.29}$$

其中 $k = 1, 2, \cdots, n-1$。

(5) 当进行至 $k = n-1$ 时

$$t_{n-1} = t_{n-1}' = \frac{1}{2}(a_{n-2} + b_{n-2})$$

这就无法借比较函数值 $f(t_{n-1})$ 和 $f(t_{n-1}')$ 的大小以确定最终区间，为此，取

$$\begin{cases} t_{n-1} = \dfrac{1}{2}(a_{n-2} + b_{n-2}) \\ t_{n-1}' = a_{n-2} + \left(\dfrac{1}{2} + \varepsilon\right)(b_{n-2} - a_{n-2}) \end{cases} \tag{6.30}$$

其中 ε 为任意小的数。在 t_{n-1} 和 t_{n-1}' 这两点中，以函数值较小者为近似极小点，相应的函数值为近似极小值。并得最终区间 $[a_{n-2}, t_{n-1}']$ 或 $[t_{n-1}, b_{n-2}]$。

由上述分析可知，斐波那契法使用对称搜索的方法，逐步缩短所考察的区间，它能以尽量少的函数求值次数，达到预定的某一缩短率。

例 5 试用斐波那契法求函数 $f(t) = t^2 - t + 2$ 的近似极小点和近似极小值，要求缩短后的区间不大于区间 $[-1, 3]$ 的 0.08 倍。

解 容易验证在此区间上函数 $f(t) = t^2 - t + 2$ 为严格凸函数。为了进行比较，我们给出其精确解是：$t^* = 0.5, f(t^*) = 1.75$。

已知 $a_0 = -1, b_0 = 3, \delta = 0.08, F_n \geqslant 1/\delta = 1/0.08 = 12.5$，查表 6-1，得 $n = 6$

$$t_1 = b_0 + \frac{F_5}{F_6}(a_0 - b_0) = 3 + \frac{8}{13}(-1 - 3) = 0.538$$

$$t_1' = a_0 + \frac{F_5}{F_6}(b_0 - a_0) = -1 + \frac{8}{13}[3 - (-1)] = 1.462$$

$$f(t_1) = 0.538^2 - 0.538 + 2 = 1.751$$

$$f(t_1') = 1.462^2 - 1.462 + 2 = 2.675$$

由于 $f(t_1) < f(t_1')$,故取 $a_1 = -1, b_1 = 1.462, t_2' = 0.538$

$$t_2 = b_1 + \frac{F_4}{F_5}(a_1 - b_1) = 1.462 + \frac{5}{8}(-1 - 1.462) = -0.077$$

$$f(t_2) = (-0.077)^2 - (-0.077) + 2 = 2.083$$

由于 $f(t_2) > f(t_2') = 1.751$,故取 $a_2 = -0.077, b_2 = 1.462, t_3 = 0.538$

$$t_3' = a_2 + \frac{F_3}{F_4}(b_2 - a_2) = -0.077 + \frac{3}{5}(1.462 + 0.077) = 0.846$$

$$f(t_3') = 0.846^2 - 0.846 + 2 = 1.870$$

由于 $f(t_3') > f(t_3) = 1.751$,故取 $a_3 = -0.077, b_3 = 0.846, t_4' = 0.538$

$$t_4 = b_3 + \frac{F_2}{F_3}(a_3 - b_3) = 0.846 + \frac{2}{3}(-0.077 - 0.846) = 0.231$$

$$f(t_4) = 0.231^2 - 0.231 + 2 = 1.822$$

由于 $f(t_4) > f(t_4') = 1.751$,故取 $a_4 = 0.231, b_4 = 0.846, t_5 = 0.538$。

现令 $\varepsilon = 0.01$,则

$$t_5' = a_4 + \left(\frac{1}{2} + \varepsilon\right)(b_4 - a_4) = 0.231 + (0.5 + 0.01)(0.846 - 0.231) = 0.545$$

$$f(t_5') = 0.545^2 - 0.545 + 2 = 1.752 > f(t_5) = 1.751$$

故取 $a_5 = 0.231, b_5 = 0.545$。由于 $f(t_5) = 1.751 < f(t_5') = 1.752$,所以以 t_5 为近似极小点,近似极小值为 1.751。

缩短后的区间长度为 $0.545 - 0.231 = 0.314, 0.314/4 = 0.0785 < 0.08$,其整个计算过程示于图 6-10 中。

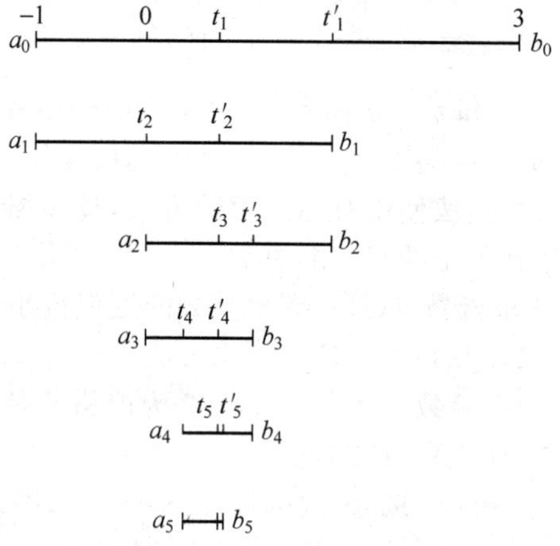

图　6-10

二、0.618 法（黄金分割法）

由上节的论述可知，当用斐波那契法以 n 个试点来缩短某一区间时，区间长度的第一次缩短率为 F_{n-1}/F_n，其后各次分别为

$$\frac{F_{n-2}}{F_{n-1}}, \quad \frac{F_{n-3}}{F_{n-2}}, \quad \cdots, \quad \frac{F_1}{F_2}$$

现将以上数列分为奇数项 F_{2k-1}/F_{2k} 和偶数项 F_{2k}/F_{2k+1}，可以证明，这两个数列收敛于同一个极限 0.618 033 988 741 894 8。

以不变的区间缩短率 0.618 代替斐波那契法每次不同的缩短率，就得到了 0.618 法。可以把这个方法看成是斐波那契法的近似，它比较容易实现，效果也很好，因而更易于为人们所接受。

用 0.618 法时，计算 n 个试点的函数值可以把原区间 $[a_0, b_0]$ 连续缩短 $n-1$ 次，由于每次的缩短率均相同，为 μ，故最后的区间长度为

$$b_{n-1} - a_{n-1} = (b_0 - a_0)\mu^{n-1} \tag{6.31}$$

0.618 法是一种等速对称消去区间的方法，每次的试点均取在区间相对长度的 0.618 和 0.382 处。

例 6　用 0.618 法求函数

$$f(t) = \begin{cases} t/2, & \text{当 } t \leqslant 2 \\ -t+3, & \text{当 } t > 2 \end{cases}$$

在区间 $[0,3]$ 上的极大点，要求缩短后的区间长度不大于原区间长度的 10%。

解　已知 $a_0 = 0, b_0 = 3$

$$t_1 = 0.382(3-0) = 1.146, \quad t_1' = 0.618(3-0) = 1.854$$
$$f(t_1) = 0.5(1.146) = 0.573, \quad f(t_1') = 0.5(1.854) = 0.927$$
$$a_1 = t_1 = 1.146, \quad b_1 = b_0 = 3, \quad t_2 = t_1' = 1.854$$
$$t_2' = 1.146 + 0.618(3-1.146) = 2.292$$
$$f(t_2') = -2.292 + 3 = 0.708$$
$$a_2 = a_1 = 1.146, \quad b_2 = t_2' = 2.292, \quad t_3' = t_2 = 1.854$$
$$t_3 = 1.146 + 0.382(2.292 - 1.146) = 1.584$$
$$f(t_3) = 1.584/2 = 0.792$$
$$a_3 = t_3 = 1.584, \quad b_3 = b_2 = 2.292, \quad t_4 = t_3' = 1.854$$
$$t_4' = 1.584 + 0.618(2.292 - 1.584) = 2.022$$
$$f(t_4') = 0.978$$
$$a_4 = t_4 = 1.854, \quad b_4 = b_3 = 2.292, \quad t_5 = t_4' = 2.022$$
$$t_5' = 1.854 + 0.618(2.292 - 1.854) = 2.125$$
$$f(t_5') = 0.875$$
$$a_5 = a_4 = 1.854, \quad b_5 = t_5' = 2.125$$

由于

$$\frac{2.125 - 1.854}{3 - 0} = \frac{0.271}{3} = 0.090 < 0.100$$

从而可知区间$[a_5, b_5]$为最终区间(当然也可事先求出需要的试点数 n,$[a_{n-1}, b_{n-1}]$即为最终区间)。近似极大点为$t_5 = 2.022$,近似极大值 $f(t_5) = 0.978$。读者可仿照图 6-10 画出本例的全部缩短过程。

第三节 无约束极值问题

无约束极值问题可表述为

$$\min f(\boldsymbol{X}), \quad X \in E_n \tag{6.32}$$

在求解上述问题时常使用迭代法。迭代法大体可分为两大类:一类要用到函数的一阶导数和(或)二阶导数,由于用到了函数的解析性质,故称为解析法;另一类在迭代过程中仅用到函数值,而不要求函数的解析性质,这类方法称为直接法。一般说来,直接法的收敛速度较慢,只是在变量较少时才适用。但直接法的迭代步骤简单,特别是当目标函数的解析表达式十分复杂,甚至写不出具体表达式时,它们的导数很难求得,或根本不存在,这时,就只有用直接法了。下面介绍两种基本的解析法。

一、梯度法(最速下降法)

梯度法是一种古老的方法,但由于它的迭代过程简单,使用方便,而且又是理解其他非线性最优化方法的基础,所以先来说明这一方法。

假定问题(6.32)中的目标函数 $f(\boldsymbol{X})$ 具有一阶连续偏导数,它存在极小点 $\boldsymbol{X}^*$。以 $\boldsymbol{X}^{(k)}$ 表示极小点的第 k 次近似,为了求其第 $k+1$ 次近似 $\boldsymbol{X}^{(k+1)}$,在 $\boldsymbol{X}^{(k)}$ 点沿方向 $\boldsymbol{P}^{(k)}$ 作射线

$$\boldsymbol{X} = \boldsymbol{X}^{(k)} + \lambda \boldsymbol{P}^{(k)} \quad \lambda \geqslant 0 \tag{6.33}$$

将 $f(\boldsymbol{X})$ 在 $\boldsymbol{X}^{(k)}$ 处作泰勒展开,得

$$f(\boldsymbol{X}) = f(\boldsymbol{X}^{(k)} + \lambda \boldsymbol{P}^{(k)}) = f(\boldsymbol{X}^{(k)}) + \lambda \nabla f(\boldsymbol{X}^{(k)})^{\mathrm{T}} \boldsymbol{P}^{(k)} + o(\lambda)$$

其中$\nabla f(\boldsymbol{X}^{(k)})$为函数 $f(\boldsymbol{X})$ 在 $\boldsymbol{X}^{(k)}$ 点的梯度,可以假定$\nabla f(\boldsymbol{X}^{(k)}) \neq 0$(否则 $\boldsymbol{X}^{(k)}$ 已是平稳点)。对于充分小的 λ,$o(\lambda)$是 λ 的高阶无穷小。这时,只要

$$\nabla f(\boldsymbol{X}^{(k)})^{\mathrm{T}} \boldsymbol{P}^{(k)} < 0 \tag{6.34}$$

即可保证 $f(\boldsymbol{X}^{(k)} + \lambda \boldsymbol{P}^{(k)}) < f(\boldsymbol{X}^{(k)})$。在这种情况下,若取下一个迭代点为 $\boldsymbol{X}^{(k+1)} = \boldsymbol{X}^{(k)} + \lambda \boldsymbol{P}^{(k)}$,就能使目标函数值得到改善。下面设法寻求使式(6.34)左端取最小值的 $\boldsymbol{P}^{(k)}$。由线性代数学知

$$\nabla f(\boldsymbol{X}^{(k)})^{\mathrm{T}} \boldsymbol{P}^{(k)} = \| \nabla f(\boldsymbol{X}^{(k)}) \| \cdot \| \boldsymbol{P}^{(k)} \| \cos\theta \tag{6.35}$$

其中 θ 为向量$\nabla f(\boldsymbol{X}^{(k)})$与 $\boldsymbol{P}^{(k)}$ 的夹角。

不妨设 $\boldsymbol{P}^{(k)}$ 的模一定。当 $\boldsymbol{P}^{(k)}$ 与 $\nabla f(\boldsymbol{X}^{(k)})$ 同向,即取 $\boldsymbol{P}^{(k)}$ 为梯度方向时,$\theta=0$,$\cos\theta=1$,$\nabla f(\boldsymbol{X}^{(k)})^{\mathrm{T}} P^{(k)}$ 最大;当 $\boldsymbol{P}^{(k)}$ 与 $\nabla f(\boldsymbol{X}^{(k)})$ 反向时,$\theta=180°$,$\cos\theta=-1$,$\nabla f(\boldsymbol{X}^{(k)})^{\mathrm{T}}\boldsymbol{P}^{(k)}<0$,且其值最小,这一方向为负梯度方向。前曾指出,负梯度方向是函数值下降最快的方向(通常指在 $\boldsymbol{X}^{(k)}$ 的某一小范围内),沿这一方向搜索,有可能较快地达到极小点,梯度法就采用这样的方向为搜索方向。

为了得到下一个近似极小点,在选定了搜索方向之后,还要确定步长。选取步长的一种方法是通过试算,即先取 λ 为某一个数,检验下式是否满足:

$$f(\boldsymbol{X}^{(k)} - \lambda \nabla f(\boldsymbol{X}^{(k)})) < f(\boldsymbol{X}^{(k)}) \tag{6.36}$$

若满足,就可以取这个 λ 值进行迭代;若不满足,就减小 λ 的值使满足上式。由于采用负梯度方向为搜索方向,满足式(6.36)的 λ 总是存在的。

另一种方法是

$$\lambda_k: \min_{\lambda \geqslant 0} f(\boldsymbol{X}^{(k)} - \lambda \nabla f(\boldsymbol{X}^{(k)})) \tag{6.37}$$

这可通过在负梯度方向的一维搜索(例如用 0.618 法),来确定使 $f(\boldsymbol{X})$ 最小的 λ_k。这样得到的步长称为最佳步长,有时把采用最佳步长时的梯度法称为最速下降法。

现将用梯度法求函数 $f(\boldsymbol{X})$ 的极小点的步骤总结如下:

(1) 给定初始点 $\boldsymbol{X}^{(0)}$ 和允许误差 $\varepsilon>0$,令 $k:=0$。

(2) 计算 $f(\boldsymbol{X}^{(k)})$ 和 $\nabla f(\boldsymbol{X}^{(k)})$,若 $\|\nabla f(\boldsymbol{X}^{(k)})\|^2 \leqslant \varepsilon$,停止迭代,得近似极小点 $\boldsymbol{X}^{(k)}$ 和近似极小值 $f(\boldsymbol{X}^{(k)})$;否则,转下一步。

(3) 做一维搜索(也可直接使用下面给出的式(6.38)或式(6.40))

$$\lambda_k: \min_{\lambda} f(\boldsymbol{X}^{(k)} - \lambda \nabla f(\boldsymbol{X}^{(k)}))$$

并计算 $\boldsymbol{X}^{(k+1)} = \boldsymbol{X}^{(k)} - \lambda_k \nabla f(\boldsymbol{X}^{(k)})$,然后令 $k:=k+1$,转回第(2)步。

现设 $f(\boldsymbol{X})$ 具有二阶连续偏导数,将 $f(\boldsymbol{X}^{(k)} - \lambda \nabla f(\boldsymbol{X}^{(k)}))$ 在 $\boldsymbol{X}^{(k)}$ 作泰勒展开:

$$f(\boldsymbol{X}^{(k)} - \lambda \nabla f(\boldsymbol{X}^{(k)})) \approx f(\boldsymbol{X}^{(k)}) - \nabla f(\boldsymbol{X}^{(k)})^{\mathrm{T}} \lambda \nabla f(\boldsymbol{X}^{(k)})$$
$$+ \frac{1}{2} \lambda \nabla f(\boldsymbol{X}^{(k)})^{\mathrm{T}} \nabla^2 f(\boldsymbol{X}^{(k)}) \lambda \nabla f(\boldsymbol{X}^{(k)})$$

使上式对 λ 求导,并令其等于零,即可得近似最佳步长的如下计算公式:

$$\lambda_k = \frac{\nabla f(\boldsymbol{X}^{(k)})^{\mathrm{T}} \nabla f(\boldsymbol{X}^{(k)})}{\nabla f(\boldsymbol{X}^{(k)})^{\mathrm{T}} \nabla^2 f(\boldsymbol{X}^{(k)}) \nabla f(\boldsymbol{X}^{(k)})} \tag{6.38}$$

有时,把搜索方向 $P^{(k)}$ 的模规格化为 1,即取

$$\boldsymbol{P}^{(k)} = -\frac{\nabla f(\boldsymbol{X}^{(k)})}{\|\nabla f(\boldsymbol{X}^{(k)})\|} \tag{6.39}$$

在这种情况下,式(6.38)就变为

$$\lambda_k = \frac{\nabla f(\boldsymbol{X}^{(k)})^{\mathrm{T}} \nabla f(\boldsymbol{X}^{(k)}) \|\nabla f(\boldsymbol{X}^{(k)})\|}{\nabla f(\boldsymbol{X}^{(k)})^{\mathrm{T}} \nabla^2 f(\boldsymbol{X}^{(k)}) \nabla f(\boldsymbol{X}^{(k)})} \tag{6.40}$$

例7 用梯度法求函数 $f(\boldsymbol{X}) = x_1^2 + 5x_2^2$ 的极小点,取允许误差 $\varepsilon = 0.7$。

解 取初始点 $\boldsymbol{X}^{(0)} = (2,1)^{\mathrm{T}}$。

$\nabla f(\boldsymbol{X}) = (2x_1, 10x_2)^{\mathrm{T}}$,$\nabla f(\boldsymbol{X}^{(0)}) = (4,10)^{\mathrm{T}}$。其黑塞矩阵

$$\nabla^2 f(\boldsymbol{X}) = \begin{pmatrix} 2 & 0 \\ 0 & 10 \end{pmatrix}$$

$$\lambda_0 = \frac{(4,10)\begin{pmatrix} 4 \\ 10 \end{pmatrix}}{(4,10)\begin{pmatrix} 2 & 0 \\ 0 & 10 \end{pmatrix}\begin{pmatrix} 4 \\ 10 \end{pmatrix}} = 0.112\,4$$

$$\boldsymbol{X}^{(1)} = \begin{pmatrix} 2 \\ 1 \end{pmatrix} - 0.112\,4 \begin{pmatrix} 4 \\ 10 \end{pmatrix} = \begin{pmatrix} 1.550\,4 \\ -0.124\,0 \end{pmatrix}$$

$$\nabla f(\boldsymbol{X}^{(1)}) = \begin{pmatrix} 3.100\,8 \\ -1.240\,0 \end{pmatrix}, \parallel \nabla f(\boldsymbol{X}^{(1)}) \parallel^2 = 11.152\,6 > \varepsilon$$

$$\lambda_1 = \frac{(3.100\,8, -1.240\,0)\begin{pmatrix} 3.100\,8 \\ -1.240\,0 \end{pmatrix}}{(3.100\,8, -1.240\,0)\begin{pmatrix} 2 & 0 \\ 0 & 10 \end{pmatrix}\begin{pmatrix} 3.100\,8 \\ -1.240\,0 \end{pmatrix}} = 0.322\,3$$

$$\boldsymbol{X}^{(2)} = \begin{pmatrix} 1.550\,4 \\ -0.124\,0 \end{pmatrix} - 0.322\,3 \begin{pmatrix} 3.100\,8 \\ -1.240\,0 \end{pmatrix} = \begin{pmatrix} 0.551\,0 \\ 0.275\,7 \end{pmatrix}$$

$$\nabla f(\boldsymbol{X}^{(2)}) = \begin{pmatrix} 1.102 \\ 2.757 \end{pmatrix}, \parallel \nabla f(\boldsymbol{X}^{(2)}) \parallel^2 = 8.815 > \varepsilon$$

$$\lambda_2 = \frac{(1.102, 2.757)\begin{pmatrix} 1.102 \\ 2.757 \end{pmatrix}}{(1.102, 2.757)\begin{pmatrix} 2 & 0 \\ 0 & 10 \end{pmatrix}\begin{pmatrix} 1.102 \\ 2.757 \end{pmatrix}} = 0.112\,4$$

$$\boldsymbol{X}^{(3)} = \begin{pmatrix} 0.551\,0 \\ 0.275\,7 \end{pmatrix} - 0.112\,4 \begin{pmatrix} 1.102 \\ 2.757 \end{pmatrix} = \begin{pmatrix} 0.427\,1 \\ -0.034\,19 \end{pmatrix}$$

$$\nabla f(\boldsymbol{X}^{(3)}) = \begin{pmatrix} 0.854\,2 \\ -0.341\,9 \end{pmatrix}, \parallel \nabla f(\boldsymbol{X}^{(3)}) \parallel^2 = 0.846\,6 > \varepsilon$$

$$\lambda_3 = \frac{(0.854\,2, -0.341\,9)\begin{pmatrix} 0.854\,2 \\ -0.341\,9 \end{pmatrix}}{(0.854\,2, -0.341\,9)\begin{pmatrix} 2 & 0 \\ 0 & 10 \end{pmatrix}\begin{pmatrix} 0.854\,2 \\ -0.341\,9 \end{pmatrix}} = 0.322\,1$$

$$\boldsymbol{X}^{(4)} = \begin{pmatrix} 0.427\,1 \\ -0.034\,19 \end{pmatrix} - 0.322\,1 \begin{pmatrix} 0.854\,2 \\ -0.341\,9 \end{pmatrix} = \begin{pmatrix} 0.152 \\ 0.075\,9 \end{pmatrix}$$

$$\nabla f(\boldsymbol{X}^{(4)}) = \binom{0.304}{0.759}, \ \| \ \nabla f(\boldsymbol{X}^{(4)}) \ \|^{2} = 0.668\,5 < \varepsilon$$

故以 $\boldsymbol{X}^{(4)} = (0.152, 0.075\,9)^{\mathrm{T}}$ 为近似极小点,此时的函数值 $f(\boldsymbol{X}^{(4)}) = 0.051\,9$。该问题的精确解是 $\boldsymbol{X}^{*} = (0,0)^{\mathrm{T}}, f(\boldsymbol{X}^{*}) = 0$。可知,要得到真正的精确解,需无限迭代下去。

由于沿负梯度方向目标函数的最速下降性,很容易使人们误认为负梯度方向是最理想的搜索方向,最速下降法是一种理想的极小化方法。必须指出的是,某点的负梯度方向,通常只是在该点附近才具有这种最速下降的性质。在一般情况下,当用最速下降法寻找极小点时,其搜索路径呈直角锯齿状(请回忆定理 3),在开头几步,目标函数值下降较快;但在接近极小点时,收敛速度常就不理想了。特别是当目标函数的等值线为比较扁平的椭圆时,收敛就更慢了。因此,在实用中常将梯度法和其他方法联合应用,在前期使用梯度法,而在接近极小点时,可改用收敛较快的其他方法。

二、牛顿法

首先考虑正定二次函数

$$f(\boldsymbol{X}) = \frac{1}{2}\boldsymbol{X}^{\mathrm{T}}\boldsymbol{A}\boldsymbol{X} + \boldsymbol{B}^{\mathrm{T}}\boldsymbol{X} + c \tag{6.41}$$

此处 $\boldsymbol{A}$ 为 $n \times n$ 对称正定阵,$\boldsymbol{X} \in E_{n}, \boldsymbol{B} \in E_{n}, c$ 为常数。

假定该函数的极小点是 $\boldsymbol{X}^{*}$,则必有

$$\nabla f(\boldsymbol{X}^{*}) = \boldsymbol{A}\boldsymbol{X}^{*} + \boldsymbol{B} = \boldsymbol{0}$$

从而,$\boldsymbol{A}\boldsymbol{X}^{*} = -\boldsymbol{B}$。另外,对任一点 $\boldsymbol{X}^{(0)} \in E_{n}$,函数在该点的梯度 $\nabla f(\boldsymbol{X}^{(0)}) = \boldsymbol{A}\boldsymbol{X}^{(0)} + \boldsymbol{B}$。消去 $\boldsymbol{B}$,这就得到

$$\nabla f(\boldsymbol{X}^{(0)}) = \boldsymbol{A}\boldsymbol{X}^{(0)} - \boldsymbol{A}\boldsymbol{X}^{*}$$

由此可解出

$$\boldsymbol{X}^{*} = \boldsymbol{X}^{(0)} - \boldsymbol{A}^{-1} \nabla f(\boldsymbol{X}^{(0)}) \tag{6.42}$$

这说明,对于正定二次函数,从任意近似点 $\boldsymbol{X}^{(0)}$ 出发,沿 $-\boldsymbol{A}^{-1}\nabla f(\boldsymbol{X}^{(0)})$ 方向搜索,以 1 为步长,迭代一步即可达极小点。

例 8　用牛顿法求例 7 的极小点。

解　任取初始点 $\boldsymbol{X}^{(0)} = (2,1)^{\mathrm{T}}$,算出 $\nabla f(\boldsymbol{X}^{(0)}) = (4,10)^{\mathrm{T}}$。在本例中,

$$\boldsymbol{A} = \begin{pmatrix} 2 & 0 \\ 0 & 10 \end{pmatrix} \quad \boldsymbol{A}^{-1} = \begin{pmatrix} 1/2 & 0 \\ 0 & 1/10 \end{pmatrix}$$

$$\boldsymbol{X}^{*} = \boldsymbol{X}^{(0)} - \boldsymbol{A}^{-1} \nabla f(\boldsymbol{X}^{(0)}) = \binom{2}{1} - \begin{pmatrix} 1/2 & 0 \\ 0 & 1/10 \end{pmatrix}\binom{4}{10} = \binom{0}{0}$$

$\nabla f(\boldsymbol{X}^{*}) = (0,0)^{\mathrm{T}}$,可知 $\boldsymbol{X}^{*}$ 确实为极小点。

将本例与例 7 进行比较,可知牛顿法的搜索方向与最速下降法的搜索方向不同。

现考虑一般 n 元实函数 $f(\boldsymbol{X})$,假定它有连续二阶偏导数,$\boldsymbol{X}^{(k)}$ 为其极小点的某一近

似。在这个点附近取 $f(\boldsymbol{X})$ 的二阶泰勒多项式逼近：

$$f(\boldsymbol{X}) \approx f(\boldsymbol{X}^{(k)}) + \nabla f(\boldsymbol{X}^{(k)})^{\mathrm{T}} \Delta \boldsymbol{X} + \frac{1}{2} \Delta \boldsymbol{X}^{\mathrm{T}} \nabla^2 f(\boldsymbol{X}^{(k)}) \Delta \boldsymbol{X} \tag{6.43}$$

其中，$\Delta \boldsymbol{X} = \boldsymbol{X} - \boldsymbol{X}^{(k)}$。

这个近似函数的极小点应满足一阶必要条件，即

$$\nabla f(\boldsymbol{X}^{(k)}) + \nabla^2 f(\boldsymbol{X}^{(k)}) \Delta \boldsymbol{X} = \boldsymbol{0}$$

设 $\nabla^2 f(\boldsymbol{X}^{(k)})$ 的逆阵存在，可得

$$\boldsymbol{X} = \boldsymbol{X}^{(k)} - \left[\nabla^2 f(\boldsymbol{X}^{(k)}) \right]^{-1} \nabla f(\boldsymbol{X}^{(k)}) \tag{6.44}$$

由于式(6.43)仅是 $f(\boldsymbol{X})$ 的近似表达式，由式(6.44)解得的该近似函数的极小点，也就仅是 $f(\boldsymbol{X})$ 极小点的近似。为求得 $f(\boldsymbol{X})$ 的极小点，可以 $-\left[\nabla^2 f(\boldsymbol{X}^{(k)}) \right]^{-1} \nabla f(\boldsymbol{X}^{(k)})$ 为搜索方向(牛顿方向)，按下述公式进行迭代：

$$\begin{cases} \boldsymbol{P}^{(k)} = -\left[\nabla^2 f(\boldsymbol{X}^{(k)}) \right]^{-1} \nabla f(\boldsymbol{X}^{(k)}) \\ \lambda_k : \min_{\lambda} f(\boldsymbol{X}^{(k)} + \lambda \boldsymbol{P}^{(k)}) \\ \boldsymbol{X}^{(k+1)} = \boldsymbol{X}^{(k)} + \lambda_k \boldsymbol{P}^{(k)} \end{cases} \tag{6.45}$$

这就是所谓的阻尼牛顿法(广义牛顿法)，可用于求解非正定二次函数的极小点。

牛顿法的优点是收敛速度快；缺点是有时进行不下去而需采取改进措施(可参看有关参考文献)。此外，当维数较高时，计算 $\left[\nabla^2 f(\boldsymbol{X}^{(k)}) \right]^{-1}$ 的工作量很大。

为克服梯度法收敛速度慢及牛顿法有时失效和在维数较高时计算工作量大的缺点，不少学者提出了一些更加实用的其他算法，如共轭梯度法、变尺度法等，限于篇幅此处从略，读者可参阅有关文献。

第四节　约束极值问题

绝大部分实际问题都受到某些条件的限制，这些限制条件(约束)常给寻优工作带来很大困难。下面首先说明约束极值问题解的最优性条件，然后研究几种基本的解法。

一、最优性条件

1. 可行下降方向

（1）起作用约束

假定 $\boldsymbol{X}^{(0)}$ 是问题(6.3)的一个可行解，它满足所有约束条件。对某一个约束条件 $g_j(\boldsymbol{X}) \geqslant 0$ 来说，$\boldsymbol{X}^{(0)}$ 满足它有两种情况：一种情况 $g_j(\boldsymbol{X}^{(0)}) > 0$，这时，$\boldsymbol{X}^{(0)}$ 不在由这个约束条件形成的可行域边界上，我们称这一约束为 $\boldsymbol{X}^{(0)}$ 点的不起作用约束(或无效约束)；另一种情况是 $g_j(\boldsymbol{X}^{(0)}) = 0$，这时，$\boldsymbol{X}^{(0)}$ 点处于由这个约束条件形成的可行域边界上，对 $\boldsymbol{X}^{(0)}$ 点的进一步摄动来说，这一约束起到了某种限制作用，故称它为 $\boldsymbol{X}^{(0)}$ 点的起作用约束(或有效约束)。显然，等式约束条件对所有可行点都是起作用约束。

（2）可行方向

设 $\boldsymbol{X}^{(0)}$ 为任一可行点，对某一方向 $\boldsymbol{P}$ 来说，若存在实数 $\lambda_0 > 0$，使对任意的 $\lambda \in [0, \lambda_0]$ 均有下式成立：

$$\boldsymbol{X}^{(0)} + \lambda \boldsymbol{P} \in R$$

就称方向 $\boldsymbol{P}$ 为 $\boldsymbol{X}^{(0)}$ 点的一个可行方向。

以 J 记 $\boldsymbol{X}^{(0)}$ 点所有起作用约束下标的集合，即

$$J = \{j \mid g_j(\boldsymbol{X}^{(0)}) = 0, \quad 1 \leqslant j \leqslant l\}$$

显然，如果 $\boldsymbol{P}$ 为 $\boldsymbol{X}^{(0)}$ 点的可行方向，则存在 $\lambda_0 > 0$，使对任意 $\lambda \in [0, \lambda_0]$，有

$$g_j(\boldsymbol{X}^{(0)} + \lambda \boldsymbol{P}) \geqslant g_j(\boldsymbol{X}^{(0)}) = 0 \quad j \in J$$

从而

$$\left. \frac{\mathrm{d}g_j(\boldsymbol{X}^{(0)} + \lambda \boldsymbol{P})}{\mathrm{d}\lambda} \right|_{\lambda=0} = \nabla g_j(\boldsymbol{X}^{(0)})^{\mathrm{T}} \boldsymbol{P} \geqslant 0 \quad j \in J$$

式中 $\nabla g_j(\boldsymbol{X}^{(0)})$ 为约束函数 $g_j(\boldsymbol{X})$ 在 $\boldsymbol{X}^{(0)}$ 点的梯度。

另外，由泰勒公式，

$$g_j(\boldsymbol{X}^{(0)} + \lambda \boldsymbol{P}) = g_j(\boldsymbol{X}^{(0)}) + \lambda \nabla g_j(\boldsymbol{X}^{(0)})^{\mathrm{T}} \boldsymbol{P} + o(\lambda)$$

对 $\boldsymbol{X}^{(0)}$ 点的所有起作用约束，当 $\lambda > 0$ 足够小时，只要

$$\nabla g_j(\boldsymbol{X}^{(0)})^{\mathrm{T}} \boldsymbol{P} > 0 \quad j \in J \tag{6.46}$$

就有

$$g_j(\boldsymbol{X}^{(0)} + \lambda \boldsymbol{P}) \geqslant 0 \quad j \in J$$

此外，对 $\boldsymbol{X}^{(0)}$ 点的所有不起作用约束，$g_j(\boldsymbol{X}^{(0)}) > 0$，由 $g_j(\boldsymbol{X})$ 的连续性，当 $\lambda > 0$ 足够小时，亦有

$$g_j(\boldsymbol{X}^{(0)} + \lambda \boldsymbol{P}) \geqslant 0 \quad j \overline{\in} J$$

从而，只要方向 $\boldsymbol{P}$ 满足式(6.46)，即可保证它为 $\boldsymbol{X}^{(0)}$ 点的可行方向。

（3）下降方向

设 $\boldsymbol{X}^{(0)} \in R$，对某一方向 $\boldsymbol{P}$ 来说，若存在实数 $\lambda_0' > 0$，使对任意的 $\lambda \in [0, \lambda_0']$ 均有下式成立：

$$f(\boldsymbol{X}^{(0)} + \lambda \boldsymbol{P}) < f(\boldsymbol{X}^{(0)})$$

就称方向 $\boldsymbol{P}$ 为 $\boldsymbol{X}^{(0)}$ 点的一个下降方向。

由泰勒展开式

$$f(\boldsymbol{X}^{(0)} + \lambda \boldsymbol{P}) = f(\boldsymbol{X}^{(0)}) + \lambda \nabla f(\boldsymbol{X}^{(0)})^{\mathrm{T}} \boldsymbol{P} + o(\lambda)$$

当 λ 足够小时，只要

$$\nabla f(\boldsymbol{X}^{(0)})^{\mathrm{T}} \boldsymbol{P} < 0 \tag{6.47}$$

就有 $f(\boldsymbol{X}^{(0)} + \lambda \boldsymbol{P}) < f(\boldsymbol{X}^{(0)})$。这说明，只要方向 $\boldsymbol{P}$ 满足式(6.47)，即可保证它为 $\boldsymbol{X}^{(0)}$ 点的下降方向。

（4）可行下降方向

若 $\boldsymbol{X}^{(0)}$ 点的某一方向 $\boldsymbol{P}$，既是该点的可行方向，又是该点的下降方向，就称它为这个点的可行下降方向。设 $\boldsymbol{X}^{(0)}$ 不是极小点，为求其极小点，继续搜索时当然应沿该点的可行下降方向进行。显然，对某一点 $\boldsymbol{X}^*$ 来说，若该点不存在可行下降方向，它就可能是局部极小点；若存在可行下降方向，它当然就不是极小点。下面的定理 4 从另一角度说明了这一问题。

定理 4 设 $\boldsymbol{X}^*$ 是问题(6.3)的一个局部极小点，$f(\boldsymbol{X})$ 在 $\boldsymbol{X}^*$ 处可微，而且

$$g_j(\boldsymbol{X}) \text{ 在 } \boldsymbol{X}^* \text{ 处可微，当 } j \in J \text{ 时}$$

$$g_j(\boldsymbol{X}) \text{ 在 } \boldsymbol{X}^* \text{ 处连续，当 } j \overline{\in} J \text{ 时}$$

则在 $\boldsymbol{X}^*$ 点不存在可行下降方向，从而不存在 P 同时满足

$$\begin{cases} \nabla f(\boldsymbol{X}^*)^{\mathrm{T}} \boldsymbol{P} < 0 \\ \nabla g_j(\boldsymbol{X}^*)^{\mathrm{T}} \boldsymbol{P} > 0 \quad j \in J \end{cases} \tag{6.48}$$

其中，指标集 $J = \{j \,|\, g_j(\boldsymbol{X}^*) = 0, 1 \leqslant j \leqslant l\}$。

这个定理是显然的。若存在满足式(6.48)的方向 $\boldsymbol{P}$，则沿 $\boldsymbol{P}$ 搜索可找到比 $\boldsymbol{X}^*$ 更好的可行点，这与 $\boldsymbol{X}^*$ 为局部极小点矛盾。

从几何上说，满足式(6.48)的方向 $\boldsymbol{P}$，与该点目标函数负梯度方向的夹角成锐角，而且，与该点起作用约束梯度方向的夹角也成锐角。

2. 库恩-塔克(Kuhn-Tucker)条件

库恩-塔克条件是非线性规划领域中最重要的理论成果之一，具有很重要的理论价值。下面就来导出这个条件。

（1）Gordan 引理 设 $\boldsymbol{A}_1, \boldsymbol{A}_2, \cdots, \boldsymbol{A}_l$ 是 l 个 n 维向量，不存在向量 $\boldsymbol{P}$ 使

$$\boldsymbol{A}_j^{\mathrm{T}} \boldsymbol{P} < 0 \quad (j = 1, 2, \cdots, l)$$

成立的充要条件是，存在不全为零的非负实数 $\mu_1, \mu_2, \cdots, \mu_l$，使

$$\sum_{j=1}^{l} \mu_j \boldsymbol{A}_j = 0$$

本式的几何意义说明如下。设 $\boldsymbol{A}_1, \boldsymbol{A}_2, \boldsymbol{A}_3$ 是三个二维向量，若它们均位于某条直线 H 的同一侧，则可找到某一向量 $\boldsymbol{P}$，使 $\boldsymbol{A}_j^{\mathrm{T}} \boldsymbol{P} < 0 (j = 1, 2, 3)$（参看图 6-11(a)）。但是，若 $\boldsymbol{A}_1, \boldsymbol{A}_2, \boldsymbol{A}_3$ 不在任一条直线的同一侧（见图 6-11(b)），就无法找到使 $\boldsymbol{A}_j^{\mathrm{T}} \boldsymbol{P} < 0 (j = 1, 2, 3)$ 均满足的向量 $\boldsymbol{P}$。这时总可以适当缩小或放大各向量 $\boldsymbol{A}_j$ 的长度，使它们合成为零向量，即可找到不全为零的非负实数 $\mu_j (j = 1, 2, 3)$，使

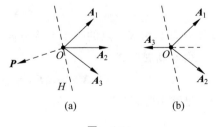

图 6-11

$$\sum_{j=1}^{3} \mu_j \boldsymbol{A}_j = 0$$

（2）**Fritz John 定理**

设 $\boldsymbol{X}^*$ 是非线性规划（6.3）的局部最优点，函数 $f(\boldsymbol{X})$ 和 $g_j(\boldsymbol{X})(j=1,2,\cdots,l)$ 在 $\boldsymbol{X}^*$ 点有连续一阶偏导数，则必存在不全为零的数 $\mu_0,\mu_1,\mu_2,\cdots,\mu_l$，使

$$\begin{cases} \mu_0 \ \nabla f(\boldsymbol{X}^*) - \sum_{j=1}^{l} \mu_j \ \nabla g_j(\boldsymbol{X}^*) = 0 \\ \mu_j g_j(\boldsymbol{X}^*) = 0 \quad (j=1,2,\cdots,l) \\ \mu_j \geqslant 0 \qquad\qquad (j=1,2,\cdots,l) \end{cases} \tag{6.49}$$

证明从略，读者可参看有关著作。

该定理给出了非线性规划（6.3）的（局部）最优点应满足的必要条件。式（6.49）称为 Fritz John 条件，满足这个条件的点称为 Fritz John 点。

如果 $\mu_0=0$，$\nabla f(\boldsymbol{X}^*)$ 就从式（6.54）中消去，说明在所讨论的点 $\boldsymbol{X}^*$ 处，起作用约束的梯度线性相关。这时 Fritz John 条件失效。人们自然想到，对讨论点处起作用约束的梯度附加上线性无关的条件，以保证 $\mu_0 > 0$。这样一来，就引出了下面的库恩-塔克条件。

（3）库恩-塔克条件

设 $\boldsymbol{X}^*$ 是非线性规划（6.3）的局部极小点，$f(\boldsymbol{X})$ 和 $g_j(\boldsymbol{X})(j=1,2,\cdots,l)$ 在点 $\boldsymbol{X}^*$ 处有一阶连续偏导数，而且 $\boldsymbol{X}^*$ 处的所有起作用约束的梯度线性无关，则存在数 $\mu_1^*,\mu_2^*,\cdots,$ μ_l^*，使

$$\begin{cases} \nabla f(\boldsymbol{X}^*) - \sum_{j=1}^{l} \mu_j^* \ \nabla g_j(\boldsymbol{X}^*) = 0 \\ \mu_j^* g_j(\boldsymbol{X}^*) = 0 \quad (j=1,2,\cdots,l) \\ \mu_j^* \geqslant 0 \qquad\qquad (j=1,2,\cdots,l) \end{cases} \tag{6.50}$$

因由 Fritz John 定理，存在不全为零的非负数 $\mu_0,\mu_1,\cdots,\mu_l$，使式（6.49）中的各式成立。又因 $\nabla g_j(\boldsymbol{X}^*)(j\in J)$ 线性无关，故 $\mu_0\neq 0$，即 $\mu_0>0$。现用 μ_0 除式（6.49）中各式的两边，并令 $\mu_j^*=\mu_j/\mu_0,j=1,2,\cdots,l$，即可得条件（6.50）。

条件（6.50）称为库恩-塔克条件（简称为 K-T 条件），满足这个条件的点称为库恩-塔克点或 K-T 点。

现在考虑非线性规划

$$\begin{cases} \min f(\boldsymbol{X}) \\ \quad h_i(\boldsymbol{X}) = 0 \quad (i=1,2,\cdots,m) \\ \quad g_j(\boldsymbol{X}) \geqslant 0 \quad (j=1,2,\cdots,l) \end{cases} \tag{6.51}$$

其中，函数 $f(\boldsymbol{X}),h_i(\boldsymbol{X})(i=1,2,\cdots,m)$ 和 $g_j(\boldsymbol{X})(j=1,2,\cdots,l)$ 都具有一阶连续偏导数。

对每一个 i，我们以

$$\begin{cases} h_i(\boldsymbol{X}) \geqslant 0 \\ -h_i(\boldsymbol{X}) \geqslant 0 \end{cases}$$

代替 $h_i(\boldsymbol{X})=0$,这样一来,即可由条件(6.50)得到问题(6.51)的库恩-塔克条件如下:

若 $\boldsymbol{X}^*$ 是非线性规划(6.51)的极小点,且 $\boldsymbol{X}^*$ 点的所有起作用约束的梯度 $\nabla h_i(\boldsymbol{X}^*)$ $(i=1,2,\cdots,m)$ 和 $\nabla g_j(\boldsymbol{X}^*)(j\in J)$ 线性无关,则存在向量 $\boldsymbol{\varGamma}^* = (\gamma_1^*, \gamma_2^*, \cdots, \gamma_m^*)^{\mathrm{T}}$ 和 $\boldsymbol{M}^* = (\mu_1^*, \mu_2^*, \cdots, \mu_l^*)^{\mathrm{T}}$ 使下述条件成立:

$$\begin{cases} \nabla f(\boldsymbol{X}^*) - \sum_{i=1}^{m} \gamma_i^* \nabla h_i(\boldsymbol{X}^*) - \sum_{j=1}^{l} \mu_j^* \nabla g_j(\boldsymbol{X}^*) = 0 \\ \mu_j^* g_j(\boldsymbol{X}^*) = 0 \quad (j=1,2,\cdots,l) \\ \mu_j^* \geqslant 0 \qquad\qquad (j=1,2,\cdots,l) \end{cases} \tag{6.52}$$

其中 $\gamma_1^*, \gamma_2^*, \cdots, \gamma_m^*$ 和 $\mu_1^*, \mu_2^*, \cdots, \mu_l^*$ 称为广义拉格朗日(Lagrange)乘子。

库恩-塔克条件是确定某点为最优点的必要条件,只要是最优点,且此处起作用约束的梯度线性无关,就必须满足这个条件。但一般说来它并不是充分条件,因而,满足这个条件的点不一定就是最优点。可是,对于凸规划,库恩-塔克条件不但是最优点存在的必要条件,它同时也是充分条件。

为加深对库恩-塔克条件的直观理解,考虑某非线性规划的可行解 $\boldsymbol{X}^{(k)}$,假定此处有两个起作用约束,即 $g_1(\boldsymbol{X}^{(k)})=0, g_2(\boldsymbol{X}^{(k)})=0$。若 $\boldsymbol{X}^{(k)}$ 是极小点,则 $\nabla f(\boldsymbol{X}^{(k)})$ 必处于 $\nabla g_1(\boldsymbol{X}^{(k)})$ 和 $\nabla g_2(\boldsymbol{X}^{(k)})$ 的夹角之内(见图 6-12)。如若不然,$\boldsymbol{X}^{(k)}$ 点处必存在可行下降方向,它就不会是极小点。这说明,若 $\boldsymbol{X}^{(k)}$ 点是极小点,而且此处起作用约束的梯度 $\nabla g_1(\boldsymbol{X}^{(k)})$ 和 $\nabla g_2(\boldsymbol{X}^{(k)})$ 线性无关,则可将 $\nabla f(\boldsymbol{X}^{(k)})$ 表示成 $\nabla g_1(\boldsymbol{X}^{(k)})$ 和 $\nabla g_2(\boldsymbol{X}^{(k)})$ 的非负线性组合,即存在数 $\mu_1\geqslant 0$ 和 $\mu_2\geqslant 0$,使下式成立

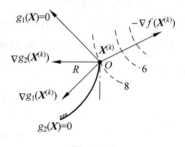

图　6-12

$$\nabla f(\boldsymbol{X}^{(k)}) - \mu_1 \nabla g_1(\boldsymbol{X}^{(k)}) - \mu_2 \nabla g_2(\boldsymbol{X}^{(k)}) = 0$$

如此推论,并考虑到包含不起作用约束在内的所有约束条件,也可从另一角度得出著名的库恩-塔克条件。

例 9 用库恩-塔克条件解非线性规划

$$\begin{cases} \max f(x) = (x-4)^2 \\ 1 \leqslant x \leqslant 6 \end{cases}$$

解 先将其变为问题(6.2)或问题(6.3)的形式:

$$\begin{cases} \min \bar{f}(x) = -(x-4)^2 \\ g_1(x) = x-1 \geqslant 0 \\ g_2(x) = 6-x \geqslant 0 \end{cases}$$

设库恩-塔克点为 x^*,各函数的梯度为

$$\nabla \overline{f}(x) = -2(x-4), \quad \nabla g_1(x) = 1, \quad \nabla g_2(x) = -1$$

对第一个和第二个约束条件分别引入广义拉格朗日乘子 μ_1^* 和 μ_2^*,则得该问题的库恩-塔克条件如下:

$$\begin{cases} -2(x^*-4) - \mu_1^* + \mu_2^* = 0 \\ \mu_1^*(x^*-1) = 0 \\ \mu_2^*(6-x^*) = 0 \\ \mu_1^* \geqslant 0, \mu_2^* \geqslant 0 \end{cases}$$

为解该方程组,需分别考虑以下几种情况:

(1) $\mu_1^* > 0, \mu_2^* > 0$:无解;

(2) $\mu_1^* > 0, \mu_2^* = 0$:$x^* = 1, f(x^*) = 9$;

(3) $\mu_1^* = 0, \mu_2^* = 0$:$x^* = 4, f(x^*) = 0$;

(4) $\mu_1^* = 0, \mu_2^* > 0$:$x^* = 6, f(x^*) = 4$。

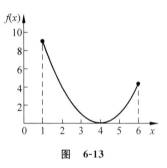

图　6-13

对应于上述(2)、(3)和(4)三种情形,我们得到了三个库恩-塔克点,其中 $x^* = 1$ 和 $x^* = 6$ 为极大点,而 $x^* = 1$ 为最大点,最大值 $f(x^*) = 9$(参看图6-13);$x^* = 4$ 为可行域的内点,它不是该问题的极大点,而是极小点。

二、制约函数法

制约函数法是通过构造某种制约函数,并将它加到非线性规划的目标函数上,从而将原来的约束极值问题,转化为无约束极值问题来求解。由于这里介绍的方法需要求解一系列无约束问题,故称为序列无约束极小化技术(sequential unconstrained minimization technique,SUMT)。下面简要介绍其中最基本的两种:罚函数法(也称外点法)和障碍函数法(也称内点法)。

1. 罚函数法(外点法)

考虑非线性规划(6.3)。

构造函数 $\psi(t)$:

$$\psi(t) = \begin{cases} 0 & \text{当 } t \geqslant 0 \\ \infty & \text{当 } t < 0 \end{cases} \tag{6.53}$$

现把某一约束函数 $g_j(\mathbf{X})$ 视为 t,显然,当 $\mathbf{X}$ 满足该约束时,$g_j(\mathbf{X}) \geqslant 0$,从而 $\psi(g_j(\mathbf{X})) = 0$;当 $\mathbf{X}$ 不满足该约束条件时,$\psi(g_j(\mathbf{X})) = \infty$。将各个约束条件的上述函数加到式(6.3)的目标函数上,得一新函数如下:

$$\varphi(\mathbf{X}) = f(\mathbf{X}) + \sum_{j=1}^{l} \psi(g_j(\mathbf{X})) \tag{6.54}$$

以式(6.54)为新的目标函数,求解无约束问题

$$\min \varphi(\boldsymbol{X}) = f(\boldsymbol{X}) + \sum_{j=1}^{l} \psi(g_j(\boldsymbol{X})) \qquad (6.55)$$

假定问题(6.55)的极小点是 $\boldsymbol{X}^*$,由式(6.53)可知,必有 $g_j(\boldsymbol{X}^*) \geqslant 0$(对所有 j),即 $\boldsymbol{X}^* \in R$。从而,$\boldsymbol{X}^*$ 不仅是问题(6.55)的极小点,它同时也是原来的非线性规划问题(6.3)的极小点。通过上述这种方法,即可把求解非线性规划(6.3)转化成为求解无约束极值问题(6.55)。

但是,如上构造的函数 $\psi(t)$ 在 $t=0$ 处不连续,更没有导数,这就无法使用很多有效的无约束极小化方法进行求解。为此,将该函数做如下修改:

$$\psi(t) = \begin{cases} 0 & \text{当 } t \geqslant 0 \\ t^2 & \text{当 } t < 0 \end{cases} \qquad (6.56)$$

修改后的函数 $\psi(t)$,当 $t \geqslant 0$ 时导数等于零,当 $t < 0$ 时,导数等于 $2t$,而且 $\psi(t)$ 和 $\psi'(t)$ 对任意 t 都连续。当 $\boldsymbol{X} \in R$ 时仍有

$$\sum_{j=1}^{l} \psi(g_j(\boldsymbol{X})) = 0$$

当 $\boldsymbol{X} \bar{\in} R$ 时

$$0 < \sum_{j=1}^{l} \psi(g_j(\boldsymbol{X})) < \infty$$

这时,问题(6.55)的极小点不一定就是原非线性规划问题(6.3)的极小点。但是,如果选取很大的实数 $M > 0$,将式(6.54)改为

$$P(\boldsymbol{X}, M) = f(\boldsymbol{X}) + M \sum_{j=1}^{l} \psi(g_j(\boldsymbol{X})) \qquad (6.57)$$

则很容易看出:当 $\boldsymbol{X} \in R$ 时,有 $P(\boldsymbol{X}, M) = f(\boldsymbol{X})$;当 $\boldsymbol{X} \bar{\in} R$ 时,由于 M 很大,将使 $M \sum_{j=1}^{l} \psi(g_j(\boldsymbol{X}))$ 很大,从而使 $P(\boldsymbol{X}, M)$ 的值也很大,这就相当于对非可行点的"惩罚"。而且,$\boldsymbol{X}$ 点离可行域越远,$M \sum_{j=1}^{l} \psi(g_j(\boldsymbol{X}))$ 就越大,即惩罚越严厉(注意,对可行点没有也不应有任何惩罚作用)。可以想见,当 M 变得足够大时,相应于这样的 M 值,式(6.57)的无约束极小点 $\boldsymbol{X}(M)$,就会和原来的约束问题的极小点足够接近。而当 $\boldsymbol{X}(M) \in R$ 时,它就成为原约束问题的极小点。

这种方法称为(惩)罚函数法,M 称为(惩)罚因子,$M \sum_{j=1}^{l} \psi(g_j(\boldsymbol{X}))$ 为(惩)罚项,$P(\boldsymbol{X}, M)$ 为(惩)罚函数。

式(6.57)也可改写成另一形式:

$$P(\boldsymbol{X}, M) = f(\boldsymbol{X}) + M \sum_{j=1}^{l} [\min(0, g_j(\boldsymbol{X}))]^2 \qquad (6.58)$$

和式(6.57)一样,当 $\boldsymbol{X} \in R$ 时, $P(\boldsymbol{X},M) = f(\boldsymbol{X})$;而当 $\boldsymbol{X} \bar{\in} R$ 时, $P(\boldsymbol{X},M) = f(\boldsymbol{X}) + M \sum_{j=1}^{l} (g_j(\boldsymbol{X}))^2$ 。注意,此处的 $g_j(\boldsymbol{X})$ 为 $\boldsymbol{X}$ 点不满足的那些约束。显而易见,式(6.57)和式(6.58)是等价的。

现引进阶跃函数

$$u_j(g_j(\boldsymbol{X})) = \begin{cases} 0 & \text{当 } g_j(\boldsymbol{X}) \geqslant 0 \\ 1 & \text{当 } g_j(\boldsymbol{X}) < 0 \end{cases} \tag{6.59}$$

这样即可将式(6.57)改写为:

$$P(\boldsymbol{X},M) = f(\boldsymbol{X}) + M \sum_{j=1}^{l} (g_j(\boldsymbol{X}))^2 u_j(g_j(\boldsymbol{X})) \tag{6.60}$$

假定对某一个罚因子,例如说 M_1, $\boldsymbol{X}(M_1) \bar{\in} R$,就加大罚因子的值。随着罚因子数值的增加,罚函数 $P(\boldsymbol{X},M)$ 中的罚项 $M \sum_{j=1}^{l} \psi(g_j(\boldsymbol{X}))$ 所起的作用随之增大,$\min P(\boldsymbol{X},M)$ 的解 $\boldsymbol{X}(M)$ 离可行域 R 的"距离"就会越来越近,当

$$0 < M_1 < M_2 < \cdots < M_k < \cdots$$

趋于无穷大时,点列 $\{\boldsymbol{X}(M_k)\}$ 就从可行域 R 的外部趋于原非线性规划问题的极小点(此处假设点列 $\{\boldsymbol{X}(M_k)\}$ 收敛)。正是由于在达到最优解之前,迭代点往往处于可行域之外,故常把上述罚函数法称为外点法。

和不等式约束问题类似,对于等式约束问题,即

$$\begin{cases} \min f(\boldsymbol{X}) \\ \quad h_i(\boldsymbol{X}) = 0 \quad (i = 1,2,\cdots,m) \end{cases} \tag{6.61}$$

采用以下形式的罚函数:

$$P(\boldsymbol{X},M) = f(\boldsymbol{X}) + M \sum_{i=1}^{m} [h_i(\boldsymbol{X})]^2 \tag{6.62}$$

对于既包含等式约束又包含不等式约束的一般非线性规划问题(6.1),其罚函数为

$$P(\boldsymbol{X},M) = f(\boldsymbol{X}) + M \sum_{i=1}^{m} [h_i(\boldsymbol{X})]^2 + M \sum_{j=1}^{l} [\min(0,g_j(\boldsymbol{X}))]^2 \tag{6.63}$$

或

$$P(\boldsymbol{X},M) = f(\boldsymbol{X}) + M \sum_{i=1}^{m} [h_i(\boldsymbol{X})]^2 + M \sum_{j=1}^{l} [g_j(\boldsymbol{X})]^2 u_j(g_j(\boldsymbol{X})) \tag{6.64}$$

对外点法可做如下经济解释:把目标函数 $f(X)$ 看成一种"价格",约束条件看作某种"规定",采购人可在规定范围内购置物品。对违反规定采取某种"罚款"政策:若符合规定,罚款为零;反之,征收罚款。此时,采购人付出的总代价应是价格和罚款的总和。采购者的目标是使总代价最小,这就是上述的无约束问题。当罚款规定得很苛刻时,违反规定支付的罚款很高,这就迫使采购人符合规定,在数学上表现为,当罚因子 M_k 足够大时,上述无约束问题的最优解应满足约束条件,而成为约束问题的最优解。

罚函数法的迭代步骤如下：

(1) 取第一个罚因子 $M_1 > 0$(例如说取 $M_1 = 1$)，允许误差 $\varepsilon > 0$，并令 $k := 1$。

(2) 求下述无约束极值问题的最优解：

$$\min P(\boldsymbol{X}, M_k)$$

其中 $P(\boldsymbol{X}, M_k)$ 可取式(6.63)或式(6.64)的形式。设其极小点为 $\boldsymbol{X}^{(k)}$。

(3) 若存在某一个 $j(1 \leqslant j \leqslant l)$，有

$$-g_j(\boldsymbol{X}^{(k)}) > \varepsilon$$

或(和)存在某一个 $i(1 \leqslant i \leqslant m)$，有

$$|h_i(\boldsymbol{X}^{(k)})| > \varepsilon$$

则取 $M_{k+1} > M_k$(例如，$M_{k+1} = cM_k$，$c = 5$ 或 10)，并令 $k := k+1$。然后，转回第(2)步。否则，停止迭代，得所要的点 $\boldsymbol{X}^{(k)}$。

例 10　用罚函数法求解

$$\begin{cases} \min f(x) = \left(x - \dfrac{1}{2}\right)^2 \\ \quad x \leqslant 0 \end{cases}$$

解　构造罚函数

$$\begin{aligned} P(x, M) &= f(x) + M[\min(0, g(x))]^2 \\ &= \left(x - \frac{1}{2}\right)^2 + M[\min(0, -x)]^2 \end{aligned}$$

对于固定的 M，令

$$\frac{\mathrm{d}P(x, M)}{\mathrm{d}x} = 2\left(x - \frac{1}{2}\right) - 2M[\min(0, -x)] = 0$$

对于不满足约束条件的点 x，有

$$2\left(x - \frac{1}{2}\right) + 2Mx = 0$$

从而，求得其极小点 $x(M)$ 如下：

$$x(M) = \frac{1}{2(1 + M)}$$

当 $M = 0$ 时，$x(M) = \dfrac{1}{2}$；

当 $M = 1$ 时，$x(M) = \dfrac{1}{4}$；

当 $M = 10$ 时，$x(M) = \dfrac{1}{22}$；

当 $M \to \infty$ 时，$x(M) \to 0$。

说明原约束问题的极小点是 $x^* = 0$。图 6-14 表示出了 M 取 0、1 和 10 时罚函数 $P(x, M)$ 的图像。

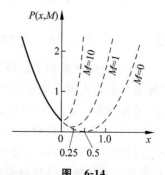

图 6-14

2. 障碍函数法(内点法)

罚函数法的一个重要特点,就是函数 $P(\boldsymbol{X}, M)$ 可在整个 E_n 空间内进行优化,可以任意选择初始点,这给计算带来了很大方便。但由于迭代过程常常是在可行域外进行,因而不能以中间结果直接作为近似解使用。

如果要求每次的近似解都是可行解,以便观察目标函数值的改善情况;或者,如果目标函数在可行域外的性质比较复杂,甚至没有定义,这时就无法使用上面所述的罚函数法了。

障碍函数法(也称内点法)与罚函数法不同,它要求迭代过程始终在可行域内部进行。可以仿照罚函数法,通过函数叠加的办法来改造原来约束极值问题的目标函数,使改造后的目标函数具有这种性质:在可行域 R 的内部与边界面较远的地方,其值与原来的目标函数值尽可能相近;而在接近边界面时可以达到任意大的值。如果把初始迭代点取在可行域内部(不在可行域边界上,这样的点称为内点,也称严格内点),在进行无约束极小化时,这样的函数就会像屏障一样阻止迭代点到 R 的边界上去,而使迭代过程始终在可行域内部进行。经过这样改造后的新目标函数,称为障碍函数。可以想见,满足这种要求的障碍函数,其极小解自然不会在 R 的边界上达到。这就是说,这时的极小化是在不包括可行域边界的可行开集上进行的,因而实际上是一种具有无约束性质的极值问题,可利用无约束极小化的方法进行计算。

考虑非线性规划(6.3),当 $\boldsymbol{X}$ 点从可行域 R 内部趋于其边界时,至少有某一个约束函数 $g_j(\boldsymbol{X})(1 \leqslant j \leqslant l)$ 趋于零。从而,下述倒数函数

$$\sum_{j=1}^{l} \frac{1}{g_j(\boldsymbol{X})} \tag{6.65}$$

和对数函数

$$-\sum_{j=1}^{l} \lg(g_j(\boldsymbol{X})) \tag{6.66}$$

都将无限增大。如果把式(6.65)或式(6.66)加到非线性规划(6.3)的目标函数 $f(\boldsymbol{X})$ 上,就能构成我们所要求的新的目标函数。为了逐步逼近问题(6.3)的极小点,取实数 $r_k > 0$,并构成一系列无约束性质的极小化问题如下:

$$\min_{\boldsymbol{X} \in R_0} \overline{P}(\boldsymbol{X}, r_k) \tag{6.67}$$

其中

$$\overline{P}(\boldsymbol{X}, r_k) = f(\boldsymbol{X}) + r_k \sum_{j=1}^{l} \frac{1}{g_j(\boldsymbol{X})} \tag{6.68}$$

或

$$\overline{P}(\boldsymbol{X}, r_k) = f(\boldsymbol{X}) - r_k \sum_{j=1}^{l} \lg(g_j(\boldsymbol{X})) \tag{6.69}$$

此处,R_0 为所有严格内点的集合,即

$$R_0 = \{ \boldsymbol{X} \mid g_j(\boldsymbol{X}) > 0 \quad j = 1, 2, \cdots, l \} \tag{6.70}$$

式(6.68)和式(6.69)右端的第二项称为障碍项，r_k 称为障碍因子。函数 $\bar{P}(\boldsymbol{X}, r_k)$ 称为障碍函数。

如果从某一点 $\boldsymbol{X}^{(0)} \in R_0$ 出发，按无约束极小化方法(但在进行一维搜索时需注意控制步长，不要使迭代点越出 R_0)对问题(6.67)进行迭代，则随着障碍因子 r_k 的逐渐减小，即

$$r_1 > r_2 > \cdots > r_k > \cdots > 0$$

障碍项所起的作用也越来越小，因而，求出的问题(6.67)的解 $X(r_k)$ 就会逐步逼近原约束问题(6.3)的极小解。若式(6.3)的极小点在可行域 R 的边界上，则随着 r_k 的减小，"障碍"作用逐步降低，所求出的障碍函数的极小点就会不断靠近 R 的边界，直到满足某一精度要求时为止。

障碍函数法的迭代步骤如下：

(1) 取第一个障碍因子 $r_1 > 0$(例如取 $r_1 = 1$)，允许误差 $\varepsilon > 0$，并令 $k := 1$。

(2) 构造障碍函数，障碍项可采用倒数函数(见式(6.68))，也可采用对数函数(见式(6.69))。

(3) 对障碍函数进行无约束极小化(注意，迭代点必须在 R_0 内)，设所得极小解为 $\boldsymbol{X}^{(k)} \in R_0$。

(4) 检查是否满足收敛准则：

$$r_k \sum_{j=1}^{l} \frac{1}{g_j(\boldsymbol{X}^{(k)})} \leqslant \varepsilon \tag{6.71}$$

或

$$\left| r_k \sum_{j=1}^{l} \lg [g_j(\boldsymbol{X}^{(k)})] \right| \leqslant \varepsilon \tag{6.72}$$

如果满足此准则，则以 $\boldsymbol{X}^{(k)}$ 为原约束问题的近似极小解，停止迭代；否则，取 $r_{k+1} < r_k$ $\left(例如取 r_{k+1} = \dfrac{r_k}{10} 或 \dfrac{r_k}{5}\right)$，令 $k := k+1$，转回第(3)步继续进行迭代。

例 11 用障碍函数法求解

$$\begin{cases} \min f(x) = x - 2 \\ \quad x \geqslant 0 \end{cases}$$

解 构造如下形式的障碍函数

$$\bar{P}(x, r_k) = x - 2 + \frac{r_k}{x}$$

对某一固定的 r_k，由

$$\frac{\mathrm{d}\bar{P}(x, r_k)}{\mathrm{d}x} = 1 - \frac{r_k}{x^2} = 0$$

得 $x = \pm\sqrt{r_k}$。令 $r_k \to 0$，并考虑到约束条件，即可得该问题的极小点 $\boldsymbol{X}^* = 0$。图 6-15 示出了 $r_k = 1, 0.1$ 和 0.01 时障碍函数的图像。

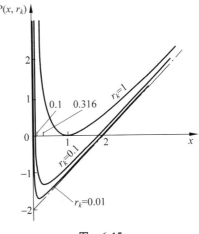

前已述及，内点法的迭代过程必须由某个严格内点开始，在处理实际问题时，如果凭直观即可找到一个初始内点，这当然十分方便；如果找不到，则可使用下述方法。

先任找一点 $\boldsymbol{X}^{(0)} \in E_n$，如果它以严格不等式满足所有约束，则可以把它作为初始内点。若该点以严格不等式满足一部分约束，而不能以严格不等式满足另外的约束，则以不能严格满足的这些约束函数为假拟目标函数，而以严格满足的那些约束函数形成障碍项，构成一无约束性质的问题。求解这一问题，可得一新点 $\boldsymbol{X}^{(1)}$，若 $\boldsymbol{X}^{(1)}$ 仍不为内点，就如上继续进行，并减小障碍因子，直至求出一个初始内点为止。

图 **6-15**

求初始内点的迭代步骤如下：

(1) 任取一点 $\boldsymbol{X}^{(1)} \in E_n, r_1 > 0$（例如取 $r_1 = 1$），令 $k := 1$。

(2) 确定指标集 T_k 和 $\overline{T}_k$：
$$T_k = \{j \mid g_j(\boldsymbol{X}^{(k)}) > 0, \quad 1 \leqslant j \leqslant l\}$$
$$\overline{T}_k = \{j \mid g_j(\boldsymbol{X}^{(k)}) \leqslant 0, \quad 1 \leqslant j \leqslant l\}$$

(3) 检查 $\overline{T}_k$ 是否为空集，若为空集，则取 $\boldsymbol{X}^{(k)}$ 为初始内点，迭代停止；否则，转下一步。

(4) 构造函数
$$\widetilde{P}(\boldsymbol{X}, r_k) = -\sum_{j \in \overline{T}_k} g_j(\boldsymbol{X}) + r_k \sum_{j \in T_k} \frac{1}{g_j(\boldsymbol{X})} \quad (r_k > 0)$$

以 $\boldsymbol{X}^{(k)}$ 为初始点，求解
$$\min_{X \in \widetilde{R}_k} \widetilde{P}(\boldsymbol{X}, r_k)$$

其中，$\widetilde{R}_k = \{\boldsymbol{X} \mid g_j(\boldsymbol{X}) > 0, j \in T_k\}$。

设求出的极小点为 $\boldsymbol{X}^{(k+1)}$，则 $\boldsymbol{X}^{(k+1)} \in \widetilde{R}_k$。令 $0 < r_{k+1} < r_k$（例如说 $r_{k+1} = \dfrac{r_k}{10}$），$k := k+1$，转回第(2)步。

前已述及，当要求在迭代过程中始终满足某些约束条件时，就需要使用内点法（对这些约束条件而言）；然而，内点法不能处理等式约束。因此，人们自然希望将外点法和内点法结合起来使用。即对等式约束和当前不被满足的不等式约束，使用罚函数法；对所满足的那些不等式约束，使用障碍函数法。这就是所谓的混合法（也称联合算法）。

习　题

6.1　下列说法中正确的有:

(1) 若函数在驻点处的黑塞矩阵为正定,则函数值在该点处为极小;

(2) 两个凹函数之和仍为凹函数;

(3) 若 $f(x)$ 为凸函数,则 $1/f(x)$ 为凹函数;

(4) 一个线性函数既可看作是凹函数,也可看作是凸函数。

6.2　如何判定函数的凸凹性? 说明各种判定方法的适用性和优缺点。

6.3　说明一维搜索的基本概念,试比较斐波那契法与 0.618 法。一维搜索还有哪些其他方法?

6.4　说明梯度法、牛顿法的基本原理,并对这两种方法的迭代步骤、适用范围和优缺点加以对比。

6.5　阐明以下概念,并绘图加以解释:

(1) 起作用约束　　　　(2) 下降方向

(3) 可行方向　　　　　(4) 可行下降方向

(5) 库恩-塔克条件

6.6　试举出一适当的经济问题的实例,在简要分析的基础上写出其非线性规划的数学模型。

6.7　说明罚函数法和障碍函数法的基本原理,其各自的适用条件如何? 怎样将它们联合起来应用?

6.8　某工地有 4 个工点,各工点的位置及对混凝土的需要量列入表 6-2,现需建一中心混凝土搅拌站,以供给各工点所需要的混凝土,要求混凝土的总运输量(运量×运距)最小,试决定搅拌站的位置。要求分别考虑以下两种情况:

(1) 搅拌站到各工点的道路均为直线;

(2) 道路为互相垂直或平行的网格。

表　6-2

工点的位置	(x_1, y_1)	(x_2, y_2)	(x_3, y_3)	(x_4, y_4)
混凝土需要量	Q_1	Q_2	Q_3	Q_4

6.9　欲用无约束极小化方法解线性方程组

$$\begin{cases} x_1 - 2x_2 + 3x_3 = 2 \\ 3x_1 - 2x_2 + x_3 = 7 \\ x_1 + x_2 - x_3 = 1 \end{cases}$$

试建立数学模型并说明计算过程。

6.10　对凸规划进行直观说明,并判定下述非线性规划是否为凸规划:

(1) $\begin{cases} \max f(\boldsymbol{X}) = x_1 + 2x_2 \\ x_1^2 + x_2^2 \leqslant 9 \\ x_2 \geqslant 0 \end{cases}$
　　(2) $\begin{cases} \min f(\boldsymbol{X}) = 2x_1^2 + x_2^2 + x_3^2 \\ x_1^2 + x_2^2 \leqslant 4 \\ 5x_1 + x_3 = 10 \\ x_1, x_2, x_3 \geqslant 0 \end{cases}$

6.11　分别用斐波那契法和 0.618 法求函数
$$f(t) = t^2 - 6t + 2$$
在区间 $[0,10]$ 上的极小点,要求缩短后的区间长度不大于原区间长度的 3%。

6.12　试用梯度法(最速下降法)求函数
$$f(\boldsymbol{X}) = x_1^2 + x_2^2 + 2x_3^2$$
的极小点,选初始点 $\boldsymbol{X}^{(0)} = (2, -2, 1)^{\mathrm{T}}$,要求进行三次迭代,并验证相邻两步的搜索方向正交。

6.13　以 $\boldsymbol{X}^{(0)} = (0,0)^{\mathrm{T}}$ 为初始点,分别使用最速下降法(迭代三次)和牛顿法求解无约束问题
$$\min f(\boldsymbol{X}) = 2x_1^2 + x_2^2 + 2x_1 x_2 + x_1 - x_2$$
并绘图表示使用这两种方法的寻优过程。

6.14　试分析非线性规划
$$\begin{cases} \min f(\boldsymbol{X}) = (x_1 - 2)^2 + (x_2 - 3)^2 \\ x_1^2 + (x_2 - 2)^2 \geqslant 4 \\ x_2 \leqslant 2 \end{cases}$$
在以下各点的可行下降方向,并绘图表示其可行下降方向的范围:

(1) $\boldsymbol{X}^{(1)} = (2,2)^{\mathrm{T}}$; (2) $\boldsymbol{X}^{(2)} = (3,2)^{\mathrm{T}}$; (3) $\boldsymbol{X}^{(3)} = (0,0)^{\mathrm{T}}$

6.15　试写出下述二次规划的库恩-塔克条件:
$$\begin{cases} \max f(\boldsymbol{X}) = \boldsymbol{C}^{\mathrm{T}} \boldsymbol{X} + \boldsymbol{X}^{\mathrm{T}} \boldsymbol{H} \boldsymbol{X} \\ \boldsymbol{A} \boldsymbol{X} \leqslant \boldsymbol{b} \\ \boldsymbol{X} \geqslant \boldsymbol{0} \end{cases}$$
其中,变量 $\boldsymbol{X}$ 为 n 维列向量,$\boldsymbol{C}$ 和 $\boldsymbol{b}$ 分别为 n 维和 m 维列向量,$\boldsymbol{A}$ 为 $m \times n$ 矩阵,$\boldsymbol{H}$ 为 $n \times n$ 矩阵。

6.16　已知非线性规划
$$\begin{cases} \max f(\boldsymbol{X}) = x_1 \\ (1 - x_1)^3 - x_2 \geqslant 0 \\ x_1, x_2 \geqslant 0 \end{cases}$$
的极大点为 $(1,0)$,试检验它是否满足库恩-塔克条件,并说明其原因。

6.17 试用库恩-塔克条件求解问题

$$\begin{cases} \min f(\boldsymbol{X}) = (x-4)^2 \\ 1 \leqslant x \leqslant 6 \end{cases}$$

并与本章例 9 进行比较。

6.18 写出下述问题的库恩-塔克条件

$$\begin{cases} \min f(\boldsymbol{X}) = 2x_1^2 - 4x_1x_2 + 4x_2^2 - 6x_1 - 3x_2 \\ x_1 + x_2 \leqslant 3 \\ 4x_1 + x_2 \leqslant 9 \\ x_1, x_1 \geqslant 0 \end{cases}$$

6.19 试用罚函数法(SUMT 外点法)求解

$$\begin{cases} \min f(\boldsymbol{X}) = x_1^2 + x_2^2 \\ x_2 = 1 \end{cases}$$

并写出当罚因子 $M=1$ 和 $M=10$ 时的近似解。

6.20 试用罚函数法(SUMT 外点法)分析

$$\max f(\boldsymbol{X}) = x_1 + x_2$$

$$\text{s. t.} \begin{cases} x_1^2 - x_2 \leqslant 0 \\ -x_1 \leqslant 0 \end{cases}$$

6.21 用罚函数法求解

$$\begin{cases} \min f(\boldsymbol{X}) = -x_1 \\ g_1(\boldsymbol{X}) = 2 - x_2 - (x_1 - 1)^3 \geqslant 0 \\ g_2(\boldsymbol{X}) = x_2 - 2 - (x_1 - 1)^3 \geqslant 0 \\ g_3(\boldsymbol{X}) = x_1 \geqslant 0 \\ g_4(\boldsymbol{X}) = x_2 \geqslant 0 \end{cases}$$

6.22 试用障碍函数法(SUMT 内点法)求解

(1) $$\begin{cases} \min f(\boldsymbol{X}) = \dfrac{1}{3}(x_1 + 1)^3 + x_2 \\ g_1(\boldsymbol{X}) = x_1 - 1 \geqslant 0 \\ g_2(\boldsymbol{X}) = x_2 \geqslant 0 \end{cases}$$
(2) $$\begin{cases} \min f(\boldsymbol{X}) = x \\ 0 \leqslant x \leqslant 1 \end{cases}$$

6.23 试用 SUMT 的混合法求解

$$\begin{cases} \min f(\boldsymbol{X}) = (x_1 - 1)^2 + (x_2 - 2)^2 \\ x_2 - x_1 = 1 \\ x_1 + x_2 \leqslant 2 \\ x_1, x_2 \geqslant 0 \end{cases}$$

CHAPTER 7
第七章

动 态 规 划

　　动态规划是解决多阶段决策过程最优化问题的一种方法,该方法由美国数学家贝尔曼(R. Bellman)等人在 20 世纪 50 年代初提出。他们针对多阶段决策问题的特点,提出了解决这类问题的最优化原理,并成功地解决了生产管理、工程技术等方面的许多实际问题,从而建立了运筹学的一个新分支。1957 年,R. Bellman 发表了该分支领域的第一本专著《动态规划》(*Dynamic Programming*)。

　　动态规划是现代企业管理中的一种重要决策方法,可用于解决最优路径问题、资源分配问题、生产计划与库存、投资、装载、排序等问题及生产过程的最优控制等。由于它有独特的解题思路,在处理某些优化问题时,比线性规划或非线性规划方法更有效。

　　动态规划模型的分类:①离散确定型;②离散随机型;③连续确定型;④连续随机型。其中离散确定型是最基本的,本章主要针对这种类型的问题,介绍动态规划的基本思想、原理和方法,这些对其他类型的问题也适用。然后通过几个典型的动态规划模型来介绍它的应用。

第一节　多阶段决策过程的最优化

　　多阶段决策过程,本意是指这样一类特殊的活动过程,它们可以按时间顺序分解成若干相互联系的阶段,称为"时段",在每一个时段都要做出决策,全部过程的决策形成一个决策序列,所以多阶段决策问题属序贯决策问题。

　　多阶段决策过程最优化的目标是要达到整个活动过程的总体效果最优。由于各段决策间有机地联系着,本段决策的执行将影响到下一段的决策,以至于影响总体效果,所以决策者在每段决策时不应仅考虑本阶段最优,还应考虑对最终目标的影响,从而做出对全局来讲是最优的决策。动态规划就是符合这种要求的一种决策方法。

　　由上述可知,动态规划方法与"时间"关系很密切,随着时间过程的发展而决定各时段的决策,产生一个决策序列,这就是"动态"的意思。然而它也可以处理与时间无关的静态问题,如某些线性规划或非线性规划问题,只要在问题中人为地引入"时段"因素,将问题看成多阶段的决策过程即可。

　　多阶段决策过程问题很多,现举出以下几个例子。

例1 最短路线问题

如图 7-1 所示,给定一个线路网络图,要从 A 地向 F 地铺设一条输油管道,各点间连线上的数字表示距离,问应选择什么路线,可使总距离最短? 这是一个多阶段的决策问题。

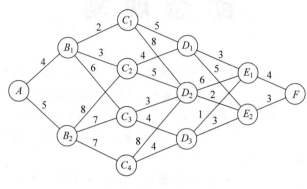

图   7-1

例2 投资决策问题

某公司有资金 10 万元,若投资于项目 $i(i=1,2,3)$ 的投资额为 x_i 时,其收益分别为 $g_1(x_1)=4x_1, g_2(x_2)=9x_2, g_3(x_3)=2x_3^2$,问应如何分配投资数额才能使总收益最大?

这是一个与时间无明显关系的静态最优化问题,可列出其静态模型:

求 x_1, x_2, x_3,使

$$\max z = 4x_1 + 9x_2 + 2x_3^2 \qquad 且满足约束$$

$$\text{s.t.} \begin{cases} x_1 + x_2 + x_3 = 10 \\ x_i \geqslant 0 \quad (i=1,2,3) \end{cases}$$

为了应用动态规划方法求解,我们可以人为地赋予它"时段"的概念,将本例转化成一个三阶段的决策问题。

例3 设备更新问题

企业在使用设备时都要考虑设备的更新问题,因为设备越陈旧所需的维修费用越多,但购买新设备则要一次性支出较大的费用。现某企业要决定一台设备未来 8 年的更新计划,已预测了第 j 年购买设备的价格为 K_j,设 G_j 为设备经过 j 年后的残值,C_j 为设备连续使用 $j-1$ 年后在第 j 年的维修费($j=1,2,\cdots,8$),问应在哪些年更新设备可使总费用最小。

这是一个 8 阶段决策问题,每年年初要做出决策,是继续使用旧设备,还是购买新设备。

更多的例子将在后面结合求解介绍。

第二节　动态规划的基本概念和基本原理

一、动态规划的基本概念

使用动态规划方法解决多阶段决策问题,首先要将实际问题写成动态规划模型,此时要用到以下概念:

(1)阶段;(2)状态;(3)决策和策略;(4)状态转移方程;(5)指标函数。

例 4　下面我们结合例 1 最短路线问题(见图 7-1)说明这些概念。

(1) 阶段

将所给问题的过程,按时间或空间特征分解成若干互相联系的阶段,以便按次序去求每阶段的解,常用字母 k 表示阶段变量。图 7-1 中,从 A 到 F 可以分成从 A 到 B(B 有两种选择 B_1,B_2),从 B 到 C(C 有四种选择 C_1,C_2,C_3,C_4),从 C 到 D(D 有三种选择 D_1,D_2,D_3),从 D 到 E(E 有两种选择 E_1,E_2),再从 E 到 F 五个阶段。$k=1,2,3,4,5$。

(2) 状态

各阶段开始时的客观条件叫作状态。描述各阶段状态的变量称为状态变量,常用 s_k 表示第 k 阶段的状态变量,状态变量 s_k 的取值集合称为状态集合,用 S_k 表示。

动态规划中的状态应具有如下性质:当某阶段状态给定以后,在这阶段以后过程的发展不受这段以前各段状态的影响。也就是说,当前的状态是过去历史的一个完整总结,过程的过去历史只能通过当前状态去影响它未来的发展,这称为无后效性。如果所选定的变量不具备无后效性,就不能作为状态变量来构造动态规划模型。

在图 7-1 中,第一阶段状态为 A,第二阶段则有两个状态:B_1,B_2。状态变量 s_1 的集合 $S_1=\{A\}$,后面各段的状态集合分别是

$$S_2 = \{B_1, B_2\}$$
$$S_3 = \{C_1, C_2, C_3, C_4\}$$
$$S_4 = \{D_1, D_2, D_3\}$$
$$S_5 = \{E_1, E_2\}$$

当某段的初始状态已选定某个点时,从这个点以后的铺管路线只与该点有关,不受以前的铺管路线影响,所以满足状态的无后效性。

(3) 决策和策略

当各段的状态取定以后,就可以做出不同的决策(或选择),从而确定下一阶段的状态,这种决定称为决策。表示决策的变量,称为决策变量,常用 $u_k(s_k)$ 表示第 k 阶段当状态为 s_k 时的决策变量。在实际问题中,决策变量的取值往往限制在一定范围内,我们称此范围为允许决策集合,常用 $D_k(s_k)$ 表示第 k 阶段从状态 s_k 出发的允许决策集合,显然有 $u_k(s_k) \in D_k(s_k)$。

在图 7-1 中,从第二阶段的状态 B_1 出发,可选择下一段的 C_1,C_2,C_3,即其允许决策集合为

$$D_2(B_1) = \{C_1,C_2,C_3\}$$

如我们决定选择 C_3,则可表示为

$$u_2(B_1) = C_3$$

各段决策确定后,整个问题的决策序列就构成一个策略,用 $p_{1,n}\{u_1(s_1),u_2(s_2),\cdots u_n(s_n)\}$ 表示。对每个实际问题,可供选择的策略有一定范围,称为允许策略集合,记作 $P_{1,n}$,使整个问题达到最优效果的策略就是最优策略。

(4) 状态转移方程

动态规划中本阶段的状态往往是上一阶段状态和上一阶段的决策结果。如果给定了第 k 段的状态 s_k,本阶段决策为 $u_k(s_k)$,则第 $k+1$ 段的状态 s_{k+1} 也就完全确定,它们的关系可用式(7.1)表示:

$$s_{k+1} = T_k(s_k,u_k) \tag{7.1}$$

由于它表示了由 k 段到 $k+1$ 段的状态转移规律,所以称为状态转移方程。

图 7-1 中,从 k 到 $k+1$ 段的状态转移方程为

$$s_{k+1} = u_k(s_k)$$

(5) 指标函数

用于衡量所选定策略优劣的数量指标称为指标函数。它分为阶段指标函数和过程指标函数两种。阶段指标函数是指第 k 段,从状态 s_k 出发,采取决策 u_k 时的效益,用 $d(s_k,u_k)$ 表示。而一个 n 段决策过程,从 1 到 n 叫作问题的原过程,对于任意一个给定的 $k(1\leqslant k\leqslant n)$,从第 k 段到第 n 段的过程称为原过程的一个后部子过程。$V_{1,n}(s_1,p_{1,n})$ 表示初始状态为 s_1 采用策略 $p_{1,n}$ 时原过程的指标函数值,而 $V_{k,n}(s_k,p_{k,n})$ 表示在第 k 段,状态为 s_k 采用策略 $p_{k,n}$ 时,后部子过程的指标函数值。最优指标函数记为 $f_k(s_k)$,它表示从第 k 段状态 s_k 采用最优策略 $p_{k,n}^*$ 到过程终止时的最佳效益值。$f_k(s_k)$ 与 $V_{k,n}(s_k,p_{k,n})$ 间的关系为

$$f_k(s_k) = V_{k,n}(s_k,p_{k,n}^*) = \operatorname*{opt}_{p_{k,n}\in P_{k,n}} V_{k,n}(s_k,p_{k,n}) \tag{7.2}$$

式(7.2)中 opt 全称 optimum,表示最优化,根据具体问题分别表示为 max 或 min。

当 $k=1$ 时,$f_1(s_1)$ 就是从初始状态 s_1 到全过程结束的整体最优函数。

在图 7-1 中,指标函数是距离。如第 2 阶段,状态为 B_1 时 $d(B_1,C_2)$ 表示由 B_1 出发。采用决策到下一段 C_2 点的两点间距离,$V_{2,5}(B_1)$ 表示从 B_1 到 F 的距离,而 $f_2(B_1)$ 则表示从 B_1 到 F 的最短距离。本问题的总目标是求 $f_1(A)$,即从 A 到终点 F 的最短距离。

二、动态规划的基本思想与最优化原理

1. 动态规划的基本思想

下面结合例 4 最短路线问题介绍动态规划的基本思想。

为了求出最短路线,一种简单的方法是求出所有从 A 至 F 的可能铺设的路长并加以比较。从 A 至 F 共有 24 条不同路径,要求出最短路线需要做 66 次加法,23 次比较运算,这种方法称穷举法。不难知道,当问题的段数很多、各段的状态也很多时,穷举法的计算量会大大增加,甚至使得求优成为不可能。下面介绍动态规划方法。注意本方法是从过程的最后一段开始,用逆序递推方法求解,逐步求出各段各点到终点 F 的最短路线,最后求得 A 点到 F 点的最短路线。

第 1 步,从 $k=5$ 开始,状态变量 s_5 可取两种状态 E_1,E_2,它们到 F 点的路长分别为 4,3。即

$$f_5(E_1) = 4 \quad f_5(E_2) = 3$$

第 2 步,$k=4$,状态变量 s_4 可取三个值 D_1,D_2,D_3,这是经过一个中途点到达终点 F 的两级决策问题,从 D_1 到 F 有两条路线,需加以比较,取其中最短的,即

$$f_4(D_1) = \min \begin{Bmatrix} d(D_1,E_1) + f_5(E_1) \\ d(D_1,E_2) + f_5(E_2) \end{Bmatrix} = \min \begin{Bmatrix} 3+4 \\ 5+3 \end{Bmatrix} = 7$$

这说明由 D_1 到终点 F 最短距离为 7,其路径为 $D_1 \rightarrow E_1 \rightarrow F$。相应决策为 $u_4^*(D_1) = E_1$。

$$f_4(D_2) = \min \begin{Bmatrix} d(D_2,E_1) + f_5(E_1) \\ d(D_2,E_2) + f_5(E_2) \end{Bmatrix} = \min \begin{Bmatrix} 6+4 \\ 2+3 \end{Bmatrix} = 5$$

即 D_2 到终点最短距离为 5,其路径为 $D_2 \rightarrow E_2 \rightarrow F$。相应决策为 $u_4^*(D_2) = E_2$。

$$f_4(D_3) = \min \begin{Bmatrix} d(D_3,E_1) + f_5(E_1) \\ d(D_3,E_2) + f_5(E_2) \end{Bmatrix} = \min \begin{Bmatrix} 1+4 \\ 3+3 \end{Bmatrix} = 5$$

即 D_3 到终点最短距离为 5,其路径为 $D_3 \rightarrow E_1 \rightarrow F$。相应决策为 $u_4^*(D_3) = E_1$。

类似地,可得

$k=3$ 时,有 $\quad f_3(C_1) = 12 \qquad u_3^*(C_1) = D_1$

$\qquad\qquad\quad f_3(C_2) = 10 \qquad u_3^*(C_2) = D_2$

$\qquad\qquad\quad f_3(C_3) = 8 \qquad\ u_3^*(C_3) = D_2$

$\qquad\qquad\quad f_3(C_4) = 9 \qquad\ u_3^*(C_4) = D_3$

$k=2$ 时,有 $\quad f_2(B_1) = 13 \qquad u_2^*(B_1) = C_2$

$\qquad\qquad\quad f_2(B_2) = 15 \qquad u_2^*(B_2) = C_3$

$k=1$ 时,只有一个状态点 A,因有

$$f_1(A) = \min \begin{Bmatrix} d(A,B_1) + f_2(B_1) \\ d(A,B_2) + f_2(B_2) \end{Bmatrix} = \min \begin{Bmatrix} 4+13 \\ 5+15 \end{Bmatrix} = 17$$

即从 A 到 F 的最短距离为 17。本段决策为 $u_1^*(A) = B_1$。

再按计算顺序反推可得最优决策序列 $\{u_k\}$,即 $u_1^*(A) = B_1, u_2^*(B_1) = C_2, u_3^*(C_2) =$

D_2，$u_4^*(D_2)=E_2$，$u_5^*(E_2)=F$。所以最优路线为

$$A \rightarrow B_1 \rightarrow C_2 \rightarrow D_2 \rightarrow E_2 \rightarrow F。$$

从例4的计算过程中可以看出，在求解的各阶段，都利用了第k段和第$k+1$段的如下关系：

$$\begin{cases} f_k(s_k) = \min_{u_k}\{d_k(s_k,u_k) + f_{k+1}(s_{k+1})\} & k = 5,4,3,2,1 \\ f_6(s_6) = 0 \end{cases}$$

$$(7.3a)$$
$$(7.3b)$$

这种递推关系称为动态规划的基本方程，式(7.3b)称为边界条件。

上述最短路线的计算过程也可用图直观表示出来，如图7-2，每个结点上方的括号内的数，表示该点到终点F的最短距离。连结各点到F点的线表示最短路径。这种在图上直接计算的方法叫标号法。动态规划法较之穷举法的优点：第一，容易算出，这种方法只进行了22次加法运算，12次比较运算，比穷举法计算量小。而且随着问题段数的增加和复杂程度的提高，相对的计算量将更为减少。第二，动态规划的计算结果不仅得到了从A到F的最短路线，而且得到了中间段任一点到F的最短路线，这对许多实际问题来讲，是很有意义的。

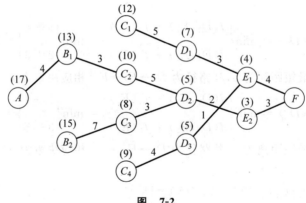

图 7-2

现将动态规划方法的基本思想总结如下：

(1) 将多阶段决策过程划分阶段，恰当地选取状态变量、决策变量及定义最优指标函数，从而把问题化成一族同类型的子问题，然后逐个求解。

(2) 求解时从边界条件开始，逆(或顺)过程行进方向，逐段递推寻优。在每一个子问题求解时，都要使用它前面已求出的子问题的最优结果，最后一个子问题的最优解，就是整个问题的最优解。

(3) 动态规划方法是既把当前一段与未来各段分开，又把当前效益和未来效益结合起来考虑的一种最优化方法，因此每段的最优决策选取是从全局考虑的，与该段的最优选择一般是不同的。

动态规划的基本方程是递推逐段求解的根据,一般的动态规划基本方程可以表示为

$$\begin{cases} f_k(s_k) = \operatorname*{opt}_{u_k \in D_k(s_k)} \left[v_k(s_k, u_k) + f_{k+1}(s_{k+1}) \right] \quad k = n, n-1, \cdots, 1 & (7.4a) \\ f_{n+1}(s_{n+1}) = 0 & (7.4b) \end{cases}$$

式中 opt 可根据题意取 min 或 max,$v_k(s_k, u_k)$ 为状态 s_k,决策 u_k 时对应的第 k 阶段的指标函数值。

2. 动态规划的最优化原理

动态规划方法基于贝尔曼(R. Bellman)等人提出的最优化原理。最优化原理可表述为:"一个过程的最优策略具有这样的性质:即无论初始状态及初始决策如何,对于先前决策所形成的状态而言,其以后的所有决策应构成最优策略。"

例 4 正是根据这一原理求解的,从图 7-2 可以看出,无论从哪一段的某状态出发到终点 F 的最短路线,只与此状态有关,而与这点以前的状态、路线无关,即不受从 A 点是如何到达该点的决策影响。

利用上述最优化原理,可以把多阶段决策问题求解过程表示成一个连续的递推过程,由后向前逐步计算。在求解时,前面的各状态与决策,对后面的子过程来说,只相当于初始条件,并不影响后面子过程的最优决策。

第三节　动态规划模型的建立与求解

一、动态规划模型的建立

建立动态规划的模型,就是分析问题并建立问题的动态规划基本方程。成功地应用动态规划方法的关键,在于识别问题的多阶段特征,将问题分解成为可用递推关系式联系起来的若干子问题,而正确建立基本递推关系方程的关键又在于正确选择状态变量,保证各阶段的状态变量具有递推的状态转移关系 $s_{k+1} = T_k(s_k, u_k)$。

下面以资源分配问题为例介绍动态规划的建模条件及解法。资源分配问题是动态规划的典型应用之一,资源可以是资金、原材料、设备、劳力等,资源分配就是将一定数量的一种或几种资源恰当地分配给若干使用者,以获取最大效益。

例 5　见例 2,前面已列出了一个非线性规划模型,为了应用动态规划方法求解,可以人为地赋予它"时段"的概念。将投资项目排序,依次对项目 1、2、3 投资,即把问题划分为 3 个阶段,每个阶段只决定对一个项目应投资的金额,从而转化为一个 3 段决策过程。下面的关键是如何正确选择状态变量,使各后部子过程之间具有递推关系。

通常可以把决策变量 u_k 定为原静态问题中的变量 x_k,即设

$$u_k = x_k \quad (k = 1, 2, 3)$$

状态变量和决策变量有密切关系,状态变量一般为累计量或随递推过程变化的量。这里可以把每阶段可供使用的资金定为状态变量 s_k,初始状态 $s_1 = 10$。u_1 为可分配用于第一

种项目的最大资金,则当第一阶段($k=1$)时,有

$$\begin{cases} s_1 = 10 \\ u_1 = x_1 \end{cases}$$

第二阶段($k=2$)时,状态变量 s_2 为余下可投资于其余两个项目的资金,即

$$\begin{cases} s_2 = s_1 - u_1 \\ u_2 = x_2 \end{cases}$$

一般地,当第 k 段时

$$\begin{cases} s_k = s_{k-1} - u_{k-1} \\ u_k = x_k \end{cases}$$

于是有

阶段 k:本例中取 $1,2,3$。

状态变量 s_k:第 k 段可以投资于第 k 项到第 3 个项目的资金。

决策变量 x_k:决定给第 k 个项目投资的资金。

状态转移方程:$s_{k+1} = s_k - x_k$

指标函数:$V_{k,3} = \sum\limits_{i=k}^{3} g_i(x_i)$

最优指标函数 $f_k(s_k)$:当可投资金为 s_k 时,投资第 $k-3$ 项所得的最大收益。

基本方程为

$$\begin{cases} f_k(s_k) = \max\limits_{0 \leqslant x_k \leqslant s_k} \{g_k(x_k) + f_{k+1}(s_{k+1})\} \quad k = 3,2,1 \\ f_4(s_4) = 0 \end{cases}$$

用动态规划方法逐段求解,便可得到各项目最佳投资金额,$f_1(10)$ 就是所求的最大收益。

一般地,建立动态规划模型的要点如下:

1. 分析题意,识别问题的多阶段特性,按时间或空间的先后顺序适当地划分为满足递推关系的若干阶段,对非时序的静态问题要人为地赋予"时段"概念。

2. 正确地选择状态变量,使其具备两个必要特征:

(1) 可知性:即过程演变的各阶段状态变量的取值,能直接或间接地确定。

(2) 能够确切地描述过程的演变且满足无后效性。即由第 k 阶段的状态 s_k 出发的后部子过程,可以看作是一个以 s_k 为初始状态的独立过程。这一点并不是每个问题都很容易满足的,例如,本章第四节中讲述的著名的"货郎担问题",不能像前面处理最短路问题一样,把城镇位置作为状态变量,而需把含该城镇在内及以前走过的全部城镇的集合定义为状态,才能实现无后效性。

3. 根据状态变量与决策变量的含义,正确写出状态转移方程 $s_{k+1} = T_k(s_k, u_k)$ 或转移规则。

4. 根据题意明确指标函数 $V_{k,n}$，最优指标函数 $f_k(s_k)$ 以及 k 阶段指标 $v_k(s_k,u_k)$ 的含义，并正确列出最优指标函数的递推关系及边界条件(即基本方程)。

上面指出的是建立动态规划模型的一般步骤，实际建模需要经验与技巧，关键是灵活地运用最优化原理。

二、逆序解法与顺序解法

动态规划的求解有两种基本方法：逆序解法(后向动态规划方法)、顺序解法(前向动态规划方法)。

例 4 所使用的解法，由于寻优的方向与多阶段决策过程的实际行进方向相反，从最后一段开始计算逐段前推，求得全过程的最优策略，称为逆序解法。与之相反，顺序解法的寻优方向与过程的行进方向相同，计算时从第一段开始逐段向后递推，计算后一阶段要用到前一阶段的求优结果，最后一段计算的结果就是全过程的最优结果。

我们再次用例 4 来说明顺序解法。由于此问题的始点 A 与终点 F 都是固定的，计算由 A 点到 F 点的最短路线与由 F 点到 A 点的最短路线没有什么不同。若设 $f_k(s_{k+1})$ 表示从起点 A 到第 k 阶段状态 s_{k+1} 的最短距离，我们就可以由前向后逐步求出起点 A 到各阶段起点的最短距离，最后求出 A 点到 F 点的最短距离及路径。计算步骤如下：

$k=0$ 时，$f_0(s_1)=f_0(A)=0$，这是边界条件。

$k=1$ 时，按 $f_1(s_2)$ 的定义有

$$\begin{cases} f_1(B_1)=4 \\ u_1(B_1)=A \end{cases} \quad \begin{cases} f_1(B_2)=5 \\ u_1(B_2)=A \end{cases}$$

$k=2$ 时，

$$\begin{cases} f_2(C_1)=d(B_1,C_1)+f_1(B_1)=2+4=6 \\ u_2(C_1)=B_1 \end{cases}$$

$$\begin{cases} f_2(C_2)=\min\begin{cases} d(B_1,C_2)+f_1(B_1) \\ d(B_2,C_2)+f_1(B_2) \end{cases}=\min\begin{cases} 3+4 \\ 8+5 \end{cases}=7 \\ u_2(C_2)=B_1 \end{cases}$$

$$\begin{cases} f_2(C_3)=\min\begin{cases} d(B_1,C_3)+f_1(B_1) \\ d(B_2,C_3)+f_1(B_2) \end{cases}=\min\begin{cases} 6+4 \\ 7+5 \end{cases}=10 \\ u_2(C_3)=B_1 \end{cases}$$

$$\begin{cases} f_2(C_4)=d(B_2,C_4)+f_1(B_2)=7+5=12 \\ u_2(C_4)=B_2 \end{cases}$$

类似地，可算得

$$f_3(D_1) = 11 \qquad u_3(D_1) = C_1 \text{ 或 } C_2$$
$$f_3(D_2) = 12 \qquad u_3(D_2) = C_2$$
$$f_3(D_3) = 14 \qquad u_3(D_3) = C_3$$
$$f_4(E_1) = 14 \qquad u_4(E_1) = D_1$$
$$f_4(E_2) = 14 \qquad u_4(E_2) = D_2$$
$$f_5(F) = 17 \qquad u_5(F) = E_2$$

按定义知 $f_5(F) = 17$ 为所求最短路长,而路径则为 $A \to B_1 \to C_2 \to D_2 \to E_2 \to F$,与前节逆序解法结论相同。全部计算情况如图 7-3 所示。图中每节点上方括号内的数表示该点到 A 点的最短距离,粗黑线表示该点到 A 点的路径。

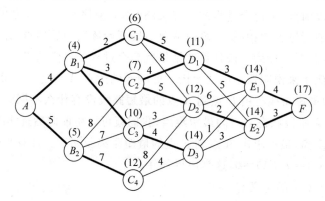

图 **7-3**

类似于逆序解法,可以把上述解法写成如下的递推方程:

$$\begin{cases} f_k(s_{k+1}) = \min_{u_k}\{v_k(s_{k+1}, u_k) + f_{k-1}(s_k)\} & k = 1,2,3,4,5 \quad (7.5a) \\ f_0(s_1) = 0 & (7.5b) \end{cases}$$

这里状态转移方程为:$s_k = T_k(s_{k+1}, u_k)$

顺序解法与逆序解法本质上并无区别,一般来说,当初始状态给定时可用逆序解法,当终止状态给定时可用顺序解法。若问题给定了一个初始状态与一个终止状态,则两种方法均可使用,如例 4。但若初始状态虽已给定,终点状态有多个,需比较到达不同终点状态的各个路径及最优指标函数值,以选取总效益最佳的终点状态时,使用顺序解法比较简便。总之,针对问题的不同特点,灵活地选用这两种方法之一,可以使求解过程简化。

使用上述两种方法求解时,除了求解的行进方向不同外,在建模时要注意以下区别:

1. 状态转移方式不同

如图 7-4 所示,逆序解法中第 k 段的输入状态为 s_k,决策为 u_k,由此确定输出为 s_{k+1},即第 $k+1$ 段的状态,所以状态转移方程为

$$s_{k+1} = T_k(s_k, u_k) \qquad (7.6)$$

式(7.6)称为状态 s_k 到 s_{k+1} 的顺序转移方程。

而顺序解法中第 k 段的输入状态为 s_{k+1}，决策 u_k，输出为 s_k，如图 7-5 所示，所以状态转移方程为

$$s_k = T_k(s_{k+1}, u_k) \tag{7.7}$$

式(7.7)称为由状态 s_{k+1} 到 s_k 的逆序状态转移的方程。

同样道理，逆序解法中的阶段指标 $v_k(s_k, u_k)$ 在顺序解法中应表为 $v_k(s_{k+1}, u_k)$。

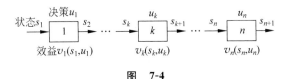

图　7-4

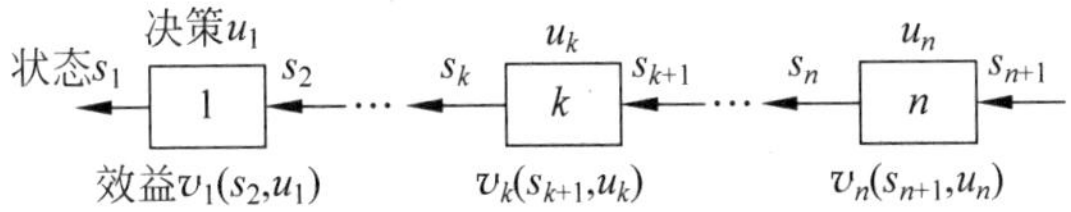

图　7-5

2. 指标函数的定义不同

逆序解法中，我们定义最优指标函数 $f_k(s_k)$ 表示第 k 段从状态 s_k 出发，到终点后部子过程最优效益值，$f_1(s_1)$ 是整体最优函数值。

顺序解法中，应定义最优指标函数 $f_k(s_{k+1})$ 表示第 k 段时从起点到状态 s_{k+1} 的前部子过程最优效益值。$f_n(s_{n+1})$ 是整体最优函数值。

3. 基本方程形式不同

(1) 当指标函数为阶段指标和形式，在逆序解法中

$$V_{k,n} = \sum_{j=k}^{n} v_j(s_j, u_j)$$

则基本方程为

$$\begin{cases} f_k(s_k) = \underset{u_k \in D_k}{\mathrm{opt}} \{v_k(s_k, u_k) + f_{k+1}(s_{k+1})\} & (k = n, n-1, \cdots, 2, 1) \quad (7.8a) \\ f_{n+1}(s_{n+1}) = 0 & (7.8b) \end{cases}$$

顺序解法中，$V_{1,k} = \sum_{j=1}^{k} v_j(s_{j+1}, u_j)$，基本方程为

$$\begin{cases} f_k(s_{k+1}) = \underset{u_k \in D_k}{\mathrm{opt}} \{v_k(s_{k+1}, u_k) + f_{k-1}(s_k)\} & (k = 1, 2, \cdots, n) \quad (7.9a) \\ f_0(s_1) = 0 & (7.9b) \end{cases}$$

(2) 当指标函数为阶段指标积形式，在逆序解法中

$$V_{k,n} = \prod_{j=k}^{n} v_j(s_j, u_j)$$

则基本方程为

$$
\begin{cases}
f_k(s_k) = \underset{u_k \in D_k}{\mathrm{opt}} \{v_k(s_k, u_k) \cdot f_{k+1}(s_{k+1})\} & (k = n, n-1, \cdots, 2, 1) \quad (7.10a) \\
f_{n+1}(s_{n+1}) = 1 & (7.10b)
\end{cases}
$$

在顺序解法中，
$$
V_{1,k} = \prod_{j=1}^{k} v_j(s_{j+1}, u_j)
$$

基本方程为

$$
\begin{cases}
f_k(s_{k+1}) = \underset{u_k \in D_k}{\mathrm{opt}} \{v_k(s_{k+1}, u_k) \cdot f_{k-1}(s_k)\} & (k = 1, 2, \cdots, n) \quad (7.11a) \\
f_0(s_1) = 1 & (7.11b)
\end{cases}
$$

应指出的是，这里有关顺序解法的表达式，是在原状态变量符号不变条件下得出的，若将状态变量记法改为 $s_0, s_1, \cdots, s_n$，则最优指标函数也可表示为 $f_k(s_k)$，即符号同于逆序解法，但含义不同。

三、基本方程分段求解时的几种常用算法

动态规划模型建立后，对基本方程分段求解，不像线性规划或非线性规划那样有固定的解法，必须根据具体问题的特点，结合数学技巧灵活求解，大体有以下几种方法。

1. 离散变量的分段穷举算法

动态规划模型中的状态变量与决策变量若被限定只能取离散值，则可采用分段穷举法。如例4的求解方法就是分段穷举算法，由于每段的状态变量和决策变量离散取值个数较少，所以动态规划的穷举法要比一般的穷举法有效。用分段穷举法求最优指标函数值时，最重要的是正确确定每段状态变量取值范围和允许决策集合的范围。

2. 连续变量的解法

当动态规划模型中状态变量与决策变量为连续变量，就要根据方程的具体情况灵活选取求解方法，如经典解析方法、线性规划方法、非线性规划法或其他数值计算方法等。如在例5中，状态变量与决策变量均可取连续值而不是离散值，所以每阶段求优时不能用穷举方法处理。下面分别用逆序解法和顺序解法来求解例5。

(1) 用逆序解法

由前面分析得知，例5为三段决策问题，状态变量 s_k 为第 k 段初拥有的可以分配给第 k 到第3个项目的资金；决策变量 x_k 为决定投给第 k 个项目的资金；状态转移方程为 $s_{k+1} = s_k - x_k$；最优指标函数 $f_k(s_k)$ 表示第 k 阶段，初始状态为 s_k 时，从第 k 到第3个项目所获最大收益，$f_1(s_1)$ 即为所求的总收益。递推方程为

$$
\begin{cases}
f_k(s_k) = \underset{0 \leqslant x_k \leqslant s_k}{\max} \{g_k(x_k) + f_{k+1}(s_{k+1})\} & (k = 3, 2, 1) \\
f_4(s_4) = 0
\end{cases}
$$

$k=3$ 时，
$$
f_3(s_3) = \underset{0 \leqslant x_3 \leqslant s_3}{\max} \{2x_3^2\}
$$

这是一个简单的函数求极值问题,易知当 $x_3^* = s_3$ 时,取得极大值 $2s_3^2$,即

$$f_3(s_3) = \max_{0 \leqslant x_3 \leqslant s_3} \{2x_3^2\} = 2s_3^2$$

$k=2$ 时,
$$f_2(s_2) = \max_{0 \leqslant x_2 \leqslant s_2} \{9x_2 + f_3(s_3)\}$$
$$= \max_{0 \leqslant x_2 \leqslant s_2} \{9x_2 + 2 \times (s_2 - x_2)^2\}$$

令
$$h_2(s_2, x_2) = 9x_2 + 2 \times (s_2 - x_2)^2$$

由
$$\frac{\mathrm{d}h_2}{\mathrm{d}x_2} = 9 + 4(s_2 - x_2)(-1) = 0$$

解得
$$x_2 = s_2 - \frac{9}{4}$$

而
$$\frac{\mathrm{d}^2 h_2}{\mathrm{d}x_2^2} = 4 > 0$$

所以　$x_2 = s_2 - \dfrac{9}{4}$ 是极小点。

极大值只可能在 $[0, s_2]$ 端点取得,

$$f_2(0) = 2s_2^2 \qquad f_2(s_2) = 9s_2$$

当 $f_2(0) = f_2(s_2)$ 时,解得 $s_2 = 9/2$。

当 $s_2 > 9/2$ 时,$f_2(0) > f_2(s_2)$,此时 $x_2^* = 0$

$s_2 < 9/2$ 时,$f_2(0) < f_2(s_2)$,此时 $x_2^* = s_2$

$k=1$ 时,
$$f_1(s_1) = \max_{0 \leqslant x_1 \leqslant s_1} \{4x_1 + f_2(s_2)\}$$

当 $f_2(s_2) = 9s_2$ 时,
$$f_1(10) = \max_{0 \leqslant x_1 \leqslant 10} \{4x_1 + 9s_1 - 9x_1\}$$
$$= \max_{0 \leqslant x_1 \leqslant 10} \{9s_1 - 5x_1\} \underset{x_1^* = 0}{=} 9s_1$$

但此时
$$s_2 = s_1 - x_1 = 10 - 0 = 10 > 9/2$$

与 $s_2 < 9/2$ 矛盾,所以舍去。

当 $f_2(s_2) = 2s_2^2$ 时,$f_1(10) = \max\limits_{0 \leqslant x_1 \leqslant 10} \{4x_1 + 2 \times (s_1 - x_1)^2\}$

令
$$h_1(s_1, x_1) = 4x_1 + 2 \times (s_1 - x_1)^2$$

由
$$\frac{\mathrm{d}h_1}{\mathrm{d}x_1} = 4 + 4(s_1 - x_1)(-1) = 0$$

解得
$$x_1 = s_1 - 1$$

而
$$\frac{\mathrm{d}^2 h_1}{\mathrm{d}x_1^2} = 1 > 0$$

所以 $x_1 = s_1 - 1$ 是极小点。

比较 $[0, 10]$ 两个端点,$x_1 = 0$ 时,$f_1(10) = 200$

$x_1 = 10$ 时,$f_1(10) = 40$

所以 $$x_1^* = 0$$

再由状态转移方程顺推 $$s_2 = s_1 - x_1^* = 10 - 0 = 10$$

因为 $$s_2 > 9/2$$

所以 $$x_2^* = 0, s_3 = s_2 - x_2^* = 10 - 0 = 10$$

由此 $$x_3^* = s_3 = 10$$

最优投资方案为全部资金投于第 3 个项目,可得最大收益 200 万元。

(2) 用顺序解法

阶段划分和决策变量的设置同逆序解法,令状态变量 s_{k+1} 表示可用于第 1 到第 k 个项目投资的金额,则有

$$s_4 = 10 \quad s_3 = s_4 - x_3 \quad s_2 = s_3 - x_2 \quad s_1 = s_2 - x_1$$

即状态转移方程为 $$s_k = s_{k+1} - x_k$$

令最优指标函数 $f_k(s_{k+1})$ 表示第 k 段投资额为 s_{k+1} 时第 1 到第 k 项所获的最大收益,此时顺序解法的基本方程为

$$\begin{cases} f_k(s_{k+1}) = \max_{0 \leqslant x_k \leqslant s_{k+1}} \left[g_k(x_k) + f_{k-1}(s_k) \right] & k = 1, 2, 3 \\ f_0(s_1) = 0 \end{cases}$$

当 $k=1$ 时,有

$$\begin{aligned} f_1(s_2) &= \max_{0 \leqslant x_1 \leqslant s_2} \left[g_1(x_1) + f_0(s_1) \right] \\ &= \max_{0 \leqslant x_1 \leqslant s_2} \left[4x_1 \right] = 4s_2 \end{aligned}$$

$$x_1^* = s_2$$

当 $k=2$ 时,有

$$\begin{aligned} f_2(s_3) &= \max_{0 \leqslant x_2 \leqslant s_3} \left[9x_2 + f_1(s_2) \right] \\ &= \max_{0 \leqslant x_2 \leqslant s_3} \left[9x_2 + 4(s_3 - x_2) \right] \\ &= \max_{0 \leqslant x_2 \leqslant s_3} (5x_2 + 4s_3) \\ &= 9s_3 \end{aligned}$$

$$x_2^* = s_3$$

当 $k=3$ 时,有

$$\begin{aligned} f_3(s_4) &= \max_{0 \leqslant x_3 \leqslant s_4} \left[2x_3^2 + f_2(s_3) \right] \\ &= \max_{0 \leqslant x_3 \leqslant s_4} \left[2x_3^2 + 9(s_4 - x_3) \right] \end{aligned}$$

令 $$h(s_4, x_3) = 2x_3^2 + 9(s_4 - x_3)$$

由 $$\frac{dh}{dx_3} = 4x_3 - 9 = 0$$

解得
$$x_3 = \frac{9}{4}$$

因为
$$\frac{\mathrm{d}^2 h}{\mathrm{d} x_3^2} = 4 > 0$$

所以,此点为极小点。

极大值应在$[0, s_4] = [0, 10]$端点取得

当$x_3 = 0$时,$f_3(10) = 90$

当$x_3 = 10$时,$f_3(10) = 200$

所以
$$x_3^* = 10$$

再由状态转移方程逆推:
$$s_3 = 10 - x_3^* = 0 \qquad x_2^* = 0$$
$$s_2 = s_3 - x_2^* = 0$$

即
$$x_1^* = 0$$

所以最优投资方案与逆序解法结果相同,只投资于项目 3,最大收益为 200 万元。比较两种解法的过程,可以发现,对本题而言,顺序解法比逆序解法简单。

关于连续变量的其他求解方法将在以后各节中结合例题介绍。

3. 连续变量的离散化解法

先介绍连续变量离散化的概念。如投资分配问题的一般静态模型为

$$\max z = \sum_{i=1}^{n} g_i(x_i)$$

$$\mathrm{s.\,t.} \begin{cases} \sum_{i=1}^{n} x_i \leqslant a \\ x_i \geqslant 0 \quad (i = 1, 2, \cdots, n) \end{cases}$$

建立它的动态规划模型,其基本方程为

$$\begin{cases} f_k(s_k) = \max_{0 \leqslant x_k \leqslant s_k} \{g_k(x_k) + f_{k+1}(s_{k+1})\} \qquad k = n, n-1, \cdots, 2, 1 \\ f_{n+1}(s_{n+1}) = 0 \end{cases}$$

其状态转移方程为
$$s_{k+1} = s_k - x_k$$

由于s_k与x_k都是连续变量,当各阶段指标$g_k(x_k)$没有特殊性质而较为复杂时,要求出$f_k(s_k)$会比较困难,因而求全过程的最优策略也就相当不容易,这时常常采用把连续变量离散化的办法求其数值解。具体做法如下:

(1) 令$s_k = 0, \Delta, 2\Delta, \cdots, m\Delta = a$,把区间$[0, a]$进行分割,$\Delta$的大小可依据问题所要求的精度以及计算机的容量来定。

(2) 规定状态变量s_k及决策变量x_k只在离散点$0, \Delta, 2\Delta, \cdots, m\Delta$上取值,相应的指标函数$f_k(s_k)$就被定义在这些离散值上,于是递推方程就变为

$$\begin{cases} f_k(s_k) = \max_{p=0,1,2,\cdots,q} \{g_k(p\Delta) + f_{k+1}(s_k - p\Delta)\} \\ f_{n+1}(s_{n+1}) = 0 \end{cases}$$

其中 $q\Delta = s_k$，$x_k = p\Delta$。

（3）按逆序方法，逐步递推求出 $f_n(s_n)$，$\cdots$，$f_1(s_1)$，最后求出最优资金分配方案。

作为离散化例子，仍使用例5，即用连续变量的离散化求解

$$\max z = 4x_1 + 9x_2 + 2x_3^2$$

$$\text{s. t.} \begin{cases} x_1 + x_2 + x_3 = 10 \\ x_i \geqslant 0 \quad (i = 1,2,3) \end{cases}$$

解 规定状态变量和决策变量只在给出的离散点上取值，令 $\Delta = 2$，将区间 $[0,10]$ 分割成 $0,2,4,6,8,10$ 六个点，即状态变量 s_k 集合为 $\{0,2,4,6,8,10\}$

允许决策集合为 $0 \leqslant x_k \leqslant s_k$，$x_k$ 与 s_k 均在分割点上取值。

动态规划基本方程为

$$\begin{cases} f_k(s_k) = \max_{0 \leqslant x_k \leqslant s_k} \{g_k(x_k) + f_{k+1}(s_k - x_k)\} \quad k = 3,2,1 \\ f_4(s_4) = 0 \end{cases}$$

当 $k = 3$ 时， $\qquad f_3(s_3) = \max_{0 \leqslant x_3 \leqslant s_3} \{2x_3^2\}$

式中 s_3 和 x_3 的集合均为 $\{0,2,4,6,8,10\}$。

计算结果见表 7-1。

当 $k = 2$ 时， $\qquad f_2(s_2) = \max_{0 \leqslant x_2 \leqslant s_2} \{9x_2 + f_3(s_2 - x_2)\}$

计算结果见表 7-2。

表 7-1

s_3	0	2	4	6	8	10
$f_3(s_3)$	0	8	32	72	128	200
x_3^*	0	2	4	6	8	10

表 7-2

s_2	0	2		4			6				8					10					
x_2	0	0	2	0	2	4	0	2	4	6	0	2	4	6	8	0	2	4	6	8	10
$g_2 + f_3$	0	8	18	32	26	36	72	50	44	54	128	90	68	62	72	200	146	108	86	80	90
f_2	0	18		36	72		128				200										
x_2^*	0	2		4	0		0				0										

当 $k = 1$ 时， $\qquad f_1(s_1) = \max_{0 \leqslant x_1 \leqslant 10} \{4x_1 + f_2(s_1 - x_1)\}$

计算结果见表 7-3。

表　7-3

s_1	10					
x_1	0	2	4	6	8	10
$g_1 + f_2$	200	136	88	60	50	40
f_1	200					
x_1^*	0					

　　计算结果表明,最优决策为:$x_1^* = 0, x_2^* = 0, x_3^* = 10$,最大收益为 $f_1(10) = 200$,与上述用逆序和顺序算法得到的结论完全相同。

　　应指出的是,这种方法有可能丢失最优解,一般得到原问题的近似解。

第四节　动态规划在经济管理中的应用

　　除了前面讲到的最优路径、资源分配问题外,动态规划在经济管理中还有许多应用,本节通过其中一些典型例子来说明这方面的应用。

一、背包问题

　　背包问题又称装载问题,一般提法是:一位旅行者携带背包去登山,已知他所能承受的背包重量限度为 a kg,现有 n 种物品可供他选择装入背包,第 i 种物品的单件重量为 a_i kg,其价值(可以是表明本物品对登山的重要性的数量指标)是携带数量 x_i 的函数 $c_i(x_i)$($i = 1, 2, \cdots, n$),问旅行者应如何选择携带各种物品的件数,以使总价值最大?

　　背包问题等同于车、船、人造卫星等工具的最优装载,有广泛的实用意义。

　　设 x_i 为第 i 种物品装入的件数,则背包问题可归结为如下形式的整数规划模型:

$$\max z = \sum_{i=1}^{n} c_i(x_i) \tag{7.12a}$$

$$\text{s. t.} \begin{cases} \sum_{i=1}^{n} a_i x_i \leqslant a & (7.12b) \\ x_i \geqslant 0 \quad \text{且为整数} \quad (i = 1, 2, \cdots, n) & (7.12c) \end{cases}$$

　　下面用动态规划顺序解法的式(7.9)建模求解。

　　阶段 k:将可装入物品按 $1, 2, \cdots, n$ 排序,每段装一种物品,共划分为 n 个阶段,即 $k = 1, 2, \cdots, n$。

　　状态变量 s_{k+1}:在第 k 段开始时,背包中允许装入前 k 种物品的总重量。

　　决策变量 x_k:装入第 k 种物品的件数。

　　状态转移方程:

$$s_k = s_{k+1} - a_k x_k$$

　　允许决策集合为

$$D_k(s_{k+1}) = \{x_k \mid 0 \leqslant x_k \leqslant [s_{k+1}/a_k], x_k \text{ 为整数}\}$$

其中 $[s_{k+1}/a_k]$ 表示不超过 s_{k+1}/a_k 的最大整数。

最优指标函数 $f_k(s_{k+1})$ 表示在背包中允许装入物品的总重量不超过 s_{k+1} kg,采用最优策略只装前 k 种物品时的最大使用价值。

则可得到动态规划的顺序递推方程为

$$\begin{cases} f_k(s_{k+1}) = \max\limits_{x_k=0,1,\cdots,[s_{k+1}/a_k]} \{c_k(x_k) + f_{k-1}(s_{k+1} - a_k x_k)\} & (k=1,2,\cdots,n) \\ f_0(s_1) = 0 \end{cases}$$

用顺序解法逐步计算出 $f_1(s_2), f_2(s_3), \cdots, f_n(s_{n+1})$ 及相应的决策函数 $x_1(s_2)$,$x_2(s_3), \cdots, x_n(s_{n+1})$,最后得到的 $f_n(a)$ 即为所求的最大价值,相应的最优策略则由反推计算得出。

当 x_i 仅表示装入(取 1)和不装(取 0)第 i 种物品,则模型就成了 0-1 背包问题。

例 6 有一辆最大货运量为 10t 的卡车,用以装载 3 种货物,每种货物的单位重量及相应单位价值如表 7-4 所示。应如何装载可使总价值最大?

表 7-4

货物编号(i)	1	2	3
单位重量/t	3	4	5
单位价值(c_i)	4	5	6

设第 i 种货物装载的件数为 $x_i(i=1,2,3)$,则问题可表示为

$$\max z = 4x_1 + 5x_2 + 6x_3$$
$$\text{s.t.} \begin{cases} 3x_1 + 4x_2 + 5x_3 \leqslant 10 \\ x_i \geqslant 0 \text{ 且为整数} \quad (i=1,2,3) \end{cases}$$

可按前述方式建立动态规划模型,由于决策变量取离散值,所以可以用列表法求解。

当 $k=1$ 时, $f_1(s_2) = \max\limits_{\substack{0 \leqslant 3x_1 \leqslant s_2 \\ x_1 \text{ 为整数}}} \{4x_1\}$ 或 $f_1(s_2) = \max\limits_{\substack{0 \leqslant x_1 \leqslant s_2/3 \\ x_1 \text{ 为整数}}} \{4x_1\} = 4[s_2/3]$

计算结果见表 7-5。

表 7-5

s_2	0	1	2	3	4	5	6	7	8	9	10
$f_1(s_2)$	0	0	0	4	4	4	8	8	8	12	12
x_1^*	0	0	0	1	1	1	2	2	2	3	3

当 $k=2$ 时, $f_2(s_3) = \max\limits_{\substack{0 \leqslant x_2 \leqslant s_3/4 \\ x_2 \text{ 为整数}}} \{5x_2 + f_1(s_3 - 4x_2)\}$

计算结果见表 7-6。

表　7-6

s_3	0	1	2	3	4		5		6		7		8			9			10		
x_2	0	0	0	0	0	1	0	1	0	1	0	1	0	1	2	0	1	2	0	1	2
c_2+f_2	0	0	0	4	4	5	4	5	8	5	8	9	8	9	10	12	9	10	12	13	10
$f_2(s_3)$	0	0	0	4		5		5	8		9			10	12				13		
x_2^*	0	0	0	0		1		1	0		1			2	0				1		

当 $k=3$ 时，

$$f_3(10) = \max_{x_3=0,1,2} \{6x_3 + f_2(10-5x_3)\}$$
$$= \max\{f_2(10), 6+f_2(5), 12+f_2(0)\}$$
$$= \max\{13, 6+5, 12+0\}$$
$$= 13$$

此时 $x_3^*=0$，逆推可得全部策略为：

$x_1^*=2, x_2^*=1, x_3^*=0$，最大价值为 13。

当约束条件不止一个时，就是多维背包问题，其解法与一维背包问题类似，只是状态变量是多维的。

二、生产经营问题

例 7　生产与存储问题

某工厂生产并销售某种产品，已知今后四个月市场需求预测如表 7-7 所示，又每月生产 j 单位产品费用为

$$C(j) = \begin{cases} 0 & (j=0) \\ 3+j & (j=1,2,\cdots,6) \end{cases} \text{（千元）}$$

每月库存 j 单位产品的费用为 $E(j)=0.5j$（千元），该厂最大库存容量为 3 单位，每月最大生产能力为 6 单位，计划开始和计划期末库存量都是零。试制订四个月的生产计划，在满足用户需求条件下总费用最小。假设第 $i+1$ 个月的库存量是第 i 个月可销售量与该月用户需求量之差；而第 i 个月的可销售量是本月初库存量与产量之和。

表　7-7

i（月）	1	2	3	4
g_i（需求）	2	3	2	4

用动态规划法求解时，对有关概念做如下分析：

(1) 阶段：每个月为一个阶段，$k=1,2,3,4$。

(2) 状态变量：s_k 为第 k 个月初的库存量。

（3）决策变量：u_k 为第 k 个月的生产量。

（4）状态转移方程：$s_{k+1}=s_k+u_k-g_k$

（5）最优指标函数：$f_k(s_k)$ 表示第 k 月状态为 s_k 时，采取最佳策略生产，从本月到计划结束（第 4 月末）的生产与存储最低费用。

考虑 $k=4$，因为要求四月底库存为零，本月需求为 4，所以本月产量应为 $u_4=4-s_4$，由于库存量最大为 3，所以 s_4 取值只能是 0，1，2，3。

$f_4(s_4)=\min\{C(u_4)+E(s_4)\}$，可以列出 $f_4(s_4)$ 与 $u_4(s_4)$，见表 7-8。

表　7-8

s_4	0	1	2	3
$f_4(s_4)$	7	6.5	6	5.5
$u_4(s_4)$	4	3	2	1

当 $k=3$ 时，先分析状态变量 s_3 的取值范围，它与库存能力、生产能力、需求量均有关，在此由最大库存量决定 $s_3=\{0,1,2,3\}$。再分析决策变量 u_3 的允许决策集合，为满足本月需求，产量 u_3 至少为 $g_3-s_3=2-s_3$，若库存量 $s_3>2$，则 u_3 应取 0。为保证期末库存量为零，u_3 不能超过 $g_3+g_4-s_3=6-s_3$，另外 u_3 还受最大库存量 3 的限制，即不能超过 $g_3+3-s_3=5-s_3$，同时还受最大生产能力 6 的限制，总之有

$$\max(0,2-s_3)\leqslant u_3\leqslant\min(6,5-s_3,6-s_3)\text{ 的整数}$$

$$f_3(s_3)=\min[C(u_3)+E(s_3)+f_4(s_3+u_3-g_3)]$$

我们对 $s_3=0,1,2,3$ 分别求出 $f_3(s_3)$ 的值，当 $s_3=0$ 时，

$$f_3(0)=\min_{2\leqslant u_3\leqslant 5\text{的整数}}[(3+u_3)+0.5\times 0+f_4(u_3-2)]$$

$$=\min\begin{cases}u_3=2;\ 5+7\\u_3=3;\ 6+6.5\\u_3=4;\ 7+6\\u_3=5;\ 8+5.5\end{cases}=12$$

$$u_3^*(0)=2$$

这就是说，若第三个月初库存为零，则三、四两个月最低费用为 12（千元），第三个月最优产量为 2 个单位。依此类推，可得表 7-9。

表　7-9

s_3	0				1				2				3		
$u_3(s_3)$	2	3	4	5	1	2	3	4	0	1	2	3	0	1	2
$C+E+f_4$	12	12.5	13	13.5	11.5	12	12.5	13	8	11.5	12	12.5	8	11.5	12
$f_3(s_3)$	12				11.5				8				8		
$u_3^*(s_3)$	2				1				0				0		

当 $k=2$ 时,有
$$f_2(s_2) = \min[C(u_2) + E(s_2) + f_3(s_2 + u_2 - g_2)]$$

其中状态变量 $s_2 = \{0,1,2,3\}$。

决策变量 u_2 为

$\max(0, g_2 - s_2) \leqslant u_2 \leqslant \min(6, g_2 + 3 - s_2, g_2 + g_3 + g_4 - s_2)$ 的整数,即

$\max(0, 3 - s_2) \leqslant u_2 \leqslant \min(6, 6 - s_2, 9 - s_2)$ 的整数。

本段计算结果见表 7-10。

当 $k=1$ 时,有
$$f_1(s_1) = \min[C(u_1) + E(s_1) + f_2(s_1 + u_1 - g_1)]$$

由于状态 $s_1 = 0$,本月产量 u_1 同样要受本月需求量、最大库存容量、最大生产能力等约束限制,应为 $2 \leqslant u_1 \leqslant 5$ 的整数,则

表 7-10

s_2	0				1				2				3			
$u_2(s_2)$	3	4	5	6	2	3	4	5	1	2	3	4	0	1	2	3
$C+E+f_3$	18	18.5	16	17	17.5	18	15.5	16.5	17	17.5	15	16	13.5	17	14.5	15.5
$f_2(s_2)$	16				15.5				15				13.5			
$u_2^*(s_2)$	5				4				3				0			

$$f_1(0) = \min_{2 \leqslant u_1 \leqslant 5 \text{的整数}} [c(u_1) + f_2(u_1 - 2)]$$

计算结果见表 7-11。

表 7-11

s_1	0			
$u_1(s_1)$	2	3	4	5
$C+f_2$	21	21.5	22	21.5
$f_1(s_1)$	21			
$u_1^*(s_1)$	2			

由表 7-11 可知,总最低费用为 $f_1(0) = 21$(千元),第一个月最佳产量为 2 单位。而需求 $g_1 = 2$,所以第二个月初库存量为零,再由表 7-10 中查 $s_2 = 0$ 列可得第二个月最佳产量为 5 单位,同理通过查表 7-9、表 7-8 可得第三、第四月的最佳产量。

即最佳生产计划为:第一个月生产 2 单位,第二个月生产 5 单位,第三个月不生产,第四个月生产 4 单位。

总结上述解题过程,可得此类生产存储问题的基本方程为

$$\begin{cases} f_k(s_k) = \min_{u_k}[C(u_k) + E(s_k) + f_{k+1}(s_k + u_k - g_k)] & (7.13a) \\ \qquad\qquad\qquad\qquad\qquad k = n, n-1, \cdots, 1 \\ f_{n+1}(s_{n+1}) = 0 & (7.13b) \end{cases}$$

若最大库存量为 q，每月最大生产能力为 p，则状态集合为

$$0 \leqslant s_k \leqslant \min\left[q, \sum_{j=k}^{n} g_j, \sum_{j=1}^{k-1}(p-g_j)\right]$$

允许决策集合为

$$\max(0, g_k - s_k) \leqslant u_k \leqslant \min\left(p, \sum_{j=k}^{n} g_j - s_k, g_k + q - s_k\right)$$

例8 采购与销售问题

某商店在未来的 4 个月里，准备利用它的一个仓库来专门经销某种商品，仓库最大容量能储存这种商品 1 000 单位。假定该商店每月只能出卖仓库现有的货。当商店在某月购货时，下月初才能到货。预测该商品未来四个月的买卖价格如表 7-12 所示，假定商店在 1 月开始经销时，仓库储有该商品 500 单位。试问若不计库存费用，该商店应如何制订 1 月至 4 月的订购与销售计划，使预期获利最大。

表 **7-12**

月份(k)	购买单价(c_k)	销售单价(p_k)
1	10	12
2	9	8
3	11	13
4	15	17

解 按月份划分为 4 个阶段，$k=1,2,3,4$

状态变量 s_k：第 k 月初时仓库中的存货量(含上月订货)。

决策变量 x_k：第 k 月卖出的货物数量。

$\quad\quad\quad\quad y_k$：第 k 月订购的货物数量。

状态转移方程：

$$s_{k+1} = s_k + y_k - x_k$$

最优指标函数 $f_k(s_k)$：第 k 月初存货量为 s_k 时，从第 k 月到 4 月末所获最大利润。则有逆序递推关系式为

$$\begin{cases} f_k(s_k) = \max_{\substack{0 \leqslant x_k \leqslant s_k \\ 0 \leqslant y_k \leqslant 1\,000-(s_k-x_k)}} [p_k x_k - c_k y_k + f_{k+1}(s_{k+1})] & (k=4,3,2,1) \\ f_5(s_5) = 0 \end{cases}$$

当 $k=4$ 时

$$f_4(s_4) = \max_{\substack{0 \leqslant x_4 \leqslant s_4 \\ 0 \leqslant y_4 \leqslant 1\,000-(s_4-x_4)}} [17x_4 - 15y_4]$$

显然，决策应取 $x_4^* = s_4, y_4^* = 0$ 时才有最大值 $f_4(s_4) = 17s_4$

当 $k=3$ 时

$$f_3(s_3) = \max_{\substack{0 \leqslant x_3 \leqslant s_3 \\ 0 \leqslant y_3 \leqslant 1\,000-(s_3-x_3)}} [13x_3 - 11y_3 + 17(s_3 + y_3 - x_3)]$$

$$= \max_{\substack{0 \leqslant x_3 \leqslant s_3 \\ 0 \leqslant y_3 \leqslant 1\,000-(s_3-x_3)}} [-4x_3 + 6y_3 + 17s_3]$$

这个阶段需求解一个线性规划问题：

$$\max z = -4x_3 + 6y_3 + 17s_3$$

$$\text{s. t.} \begin{cases} x_3 \leqslant s_3 \\ y_3 - x_3 \leqslant 1\,000 - s_3 \\ x_3, y_3 \geqslant 0 \end{cases}$$

$x_3^* = s_3, y_3^* = 1\,000$ 时有最大值 $f_3(s_3) = 6\,000 + 13s_3$

当 $k = 2$ 时

$$f_2(s_2) = \max_{\substack{0 \leqslant x_2 \leqslant s_2 \\ 0 \leqslant y_2 \leqslant 1\,000-(s_2-x_2)}} [8x_2 - 9y_2 + 6\,000 + 13(s_2 + y_2 - x_2)]$$

$$= \max_{\substack{0 \leqslant x_2 \leqslant s_2 \\ 0 \leqslant y_2 \leqslant 1\,000-(s_2-x_2)}} [6\,000 + 13s_2 - 5x_2 + 4y_2]$$

求解线性规划问题：

$$\max z = 6\,000 + 13s_2 - 5x_2 + 4y_2$$

$$\text{s. t.} \begin{cases} x_2 \leqslant s_2 \\ y_2 - x_2 \leqslant 1\,000 - s_2 \\ x_2, y_2 \geqslant 0 \end{cases}$$

得 $\qquad x_2^* = 0, \quad y_2^* = 1\,000 - s_2$

$$f_2(s_2) = 6\,000 + 13s_2 + 4\,000 - 4s_2 = 10\,000 + 9s_2$$

当 $k = 1$ 时

$$f_1(500) = \max_{\substack{0 \leqslant x_1 \leqslant 500 \\ 0 \leqslant y_1 \leqslant 500+x_1}} [12x_1 - 10y_1 + 10\,000 + 9(s_1 + y_1 - x_1)]$$

$$= \max_{\substack{0 \leqslant x_1 \leqslant 500 \\ 0 \leqslant y_1 \leqslant 500+x_1}} [3x_1 - y_1 + 14\,500]$$

解线性规划问题：

$$\max z = 14\,500 + 3x_1 - y_1$$

$$\text{s. t.} \begin{cases} x_1 \leqslant 500 \\ y_1 - x_1 \leqslant 500 \\ x_1, y_1 \geqslant 0 \end{cases}$$

得决策 $\qquad x_1^* = 500, y_1^* = 0, f_1(500) = 14\,500 + 3 \times 500 = 16\,000$

最优策略见表 7-13。最大利润为 $16\,000$。

表 7-13

月份	期前存货(s_k)	售出量(x_k)	购进量(y_k)
1	500	500	0
2	0	0	1 000
3	1 000	1 000	1 000
4	1 000	1 000	0

三、设备更新问题

企业中经常会遇到一台设备应该使用多少年更新最合算的问题。一般来说,一台设备在比较新时,年运转量大,经济收入高,故障少,维修费用少,但随着使用年限的增加,年运转量减少因而收入减少,故障变多维修费用增加。如果更新可提高年净收入,但是当年要支出一笔数额较大的购买费。设备更新问题的一般提法:在已知一台设备的效益函数 $r(t)$,维修费用函数 $u(t)$ 及更新费用函数 $c(t)$ 条件下,要求在 n 年内的每年年初做出决策,是继续使用旧设备还是更换一台新的,使 n 年总效益最大。

设 $r_k(t)$:在第 k 年设备已使用过 t 年(或称役龄为 t 年),再使用 1 年时的效益。

$u_k(t)$:在第 k 年设备役龄为 t 年,再使用一年的维修费用。

$c_k(t)$:在第 k 年卖掉一台役龄为 t 年的设备,买进一台新设备的更新净费用。

α 为折扣因子$(0 \leqslant \alpha \leqslant 1)$,表示一年以后的单位收入价值相当于现年的 α 单位。

下面建立动态规划模型。

阶段 $k(k=1,2,\cdots,n)$ 表示计划使用该设备的年限数。

状态变量 s_k:第 k 年年初,设备已使用过的年数,即役龄。

决策变量 x_k:是第 k 年年初更新(replacement),还是保留使用(keep)旧设备,分别用 R 与 K 表示。

状态转移方程为

$$s_{k+1} = \begin{cases} s_k + 1 & \text{当 } x_k = \text{K} \\ 1 & \text{当 } x_k = \text{R} \end{cases}$$

阶段指标为

$$v_j(s_k, x_k) = \begin{cases} r_k(s_k) - u_k(s_k) & \text{当 } x_k = \text{K} \\ r_k(0) - u_k(0) - c_k(s_k) & \text{当 } x_k = \text{R} \end{cases}$$

指标函数为

$$V_{k,n} = \sum_{j=k}^{n} v_j(s_k, x_k) \quad (k = 1, 2, \cdots, n)$$

最优指标函数 $f_k(s_k)$ 表示第 k 年年初,拥有一台役龄为 s_k 年的设备,采用最优更新

策略时到第 n 年年末的最大收益,则可得如下的逆序动态规划方程:

$$
\begin{cases}
f_k(s_k) = \max_{x_k = \text{K或R}} \left[v_j(s_k, x_k) + \alpha f_{k+1}(s_{k+1}) \right] & k = n, n-1, \cdots, 1 \quad (7.14\text{a}) \\
f_{n+1}(s_{n+1}) = 0 & (7.14\text{b})
\end{cases}
$$

实际上,

$$
f_k(s_k) = \max \begin{cases}
r_k(s_k) - u_k(s_k) + \alpha f_{k+1}(s_k + 1) & \text{当 } x_k = \text{K} \\
r_k(0) - u_k(0) - c_k(s_k) + \alpha f_{k+1}(1) & \text{当 } x_k = \text{R}
\end{cases}
$$

例 9　设某台新设备的年效益及年均维修费、更新净费用如表 7-14 所示。试确定今后 5 年内的更新策略,使总收益最大(设 $\alpha = 1$)。

表　**7-14**　　　　　　　　　　　　　　　　　　　　　　　　　　　　　　　　万元

项目 ＼ 役龄	0	1	2	3	4	5
效益 $r_k(t)$	5	4.5	4	3.75	3	2.5
维修费 $u_k(t)$	0.5	1	1.5	2	2.5	3
更新费 $c_k(t)$	—	1.5	2.2	2.5	3	3.5

解　如前述建立动态规划模型, $n=5$。

当 $k=5$ 时,

$$
f_5(s_5) = \max \begin{cases}
r_5(s_5) - u_5(s_5) & \text{当 } x_5 = \text{K} \\
r_5(0) - u_5(0) - c_5(s_5) & \text{当 } x_5 = \text{R}
\end{cases}
$$

状态变量 s_5 可取 $1, 2, 3, 4$。

$$
f_5(1) = \max \begin{cases}
r_5(1) - u_5(1) & \text{当 } x_5 = \text{K} \\
r_5(0) - u_5(0) - c_5(1) & \text{当 } x_5 = \text{R}
\end{cases}
$$

$$
= \max \begin{cases}
4.5 - 1 \\
5 - 0.5 - 1.5
\end{cases} = 3.5 \quad x_5(1) = \text{K}
$$

$$
f_5(2) = \max \begin{cases}
4 - 1.5 \\
5 - 0.5 - 2.2
\end{cases} = 2.5 \quad x_5(2) = \text{K}
$$

$$
f_5(3) = \max \begin{cases}
3.75 - 2 \\
5 - 0.5 - 2.5
\end{cases} = 2 \quad x_5(3) = \text{R}
$$

$$
f_5(4) = \max \begin{cases}
3 - 2.5 \\
5 - 0.5 - 3
\end{cases} = 1.5 \quad x_5(4) = \text{R}
$$

当 $k=4$ 时,

$$f_4(s_4) = \max \begin{cases} r_4(s_4) - u_4(s_4) + f_5(s_4+1) & \text{当 } x_4 = K \\ r_4(0) - u_4(0) - c_4(s_4) + f_5(1) & \text{当 } x_4 = R \end{cases}$$

这时 s_4 可取 1,2,3。

$$f_4(1) = \max \begin{cases} 4.5 - 1 + 2.5 \\ 5 - 0.5 - 1.5 + 3.5 \end{cases} = 6.5 \quad x_4(1) = R$$

$$f_4(2) = \max \begin{cases} 4 - 1.5 + 2 \\ 5 - 0.5 - 2.2 + 3.5 \end{cases} = 5.8 \quad x_4(2) = R$$

$$f_4(3) = \max \begin{cases} 3.75 - 2 + 1.5 \\ 5 - 0.5 - 2.5 + 3.5 \end{cases} = 5.5 \quad x_4(3) = R$$

当 $k = 3$ 时,

$$f_3(s_3) = \max \begin{cases} r_3(s_3) - u_3(s_3) + f_4(s_3+1) & \text{当 } x_3 = K \\ r_3(0) - u_3(0) - c_3(s_3) + f_4(1) & \text{当 } x_3 = R \end{cases}$$

此时 s_3 可取 1 或 2。

$$f_3(1) = \max \begin{cases} 4.5 - 1 + 5.8 \\ 5 - 0.5 - 1.5 + 6.5 \end{cases} = 9.5 \quad x_3(1) = R$$

$$f_3(2) = \max \begin{cases} 4 - 1.5 + 5.5 \\ 5 - 0.5 - 2.2 + 6.5 \end{cases} = 8.8 \quad x_3(2) = R$$

当 $k = 2$ 时,

$$f_2(s_2) = \max \begin{cases} r_2(s_2) - u_2(s_2) + f_3(s_2+1) & \text{当 } x_2 = K \\ r_2(0) - u_2(0) - c_2(s_2) + f_3(1) & \text{当 } x_2 = R \end{cases}$$

由于 s_2 只能取 1,所以

$$f_2(1) = \max \begin{cases} 4.5 - 1 + 8.8 \\ 5 - 0.5 - 1.5 + 9.5 \end{cases} = 12.5 \quad x_2(1) = R$$

当 $k = 1$ 时,

$$f_1(s_1) = \max \begin{cases} r_1(s_1) - u_1(s_1) + f_2(s_1+1) & \text{当 } x_1 = K \\ r_1(0) - u_1(0) - c_1(s_1) + f_2(1) & \text{当 } x_1 = R \end{cases}$$

由于 s_1 只能取 0,所以

$$f_1(0) = \max \begin{cases} 5 - 0.5 + 12.5 \\ 5 - 0.5 - 0.5 + 12.5 \end{cases} = 17 \quad x_1(0) = K$$

上述计算递推回去,当 $x_1^*(0) = K$ 时,由状态转移方程

$$s_2 = \begin{cases} s_1 + 1 & x_1 = \text{K} \\ 1 & x_1 = \text{R} \end{cases} \qquad \text{知 } s_2 = 1, \text{查 } f_2(1) \text{ 得 } x_2^* = \text{R}$$

则

$$s_3 = \begin{cases} s_2 + 1 & x_2 = \text{K} \\ 1 & x_2 = \text{R} \end{cases} \qquad \text{推出 } s_3 = 1$$

则　查 $f_3(1)$ 得：　　　　　$x_3^* = \text{R}$

推出 $s_4 = 1$, 查 $f_4(1)$：　　　$x_4^* = \text{R}$

状态 $s_5 = 1$, 查 $f_5(1)$：　　　$x_5^* = \text{K}$

可得本例最优策略为：{K,R,R,R,K},即第一年年初购买的设备到第二、第三、第四年年初各更新一次,用到第 5 年年末,其总效益为 17 万元。

四、复合系统工作可靠性问题

某种机器的工作系统由 n 个部件串联组成,只要有一个部件失灵,整个系统就不能正常工作。为提高系统工作的可靠性,在每个部件上均装有主要元件的备用件,并设计了备用元件自动投入装置。显然,备用元件越多,整个系统工作的可靠性越大,但备用元件增多也会导致系统的成本、重量、体积相应增大,工作精度降低。因此,在考虑上述限制条件下,如何选择各部件的备用元件数,使整个系统的工作可靠性最大。

设部件 $i(i = 1, 2, \cdots, n)$ 上装有 x_i 个备用元件时,正常工作的概率为 $p_i(x_i)$。因此,整个系统正常工作的可靠性,可用它正常工作的概率来衡量,即

$$P = \prod_{i=1}^{n} p_i(x_i)$$

设一个部件 i 的备用元件费用为 c_i,重量为 w_i,要求整个系统所装备用元件的总费用不超过 C,总重量不超过 W,则这个问题的静态规划模型为

求 $x_1, x_2, \cdots, x_n$,使得

$$\max P = \prod_{i=1}^{n} p_i(x_i) \tag{7.15a}$$

且满足约束

$$\begin{cases} \sum_{i=1}^{n} c_i x_i \leqslant C & \tag{7.15b} \\ \sum_{i=1}^{n} w_i x_i \leqslant W & \tag{7.15c} \\ x_i \geqslant 0 \text{ 且为整数} & (i = 1, 2, \cdots, n) \end{cases}$$

这是一个非线性整数规划问题,求解比较困难,如用动态规划的方法求解相对是比较容易的。下面来构造它的动态规划模型。

显然,决策变量 u_k 应选定为部件 k 上所装的备用元件数 x_k,问题可以分为 n 个阶段,每个阶段解决一个部件应装备用元件数。

由于有两个约束条件,所以状态变量是二维的,令 s_k 为第 k 个到第 n 个部件容许使用的总费用,y_k 为第 k 个到第 n 个部件容许的总重量。因此状态转移方程为

$$
\begin{cases}
s_{k+1} = s_k - u_k c_k \\
y_{k+1} = y_k - u_k w_k
\end{cases}
$$

允许决策集合为

$$D_k(s_k, y_k) = \{u_k \mid 0 \leqslant u_k \leqslant \min([s_k/c_k], [y_k/w_k]), u_k \text{ 为整数}\}$$

其中 $[s_k/c_k]$ 表示不超过 s_k/c_k 的最大整数,$[y_k/w_k]$ 意义相同。

指标函数为

$$V_{k,n} = \prod_{i=k}^{n} p_i(u_i)$$

最优指标函数 $f_k = (s_k, y_k)$ 为由状态 s_k, y_k 出发,从部件 k 到部件 n 的系统工作可靠性的最大值。

由此可得整机可靠性的动态规划基本方程为

$$
\begin{cases}
f_k(s_k, y_k) = \max_{u_k \in D_k} \{p_k(u_k) \cdot f_{k+1}(s_k - u_k c_k, y_k - u_k w_k)\} & \text{(7.16a)} \\
\qquad\qquad\qquad\qquad\qquad\qquad k = n, n-1, \cdots, 2, 1 \\
f_{n+1}(s_{n+1}, y_{n+1}) = 1 & \text{(7.16b)}
\end{cases}
$$

这个例子的特点是,指标函数是连乘的递推关系,边界条件为1。这是因为 f_{n+1} 取值与我们所讨论的问题无关,1为乘法恒量的缘故。当求出 $f_1(C, W)$ 时即为整个系统工作的最大可靠性。

五、货郎担问题

货郎担问题一般提法为:一个货郎从某城镇出发,经过若干个城镇一次,且仅一次,最后仍回到原出发的城镇,问应如何选择行走路线可使总行程最短,这是运筹学的一个著名问题,实际中有很多问题可以归结为这类问题。

设 $v_1, v_2, \cdots, v_n$ 是已知的 n 个城镇,城镇 v_i 到城镇 v_j 的距离为 d_{ij},现求从 v_1 出发,经各城镇一次且仅一次返回 v_1 的最短路程。若对 n 个城镇进行排列,有 $(n-1)!/2$ 种方案,所以穷举法是不现实的。

货郎担问题也是求最短路径问题,但与例4的最短路问题有很大不同,建动态规划模型时,虽然也可按城镇数目 n 将问题分为 n 个阶段。但是状态变量不好选择,不容易满足无后效性。为保持状态间相互独立,可按以下方法建模:

设 S 表示从 v_1 到 v_i 中间所有可能经过的城市集合,S 实际上是包含除 v_1 与 v_i 两个点之外其余点的集合,但 S 中的点的个数要随阶段数改变。

状态变量 (i, S) 表示:从 v_1 点出发,经过 S 集合中所有点一次最后到达 v_i。

最优指标函数 $f_k(i, S)$ 为从 v_1 出发经由 k 个城镇的 S 集合到 v_i 的最短距离。

决策变量 $P_k(i,S)$ 表示：从 v_1 经 k 个中间城镇的 S 集合到 v_i 城镇的最短路线上邻接 v_i 的前一个城镇,则动态规划的顺序递推关系为

$$\begin{cases} f_k(i,S) = \min_{j \in S}\{f_{k-1}(j,S\backslash\{j\}) + d_{ji}\} & \text{(7.17a)} \\ f_0(i,\varnothing) = d_{1i} \quad \varnothing \text{ 为空集}(k=1,2,\cdots,n-1, \quad i=2,3,\cdots,n) & \text{(7.17b)} \end{cases}$$

货郎担问题当城市数目增加时,用动态规划方法求解,无论是计算量还是存储量都会大大增加,所以本方法只适合于 n 较小的情况。

第五节　马氏决策规划简介

前面讨论了确定型动态规划问题。本节将简单介绍处理随机系统多阶段决策的马尔可夫决策规划(Markov decision programming,简称马氏决策规划)。

确定型系统与随机性系统的区别在于系统的状态转移过程是确定的还是随机的(但有某种随机规律)。确定型系统,当第 k 段的状态 x_k 与决策 $u_k(x_k)$ 确定后,第 $k+1$ 段的状态 x_{k+1} 就完全确定了。对整个过程来说,若初始状态 x_1 给定,又给定某一策略 $\{u_1(x_1),\cdots,u_k(x_k),\cdots\}$,则整个过程就完全确定了。而在随机系统中,即使给定第 k 段的状态 x_k 和决策 $u_k(x_k)$,第 $k+1$ 段的状态也不能完全确定,而是一个随机变量,只知道其概率分布。在初始状态 x_1 给定时,相应策略为 $\{u_1(x_1),u_2(Z_2),\cdots,u_k(Z_k),\cdots\}$,其中 Z_k 为系统在第 k 段的状态集合,表明 $u_k(Z_k)$ 要对第 k 段状态的一切可能值给定相应的决策。

一、马尔可夫过程

有一类动态随机系统,其系统状态的转移规律具有无后效性,即已知现时系统所处的状态,采取决策后虽不能预知下次系统将转移到哪个状态,但下次转移到的状态所服从的概率规律是已知的,且与系统以前的发展历史无关,我们称这种系统状态的转移规律具有马尔可夫性质,称这种过程为马尔可夫过程(以下简称马氏过程)。

下面考虑一种简单的马氏过程,即状态和时间参数都是离散的马氏过程。为方便起见,假定相继两次转移之间的时间间隔为常数 1;系统是有限的,即有 N 个状态,标以 1 至 N 的编号。记系统在时刻 t 处于状态 i,而在下一时刻 $t+1$ 转移到状态 j 的概率为 p_{ij},应有

$$\sum_{j=1}^{N} p_{ij} = 1 \quad 0 \leqslant p_{ij} \leqslant 1$$

其中 p_{ij} 表示系统逗留在状态 i 的概率,我们称 $\boldsymbol{P}=[p_{ij}]_{N \times N}$ 为状态转移矩阵。

例如　有一工厂为市场生产某种产品,每月月初对产品的销售情况进行一次检查,其结果有二：销路好(记为状态 1);也可能销路差(记为状态 2)。若处于状态 1,由于各种随机因素的干扰,下月月初仍处于销路好的概率为 0.5,转为销路差的概率也为 0.5;若处

于状态 2,则下月初转为销路好的概率为 0.4,仍处于销路差的概率为 0.6。则状态转移矩阵为

$$P = \begin{bmatrix} p_{11} & p_{12} \\ p_{21} & p_{22} \end{bmatrix} = \begin{bmatrix} 0.5 & 0.5 \\ 0.4 & 0.6 \end{bmatrix}$$

二、赋值马氏过程

若上面所述的具有 N 个状态的马氏过程,当它在任意时刻从状态 i 转移到状态 j 时可以获得相应的效益,记为 r_{ij}。这种马氏过程随着状态转移可得到一系列的报酬(效益),我们称其为赋值马氏过程。称 $\boldsymbol{R} = [r_{ij}]_{N \times N}$ 为报酬矩阵。

上述工厂若某月初销路好,下月初仍销路好可获利 9 千元,下月初转为销路差可获利 3 千元;若某月初销路差,下月初转为销路好可获利 3 千元,下月初仍为销路差要亏本 7 千元。

则报酬矩阵为

$$\boldsymbol{R} = \begin{bmatrix} r_{11} & r_{12} \\ r_{21} & r_{22} \end{bmatrix} = \begin{bmatrix} 9 & 3 \\ 3 & -7 \end{bmatrix}$$

下面考虑系统经过一定阶段的运行后的总期望报酬。

记 $q(i)$ 为由状态 i 做出一次转移的期望报酬,则有

$$q(i) = \sum_{j=1}^{N} p_{ij} r_{ij} \quad (i = 1, 2, \cdots, N) \tag{7.18}$$

称 $\boldsymbol{Q} = [q(1), q(2), \cdots, q(N)]^{\mathrm{T}}$ 为一次转移的期望报酬向量。记 $v_n(i)$ 为系统由状态 i 经过 n 次转移之后的总期望报酬,则有

$$v_n(i) = \sum_{j=1}^{N} p_{ij} [r_{ij} + v_{n-1}(j)] = q(i) + \sum_{j=1}^{N} p_{ij} v_{n-1}(j) \quad (i = 1, 2, \cdots, N) \tag{7.19}$$

其中 p_{ij} 表示由状态 i 转移到状态 j 的概率,r_{ij} 表示由状态 i 转移到状态 j 的相应报酬。称 $\boldsymbol{V}_n = [v_n(1), v_n(2), \cdots, v_n(N)]^{\mathrm{T}}$ 为 n 次转移的总期望报酬向量。

对

$$\boldsymbol{P} = [p_{ij}]_{N \times N}, \boldsymbol{R} = [r_{ij}]_{N \times N}$$

定义乘法 $\odot$:

$$\boldsymbol{P} \odot \boldsymbol{R} = \left[\sum_{j=1}^{N} p_{ij} r_{ij} \right]_{N \times 1}$$

则有

$$\boldsymbol{Q} = \boldsymbol{P} \odot \boldsymbol{R} = \left[\sum_{j=1}^{N} p_{1j} r_{1j}, \cdots, \sum_{j=1}^{N} p_{nj} r_{nj} \right]^{\mathrm{T}} \tag{7.20}$$

$$\boldsymbol{V}_n = \boldsymbol{Q} + \boldsymbol{P} \boldsymbol{V}_{n-1}, \quad (n = 2, 3, \cdots) \tag{7.21}$$

$$\boldsymbol{V}_1 = \boldsymbol{Q} \tag{7.22}$$

仍以上述工厂为例,由前已知

$$P = \begin{bmatrix} 0.5 & 0.5 \\ 0.4 & 0.6 \end{bmatrix} \qquad R = \begin{bmatrix} 9 & 3 \\ 3 & -7 \end{bmatrix}$$

由式(7.20)可知

$$Q = P \odot R = \begin{bmatrix} 0.5 & 0.5 \\ 0.4 & 0.6 \end{bmatrix} \odot \begin{bmatrix} 9 & 3 \\ 3 & -7 \end{bmatrix} = \begin{bmatrix} 6 \\ -3 \end{bmatrix}$$

即如果当前销路好,则下月获利 6 000 元,否则下月损失 3 000 元。

$$V_1 = Q = \begin{bmatrix} 6 \\ -3 \end{bmatrix}$$

$$V_2 = Q + PV_1 = \begin{bmatrix} 6 \\ -3 \end{bmatrix} + \begin{bmatrix} 0.5 & 0.5 \\ 0.4 & 0.6 \end{bmatrix} \begin{bmatrix} 6 \\ -3 \end{bmatrix} = \begin{bmatrix} 7.5 \\ -2.4 \end{bmatrix}$$

利用式(7.21)依此类推,可以得出该工厂在不同的初始状态(销路好或销路差)下,经过若干月后的总期望获利情况,如表 7-15 所示。

表 7-15

n(月)	1	2	3	4	5	⋯
$v_n(1)$(开始销路好)	6	7.5	8.55	9.555	10.555 5	⋯
$v_n(2)$(开始销路差)	−3	−2.4	−1.44	−0.444	0.555 6	⋯

三、马氏决策规划

在赋值马氏过程中,如果在某状态选用不同的决策能够改变相应的状态转移矩阵及报酬矩阵,就产生了动态随机系统求最优策略的问题。马氏决策规划就是研究这类问题的。

下面我们通过实例来介绍马氏决策规划中有限阶段模型的一种求解方法——值迭代法。设系统目标为总期望报酬最大化。

例 10 仍以上述工厂为例,设该工厂在每个状态可选的决策是不登广告(记作方式1)或登广告(记作方式2)。若不登广告,自然无广告费;若登广告,要花额外的广告费,但下月初销路好的概率可增加。

选决策方式 1 的状态转移矩阵及报酬矩阵为

$$P^1 = \begin{bmatrix} 0.5 & 0.5 \\ 0.4 & 0.6 \end{bmatrix} \qquad R^1 = \begin{bmatrix} 9 & 3 \\ 3 & -7 \end{bmatrix}$$

选决策方式 2 的状态转移矩阵及报酬矩阵为

$$P^2 = \begin{bmatrix} 0.8 & 0.2 \\ 0.7 & 0.3 \end{bmatrix} \qquad R^2 = \begin{bmatrix} 4 & 4 \\ 1 & -19 \end{bmatrix}$$

问题是在若干月内采取什么决策才能使其总期望报酬最大。

用 n 表示系统的阶段数。p_{ij}^d 表示系统当前处于状态 i,下一步以 d 种决策方式转移

到状态 j 的概率。

$f_n(i)$ 表示系统初始状态为 i,采取最优策略时的总期望报酬最大值。

则有如下方程:

$$f_n(i) = \max_{d \in \{1,2\}} \left\{ q^d(i) + \sum_{j=1}^{N} p_{ij}^d f_{n-1}(j) \right\} \qquad n = 2, \cdots \qquad (7.23a)$$

$$f_1(i) = \max_{d \in \{1,2\}} \{ q^d(i) \} \qquad (7.23b)$$

由于

$$\boldsymbol{Q}^1 = \begin{bmatrix} q^1(1) \\ q^1(2) \end{bmatrix} = (\boldsymbol{P}^1) \odot (\boldsymbol{R}^1) = \begin{bmatrix} 0.5 & 0.5 \\ 0.4 & 0.6 \end{bmatrix} \odot \begin{bmatrix} 9 & 3 \\ 3 & -7 \end{bmatrix} = \begin{bmatrix} 6 \\ -3 \end{bmatrix}$$

$$\boldsymbol{Q}^2 = \begin{bmatrix} q^2(1) \\ q^2(2) \end{bmatrix} = (\boldsymbol{P}^2) \odot (\boldsymbol{R}^2) = \begin{bmatrix} 0.8 & 0.2 \\ 0.7 & 0.3 \end{bmatrix} \odot \begin{bmatrix} 4 & 4 \\ 1 & -19 \end{bmatrix} = \begin{bmatrix} 4 \\ -5 \end{bmatrix}$$

因而

$$f_1(1) = \max\{q^1(1), q^2(1)\} = \max\{6, 4\} = 6$$
$$d_1(1) = 1$$
$$f_1(2) = \max\{q^1(2), q^2(2)\} = \max\{-3, -5\} = -3$$
$$d_1(2) = 1$$

$d_n(i)$ 为第 n 阶段处于 i 状态时的决策。

这表明,该厂不论处于状态 1 还是状态 2,如果再继续生产 1 个月,都应采取决策 1,即不论销路好还是销路差都不登广告。

如果继续生产两个月:

$$f_2(1) = \max\left\{ q^1(1) + \sum_{j=1}^{2} p_{1j}^1 f_1(j), q^2(1) + \sum_{j=1}^{2} p_{1j}^2 f_1(j) \right\}$$
$$= \max\{6 + 0.5 \times 6 + 0.5 \times (-3), 4 + 0.8 \times 6 + 0.2 \times (-3)\}$$
$$= \max\{7.5, 8.2\} = 8.2$$

$$d_2(1) = 2$$

$$f_2(2) = \max\left\{ q^1(2) + \sum_{j=1}^{2} p_{2j}^1 f_1(j), q^2(2) + \sum_{j=1}^{2} p_{2j}^2 f_1(j) \right\}$$
$$= \max\{-3 + 0.4 \times 6 + 0.6 \times (-3), -5 + 0.7 \times 6 + 0.3 \times (-3)\}$$
$$= \max\{-2.4, -1.7\} = -1.7$$

$$d_2(2) = 2$$

这表明,如果继续生产两个月,第 1 个月不登广告,第 2 个月登广告。

同样可以计算出经 3 步、4 步、……转移时的结果,将计算结果列于表 7-16 中。

利用上述的值迭代法,可以算出系统当前处于状态 i,经任意 n 步转移应采取怎样的最优策略以及所获得的总报酬期望值。

表 7-16

n（经营时间/月）	1	2	3	4	…
$f_n(1)$（目前销路好，n 月后停业的最大总期望报酬）	6	8.2	10.22	12.222	…
$d_n(1)$（目前销路好，若 n 月后停业应采取的最优决策）	1	2	2	2	…
$f_n(2)$（目前销路差，n 月后停业的最大总期望报酬）	−3	−1.7	0.23	2.223	…
$d_n(2)$（目前销路差，若 n 月后停业应采取的最优决策）	1	2	2	2	…

　　一般来说，大多数不断运行的系统没有明显的终点，对于迭代中的 $d_n(i)$，如果直到充分大的 n 才能停止过程，那么，值迭代法就不是很有效的。对于无限期的过程或做多次转移后才结束的过程，可以用一种直接分析的方法——策略迭代法来求解，这里不再介绍。

　　马氏决策规划的基本概念于 20 世纪 60 年代建立，几十年来，无论是理论上还是应用方面都有很大进展。根据其报酬函数和目标函数的不同，建立了不同类型的优化模型，如有限阶段模型、折扣模型、平均模型、无界报酬模型等。对这些模型的理论研究已取得了较好的成果。另外，马氏决策规划也被成功地应用于许多实际问题，如机器的最优更换、维修问题、质量控制问题、水库最优调度问题、随机旅行售货点问题、电话网络中的最优线路问题、最优投资与消费问题等。

即练即测

习　　题

　　7.1　现有天然气站 A，需敷设管道到用气单位 E，可以选择的设计路线如图 7-6 所示，$B_1, \cdots, D_2$ 各点是中间加压站，各线路的费用已标在线段旁（单位：万元），试设计费用最低的路线。要求分别用动态规划的逆序和顺序算法求解。

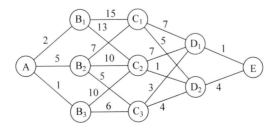

图　7-6

7.2 一艘货轮在 A 港装货后驶往 F 港,中途需靠港加油、淡水三次,从 A 港到 F 港全部可能的航运路线及两港之间距离如图 7-7,F 港有 3 个码头 F_1、F_2、F_3,试求最合理停靠的码头及航线,使总路程最短。

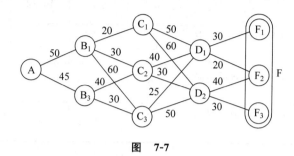

图　7-7

7.3 某厂每月生产某种产品最多 600 件,当月生产的产品若未销出,就需存储(当月入库的产品,该月不付存储费)。月初就已存储的产品需支付存储费,每 100 件每月 1 千元。已知每 100 件产品的生产费为 5 千元,在进行生产的月份工厂要支出经营费 4 千元,市场需求如表 7-17 所示,假定 1 月初及 4 月底库存量为零,试问每月应生产多少产品,才能在满足需求条件下,使总生产及存储费用之和最小。

表　7-17

月　份	1	2	3	4
产品/百件	5	3	2	1

7.4 某公司有资金 4 万元,可向 A、B、C 三个项目投资,已知各项目不同投资额的相应效益值如表 7-18 所示,问如何分配资金可使总效益最大。列出动态规划模型,并分别用逆序和顺序解法求解。

表　7-18　　　　　　　　　　　　　　　　　　　　　　　　　　　万元

项　目	投　资　额				
	0	1	2	3	4
A	0	41	48	60	66
B	0	42	50	60	66
C	0	64	68	78	76

7.5 为保证某设备正常运转,需对串联工作的三种不同零件 A_1、A_2、A_3 分别确定备件数量。若增加备用零件的数量,可提高设备正常运转的可靠性,但费用要增加,而总投资额为 8 千元。已知备用零件数与它的可靠性和费用关系如表 7-19 所示,求 A_1、A_2、A_3 的备用零件数量各为多少时,可使设备运转的可靠性最高。

表 7-19

备件数	可 靠 性			备用零件费用/千元		
	A_1	A_2	A_3	A_1	A_2	A_3
1	0.3	0.2	0.1	1	3	2
2	0.4	0.5	0.2	2	5	3
3	0.5	0.9	0.7	3	6	4

7.6 某工厂有 1 000 台机器,可以在高、低两种不同负荷下进行生产。假设在高负荷下生产时,产品的年产量 s_1 和投入的机器数量 y_1 的关系为 $s_1=8y_1$,机器的完好率为 0.7;在低负荷下生产时,产品的年产量 s_2 和投入的机器数量 y_2 的关系为 $s_2=5y_2$,机器的完好率为 0.9。现在要求制订一个 5 年生产计划,问应如何安排使在 5 年内的产品总产量最高。

7.7 某工厂接受一项特殊产品订货,要在 3 个月后提供某种产品 1 000kg,一次交货。由于该产品用途特殊,该厂原无存货,交货后也不留库存。已知生产费用与月产量关系为:$C=1\,000+3d+0.005d^2$,其中 d 为月产量(kg);C 为该月费用(元)。每月库存成本为 2 元/kg,库存量按月初与月末存储量的平均数计算,问如何决定 3 个月的产量使总费用最小。

7.8 将数 48 分成 3 个正数之和,使其乘积为最大。试用动态规划方法求解。

7.9 分别用动态规划的顺序和逆序解法求解下列非线性规划问题:

(1) $\max F=x_1 \cdot x_2^2 \cdot x_3$

s. t. $\begin{cases} x_1+x_2+x_3=4 \\ x_i \geqslant 0 \quad (i=1,2,3) \end{cases}$

(2) $\min F=x_1^2+2x_2^2+x_3^2-2x_1-4x_2-2x_3$

s. t. $\begin{cases} x_1+x_2+x_3=3 \\ x_1,x_2,x_3 \geqslant 0 \quad \text{且为整数} \end{cases}$

(3) $\max F=x_1x_2x_3$

s. t. $\begin{cases} x_1+5x_2+2x_3 \leqslant 20 \\ x_1,x_2,x_3 \geqslant 0 \end{cases}$

7.10 限期采购问题(随机型)。某部门欲采购一批原料,原料价格在 5 周内可能有所变动,已预测得该种原料今后 5 周内取不同单价的概率如表 7-20 所示。试确定该部门在 5 周内购进这批原料的最优策略,使采购价格的期望值最小。

提示:阶段 k:可按采购期限(周)分为 5 段。

状态变量 s_k:第 k 周的原料实际价格。

决策变量 x_k:第 k 周如采购则 $x_k=1$,若不采购则 $x_k=0$。

另外用 s_{kE} 表示：当第 k 周决定等待，而在以后采购时的采购价格期望值。

最优指标函数 $f_k(s_k)$：第 k 周实际价格为 s_k 时，从第 k 周至第 5 周采取最优策略所花费的最低期望价格。

逆序递推关系式为

$$\begin{cases} f_k(s_k) = \min\{s_k, s_{kE}\} & s_k \in D_k \quad k = 4,3,2,1 \quad D_k \text{ 为状态集合} \\ f_5(s_5) = s_5 & s_5 \in D_5 \end{cases}$$

表 7-20

原料单价/元	概率
500	0.3
600	0.3
700	0.4

7.11 某电子企业流水线生产 A_1、A_2 两种产品，每天流水线工作 5 小时，组装产品 A_1 或 A_2 的生产能力都是每小时 1 件，产品 A_1、A_2 的成本分别为 4（千元）、3（千元），每件产品售价与产量有以下的线性关系：产品 A_1：每件售价 $P_1 = 12 - x_1$，产品 A_2：每件售价 $P_2 = 13 - 2x_2$，x_1、x_2 分别为产品 A_1、A_2 的产量。

问：每天应如何安排生产，才能使总利润最大？

（1）建立该问题的数学模型；

（2）用动态规划方法求解。

7.12 某罐头制造公司在近 5 周内需要一次性地购买一批原料，估计未来 5 周内价格有波动，其浮动价格及概率如表 7-21 所示，试求各周的采购策略，使采购这批原料价格的数学期望值最小。

表 7-21

批单价	概率
9	0.4
8	0.3
7	0.3

7.13 某企业有 1000 万元资金可在 3 年内每年年初对项目 A、B 投资，若每年初投资项目 A，则年末以 0.6 的概率回收本利 2000 万元，或以 0.4 概率丧失全部资金；若投资项目 B，则年末以 0.1 的概率回收本利 2000 万元或以 0.9 概率回收 1000 万元。假定每年只能投资一个项目，每次 1000 万元（有多余资金也不使用），试给出三年末期望总资金最大的投资策略。

7.14 某公司购买一辆某型号汽车，该汽车年均利润函数 $r(t)$ 与年均维修费用函数

$u(t)$如表 7-22 所示,购买该型号新汽车每辆 20 万元,如果该公司将汽车卖出,不同役龄价格如表 7-23,试给出该公司四年盈利最大的更新计划。

表　7-22

项目 ＼ 役龄	0	1	2	3
$r(t)$	20	18	17.5	15
$u(t)$	2	2.5	4	6

表　7-23

役龄	1	2	3	4
价格/万元	17	16	15.5	15

7.15 已知 4 个城市间距离如表 7-24 所示,求从 v_1 出发,经其余城市一次且仅一次最后返回 v_1 的最短路径与距离。要求用动态规划求解。

表　7-24

距离 v_i ＼ v_j	1	2	3	4
1	0	6	7	9
2	8	0	9	7
3	5	8	0	8
4	6	5	5	0

7.16 试述动态规划的最优化原理,且举例说明。

7.17 下列说法中正确的有:

(1) 动态规划中定义状态应保证在各阶段中所作决策的独立性;

(2) 对一个动态规划问题,应用逆序解法和顺序解法可能会得出不同的最优解;

(3) 一个含 5 个变量和 3 个约束的标准化线性规划问题,用动态规划求解时将其转化为 3 个阶段,每个阶段的状态变量由一个 5 维向量组成;

(4) 建立动态规划模型时,阶段的划分是最关键和最重要一步。

C HAPTER 8
第八章

图与网络分析

18 世纪的哥尼斯堡城中流过一条河(普雷·格尔河)。河上有七座桥连接着河的两岸和河中的两个小岛,如图 8-1 所示。当时那里的人们热衷于这样的游戏:一个游戏者怎样才能一次连续走过这七座桥而每座桥只走一次,回到原出发点。没有人想出这种走法,又无法说明走法不存在,这就是著名的"七桥"难题。瑞士数学家欧拉(E. Euler)在 1736 年发表了一篇题为"依据几何位置的解题方法"的论文,有效地解决了哥尼斯堡七桥难题,这是有记载的第一篇图论论文,欧拉被公认为图论的创始人。欧拉的求解思路是将这个问题归结为如图 8-2 所示的问题。他用 A、B、C、D 四点表示河的两岸和小岛,用两点间的连线表示桥。七桥问题变为:从 A、B、C、D 任一点出发,能否通过每条边一次且仅一次,再回到该点? 欧拉证明了这样的走法是不存在的,并给出了这类问题的一般结论。

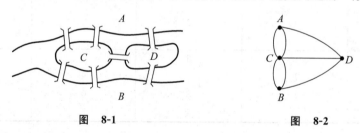

图 8-1　　　　　　　　　　图 8-2

1857 年,英国数学家哈密尔顿(Hamilton)发明了一种游戏,他用一个实心正 12 面体象征地球,正 12 面体的 20 个顶点分别表示世界上 20 座名城,要求游戏者从任一城市出发,寻找一条可经由每个城市一次且仅一次再回到原出发点的路,这就是"环球旅行"问题,如图 8-3 所示。它与七桥问题不同,前者要在图中找一条经过每边一次且仅一次的路,通称欧拉回路,而后者是要在图中找一条经过每个点一次且仅一次的路,通称为哈密尔顿回路。哈密尔顿根据这个问题的特点,给出了一种解法,如图 8-4 粗箭线所示。

在这一时期,还有许多诸如迷宫问题、博弈问题以及棋盘上马的行走路线之类的游戏难题,吸引了许多学者。这些看起来似乎无足轻重的游戏却引出了许多有实用意义的新问题,开辟了图论这门新学科。

运筹学中的"中国邮路问题":一个邮递员从邮局出发要走遍他所负责的每条街道去送信,问应如何选择适当的路线可使所走的总路程最短。这个问题就与欧拉回路有密切的关系。而著名的"货郎担问题"则是一个带权的哈密尔顿回路问题。

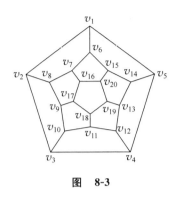

图　8-3

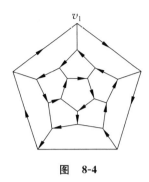

图　8-4

　　图论的第一本专著是匈牙利数学家 O. König 写的《有限图与无限图的理论》,发表于 1936 年。从 1736 年欧拉的第一篇论文到这本专著,前后经历了 200 年之久,总的来讲这一时期图论的发展是缓慢的。直到 20 世纪中期,电子计算机的发展以及离散的数学问题具有越来越重要的地位,使得作为提供离散数学模型的图论得以迅速发展,成为运筹学中十分活跃的重要分支。目前图论被广泛地应用于管理科学、计算机科学、信息论、控制论、物理、化学、生物学、心理学等各个领域,并取得了丰硕的成果。

第一节　图与网络的基本知识

一、图与网络的基本概念

　　1. 图及其分类

　　自然界和人类社会中,大量的事物以及事物之间的关系,常可以用图形来描述。例如,为了反映 5 家企业的业务往来关系,可以用点表示企业,用点间连线表示两家企业有业务联系,如图 8-5 所示。又例如工作分配问题,我们可以用点表示工人与需要完成的工作,点间连线表示每个人可以胜任哪些项工作,如图 8-6 所示。

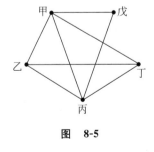

图　8-5

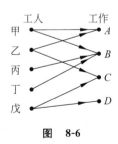

图　8-6

　　这样的例子很多,物质结构、电路网络、城市规划、交通运输、信息传递、物资调配等也都可以用点和线连接起来的图进行模拟。

由上面的例子可以看出,这里所研究的图与平面几何中的图不同,这里只关心图中有多少个点,点与点之间有无连线,至于连线的方式是直线还是曲线,点与点的相对位置如何,都是无关紧要的。总之,这里所讲的图是反映对象之间关系的一种工具。图的理论和方法,就是从形形色色的具体的图以及与它们相关的实际问题中,抽象出共同性的东西,找出其规律、性质、方法,再应用到要解决的实际问题中去。

定义1 一个图是由点集 $V=\{v_i\}$ 和 V 中元素的无序对的一个集合 $E=\{e_k\}$ 所构成的二元组,记为 $G=(V,E)$,V 中的元素 v_i 叫作顶点,E 中的元素 e_k 叫作边。

当 V,E 为有限集合时,G 称为有限图,否则,称为无限图。本章只讨论有限图。

例1 在图 8-7 中:$V=\{v_1,v_2,v_3,v_4,v_5\}$　　$E=\{e_1,e_2,e_3,e_4,e_5,e_6\}$
其中:
$$e_1=(v_1,v_1) \qquad e_2=(v_1,v_2) \qquad e_3=(v_1,v_3)$$
$$e_4=(v_2,v_3) \qquad e_5=(v_2,v_3) \qquad e_6=(v_3,v_4)$$

两个点 u,v 属于 V,如果边 (u,v) 属于 E,则称 u,v 两点相邻。u,v 称为边 (u,v) 的端点。

两条边 e_i,e_j 属于 E,如果它们有一个公共端点 u,则称 e_i,e_j 相邻。边 e_i,e_j 称为点 u 的关联边。

用 $m(G)=|E|$ 表示图 G 中的边数,用 $n(G)=|V|$ 表示图 G 的顶点个数。在不引起混淆情况下简记为 m,n。

对于任一条边 (v_i,v_j) 属于 E,如果边 (v_i,v_j) 端点无序,则它是无向边,此时图 G 称为无向图。

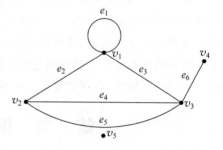

图　8-7

图 8-7 是无向图。如果边 (v_i,v_j) 的端点有序,即它表示以 v_i 为始点,v_j 为终点的有向边(或称弧),这时图 G 称为有向图。图 8-6 是有向图。

一条边的两个端点如果相同,称此边为环(自回路)。如图 8-7 中的 e_1。

两个点之间多于一条边的,称为多重边。如图 8-7 中的 e_4,e_5。

定义2 不含环和多重边的图称为简单图,含有多重边的图称为多重图。以后我们讨论的图,如不特别说明,都是简单图。

有向图中两点之间有不同方向的两条边,不是多重边。如图 8-8 中的(a)、(b)均为简单图,(c)、(d)为多重图。

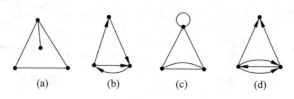

(a)　　　　(b)　　　　(c)　　　　(d)

图　8-8

定义 3 每一对顶点间都有边相连的无向简单图称为完全图。有 n 个顶点的无向完全图记作 K_n。

有向完全图则是指每一对顶点间有且仅有一条有向边的简单图。

定义 4 图 $G=(V,E)$ 的点集 V 可以分为两个非空子集 X,Y，即 $X \cup Y = V, X \cap Y = \varnothing$，使得 E 中每条边的两个端点必有一个端点属于 X，另一个端点属于 Y，则称 G 为二部图（偶图），有时记作 $G=(X,Y,E)$。

例如图 8-9 中的(a)是明显的二部图，点集 X：$\{v_1,v_3,v_5\}$，Y：$\{v_2,v_4,v_6\}$。（b）也是二部图，但是不像(a)那样明显，改画为(c)时可以清楚地看出。

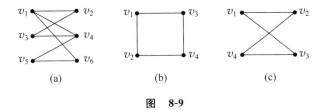

图 8-9

2. 顶点的次

定义 5 以点 v 为端点的边数叫作点 v 的次（degree），记作 $\deg(v)$，简记为 $d(v)$。

如图 8-7 中点 v_1 的次 $d(v_1)=4$，因为边 e_1 要计算两次。点 v_3 的次 $d(v_3)=4$，点 v_4 的次 $d(v_4)=1$。

次为 1 的点称为悬挂点，连接悬挂点的边称为悬挂边。如图 8-7 中 v_4，e_6。次为零的点称为孤立点，如图 8-7 中的点 v_5。次为奇数的点称为奇点；次为偶数的点称为偶点。

定理 1 任何图中，顶点次数的总和等于边数的 2 倍。

证明 由于每条边必与两个顶点关联，在计算点的次时，每条边均被计算了两次，所以顶点次数的总和等于边数的 2 倍。

定理 2 任何图中，次为奇数的顶点必为偶数个。

证明 设 V_1 和 V_2 分别为图 G 中奇点与偶点的集合（$V_1 \cup V_2 = V$）。由定理 1 知

$$\sum_{v \in V_1} d(v) + \sum_{v \in V_2} d(v) = \sum_{v \in V} d(v) = 2m$$

由于 $2m$ 为偶数，而 $\sum_{v \in V_2} d(v)$ 是若干个偶数之和，也是偶数，所以 $\sum_{v \in V_1} d(v)$ 必为偶数，即 $|V_1|$ 是偶数。

定义 6 有向图中，以 v_i 为始点的边数称为点 v_i 的出次，用 $d^+(v_i)$ 表示，以 v_i 为终点的边数称为点 v_i 的入次，用 $d^-(v_i)$ 表示。v_i 点的出次与入次之和就是该点的次。容易证明有向图中，所有顶点的入次之和等于所有顶点的出次之和。

3. 子图

定义 7 图 $G=(V,E)$，若 E' 是 E 的子集，V' 是 V 的子集，且 E' 中的边仅与 V' 中的顶

点相关联,则称 $G' = (V', E')$ 是 G 的一个子图。特别是,若 $V' = V$,则 G' 称为 G 的生成子图(支撑子图)。

如图 8-10 中(b)为(a)的子图,(c)为(a)生成子图。

子图在描述图的性质和局部结构中有重要作用。

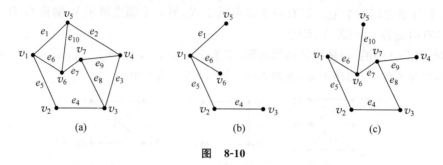

图　8-10

4. 网络

在实际问题中,往往只用图来描述所研究对象之间的关系还是不够的,与图联系在一起的,通常还有与点或边有关的某些数量指标,我们常称之为"权",权可以代表如距离、费用、通过能力(容量)等。这种点或边带有某种数量指标的图称为网络(赋权图)。

与无向图和有向图相对应,网络又分为无向网络和有向网络,图 8-11(a)、图 8-11(b)是常见的网络例子。图 8-11(a)给出了物资供应站 v_s 与用户($v_1, v_2, \cdots, v_7$)之间的公路网络图,边上的权表示各点间的距离,从优化角度出发存在一个寻求 v_s 到各点的最短路问题。图 8-11(b)是一个从 v_s 到 v_t 的管道运输网络,边上的权表示物流的最大容量,我们要求出从 v_s 到 v_t 的可运送的最大流方案。这些网络模型将在后面各节中讨论。

实际上,许多网络优化问题都可以用规划的数学模型来表述,如本章中的最短路问题、最大流问题、最小费用流问题等,都可以通过建立线性规划或整数规划的模型求解。但是借助网络模型求解会更简便,可以说网络优化模型为管理决策提供了更有效的工具。

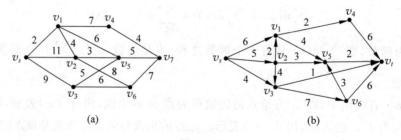

图　8-11

二、连通图

定义 8 无向图 $G=(V,E)$，若图 G 中某些点与边的交替序列可以排成 $(v_{i_0},e_{i_1},v_{i_1},e_{i_2},\cdots,v_{i_{k-1}},e_{i_k},v_{i_k})$ 的形式，且 $e_{i_t}=(v_{i_{t-1}},v_{i_t})(t=1,\cdots,k)$，则称这个点边序列为连接 v_{i_0} 与 v_{i_k} 的一条链，链长为 k。

点边列中没有重复的点和重复边者为初等链。

图 8-12 中，$S=\{v_6,e_6,v_5,e_7,v_1,e_8,v_5,e_7,v_1,e_9,v_4,e_4,v_3\}$ 为一条连接 v_6,v_3 的链。

$S_1=\{v_6,e_6,v_5,e_5,v_4,e_4,v_3\}$ 为初等链。

定义 9 无向图 G 中，连接 v_{i_0} 与 v_{i_k} 的一条链，当 v_{i_0} 与 v_{i_k} 是同一个点时，称此链为圈。圈中既无重复点也无重复边者为初等圈。

如图 8-12 中 $\{v_1,e_7,v_5,e_8,v_1,e_9,v_4,e_{10},v_2,e_2,v_1\}$ 为一个圈。

对于有向图可以类似于无向图定义链和圈，初等链、圈，此时不考虑边的方向。而当链（圈）上的边方向相同时，称为道路（回路）。

图 8-13 中，$S=\{v_6,e_6,v_5,e_8,v_1,e_9,v_4,e_{10},v_2,e_3,v_3\}$ 为一条链。

$S_1=\{v_6,e_6,v_5,e_7,v_1,e_9,v_4,e_4,v_3\}$ 为一条道路。

$S_2=\{v_1,e_2,v_2,e_{11},v_4,e_5,v_5,e_8,v_1\}$ 为一个圈。

$S_3=\{v_1,e_2,v_2,e_{10},v_4,e_5,v_5,e_7,v_1\}$ 为一个回路。

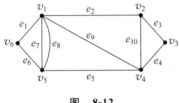 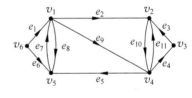

图 8-12　　　　　　　　　　图 8-13

对于无向图来说，道路与链、回路与圈意义相同。

定义 10 一个图中任意两点间至少有一条链相连，则称此图为连通图。任何一个不连通图都可以分为若干个连通子图，每一个称为原图的一个分图。

三、图的矩阵表示

用矩阵表示图对研究图的性质及应用常常是比较方便的，图的矩阵表示方法有权矩阵、邻接矩阵、关联矩阵、回路矩阵、割集矩阵等，这里只介绍其中两种常用矩阵。

定义 11 网络（赋权图）$G=(V,E)$，其边 (v_i,v_j) 有权 w_{ij}，构造矩阵 $A=(a_{ij})_{n\times n}$，其中：

$$a_{ij}=\begin{cases} w_{ij} & (v_i,v_j)\in E \\ 0 & 其他 \end{cases}$$

称矩阵 A 为网络 G 的权矩阵。

定义 12　对于图 $G=(V,E)$，$|V|=n$，构造一个矩阵 $A=(a_{ij})_{n \times n}$，其中：

$$a_{ij} = \begin{cases} 1 & (v_i, v_j) \in E \\ 0 & \text{其他} \end{cases}$$

则称矩阵 A 为图 G 的邻接矩阵。

例 2　对图 8-14 所表示的图构造其权矩阵(见 A_1)和邻接矩阵(见 A_2)如下：

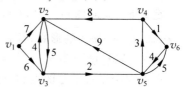

图　8-14

$$A_1 = \begin{array}{c} v_1 \\ v_2 \\ v_3 \\ v_4 \\ v_5 \\ v_6 \end{array} \begin{bmatrix} 0 & 7 & 6 & 0 & 0 & 0 \\ 0 & 0 & 5 & 0 & 0 & 0 \\ 0 & 4 & 0 & 0 & 2 & 0 \\ 0 & 8 & 0 & 0 & 0 & 1 \\ 0 & 9 & 0 & 3 & 0 & 5 \\ 0 & 0 & 0 & 0 & 4 & 0 \end{bmatrix} \begin{array}{c} \\ \\ \\ \\ \\ \\ v_1 \quad v_2 \quad v_3 \quad v_4 \quad v_5 \quad v_6 \end{array}$$

$$A_2 = \begin{array}{c} v_1 \\ v_2 \\ v_3 \\ v_4 \\ v_5 \\ v_6 \end{array} \begin{bmatrix} 0 & 1 & 1 & 0 & 0 & 0 \\ 0 & 0 & 1 & 0 & 0 & 0 \\ 0 & 1 & 0 & 0 & 1 & 0 \\ 0 & 1 & 0 & 0 & 0 & 1 \\ 0 & 1 & 0 & 1 & 0 & 1 \\ 0 & 0 & 0 & 0 & 1 & 0 \end{bmatrix} \begin{array}{c} \\ \\ \\ \\ \\ \\ v_1 \quad v_2 \quad v_3 \quad v_4 \quad v_5 \quad v_6 \end{array}$$

当 G 为无向图时，邻接矩阵为对称矩阵。

四、欧拉回路与中国邮路问题

1. 欧拉回路与道路

定义 13　连通图 G 中，若存在一条道路，经过每边一次且仅一次，则称这条路为欧拉道路。若存在一条回路，经过每边一次且仅一次，则称这条回路为欧拉回路。

具有欧拉回路的图称为欧拉图(E 图)。在引言中提到的哥尼斯堡七桥问题就是要在图中寻找一条欧拉回路。

定理 3　无向连通图 G 是欧拉图，当且仅当 G 中无奇点。

证明　必要性

因为 G 是欧拉图，则存在一条回路，经由 G 中所有的边，在这条回路上，顶点可能重复出现，但边不重复。对于图中的任一顶点 v_i，只要在回路中出现一次，必关联两条边，即这条回路沿一条边进入这点，再沿另一边离开这点。所以 v_i 点虽然可以在回路中重复出现，但 $\deg(v_i)$ 必为偶数。所以 G 中没有奇点。

充分性

由于 G 中没有奇点，从任一点出发，如从 v_1 点出发，经关联边 e_1"进入"v_2，由于 v_2 是偶点，则必可由 v_2 经关联边 e_2 进入另一点 v_3，如此进行下去，每边仅取一次。由于 G 图中点数有限，所以这条路不能无休止地走下去，必可走回 v_1，得到一条回路 c_1。

(1) 若回路 c_1 经过 G 的所有边，则 c_1 就是欧拉回路。

(2) 从 G 中去掉 c_1 后得到子图 G'，则 G' 中每个顶点的次数仍为偶数。因为 G 图是连通图,所以 c_1 与 G' 至少有一个顶点 v_i 重合,在 G' 中从 v_i 出发,重复前面 c_1 的方法,得到回路 c_2。

把 c_1 与 c_2 组合在一起,如果恰是图 G,则得到欧拉回路。否则重复(2)可得回路 c_3,依此类推,由于图 G 中边数有限,最终可得一条经过图 G 所有边的回路,即为欧拉回路。

推论 1 无向连通图 G 为欧拉图,当且仅当 G 的边集可划分为若干个初等回路。

推论 2 无向连通图 G 有欧拉道路,当且仅当 G 中恰有两个奇点。

根据定理来检查哥尼斯堡七桥问题,从图 8-2 中可以看到 $\deg(A)=3$,$\deg(B)=3$,$\deg(C)=5$,$\deg(D)=3$。有四个奇点,所以不是欧拉图。即给出了哥尼斯堡七桥问题的否定回答。

与七桥问题类似的还有一笔画问题。给出一个图形,要求判定是否可以一笔画出。一种是经过每边一次且仅一次到另一点停止。另一种是经每边一次且仅一次回到原开始点。这两种情况可分别用关于欧拉道路和欧拉回路的判定条件加以解决。

定理 3 的证明方法实际上给出了构造欧拉回路的一种算法,从图 G 中任一点 v_1 出发,找一个初等回路 c_1,再从图中去掉 c_1,在剩余的图中再找初等回路 c_2,$\cdots$,一直做到图中所有的边都被包含在这些初等回路中,再把这些回路连续起来即得这个图的欧拉回路。

关于无向图的定理 3,可以直接推广到有向图。

定理 4 连通有向图 G 是欧拉图,当且仅当它每个顶点的出次等于入次。

连通有向图 G 有欧拉道路,当且仅当这个图中除去两个顶点外,其余每一个顶点的出次等于入次,且这两个顶点中,一个顶点的入次比出次多 1,另一个顶点的入次比出次少 1。

2. 中国邮路问题

一个邮递员,负责某一地区的信件投递。他每天要从邮局出发,走遍该地区所有街道再返回邮局,问应如何安排送信的路线可以使所走的总路程最短?这个问题是我国管梅谷教授在 1962 年首先提出的。因此国际上通称为中国邮路问题。用图论的语言描述:给定一个连通图 G,每边有非负权 $l(e)$,要求一条回路过每边至少一次,且满足总权最小。

由定理 3 知,如果 G 没有奇点,则是一个欧拉图,显然按欧拉回路走就是满足要求的过每边至少一次且总权最小的回路。

如果 G 中有奇点,要求连续走过每边至少一次,必然有些边不止一次走过,这相当于在图 G 中对某些边增加一些重复边,使所得到的新图 G^* 没有奇点且满足总路程最短。由于总路程的长短完全取决于所增加的重复边的长度,所以中国邮路问题也可以转为如下问题:

在连通图 $G=(V,E)$ 中,求一个边集 $E_1 \in E$,把 G 中属于 E_1 的边均变为二重边得到图 $G^* = G + E_1$,使其满足 G^* 无奇点,且 $L(E_1) = \sum_{e \in E_1} l(e)$ 最小。

定理 5 已知图 $G^* = G + E_1$ 无奇点,则 $L(E_1) = \sum_{e \in E_1} l(e)$ 最小的充分必要条件为:

(1) 每条边最多重复一次;

(2) 对图 G 中每个初等圈来讲,重复边的长度和不超过圈长的一半。

证明 略,请读者自己完成。

定理给出了中国邮路问题的一种算法,称为"奇偶点图上作业法",下面举例说明这个算法。

例 3 求解图 8-15 所示网络的中国邮路问题。

第 1 步:确定初始可行方案。

先检查图中是否有奇点,如无奇点则已是欧拉图,找出欧拉回路即可。如有奇点,由前知奇点个数必为偶数个,所以可以两两配对。每对点间选一条路,使这条路上均为二重边。

图 8-15 中有四个奇点 v_2,v_4,v_6,v_8,例如将 v_2 与 v_4,v_6 与 v_8 配对,得到图 8-16,重复边总长度为

$$l_{12} + l_{14} + l_{69} + l_{98} = 21$$

第 2 步:因图 8-16 满足条件(1),所以只检查该图中每个初等圈是否满足定理条件(2)。如不满足则进行调整,直至满足为止。

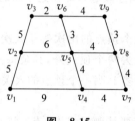

图 8-15

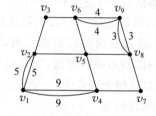

图 8-16

检查图 8-16,发现圈 $\{v_1 v_2 v_5 v_4 v_1\}$ 总长度为 24,而重复边的长为 14,大于该圈总长度的一半,可以做一次调整,以 $(v_2,v_5),(v_5,v_4)$ 代替 $(v_1,v_2),(v_1,v_4)$,得到图 8-17,重复边总长度下降为

$$l_{25} + l_{45} + l_{69} + l_{98} = 17$$

再检查图 8-17,圈 $\{v_2 v_3 v_6 v_9 v_8 v_5 v_2\}$ 总长度为 24,而重复边长为 13。再次调整得图 8-18,重复边总长度为 15。

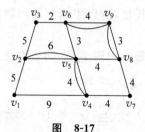

图 8-17

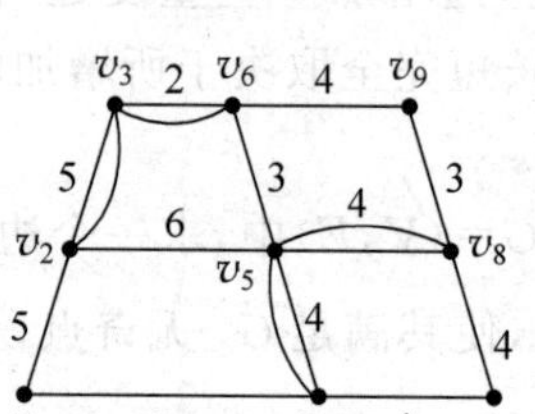

图 8-18

检查图 8-17,条件(1)、(2)均满足,得到最优方案。图中任一欧拉回路即为最优邮递路线。

这种方法虽然比较容易,但要检查每个初等圈,当 G 的点数或边数较多时,运算量极大。Edmods 和 Johnson 于 1973 年给出了一种比较有效的算法,即化为最短路及最优匹配问题求解。有兴趣的读者可参阅 Edmods. J,Johnson. E. L,Matching,Euler Tours and the Chinese Postman,Math. Programming,5(1973),88~124。

第二节 树

一、树的概念和性质

树是图论中结构最简单但又十分重要的图,在自然科学和社会科学的许多领域都有广泛的应用。企业组织机构、一些通村的公路和一些不重要的通信网络也可以表为树状结构。

例 4 乒乓球单打比赛抽签后,可用图来表示选手间相遇情况,如图 8-19。

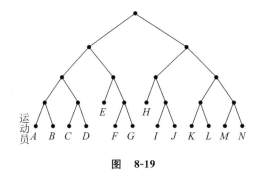

图 8-19

定义 14 连通且不含圈的无向图称为树。树中次为 1 的点称为树叶,次大于 1 的点称为分枝点。

下面研究树的性质。树的性质可用下面定理表出。

定理 6 图 $T=(V,E)$,$|V|=n$,$|E|=m$,则下列关于树的说法是等价的。

(1) T 是一个树。

(2) T 无圈,且 $m=n-1$。

(3) T 连通,且 $m=n-1$。

(4) T 无圈,但每加一新边即得唯一一个圈。

(5) T 连通,但任舍去一边就不连通。

(6) T 中任意两点,有唯一链相连。

证明 (1)→(2)

由于 T 是树,由定义知 T 是连通的并且没有圈。只需证明 T 中的边数 m 等于顶点个数减 1,即 $m=n-1$。

用归纳法。当 $n=2$ 时,由于 T 是树,所以两点间显然有且仅有一条边,满足 $m=n-1$。

归纳假设 $n=k-1$ 时命题成立,即有 $k-1$ 个顶点时 T 有 $k-2$ 条边。当 $n=k$ 时,因为 T 连通无圈,k 个顶点中至少有一个点次为 1。设此点为 u,即 u 为悬挂点,设连接 u 点的悬挂边为 (v,u)。从 T 中去掉 (v,u) 边及 u 点不会影响 T 的连通性,得图 T',T' 为树只有 $k-1$ 个顶点,所以有 $k-2$ 条边,再把 (v,u),u 加上去,可知当 T 有 k 个顶点时有 $k-1$ 条边。

(2)→(3),(3)→(4),(4)→(5),(5)→(6),(6)→(1)的证明请读者自己完成。

定理 6 中每一个命题均可作为树的定义,它们对判断和构造树将极为方便。

二、图的生成树

定义 15 若图 G 的生成子图是一棵树,则称该树为 G 的生成树(支撑树),或简称为图 G 的树。

图 G 中属于生成树的边称为树枝,不在生成树中的边称为弦。

如图 8-20 中(b)为(a)图的生成树,边 e_1,e_2,e_3,e_7,e_8,e_9 为树枝,e_4,e_5,e_6 为弦。

定理 7 图 $G=(V,E)$ 有生成树的充分必要条件为 G 是连通图。(证明略)

定理 7 的证明是构造性证明,给出了寻求图的生成树的方法。这种方法就是在已给出的图 G 中,每一步选出一条边使它与已选边不构成圈,直到选够 $n-1$ 条边为止。这种方法可称为"避圈法",或"加边法"。

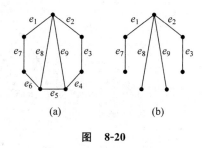

图   8-20

按照边的选法不同,找图中生成树的方法可分为两种:

(1)深探法

步骤如下:(用标号法)

① 在点集 V 中任取一点 v,给 v 以标号 0。

② 若某点 u 已得标号 i,检查一端点为 u 的各边,另一端点是否均已标号。

若有 (u,w) 边之 w 未标号,则给 w 以标号 $i+1$,记下边 (u,w)。令 w 代 u,重复②。

若这样的边的另一端点均已有标号,就退到标号为 $i-1$ 的 r 点,以 r 代 u,重复②。直到全部点得到标号为止。

图 8-21 的(a)为标号过程,粗线边即为生成树,图 8-21(b)即是生成树,也显示了标号过程。

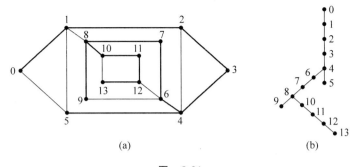

图　8-21

（2）广探法

步骤如下：

① 在点集 V 中任取一点 v，给 v 以标号 0。

② 令所有标号为 i 的点集为 V_i，检查 $[V_i, V \backslash V_i]$ 中的边端点是否均已标号。对所有未标号之点均标以 $i+1$，记下这些边。

③ 对标号 $i+1$ 的点重复步骤②，直到全部点得到标号为止。

如图 8-22(a)中粗线边就是用广探法生成的树，也可表示为图 8-22(b)。

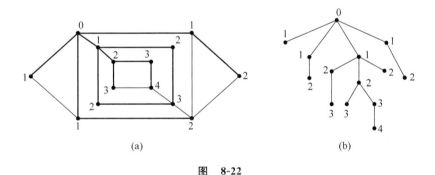

图　8-22

显然，图的生成树不唯一。

相对于避圈法，还有一种求生成树的方法叫破圈法。这种方法是在图 G 中任意取一个圈，从圈上任意舍弃一条边，将这个圈破掉。重复这个步骤直到图 G 中没有圈为止。

三、最小生成树问题

定义 16　连通图 $G=(V, E)$，每条边上有非负权 $L(e)$。一棵生成树所有树枝上权的总和，称为这个生成树的权。具有最小权的生成树称为最小生成树（最小支撑树）简称最小树。

许多网络问题都可以归结为最小树问题。例如，交通系统中设计长度最小的公路网把若干城市联系起来；通信系统中用最小成本把计算机系统和设备连接到局域网等等。

下面介绍最小树的两种算法。

算法 1（Kruskal 算法）

这个方法类似于求生成树的"避圈法"，基本步骤如下：

每步从未选的边中选取边 e，使它与已选边不构成圈，且 e 是未选边中的最小权边，直到选够 $n-1$ 条边为止。

例 5 一个乡有 9 个自然村，其间道路及各道路长度如图 8-23(a)所示，各边上的数字表示距离，问如何架设电线做到村村通电又能使用线最短。这就是一个最小生成树问题，用 Kruskal 算法。

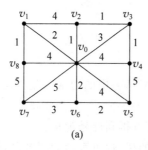 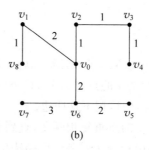

(a)   (b)

图 8-23

先将图 8-23(a)中边按大小顺序由小至大排列：

$(v_0,v_2)=1$	$(v_2,v_3)=1$	$(v_3,v_4)=1$	$(v_1,v_8)=1$	$(v_0,v_1)=2$
$(v_0,v_6)=2$	$(v_5,v_6)=2$	$(v_0,v_3)=3$	$(v_6,v_7)=3$	$(v_0,v_4)=4$
$(v_0,v_5)=4$	$(v_0,v_8)=4$	$(v_1,v_2)=4$	$(v_0,v_7)=5$	$(v_7,v_8)=5$
$(v_4,v_5)=5$			

然后按照边的排列顺序，取定

$$e_1=(v_0,v_2) \qquad e_2=(v_2,v_3) \qquad e_3=(v_3,v_4)$$
$$e_4=(v_1,v_8) \qquad e_5=(v_0,v_1) \qquad e_6=(v_0,v_6)$$
$$e_7=(v_5,v_6)$$

由于下一个未选边中的最小权边 (v_0,v_3) 与已选边 e_1,e_2 构成圈，所以排除。选 $e_8=(v_6,v_7)$。得到图 8-23(b)就是图 G 的一棵最小树，它的权是 13。

定理 8 用 Kruskal 算法得到的子图 $T^*=(e_1,e_2,\cdots,e_{n-1})$ 是一棵最小树。（证明略）

算法 2（破圈法）

基本步骤：

(1) 从图 G 中任选一棵树 T_1。

(2) 加上一条弦 e_1，T_1+e_1 中立即生成一个圈。去掉此圈中最大权边，得到新树 T_2。以 T_2 代 T_1，重复(2)再检查剩余的弦，直到全部弦检查完毕为止。

仍用例 5,先求出图 G 的一棵生成树如图 8-24(a),加以弦 (v_1,v_2),得圈 $\{v_1v_2v_0v_1\}$,去掉最大权边 (v_1,v_2);再加上弦 (v_2,v_3),得圈 $\{v_2v_3v_0v_2\}$,去掉最大权边 (v_0,v_3),…,直到全部弦均已试过,图 8-24(b)即为所求。

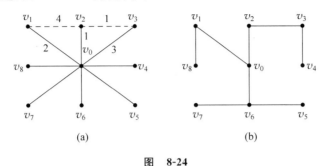

图　8-24

算法 2 的根据为下述定理。

定理 9　图 G 的生成树 T 为最小树,当且仅当对任一弦 e 来说,e 是 $T+e$ 中与之对应的圈 μ_e 中的最大权边。(证明略)

四、根树及其应用

前面几节我们讨论的树都是无向树,本节讨论有向树。有向树中的根树在计算机科学、决策论中有重要应用。

定义 17　若一个有向图在不考虑边的方向时是一棵树,则称这个有向图为有向树。

定义 18　有向树 T,恰有一个结点入次为 0,其余各点入次均为 1,则称 T 为根树(又称外向树)。

根树中入次为 0 的点称为根。根树中出次为 0 的点称为叶,其他顶点称为分枝点。由根到某一顶点 v_i 的道路长度(设每边长度为 1),称为 v_i 点的层次。

如图 8-25 所示的树是根树,其中 v_1 为根,v_1,v_2,v_3,v_4,v_8 为分枝点,其余各点为叶,顶点 v_2,v_3,v_4 的层次为 1,顶点 v_{11} 的层次为 3。

根树有广泛的应用,如用来表示一个系统的传递关系,指挥系统的上、下级关系,机关中各级领导与被领导关系以及社会中一个家族各辈之间的关系等。在计算机科学中应用根树时,还常借用家族中的各种称呼,如图 8-25 中,称 v_2,v_3,v_4 为 v_1 的儿子,v_5,v_6 为 v_2 的儿子,而 v_2,v_3,v_4 互为兄弟等。

定义 19　在根树中,若每个顶点的出次小于或等于 m,称这棵树为 m 叉树。若每个顶点的出次恰好等于 m 或零,则称这棵树为完全 m 叉树。当 $m=2$ 时,称为二叉树、完全二叉树。

例如图 8-26 中(a)为完全三叉树、(b)为四叉树。

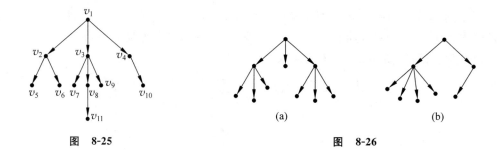

图 8-25　　　　　　　　　　图 8-26

在实际问题中常讨论叶子上带权的二叉树。令有 s 个叶子的二叉树 T 各叶子的权分别为 p_i，根到各叶子的距离（层次）为 $l_i(i=1,\cdots,s)$，这样二叉树 T 的总权数为

$$m(T) = \sum_{i=1}^{s} p_i l_i$$

满足总权最小的二叉树称为最优二叉树。霍夫曼（D. A. Huffman）给出了一个求最优二叉树的算法，所以又称霍夫曼树。

算法步骤：

(1) 将 s 个叶子按权由小至大排序，不失一般性，设 $p_1 \leqslant p_2 \leqslant \cdots \leqslant p_s$。

(2) 将二个具有最小权的叶子合并成一个分支点，其权为 p_1+p_2，将新的分支点作为一个叶子。令 $s \leftarrow s-1$，若 $s=1$ 停止，否则转(1)。

例 6　$s=6$，其权分别为 $4,3,3,2,2,1$，求最优二叉树。

解　该树构造过程见图 8-27。总权为

$$1 \times 4 + 2 \times 4 + 2 \times 3 + 3 \times 2 + 3 \times 2 + 4 \times 2 = 38$$

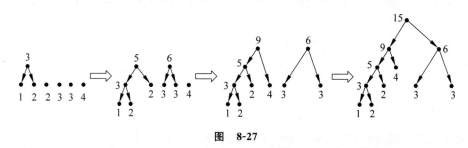

图 8-27

可以证明此算法得到的树为最优二叉树，直观意义：叶子的距离是依权的递减而增加，所以总权最小。最优二叉树有广泛的应用。

第三节　最短路问题

最短路问题是网络理论中应用最广泛的问题之一。许多优化问题可以使用这个模型，如设备更新、管道敷设、线路安排、厂区布局等。在上一章中曾介绍了最短路问题的动

态规划解法,但某些最短路问题(如道路不能整齐分段者)构造动态规划方程比较困难,而图论方法则比较有效。

最短路问题的一般提法如下:设 $G = (V,E)$ 为连通图,图中各边 (v_i,v_j) 有权 l_{ij}($l_{ij} = \infty$ 表示 v_i,v_j 间无边),v_s,v_t 为图中任意两点,求一条道路 μ,使它是从 v_s 到 v_t 的所有路中总权最小的路。即:$L(\mu) = \sum\limits_{(v_i,v_j) \in \mu} l_{ij}$ 最小。

有些最短路问题也可以是求网络中某指定点到其余所有结点的最短路,或求网络中任意两点间的最短路。下面我们介绍两种算法,可分别用于求解这几种最短路问题。

一、Dijkstra 算法

本算法由 Dijkstra 于 1959 年提出,可用于求解指定两点 v_s,v_t 间的最短路,或从指定点 v_s 到其余各点的最短路,目前被认为是求无负权网络最短路问题的最好方法。算法的基本思路基于以下原理:若序列 $\{v_s,v_1,\cdots,v_{n-1},v_n\}$ 是从 v_s 到 v_n 的最短路,则序列 $\{v_s,v_1,\cdots,v_{n-1}\}$ 必为从 v_s 到 v_{n-1} 的最短路。

下面给出 Dijkstra 算法基本步骤,采用标号法。可用两种标号:T 标号与 P 标号,T 标号为试探性标号(tentative label),P 为永久性标号(permanent label),给 v_i 点一个 P 表示从 v_s 到 v_i 点的最短路权,v_i 点的标号不再改变。给 v_i 点一个 T 标号时,示从 v_s 到 v_i 点的估计最短路权的上界,是一种临时标号,凡没有得到 P 标号的点都有 T 标号。算法每一步都把某一点的 T 标号改为 P 标号,当终点 v_t 得到 P 标号时,全部计算结束。对于有 n 个顶点的图,最多经 $n-1$ 步就可以得到从始点到终点的最短路。

步骤:

(1) 给 v_s 以 P 标号,$P(v_s)=0$,其余各点均给 T 标号,$T(v_i)=+\infty$。

(2) 若 v_i 点为刚得到 P 标号的点,考虑这样的点 v_j:(v_i,v_j) 属于 E,且 v_j 为 T 标号。对 v_j 的 T 标号进行如下的更改:

$$T(v_j) = \min[T(v_j),P(v_i)+l_{ij}]$$

(3) 比较所有具有 T 标号的点,把最小者改为 P 标号,即

$$P(\bar{v}_i) = \min[T(v_i)]$$

当存在两个以上最小者时,可同时改为 P 标号。若全部点均为 P 标号则停止。否则用 $\bar{v}_i$ 代 v_i 转回(2)。

例 7 用 Dijkstra 算法求图 8-28 中 v_1 点到 v_6 点的最短路。

解 (1) 首先给 v_1 以 P 标号,$P(v_1)=0$,给其余所有点 T 标号:

$$T(v_i)=+\infty \qquad (i=2,\cdots,6)$$

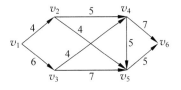

图 **8-28**

（2）由于$(v_1,v_2),(v_1,v_3)$边属于E，且v_2,v_3为T标号，所以修改这两个点的标号：

$$T(v_2) = \min\big[T(v_2),P(v_1)+l_{12}\big] = \min[+\infty,0+4] = 4$$

$$T(v_3) = \min\big[T(v_3),P(v_1)+l_{13}\big] = \min[+\infty,0+6] = 6$$

（3）比较所有T标号，$T(v_2)$最小，所以令$P(v_2)=4$。并记录路径(v_1,v_2)。

（4）v_2为刚得到P标号的点，考察边$(v_2,v_4),(v_2,v_5)$的端点v_4,v_5。

$$T(v_4) = \min\big[T(v_4),P(v_2)+l_{24}\big] = \min[+\infty,4+5] = 9$$

$$T(v_5) = \min\big[T(v_5),P(v_2)+l_{25}\big] = \min[+\infty,4+4] = 8$$

（5）比较所有T标号，$T(v_3)$最小，所以令$P(v_3)=6$。并记录路径(v_1,v_3)。

（6）考虑点v_3，有

$$T(v_4) = \min\big[T(v_4),P(v_3)+l_{34}\big] = \min[9,6+4] = 9$$

$$T(v_5) = \min\big[T(v_5),P(v_3)+l_{35}\big] = \min[8,6+7] = 8$$

（7）全部T标号中，$T(v_5)$最小，令$P(v_5)=8$，记录路径(v_2,v_5)。

（8）考察v_5：

$$T(v_6) = \min\big[T(v_6),P(v_5)+l_{56}\big] = \min[+\infty,8+5] = 13$$

（9）全部T标号中，$T(v_4)$最小，令$P(v_4)=9$，记录路径(v_2,v_4)。

（10）考察v_4：

$$T(v_6) = \min\big[T(v_6),P(v_4)+l_{46}\big] = \min[13,9+7] = 13$$

（11）全部T标号中，$T(v_6)$最小，令$P(v_6)=13$，记录路径(v_5,v_6)，计算结束。

全部计算结果见图 8-29，v_1到v_6之最短路为$v_1 \rightarrow v_2 \rightarrow v_5 \rightarrow v_6$，路长$P(v_6)=13$，同时得到$v_1$点到其余各点的最短路，如图 8-29 中粗线所示。

需要提醒读者注意的是，这个算法只适用于全部权为非负情况，如果某边上权为负的，算法失效。这从一个简单例子就可以看到，图 8-30 中，我们按 Dijkstra 算法得$P(v_1)=5$为从$v_s \rightarrow v_1$的最短路长显然是错误的，从$v_s \rightarrow v_2 \rightarrow v_1$只有 3。

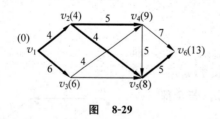

图 8-29

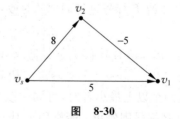

图 8-30

最短路问题在图论应用中处于很重要的地位，下面以设备更新和选址为例说明其实际应用。

例8 设备更新问题

动态规划一章的例 9 中讲述了一个设备更新的例子，下面我们用图论的方法来求解这个问题。现将该例重述如下：某工厂使用一台设备，每年年初工厂都要作出决定，如果继续使用旧的,要付较多维修费;若购买一台新设备,要付更新费。试制订一个 5 年的更新计划,使总支出最少。由表 7-14 知该设备在不同役龄的年效益、更新费与维修费。重抄如表 8-1 所示。

表 8-1　　　　　　　　　　　　　　　　　　　　　　　　　　　　　　　万元

役龄 项目	0	1	2	3	4	5
效益 $r_k(t)$	5	4.5	4	3.75	3	2.5
维修费 $u_k(t)$	0.5	1	1.5	2	2.5	3
更新费 $c_k(t)$	—	1.5	2.2	2.5	3	3.5

解　把这个问题化为最长路问题。

用点 v_i 表示第 i 年年初购进一台新设备,虚设一个点 v_6,表示第 5 年年底。

边 (v_i, v_j) 表示第 i 年年初购进的设备一直使用到第 j 年年初(即第 $j-1$ 年年底)。

边 (v_i, v_j) 上的数字表示第 i 年年初购进设备,一直使用到第 j 年年初的累计效益减去累计维修费及 $(j-1)$ 年末更新费用后的净收益。注意第 5 年年末时设备不再更新(可由表 8-1 计算得到)。例如 (v_1, v_4) 边上的数字 8.0 为役龄分别为 $0,1,2$ 时的三年效益 $(5+4.5+4=13.5)$ 减去这三年相应的维修费用 $(0.5+1+1=2.5)$,再减去役龄为 3 时的更新费用 2.5 得到,见图 8-31。

这样设备更新问题就变为:求从 v_1 到 v_6 的最长路问题,计算结果表明:$v_1 \rightarrow v_2 \rightarrow v_3 \rightarrow v_4 \rightarrow v_6$ 为最长路,路长为 17。即在第一年、第二年、第三年年末设备各更新一次,再用到第五年年末为最优决策。这时 5 年的总收益为 17 万元。

管理实践中,常常会遇到选址问题,如有若干销售点的物流网络中,要选择一个地方设置仓库,就是寻求网络的中心或重心问题。所谓网络的中心,是指在 n 个点的网络中,已知各点间的距离,选择某个点,使其余各点中到该点的距离最远的点距离最近,也就是使最大运输距离达到最小。这个点称为该网络的中心。这类问题也可用 Dijkstra 算法求解,参见习题 8-24。

例 9　某连锁企业在某地区有 6 个销售点,已知该地区的交通网络如图 8-32 所示,其中点代表销售点,边表示公路,l_{ij} 为销售点间公路距离,问仓库应建在哪个小区,可使离仓库最远的销售点到仓库的路程最近?

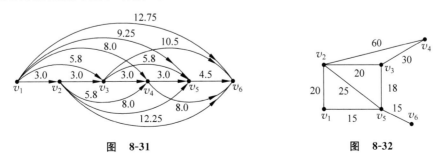

图　8-31　　　　　　　　　　　　　　　　　图　8-32

解 这是个选址问题,实际要求出图的中心,可以化为一系列求最短路问题。先求出 v_1 到其他各点的最短路长 d_j,令 $D(v_1) = \max(d_1, d_2, \cdots, d_6)$,表示若仓库建在 v_1,则离仓库最远的销售点距离为 $D(v_1) = 63$。再依次计算得 $D(v_2) = 50, D(v_3) = 33, D(v_4) = 63, D(v_5) = 48, D(v_6) = 63$。由于 $D(v_3) = 33$ 最小,所以仓库应建在 v_3,此时离仓库最远的销售点(v_1 和 v_6)距离为 33。

二、Floyd 算法

某些问题中,要求网络上任意两点间的最短路,如例 9 就是这样。这类问题可以用 Dijkstra 算法依次改变起点的办法计算,但比较烦琐。这里介绍的 Floyd 方法(1962 年)可直接求出网络中任意两点间的最短路。

为计算方便,令网络的权矩阵为 $D = (d_{ij})_{n \times n}$,$l_{ij}$ 为 v_i 到 v_j 的距离。

其中
$$d_{ij} = \begin{cases} l_{ij} & \text{当} (v_i, v_j) \in E \\ \infty & \text{其他} \end{cases}$$

算法基本步骤为:

(1) 输入权矩阵 $D^{(0)} = D$。

(2) 计算 $D^{(k)} = (d_{ij}^{(k)})_{n \times n}$ $(k = 1, 2, 3, \cdots, n)$

其中 $d_{ij}^{(k)} = \min[d_{ij}^{(k-1)}, d_{ik}^{(k-1)} + d_{kj}^{(k-1)}]$

(3) $D^{(n)} = (d_{ij}^{(n)})_{n \times n}$ 中元素 $d_{ij}^{(n)}$ 就是 v_i 到 v_j 的最短路长。

例 10 求图 8-32 所示的图 G 中任意两点间的最短路。

解 由图 8-32 得到

$$D = D^{(0)} = \begin{bmatrix} 0 & 20 & \infty & \infty & 15 & \infty \\ 20 & 0 & 20 & 60 & 25 & \infty \\ \infty & 20 & 0 & 30 & 18 & \infty \\ \infty & 60 & 30 & 0 & \infty & \infty \\ 15 & 25 & 18 & \infty & 0 & 15 \\ \infty & \infty & \infty & \infty & 15 & 0 \end{bmatrix} \begin{matrix} v_1 \\ v_2 \\ v_3 \\ v_4 \\ v_5 \\ v_6 \end{matrix} \qquad D^{(1)} = D^{(0)}$$

$$\begin{matrix} v_1 & v_2 & v_3 & v_4 & v_5 & v_6 \end{matrix}$$

$$D^{(2)} = \begin{bmatrix} 0 & 20 & ⓐ40 & ⓐ80 & 15 & \infty \\ 20 & 0 & 20 & 60 & 25 & \infty \\ ⓐ40 & 20 & 0 & 30 & 18 & \infty \\ ⓐ80 & 60 & 30 & 0 & ⓐ85 & \infty \\ 15 & 25 & 18 & ⓐ85 & 0 & 15 \\ \infty & \infty & \infty & \infty & 15 & 0 \end{bmatrix} \qquad D^{(3)} = \begin{bmatrix} 0 & 20 & 40 & ⓐ70 & 15 & \infty \\ 20 & 0 & 20 & ⓐ50 & 25 & \infty \\ 40 & 20 & 0 & 30 & 18 & \infty \\ ⓐ70 & ⓐ50 & 30 & 0 & ⓐ48 & \infty \\ 15 & 25 & 18 & ⓐ48 & 0 & 15 \\ \infty & \infty & \infty & \infty & 15 & 0 \end{bmatrix}$$

矩阵中 $d_{ij}^{(1)} = \min[d_{ij}^{(0)}, d_{i1}^{(0)} + d_{1j}^{(0)}]$ 表示从 v_i 点到 v_j 点或直接有边或经 v_1 为中间点时的最短路长,$d_{ij}^{(2)}, d_{ij}^{(3)}$ 分别表示从 v_i 到 v_j 最多经中间点 v_1, v_2 与 v_1, v_2, v_3 的最短路

长。圆圈中数字为更新元。

$$\boldsymbol{D}^{(4)} = \boldsymbol{D}^{(3)}, \quad \boldsymbol{D}^{(5)} = \begin{bmatrix} 0 & 20 & ㉝ & ㊿ & 15 & ㉚ \\ 20 & 0 & 20 & 50 & 25 & ㊵ \\ ㉝ & 20 & 0 & 30 & 18 & ㉝ \\ ㊿ & 50 & 30 & 0 & 48 & ㊿ \\ 15 & 25 & 18 & 48 & 0 & 15 \\ ㉚ & ㊵ & ㉝ & ㊿ & 15 & 0 \end{bmatrix}, \quad \boldsymbol{D}^{(6)} = \boldsymbol{D}^{(5)}$$

由于 $d_{ij}^{(6)}$ 表示从 v_i 点到 v_j 点,最多经由中间点 $v_1,v_2,\cdots,v_6$ 的所有路中的最短路长,所以 $\boldsymbol{D}^{(6)}$ 就给出了任意两点间不论几步到达的最短路长。

如果希望计算结果不仅给出任意两点的最短路长,而且给出具体的最短路径,则在运算过程中要保留下标信息,即 $d_{ik}+d_{kj}=d_{ikj}$ 等。

如在例 10 中 $\boldsymbol{D}^{(2)}$ 的 $d_{45}^{(2)}=85$,是 $d_{42}^{(1)}+d_{25}^{(1)}=60+25$ 得到的,所以 $d_{45}^{(2)}$ 可写成 85_{425},又如 $d_{46}^{(5)}$ 是由 $d_{43}^{(4)}+d_{35}^{(4)}+d_{56}^{(4)}=30+18+15=63$ 得到的,所以 $d_{46}^{(5)}$ 可写为 63_{4356} 等。

由此,

$$\boldsymbol{D}^{(6)} = \begin{bmatrix} 0 & 20 & 33_{153} & 63_{1534} & 15 & 30_{156} \\ 20 & 0 & 20 & 50_{234} & 25 & 40_{256} \\ 33_{351} & 20 & 0 & 30 & 18 & 33_{356} \\ 63_{4351} & 50_{432} & 30 & 0 & 48_{435} & 63_{4356} \\ 15 & 25 & 18 & 48_{534} & 0 & 15 \\ 30_{651} & 40_{652} & 33_{653} & 63_{6534} & 15 & 0 \end{bmatrix}$$

第四节 最大流问题

最大流问题是一类应用极为广泛的问题,例如在交通运输网络中有人流、车流、货物流,供水网络中有水流,金融系统中有现金流,通信系统中有信息流,等等。20 世纪 50 年代福特(Ford)、富克逊(Fulkerson)建立的"网络流理论",是网络应用的重要组成部分。

一、最大流有关概念

如果我们把图 8-33 看做输油管道网,v_s 为起点,v_t 为终点,v_1,v_2,v_3,v_4 为中转站,边上的数表示该管道的最大输油能力,问应如何安排各管道输油量,才能使从 v_s 到 v_t 的总输油量最大?

管道网络中每边的最大通过能力即容量是有限的,实际流量应不超过容量,上述问题就是要讨论如何充分利用装置的能力,以取得最好效果(流

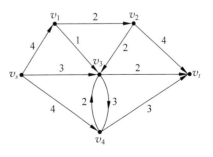

图 8-33

量最大),这类问题通常称为最大流问题。

定义 20 设有向连通图 $G=(V,E)$, G 的每条边 (v_i,v_j) 上有非负数 c_{ij} 称为边的容量,仅有一个入次为 0 的点 v_s 称为发点(源),一个出次为 0 的点 v_t 称为收点(汇),其余点为中间点,这样的网络 G 称为容量网络,常记做 $G=(V,E,C)$。

对任一 G 中的边 (v_i,v_j) 有流量 f_{ij},称集合 $f=\{f_{ij}\}$ 为网络 G 上的一个流。称满足下列条件的流 f 为可行流:

(1) 容量限制条件:对 G 中每条边 (v_i,v_j),有 $0 \leqslant f_{ij} \leqslant c_{ij}$;

(2) 平衡条件:对中间点 v_i,有 $\sum\limits_{j} f_{ij} = \sum\limits_{k} f_{ki}$,即物资的输入量与输出量相等。

对收、发点 v_t,v_s,有 $\sum\limits_{i} f_{si} = \sum\limits_{j} f_{jt} = W$,$W$ 为网络流的总流量。

可行流总是存在的,例如 $f=\{0\}$ 就是一个流量为 0 的可行流。所谓最大流问题就是在容量网络中,寻找流量最大的可行流。

一个流 $f=\{f_{ij}\}$,当 $f_{ij}=c_{ij}$,则称流 f 对边 (v_i,v_j) 是饱和的,否则称 f 对 (v_i,v_j) 不饱和。最大流问题实际是个线性规划问题,但是利用它与图的紧密关系,能更为直观简便地求解。

定义 21 容量网络 $G=(V,E,C)$,v_s,v_t 为发、收点,若有边集 E' 为 E 的子集,将 G 分为两个子图 G_1,G_2,其顶点集合分别记 $S,\bar{S}$,$S \cup \bar{S}=V$,$S \cap \bar{S}=\varnothing$,$v_s,v_t$ 分属 $S,\bar{S}$,满足:①$G(V,E-E')$ 不连通;②E'' 为 E' 的真子集,而 $G(V,E-E'')$ 仍连通,则称 E' 为 G 的割集,记 $E'=(S,\bar{S})$。

割集 $(S,\bar{S})$ 中所有始点在 S,终点在 $\bar{S}$ 的边的容量之和,称为 $(S,\bar{S})$ 的割集容量,记为 $C(S,\bar{S})$。如图 8-33 中,边集 $\{(v_s,v_1),(v_1,v_3),(v_2,v_3),(v_3,v_t),(v_4,v_t)\}$ 和边集 $\{(v_s,v_1),(v_s,v_3),(v_s,v_4)\}$ 都是 G 的割集,它们的割集容量分别为 9 和 11。容量网络 G 的割集有多个,其中割集容量最小者称为网络 G 的最小割集容量(简称最小割)。

二、最大流-最小割定理

由割集的定义不难看出,在容量网络中割集是由 v_s 到 v_t 的必经之路,无论拿掉哪个割集,v_s 到 v_t 便不再相通,所以任何一个可行流的流量不会超过任一割集的容量,也即网络的最大流与最小割容量(最小割)满足下面定理。

定理 10 设 f 为网络 $G=(V,E,C)$ 的任一可行流,流量为 W,$(S,\bar{S})$ 是分离 v_s,v_t 的任一割集,则有 $W \leqslant C(S,\bar{S})$。(证明略)

由此可知,若能找到一个可行流 f^*,一个割集 $(S^*,\bar{S}^*)$,使得 f^* 的流量 $W^* = C(S^*,\bar{S}^*)$,则 f^* 一定是最大流,而 $(S^*,\bar{S}^*)$ 就是所有割集中容量最小的一个。下面证明最大流-最小割定理,定理的证明实际上就是给出了寻求最大流的方法。

定理 11 (最大流-最小割定理)任一个网络 G 中,从 v_s 到 v_t 的最大流的流量等于分离 v_s、v_t 的最小割的容量。

证明 设 f^* 是一个最大流,流量为 W,用下面的方法定义点集 S^*:

令 $v_s \in S^*$;

若点 $v_i \in S^*$,且 $f^*_{ij} < c_{ij}$,则令 $v_j \in S^*$,

若点 $v_i \in S^*$,且 $f^*_{ij} > 0$,则令 $v_j \in S^*$。

在这种定义下,v_t 一定不属于 S^*,若否,$v_t \in S^*$,则得到一条从 v_s 到 v_t 的链 μ,规定 v_s 到 v_t 为链 μ 的方向,链上与 μ 方向一致的边称为前向边,与 μ 方向相反的边称为后向边,即如图 8-34 中 (v_1, v_2) 为前向边,(v_3, v_2) 为后向边。

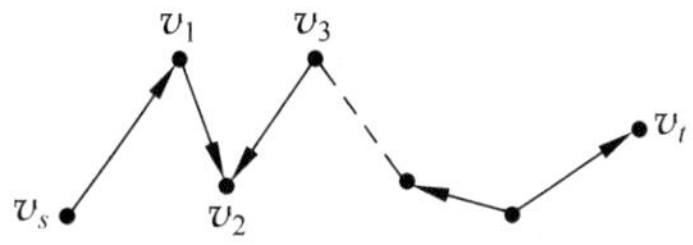

根据 S^* 的定义,μ 中的前向边 (v_i, v_j) 上必有 $f^*_{ij} < c_{ij}$,后向边上必有 $f^*_{ij} > 0$。

图 8-34

令
$$\delta_{ij} = \begin{cases} c_{ij} - f^*_{ij} & \text{当}(v_i, v_j) \text{为前向边} \\ f^*_{ij} & \text{当}(v_i, v_j) \text{为后向边} \end{cases}$$

取
$$\delta = \min\{\delta_{ij}\}, \text{显然} \delta > 0。$$

我们把 f^* 修改为 f_1^*:

$$f_1^* = \begin{cases} f^*_{ij} + \delta & (v_i, v_j) \text{为} \mu \text{上前向边} \\ f^*_{ij} - \delta & (v_i, v_j) \text{为} \mu \text{上后向边} \\ f^*_{ij} & \text{其余} \end{cases}$$

不难验证 f_1^* 仍为可行流(即满足容量限制条件与平衡条件),但是 f_1^* 的总流量等于 f^* 的流量加 δ,这与 f^* 为最大流矛盾,所以 v_t 不属于 S^*。

令 $\bar{S}^* = V \backslash S^*$,则 $v_t \in \bar{S}^*$。

于是得到一个割集 $(S^*, \bar{S}^*)$,对割集中的边 (v_i, v_j) 显然有

$$f^*_{ij} = \begin{cases} c_{ij} & v_i \in S^*, v_j \in \bar{S}^* \\ 0 & v_j \in S^*, v_i \in \bar{S}^* \end{cases}$$

但流量 W 又满足

$$W = \sum_{v_i \in S^*, v_j \in \bar{S}^*} [f^*_{ij} - f^*_{ji}] = \sum_{v_i \in S^*, v_j \in \bar{S}^*} c_{ij}$$

$$= c(S^*, \bar{S}^*)$$

所以最大流的流量等于最小割的容量,定理得到证明。

定义 22 容量网络 G,若 μ 为网络中从 v_s 到 v_t 的一条链,给 μ 定向为从 v_s 到 v_t,μ 上的边凡与 μ 同向称为前向边,凡与 μ 反向称为后向边,其集合分别用 μ^+ 和 μ^- 表示,f 是一个可行流,如果满足

$$\begin{cases} 0 \leqslant f_{ij} < c_{ij} & (v_i, v_j) \in \mu^+ \\ c_{ij} \geqslant f_{ij} > 0 & (v_i, v_j) \in \mu^- \end{cases}$$

则称 μ 为从 v_s 到 v_t 的(关于 f 的)可增广链。

推论 可行流 f 是最大流的充要条件是不存在从 v_s 到 v_t 的(关于 f 的)可增广链。

可增广链的实际意义是:沿着这条链从 v_s 到 v_t 输送的流,还有潜力可挖,只需按照定理证明中的调整方法,就可以把流量提高,调整后的流,在各点仍满足平衡条件及容量限制条件,即仍为可行流。这样就得到了一个寻求最大流的方法:从一个可行流开始,寻求关于这个可行流的可增广链,若存在,则可以经过调整,得到一个新的可行流,其流量比原来的可行流要大,重复这个过程,直到不存在关于该流的可增广链时就得到了最大流。

三、求最大流的标号算法

设已有一个可行流 f,标号的方法可分为两步:第 1 步是标号过程,通过标号来寻找可增广链;第 2 步是调整过程,沿可增广链调整 f 以增加流量。

1. 标号过程

(1) 给发点以标号 $(\Delta, +\infty)$。

(2) 选择一个已标号的顶点 v_i,对于 v_i 的所有未给标号的邻接点 v_j 按下列规则处理:

① 若边 $(v_j, v_i) \in E$,且 $f_{ji} > 0$,则令 $\delta_j = \min(f_{ji}, \delta_i)$,并给 v_j 以标号 $(-v_i, \delta_j)$。

② 若边 $(v_i, v_j) \in E$,且 $f_{ij} < c_{ij}$ 时,令 $\delta_j = \min(c_{ij} - f_{ij}, \delta_i)$,并给 v_j 以标号 $(+v_i, \delta_j)$。

(3) 重复(2)直到收点 v_t 被标号或不再有顶点可标号时为止。

若 v_t 得到标号,说明存在一条可增广链,转(第 2 步)调整过程。若 v_t 未获得标号,标号过程已无法进行时,说明 f 已是最大流。

2. 调整过程

(1) 令 $f'_{ij} = \begin{cases} f_{ij} + \delta_t & \text{若}(v_i, v_j)\text{是可增广链上的前向边} \\ f_{ij} - \delta_t & \text{若}(v_i, v_j)\text{是可增广链上的后向边} \\ f_{ij} & \text{若}(v_i, v_j)\text{不在可增广链上} \end{cases}$

(2) 去掉所有标号,回到第 1 步,对可行流 f' 重新标号。

例 11 图 8-35 表明一个网络及初始可行流,每条边上的有序数表示 (c_{ij}, f_{ij}),求这个网络的最大流。

先给 v_s 标以 $(\Delta, +\infty)$。

检查 v_s 的邻接点 v_1, v_2, v_3,发现 v_2 点满足 $(v_s, v_2) \in E$,且 $f_{s2} = 2 < c_{s2} = 4$,令 $\delta_{v_2} = \min[2, +\infty] = 2$,给 v_2 以标号 $[+v_s, 2]$。同理给 v_3 点以标号 $[+v_s, 1]$。

检查 v_2 点的尚未标号的邻接点 v_5, v_6,发现 v_5 满足 $(v_2, v_5) \in E$,且 $f_{25} = 0 < c_{25} = 3$,令 $\delta_{v_5} = \min[3, 2] = 2$,给 v_5 以标号 $[+v_2, 2]$。

检查与 v_5 点邻接的未标号点有 v_1, v_t,发现 v_1 点满足 $(v_1, v_5) \in E$,且 $f_{15} = 3 > 0$,令

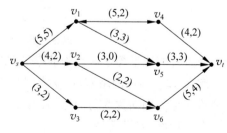

图 8-35

$\delta_{v_1}=\min[3,2]=2$，则给 v_1 点以标号 $[-v_5,2]$。

v_4 点未标号，与 v_1 邻接，边 $(v_1,v_4)\in E$，且 $f_{14}=2<c_{14}=5$，所以令 $\delta_{v_4}=\min[3,2]=2$，给 v_4 以标号 $[+v_1,2]$。

v_t 类似前面的步骤，可由 v_4 得到标号 $[+v_4,2]$。

由于 v_t 已得到标号，说明存在可增广链，所以标号过程结束，见图 8-36，增广链为 $v_s\to v_2\to v_5\to v_1\to v_4\to v_t$。

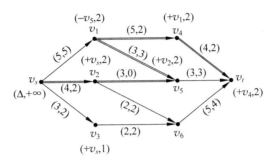

图 8-36

转入调整过程，令 $\delta=\delta_{v_t}=2$ 为调整量，从 v_t 点开始，由逆可增广链方向按标号 $[+v_4,2]$ 找到点 v_4，令 $f'_{4t}=f_{4t}+2$。

再由 v_4 点标号 $[+v_1,2]$ 找到前一个点 v_1，并令 $f'_{14}=f_{14}+2$。按 v_1 点标号找到点 v_5。

由于标号为 $-v_5$，(v_5,v_1) 为反向边，令 $f'_{15}=f_{15}-2$。

由 v_5 点的标号再找到 v_2，令 $f'_{25}=f_{25}+2$。

由 v_2 点找到 v_s，令 $f'_{s2}=f_{s2}+2$。

调整过程结束，调整中的可增广链见图 8-36 中的粗线边，调整后的可行流见图 8-37。

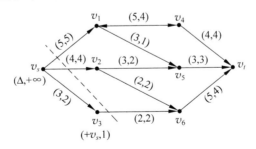

图 8-37

重新开始标号过程，寻找可增广链，当标到 v_3 点为 $[+v_s,1]$ 以后，与 v_s,v_3 点邻接的 v_1,v_2,v_6 点都不满足标号条件，所以标号过程无法再继续，而 v_t 点并未得到标号，如图 8-37 所示。

这时 $W=f_{s1}+f_{s2}+f_{s3}=f_{4t}+f_{5t}+f_{6t}=11$，即为最大流的流量，算法结束。

用标号法在得到最大流的同时，可得到一个最小割。即如图 8-37 中虚线所示。

标号点集合为 S，即 $S=\{v_s,v_3\}$；

未标号点集合为 $\overline{S}=\{v_1,v_2,v_4,v_5,v_6,v_t\}$；

此时割集 $(S,\overline{S})=\{(v_s,v_1),(v_s,v_2),(v_3,v_6)\}$；

割集容量 $C(S,\overline{S})=c_{s1}+c_{s2}+c_{36}=11$，与最大流的流量相等。

由此也可以体会到最小割的意义，网络从发点到收点的各通路中，由容量决定其通过能力，最小割则是这些路中的咽喉部分，或者叫瓶口，其容量最小，它决定了整个网络的最大通过能力。要提高整个网络的运输能力，必须首先改造这个咽喉部分的通过能力。

求最大流的标号算法还可用于解决多发点多收点网络的最大流问题，设容量网络 G 有若干个发点 $x_1,x_2,\cdots,x_m$；若干个收点 $y_1,y_2,\cdots,$ y_n，可以添加两个新点 v_s,v_t，用容量为 ∞ 的有向边分别连接 v_s 与 $x_1,x_2,\cdots,x_m,y_1,y_2,\cdots,y_n$ 与 v_t，得到新的网络 G',G' 为只有一个发点 v_s，一个收点 v_t 的网络，求解 G' 的最大流问题即可得到 G 的解，如图 8-38 所示。

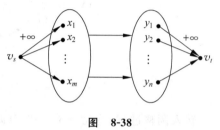

图 8-38

四、最大匹配问题

考虑工作分配问题。有 n 个工人，m 件工作，每个工人能力不同，各能胜任其中某几项工作。假设每件工作只需一人做，每人只做一件工作，怎样分配才能使尽量多的工作有人做，更多的人有工作？

这个问题可以用图的语言描述，如图 8-39 所示。其中 $x_1,x_2,\cdots,x_n$ 表示工人，$y_1,$ $y_2,\cdots,y_m$ 表示工作，边 (x_i,y_j) 表示第 x_i 个人能胜任第 y_j 项工作，这样就得到了一个二部图 G，用点集 X 表示 $\{x_1,x_2,\cdots,x_n\}$，点集 Y 表示 $\{y_1,y_2,\cdots,y_m\}$，二部图 $G=(X,Y,E)$。上述的工作分配问题就是要在图 G 中找一个边集 E 的子集，使得集中任何两条边没有公共端点，最好的方案就是要使此边集的边数尽可能多，这就是匹配问题。

定义 23 二部图 $G=(X,Y,E)$，M 是边集 E 的子集，若 M 中的任意两条边都没有公共端点，则称 M 为图 G 的一个匹配(也称对集)。

M 中任一条边的端点 v 称为(关于 M 的)饱和点，G 中其他顶点称为非饱和点。

若不存在另一匹配 M_1，使得 $|M_1|>|M|$($|M|$ 表示集合 M 中边的个数)，则称 M 为最大匹配。

例如图 8-40 中用粗线标出的各边组成图 G 的一个匹配 $M=\{(x_1,y_1),(x_2,y_5),$ $(x_3,y_2),(x_4,y_3)\}$，且为最大匹配。图 8-40 还有另一最大匹配由边 $(x_1,y_1),(x_2,y_5),$ $(x_3,y_4),(x_4,y_3)$ 组成，即一个图的最大匹配中所含边数是确定的，但匹配方案可以不同。

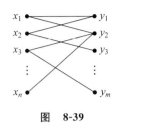
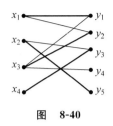

图　8-39　　　　　　　　图　8-40

二部图中最大匹配问题,可以化为最大流问题求解。类似于多发点多收点最大流问题,在二部图中增加两个新点 v_s、v_t 分别作为发点、收点,并用有向边把它们与原二部图中顶点相连,令全部边上的容量均为1。那么当这个网络的流达到最大时,如果(x_i,y_j)上的流量为1,就让 x_i 作 y_j 工作,这样的方案就是最大匹配的方案。

　　例 12　设有 5 位待业者,5 项工作,他们各自能胜任工作情况如图 8-41 所示,要求设计一个就业方案,使尽量多的人能就业。

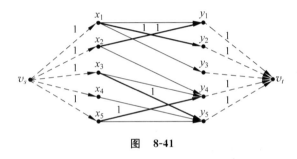

图　8-41

　　解　按前述方法增加虚拟的发、收点 v_s、v_t,用求最大流的标号法求解得到图 8-41,在图中略去容量,只标出流量。边(x_1,y_2),(x_2,y_1),(x_3,y_5),(x_5,y_4)上的流量都是 1,所以让 x_1,x_2,x_3,x_5 分别干 y_2,y_1,y_5,y_4 工作可得最大就业方案,即最多可以安排四个人就业。

第五节　最小费用流问题

　　上一节讨论的寻求网络最大流问题,只考虑了流的数量,没有考虑流的费用。实际上许多问题要考虑流的费用最小问题。

　　最小费用流问题的一般提法:已知容量网络 $G=(V,E,C)$,每条边(v_i,v_j)除了已给出容量 c_{ij} 外,还给出了单位流量的费用 $d_{ij}(\geqslant 0)$,记 $G=(V,E,C,d)$。求 G 的一个可行流 $f=\{f_{ij}\}$,使得流量 $W(f)=v$,且总费用最小。

$$d(f) = \sum_{(v_i,v_j)\in E} d_{ij}f_{ij}$$

　　特别地,当要求 f 为最大流时,此问题即为最小费用最大流问题。

最小费用流问题的常用算法有两种：①原始算法；②对偶算法。下面只介绍第二种算法，本算法是有效算法。

定义 24 已知网络 $G=(V,E,C,d)$，f 是 G 上的一个可行流，μ 为从 v_s 到 v_t 的（关于 f 的）可增广链，$d(\mu) = \sum\limits_{\mu^+} d_{ij} - \sum\limits_{\mu^-} d_{ij}$ 称为链 μ 的费用。

如图 8-42 所示的可增广链 μ 中：

$$\mu^+: \{(v_s,v_1),(v_2,v_3),(v_3,v_4),(v_5,v_t)\}$$
$$\mu^-: \{(v_2,v_1),(v_5,v_4)\}$$

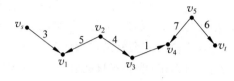

图 8-42

边上权为费用 d_{ij}，则链 μ 的费用 $d(\mu)=(3+4+1+6)-(5+7)=2$。

若 μ^* 是从 v_s 到 v_t 所有可增广链中费用最小的链，则称 μ^* 为最小费用可增广链。

对偶算法的基本思路：先找一个流量为 $W(f^{(0)})<v$ 的最小费用流 $f^{(0)}$，然后寻找从 v_s 到 v_t 可增广链 μ，用最大流方法将 $f^{(0)}$ 调整到 $f^{(1)}$，使 $f^{(1)}$ 流量为 $W(f^{(0)})+\theta$，且保证 $f^{(1)}$ 是在 $W(f^{(0)})+\theta$ 流量下的最小费用流，不断进行到 $W(f^{(k)})=v$ 为止。

定理 12 若 f 是流量为 $W(f)$ 的最小费用流，μ 是关于 f 的从 v_s 到 v_t 的一条最小费用可增广链，则 f 经过 μ 调整流量 θ 得到新可行流 f'（记为 $f'=f_\mu\theta$），一定是流量为 $W(f)+\theta$ 的可行流中的最小费用流（证明略）。

由于 $d_{ij}\geqslant 0$，$f=\{0\}$ 就是流量为 0 的最小费用流，所以初始最小费用流可以取 $f^{(0)}=\{0\}$，余下的问题是如何寻找关于 f 的最小费用可增广链。为了计算方便，我们构造长度网络。

定义 25 对网络 $G=(V,E,C,d)$，有可行流 f，保持原网络各点，每条边用两条方向相反的有向边代替，各边的权 l_{ij} 按如下规则：

1. 当边 $(v_i,v_j)\in E$，令 $l_{ij}=\begin{cases} d_{ij} & \text{当 } f_{ij}<c_{ij} \\ +\infty & \text{当 } f_{ij}=c_{ij} \end{cases}$

（其中 $+\infty$ 的意义是：这条边已饱和，不能再增大流量，否则要花费很高的代价，实际无法实现，因此权为 $+\infty$ 的边可从网络中去掉。）

2. 当边 (v_j,v_i) 为原来 G 中边 (v_i,v_j) 的反向边，令

$$l_{ji}=\begin{cases} -d_{ij} & \text{当 } f_{ij}>0 \\ +\infty & \text{当 } f_{ij}=0 \end{cases}$$

（这里 $+\infty$ 的意义是此边流量已减少到 0，不能再减少，权为 $+\infty$ 的边也可以去掉。）

这样得到的网络 $L(f)$ 称为长度网络(将费用看成长度)。

显然在 G 中求关于 f 的最小费用可增广链等价于在长度网络 $L(f)$ 中求从 v_s 到 v_t 的最短路。

对偶算法的基本步骤如下:

(1) 取零流为初始可行流,即 $f^{(0)} = \{0\}$。

(2) 若有 $f^{(k-1)}$,流量为 $W(f^{(k-1)}) < v$,构造长度网络 $L(f^{(k-1)})$。

(3) 在长度网络 $L(f^{(k-1)})$ 中求从 v_s 到 v_t 的最短路。若不存在最短路,则 $f^{(k-1)}$ 已为最大流,不存在流量等于 v 的流,停止;否则转(4)。

(4) 在 G 中与这条最短路相应的可增广链 μ 上,做 $f^{(k)} = f^{(k-1)}_\mu \theta$。

其中
$$\theta = \min\left\{\min_{\mu^+}(c_{ij} - f^{(k-1)}_{ij}), \min_{\mu^-}f^{(k-1)}_{ij}\right\}$$

此时 $f^{(k)}$ 的流量为 $W(f^{(k-1)}) + \theta$,若 $W(f^{(k-1)}) + \theta = v$ 则停止,否则令 $f^{(k)}$ 代替 $f^{(k-1)}$ 返回(2)。

例 13　在图 8-43(a)所示运输网络上,求流量 v 为 10 的最小费用流,边上括号内为 (c_{ij}, d_{ij})。

解　从 $f^{(0)} = \{0\}$ 开始,作 $L(f^{(0)})$ 如图 8-43(b),用 Dijkstra 算法求得 $L(f^{(0)})$ 网络中最短路为 $v_s \to v_2 \to v_1 \to v_t$,在网络 G 中相应的可增广链 $\mu_1 = \{v_s, v_2, v_1, v_t\}$ 上用最大流算法进行流的调整:

$$\mu_1^+ = \{(v_s, v_2), (v_2, v_1), (v_1, v_t)\}$$

$$\mu_1^- = \varphi$$

$$\theta_1 = \min\{8, 5, 7\} = 5$$

$$f^{(1)} = \begin{cases} f^{(0)}_{ij} + 5 & (v_i, v_j) \in \mu^+ \\ f^{(0)}_{ij} & \text{其他} \end{cases}$$

$$W(f^{(1)}) = 5, \quad d(f^{(1)}) = 5 \times 1 + 5 \times 2 + 5 \times 1 = 20$$

结果见图 8-43(c)。

作 $L(f^{(1)})$ 如图 8-43(d),由于边上有负权,所以求最短路不能用 Dijkstra 算法,可用逐次逼近法。最短路为 $v_s \to v_1 \to v_t$,在网络 G 内相应的可增广链上进行调整,得流 $f^{(2)}$,如图 8-43(e)所示。

$$W(f^{(2)}) = 7, \quad d(f^{(2)}) = 4 \times 2 + 5 \times 1 + 5 \times 2 + 7 \times 1 = 30$$

作 $L(f^{(2)})$ 如图 8-43(f),得到从 v_s 到 v_t 的最短路为 $v_s \to v_2 \to v_3 \to v_t$,在网络 G 内调整得流 $f^{(3)}$,如图 8-43(g)所示。

$$W(f^{(3)}) = 10 = v$$

$$d(f^{(3)}) = 2 \times 4 + 8 \times 1 + 5 \times 2 + 3 \times 3 + 3 \times 2 + 7 \times 1 = 48$$

$f^{(3)}$ 即为所求的最小费用流。

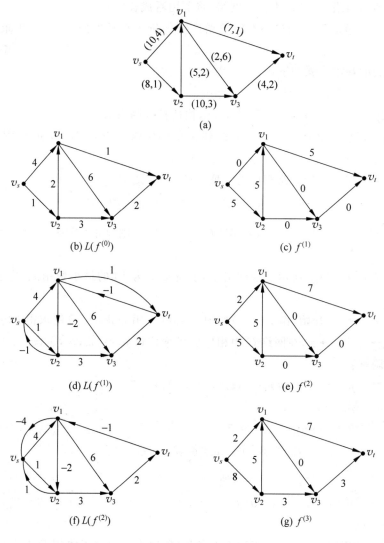

图　8-43

习　　题

即练即测

8.1　有 8 种化学药品 A、B、C、D、E、F、G、H 要放进储藏室。从安全角度考虑,下列各组药品不能储存在同一室内:A—C,A—F,A—H,B—D,B—F,B—H,C—D,C—G,D—E,D—G,E—G,E—F,F—G,G—H,问至少需要几间储藏室存放这些药品。

8.2 下列说法中正确的有:

(1) 具有 n 个顶点的完全图有 $\frac{1}{2}n(n-1)$ 条边;

(2) 具有 n 个顶点的二部图恒有 $\frac{1}{2}n(n-1)$ 条边;

(3) 任一图 G 中,当点集 V 确定后,树图是 G 中边数最少的连通图;

(4) 一个连通图中奇点的总数可以是奇数个,也可以是偶数个。

8.3 判定图 8-44 中的两个图能否一笔画出,若能,则用图形表示其画法。

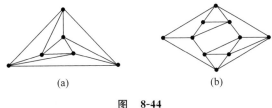

(a)   (b)

图 **8-44**

8.4 求解如图 8-45 所示的中国邮路问题,A 点是邮局。

8.5 分别用深探法、广探法、破圈法找出图 8-46 所示图的一个生成树。

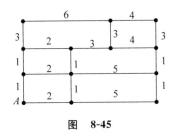

图 **8-45**

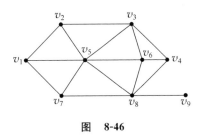

图 **8-46**

8.6 设计如图 8-47 所示的锅炉房到各座楼铺设暖气管道的路线,使管道总长度最小(单位:m)。

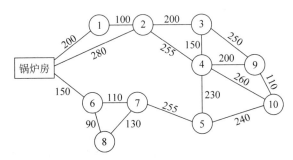

图 **8-47**

8.7 将本章例5求最小生成树的问题(见图8-23(a))转化为一个求解数学规划的问题,要求列出这个规划问题的数学模型。

8.8 分别用避圈法和破圈法求图8-48所示各图的最小树。

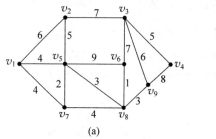

(a)

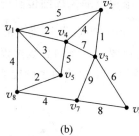

(b)

图 8-48

8.9 最优检索问题。使用计算机进行图书分类。现有五类图书共100万册,其中有A类50万册,有B类20万册,C类5万册,D类10万册,E类15万册。问如何安排分检过程,可使总的运算(比较)次数最小?

8.10 如图8-49,v_0 是一仓库,v_9 是商店,用Dijkstra算法求一条从 v_0 到 v_9 的最短路。

8.11 用Floyd算法求图8-50中任意两点间的最短路。

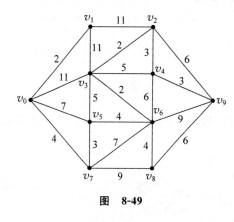

图 8-49

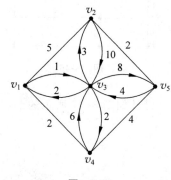

图 8-50

8.12 将本章例7(见图8-28)求 v_1 到 v_6 最短路的问题:(1)表达为一个求解数学规划的问题,要求列出该规划问题的模型;(2)建立动态规划模型并求解。

8.13 若题8.11(见图8-50)中,$v_1,\cdots,v_5$ 分别代表5个村子,已知各村小学生人数分别为40、50、10、20、25人。现准备合建一所小学,问小学应设于哪一个村,使小学生上下学走的路最短?

8.14 使用最短路方法求解上一章习题7.14的汽车更新问题。

8.15 求图 8-51 中网络最大流,边上数为 (c_{ij}, f_{ij})。要求:(1)将求最大流问题列出线性规划模型;(2)用标号算法求解。

8.16 如图 8-52,发点 s_1, s_2 分别可供应 10 个和 15 个单位,收点 t_1, t_2 可以接收 10 个和 25 个单位,求最大流,边上数为 c_{ij}。

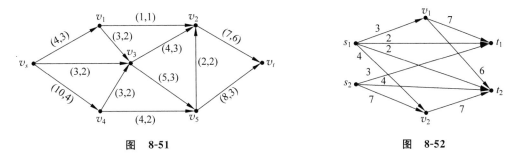

图 8-51　　　　　　　　　　　图 8-52

8.17 如图 8-53,从 v_0 派车到 v_8,中间可经过 $v_1, \cdots, v_7$ 各站,若各站间道路旁的数字表示单位时间内此路上所能通过的最多车辆数,问应如何派车才能使单位时间到达 v_8 的车辆最多?

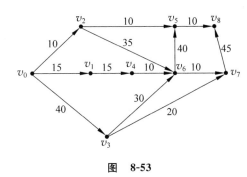

图 8-53

8.18 某单位招收懂俄、英、日、德、法文翻译各 1 人,有 5 人应聘。已知:乙懂俄文,甲、乙、丙懂英文,甲、丙、丁懂日文,乙、戊懂德文,戊懂法文,问这 5 个人是否都能得到聘书? 最多几人能得到招聘,各从事哪一方面的翻译任务?

8.19 甲、乙、丙、丁、戊、己 6 人组成一个小组,检查 5 个单位的工作,若第 1 单位和乙、丙、丁三人有工作联系,则用{乙,丙,丁}表示,其余四个单位依次分别为{甲,戊,己}、{甲,乙,戊,己}、{甲,乙,丁,己}、{甲,乙,丙}。若到一个单位去检查工作的人只需 1 人,但必须是和该单位没有联系的人,问应如何安排?

8.20 图 8-54 所示网络中,有向边旁数字为 (c_{ij}, d_{ij}), c_{ij} 表示容量, d_{ij} 表示单位流量费用,试求

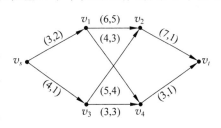

图 8-54

从 v_s 到 v_t 流值为 6 的最小费用流。

8.21 某种货物由 2 个仓库 A_1、A_2 运送到 3 个配货中心 B_1、B_2、B_3。A_1、A_2 的库存量分别为每天 13t、9t；B_1、B_2、B_3 每天需求分别为 9t、5t 和 6t。各仓库到配货中心的运输能力、单位运费如表 8-2，求运费最省的运输方案。

表　8-2

运程	运量限制/(t/d)	运费/(百元/t)
$A_1 \to B_1$	8	3
$A_1 \to B_2$	7	11
$A_1 \to B_3$	5	10
$A_2 \to B_1$	6	8
$A_2 \to B_2$	3	7
$A_2 \to B_3$	5	4

8.22 表 8-3 给出某运输问题的产销平衡表和单位运价表，要求将此问题转化为最小费用最大流问题，画出网络图。

表　8-3

产地＼销地	B_1	B_2	B_3	产量
A_1	20	24	5	8
A_2	30	22	20	7
销量	4	5	6	

8.23 有 5 批货物，要用船只从 X_1、X_2 地分别运往 Y_1、Y_2、Y_3 地。规定每批货物出发日期如表 8-4 所示，又知船只航行所需时间(d)如表 8-5 所示。每批货物只需一条船装运，在空载和重载时航行时间相同，要求制订计划，以最少的船只完成这 5 项运输任务。

表　8-4

地点	Y_1	Y_2	Y_3
X_1	5	10	/
X_2	/	12	18

表　8-5

地点	Y_1	Y_2	Y_3
X_1	2	3	2
X_2	1	1	2

CHAPTER 9
第九章

网 络 计 划

20 世纪 50 年代以来,国外陆续出现了一些计划管理的新方法,如关键路线法(critical path method,CPM)、计划评审方法(program evaluation & review technique,PERT)等,这些方法都是建立在网络模型基础上,称为网络计划技术。我国已故著名数学家华罗庚先生将这些方法总结概括称为统筹方法,在 20 世纪 60 年代初引入我国,著名科学家钱学森将其应用于航天工程项目的研制。目前,这些方法被世界各国广泛应用于工业、农业、国防、科研等计划管理以及工程项目的招投标等管理中,对缩短工期,节约人力、物力和财力,提高经济效益发挥了重要作用。

20 世纪后半叶,随着不确定因素在科学研究以及在大型工程和服务系统中的作用、影响越来越大,陆续出现了图示评审法(graphical evaluation and review technique,GERT)、风险评审技术(venture evaluation review technique,VERT)等网络技术,它们以随机网络为工具,可以解决更多复杂的项目管理问题。

第一节 网 络 图

网络图又称箭头图,由带箭头的线和节点组成。箭线表示工作(或工序、活动),节点表示事项。工作是组成整个任务的各个局部任务,需要一定的时间与资源,而事项则是表示一个或若干个工作的开始或结束,与工作相比,它不需要时间或所需时间少到可以忽略不计。例如某工作 a 可以表为

$$ ① \xrightarrow[a]{5} ② $$

圆圈和里面的数字代表各事项,写在箭杆中间的数字 5 为完成本工作所需时间,即工作 a:(1,2),事项:1,2。

虚工作用虚箭线"----➤"表示。它表示工时为零,不消耗任何资源的虚构工作。其作用只是为了正确表示工作的前行、后继关系。

一、画网络图的规则

把表示各个工作的箭线按照先后顺序及逻辑关系,由左至右排列画成图。再给节点统一编号,节点 1 表示整个计划的开始(总开工事项),图中最大的数码 n 表示计划结束事

项(总完工事项),节点由小到大编号,对任一工序(i,j)来讲,要求$j>i$。

在绘制网络图时,还要注意以下规则:

(1) 网络图只能有一个总起点事项,一个总终点事项

图9-1中有两个总起点事项①、⑦;三个总终点事项④、⑥、⑨,不符合规则。

(2) 网络图是有向图,不允许有回路

图9-2中③→⑤→⑥→③是回路,不符合规则。

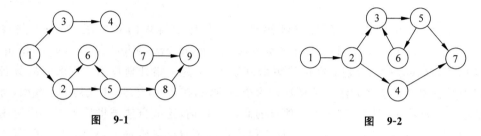

图 9-1　　　　　　　　　　　　　　　图 9-2

(3) 节点i,j之间不允许有两个或两个以上的工作

如图9-3不符合规则。

(4) 必须正确表示工作之间的前行、后继关系

如图9-4中,4道工作a,b,c,d的关系为:c必须在a,b均完成后才能开工,而d只要在b完工后即可开工,因此该图是错误的,本来与a工作无关的工作d被错误地表为必须在a完成后才能开工。

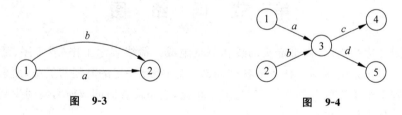

图 9-3　　　　　　　　　　　　　图 9-4

(5) 虚工作的运用

如前面不符合规则的图9-1、图9-3、图9-4用添加虚工作的方法分别改画为图9-5、图9-6、图9-7就是正确的了。

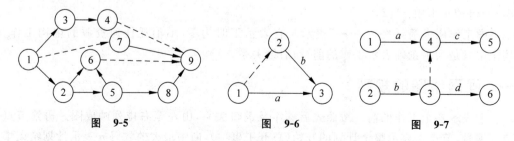

图 9-5　　　　　　图 9-6　　　　　　图 9-7

虚工作还可以用于正确表示平行工作与交叉工作。一道工作分为几道工作同时进行，称为平行工作，如图 9-8(a)中市场调研(2,3)需 12d，如增加人力分为三组同时进行，可画为图 9-8(b)。

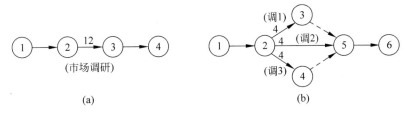

图　9-8

两件或两件以上的工作交叉进行，称为交叉工作。如工作 A 与工作 B 分别为挖沟和埋管子，那么它们的关系可以是挖一段埋一段，不必等沟全部挖好再埋。这就可以用交叉工作来表示，如把这两件工作各分为三段，$A = a_1 + a_2 + a_3$，$B = b_1 + b_2 + b_3$，可用图 9-9 表示。

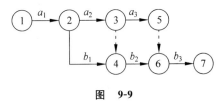

图　9-9

遵循上述画图规则是为了保证网络图的正确性，此外为了使图面布局合理、层次分明、条理清楚还要注意画图技巧。

如要尽量避免箭杆的交叉，图 9-10(a)中许多交叉的箭杆实际可以避免，整理改画为图 9-10(b)就比较清晰了。

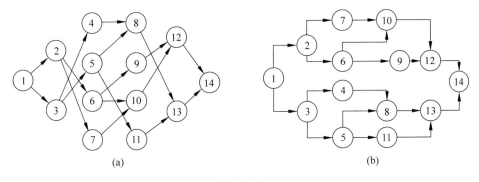

图　9-10

通常网络图的工作箭杆画成水平方式，以便阅读和计算，如图 9-10(b)。

二、实例

一般绘制网络图可分为三步。我们用某新产品投产前全部准备工作来说明。

（1）任务的分解

一个任务首先要分解成若干项工作，并分析清楚这些工作之间在工艺上和组织上的联系及制约关系，确定各工作的先后顺序，列出工作项目明细表，见表9-1。

表　9-1

工　作	工　作　内　容	紧　前　工　作	工时(周)
A	市场调查	/	4
B	资金筹备	/	10
C	需求分析	A	3
D	产品设计	A	6
E	产品研制	D	8
F	制订成本计划	C, E	2
G	制订生产计划	F	3
H	筹备设备	B, G	2
I	筹备原材料	B, G	8
J	安装设备	H	5
K	调集人员	G	2
L	准备开工投产	I, J, K	1

（2）绘制网络图

按照明细表中所示的工作遵循前面的画图规则作出网络图，并在箭线上标出工时，如图9-11。

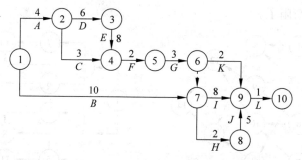

图　9-11

（3）节点编号

事项节点编号要满足前述的要求，即从始点到终点要从小到大编号，且工序(i,j)要求$i<j$。编号不一定连续，留些间隔便于修改和增添工作。

以上介绍的网络图画法是用箭线表示工作，每个工作用其首尾两端事项表示，如(i,j)。这种网络图称为双代号网络图。双代号网络图由于常常要加入虚工作，使图显得比较复杂。与此相应，国际上还流行一种单代号网络图。它用节点表示工作，用箭线表明工作之间的关系构成网络，表9-1例子的单代号网络图如图9-12。

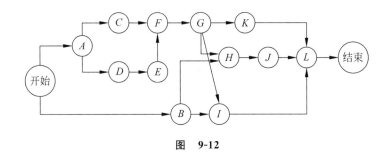

图　9-12

由图 9-12 可以看出,图中没有虚箭线,工作关系比较清晰,但由于节点就是工作,在检查工作进度时,不如双代号使用方便。本章后面内容将只述及双代号的网络图。

三、网络图分类

网络图可以根据不同指标分类。

（1）确定型与概率型网络图

按工时估计的性质分类：每个工作的预计工时只估一个值,这通常是因为这些工作的实际完成情况一般地可按预计工时达到,即实现的概率等于或近于 1,称为确定型网络图。而每个工作用三种特定情况下的工时——最快可能完成工时、最可能完成工时、最慢可能完成工时来估计时,称为概率型（非确定型）网络图。

（2）总网络图与多级网络图

如按网络图的综合程度分类,同一个任务可以画成几种详略程度不同的网络图：总网络图、一级网络图、二级网络图等,分别供总指挥部、基层部门、具体执行单位使用。

总网络图画得比较概括、综合,可反映任务的主要组成部分之间的组织联系,这种图一般是指挥部门使用,一则重点突出,二则便于领导掌握任务的关键路线与关键部门。一级、二级网络图则一级比一级更为细微、具体,便于具体部门及单位在执行任务时使用。为了便于管理,各级网络图中工作和事项应实行统一编号。

除此之外,网络图还可以根据其他指标划分为各种类型,如按有、无时间坐标区分,网络图可分为有时间坐标和无时间坐标两种。有时间坐标网络图中附有工作天或日历天的标度,表示工作的箭杆长度要按工时长度准确画出。

第二节　时间参数的计算

计算网络图中有关的时间参数,主要目的是找出关键路线,为网络计划的优化、调整和执行提供明确的时间概念。

图 9-13 是一个简单的网络图。从始点①到终点⑧共有 4 条路线,可以分别计算出每条路线所需的总工时。

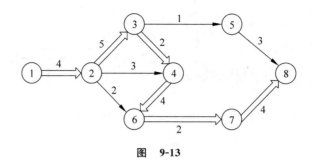

图　9-13

这 4 条路线分别为：

①→②→③→⑤→⑧　　　　　4＋5＋1＋3＝13(周)

①→②→④→⑥→⑦→⑧　　　　4＋3＋4＋2＋4＝17(周)

①→②→⑥→⑦→⑧　　　　　4＋2＋2＋4＝12(周)

①→②→③→④→⑥→⑦→⑧　　4＋5＋2＋4＋2＋4＝21(周)

可以看出①→②→③→④→⑥→⑦→⑧所需时间最长,它表明整个任务的总完工期为 21 周。很明显,这条线上的工作,若有一个延迟,整个工期就要推迟;若某一工作能提前,整个任务就可以提前完成。而不在这条路上的工作对总工期则没有这种敏感的影响关系,如工作②→⑥,可以在①→②工作开始后四周就开始,最晚可以推迟到第 13 周再开工,都不影响总完工期。通常把网络图中需时最长的路叫作关键路线,在图中用双线画出。关键路线上的工作称为关键工作。要想使任务按期或提前完工,就要在关键路线的关键工作上想办法。网络图的关键路线可以通过时间参数的计算求得。

网络图的时间参数包括工作所需时间、事项最早、最迟时间、工作的最早、最迟时间及时差等。进行时间参数计算不仅可以得到关键路线,确定和控制整个任务在正常进度下的最早完工期,而且在掌握非关键工作基础上可进行人、财、物等资源的合理安排,进行网络计划的优化。

下面介绍各种时间参数及有关的计算公式。

一、工作时间 $t(i,j)$ 的确定

工作 (i,j) 的所需工时可记为 $t(i,j)$,有以下两种确定方法。

(1) 确定型

在具备工时定额和劳动定额的任务中,工作的工时 $t(i,j)$ 可以用这些定额资料确定。有些工作虽无定额可查,但有关工作的统计资料,也可利用统计资料通过分析来确定工作的工时。

(2) 概率型

对于开发性试制性的任务,或对工作所需工时难以准确估计时,可以采用三点时间估计法来确定工作的工时。这种方法对每道工作先要作出下面三种情况的时间估计:

a——最快可能完成时间(最乐观时间)；

m——最可能完成时间；

b——最慢可能完成时间(最悲观时间)。

利用 3 个时间 a,m,b，每道工作的期望工时可估计为

$$t(i,j) = \frac{a+4m+b}{6} \tag{9.1}$$

方差为

$$\sigma^2 = \left(\frac{b-a}{6}\right)^2 \tag{9.2}$$

华罗庚教授曾对式(9.1)、式(9.2)的由来做了以下说明：由实际工作情况表明，工作进行时出现最顺利和最不利情况都比较少，更多的是在最可能完成时间内完成，工时的分布近似服从于正态分布。假定 m 的可能性两倍于 a 或 b 的可能性，应用加权平均法。

在 (a,m) 间的平均值为 $\dfrac{a+2m}{3}$；

在 (m,b) 间的平均值为 $\dfrac{2m+b}{3}$；

工时的分布可以用 $\dfrac{a+2m}{3}$ 与 $\dfrac{2m+b}{3}$ 各以 $\dfrac{1}{2}$ 可能性出现的分布来代表；

平均(期望)工时 $t(i,j) = \dfrac{1}{2}\left(\dfrac{a+2m}{3}+\dfrac{2m+b}{3}\right) = \dfrac{a+4m+b}{6}$；

而方差 $\sigma^2 = \dfrac{1}{2}\left[\left(\dfrac{a+4m+b}{6}-\dfrac{a+2m}{3}\right)^2 + \left(\dfrac{a+4m+b}{6}-\dfrac{2m+b}{3}\right)^2\right] = \left(\dfrac{b-a}{6}\right)^2$。

概率型网络图与确定型网络图在工时确定后，对其他时间参数的计算基本相同，没有原则性的区别。

二、事项时间参数

(1) 事项的最早时间

事项 j 的最早时间用 $t_E(j)$ 表示，它表明以它为始点的各工作最早可能开始的时间，也表示以它为终点的全部工作的最早可能完成时间，它等于从始点事项到该事项的最长路线上所有工作的工时总和。事项最早时间可用下列递推公式，按照事项编号从小到大的顺序逐个计算。

设总开工事项编号为(1)。

$$\begin{cases} t_E(1) = 0 \\ t_E(j) = \max_i\{t_E(i) + t(i,j)\} \end{cases} \tag{9.3}$$

式中：$t_E(i)$——与事项 j 相邻的各紧前事项的最早时间。

设终点事项编号为 n，则终点事项的最早时间 $t_E(n)$ 显然就是整个工程的总最早完

工期。

（2）事项的最迟时间

事项 i 的最迟时间用 $t_L(i)$ 表示，它表明在不影响任务总工期条件下，以它为始点的工作的最迟必须开始时间，或以它为终点的各工作的最迟必须完成时间。由于一般情况下，我们都把任务的最早完工时间作为任务的总工期，所以事项最迟时间的计算公式为

$$\begin{cases} t_L(n) = 总工期 （或 t_E(n)） \\ t_L(i) = \min_j\{t_L(j) - t(i,j)\} \end{cases} \tag{9.4}$$

式中：$t_L(j)$——与事项 i 相邻的各紧后事项的最迟时间。

式（9.4）也是递推公式，但与式（9.3）相反，是从终点事项开始，按编号由大至小的顺序逐个由后向前计算。

三、工作的时间参数

（1）工作的最早可能开工时间与工作的最早可能完工时间

一个工作 (i,j) 的最早可能开工时间用 $t_{ES}(i,j)$ 表示。任何一件工作都必须在其所有紧前工作全部完工后才能开始。工作 (i,j) 的最早可能完工时间用 $t_{EF}(i,j)$ 表示。它表示工作按最早开工时间开始所能达到的完工时间。它们的计算公式为

$$\begin{cases} t_{ES}(1,j) = 0 \\ t_{ES}(i,j) = \max_k\{t_{ES}(k,i) + t(k,i)\} \\ t_{EF}(i,j) = t_{ES}(i,j) + t(i,j) \end{cases} \tag{9.5}$$

这组公式也是递推公式。即所有从总开工事项出发的工作 $(1,j)$，其最早可能开工时间为零；任一工作 (i,j) 的最早开工时间要由它的所有紧前工作 (k,i) 的最早开工时间决定；工作 (i,j) 的最早完工时间显然等于其最早开工时间与工时之和。

（2）工作的最迟必须开工时间与工作的最迟必须完工时间

一个工作 (i,j) 的最迟必须开工时间用 $t_{LS}(i,j)$ 表示。它表示工作 (i,j) 在不影响整个任务如期完成的前提下，必须开始的最迟时间。

工作 (i,j) 的最迟必须完工时间用 $t_{LF}(i,j)$ 表示。它表示工作 (i,j) 按最迟时间开工，所能达到的完工时间。它们的计算公式为

$$\begin{cases} t_{LF}(i,n) = 总完工期 （或 t_{EF}(i,n)） \\ t_{LS}(i,j) = \min_k\{t_{LS}(j,k) - t(i,j)\} \\ t_{LF}(i,j) = t_{LS}(i,j) + t(i,j) \end{cases} \tag{9.6}$$

式（9.6）是按工作的最迟必须开工时间由终点向始点逐个递推计算。凡是进入总完工事项 n 的工作 (i,n)，其最迟完工时间必须等于预定总工期或等于这个工作的最早可能完工时间。任一工作 (i,j) 的最迟必须开工时间由它的所有紧后工作 (j,k) 的最迟开工时间确定。而工作 (i,j) 的最迟完工时间显然等于本工作的最迟开工时间加工时。

由于任一个事项 i（除去始点事项和终点事项），既表示某些工作的开始又表示某些工作的结束。所以从事项与工作的关系考虑，用式(9.5)、式(9.6)求得的有关工作的时间参数也可以通过事项的时间参数式(9.3)、式(9.4)来计算。如工作(i,j)的最早可能开工时间 $t_{ES}(i,j)$ 就等于事项 i 的最早时间 $t_E(i)$。工作(i,j)的最迟必须完工时间等于事项 j 的最迟时间。

四、时差

工作的时差又叫工作的机动时间或富裕时间，常用的时差有两种。

（1）工作的总时差

在不影响任务总工期的条件下，某工作(i,j)可以延迟其开工时间的最大幅度，叫作该工作的总时差，用 $R(i,j)$ 表示。

其计算公式为

$$R(i,j) = t_{LF}(i,j) - t_{EF}(i,j) \tag{9.7a}$$

或

$$R(i,j) = t_{LS}(i,j) - t_{ES}(i,j) \tag{9.7b}$$

（2）工作的单时差

工作的单时差是指在不影响紧后工作的最早开工时间条件下，该工作可以延迟其开工时间的最大幅度，用 $r(i,j)$ 表示。

其计算公式为

$$r(i,j) = t_{ES}(j,k) - t_{EF}(i,j) \tag{9.8}$$

即单时差等于其紧后工作的最早开工时间与本工作的最早完工时间之差。

工作总时差和单时差的区别与联系可以通过图 9-14 来说明。在图 9-14 中，工作 b 与工作 c 同为工作 a 的紧后工作。可以看出，工作 a 的单时差不影响紧后工作的最早开工时间，而其总时差却不仅包括本工作的单时差，而且包括了工作 b,c 的时差，使工作 c 失去了部分时差而工作 b 失去了全部自由机动时间。所以占用一道工序的总时差虽然不影响整个任务的最短工期，却有可能使其紧后工作失去自由机动的余地。

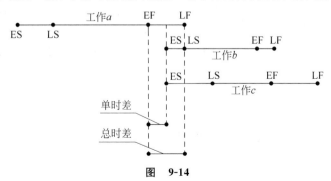

图 9-14

五、时间参数的图上计算法

网络图时间参数的计算方法很多,如图上计算法、表上计算法、矩阵法以及使用计算机计算等。下面结合例1分别介绍图上计算法和表上计算法。

例1 资料数据见图9-15,它同于由表9-1实例画出的网络图9-11。

(1) 先计算事项的时间参数

事项的最早时间从总开工事项①开始,利用式(9.3),在图上由编号小→大逐个计算,如

$$t_E(1) = 0$$
$$t_E(2) = 0 + 4 = 4$$
$$t_E(3) = 4 + 6 = 10$$
$$t_E(4) = \max\{4 + 3, 10 + 8\} = 18$$
$$\vdots$$
$$t_E(10) = 32$$

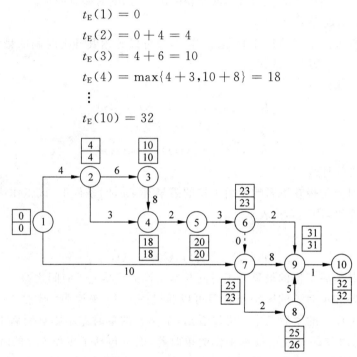

图 9-15

把计算结果标入图中相应事项编号上方矩形框的上部,然后计算事项的最迟时间,从总完工事项⑩开始,由后向前利用式(9.4)逐个进行计算,当任务给定完工期限时,事项⑩的最迟时间就等于规定期限,否则就等于刚计算出的事项⑩的最早时间32。如

$$t_L(10) = 32$$
$$t_L(9) = 32 - 1 = 31$$
$$t_L(8) = 31 - 5 = 26$$
$$t_L(7) = \min\{31 - 8, 26 - 2\} = 23$$
$$\vdots$$
$$t_L(1) = 4 - 4 = 0$$

计算结果标入上述框的下部。全部计算结果见图9-15。

（2）工作时间参数的计算

计算过程及结果见图9-16。

在图上计算工作的时间参数时，只用式（9.5）、式（9.6）计算出工作的最早开工时间和最迟开工时间填入图中。这是由于图中标有工作的工时，所以工作的最早及最迟完工时间极易算出，不在图中标出。

与计算事项的时间参数类似，先用式（9.5）从始点开始，逐个计算工作的最早可能开工时间 $t_{ES}(i,j)$，标入箭杆上方的菱形方框的上半部。然后从终点由后向前按式（9.6）逐个计算工作最迟必须开工时间 $t_{LS}(i,j)$，填入菱形方框的下半部。

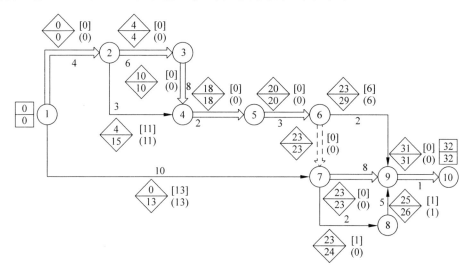

图　9-16

然后用式（9.7）计算总时差填入图中[ ]处。由于图上没有 $t_{EF}(i,j)$，只有 $t_{ES}(i,j)$ 和 $t(i,j)$，所以将式（9.8）变形为

$$r(i,j) = t_{ES}(j,k) - t_{ES}(i,j) - t(i,j) \tag{9.9}$$

用此式来计算工作的单时差，填入图中（ ）内，见图9-16。

由关键路线的意义可知，这条线在时间上没有回旋余地，即每个关键工作应满足"最早开工时间等于最迟必须开工时间"的条件，而非关键工作则有富裕时间。所以总时差为零的工作链就是关键路线。

检查图9-16中各工作的总时差，得到其关键路线为：

①→②→③→④→⑤→⑥→⑦→⑨→⑩，总工期：32（周），见图9-16中双线所示。

确定及掌握任务的关键路线可使我们在实施计划时做到心中有数。就本例来讲，对照表9-1看出，关键工作含：市场调查、产品设计、产品研制、制订成本计划等项，要严格控制按预定工时进行,否则会拖长整个任务的工期。相对来讲,非关键工作由于有时差存在,在资源或人力不足时,可适当调整这些工作的工时及开工时间,不会影响总工期。

通过这个例子还可以进一步了解总时差与单时差的区别,我们把图 9-16 中部分工作的链取出来观察,如图 9-17。

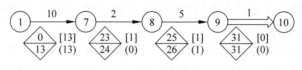

图   9-17

工作(1,7)有单时差 13,如果把工作(1,7)拖至 13 周开工,对它后面的工作最早开工时间及时差等没有影响,对整个工期也没有影响。而只有总时差没有单时差的工作则不然,如工作(7,8)有总时差 1 而没有单时差,如果让工作(7,8)推迟 1 周于 24 周开工时,虽然总工期不受影响,但其后面工作的最早时间及时差都要受影响,变为图 9-18 情况。所以使用时差来调整工作时应尽量先用单时差。

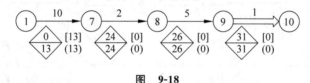

图   9-18

六、时间参数的表上计算法

在网络图上直接计算时间参数,方法简便直观。但是当工作数目多,图形复杂时容易遗漏和出错,故常常采用表上计算法。下面仍结合本章例 1 讲述。

表上计算首先要列出计算用表,如表 9-2 的表头,注意工作的排列应严格按照箭尾事项编号由小到大的顺序排列,箭尾事项相同的工作,按其箭头事项由小到大排列。将已知各工作的工时(第 3 列)填入表中。

首先计算工作的最早开工时间和最早完工时间,利用式(9.5)由上至下逐个计算填入表格中的第 4 列、第 5 列。

其次计算并填写工作的最迟开工和最迟完工时间,即表中第 6 列、第 7 列,计算和填写顺序是由下至上,利用式(9.6)进行。

最后计算并填写总时差和单时差。第 8 列总时差可由各工作第 6 列与第 4 列上的数相减求得,即用式(9.7),也可以由第 7 列与第 5 列相减求得。第 9 列单时差是用式(9.8)由紧后工作的第 4 列与该项工作第 5 列相应数字相减得到。

按总时差为零选出关键工作写入第 10 列,得到关键路线。

例 1 用表上计算法计算结果见表 9-2。

表　9-2

工　作		工作工时	最早开工	最早完工	最迟开工	最迟完工	总时差	单时差	关键
箭尾 i	箭头 j	$t(i,j)$	$t_{\mathrm{ES}}(i,j)$	$t_{\mathrm{EF}}(i,j)$	$t_{\mathrm{LS}}(i,j)$	$t_{\mathrm{LF}}(i,j)$	$R(i,j)$	$r(i,j)$	工作
1	2	3	4	5	6	7	8	9	10
①	②	4	0	4	0	4	0	0	①→②
①	⑦	10	0	10	13	23	13	13	
②	③	6	4	10	4	10	0	0	②→③
②	④	3	4	7	15	18	11	11	
③	④	8	10	18	10	18	0	0	③→④
④	⑤	2	18	20	18	20	0	0	④→⑤
⑤	⑥	3	20	23	20	23	0	0	⑤→⑥
⑥	⑦	0	23	23	23	23	0	0	⑥→⑦
⑥	⑨	2	23	25	29	31	6	6	
⑦	⑧	2	23	25	24	26	1	0	
⑦	⑨	8	23	31	23	31	0	0	⑦→⑨
⑧	⑨	5	25	30	26	31	1	1	
⑨	⑩	1	31	32	31	32	0	0	⑨→⑩

七、概率型网络图的时间参数计算

由前面知道,对于概率型网络图,当求出每道工作的平均期望工时 t 和方差 σ^2 后,就可以同确定型网络图一样,用式(9.3)～式(9.8)计算有关时间参数及总完工期 T_{Z}。

由于它们的工作工时本身包含着随机因素,所以整个任务的总完工期也是个期望工期。它是关键路线上各道工作的平均工时之和 $T_{\mathrm{Z}}=\sum t$,所以总完工期的方差就是关键路上所有工序的方差之和 $\sum\sigma^2$。若工作足够多,每一工作的工时对整个任务的完工期影响不大时,由中心极限定理可知,总完工期服从以 T_{Z} 为均值,以 $\sum\sigma^2$ 为方差的正态分布。

为达到严格控制工期,确保任务在计划期内完成的目的,我们可以计算在某一给定期限 T_{s} 前完工的概率。可以指定多个完工期 T_{s},直到求得有足够可靠性保证的计划完工期 T_{s}^*,将其作为总工期。

$$
\begin{aligned}
P(T\leqslant T_{\mathrm{s}}) &= \int_{-\infty}^{T_{\mathrm{s}}} N\left(T_{\mathrm{Z}},\sqrt{\sum\sigma^2}\right)\mathrm{d}t \\
&= \int_{-\infty}^{\frac{T_{\mathrm{s}}-T_{\mathrm{Z}}}{\sqrt{\sum\sigma^2}}} N(0,1)\mathrm{d}t \\
&= \varPhi\left(\frac{T_{\mathrm{s}}-T_{\mathrm{Z}}}{\sqrt{\sum\sigma^2}}\right)
\end{aligned}
\tag{9.10}
$$

式中，$N\left(T_Z, \sqrt{\sum \sigma^2}\right)$——以 T_Z 为均值，$\sqrt{\sum \sigma^2}$ 为均方差的正态分布。

$N(0,1)$——以 0 为均值，1 为均方差的标准正态分布。

例2　已知某一计划(见图9-19)中各件工作的 a, m, b 值(单位为月)，见表9-3的第2、3、4列。要求：

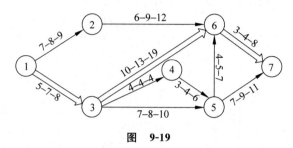

图　9-19

(1) 每件工作的平均工时 t 及均方差 σ；

(2) 画出网络图，确定关键路线；

(3) 在 25 个月前完工的概率。

解

(1) 用式(9.1)和式(9.2)计算出各项工作的平均工时 t 和 σ，填入表9-3第5、6列中。

表　9-3

工作	a	m	b	t	σ
①→②	7	8	9	8	0.333
①→③	5	7	8	6.833	0.5
②→⑥	6	9	12	9	1
③→④	4	4	4	4	0
③→⑤	7	8	10	8.167	0.5
③→⑥	10	13	19	13.5	1.5
④→⑤	3	4	6	4.167	0.5
⑤→⑥	4	5	7	5.167	0.5
⑤→⑦	7	9	11	9	0.667
⑥→⑦	3	4	8	4.5	0.833

(2) 按 t 值计算出各工作的最早开工时间 t_{ES} 和最迟开工时间 t_{LS}，总时差 R 见表9-4。

表 9-4

工作	t_{ES}	t_{LS}	R
①→②	0	3.333	3.333
①→③	0	0	0
②→⑥	8	11.333	3.333
③→④	6.833	6.999	0.166
③→⑤	6.833	6.999	0.166
③→⑥	6.833	6.833	0
④→⑤	10.833	10.999	0.166
⑤→⑥	15	15.166	0.166
⑤→⑦	15	15.833	0.833
⑥→⑦	20.333	20.333	0

从表 9-4 中可知,时差为零的工作为(1,3)、(3,6)、(6,7),所以关键路线为①→③→⑥→⑦,总完工期为 24.833(月)。

(3) 由于关键工作为(1,3)、(3,6)、(6,7),所以

$$\sqrt{\sum \sigma^2} = \sqrt{\sigma_{1,3}^2 + \sigma_{3,6}^2 + \sigma_{6,7}^2} = \sqrt{0.5^2 + 1.5^2 + 0.833^2} \approx 1.787$$

应用式(9.10),在 25 个月前完工概率

$$P(T \leqslant 25) = \int_{-\infty}^{\frac{25-24.833}{1.787}} N(0,1)\mathrm{d}t = \Phi(0.099) = 53.98\% (查正态分布表得出)$$

即此计划在 25 个月前完工概率为 0.539 8。

应用类似办法,可以求得任务中某一事项 i 在指定日期 $T_s(i)$ 前完成的概率,只需把式(9.10)中 T_z 换为事项 i 的最早可能时间 $t_E(i)$,而 $\sum \sigma^2$ 的含义变为事项 i 的最长的先行工作路线所需时间的方差即可,即

$$P(T \leqslant T_s(i)) = \Phi\left(\frac{T_s(i) - t_E(i)}{\sqrt{\sum \sigma^2}}\right)$$

计算出每一事项按期完工概率后,具有较小概率的事项应特别注意,凡是以它为完工时间的工作均应加快工作进度。

另外,还应注意那些从始点到终点完工日期与总工期相近的次关键路线,计算它们按总工期完工的概率,实施计划时要对其中完工概率较小的一些路线从严控制进度。

第三节 网络计划的优化

通过画网络图并计算时间参数,已得到了一个初步的网络计划。而网络计划技术的核心却在于从工期、成本、资源等方面对这个初步方案做进一步的改善和调整,以求得最佳效果。这一过程,就是网络计划的优化。衡量一个计划的优劣,本应从工期、成本、资源

消耗等方面综合评价,但是目前还没有一个能全面反映这些指标的综合数学模型,一般只是按照某一个或两个指标来衡量计划的优劣,如以工期最短为指标的时间优化问题;要求在资源有限条件下争取工期最短的优化问题;兼顾成本与工期的最低成本日程和最低成本赶工等优化问题。

不同的优化目标有不同的优化方法,下面举例说明优化的几种方法。

一、把串联工作改为平行工作或平行交叉工作

为了缩短整个任务的完工期,达到时间优化的目标,可以研究关键路线上串联的每一个工作有无可能改为平行工作或交叉进行的工作,以缩短工期。如在图 9-8 中,原计划市场调研需 12 天,如增加人力改为三组同时进行,则只需 4 天即可。又如图 9-9 所示之例,挖沟工作 A 需 9 天,埋管子工作 B 需 6 天,串联工作需时 15 天,而变为三段交叉工作,只需 11 天。这种方法虽然简单,但是行之有效。

二、利用时差

由于网络图中的非关键路工作都有时差,所以这些工作在开工时间上,具体工时上都具有一定的弹性。为了缩短任务的总工期,可以考虑放慢非关键工作的进度,减少这些工作的人力、资源,转去支援关键工作,以使关键工作的工时缩短来达到目的。

三、有限资源的合理分配

一项任务的可用资源总是有限的,因此时间计划必须考虑资源问题。

以人力资源为例。图 9-20 所示的网络图,已计算出关键路线为 ①→②→③→⑤→⑥,总工期为 11 天。箭杆上△中标注数字为工作每天所需人力数(假设所有工作都需要同一种专业工人)。

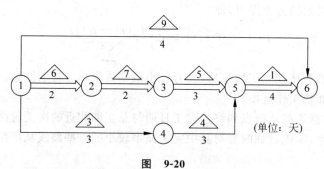

图 9-20

画出带日程的网络图及资源动态曲线,如图 9-21(图中虚线为非关键工作的总时差)。

由图 9-21 可见,若按每道工作的最早开工时间安排,人力需求很不均匀,最多者为 20 人/日,最少为 1 人/日,这种安排即使在人力资源充足条件下也是很不经济的。现假设资源有限,每日可用人力为 10 人,下面进行计划调整,希望能不延迟总工期或尽量少延

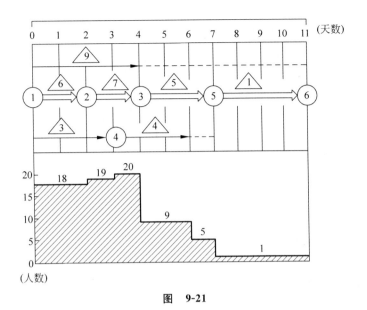

图 9-21

迟。调整的基本原则可以有：

（1）尽量保证关键工作的日资源需求量。

（2）利用非关键工作的时差错开各工作的使用资源时间。

（3）在技术章程允许条件下，可适当延长时差大的工作的工时，或切断某些非关键工作，以减少日总需求量。

具体方法是按资源的日需求量所划分的时间段逐步从始点向终点进行调整，本例中，第一个时间段为[0,2]，需求量为 18 人/日，在调整时要对本时间段内各工作按总时差的递增顺序排队编号，如：

工作(1,2)，总时差 0，编为 1#

工作(1,4)，总时差 1，编为 2#

工作(1,6)，总时差 7，编为 3#

对编号小的优先满足资源需求量，当累计和超过 10 人时，未得到人力安排的工作应移入下一时间段，本例中工作(1,2)与(1,4)人力日需求量为 9，而工作(1,6)需 9 人/日，所以应把(1,6)移出[0,2]时间段后开工，见图 9-22。

接着调整[2,3]时间段。在编号时要注意，如果已进行的非关键工作不允许中断，则编号要优先考虑，把它们按照新的总时差与最早开始时间之和的递增顺序排列，否则同于第一段的编号规则。

以后各时间段类似处理，经过几次调整，可得图 9-23。此时人力日需求量已满足不超过 10 人的限制，总工期未受影响，必要时总工期可能会延迟。

需要说明的是，由于编号及调整规则只是一种原则，所以调整结果常常是较好方案，不一定是工期最短方案。由于求精确解有时很繁难，网络优化中多采用这类近似算法。

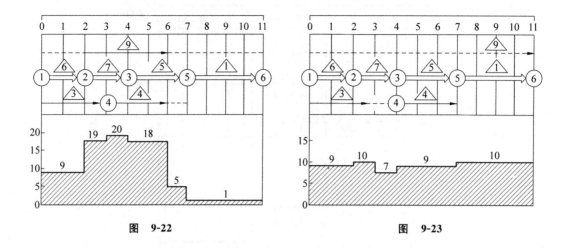

图 9-22　　　　　　　　　　　　　　　　　　　图 9-23

四、最低成本日程

项目或任务的成本一般包括直接费用和间接费用两部分。直接费用是完成各项工作直接所需人力、资源、设备等费用,为缩短工作的作业时间,需采用一些技术组织措施,相应会增加一些费用,在一定范围内,工作的作业时间越短,直接费用越大。间接费用则包括管理费、办公费等,常按任务期长短分摊,在一定条件下,工期越长,间接费用越大。它们与工期的关系如图 9-24 所示:工期缩短时直接费用要增加而间接费用减少,总成本是由直接费用与间接费用相加而得。通过计算网络计划的不同完工期相应的总费用,以求得成本最低的日程安排就是"最低成本日程",又称"工期—成本"优化。

直接费用与工作所需工时关系,常假定为直线关系,如图 9-25,工作 (i,j) 的正常工时为 D_{ij},所需费用 M_{ij};特急工时为 d_{ij},所需费用 m_{ij},工作 (i,j) 从正常工时每缩短一个单位时间所需增加的费用称为成本斜率,用 c_{ij} 表示。

$$c_{ij} = \frac{m_{ij} - M_{ij}}{D_{ij} - d_{ij}}$$

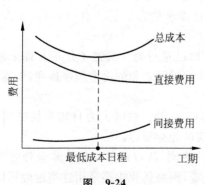

图 9-24

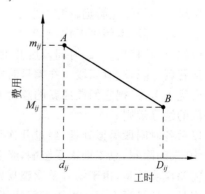

图 9-25

下面通过简例说明最低成本日程的计算方法。

例3　已知网络计划各工作的正常工时、特急工时及相应费用如表9-5，网络图如图9-26。

表　9-5

工作	正常工时		特急工时		成本斜率 c_{ij} /(元/d)
	时间/d	费用/元	时间/d	费用/元	
①→②	24	5 000	16	7 000	250
①→③	30	9 000	18	10 200	100
②→④	22	4 000	18	4 800	200
③→④	26	10 000	24	10 300	150
③→⑤	24	8 000	20	9 000	250
④→⑥	18	5 400	18	5 400	—
⑤→⑥	18	6 400	10	6 800	50

按正常工时从图9-26中计算出总工期为74天。关键路线为①→③→④→⑥，由表9-5可计算出正常工时情况下总直接费用为47 800元。

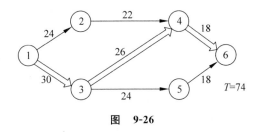

图　9-26

设正常工时下，任务总间接费用为18 000元，工期每缩短一天，间接费用可节省330元，求最低成本日程。

解　以图9-26所示的原始网络为基础，计算按下列步骤进行：

（1）从关键工作中选出缩短工时所需直接费用最少的方案，并确定该方案可能缩短的天数。

（2）按照工作的新工时，重新计算网络计划的关键路线及关键工作。

（3）计算由于缩短工时所增加的直接费用。

不断重复上述三个步骤，直到工期不能再缩短为止。

下面结合例3说明：

从图9-26看出，关键路线上的三道关键工作(1,3)、(3,4)、(4,6)中，工作(1,3)的成本斜率相比之下最小，应选择在工作(1,3)上缩短工时，查表9-5知，最多可缩短12天，即取工作(1,3)新工时为30－12＝18(天)。重新计算网络图时间参数，结果如图9-27(a)所示,关键路线为①→②→④→⑥,工期为 64 天,实际只缩短了 10 天。这意味着(1,3)工作没有必要减少 12 天,(1,3)工时应取 30−10＝20(天)。重新计算,结果如图 9-27(b),总工期为 64 天,有两条关键路线:①→②→④→⑥与①→③→④→⑥,此次调整增加直接费用 10×100＝1 000(元)。

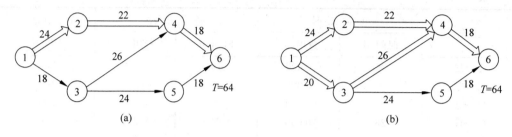

图　9-27

重复步骤(1)、(2)、(3),必须注意两条关键路线应同时缩短。有如下几个方案可选择:

(1) 在(1,3)与(1,2)上同时缩短一天,需费用 100＋250＝350(元);

(2) 在(1,3)与(2,4)上同时缩短一天,需费用 100＋200＝300(元);

(3) 在(3,4)与(1,2)上同时缩短一天,需费用 150＋250＝400(元);

(4) 在(3,4)与(2,4)上同时缩短一天,需费用 150＋200＝350(元)。

取费用最小方案为方案(2),(1,3)最多可缩短 2 天,(2,4)可缩短 4 天,取其中小者,即将(1,3)与(2,4)的工时分别改为 20−2＝18(天),22−2＝20(天)。重新计算网络图时间参数,结果见图 9-28。总工期为 62 天,这时关键路线仍为 2 条:①→②→④→⑥与①→③→④→⑥,增加直接费用 2×300＝600(元)。

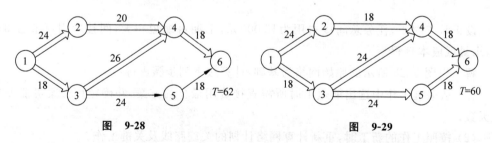

图　9-28　　　　　　　　　　　　　　图　9-29

再进行第三次调整,结果见图 9-29。总工期为 60 天,关键路线为:①→②→④→⑥,①→③→④→⑥和①→③→⑤→⑥,所增加的直接费用为 2×350＝700(元)。

由于一条关键路线①→③→④→⑥上各工作工时已不能缩短,计算结束。

全部计算过程及相应费用变化列成表 9-6。由表中可见,最低成本日程为 62 天,总成本为 63 440 元。

表 9-6

计算过程	工作名称	可缩短天数/d	实际缩短天数/d	总直接费用/元	总间接费用/元	总成本/元	总工期/d
0	—	—	—	47 800	18 000	65 800	74(正常)
1	(1,3)	12	10	48 800	14 700	63 500	64
2	(1,3)与(2,4)	2,4	2	49 400	14 040	63 440	62
3	(3,4)与(2,4)	2,2	2	50 100	13 380	63 480	60

关于最低成本日程的计算步骤,也可改为计算总费用,并与上一次的总费用进行比较,若费用不能再降低则停止计算。

网络计划技术是先进的科学方法,但毕竟只是计划,在制订时就包含着许多不确定的因素,所以在计划的实施阶段还必须不断检查,进行分析,及时地采取措施修订计划,才能确保计划的实现。完整的网络计划技术是一个管理系统,即最优的计划、精确的情报信息,再加上系统管理,才是网络计划技术的全部精髓。

第四节　图解评审法简介

前面介绍的网络计划方法主要研究以时间为主要参数的确定型网络模型。其中提到的概率型网络模型也只是讨论工作工时的不确定性,并没有对事项或工作的不确定性进行讨论。由于这类网络模型的建立有严格的规则,大量研究与开发类的计划尚无法用它们表达。

例 4　*新产品研制问题*

某工厂研制一种新产品的过程是研制、检测,经检测后,或成功(鉴定,概率为 0.7),或失败(作废品处理,概率为 0.1),或修改图纸,进一步研制(概率为 0.2)。用确定型网络图表示上述过程,暂不考虑工作的工时,括号内为工作实现的概率。如图 9-30 所示。

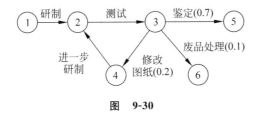

图　9-30

图 9-30 中出现:

(1) ②→③→④→②回路。

(2) 事项节点③后边的三个工作不是确定要进行的,而是按一定概率随机发生的,三个工作只能出现一个。

（3）有两个终点事项⑤、⑥，研制成功或失败都只能以一定的概率实现。

（4）整个研制工作经由哪几个工作到达哪个终点是随机的。这与网络图要求的规则相违背，网络图要求"不允许有回路"，"流入一个事项节点的工作必须在该节点实现以前完成"，"一个事项节点流出的工作必须开始且完成"，因此例 4 这类问题不能采取前述网络模型处理。

为解决这类不确定性的网络规划问题，1966 年普列茨克（Pritsker）提出了图解评审法。下面介绍 GERT 方法的建模与求解。

一、随机网络（GERT 网络）

随机网络为双代号网络，由节点和边组成，节点分为输入侧和输出侧。输入侧有 3 种逻辑关系，输出侧有两种逻辑关系，可得到 6 种不同的节点，如图 9-31 所示。

（1）输入侧

异或型：输入边为互斥型，即在规定时间内只能有一个边实现，该节点实现。

或型：输入该节点的任一边实现，该节点实现。实现的时间是各输入边中完成时间最短者。

与型：输入该节点的全部边均实现，该节点才能实现，实现的时间是各输入边中完成时间最长者。

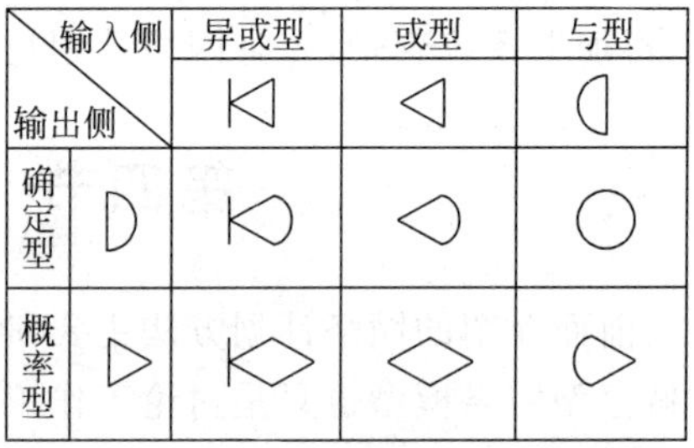

输入侧 输出侧	异或型	或型	与型
确定型	◁|（向左）	◁	◖
概率型	▷	◁▷	◇	◖

图　9-31

（2）输出侧

确定型：该节点输出的边都必须实现（各边实现概率均为 1）。

概率型：该节点输出的边只有一条实现（全部输出边之实现概率和为 1）。

GERT 网络中每条边表示工作，一般有两项参数 (P, t)：P 为该工作实现的概率；t 为工作工时，可以是常数或随机变量，若为随机变量，t 表示均值。

例 4 的问题可以用图 9-32 表示。各边上括号内为 (P, t)。

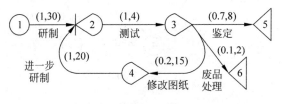

图　9-32

由上所述，可知前面各节介绍的确定型网络模型，其节点输入侧为与型，输出侧为确定型，工作实现概率为 1，只是 GERT 网络模型的一个特例。

二、图解评审法的基本原理

由于随机网络所描述的问题,工作与事项的实现都具有随机性,所要解决的目标随之也有变化,不再是简单地计算计划的确定工期与关键路线。像例 4 的目标为求研制过程所需的平均工时及研制成功的概率。

为此,图解评审法解决问题的步骤为:

(1) 进行系统分析,明确问题的目标,各工作间的关系,正确绘制 GERT 网络图。

(2) 对工作工时及出现概率等参数进行认真测算与估计。如果工时是随机变量,需测辨其所服从的概率分布与密度函数,以及期望值和方差,作为计算的依据。

(3) 对模型进行分析、计算,计算内容依系统目标决定。一般地说,不但要求解网络中所消耗的时间、费用和资源,而且还要求得网络中的流。

(4) 对计算结果进行分析和评价,作出预测或决策指导或监控计划的实施。

三、图解评审法的基本解法

目前有两大类解法。

解析法:直接使用网络中的参数进行计算,把随机和概率问题化为确定问题求解。或采用信号流图理论,用等效函数法求解。

模拟法:在计算机上进行模拟实验,用反复进行随机抽样方法模拟各种概率及随机变量,进而通过统计模拟结果得到网络问题的解。

1. 解析法

这里只介绍直观的手工计算的方法。

例 5 生产一批零件,经过加工 1 完成后送检查 1,检查 1 工作完成后,合格品转到加工 2,不合格品转到返修工作进行修理加工,然后再送检查 2,其中返修合格者转到加工 2,不合格者报废。加工 2 完成后的产品转到检查 3,其中合格品入库,不合格品报废。试求成批生产这种零件,每个成品平均需要的加工时间及成品率。图 9-33 描述了整个零件加工过程,表 9-7 给出了各工作完成概率、工时及各工作关系。

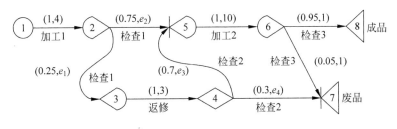

图 9-33

表 9-7

工作名称	工作代号	完成概率	工时/h	紧后工作
加工 1	1-2	1	4(常数)	检查 1
检查 1	2-3	0.25	e_1：均值=1，方差=1 （$\mu=0$，$\lambda=1$，指数分布）	不合格， 转返修
	2-5	0.75	e_2：均值=1，方差=1 （$\mu=0$，$\lambda=1$，指数分布）	合格，转 加工 2
返修	3-4	1	3(常数)	检查 2
检查 2	4-5	0.7	e_3：均值=2，方差=0.5 （$\mu=0$，$\lambda=0.5$，指数分布）	合格，加 工 2
	4-7	0.3	e_4：均值=2，方差=0.5 （$\mu=0$，$\lambda=0.5$，指数分布）	不合格， 报废
加工 2	5-6	1	10(常数)	检查 3
检查 3	6-7	0.05	1(常数)	报废
	6-8	0.95	1(常数)	成品

从对图 9-33 的分析可以看出，零件的生产过程可以是以下 5 条路线中的一条：

(a) ① $\xrightarrow{(1,4)}$ ② $\xrightarrow{(0.75,1)}$ ⑤ $\xrightarrow{(1,10)}$ ⑥ $\xrightarrow{(0.95,1)}$ ⑧

该条路线实现的概率为

$$P_a = 1 \times 0.75 \times 1 \times 0.95 = 0.712\,5$$

所需要的时间为

$$T_a = 4+1+10+1 = 16$$

(b) ① $\xrightarrow{(1,4)}$ ② $\xrightarrow{(0.25,1)}$ ③ $\xrightarrow{(1,3)}$ ④ $\xrightarrow{(0.7,2)}$ ⑤ $\xrightarrow{(1,10)}$ ⑥ $\xrightarrow{(0.95,1)}$ ⑧

该条路线实现的概率为

$$P_b = 1 \times 0.25 \times 1 \times 0.7 \times 1 \times 0.95 = 0.166\,25$$

所需要的时间为

$$T_b = 4+1+3+2+10+1 = 21$$

(c) ① $\xrightarrow{(1,4)}$ ② $\xrightarrow{(0.75,1)}$ ⑤ $\xrightarrow{(1,10)}$ ⑥ $\xrightarrow{(0.05,1)}$ ⑦

该条路线实现的概率为

$$P_c = 1 \times 0.75 \times 1 \times 0.05 = 0.037\,5$$

所需要的时间为

$$T_c = 4+1+10+1 = 16$$

(d) ① $\xrightarrow{(1,4)}$ ② $\xrightarrow{(0.25,1)}$ ③ $\xrightarrow{(1,3)}$ ④ $\xrightarrow{(0.7,2)}$ ⑤ $\xrightarrow{(1,10)}$ ⑥ $\xrightarrow{(0.05,1)}$ ⑦

该条路线实现的概率为

$$P_d = 1 \times 0.25 \times 1 \times 0.7 \times 1 \times 0.05 = 0.008\,75$$

所需要的时间为

$$T_d = 4 + 1 + 3 + 2 + 10 + 1 = 21$$

(e) ①$\xrightarrow{(1,4)}$②$\xrightarrow{(0.25,1)}$③$\xrightarrow{(1,3)}$④$\xrightarrow{(0.3,2)}$⑦

该条路线实现的概率为

$$P_e = 1 \times 0.25 \times 1 \times 0.3 = 0.075$$

所需要的时间为

$$T_e = 4 + 1 + 3 + 2 = 10$$

其中零件加工为成品入库,则只能经过路线(a)或(b),所以成品率为

$$P_a + P_b = 0.712\,5 + 0.166\,25 = 0.878\,75$$

每个成品零件所需平均加工时间为

$$\frac{1}{P_a + P_b} \cdot (P_a \cdot T_a + P_b \cdot T_b) = \frac{1}{0.878\,75} \times (0.712\,5 \times 16 + 0.166\,25 \times 21)$$
$$= 16.946(\text{h})$$

因此可以得出零件的废品率为

$$1 - (P_a + P_b) = 1 - 0.878\,75 = 0.121\,25 \quad (\text{或 } P_c + P_d + P_e)$$

由本问题的计算过程可知解析法求解随机网络的基本思路和方法,但是当事项与工作增多时,计算量将大大增加,比较烦琐。一般可用信号流图理论中的等效函数,将GERT网络中的概率分支和随机变量问题用等效的手段,变换为确定的问题求解,这里不再介绍。

2. 模拟法

通过例5,我们知道GERT网络中有两类不确定因素:每个工作是以某种概率转移到下一工作;工作的工时可以是服从某种概率分布的随机变量。模拟法的基本思路是:在计算机上通过产生随机数来决定每个零件可能经过的加工路线以及随机变量的值,随机地确定一个子网络(一次试验对应一个子网络,一个子网络表示一个加工过程),并对模拟的子网络进行计算,通过多次(例如500次)模拟,对其结果进行统计分析,得出随机网络的解,如终点的实现概率、平均时间等。

结合例5,模拟法的基本步骤如下。

(1) 每个零件经过的加工路线是由始点事项①开始,每个工作以概率P_i转移到紧后工作,直到终点事项⑦或⑧。若P_i服从$(0 \leqslant P_i \leqslant 1)$的均匀分布,则每个零件加工路线可以在计算机上产生随机数来模拟。根据可能出现的两个(或若干个)紧后工作的概率值将$[0,1]$分为两个(或若干个)区间,产生的随机数落在哪个区间,就认为那个区间对应的工作被实现。

例如结点②、⑥输出侧为概率型,如图9-34。第一次模拟在结点②处产生的随机数为0.303,由图9-34(a)知落在区间1,表示工作②→⑤实现。在⑥处产生随机数0.623,

由图 9-34(b)知工作⑥→⑧实现。则第一次模拟的加工路线为：①→②→⑤→⑥→⑧。

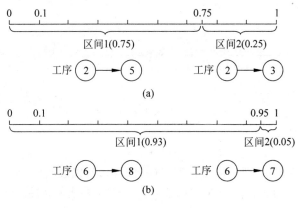

图　9-34

（2）不同的加工路线上，各工作所需时间若是服从某种分布的随机变量，其取值也可以通过抽取服从(0,1)均匀分布的随机数，用公式逆变或者逐段逼近的方法来得到。

（3）通过步骤(1)、步骤(2)对某个零件加工路线与所需工时的模拟可得到随机网络的一个确定的子网络。计算每个零件加工的时间，并记下每个零件的路径。如对例5，可能出现的模拟结果(仅举几例)。

第一次模拟

$$①\xrightarrow{4}②\xrightarrow{0.9}⑤\xrightarrow{10}⑥\xrightarrow{1}⑧$$

$$T_1 = 4 + 0.9 + 10 + 1 = 15.9(\text{h})$$

第二次模拟

$$①\xrightarrow{4}②\xrightarrow{1.1}③\xrightarrow{3}④\xrightarrow{1.9}⑤\xrightarrow{10}⑥\xrightarrow{1}⑧$$

$$T_2 = 4 + 1.1 + 3 + 1.9 + 10 + 1 = 21(\text{h})$$

第三次模拟

$$①\xrightarrow{4}②\xrightarrow{0.8}③\xrightarrow{3}④\xrightarrow{2.1}⑦$$

$$T_3 = 4 + 0.8 + 3 + 2.1 = 9.9(\text{h})$$

第四次模拟……

继续模拟下去，直到 N 次。每次模拟路线不外乎是前述 5 条路线中的一条。

（4）完成 N 次模拟(加工数量为 N 的一批零件)后，可按下述公式求出每个成品零件的平均加工时间及成品率。

$$T_c = \frac{\sum_{i=1}^{k} t_i + \sum_{j=1}^{N-k} t_j}{k} \qquad P_i = \frac{k}{N}(\%)$$

式中：t_i——第 i 个成品零件加工时间；

t_j——第 j 个废品零件加工时间；

k——成品零件个数。

由上所述，GERT 方法用随机网络来表示不确定性网络规划问题，综合运用网络理论、概率论、信号流图理论及计算机模拟技术来求解。目前 GERT 方法被应用于研究开发规划、存储分析、油井钻探、合同投标、人口动态、维修和可靠性研究、车辆交通网络、事故防范、计算机算法等方面，随着计算机发展及各种应用软件的完善，将有更广泛的应用前景。

即练即测

习　题

9.1　有 A,B,C,D,E,F 6 项工作，关系分别如图 9-35(a_1)～图 9-35(b_3)，试分别画出网络图。

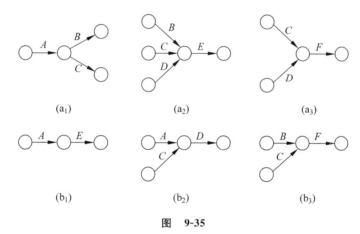

图　9-35

9.2　试画出下列各题的网络图（见表 9-8 和表 9-9），并为事项编号。

（1）

表　9-8

工作	工时/d	紧前工作	工作	工时/d	紧前工作
A	15	—	F	5	D,E
B	10	—	G	20	C,F
C	10	A,B	H	10	D,E
D	10	A,B	I	15	G,H
E	5	B			

（2）

表　9-9

工作	工时/d	紧前工作	工作	工时/d	紧前工作
A	3	—	G	6	D,B
B	2	—	H	2	E
C	5	—	I	4	G,H
D	4	A	J	5	E,F
E	7	B	K	2	E,F
F	8	C	L	6	I,J

9.3 设有如图 9-36、图 9-37 网络图,分别用图上计算法和表上计算法计算事项时间参数,并求出关键路线。

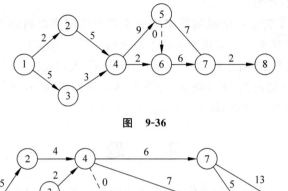

图 9-36

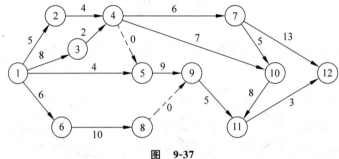

图 9-37

9.4 绘制表 9-10、表 9-11 所示的网络图,分别用图上计算法和表上计算法计算工作的各项时间参数、确定关键路线。

(1)

表 9-10

工作	工时/d	紧前工作	工作	工时/d	紧前工作
A	5	—	F	4	B,C
B	8	A,C	G	8	C
C	3	A	H	2	F,G
D	6	C	I	4	E,H
E	10	B,C	J	5	F,G

(2)

表 9-11

工作	工时/d	紧前工作	工作	工时/d	紧前工作
A	18	—	I	6	D,E
B	6	—	J	15	C,D,E
C	15	A	K	6	I,Q
D	21	A	L	3	I,Q
E	27	B	M	12	L,H,F,G
F	15	B	N	5	P,K,M
G	24	—	P	3	J
H	13	D,E	Q	6	C,D,E

9.5 某工程资料如表 9-12 所示。

要求:

(1)画出网络图。

(2)求出每件工作工时的期望值和方差。

表 9-12

工作	紧前工作	乐观时间 a	最可能时间 m	悲观时间 b
A	—	2	5	8
B	A	6	9	12
C	A	5	14	17
D	B	5	8	11
E	C,D	3	6	9
F	—	3	12	21
G	E,F	1	4	7

（3）求出工程完工期的期望值和方差。

（4）计算工程期望完工期提前 3 天的概率和推迟 5 天的概率。

9.6 对图 9-38 所示网络,各项工作旁边的 3 个数分别为工作的最乐观时间、最可能时间和最悲观时间,确定其关键路线和最早完工时间的概率。

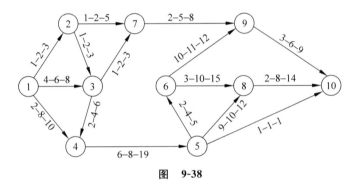

图 9-38

9.7 某项工程各道工序时间及每天需要的人力资源如图 9-39 所示。图中,箭线上的英文字母表示工序代号,括号内数值是该工序总时差,箭线下左边数为工序工时,括号内为该工序每天需要的人力数。若人力资源限制每天只有 15 人,求此条件下工期最短的施工方案。

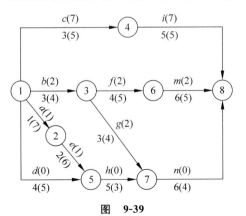

图 9-39

9.8 已知下列网络图有关数据如表9-13，设间接费用为15元/d，求最低成本日程。

表 9-13

工作代号	正常时间		特急时间	
	工时/d	费用/元	工时/d	费用/元
①→②	6	100	4	120
②→③	9	200	5	280
②→④	3	80	2	110
③→④	0	0	0	0
③→⑤	7	150	5	180
④→⑥	8	250	3	375
④→⑦	2	120	1	170
⑤→⑧	1	100	1	100
⑥→⑧	4	180	3	200
⑦→⑧	5	130	2	220

9.9 一项小修计划包括的工作如表 9-14 所示。

表 9-14

工作	网络说明	最少工时/d	正常工时/d	成本斜率(c_{ij})/元
A	(1,2)	6	9	20
B	(1,3)	5	8	25
C	(1,4)	10	15	30
D	(2,4)	3	5	10
E	(3,4)	6	9	15
F	(4,5)	1	2	40

(1) 正常计划工期与最小工期各是多少天？

(2) 日常经营费为50元/d，最佳工期应是多少天？列出每项工作的相应工时。

9.10 生产某种产品，需经以下工作，见表9-15所示。试画出随机网络图，并假设产品经过工作 g 即为成品，试计算产品的成品率及平均加工时间。

表 9-15

工作	完成概率	工时(常数或期望值)/h	紧后工作
—a	1	25	b 或 f
b	0.7	6	c 或 d
c	0.7	4	g
d	0.3	3	e
e	1	4	c
f	0.3	6	g
g	1	2	—

9.11　判断下列说法,其中正确的为:

(1) 网络关键路线上的作业,其总时差与单时差均为零;

(2) 若一项作业的总时差为 10h,说明该作业安排时有 10h 的机动时间;

(3) 任何非关键路线上的作业,其总时差与单时差均不为零;

(4) 当作业时间用 a、m、b 三点估计时,m 等于完成该作业的期望时间。

C HAPTER 10
第十章

排 队 论

第一节 引 言

一、排队系统的特征及排队论

排队论(queueing theory)是研究排队系统(又称为随机服务系统)的数学理论和方法,是运筹学的一个重要分支。在日常生活中,人们会遇到各种各样的排队问题。如进餐馆就餐,到图书馆借书,在车站等车,去医院看病,去售票处购票,上工具房领物品等。在这些问题中,餐馆的服务员与顾客、公共汽车与乘客、图书馆的管理员与借阅者、医生与病人、售票员与买票人、管理员与工人等,均分别构成一个排队系统或服务系统(见表 10-1)。排队问题的表现形式往往是拥挤现象,随着生产与服务的日益社会化,由排队引起的拥挤现象会愈来愈普遍。

表 10-1

到达的顾客	要求的服务	服 务 机 构
1. 不能运转的机器	修理	修理工人
2. 修理工人	领取修配零件	管理员
3. 病人	就诊	医生
4. 打电话	通话	交换台
5. 文稿	打字	打字员
6. 录入计算机中的文件	打印	打印机
7. 提货单	提取货物	仓库管理员
8. 待降落的飞机	降落	跑道指挥机构
9. 到达港口的货船	装货或卸货	码头(泊位)
10. 河水进入水库	放水,调整水位	水闸管理员

排队除了是有形的队列外,还可以是无形的队列。如几个顾客打电话到出租汽车站要求派车,如果出租汽车站无足够车辆,则部分顾客只得在各自的要车处等待,他们分散在不同地方,却形成了一个无形队列在等待派车。

排队的可以是人,也可以是物。如超市收款台前排队交款的顾客;因故障而停止运转的机器在等待修理；码头上的船只等待装货或卸货；要降落的飞机因跑道被占用而在空中盘旋等。当然，提供服务的可以是人，也可以是跑道、自动售货机、公共汽车等服务设施。

为了一致起见，下面将要求得到服务的对象统称为"顾客"，将提供服务的服务者称为"服务员"或"服务机构"。因此，顾客与服务机构（服务员）的含义是广义的，可根据具体问题而不同。实际的排队系统可以千差万别，但都可以一般地描述如下：顾客为了得到某种服务而到达系统，若不能立即获得服务而又允许排队等待，则加入等待队伍，待获得服务后离开系统，见图 10-1～图 10-4。类似地还可画出许多其他形式的排队系统，如串并混联的系统，网络排队系统等。尽管各种排队系统的具体形式不同，但都可由图 10-5 加以描述。

图 10-1　单服务台排队系统

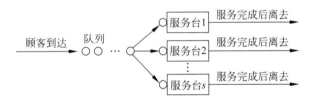

图 10-2　s 个并列服务台，一个队列的排队系统

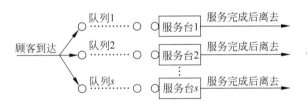

图 10-3　s 个服务台，s 个队列的排队系统

图 10-4　多个服务台的串联排队系统

图 10-5 随机服务系统

通常称由图 10-5 表示的系统为一个随机聚散服务系统,任一排队系统都是一个随机聚散服务系统。这里,"聚"表示顾客的到达,"散"表示顾客的离去,所谓随机性则是排队系统的一个普遍特点,是指顾客的到达情况(如相继到达时间间隔)与每个顾客接受服务的时间往往是事先无法确切知道的,或者说是随机的。一般来说,排队论所研究的排队系统中,顾客相继到达时间间隔和服务时间这两个量中至少有一个是随机的,因此,排队论又称为随机服务系统理论。

二、排队系统的描述

实际中的排队系统各有不同,但概括起来都由 3 个基本部分组成:输入过程、排队及排队规则和服务机制,分别说明如下。

1. 输入过程

输入过程说明顾客按怎样的规律到达系统,需要从三个方面来刻画一个输入过程:

(1) 顾客总体(顾客源)数:可以是有限的,也可以是无限的。来到商店购物的顾客总体可近似认为是无限的,车间内停机待修的机器显然是有限的。

(2) 到达方式:是单个到达还是成批到达。库存问题中,若把进来的货看成顾客,则为成批到达的例子。

(3) 顾客(单个或成批)相继到达时间间隔的分布:这是刻画输入过程的最重要的内容。令 $T_0=0$,T_n 表示第 n 个顾客到达的时刻,则有 $T_0 \leqslant T_1 \leqslant \cdots \leqslant T_n \leqslant \cdots$,记 $X_n = T_n - T_{n-1}$,$n=1,2,\cdots$,则 X_n 是第 n 个顾客与第 $n-1$ 个顾客到达的时间间隔。一般,假定 $\{X_n\}$ 是独立同分布的,并记其分布函数为 $A(t)$。关于 $\{X_n\}$ 的分布,排队论中经常用到的有定长分布(D)、泊松(Poisson)分布(M)、爱尔朗分布(E_R)、任意分布(G)等几种。其中泊松分布的概率密度函数见式(10.1),式中 λ 为单位时间内平均到达的顾客数。

$$A(t) = \begin{cases} \lambda e^{-\lambda t} & t \geqslant 0 \\ 0 & t < 0 \end{cases} \tag{10.1}$$

2. 排队及排队规则

(1) 排队

排队分为有限排队和无限排队两类,有限排队是指排队系统中的顾客数是有限的,即系统的空间是有限的,当系统被占满时,后面再来的顾客将不能进入系统;无限排队是指系统中顾客数可以是无限的,队列可以排到无限长,顾客到达系统后均可进入系统排队或接受服务,这类系统又称为等待制排队系统。对有限排队系统,可进一步分为两种:

① 损失制排队系统,这种系统是指排队空间为零的系统,实际上是不允许排队。当

顾客到达系统时,如果所有服务台均被占用,则自动从排队系统离去,称这部分顾客被损失掉了。例如某些电话系统即可看作损失制排队系统。

② 混合制排队系统,该系统是等待制和损失制系统的结合,一般是指允许排队,但又不允许队列无限长下去。具体说来,又分为以下三种:

(i) 队长有限,即系统的等待空间是有限的。例如最多只能容纳 K 个顾客在系统中,当新顾客到达时,若系统中的顾客数(又称为队长)小于 K,则可进入系统排队或接受服务;否则,便离开排队系统。如医院每天门诊的挂号数是有限的,旅馆的床位是有限的。

(ii) 等待时间有限,即顾客在系统中的等待时间不超过某一给定的长度 T,当等待时间超过 T 时,顾客将自动离去,并不再回来。如易损坏的电子元器件的库存问题,超过一定存储时间的元器件被自动认为失效。

(iii) 逗留时间(等待时间与服务时间之和)有限,例如用高射炮射击敌机,当敌机飞越高射炮射击有效区域的时间为 t 时,若在这个时间内未被击落,也就不可能再被击落了。

不难注意到,损失制和等待制可看成是混合制的特殊情形,如记 s 为系统中服务台的个数,则当 $K = s$ 时,混合制即成为损失制;当 $K = \infty$ 时,即成为等待制。

(2) 排队规则,当顾客到达时,若所有服务台都被占用且又允许排队,则该顾客将进入队列等待。服务台对顾客进行服务所遵循的规则通常有:

① 先来先服务(FCFS),即按顾客到达的先后对顾客进行服务,这是最普遍的情形。

② 后来先服务(LCFS),在许多库存系统中会出现这种情形,如钢板存入仓库后,需要时总是从最上面的取出;又如在情报系统中,后来到达的信息往往更加重要,被首先加以分析和利用。

③ 具有优先权的服务(PS),服务台根据顾客的优先权进行服务,优先权高的先接受服务。如病危的患者应优先治疗,加急的电报电话应优先处理等。

3. 服务机制

排队系统的服务机制主要包括:服务员的数量及其连接形式(串联或并联);顾客是单个还是成批接受服务;服务时间的分布。在这些因素中,服务时间的分布更为重要一些,故进一步说明如下。记某服务台的服务时间为 V,其分布函数为 $B(t)$,密度函数为 $b(t)$,则常见的分布有:

(1) 定长分布(D):每个顾客接受服务的时间是一个确定的常数。

(2) 负指数分布(M):每个顾客接受服务的时间相互独立,具有相同的负指数分布:

$$b(t) = \begin{cases} \mu e^{-\mu t} & t \geqslant 0 \\ 0 & t < 0 \end{cases} \tag{10.2}$$

其中,$\mu > 0$,为一常数。

(3) k 阶爱尔朗分布(E_k):每个顾客接受服务的时间服从 k 阶爱尔朗分布,其密度函

数为

$$b(t) = \frac{k\mu(k\mu t)^{k-1}}{(k-1)!}e^{-k\mu t} \tag{10.3}$$

爱尔朗分布比负指数分布具有更广泛的适应性。当 $k=1$ 时,爱尔朗分布即为负指数分布;当 k 增加时,爱尔朗分布逐渐变为对称的。事实上,当 $k \geqslant 30$ 以后,爱尔朗分布近似于正态分布。当 $k \to \infty$ 时,由方差为 $\frac{1}{k\mu^2}$ 可知,方差将趋于零,即为完全非随机的。所以,k 阶爱尔朗分布可看成是完全随机($k=1$)与完全非随机之间的分布,能更广泛地适应现实世界。

三、排队系统的符号表示

根据输入过程、排队规则和服务机制的变化对排队模型进行描述或分类,可给出很多排队模型。为了方便对众多模型的描述,D. G. Kendall 提出了一种目前在排队论中被广泛采用的"Kendall 记号",其一般形式为:

$$X/Y/Z/A/B/C$$

其中,X 表示顾客相继到达时间间隔的分布;Y 表示服务时间的分布;Z 表示并联服务台的个数;A 表示系统的容量,即可容纳的最多顾客数;B 表示顾客源的数目;C 表示服务规则。例如,$M/M/1/\infty/\infty/FCFS$ 表示了一个顾客的到达时间间隔服从相同的负指数分布、服务时间为负指数分布、单个服务台、系统容量为无限(等待制)、顾客源无限、排队规则为先来先服务的排队模型。在排队论中,一般约定如下:如果 Kendall 记号中略去后 3 项时,即是指 $X/Y/Z/\infty/\infty/FCFS$ 的情形。例如 $M/M/1/\infty/\infty/FCFS$ 可表示为 $M/M/1$;$M/M/s/K$ 则表示了一个顾客相继到时间间隔服从相同的负指数分布、服务时间为负指数分布、s 个服务台、系统容量为 K、顾客源无限、先来先服务的排队模型,等等。

四、排队系统的主要数量指标和记号

研究排队系统的目的是通过了解系统运行的状况,对系统进行调整和控制,使系统处于最优运行状态。因此,首先需要弄清系统的运行状况。描述一个排队系统运行状况的主要数量指标有:

1. 队长和排队长

队长是指系统中的顾客数(排队等待的顾客数与正在接受服务的顾客数之和);排队长是指系统中正在排队等待服务的顾客数,队长和排队长一般都是随机变量。对这两个指标进行研究时,当然是希望能确定它们的分布,或至少能确定它们的平均值(即平均队长和平均排队长)及有关的矩(如方差等)。队长的分布是顾客和服务员都关心的,特别是对系统设计人员来说,如果能知道队长的分布,就能确定队长超过某个数的概率,从而确定合理的等待空间。

2. 等待时间和逗留时间

从顾客到达时刻起到他开始接受服务止的这段时间称为等待时间,是个随机变量,也是顾客最关心的指标,因为顾客通常是希望等待时间越短越好。从顾客到达时刻起到他接受服务完成止的这段时间称为逗留时间,也是个随机变量,同样为顾客非常关心。对这两个指标的研究当然是希望能确定它们的分布,或至少能知道顾客的平均等待时间和平均逗留时间。

3. 忙期和闲期

忙期是指从顾客到达空闲着的服务机构起,到服务机构再次成为空闲止的这段时间,即服务机构连续忙碌的时间,这是个随机变量,是服务员最为关心的指标,因为它关系到服务员的服务强度。与忙期相对的是闲期,即服务机构连续保持空闲的时间。在排队系统中,忙期和闲期总是交替出现的。

除了上述几个基本数量指标外,还会用到其他一些重要的指标,如在损失制或系统容量有限的情况下,由于顾客被拒绝,而使服务系统受到损失的顾客损失率及服务强度等。

下面给出上述一些主要数量指标的常用记号:

$N(t)$:时刻 t 系统中的顾客数(又称为系统的状态),即队长;

$N_q(t)$:时刻 t 系统中排队的顾客数,即排队长;

$T(t)$:时刻 t 到达系统的顾客在系统中的逗留时间;

$T_q(t)$:时刻 t 到达系统的顾客在系统中的等待时间。

上面给出的这些数量指标一般都是和系统运行的时间有关的随机变量,求这些随机变量的瞬时分布一般是很困难的。为了分析上的简便,并注意到相当一部分排队系统在运行了一定时间后,都会趋于一个平衡状态(或称平稳状态)。在平衡状态下,队长的分布、等待时间的分布和忙期的分布都和系统所处的时刻无关,而且系统的初始状态的影响也会消失。因此,我们在本章中将主要讨论与系统所处时刻无关的性质,即统计平衡性质。

记 $p_n(t)$ 为时刻 t 时系统处于状态 n 的概率,即系统的瞬时分布。根据前面的约定,我们将主要分析系统的平稳分布,即当系统达到统计平衡时处于状态 n 的概率,记为 p_n。又记

N:系统处于平稳状态时的队长,其均值为 L,称为平均队长;

N_q:系统处于平稳状态时的排队长,其均值为 L_q,称为平均排队长;

T:系统处于平稳状态时顾客的逗留时间,其均值记为 W,称为平均逗留时间;

T_q:系统处于平稳状态时顾客的等待时间,其均值记为 W_q,称为平均等待时间;

λ_n:当系统处于状态 n 时,新来顾客的平均到达率(单位时间内来到系统的平均顾客数);

μ_n:当系统处于状态 n 时,整个系统的平均服务率(单位时间内可以服务完的顾客数);

当 λ_n 为常数时,记为 λ;当每个服务台的平均服务率为常数时,记每个服务台的服务

率为 μ,则当 $n \geqslant s$ 时,有 $\mu_n = s\mu$。因此,顾客相继到达的平均时间间隔为 $1/\lambda$,平均服务时间为 $1/\mu$。令 $\rho = \lambda/s\mu$,称 ρ 为系统的服务强度。

另外,记忙期为 B,闲期为 I,平均忙期和平均闲期分别记为 $\bar{B}$ 和 $\bar{I}$,记 s 为系统中并行的服务台数。

五、排队论研究的基本问题

排队论研究的首要问题是排队系统主要数量指标的概率规律,即研究系统的整体性质,然后进一步研究系统的优化问题。与这两个问题相关的还包括排队系统的统计推断问题。

(1) 通过研究主要数量指标在瞬时或平稳状态下的概率分布及其数字特征,了解系统运行的基本特征。

(2) 统计推断问题,建立适当的排队模型是排队论研究的第一步,建立模型过程中经常会碰到如下问题:检验系统是否达到平稳状态;检验顾客相继到达时间间隔的相互独立性;确定服务时间的分布及有关参数等。

(3) 系统优化问题,又称为系统控制问题或系统运营问题,其基本目的是使系统处于最优或最合理的状态。系统优化问题包括最优设计问题和最优运营问题,其内容很多,有最少费用问题、服务率的控制问题、服务台的开关策略、顾客(或服务)根据优先权的最优排序等方面的问题。

第二节　生灭过程和 Poisson 过程

一、生灭过程简介

一类非常重要且广泛存在的排队系统是生灭过程排队系统。生灭过程是一类特殊的随机过程,在生物学、物理学、运筹学中有广泛的应用。在排队论中,如果 $N(t)$ 表示时刻 t 系统中的顾客数,则 $\{N(t), t \geqslant 0\}$ 就构成了一个随机过程。如果用"生"表示顾客的到达,"灭"表示顾客的离去,则对许多排队过程来说,$\{N(t), t \geqslant 0\}$ 就是一类特殊的随机过程——生灭过程。下面结合排队论的术语给出生灭过程的定义。

定义 1　设 $\{N(t), t \geqslant 0\}$ 为一个随机过程。若 $N(t)$ 的概率分布具有以下性质:

(1) 假设 $N(t) = n$,则从时刻 t 起到下一个顾客到达时刻止的时间服从参数为 λ_n 的负指数分布,$n = 0, 1, 2, \cdots$。

(2) 假设 $N(t) = n$,则从时刻 t 起到下一个顾客离去时刻止的时间服从参数为 μ_n 的负指数分布,$n = 0, 1, 2, \cdots$。

(3) 同一时刻时只有一个顾客到达或离去。

则称 $\{N(t), t \geqslant 0\}$ 为一个生灭过程。

一般来说，得到 $N(t)$ 的分布 $p_n(t)=P\{N(t)=n\}(n=0,1,2,\cdots)$ 是比较困难的，因此通常是求当系统达到平稳状态后的状态分布，记为 $p_n,n=0,1,2,\cdots$。

为求平稳分布，考虑系统可能处的任一状态 n。假设记录了一段时间内系统进入状态 n 和离开状态 n 的次数，则因为"进入"和"离开"是交替发生的，所以这两个数要么相等，要么相差为 1。但就这两种事件的平均发生率来说，可以认为是相等的。即当系统运行相当时间而达到平稳状态后，对任一状态 n 来说，单位时间内进入该状态的平均次数和单位时间内离开该状态的平均次数应该相等，这就是系统在统计平衡下的"流入＝流出"原理。根据这一原理，可得到状态为 $0,1,2,\cdots,n,\cdots$ 时的平衡方程如下：

$$
\begin{array}{cc}
0 & \mu_1 p_1 = \lambda_0 p_0 \\[4pt]
1 & \lambda_0 p_0 + \mu_2 p_2 = (\lambda_1 + \mu_1) p_1 \\[4pt]
2 & \lambda_1 p_1 + \mu_3 p_3 = (\lambda_2 + \mu_2) p_2 \\[4pt]
\vdots & \vdots \\[4pt]
n-1 & \lambda_{n-2} p_{n-2} + \mu_n p_n = (\lambda_{n-1} + \mu_{n-1}) p_{n-1} \\[4pt]
n & \lambda_{n-1} p_{n-1} + \mu_{n+1} p_{n+1} = (\lambda_n + \mu_n) p_n \\[4pt]
\vdots & \vdots
\end{array}
\tag{10.4}
$$

由上述平衡方程，可求得

$$
p_1 = \frac{\lambda_0}{\mu_1} p_0
$$

$$
p_2 = \frac{\lambda_1}{\mu_2} p_1 + \frac{1}{\mu_2}(\mu_1 p_1 - \lambda_0 p_0) = \frac{\lambda_1}{\mu_2} p_1 = \frac{\lambda_1 \lambda_0}{\mu_2 \mu_1} p_0
$$

$$
p_3 = \frac{\lambda_2}{\mu_3} p_2 + \frac{1}{\mu_3}(\mu_2 p_2 - \lambda_1 p_1) = \frac{\lambda_2}{\mu_3} p_2 = \frac{\lambda_2 \lambda_1 \lambda_0}{\mu_3 \mu_2 \mu_1} p_0
$$

$$
\vdots
$$

$$
p_{n+1} = \frac{\lambda_n}{\mu_{n+1}} p_n + \frac{1}{\mu_{n+1}}(\mu_n p_n - \lambda_{n-1} p_{n-1}) = \frac{\lambda_n}{\mu_{n+1}} p_n = \frac{\lambda_n \lambda_{n-1} \cdots \lambda_0}{\mu_{n+1} \mu_n \cdots \mu_1} p_0
$$

$$
\vdots
$$

记

$$
C_n = \frac{\lambda_{n-1} \lambda_{n-2} \cdots \lambda_0}{\mu_n \mu_{n-1} \cdots \mu_1} \quad (n=1,2,\cdots)
\tag{10.5}
$$

则平稳状态的分布为

$$
p_n = C_n p_0 \quad (n=1,2,\cdots)
\tag{10.6}
$$

由概率分布的要求

$$
\sum_{n=0}^{\infty} p_n = 1
$$

有

$$
\left(1 + \sum_{n=1}^{\infty} C_n\right) p_0 = 1
$$

于是

$$p_0 = \frac{1}{1 + \sum\limits_{n=1}^{\infty} C_n} \qquad (10.7)$$

注意：式(10.7)只有当级数 $\sum\limits_{n=1}^{\infty} C_n$ 收敛时才有意义，即当 $\sum\limits_{n=1}^{\infty} C_n < \infty$ 时，才能由上述公式得到平稳状态的概率分布。

二、Poisson 过程和负指数分布

Poisson 过程(又称为 Poisson 流、最简流)是排队论中经常用到的一种用来描述顾客到达规律的特殊随机过程。实际上，它是一个纯生过程，与概率论中的 Poisson 分布和负指数分布有密切的联系。下面结合排队论的术语，给出 Poisson 过程的定义。

定义 2 设 $N(t)$ 为时间 $[0,t]$ 内到达系统的顾客数，如果满足下面三个条件：

(1) 平稳性：在 $[t,t+\Delta t]$ 内有一个顾客到达的概率为 $\lambda t + o(\Delta t)$；

(2) 独立性：任意两个不相交区间内顾客到达情况相互独立；

(3) 普通性：在 $[t,t+\Delta t]$ 内多于一个顾客到达的概率为 $o(\Delta t)$。

则称 $\{N(t), t \geqslant 0\}$ 为 Poisson 过程。

下面的定理给出了 Poisson 过程和 Poisson 分布的关系：

定理 1 设 $N(t)$ 为时间 $[0,t]$ 内到达系统的顾客数，则 $\{N(t), t \geqslant 0\}$ 为 Poisson 过程的充分必要条件是：

$$P\{N(t) = n\} = \frac{(\lambda t)^n}{n!} e^{-\lambda t} \quad (n = 1, 2, \cdots) \qquad (10.8)$$

定理 1 说明，如果顾客的到达为 Poisson 流的话，则到达顾客数的分布恰为 Poisson 分布。但无论是从 Poisson 过程的定义，还是根据其概率分布去对顾客的到达情况进行分析，都有许多不便之处。实际问题中比较容易得到和进行分析的往往是顾客相继到达系统的时刻，或相继到达的时间间隔。定理 2 说明，顾客相继到达时间间隔服从相互独立的参数为 λ 的负指数分布，与到达过程为参数为 λ 的 Poisson 过程是等价的。

定理 2 设 $N(t)$ 为时间 $[0,t]$ 内到达系统的顾客数，则 $\{N(t), t \geqslant 0\}$ 为参数为 λ 的 Poisson 过程的充分必要条件是：相继到达时间间隔服从相互独立的参数为 λ 的负指数分布。

第三节 $M/M/s$ 等待制排队模型

一、单服务台模型

单服务台等待制模型 $M/M/1/\infty$ 是指：顾客的相继到达时间服从参数为 λ 的负指数分布，服务台个数为 1，服务时间 V 服从参数为 μ 的负指数分布，系统空间无限，允许无限

排队,这是一类最简单的排队系统。

1. 队长的分布

记 $p_n=P\{N=n\}(n=0,1,2,\cdots)$ 为系统达到平稳状态后队长 N 的概率分布,则由式(10.5),式(10.6)和式(10.7),并注意到 $\lambda_n=\lambda,n=0,1,2,\cdots$ 和 $\mu_n=\mu,n=1,2,\cdots$

记

$$\rho=\frac{\lambda}{\mu}$$

并设 $\rho<1$,则由式(10.5)和式(10.6)得

$$C_n=\left(\frac{\lambda}{\mu}\right)^n \quad (n=1,2,\cdots)$$

$$p_n=\rho^n p_0 \quad (n=1,2,\cdots)$$

其中

$$p_0=\frac{1}{1+\sum\limits_{n=1}^{\infty}\rho^n}=\left(\sum\limits_{n=0}^{\infty}\rho^n\right)^{-1}=\left(\frac{1}{1-\rho}\right)^{-1}=1-\rho \tag{10.9}$$

因此

$$p_n=(1-\rho)\rho^n \quad n=0,1,2,\cdots \tag{10.10}$$

式(10.9)和式(10.10)给出了在平衡条件下系统中顾客数为 n 的概率。由式(10.9)不难看出,ρ 是系统中至少有一个顾客的概率,也就是服务台处于忙的状态的概率,因而也称 ρ 为服务强度,它反映了系统繁忙的程度。此外,式(10.10)只有在 $\rho=\dfrac{\lambda}{\mu}<1$ 的条件下才能得到,即要求顾客的平均到达率小于系统的平均服务率,才能使系统达到统计平衡。

2. 几个主要数量指标

对单服务台等待制排队系统,由已得到的平稳状态下队长的分布,可以得到平均队长 L 为

$$\begin{aligned}L&=\sum_{n=0}^{\infty}np_n=\sum_{n=1}^{\infty}n(1-\rho)\rho^n\\&=(\rho+2\rho^2+3\rho^3+\cdots)-(\rho^2+2\rho^3+3\rho^4+\cdots)\\&=\rho+\rho^2+\rho^3+\cdots=\frac{\rho}{1-\rho}=\frac{\lambda}{\mu-\lambda}\end{aligned} \tag{10.11}$$

平均排队长 L_q 为

$$\begin{aligned}L_q&=\sum_{n=1}^{\infty}(n-1)p_n=L-(1-p_0)\\&=L-\rho=\frac{\rho^2}{1-\rho}=\frac{\lambda^2}{\mu(\mu-\lambda)}\end{aligned} \tag{10.12}$$

顾客在系统中的逗留时间 T,可说明它服从参数为 $\mu-\lambda$ 的负指数分布,即

$$P\{T>t\}=\mathrm{e}^{-(\mu-\lambda)t}\quad t\geqslant 0$$

因此,平均逗留时间 W 为

$$W=E(T)=\frac{1}{\mu-\lambda}\tag{10.13}$$

因为,顾客在系统中的逗留时间为等待时间和接受服务时间之和,即

$$T=T_{\mathrm{q}}+V$$

其中,V 为服务时间,故由

$$W=E(T)=E(T_{\mathrm{q}})+E(V)=W_{\mathrm{q}}+\frac{1}{\mu}\tag{10.14}$$

可得平均等待时间 W_{q} 为

$$W_{\mathrm{q}}=W-\frac{1}{\mu}=\frac{\lambda}{\mu(\mu-\lambda)}\tag{10.15}$$

从式(10.11)和式(10.13),可发现平均队长 L 与平均逗留时间 W 具有如下关系

$$L=\lambda W\tag{10.16}$$

同样,从式(10.12)和式(10.15),可发现平均排队长 L_{q} 与平均等待时间 W_{q} 有如下关系

$$L_{\mathrm{q}}=\lambda W_{\mathrm{q}}\tag{10.17}$$

式(10.16)和式(10.17)通常称为 Little 公式,是排队论中一个非常重要的公式。

3. 忙期和闲期

在平衡状态下,忙期 B 和闲期 I 一般均为随机变量,求它们的分布是比较麻烦的。因此,我们来求一下平均忙期 $\bar{B}$ 和平均闲期 $\bar{I}$。由于忙期和闲期出现的概率分别为 ρ 和 $1-\rho$,所以在一段时间内可以认为忙期和闲期的总长度之比为 $\rho:(1-\rho)$。又因为忙期和闲期是交替出现的,所以在充分长的时间里,它们出现的平均次数应是相同的。于是,忙期的平均长度 $\bar{B}$ 和闲期的平均长度 $\bar{I}$ 之比也应是 $\rho:(1-\rho)$,即

$$\frac{\bar{B}}{\bar{I}}=\frac{\rho}{1-\rho}\tag{10.18}$$

又因为在到达为 Poisson 流时,根据负指数分布的无记忆性和到达与服务相互独立的假设,容易证明从系统空闲时刻起到下一个顾客到达时刻止(即闲期)的时间间隔仍服从参数为 λ 的负指数分布,且与到达时间间隔相互独立。因此,平均闲期应为 $\frac{1}{\lambda}$,这样,便求得平均忙期为

$$\bar{B}=\frac{\rho}{1-\rho}\cdot\frac{1}{\lambda}=\frac{1}{\mu-\lambda}\tag{10.19}$$

与式(10.13)比较,发现平均逗留时间(W)=平均忙期($\bar{B}$)。这一结果直观看上去是显然的,顾客在系统中逗留的时间越长,服务员连续忙的时间也就越长。因此,一个顾客在系统内的平均逗留时间应等于服务员平均连续忙的时间。

例1 某修理店只有一个修理工,要求提供服务的顾客到达过程为 Poisson 流,平均 4 人/h;修理时间服从负指数分布,平均需要 6min。试求:(1)修理店空闲的概率;(2)店内恰有 3 个顾客的概率;(3)店内至少有 1 个顾客的概率;(4)在店内的平均顾客数;(5)每位顾客在店内的平均逗留时间;(6)等待服务的平均顾客数;(7)每位顾客平均等待服务时间;(8)顾客在店内等待时间超过 10min 的概率。

解 本例可看成一个 $M/M/1/\infty$ 排队问题,其中

$$\lambda = 4 \quad \mu = \frac{1}{0.1} = 10 \quad \rho = \frac{\lambda}{\mu} = \frac{2}{5}$$

(1) 修理店空闲的概率

$$p_0 = 1 - \rho = 1 - \frac{2}{5} = 0.6$$

(2) 店内恰有 3 个顾客的概率

$$p_3 = \rho^3(1-\rho) = \left(\frac{2}{5}\right)^3\left(1-\frac{2}{5}\right) = 0.038$$

(3) 店内至少有 1 个顾客的概率

$$P\{N \geqslant 1\} = 1 - p_0 = \rho = \frac{2}{5} = 0.4$$

(4) 在店内的平均顾客数

$$L = \frac{\rho}{1-\rho} = \frac{\frac{2}{5}}{1-\frac{2}{5}} = 0.67(\text{人})$$

(5) 每位顾客在店内的平均逗留时间

$$W = \frac{L}{\lambda} = \frac{0.67}{4}(\text{h}) = 10(\text{min})$$

(6) 等待服务的平均顾客数

$$L_q = L - \rho = \frac{\rho^2}{1-\rho} = \frac{\left(\frac{2}{5}\right)^2}{1-\frac{2}{5}} = 0.267(\text{人})$$

(7) 每位顾客平均等待服务时间

$$W = \frac{L_q}{\lambda} = \frac{0.267}{4}(\text{h}) = 4(\text{min})$$

(8) 顾客在店内逗留时间超过 10min 的概率

$$P\{T > 10\} = e^{-10\left(\frac{1}{6} - \frac{1}{15}\right)} = e^{-1} = 0.3679$$

二、多服务台模型

设顾客单个到达,相继到达时间间隔服从参数为 λ 的负指数分布,系统中共有 s 个服

务台,每个服务台的服务时间相互独立,且服从参数为 μ 的负指数分布。当顾客到达时,若有空闲的服务台则可以马上接受服务,否则便排成一个队列等待,等待空间为无限。

下面来讨论这个排队系统的平稳分布。记 $p_n = P\{N=n\}$ $(n=0,1,2,\cdots)$ 为系统达到平稳状态后队长 N 的概率分布,注意到对个数为 s 的多服务台系统,有

$$\lambda_n = \lambda \quad n = 0,1,2,\cdots$$

和

$$\mu_n = \begin{cases} n\mu & n = 1,2,\cdots,s \\ s\mu & n = s, s+1, \cdots \end{cases}$$

记 $\rho_s = \rho/s = \dfrac{\lambda}{s\mu}$,则当 $\rho_s < 1$ 时,由式(10.5),式(10.6)和式(10.7),有

$$C_n = \begin{cases} \dfrac{(\lambda/\mu)^n}{n!} & n = 1,2,\cdots,s \\ \dfrac{(\lambda/\mu)^s}{s!}\left(\dfrac{\lambda}{s\mu}\right)^{n-s} = \dfrac{(\lambda/\mu)^n}{s!\,s^{n-s}} & n \geqslant s \end{cases} \tag{10.20}$$

故

$$p_n = \begin{cases} \dfrac{\rho^n}{n!}p_0 & n = 1,\cdots,s \\ \dfrac{\rho^n}{s!\,s^{n-s}}p_0 & n \geqslant s \end{cases} \tag{10.21}$$

其中

$$p_0 = \left[\sum_{n=0}^{s-1}\frac{\rho^n}{n!} + \frac{\rho^s}{s!(1-\rho_s)}\right]^{-1} \tag{10.22}$$

式(10.21)和式(10.22)给出了在平衡条件下系统中顾客数为 n 的概率,当 $n \geqslant s$ 时,即系统中顾客数大于或等于服务台个数,这时再来的顾客必须等待,因此记

$$c(s,\rho) = \sum_{n=s}^{\infty}p_n = \frac{\rho^s}{s!(1-\rho_s)}p_0 \tag{10.23}$$

式(10.23)称为 Erlang 等待公式,它给出了顾客到达系统时需要等待的概率。

对多服务台等待制排队系统,由已得到的平稳分布可得平均排队长 L_q 为

$$L_q = \sum_{n=s+1}^{\infty}(n-s)p_n = \frac{p_0\rho^s}{s!}\sum_{n=s}^{\infty}(n-s)\rho_s^{n-s}$$

$$= \frac{p_0\rho_s}{s!}\frac{\mathrm{d}}{\mathrm{d}\rho_s}\left(\sum_{n=1}^{\infty}\rho_s^n\right) = \frac{p_0\rho^s\rho_s}{s!(1-\rho_s)^2} \tag{10.24}$$

或

$$L_q = \frac{c(s,\rho)\rho_s}{1-\rho_s} \tag{10.25}$$

记系统中正在接受服务的顾客的平均数为 $\bar{s}$,显然 $\bar{s}$ 也是正在忙的服务台的平均数,故

$$\overline{s} = \sum_{n=0}^{s-1} np_n + s \sum_{n=s}^{\infty} p_n$$

$$= \sum_{n=0}^{s-1} \frac{n\rho^n}{n!} p_0 + s \frac{\rho^s}{s!(1-\rho_s)} p_0$$

$$= p_0 \rho \left[\sum_{n=1}^{s-1} \frac{\rho^{n-1}}{(n-1)!} + \frac{\rho^{s-1}}{(s-1)!(1-\rho_s)} \right]$$

$$= \rho \tag{10.26}$$

式(10.26)说明,平均在忙的服务台个数不依赖于服务台个数 s,这是一个有趣的结果。由式(10.26),可得到平均队长 L 为

$$L = 平均排队长 + 正在接受服务的顾客的平均数$$

$$= L_q + \rho \tag{10.27}$$

对多服务台系统,Little 公式依然成立,即有

$$W = \frac{L}{\lambda} \quad W_q = \frac{L_q}{\lambda} = W - \frac{1}{\mu} \tag{10.28}$$

例 2 考虑一个医院急诊室的管理问题。根据统计资料,急诊病人相继到达的时间间隔服从负指数分布,平均每 0.5h 来一个;医生处理一个病人的时间也服从负指数分布,平均需要 20min。该急诊室已有一个医生,管理人员现考虑是否需要再增加一个医生。

解 本问题可看成一个 $M/M/s/\infty$ 排队问题,其中(时间以 h 为单位)

$$\lambda = 2 \quad \mu = 3 \quad \rho = \frac{2}{3} \quad s = 1,2$$

根据前面得到的关于单服务台和多服务台等待制排队系统的结果,可将有关计算结果列于表 10-2 中。

表 **10-2**

项　　目	$s=1$	$s=2$
空闲概率 p_0	0.333	0.5
有 1 个病人的概率 p_1	0.222	0.333
有 2 个病人的概率 p_2	0.148	0.111
平均病人数 L	2	0.75
平均等待病人数 L_q	1.333	0.083
病人平均逗留时间 W(h)	1	0.375
病人平均等待时间 W_q(h)	0.667	0.042
病人需要等待的概率 $P\{T_q>0\}$	0.667	0.167
等待时间超过 0.5 小时的概率 $P\{T_q>0.5\}$	0.404	0.022
等待时间超过 1 小时的概率 $P\{T_q>1\}$	0.245	0.003

由表 10-2 的结果可知,从减少病人的等待时间,为急诊病人提供及时的处理来看,一个医生是不够的。

例 3 某售票处有三个窗口,顾客的到达为 Poisson 流,平均到达率为 $\lambda = 0.9$ 人/min;服务(售票)时间服从负指数分布,平均服务率 $\mu = 0.4$ 人/min。现设顾客到达后排成一个队列,依次向空闲的窗口购票,这一排队系统可看成一个 $M/M/s/\infty$ 系统,其中

$$s = 3 \quad \rho = \frac{\lambda}{\mu} = 2.25 \quad \rho_s = \frac{\lambda}{s\mu} = \frac{2.25}{3} < 1$$

由多服务台等待制系统的有关公式,可得到

(1) 整个售票处空闲的概率

$$p_0 = \left[\frac{(2.25)^0}{0!} + \frac{(2.25)^1}{1!} + \frac{(2.25)^2}{2!} + \frac{(2.25)^3}{3!(1-2.25/3)} \right]^{-1} = 0.074\,8$$

(2) 平均排队长

$$L_q = \frac{0.074\,8 \times (2.25)^3 \times 2.25/3}{3!(1-2.25/3)^2} = 1.70(\text{人})$$

平均队长

$$L = L_q + \rho = 1.70 + 2.25 = 3.95(\text{人})$$

(3) 平均等待时间

$$W_q = \frac{L_q}{\lambda} = \frac{1.70}{0.9} = 1.89(\text{min})$$

平均逗留时间

$$W = \frac{L}{\lambda} = \frac{3.95}{0.9} = 4.39(\text{min})$$

(4) 顾客到达时必须排队等待的概率

$$c(3, 2.25) = \frac{(2.25)^3}{3!(1-2.25/3)} \times 0.074\,8 = 0.57$$

在本例中,如果顾客的排队方式变为到达售票处后可到任一窗口前排队,且入队后不再换队,即可形成 3 个队列。这时,原来的 $M/M/3/\infty$ 系统实际上变成了由 3 个 $M/M/1/\infty$ 子系统组成的排队系统,且每个系统的平均到达率为:

$$\lambda_1 = \lambda_2 = \lambda_3 = \frac{0.9}{3} = 0.3(\text{人/min})$$

表 10-3 给出了 $M/M/3/\infty$ 和 3 个 $M/M/1/\infty$ 的比较,不难看出一个 $M/M/3/\infty$ 系统比由 3 个 $M/M/1/\infty$ 系统组成的排队系统具有显著的优越性。即在服务台个数和服务率都不变的条件下,单队排队方式比多队排队方式要优越,这是在对排队系统进行设计和管理的时候应注意的地方。

表 10-3

项　　目	$M/M/3/\infty$	3 个 $M/M/1/\infty$
空闲的概率 p_0	0.074 8	0.25(每个子系统)
顾客必须等待的概率	0.57	0.75
平均队长 L	3.95	9(整个系统)
平均排队长 L_q	1.70	2.25(每个子系统)
平均逗留时间 W	4.39(min)	10(min)
平均等待时间 W_q	1.89(min)	7.5(min)

第四节 $M/M/s$ 混合制排队模型

一、单服务台混合制模型

单服务台混合制模型 $M/M/1/K$ 是指：顾客的相继到达时间服从参数为 λ 的负指数分布（即顾客的到达过程为 Poisson 流），服务台个数为 1，服务时间 V 服从参数为 μ 的负指数分布，系统的空间为 K。

首先，仍来求平稳状态下队长 N 的分布 $p_n = P\{N=n\}$，$n=0,1,2,\cdots$。由于所考虑的排队系统中最多只能容纳 K 个顾客（等待位置只有 $K-1$ 个），因而有

$$\lambda_n = \begin{cases} \lambda & n=0,1,2,\cdots,K-1 \\ 0 & n \geqslant K \end{cases}$$

$$\mu_n = \mu \quad n=1,2,\cdots,K$$

由式(10.5)，式(10.6)和式(10.7)，有

$$C_n = \begin{cases} \left(\dfrac{\lambda}{\mu}\right)^n = \rho^n & n=1,2,\cdots,K \\ 0 & n>K \end{cases} \tag{10.29}$$

故

$$p_n = \rho^n p_0 \quad n=1,2,\cdots,K$$

其中

$$p_0 = \frac{1}{1+\displaystyle\sum_{n=1}^{K}\rho^n} = \begin{cases} \dfrac{1-\rho}{1-\rho^{K+1}} & \rho \neq 1 \\ \dfrac{1}{K+1} & \rho = 1 \end{cases} \tag{10.30}$$

由已得到的单服务台混合制排队系统平稳状态下队长的分布，可知当 $\rho \neq 1$ 时，平均队长 L 为

$$L = \sum_{n=0}^{K} np_n = p_0 \rho \sum_{n=1}^{K} n\rho^{n-1}$$

$$= p_0 \rho \frac{\mathrm{d}}{\mathrm{d}\rho}\left(\sum_{n=1}^{K}\rho^n\right) = p_0 \rho \frac{\mathrm{d}}{\mathrm{d}\rho}\left[\frac{\rho(1-\rho^K)}{1-\rho}\right]$$

$$= \frac{p_0\rho}{(1-\rho)^2}\left[1-\rho^K-(1-\rho)K\rho^K\right]$$

$$= \frac{\rho}{1-\rho} - \frac{(K+1)\rho^{K+1}}{1-\rho^{K+1}} \tag{10.31}$$

当 $\rho=1$ 时,

$$L = \sum_{n=0}^{K} np_n = \sum_{n=1}^{K} n\rho^n p_0$$

$$= \frac{1}{K+1}\sum_{n=1}^{K} n = \frac{K}{2} \tag{10.32}$$

类似地,可得到平均排队长 L_q 为

$$L_q = \sum_{n=1}^{K}(n-1)p_n = L-(1-p_0) \tag{10.33}$$

或

$$L_q = \begin{cases} \dfrac{\rho}{1-\rho} - \dfrac{\rho(1+K\rho^K)}{1-\rho^{K+1}} & \rho \neq 1 \\[3mm] \dfrac{K(K-1)}{2(K+1)} & \rho = 1 \end{cases} \tag{10.34}$$

由于排队系统的容量有限,只有 $K-1$ 个排队位置,因此,当系统空间被占满时,再来的顾客将不能进入系统排队,也就是说不能保证所有到达的顾客都能进入系统等待服务。假设顾客的到达率(单位时间内来到系统的顾客的平均数)为 λ,则当系统处于状态 K 时,顾客不能进入系统,即顾客可进入系统的概率是 $1-p_K$。因此,单位时间内实际可进入系统的顾客的平均数为

$$\lambda_e = \lambda(1-p_K) = \mu(1-P_0) \tag{10.35}$$

称 λ_e 为有效到达率,而 p_K 也被称为顾客损失率,它表示了在来到系统的所有顾客数中不能进入系统的顾客的比例。下面根据 Little 公式,可得

平均逗留时间 $$W = \frac{L}{\lambda_e} = \frac{L}{\lambda(1-p_K)} \tag{10.36}$$

平均等待时间 $$W_q = \frac{L_q}{\lambda_e} = \frac{L_q}{\lambda(1-p_K)} \tag{10.37}$$

且仍有

$$W = W_q + \frac{1}{\mu} \tag{10.38}$$

注意:这里的平均逗留时间和平均等待时间都是针对能够进入系统的顾客而言的。

特别,当 $K=1$ 时,$M/M/1/1$ 为单服务台损失制系统,在上述有关结果中令 $K=1$,可得到

$$p_0 = \frac{1}{1+\rho} \quad p_1 = \frac{\rho}{1+\rho} \tag{10.39}$$

$$L = p_1 = \frac{\rho}{1+\rho} \tag{10.40}$$

$$\lambda_e = \lambda(1-p_1) = \lambda p_0 = \frac{\lambda}{1+\rho} \tag{10.41}$$

$$W = \frac{L}{\lambda_e} = \frac{\rho}{\lambda} = \frac{1}{\mu} \tag{10.42}$$

$$L_q = 0 \quad W_q = 0 \tag{10.43}$$

例 4 某修理站只有一个修理工,且站内最多只能停放 4 台待修的机器。设待修机器按 Poisson 流到达修理站,平均每分钟到达 1 台;修理时间服从负指数分布,平均每 $1.25\min$ 可修理 1 台,试求该系统的有关指标。

解 该系统可看成一个 $M/M/1/4$ 排队系统,其中

$$\lambda = 1 \quad \mu = \frac{1}{1.25} = 0.8 \quad \rho = \frac{\lambda}{\mu} = \frac{1}{0.8} = 1.25 \quad K = 4$$

由式(10.30)得,

$$p_0 = \frac{1-\rho}{1-\rho^5} = \frac{1-1.25}{1-1.25^5} = 0.122$$

因而,顾客损失率为

$$p_4 = \rho^4 p_0 = 1.25^4 \times 0.122 = 0.298$$

有效到达率为

$$\lambda_e = \lambda(1-p_4) = 1 \times (1-0.298) = 0.702$$

平均队长

$$L = \frac{1.25}{1-1.25} - \frac{(4+1) \times 1.25^5}{1-1.25^5} = 2.44(台)$$

平均排队长

$$L_q = L - (1-p_0) = 2.44 - (1-0.122) = 1.56(台)$$

平均逗留时间

$$W = \frac{L}{\lambda_e} = \frac{2.44}{0.702} = 3.48(\min)$$

平均等待时间

$$W_q = W - \frac{1}{\mu} = 3.48 - \frac{1}{0.8} = 2.23(\min)$$

二、多服务台混合制模型

多服务台混合制模型 $M/M/s/K$ 是指顾客的相继到达时间服从参数为 λ 的负指数分布(即顾客的到达过程为 Poisson 流),服务台个数为 s,每个服务台服务时间相互独立,且服从参数为 μ 的负指数分布,系统的空间为 K。

由式(10.5)、式(10.6)和式(10.7),并注意到在本模型中

$$\lambda_n = \begin{cases} \lambda & n = 0, 1, 2, \cdots, K-1 \\ 0 & n \geqslant K \end{cases}$$

$$\mu_n = \begin{cases} n\mu & 0 \leqslant n < s \\ s\mu & s \leqslant n \leqslant K \end{cases}$$

于是

$$p_n = \begin{cases} \dfrac{\rho^n}{n!} p_0 & 0 \leqslant n < s \\ \dfrac{\rho^n}{s! s^{n-s}} p_0 & s \leqslant n \leqslant K \end{cases}$$

其中

$$p_0 = \begin{cases} \left(\displaystyle\sum_{n=0}^{s-1} \dfrac{\rho^n}{n!} + \dfrac{\rho^s(1-\rho_s^{K-s+1})}{s!(1-\rho_s)} \right)^{-1} & \rho_s \neq 1 \\ \left(\displaystyle\sum_{n=0}^{s-1} \dfrac{\rho^n}{n!} + \dfrac{\rho^s}{s!}(K-s+1) \right)^{-1} & \rho_s = 1 \end{cases} \tag{10.44}$$

由平稳分布 $p_n, n = 0, 1, 2, \cdots, K$,可得平均排队长为

$$L_q = \sum_{n=s}^{K} (n-s) p_n$$

$$= \begin{cases} \dfrac{p_0 \rho^s \rho_s}{s!(1-\rho_s)^2} \left[1 - \rho_s^{K-s+1} - (1-\rho_s)(K-s+1)\rho_s^{K-s} \right] & \rho_s \neq 1 \\ \dfrac{p_0 \rho^s (K-s)(K-s+1)}{2s!} & \rho_s = 1 \end{cases} \tag{10.45}$$

为求平均队长,由

$$L_q = \sum_{n=s}^{K} (n-s) p_n$$

$$= \sum_{n=s}^{K} n p_n - s \sum_{n=s}^{K} p_n$$

$$= \sum_{n=0}^{K} n p_n - \sum_{n=0}^{s-1} n p_n - s\left(1 - \sum_{n=0}^{s-1} p_n \right)$$

$$= L - \sum_{n=0}^{s-1} (n-s) p_n - s \tag{10.46}$$

得到

$$L = L_q + s + p_0 \sum_{n=0}^{s-1} \frac{(n-s)\rho^n}{n!} \tag{10.47}$$

由系统空间的有限性,必须考虑顾客的有效到达率 λ_e。对多服务台系统,仍有

$$\lambda_e = \lambda(1 - p_K) \tag{10.48}$$

再利用 Little 公式,得到

$$W = \frac{L}{\lambda_e}, \quad W_q = \frac{L_q}{\lambda_e} = W - \frac{1}{\mu} \tag{10.49}$$

平均被占用的服务台数(也是正在接受服务的顾客的平均数)为

$$
\begin{aligned}
\bar{s} &= \sum_{n=0}^{s-1} np_n + s\sum_{n=s}^{K} p_n \\
&= p_0 \left[\sum_{n=0}^{s-1} \frac{n\rho^n}{n!} + s\sum_{n=s}^{K} \frac{\rho^n}{s!s^{n-s}} \right] \\
&= p_0 \rho \left[\sum_{n=1}^{s-1} \frac{\rho^{n-1}}{(n-1)!} + \sum_{n=s}^{K} \frac{\rho^{n-1}}{s!s^{n-1-s}} \right] \\
&= p_0 \rho \left[\sum_{n=0}^{s-1} \frac{\rho^n}{n!} + \sum_{n=s}^{K} \frac{\rho^n}{s!s^{n-s}} - \frac{\rho^K}{s!s^{K-s}} \right] \\
&= \rho \left(1 - \frac{\rho^K}{s!s^{K-s}} p_0 \right) \\
&= \rho(1 - p_K) \tag{10.50}
\end{aligned}
$$

因此,又有

$$L = L_q + \bar{s} = L_q + \rho(1 - p_K) \tag{10.51}$$

例 5 某汽车加油站设有两台加油机,汽车按 Poisson 流到达,平均每分钟到达 2 辆;汽车加油时间服从负指数分布,平均加油时间为 2min。又知加油站上最多只能停放 3 辆等待加油的汽车,汽车到达时,若已满员,则必须开到别的加油站去,试对该系统进行分析。

解 可将该系统看作一个 $M/M/2/5$ 排队系统,其中

$$\lambda = 2 \quad \mu = 0.5 \quad \rho = \frac{\lambda}{\mu} = 4 \quad s = 2 \quad K = 5$$

(1)系统空闲的概率

$$p_0 = \left\{ 1 + 4 + \frac{4^2 [1 - (4/2)^{5-2+1}]}{2!(1 - 4/2)} \right\}^{-1} = 0.008$$

(2)顾客损失率

$$p_5 = \frac{4^5 \times 0.008}{2! \times 2^{5-2}} = 0.512$$

(3)加油站内在等待的平均汽车数

$$L_q = \frac{0.008 \times 4^2 \times (4/2)}{2!(1 - 4/2)^2} \left[1 - (4/2)^{5-2+1} - (1 - 4/2)(5 - 2 + 1)(4/2)^{5-2} \right]$$

$$= 2.18(辆)$$

加油站内汽车的平均数为

$$L = L_q + \rho(1 - p_5) = 2.18 + 4(1 - 0.512) = 4.13(辆)$$

(4) 汽车在加油站内平均逗留时间为

$$W = \frac{L}{\lambda(1-p_5)} = \frac{4.13}{2(1-0.512)} = 4.23(\text{min})$$

汽车在加油站内平均等待时间为

$$W_q = W - \frac{1}{\mu} = 4.23 - 2 = 2.23(\text{min})$$

(5) 被占用的加油机的平均数为

$$\bar{s} = L - L_q = 4.13 - 2.18 = 1.95(\text{台})$$

在对上述多服务台混合制排队模型 $M/M/s/K$ 的讨论中,当 $s=K$ 时,即为多服务台损失制系统。对损失制系统,有

$$p_n = \frac{\rho^n}{n!}p_0 \quad n = 1, 2, \cdots, s \tag{10.52}$$

其中

$$p_0 = \left[\sum_{n=0}^{s} \frac{\rho^n}{n!}\right]^{-1} \tag{10.53}$$

顾客的损失率为

$$B(s,\rho) = p_s = \frac{\rho^s}{s!}\left[\sum_{n=0}^{s} \frac{\rho^n}{n!}\right]^{-1} \tag{10.54}$$

式(10.54)称为 Erlang 损失公式,$B(s,\rho)$ 亦表示了到达系统后由于系统空间已被占满而不能进入系统的顾客的百分比。

对损失制系统,平均被占用的服务台数(正在接受服务的顾客的平均数)为

$$\begin{aligned}
\bar{s} &= \sum_{n=0}^{s} np_n \\
&= \sum_{n=0}^{s} \frac{n\rho^n}{n!}p_0 \\
&= \rho\left(\sum_{n=0}^{s} \frac{\rho^n}{n!} - \frac{\rho^s}{s!}\right)\left(\sum_{n=0}^{s} \frac{\rho^n}{n!}\right)^{-1} \\
&= \rho(1 - B(s,\rho))
\end{aligned} \tag{10.55}$$

此外,还有

平均队长 $\quad L = \bar{s} = \rho(1 - B(s,\rho)) \tag{10.56}$

平均逗留时间 $\quad W = \frac{L}{\lambda_e} = \frac{\rho[1 - B(s,\rho)]}{\lambda[1 - B(s,\rho)]} = \frac{1}{\mu} \tag{10.57}$

其中 $\lambda_e = \lambda(1-p_s)$ 为有效到达率。在损失制系统中,还经常用 $A = \lambda(1-p_s)$ 表示系统的绝对通过能力,即单位时间内系统实际可完成的服务次数;用 $Q = 1 - p_s$ 表示系统的相对通过能力,即被服务的顾客数与请求服务的顾客数的比值。系统的服务台利用率(或通道

利用率)为

$$\eta = \frac{\overline{s}}{s} \tag{10.58}$$

第五节　其他排队模型简介

一、有限源排队模型

现在,来分析一下顾客源为有限的排队问题。这类排队问题的主要特征是顾客总数是有限的,如只有 m 个顾客。每个顾客来到系统中接受服务后仍回到原来的总体,还有可能再来,这类排队问题的典型例子是机器看管问题。如一个工人同时看管 m 台机器,当机器发生故障时即停下来等待修理,修好后再投入使用,且仍然可能再发生故障。类似的例子还有 m 个终端共用一台打印机等,如图 10-6 所示。

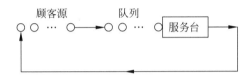

图 10-6　有限源排队系统

关于顾客的平均到达率,在无限源的情形中是按全体顾客来考虑的,而在有限源的情形下,必须按每一个顾客来考虑。设每一个顾客的到达率都是相同的,均为 λ(这里 λ 的含义是指单位时间内该顾客来到系统请求服务的次数),且每一个顾客在系统外的时间均服从参数为 λ 的负指数分布。由于在系统外的顾客的平均数为 $m-L$,故系统的有效到达率为

$$\lambda_e = \lambda(m - L)$$

下面讨论平稳状态下队长 N 的分布 $p_n = P\{N = n\}, n = 0, 1, 2, \cdots, m$。由于状态间的转移率为

$$\lambda_n = \lambda(m - n) \quad (n = 0, 1, 2, \cdots, m-1)$$

$$\mu_n = \begin{cases} n\mu & (n = 1, 2, \cdots, s) \\ s\mu & (n = s+1, \cdots, m) \end{cases}$$

由式(10.5),式(10.6)和式(10.7),有$\left(\text{记 } \rho = \dfrac{\lambda}{\mu}\right)$

$$C_n = \begin{cases} \dfrac{m!}{(m-n)!\,n!} \rho^n & (n = 1, 2, \cdots, s) \\ \dfrac{m!}{(m-n)!\,s!\,s^{n-s}} \rho^n & (n = s, \cdots, m) \end{cases} \tag{10.59}$$

故

$$p_n = \begin{cases} \dfrac{m!}{(m-n)!\,n!}\rho^n p_0 & (n=1,2,\cdots,s) \\[2ex] \dfrac{m!}{(m-n)!\,s!\,s^{n-s}}\rho^n p_0 & (n=s,\cdots,m) \end{cases} \tag{10.60}$$

其中

$$p_0 = \left[\sum_{n=0}^{s-1} \frac{m!}{(m-n)!\,n!}\rho^n + \sum_{n=s}^{m} \frac{m!}{(m-n)!\,s!\,s^{n-s}}\rho^n \right]^{-1} \tag{10.61}$$

下面给出系统的有关运行指标:

$$L_q = \sum_{n=s}^{m}(n-s)p_n \tag{10.62}$$

$$L = \sum_{n=0}^{s-1} n p_n + L_q + s\left(1 - \sum_{n=0}^{s-1} p_n\right) \tag{10.63}$$

或

$$L = L_q + \frac{\lambda_e}{\mu} = L_q + \rho(m-L) \tag{10.64}$$

$$W = \frac{L}{\lambda_e} \quad W_q = \frac{L_q}{\lambda_e} \tag{10.65}$$

特别,对单服务台($s=1$)系统,有

$$p_n = \frac{m!}{(m-n)!}\rho^n p_0 \quad (n=1,\cdots,m) \tag{10.66}$$

$$p_0 = \left[\sum_{n=0}^{m} \frac{m!}{(m-n)!}\rho^n \right]^{-1} \tag{10.67}$$

$$L_q = \sum_{n=1}^{m}(n-1)p_n \tag{10.68}$$

$$L = L_q + (1 - p_0) \tag{10.69}$$

或

$$L = m - \frac{\mu}{\lambda}(1 - p_0) \tag{10.70}$$

$$W = \frac{L}{\lambda_e} = \frac{m}{\mu(1-p_0)} - \frac{1}{\lambda}, \quad W_q = W - \frac{1}{\mu} \tag{10.71}$$

系统的相对通过能力 $Q=1$,绝对通过能力

$$A = \lambda_e Q = \lambda(m-L) = \mu(1 - p_0) \tag{10.72}$$

例 6 设有一工人看管 5 台机器,每台机器正常运转的时间服从负指数分布,平均为 15min。当发生故障后,每次修理时间服从负指数分布,平均为 12min,试求该系统的有关运行指标。

解 用有限源排队模型处理本问题。已知

$$\lambda = \frac{1}{15} \quad \mu = \frac{1}{12} \quad \rho = \frac{\lambda}{\mu} = 0.8 \quad m = 5$$

于是,有

(1) 修理工人空闲的概率

$$p_0 = \left[\frac{5!}{5!}(0.8)^0 + \frac{5!}{4!}(0.8)^1 + \frac{5!}{3!}(0.8)^2 + \frac{5!}{2!}(0.8)^3 + \frac{5!}{1!}(0.8)^4 + \frac{5!}{0!}(0.8)^5 \right]^{-1}$$

$$= 0.007\ 3$$

(2) 5 台机器都出故障的概率

$$p_5 = \frac{5!}{0!}(0.8)^5 p_0 = 0.287$$

(3) 出故障机器的平均数

$$L = 5 - \frac{1}{0.8}(1 - 0.007\ 3) = 3.76(台)$$

(4) 等待修理机器的平均数

$$L_q = 3.76 - (1 - 0.007\ 3) = 2.77(台)$$

(5) 每台机器发生一次故障的平均停工时间

$$W = \frac{5}{\frac{1}{12}(1 - 0.007\ 3)} - 15 = 46(min)$$

(6) 每台机器平均待修时间

$$W_q = 46 - 12 = 34(min)$$

(7) 系统绝对通过能力(即工人的维修能力)

$$A = \frac{1}{12}(1 - 0.007\ 3) = 0.083(台)$$

即该工人每小时可修理机器的平均台数为 $0.083 \times 60 = 4.96$ 台。

上述结果表明,机器停工时间过长,看管工人几乎没有空闲时间,应采取措施提高服务率或增加工人。

二、服务率或到达率依赖状态的排队模型

在前面的各类排队模型的分析中,均假设顾客的到达率为常数 λ,服务台的服务率也为常数 μ。而在实际的排队问题中,到达率或服务率可能是随系统的状态而变化的。例如,当系统中顾客数已经比较多时,后来的顾客可能不愿意再进入系统;服务员的服务率当顾客较多时也可能会提高。因此,对单服务台系统,实际的到达率和服务率(它们均依赖于系统所处的状态 n)可假设为

$$\mu_n = n^a \mu_1 \qquad (n = 1, 2, \cdots)$$

$$\lambda_n = \frac{\lambda_0}{(n+1)^b} \qquad (n = 0, 1, 2, \cdots)$$

对多服务台系统,实际到达率和服务率假设为

$$\mu_n = \begin{cases} n\mu_1 & n \leqslant s \\ \left(\dfrac{n}{s}\right)^a s\mu_1 & n \geqslant s \end{cases}$$

$$\lambda_n = \begin{cases} \lambda_0 & n \leqslant s-1 \\ \left(\dfrac{s}{n+1}\right)^b \lambda_0 & n \geqslant s-1 \end{cases}$$

其中,λ_n 和 μ_n 分别为系统处于状态 n 时的到达率和服务率。上述假设表明,到达率 λ_n 同系统中已有顾客数 n 呈反比关系;服务率 μ_n 同系统状态 n 呈正比关系。

由式(10.5),对多服务台系统有

$$C_n = \begin{cases} \dfrac{(\lambda_0/\mu_1)^n}{n!} & (n = 1,2,\cdots,s) \\ \dfrac{(\lambda_0/\mu_1)^n}{s!(n!/s!)^{a+b}s^{(1-a-b)(n-s)}} & (n = s,s+1,\cdots) \end{cases} \tag{10.73}$$

下面来看一个简单的特例,考虑一个到达依赖状态的单服务台等待制系统 $M/M/1/\infty$,其参数为

$$\lambda_n = \frac{\lambda}{n+1} \quad (n = 0,1,2,\cdots)$$

$$\mu_n = \mu \quad (n = 1,2,\cdots)$$

于是,由式(10.6),式(10.7),并设 $\rho = \dfrac{\lambda}{\mu} < 1$,有

$$p_n = \frac{\rho^n}{n!}p_0 \quad (n = 1,2,\cdots) \tag{10.74}$$

$$p_0 = e^{-\rho} \tag{10.75}$$

平均队长

$$L = \sum_{n=0}^{\infty} np_n = \sum_{n=0}^{\infty} \frac{n\rho^n}{n!}p_0 = \rho \tag{10.76}$$

平均排队长

$$L_q = \sum_{n=1}^{\infty}(n-1)p_n = L - (1-p_0) = \rho + e^{-\rho} - 1 \tag{10.77}$$

有效到达率(单位时间内实际进入系统的顾客的平均数)

$$\lambda_e = \sum_{n=0}^{\infty}\frac{\lambda}{n+1}p_n = \mu(1 - e^{-\rho}) \tag{10.78}$$

平均逗留时间为

$$W = \frac{L}{\lambda_e} = \frac{\rho}{\mu(1 - e^{-\rho})} \tag{10.79}$$

平均等待时间为

$$W_q = \frac{L_q}{\lambda_e} = W - \frac{1}{\mu} \tag{10.80}$$

三、非生灭过程排队模型

一个排队系统的特征是由输入过程,服务机制和排队规则决定的。本章前面所讨论的排队模型都是输入过程为 Poisson 流,服务时间服从负指数分布的生灭过程排队模型。这类排队系统的一个主要特征是马尔可夫性,而马尔可夫性的一个主要性质是由系统当前的状态可以推断未来的状态。但是,当输入过程不是 Poisson 流或服务时间不服从负指数分布时,仅知道系统内当前的顾客数,对于推断系统未来的状态是不充足的,因为正在接受服务的顾客,已经被服务了多长时间,将影响其离开系统的时间。因此,必须引入新的方法来分析具有非负指数分布的排队系统。

对一般具有非负指数分布的排队系统的分析是非常困难的,需要较多的数学知识,已超出了本书的范围。下面仅就几种特殊情形给出有关的结果。

1. $M/G/1$ 排队模型

$M/G/1$ 系统是指顾客的到达为 Poisson 流,单个服务台,服务时间为一般分布的排队系统。现假设顾客的平均到达率为 λ,服务时间的均值为 $\frac{1}{\mu}$,方差为 σ^2,则可证明:当 $\rho = \frac{\lambda}{\mu} < 1$ 时,系统可以达到平稳状态,而给出平稳分布的表示是比较困难的。已有的几个结果为

$$p_0 = 1 - \rho \tag{10.81}$$

$$L_q = \frac{\lambda^2 \sigma^2 + \rho^2}{2(1 - \rho)} \tag{10.82}$$

$$L = \rho + L_q \tag{10.83}$$

$$W_q = \frac{L_q}{\lambda} \tag{10.84}$$

$$W = W_q + \frac{1}{\mu} \tag{10.85}$$

由式(10.82)可看出,L_q, L, W, W_q 等仅依赖于 ρ 和服务时间的方差 σ^2,而与分布的类型没有关系,这是排队论中一个非常重要且令人惊奇的结果,式(10.82)通常被称为 Pollaczek-Khintchine (P-K)公式。

从式(10.82)还不难发现,当服务率 μ 给定后,当方差 σ^2 减少时,平均队长和等待时间等都将减少。因此,可通过改变服务时间的方差来缩短平均队长,当且仅当 $\sigma^2 = 0$,即服务时间为定长时,平均队长(包括等待时间)可减到最少水平,这一点是符合直观的,因为服务时间越有规律,等候的时间也就越短。

例 7 有一汽车冲洗台,汽车按 Poisson 流到达,平均每小时到达 18 辆,冲洗时间 V 根据过去的经验表明,有 $E(V) = 0.05 \text{h}/辆$,$\text{Var}(V) = 0.01 (\text{h}/辆)^2$,求有关运行指标,并对系统进行评价。

解　本例中，$\lambda = 18$，$\rho = \lambda E(V) = 18 \times 0.05 = 0.9$，$\sigma^2 = 0.01$，$\mu = 20$，于是

$$L_q = \frac{18^2 \times 0.01 + (0.9)^2}{2(1-0.9)} = 20.25(辆)$$

$$L = 20.25 + 0.9 = 21.15(辆)$$

$$W = \frac{21.15}{18} = 1.175(h)$$

$$W_q = \frac{20.25}{18} = 1.125(h)$$

上述结果表明，这个服务机构很难令顾客满意，突出的问题是顾客的平均等待时间是服务时间的 $\dfrac{W_q}{E(V)} = \dfrac{1.125}{0.05} = 22.5$ 倍$\left(通常称 \dfrac{W_q}{E(V)} 为顾客的时间损失系数\right)$。

2. 爱尔朗(Erlang)排队模型

在本章第一节中已指出，爱尔朗分布族比负指数分布族对现实世界具有更广泛的适应性。因此，下面介绍一个最简单的爱尔朗排队模型。由于服务时间为 k 阶 Erlang 分布，其分布密度函数为

$$a(t) = \frac{\mu k (\mu k t)^{k-1}}{(k-1)!} e^{-\mu k t} \quad t \geqslant 0 \tag{10.86}$$

故其均值和方差分别为

$$E(E_k) = \frac{1}{\mu} \quad \text{Var}(E_k) = \frac{1}{k\mu^2}$$

将 $\rho = \dfrac{\lambda}{\mu}$，$\sigma^2 = \dfrac{1}{k\mu^2}$ 代入式(10.82)～式(10.85)，得

$$L_q = \frac{\rho^2(k+1)}{2k(1-\rho)} = \frac{\rho^2}{1-\rho} - \frac{(k-1)\rho^2}{2k(1-\rho)} \tag{10.87}$$

$$L = L_q + \rho = \frac{\rho}{1-\rho} - \frac{(k-1)\rho^2}{2k(1-\rho)} \tag{10.88}$$

$$W = \frac{1}{\mu(1-\rho)} - \frac{(k-1)\rho}{2k\mu(1-\rho)} \tag{10.89}$$

$$W_q = \frac{\rho}{\mu(1-\rho)} - \frac{(k-1)\rho}{2k\mu(1-\rho)} \tag{10.90}$$

第六节　排队系统的优化

排队系统的优化问题分为两类：系统的最优设计和最优控制，前者称为静态最优问题，目的在于使系统达到最大效益，或者说在一定指标下使系统最为经济；后者称为动态最优问题，是指对一给定的系统，如何运营可使给定的目标函数达到最优。由于对后一类问题的阐述需要较多的数学知识，所以本节着重介绍静态最优问题。

在一般情形下，提高服务水平(数量、质量)可减少顾客的等待费用(损失)，但却常常

增加了服务机构的成本。因此,优化的目标之一就是使两者的费用之和为最小,并确定达到最优目标值的服务水平,如图 10-7 所示。

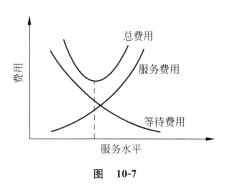

图　10-7

假定在稳定状态下,各种费用都是按单位时间来考虑的。一般说来,服务费用(成本)是比较容易计算或估计出来的,而顾客的等待费用就有许多不同情况。机械故障问题中的等待费用(由于机器待修而使生产遭受的损失)是可以确切估计的,但病人就诊的等待费用(由于拖延治疗使病情恶化造成的损失),及由于队列过长而失掉的潜在顾客所造成的营业损失等则是不容易估计的。

服务水平的表现形式也可以是不同的,主要有平均服务率 μ(代表服务机构的服务能力和经验等),其次是服务设备,如服务台的个数 s,以及队列所占空间大小决定队列最大限制 K,服务水平也可通过服务强度 ρ(或 ρ_s)来表示。

在优化问题的处理方法上,一般根据变量的类型是离散的还是连续的,相应地采用边际分析方法或经典的微分法,对较为复杂的优化问题需要用非线性规划或动态规划等方法。

一、M/M/1 模型中的最优服务率 μ

先考虑 $M/M/1/\infty$ 模型,取目标函数 z 为单位时间服务成本与顾客在系统中逗留费用之和的期望值,即

$$z = c_s\mu + c_w L$$

其中,c_s 为当 $\mu=1$ 时单位时间内的服务费用,c_w 为每个顾客在系统中逗留单位时间的费用,则由式(10.11),有

$$z = c_s\mu + c_w \frac{\lambda}{\mu - \lambda}$$

令

$$\frac{\mathrm{d}z}{\mathrm{d}\mu} = c_s - c_w \lambda \frac{1}{(\mu - \lambda)^2} = 0$$

解出最优服务率为

$$\mu^* = \lambda + \sqrt{\frac{c_w}{c_s}\lambda} \tag{10.91}$$

下面考虑 $M/M/1/K$ 模型,从使服务机构利润最大化来考虑。由于在平稳状态下,单位时间内到达并进入系统的平均顾客数为 $\lambda_e = \lambda(1 - p_K)$,它也等于单位时间内实际服务完的平均顾客数。设每服务一个顾客服务机构的收入为 G 元,于是单位时间内收入的

期望值是 $\lambda(1-p_K)G$ 元,故利润 z 为

$$z = \lambda(1-p_K)G - c_s\mu$$

$$= \lambda G \frac{1-\rho^K}{1-\rho^{K+1}} - c_s\mu \tag{10.92a}$$

$$= \lambda\mu G \frac{\mu^K - \lambda^K}{\mu^{K+1} - \lambda^{K+1}} - c_s\mu \tag{10.92b}$$

令 $\dfrac{\mathrm{d}z}{\mathrm{d}\mu}=0$,得

$$\rho^{K+1}\left[\frac{K-(K+1)\rho+\rho^{K+1}}{(1-\rho^{K+1})^2}\right] = \frac{c_s}{G} \tag{10.93}$$

当给定 K 和 $\dfrac{c_s}{G}$ 后,即可由式(10.93)得到适于最优利润的 μ^*。

例 8　对某 $M/M/1/3$ 系统的服务台进行实测,得到如下数据:

系统中的顾客数(n):　　0　　　1　　　2　　　3

记录到的次数(m_n):　　161　　97　　53　　34

平均服务时间为 10min,服务一个顾客的收益为 2 元,服务机构运行单位时间成本为 1 元,问服务率为多少时可使单位时间平均总收益最大?

解　首先通过实测数据估计平均到达率 λ。由于该系统为 $M/M/1/3$ 系统,故有

$$\frac{p_n}{p_{n-1}} = \rho$$

因此,可用下式来估计 ρ

$$\hat{\rho} = \frac{1}{3}\sum_{n=1}^{3}\frac{m_n}{m_{n-1}} = \frac{1}{3}(0.60+0.55+0.64) = 0.60$$

由 $\mu=6(人/h)$,可得 λ 的估计值为

$$\hat{\lambda} = \hat{\rho}\mu = 0.6 \times 6 = 3.6(人/h)$$

为求最优服务率,根据式(10.93),取 $K=3,\dfrac{c_s}{G}=\dfrac{1}{2}=0.5$,可求出 $\rho^*=1.21$,故

$$\mu^* = \frac{\hat{\lambda}}{\rho^*} = \frac{3.6}{1.21} = 3(人/h)$$

下面进行收益分析。当 $\mu=6(人/h)$ 时,由式(10.92a),总收益为

$$z = 2 \times 3.6 \times \frac{1-(0.6)^3}{1-(0.6)^4} - 1 \times 6 = 0.485(元/h)$$

当 $\mu=3(人/h)$ 时,总收益为

$$z = 2 \times 3.6 \times \frac{1-(1.21)^3}{1-(1.21)^4} - 1 \times 6 = 1.858(元/h)$$

单位时间内平均收益可增加 $1.858-0.485=1.373(元)$

二、$M/M/s$ 模型中的最优的服务台数 s^*

这里仅讨论 $M/M/s/\infty$ 系统,已知在平稳状态下单位时间内总费用(服务费用与等待费用)之和的平均值为

$$z = c_s' s + c_w L \tag{10.94}$$

其中,s 为服务台数,c_s' 是每个服务台单位时间内的费用,L 是平均队长或平均排队长。由于 c_s', c_w 是给定的,故唯一可变的是服务台数 s,所以可将 z 看成是 s 的函数,记为 $z = z(s)$,并求使 $z(s)$ 达到最小的 s^*。

因为 s 只取整数,$z(s)$ 不是连续函数,故不能用经典的微分法,下面采用边际分析方法。根据 $z(s^*)$ 应为最小的特点,有

$$\left.\begin{array}{l} z(s^*) \leqslant z(s^* - 1) \\ z(s^*) \leqslant z(s^* + 1) \end{array}\right\} \tag{10.95}$$

将式(10.94)代入式(10.95),得

$$c_s' s^* + c_w L(s^*) \leqslant c_s'(s^* - 1) + c_w L(s^* - 1)$$
$$c_s' s^* + c_w L(s^*) \leqslant c_s'(s^* + 1) + c_w L(s^* + 1)$$

化简后得到

$$L(s^*) - L(s^* + 1) \leqslant \frac{c_s'}{c_w} \leqslant L(s^* - 1) - L(s^*) \tag{10.96}$$

依次求当 $s = 1, 2, 3, \cdots$ 时 L 的值,并计算相邻两个 L 值的差。因 $\frac{c_s'}{c_w}$ 是已知数,根据其落在哪个与 s 有关的不等式中,即可定出最优的 s^*。

例 9 某检验中心为各工厂服务,要求进行检验的工厂(顾客)的到来服从 Poisson 流,平均到达率为 $\lambda = 48$(次/d);每次来检验由于停工等原因损失 6 元;服务(检验)时间服从负指数分布,平均服务率为 $\mu = 25$(次/d);每设置一个检验员的服务成本为 4 元/d,其他条件均适合 $M/M/s/\infty$ 系统。问应设几个检验员可使总费用的平均值最少?

解 已知 $c_s' = 4, c_w = 6, \lambda = 48, \mu = 25, \frac{\lambda}{\mu} = 1.92$,设检验员数为 s,由式(10.22)和式(10.27)

$$p_0 = \left[\sum_{n=0}^{s-1} \frac{(1.92)^n}{n!} + \frac{1}{(s-1)!} \cdot \frac{(1.92)^s}{(s-1.92)}\right]^{-1}$$

$$L = L_q + \rho = \frac{p_0 (1.92)^{s+1}}{(s-1)!(s-1.92)^2} + 1.92$$

将 $s = 1, 2, 3, 4, 5$ 依次代入得到表 10-4。由于 $\frac{c_s'}{c_w} = \frac{4}{6} = 0.67$ 落在区间 $(0.582, 21.845)$ 之间,故 $s^* = 3$,即当设 3 个检验员时可使总费用 z 最小,最小值为

$$z(s^*) = z(3) = 27.87(\text{元})$$

表 10-4

检验员数 s	平均顾客数 $L(s)$	$L(s)-L(s+1)\sim$ $L(s-1)-L(s)$	总费用/(元/d) $z(s)$
1	∞		∞
2	24.49	$21.845\sim\infty$	154.94
3	2.645	$0.582\sim21.845$	27.87
4	2.063	$0.111\sim0.582$	28.38
5	1.952		31.71

即练即测

习　题

10.1　某店仅有一个修理工人,顾客到达过程为 Poisson 流,平均 3 人/h,修理时间服从负指数分布,平均需 10min。求:

(1) 店内空闲的概率;

(2) 有 4 个顾客的概率;

(3) 至少有 1 个顾客的概率;

(4) 店内顾客的平均数;

(5) 等待服务的顾客的平均数;

(6) 平均等待修理时间;

(7) 一个顾客在店内逗留时间超过 15min 的概率。

10.2　设有一单人打字室,顾客的到达为 Poisson 流,平均到达时间间隔为 20min,打字时间服从负指数分布,平均为 15min。求:

(1) 顾客来打字不必等待的概率;

(2) 打字室内顾客的平均数;

(3) 顾客在打字室内的平均逗留时间;

(4) 若顾客在打字室内的平均逗留时间超过 1.25h,则主人将考虑增加设备及打字员。问顾客的平均到达率为多少时,主人才会考虑这样做?

10.3　汽车按平均 90 辆/h 的 Poisson 流到达高速公路上的一个收费关卡,通过关卡的平均时间为 38s。由于驾驶人员反映等待时间太长,主管部门打算采用新装置,使汽车通过关卡的平均时间减少到平均 30s。但增加新装置只有在原系统中等待的汽车平均数超过 5 辆和新系统中关卡的空闲时间不超过 30%时才是合算的。根据这一要求,分析采用新装置是否合算?

10.4　某车间的工具仓库只有一个管理员,平均有 4 人/h 来领工具,到达过程为 Poisson 流;领工具的时间服从负指数分布,平均为 6min。由于场地限制,仓库内领工具的人最多不能超过 3 人,求:

（1）仓库内没有人领工具的概率；

（2）仓库内领工具的工人的平均数；

（3）排队等待领工具的工人的平均数；

（4）工人在系统中的平均花费时间；

（5）工人平均排队时间。

10.5 某工厂买了许多同种类型的自动化机器，现需要确定一个工人应看管几台机器，机器正常运转时不需要看管。已知每台机器的正常运转时间服从平均数为 120min 的负指数分布，工人看管一台机器的时间服从平均数为 12min 的负指数分布，每个工人只能看管自己的机器，工厂要求每台机器的正常运转时间不得少于 87.5%。问在这些条件下，每个工人最多能看管几台机器？

10.6 在习题 10.1 中，若顾客的平均到达率增加到 6 人/h，服务时间不变，这时增加一个修理工人。

（1）根据 $\dfrac{\lambda}{\mu}$ 说明增加工人的原因；

（2）增加工人后店内空闲的概率；店内至少有 2 个或更多顾客的概率；

（3）求 L, L_q, W, W_q。

10.7 有一 $M/M/1/5$ 系统，平均服务率 $\mu = 10$，就两种到达率 $\lambda = 6, \lambda = 15$ 已得到相应的概率 p_n，如表 10-5 所示，试就两种到达率分析：

（1）有效到达率和系统的服务强度；

（2）系统中顾客的平均数；

（3）系统的满员率；

（4）服务台应从哪些方面改进工作，理由是什么？

表 **10-5**

系统中顾客数 n	$(\lambda=6)p_n$	$(\lambda=15)p_n$
0	0.42	0.05
1	0.25	0.07
2	0.15	0.11
3	0.09	0.16
4	0.05	0.24
5	0.04	0.37

10.8 在习题 10.1 中，如服务时间服从正态分布，数学期望是 10min，方差为 0.125，求店内顾客数的期望值。

10.9 某人核对申请书时，必须依次检查 8 张表格，每张表格的核对时间平均需要 1min。申请书的到达率平均为 6 份/h，相继到达时间间隔为负指数分布；核对每张表格的时间服从负指数分布。求：

(1) 办事员空闲的概率；

(2) L, L_q, W, W_q。

10.10 存货被使用的时间服从参数为 μ 的负指数分布,再补充之间的时间间隔服从参数为 λ 的负指数分布。如库存不足时每单位时间每件存货的损失费用为 c_2,n 件存货在库时的单位时间存储费用为 $c_1 n$,这里 $c_2 > c_1$。

(1) 求每单位时间平均总费用 C 的表达式；

(2) $\rho = \dfrac{\lambda}{\mu}$ 的最优值是什么？

10.11 对定长服务时 $M/D/1/\infty$ 模型推导 L, L_q, W 和 W_q 的表达,并将 W_q 的表达式同式(10.15)比较,得出相应结论。

10.12 来到某餐厅的顾客流服从 Poisson 分布,平均 20 人/h,餐厅于上午 11：00 开始营业。试求：

(1) 上午 11：07 有 18 名顾客在餐厅时,于上午 11：12 恰好有 20 名顾客的概率(假定其间无顾客离去)；

(2) 前一名顾客于 11：25 到达,下一名顾客在 11：28～11：30 到达的概率。

10.13 考虑一个 $M/M/1/K$ 系统,具有 $\lambda = 10$ 人/h,$\mu = 30$ 人/h,$K = 2$。

(1) 管理者想改进此系统的服务,设想两个方案:方案 A 是增加一个等待空间,使 $K = 3$；方案 B 为提高平均服务率到 $\mu = 40$ 人/h。设每服务一个顾客的平均收入不变,问哪一个方案获得的收入更大？

(2) 若 λ 增加到 30 人/h 时,A、B 两个方案哪一个收入更大。

10.14 一个大型露天矿山,考虑修建一个或两个矿山卸位比较经济合理。已知运砂石的车按 Poisson 流到达,平均 15 辆/h,卸矿石时间服从负指数分布,平均每 3min 一辆。又知每辆运矿石卡车的售价为 8 万元,修建一个卸位的投资是 14 万元。

10.15 某电话总机有三条($s = 3$)中继线,平均呼叫为 0.8 次/min,如果每次通话平均时间为 1.5min,试求该系统平稳状态时的概率分布、通过能力、损失率和占用通道的平均数。

10.16 一名修理工负责 5 台机器的维修,每台机器平均每 2h 损坏一次,修理工修复一台机器平均需时 18.75min,以上时间均服从负指数分布。试求：

(1) 所有机器均正常运转的概率；

(2) 等待维修的机器的期望数；

(3) 假如希望做到有一半时间所有机器都正常运转,则该修理工最多看管多少台机器。

10.17 上题中假如维修工工资为 8 元/h,机器不能正常运转时的损失为 40 元/h,则该维修工看管多少台机器较为经济合理。

10.18 某无线电修理商店保证每件送来的电器在 1h 内修完取货,如超过 1h 则分文不收,已知该店每修一件平均收费 10 元,其成本平均每件 5.50 元,即平均每修一件盈利 4.5 元。已知送修电器按 Poisson 分布到达,平均 6 件/h,每维修一件的时间为平均 7.5min 的负指数分布。试回答:

(1) 该商店在此条件下能否盈利;

(2) 当每 h 送修电器为多少件时,该商店经营处于盈亏平衡点。

10.19 判断下列说法是否正确:

(1) 若顾客到达排队系统服从泊松分布,则按到达间隔时间统计服从负指数分布;

(2) 若到达排队系统顾客来自两个客源,均服从泊松分布,则合到一起后仍为泊松分布;

(3) 服务员对顾客的服务分两段进行,所需时间分别为参数 μ_1 和 μ_2 的负指数分布,则总服务时间为参数($\mu_1 * \mu_2$)的爱尔朗分布;

(4) 排队系统中,顾客等待时间不受服务规则的影响。

10.20 列举几个你经常接触的排队系统的例子(至少三个),并提出你对改进系统服务的建议。

CHAPTER 11
第十一章

存 储 论

第一节 存储问题及其基本概念

一、存储问题

存储问题是人们最熟悉又最需要研究的问题之一。例如工厂储存的原材料、在制品等,存储太少,不足以满足生产的需要,将使生产过程中断;存储太多,超过了生产的需要,将造成资金及资源的积压浪费。商店储存商品,存储太少,造成商品脱销,将影响销售利润和竞争能力;存储太多,将影响资金周转并带来积压商品的有形或无形损失。

一般来说,存储是协调供需关系的常用手段。存储由于需求(输出)而减少,通过补充(输入)而增加。存储论研究的基本问题是,对于特定的需求类型,以怎样的方式进行补充,才能最好地实现存储管理的目标。根据需求和补充中是否包含随机性因素,存储问题分为确定型和随机型两种。由于存储论研究中经常以存储策略的经济性作为存储管理的目标,所以,费用分析是存储论研究的基本方法。

二、存储模型中的基本要素

存储模型必须也只能反映存储问题的基本特征。同存储模型有关的基本要素有需求、补充、存储策略和费用。

1. 需求

存储的目的是为了满足需求。随着需求的发生,存储将减少。根据需求的时间特征,可将需求分为连续性需求和间断性需求。在连续性需求中,随着时间的变化,需求连续地发生,因而存储也连续地减少;在间断性需求中,需求发生的时间极短,可以看作瞬时发生,因而存储的变化是跳跃式地减少。根据需求的数量特征,可将需求分为确定性需求和随机性需求。在确定性需求中,需求发生的时间和数量是确定的。如生产中对各种物料的需求,或在合同环境下对商品的需求,一般都是确定性需求;在随机性需求中,需求发生的时间或数量是不确定的。如在非合同环境中对产品或商品的独立性需求,很难在事先知道需求发生的时间及数量。对于随机性需求,要了解需求发生时间和数量的统计规律性。

2. 补充

通过补充来弥补因需求而减少的存储。没有补充,或补充不足、不及时,当存储耗尽时,就无法满足新的需求。从开始订货(发出内部生产指令或市场订货合同)到存储的实现(入库并处于随时可供输出以满足需求的状态)需要经历一段时间。这段时间可以分为两部分。

① 开始订货到开始补充(开始生产或货物到达)为止的时间。这部分时间如从订货后何时得到补充的角度看,称为拖后时间;如从为了按时补充需要何时订货的角度看,称为提前时间。在同一存储问题中,拖后时间和提前时间是一致的,只是观察的角度不同而已。在实际存储问题中,拖后时间可能很短,以致可以忽略,此时可以认为补充能立即开始,拖后时间为零。如拖后时间较长,则它可能是确定性的,也可能是随机性的。

② 开始补充到补充完毕为止的时间(即入库或生产时间)。这部分时间和拖后时间一样,可能很短(因此可以忽略),也可能很长;可能是确定的,也可能是随机的。

3. 存储策略

存储策略,是指决定什么情况下对存储进行补充,以及补充数量的多少。下面是一些比较常见的存储策略。

(1) t-循环策略:不论实际的存储状态如何,总是每隔一个固定的时间 t,补充一个固定的存储量 Q。

(2) (t, S) 策略:每隔一个固定的时间 t 补充一次,补充数量以补足一个固定的最大存储量 S 为准。因此,每次补充的数量是不固定的,要视实际存储量而定。当存储(余额)为 I 时,补充数量为 $Q = S - I$。

(3) (s, S) 策略:当存储(余额)为 I,若 $I > s$,则不对存储进行补充;若 $I \leqslant s$,则对存储进行补充,补充数量 $Q = S - I$。补充后达到最大存储量 S。s 称为订货点(或保险存储量、安全存储量、警戒点等)。在很多情况下,实际存储量需要通过盘点才能得知。若每隔一个固定的时间 t 盘点一次,得知当时存储 I,然后根据 I 是否超过订货点 s,决定是否订货、订货多少,这样的策略称为 (t, s, S) 策略。

4. 费用

在存储论研究中,常以费用标准来评价和优选存储策略。为了正确地评价和优选存储策略,不同存储策略的费用计算必须符合可比性要求。最重要的可比性要求是时间可比和计算口径可比。经常考虑的费用项目有存储费、订货费、生产费、缺货费等。

各费用项目的构成和属性大致如下:

(1) 存储费:存储物资的资金利息、保险以及使用仓库、保管物资、物资损坏变质等支出的费用,一般和物资存储数量及时间成比例。

(2) 订货费:向外采购物资的费用。其构成有两类:一类是订购费用,如手续费、差旅费等,它与订货次数有关,而和订货数量无关;另一类是物资进货成本,如货款、运费等,它与订货数量有关。

(3) 生产费:自行生产所需存储物资的费用。其构成有两类:一类是装配费用(准备结束费用),如组织或调整生产线的有关费用,它同组织生产的次数有关,而和每次生产的数量无关;另一类是与生产的数量有关的费用,如原材料和零配件成本、直接加工费等。

(4) 缺货费:存储不能满足需求而造成的损失。如失去销售机会的损失,停工待料的损失,延期交货的额外支出,对需方的损失赔偿等。当不允许缺货时,可将缺货费作无穷大处理。

一个存储系统中,存储量因需求而减少,随补充而增加。在直角坐标系中,如以时间 T 为横轴,实际存储量 Q 为纵轴,则描述存储系统实际存储量动态变化规律的图像称为存储状态图,它是存储论研究的重要工具。

第二节　确定型存储模型

一、模型一:不允许缺货,补充时间极短

为了便于描述和分析,对模型作如下假设:

(1) 需求是连续均匀的,即需求速度(单位时间的需求量)R 是常数;

(2) 补充可以瞬时实现,即补充时间(拖后时间和生产时间)近似为零;

(3) 单位存储费(单位时间内单位存储物的存储费用)为 C_1。由于不允许缺货,故单位缺货费(单位时间内每缺少一单位存储物的损失)C_2 为无穷大。订货费(每订购一次的固定费用)为 C_3。货物(存储物)单价为 K。

采用 t-循环策略。设补充间隔时间为 t,补充时存储已用尽,每次补充量(订货量)为 Q,则存储状态图见图 11-1。

一次补充量 Q 必须满足 t 时间内的需求,故 $Q=Rt$。因此,订货费为 C_3+KRt,而 t 时间内的平均订货费为 $\dfrac{C_3}{t}+KR$。

由于需求是连续均匀的,故 t 时间内的平均存储量为

$$\frac{1}{t}\int_0^t RT\,\mathrm{d}T = \frac{1}{2}Rt$$

因此,t 时间内的平均存储费为 $\dfrac{1}{2}C_1Rt$。

由于不允许缺货,故不需考虑缺货费用。所以 t 时间内的平均总费用

$$C(t) = \frac{C_3}{t} + KR + \frac{1}{2}C_1Rt \tag{11.1}$$

$C(t)$ 随 t 的变化而变化,其图像见图 11-2。从图 11-2 可见,当 $t = t^*$ 时,$C(t^*) = C^*$ 是 $C(t)$ 的最小值。

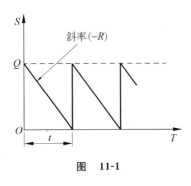

图 11-1

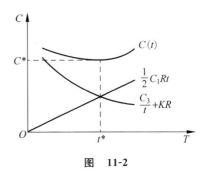

图 11-2

为了求得 t^*,可解

$$\frac{\mathrm{d}C(t)}{\mathrm{d}t} = -\frac{C_3}{t^2} + \frac{1}{2}C_1 R = 0$$

得

$$t^* = \sqrt{\frac{2C_3}{C_1 R}} \tag{11.2}$$

由此

$$Q^* = Rt^* = \sqrt{\frac{2C_3 R}{C_1}} \tag{11.3}$$

$$C^* = C(t^*) = \sqrt{2C_1 C_3 R} + KR \tag{11.4}$$

所以,按照 t 循环策略,应当每隔 t^* 时间补充存储量 Q^*,这样平均总费用为 C^*,是最经济的。

由于存储物单价 K 和补充量 Q 无关,它是一常数,因此,存储物总价 KQ 和存储策略的选择无关。所以,为了分析和计算的方便,在求费用函数 $C(t)$ 时,常将这一项费用略去。略去这一项费用后,

$$C^* = C(t^*) = \sqrt{2C_1 C_3 R} \tag{11.5}$$

模型一是存储论研究中最基本的模型,式(11.3)称为经济订购批量(economic ordering quantity,EOQ)公式,有时,也称为经济批量(economic lot size)公式。

例 1 某商品单位成本为 5 元,每天保管费为成本的 0.1%,每次订购费为 10 元。已知对该商品的需求是 100 件/天,不允许缺货。假设该商品的进货可以随时实现。问应怎样组织进货,才最经济。

解 根据题意,知 $K = 5$ 元/件,$C_1 = 5 \times 0.1\% = 0.005$ 元/件·天,$C_3 = 10$ 元,$R = 100$ 件/天。

由式(11.2)、式(11.3)和式(11.5),有

$$t^* = \sqrt{\frac{2C_3}{C_1R}} = \sqrt{\frac{2 \times 10}{0.005 \times 100}} = 6.32(\text{天})$$

$$Q^* = Rt^* = 100 \times 6.32 = 632(\text{件})$$

$$C^* = \sqrt{2C_1C_3R} = \sqrt{2 \times 0.005 \times 10 \times 100} = 3.16(\text{元}/\text{天})$$

所以,应该每隔 6.32 天进货一次,每次进货该商品 632 件,能使总费用(存储费和订购费之和)为最少,平均约 3.16 元/天。若按年计划,则每年大约进货 $365/6.32 \approx 58$(次),每次进货 630 件。

二、模型二:允许缺货,补充时间较长

模型假设条件:

(1) 需求是连续均匀的,即需求速度 R 为常数;

(2) 补充需要一定时间。不考虑拖后时间,只考虑生产时间。即一旦需要,生产可立刻开始,但生产需要一定周期。设生产连续均匀,生产速度 P 为常数,且 $P>R$;

(3) 单位存储费为 C_1,单位缺货费为 C_2,订购费为 C_3。不考虑货物价值。

存储状态图见图 11-3。

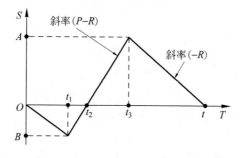

图 11-3

$[0,t]$ 为一个存储周期,t_1 时刻开始生产,t_3 时刻结束生产;

$[0,t_2]$ 时间内存储为零,t_1 时达到最大缺货量 B;

$[t_1,t_2]$ 时间内产量一方面以速度 R 满足需求;另一方面以速度 $(P-R)$ 补充 $[0,t_1]$ 时间内的缺货,至 t_2 时刻缺货补足;

$[t_2,t_3]$ 时间内产量一方面以速度 R 满足需求;另一方面以速度 $(P-R)$ 增加存储。至 t_3 时刻达到最大存储量 A,并停止生产;

$[t_3,t]$ 时间内以存储满足需求,存储以速度 R 减少。至 t 时刻存储降为零,进入下一个存储周期。

下面,根据模型假设条件和存储状态图,首先导出 $[0,t]$ 时间内的平均总费用(即费用函数),然后确定最优存储策略。

从$[0,t_1]$看,最大缺货量$B=Rt_1$;从$[t_1,t_2]$看,最大缺货量$B=(P-R)(t_2-t_1)$。故有$Rt_1=(P-R)(t_2-t_1)$,从中解得

$$t_1 = \frac{(P-R)}{P}t_2 \tag{11.6}$$

从$[t_2,t_3]$看,最大存储量$A=(P-R)(t_3-t_2)$;从$[t_3,t]$看,最大存储量$A=R(t-t_3)$。故有$(P-R)(t_3-t_2)=R(t-t_3)$,从中解得

$$t_3 - t_2 = \frac{R}{P}(t-t_2) \tag{11.7}$$

易知,在$[0,t]$时间内:

存储费为$\frac{1}{2}C_1(P-R)(t_3-t_2)(t-t_2)$;

缺货费为$\frac{1}{2}C_2Rt_1t_2$;

订购费(生产准备费)为C_3。

故$[0,t]$时间内平均总费用为:

$$\frac{1}{t}\left[\frac{1}{2}C_1(P-R)(t_3-t_2)(t-t_2)+\frac{1}{2}C_2Rt_1t_2+C_3\right]$$

将式(11.6)和式(11.7)代入,整理后得

$$C(t,t_2) = \frac{(P-R)R}{2P}\left[C_1t-2C_1t_2+(C_1+C_2)\frac{t_2^2}{t}\right]+\frac{C_3}{t} \tag{11.8}$$

解方程组

$$\begin{cases} \dfrac{\partial C(t,t_2)}{\partial t} = 0 \\[2mm] \dfrac{\partial C(t,t_2)}{\partial t_2} = 0 \end{cases}$$

可得$t^* = \sqrt{\dfrac{2C_3}{C_1R}} \cdot \sqrt{\dfrac{C_1+C_2}{C_2}} \cdot \sqrt{\dfrac{P}{P-R}}$及$t_2^* = \left(\dfrac{C_1}{C_1+C_2}\right)t^*$。容易证明,此时的费用$C(t^*,t_2^*)$是费用函数$C(t,t_2)$的最小值。

因此,模型二的最优存储策略各参数值为

最优存储周期

$$t^* = \sqrt{\frac{2C_3}{C_1R}} \cdot \sqrt{\frac{C_1+C_2}{C_2}} \cdot \sqrt{\frac{P}{P-R}} \tag{11.9}$$

经济生产批量

$$Q^* = Rt^* = \sqrt{\frac{2C_3R}{C_1}} \cdot \sqrt{\frac{C_1+C_2}{C_2}} \cdot \sqrt{\frac{P}{P-R}} \tag{11.10}$$

缺货补足时间

$$t_2^* = \frac{C_1}{C_1+C_2}t^* \tag{11.11}$$

开始生产时间

$$t_1^* = \frac{P-R}{P} t_2^* \tag{11.12}$$

结束生产时间

$$t_3^* = \frac{R}{P} t^* + \left(1 - \frac{R}{P}\right) t_2^* \tag{11.13}$$

最大存储量

$$A^* = R(t^* - t_3^*) \tag{11.14}$$

最大缺货量

$$B^* = R t_1^* \tag{11.15}$$

平均总费用

$$C^* = 2C_3/t^* \tag{11.16}$$

例 2 企业生产某种产品,正常生产条件下可生产 10 件/天。根据供货合同,需按 7 件/天供货。存储费每件 0.13 元/天,缺货费每件 0.5 元/天,每次生产准备费用为 80 元,求最优存储策略。

解 依题意,符合模型二的条件,且 $P=10$ 件/天,$R=7$ 件/天,$C_1=0.13$ 元/天·件,$C_2=0.5$ 元/天·件,$C_3=80$ 元/次。

利用式(11.9)～式(11.16),可得

$$t^* = \sqrt{\frac{2 \times 80}{0.13 \times 7}} \times \sqrt{\frac{0.13 + 0.5}{0.5}} \times \sqrt{\frac{10}{10-7}} = 27.6 (\text{天})$$

$$Q^* = 7 \times 27.6 = 193.2 (\text{件}/\text{次})$$

$$t_2^* = \frac{0.13}{0.13 + 0.5} \times 27.6 = 5.5 (\text{天})$$

$$t_1^* = \frac{10-7}{10} \times 5.5 = 1.7 (\text{天})$$

$$t_3^* = \frac{7}{10} \times 27.6 + \left(1 - \frac{7}{10}\right) \times 5.5 = 21.0 (\text{天})$$

$$A^* = 7 \times (27.6 - 21.0) = 46.2 (\text{件})$$

$$B^* = 7 \times 1.7 = 11.9 (\text{件})$$

$$C^* = 2 \times 80 \div 27.6 = 5.8 (\text{元}/\text{天})$$

可以把模型一看作模型二的特殊情况。在模型二中,取消允许缺货和补充需要一定时间的条件,即 $C_2 \to \infty$,$P \to \infty$,则模型二就是模型一。事实上,如将 $C_2 \to \infty$ 和 $P \to \infty$ 代入模型二的最优存储策略各参数公式,就可得到模型一的最优存储策略。只是必须注意,按照模型一的假设条件,应有

$$t_1^* = t_2^* = t_3^* = 0$$

$$A^* = Q^*$$

$$B^* = 0$$

三、模型三：不允许缺货，补充时间较长

模型三的存储状态图见图 11-4。

在模型二的假设条件中，取消允许缺货条件（即设 $C_2 \to \infty$，$t_2 = 0$），就成为模型三。因此，模型三的存储状态图和最优存储策略可以从模型二直接导出。

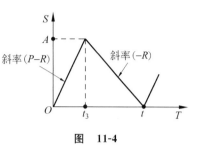

图 11-4

最优存储策略各参数：

最优存储周期

$$t^* = \sqrt{\frac{2C_3 P}{C_1 R(P-R)}} \qquad (11.17)$$

经济生产批量

$$Q^* = Rt^* = \sqrt{\frac{2C_3 RP}{C_1(P-R)}} \qquad (11.18)$$

结束生产时间

$$t_3^* = \frac{R}{P}t^* \qquad (11.19)$$

最大存储量

$$A^* = R(t^* - t_3^*) = \frac{R(P-R)}{P}t^* \qquad (11.20)$$

平均总费用

$$C^* = 2C_3/t^* \qquad (11.21)$$

例 3 商店经销某商品，月需求量为 30 件，需求速度为常数。该商品每件进价 300 元，月存储费为进价的 2%。向工厂订购该商品时订购费每次 20 元，订购后需 5 天才开始到货，到货速度为常数，即 2 件/天。求最优存储策略。

解 本例特点是补充除需要入库时间（相当于生产时间）外，还需考虑拖后时间。因此，订购时间应在存储降为零之前的第 5 天。除此之外，本例和模型三的假设条件完全一致。本例的存储状态图见图 11-5。

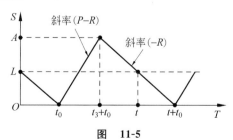

图 11-5

从图 11-5 可见,拖后时间为 $[0, t_0]$,存储量 L 应恰好满足这段时间的需求,故 $L = Rt_0$。

根据题意,有 $P = 2$ 件/天,$R = 1$ 件/天,$C_1 = 300 \times 2\% \times \dfrac{1}{30} = 0.2$ 元/天·件,$C_3 = 20$ 元/次,$t_0 = 5$ 天,$L = 1 \times 5 = 5$ 件。代入式(11.17)~式(11.21)可算得:

$$t^* = 20 \text{ 天}, Q^* = 20 \text{ 件}, A^* = 10 \text{ 件}, t_3^* = 10 \text{ 天}, C^* = 2 \text{ 元}$$

在本例中,L 称为订货点,其意义是每当发现存储量降到 L 或更低时就订购。在存储管理中,称这样的存储策略为"定点订货"。类似地,称每隔一个固定时间就订货的存储策略为"定时订货",称每次订购量不变的存储策略为"定量订货"。

四、模型四:允许缺货,补充时间极短

模型四的存储状态图见图 11-6。

在模型二的假设条件中,取消补充需要一定时间的条件(即设 $P \to \infty$),就成为模型四。因此,和模型三一样,模型四的存储状态图和最优存储策略也可以从模型二中直接导出。

最优存储策略各参数:

最优存储周期

$$t^* = \sqrt{\frac{2C_3(C_1 + C_2)}{C_1 C_2 R}} \qquad (11.22)$$

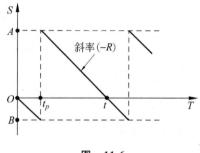

图 11-6

经济生产批量

$$Q^* = Rt^* = \sqrt{\frac{2RC_3(C_1 + C_2)}{C_1 \cdot C_2}} \qquad (11.23)$$

生产时间

$$t_p^* = t_1 = t_2 = t_3 = \frac{C_1}{C_1 + C_2} t^* \qquad (11.24)$$

最大存储量

$$A^* = \frac{C_2 R}{C_1 + C_2} t^* = \sqrt{\frac{2C_2 C_3 R}{C_1(C_1 + C_2)}} \qquad (11.25)$$

最大缺货量

$$B^* = \frac{C_1 R}{C_1 + C_2} t^* = \sqrt{\frac{2C_1 C_3 R}{C_2(C_1 + C_2)}} \qquad (11.26)$$

平均总费用

$$C^* = 2C_3 / t^* \qquad (11.27)$$

对于确定型存储问题,上述四个模型是最基本的模型。其中,模型一、模型三、模型四又可看作模型二的特殊情况。在每个模型的最优存储策略的各个参数中,最优存储周期

t^* 是最基本的参数,其他各个参数和它的关系在各个模型中都是相同的。根据模型假设条件的不同,各个模型的最优存储周期 t^* 之间也有明显的规律性。因子 $\left(\dfrac{C_1+C_2}{C_2}\right)$ 对应了是否允许缺货的假设条件,因子 $\left(\dfrac{P}{P-R}\right)$ 对应了补充是否需要时间的假设条件。

一个存储问题是否允许缺货或补充是否需要时间,完全取决于对实际问题的处理角度,不存在绝对意义上的不允许缺货或绝对意义上的补充不需要时间。如果缺货引起的后果或损失十分严重,则从管理的角度应当提出不允许缺货的建模要求;否则,可视为允许缺货的情况。至于缺货损失的估计,应当力求全面和精确。如果补充需要的时间相对于存储周期是微不足道的,则可考虑补充不需要时间的假设条件;否则,需要考虑补充时间。在考虑补充时间时,必须分清拖后时间和生产时间,两者在概念上是不同的。

五、模型五:价格与订货批量有关的存储模型

为了鼓励大批量订货,供方常对需方实行价格优惠。订货批量越大,货物价格就越便宜。模型五除含有这样的价格刺激机制外,其他假设条件和模型一相同。

一般地,设订货批量为 Q,对应的货物单价为 $K(Q)$。当 $Q_{i-1}\leqslant Q<Q_i$ 时,$K(Q)=K_i$ $(i=1,2,\cdots,n)$。其中,Q_i 为价格折扣的某个分界点,且 $0\leqslant Q_0<Q_1<Q_2<\cdots<Q_n$,$K_1>K_2>\cdots>K_n$。

由式(11.1),在一个存储周期内模型五的平均总费用(费用函数)为

$$C(t) = \frac{1}{2}C_1Rt + \frac{C_3}{t} + RK(Q)$$

其中,$Q=Rt$。当 $Q_{i-1}\leqslant Q=Rt<Q_i$ 时,

$$K(Q)=K_i \quad i=1,2,\cdots,n$$

$C(t)$ 为关于 t 的分段函数。为了了解它的性质,以 $n=3$ 为例,画出其图像,见图 11-7。

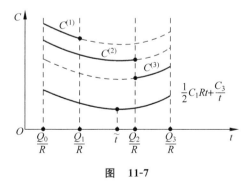

图 11-7

从图 11-7 可见,如不考虑货物总价 $RK(Q)$,则最小费用点为 $\tilde{t}$。但考虑货物总价时,费用曲线呈逐段递减趋势,故 $\tilde{t}$ 未必真是最小费用点。因此,推广到一般情况,模型五的最

小平均总费用订购批量 Q^* 可按如下步骤来确定：

(1) 计算 $\widetilde{Q} = R\widetilde{t} = \sqrt{\dfrac{2C_3R}{C_1}}$。若 $Q_{j-1} \leqslant \widetilde{Q} < Q_j$，则平均总费用 $\widetilde{C} = \sqrt{2C_1C_3R} + RK_j$；

(2) 计算 $C^{(i)} = \dfrac{1}{2}C_1R \cdot \dfrac{Q_i}{R} + \dfrac{C_3R}{Q_i} + RK_i = \dfrac{1}{2}C_1Q_i + \dfrac{C_3R}{Q_i} + RK_i, i = j, j+1, \cdots, n$；

(3) 若 $\min\{\widetilde{C}, C^{(j)}, C^{(j+1)}, \cdots, C^{(n)}\} = C^*$，则 C^* 对应的批量为最小费用订购批量 Q^*。相应地，和最小费用 C^* 对应的订购周期 $t^* = Q^*/R$。

例 4 工厂每周需要零配件 32 箱，存储费每箱每周 1 元，每次订购费 25 元，不允许缺货。零配件进货时若：(1)订货量 1～9 箱时，每箱 12 元；(2)订货量 10～49 箱时，每箱 10 元；(3)订货量 50～99 箱时，每箱 9.5 元；(4)订货量 100 箱及以上时，每箱 9 元。求最优存储策略。

解
$$\widetilde{Q} = \sqrt{\dfrac{2C_3R}{C_1}} = \sqrt{\dfrac{2 \times 25 \times 32}{1}} = 40（箱）$$

因 $\widetilde{Q} = 40$ 在 10～49 之间，故每箱价格为 $K_2 = 10$ 元，平均总费用 $\widetilde{C} = \sqrt{2C_1C_3R} + RK_2 = \sqrt{2 \times 1 \times 25 \times 32} + 32 \times 10 = 360（元/周）$。

又因为
$$C^{(3)} = \dfrac{1}{2} \times 1 \times 50 + \dfrac{25 \times 32}{50} + 32 \times 9.5 = 345（元）$$

$$C^{(4)} = \dfrac{1}{2} \times 1 \times 100 + \dfrac{25 \times 32}{100} + 32 \times 9 = 346（元）$$

$$\min\{360, 345, 346\} = 345 = C^{(3)}$$

故最优订购批量 $Q^* = 50$ 箱，最小费用 $C^* = 345$ 元/周，订购周期 $t^* = Q^*/R = 50/32 \approx 1.56$ 周 ≈ 11 天。

第三节　单周期的随机型存储模型

在随机型存储问题中，常见的随机性因素是需求和拖后时间。它们的统计规律性往往需要通过历史统计资料的频率分布来估计。对于随机型存储问题，有几种基本的订货策略。如按决定是否订货的条件划分，有订购点订货法和定期订货法；如按订货量的决定方法划分，有定量订货法和补充订货法。应用时，可以将上述基本订货法组合起来，构成适当的存储策略。在对存储策略进行评价时，常采用损失期望值最小或获利润期望值最大的准则。

本节讲述单周期的存储模型。周期中只能提出一次订货，发生短缺时也不允许再提出订货，周期结束后，剩余货可以处理。

一、模型六：需求是离散随机变量

报童问题：报童每天售出的报纸份数 r 是一个离散随机变量，其概率 $P(r)$ 已知。报童每售出一份报纸能赚 k 元；如售剩报纸，每剩一份赔 h 元。问报童每天应准备多少份报纸？

报童每天售出 r 份报纸的概率为 $P(r)$，$\sum\limits_{r=0}^{\infty} P(r) = 1$。

设报童每天准备 Q 份报纸。现采用损失期望值最小准则来确定 Q。

当供过于求 $(r \leqslant Q)$ 时，因报纸售剩而遭到的损失期望值为

$$\sum_{r=0}^{Q} h(Q-r)P(r)$$

当供不应求 $(r>Q)$ 时，因失去销售机会而少赚钱的损失期望值为

$$\sum_{r=Q+1}^{\infty} k(r-Q)P(r)$$

因此，当每天准备 Q 份报纸时，报童每天总的损失期望值为

$$C(Q) = h\sum_{r=0}^{Q}(Q-r)P(r) + k\sum_{r=Q+1}^{\infty}(r-Q)P(r)$$

由于 $C(Q)$ 是离散的，故采用边际分析法：

$$
\begin{aligned}
\Delta C(Q) &= C(Q+1) - C(Q) \\
&= h\sum_{r=0}^{Q+1}(Q+1-r)P(r) + k\sum_{r=Q+2}^{\infty}(r-Q-1)P(r) \\
&\quad - h\sum_{r=0}^{Q}(Q-r)P(r) - k\sum_{r=Q+1}^{\infty}(r-Q)P(r) \\
&= \left[h\sum_{r=0}^{Q}(Q+1-r)P(r) - h\sum_{r=0}^{Q}(Q-r)P(r) \right] \\
&\quad - \left[k\sum_{r=Q+1}^{\infty}(r-Q)P(r) - k\sum_{r=Q+1}^{\infty}(r-Q-1)P(r) \right] \\
&= h\sum_{r=0}^{Q}P(r) - k\sum_{r=Q+1}^{\infty}P(r) \\
&= h\sum_{r=0}^{Q}P(r) - k\left[1 - \sum_{r=0}^{Q}P(r) \right] \\
&= (k+h)\left[\sum_{r=0}^{Q}P(r) - \frac{k}{k+h} \right]
\end{aligned}
$$

记　$F(Q) = \sum\limits_{r=0}^{Q}P(r)$　$N = \dfrac{k}{k+h}$

N 称为损益转折概率，则

$$\Delta C(Q) = (k+h)[F(Q) - N]$$

显然，$\Delta C(Q)$ 和 $[F(Q)-N]$ 同号，且 $\Delta C(Q)$ 关于 Q 严格单调增加。

由于 $F(\infty) = \sum\limits_{r=0}^{\infty} P(r) = 1$,故当 $Q \to \infty$ 时,$\Delta C(Q) \to h > 0$。

由于 $\Delta C(0) = C(1) - C(0) = (k+h)[P(0) - N]$,故 $\Delta C(0)$ 和 $[P(0) - N]$ 同号。

若 $P(0) < N$,则 $\Delta C(0) < 0$。此时,由上面分析可知,随着 Q 的增大,$\Delta(Q)$ 从负值逐渐增大至正值,也即 $C(Q)$ 先下降至某最小值再逐渐增大。设 $Q = Q^*$ 时,$C(Q^*) = \min\limits_{0 \leqslant Q < \infty} C(Q)$,则对于 Q^* 有

$$\begin{cases} \Delta C(Q^* - 1) < 0 \\ \Delta C(Q^*) \geqslant 0 \end{cases}$$

因此,Q^* 可由下面关系式确定:

$$F(Q^* - 1) < N \leqslant F(Q^*)$$

若 $P(0) \geqslant N$,则 $\Delta C(0) \geqslant 0$。此时,和 $P(0) < N$ 时同样的理由,可知 $\Delta C(Q) \geqslant 0$ $(Q = 0, 1, 2, \cdots)$,即 $C(Q)$ 是关于 Q 不断递增的。因此,$C(Q)$ 的最小值是 $C(0)$,即 $Q^* = 0$。

但 $N \leqslant P(0) = F(0) = \sum\limits_{r=0}^{0} P(r)$,故这种情况下,$Q^* = 0$ 的确定仍可采用上面的关系式。

综上所述,模型六的最佳订购量 Q^* 可由下面关系式来确定:

$$\sum_{r=0}^{Q-1} P(r) < \frac{k}{k+h} \leqslant \sum_{r=0}^{Q} P(r) \tag{11.28}$$

如果采用获利期望值最大准则,可以证明确定最佳订购量 Q^* 的关系式仍是式(11.28)。这点作为一道习题留给读者自己证明(见习题 11.17)。

例 5 某工厂将从国外进口 150 台设备。这种设备有一个关键部件,其备件必须在进口设备时同时购买,不能单独订货。该种备件订购单价为 500 元,无备件时导致的停产损失和修复费用合计为 10 000 元。根据有关资料计算,在计划使用期内,150 台设备因关键部件损坏而需要 r 个备件的概率 $P(r)$ 见表 11-1。问工厂应为这些设备同时购买多少关键部件的备件?

表 11-1

r	0	1	2	3	4	5	6	7	8	9	9 以上
$P(r)$	0.47	0.20	0.07	0.05	0.05	0.03	0.03	0.03	0.03	0.02	0.02

解 当某设备的关键部件损坏时,如有备件替换,则可避免 10 000 元的损失,故边际收益 $k = 10\,000 - 500 = 9\,500$ 元;当备件多余时,每多余一个备件将造成 500 元的浪费,故边际损失 $h = 500$ 元。因此,损益转折概率

$$N = \frac{k}{k+h} = \frac{9\,500}{9\,500 + 500} = 0.95$$

根据表 11-1,计算备件需要量 r 的累积概率 $F(Q) = \sum\limits_{r=0}^{Q} P(r)$

$$\sum_{r=0}^{7} P(r) = 0.93 < N = 0.95 < \sum_{r=0}^{8} P(r) = 0.96$$

因此，$Q^* = 8$，即工厂应同时购买 8 个关键部件的备件，可使损失期望值最小。

例 6　某商品每件进价 40 元，售价 73 元。商品过期后将削价为每件 20 元并一定可以售出。已知该商品销售量 r 服从泊松分布：

$$P(r) = \frac{e^{-\lambda} \cdot \lambda^r}{r!}$$

根据以往经验，平均销售量 $\lambda = 6$ 件。问商店应采购多少件该商品？

解　每件商品销售盈利（边际收益）$k = 73 - 40 = 33$（元），滞销损失（边际损失）$h = 40 - 20 = 20$（元）。损益转折概率 $N = \dfrac{33}{33 + 20} = 0.623$。

销售量 r 累积概率 $F(Q) = \displaystyle\sum_{r=0}^{Q} \frac{e^{-6} \cdot 6^r}{r!}$。查泊松分布累积概率值表可得：

$$F(6) = 0.6063 < 0.623 < F(7) = 0.7440$$

所以，商店应采购 7 件该商品，可使损失期望值最小。

模型六是最简单、最基本的随机型存储模型，常用来解决独立的一次性订货问题。

二、模型七：需求是连续的随机变量

设单位货物进价为 k，售价为 p，存储费为 C_1。又设货物需求 r 是连续型随机变量，其密度函数为 $\Phi(r)$，分布函数为 $F(a) = \displaystyle\int_0^a \Phi(r)\,dr\,(a > 0)$。问货物的订购量（或生产量）$Q$ 为何值时，能使盈利期望值最大？

当订货量为 Q、需求量为 r 时，实际销售量为 $\min[r, Q]$，因而实际销售收入为 $p \cdot \min[r, Q]$；

进货成本为 kQ；

货物存储费为 $C_1(Q) = \begin{cases} C_1(Q - r) & r \leqslant Q \text{ 时} \\ 0 & r > Q \text{ 时} \end{cases}$

因此，若记订购量 Q 时的盈利为 $W(Q)$，则

$$W(Q) = p \cdot \min[r, Q] - kQ - C_1(Q)$$

而盈利期望值

$$
\begin{aligned}
E[W(Q)] &= \left[\int_0^Q pr\Phi(r)\,dr + \int_Q^\infty pQ\Phi(r)\,dr \right] - kQ - \int_0^Q C_1(Q - r)\Phi(r)\,dr \\
&= \int_0^\infty pr\Phi(r)\,dr - \int_Q^\infty pr\Phi(r)\,dr + \int_Q^\infty pQ\Phi(r)\,dr - kQ - \int_0^Q C_1(Q - r)\Phi(r)\,dr \\
&= pE(r) - \left[\int_Q^\infty p(r - Q)\Phi(r)\,dr + \int_0^Q C_1(Q - r)\Phi(r)\,dr + kQ \right]
\end{aligned}
$$

容易知道,第一项 $pE(r) = p\int_0^\infty r\Phi(r)\mathrm{d}r$ 为平均盈利,同订购量 Q 无关,是一常数;中括号内第一项为缺货损失期望值(只考虑失去销售机会而未实现的收入);第二项为滞销损失期望值(只考虑存储费支出);第三项为货物进货成本。因此,中括号内三项表示损失期望值(含货物进货成本)。

记 $E[C(Q)] = \int_Q^\infty p(r-Q)\Phi(r)\mathrm{d}r + \int_0^Q C_1(Q-r)\Phi(r)\mathrm{d}r + kQ$,则有等式

$$E[W(Q)] + E[C(Q)] = pE(r)$$

从这个等式可以看到,模型七和模型六一样,不论订购量 Q 为何值,盈利期望值和损失期望值之和总是一个常数,即平均盈利 $pE(r)$。这是这类问题的固有性质。根据这一性质,原问题 $\max E[W(Q)]$ 可转化为问题 $\min E[C(Q)]$。下面求解问题 $\min E[C(Q)]$。

$$\frac{\mathrm{d}E[C(Q)]}{\mathrm{d}Q} = \frac{\mathrm{d}}{\mathrm{d}Q}\left[\int_Q^\infty p(r-Q)\Phi(r)\mathrm{d}r + \int_0^Q C_1(Q-r)\Phi(r)\mathrm{d}r + kQ\right]$$

$$= C_1\int_0^Q \Phi(r)\mathrm{d}r - p\int_Q^\infty \Phi(r)\mathrm{d}r + k$$

$$= (C_1+p)\int_0^Q \Phi(r)\mathrm{d}r - (p-k)$$

令 $\frac{\mathrm{d}E[C(Q)]}{\mathrm{d}Q} = 0$,得

$$F(Q) = \int_0^Q \Phi(r)\mathrm{d}r = \frac{p-k}{p+C_1} \tag{11.29}$$

由式(11.29)确定的 Q 记为 Q^*,Q^* 为 $E[C(Q)]$ 的驻点。容易证明,Q^* 为 $E[C(Q)]$ 的最小值点,也即 $E[W(Q)]$ 的最大值点。所以,Q^* 就是最佳订货量。

当 $p-k < 0$ 时,式(11.29)不成立。但这种情况表示订购货物无利可图($p < k$),故不应生产或订购,即 $Q^* = 0$。

当缺货损失不只是考虑销售收入的减少(如还要考虑赔偿需方损失等)时,单位缺货费 $C_2 > p$,此时,只需在前面推导过程中用 C_2 代替 p 即可。所以,这种情况下 Q^* 由下式确定:

$$F(Q) = \int_0^Q \Phi(r)\mathrm{d}r = \frac{C_2-k}{C_2+C_1} \tag{11.30}$$

模型七和模型六一样,都是一次性订购问题。在多阶段订购问题中,由于需求 r 是随机变量,所以,在每一阶段开始时,很可能存在期初存储(上一阶段未能售出的货物)。设本阶段期初存储量为 I,则除进货成本将减少 kI 外,其他均和模型七相同。所以,对于多阶段订购问题,可以采用 (t,S) 存储策略。即由式(11.30)确定 Q^*(Q^* 相当于最大存储量 S),若 $I \geqslant Q^*$,本阶段不订货;若 $I < Q^*$,本阶段订货,订货量 $Q = Q^* - I$,以使订货后本阶段存储量达到 Q^*。采用这种定期订货,但订货量不定的存储策略,可使损失期望值最小(或获利期望值最大)。

例7　工厂生产某产品,成本 220 元/t,售价 320 元,每月存储费 10 元。月销售量为正态分布,平均值为 60t,标准差为 3t。问该厂应每月生产该产品多少,使获利的期望值最大。

解　根据题意,$k=220$,$p=320$,$C_1=10$。销售量 $r \sim N(60,3^2)$。

由式(11.29),有

$$F(Q) = \int_0^{\frac{Q-60}{3}} \frac{1}{\sqrt{2\pi}} e^{\frac{r^2}{2}} dr = \frac{p-k}{p+C_1} = \frac{320-220}{320+10} = 0.303\,0$$

从正态分布的累计值表查得

$$\frac{Q-60}{3} = -0.515$$

从中解得

$$Q^* = 58.455 \approx 58.5$$

因此,工厂每月应生产这种产品约 58.5t,可使期望损失最小。

第四节　其他的随机型存储模型

问题:货物单位成本为 k、单位存储费为 C_1、单位缺货费为 C_2、每次订购费为 C_3、期初存储为 I。需求 r 为连续随机变量,其概率分布已知。采用 (s,S) 存储策略。问每次定货量 Q 如何确定,才能使损失期望值最小?

一、模型八:需求 r 为连续随机变量的 (s,S) 存储策略

模型中需求 r 为连续随机变量,密度函数为 $\Phi(r)$,$\int_0^\infty \Phi(r)dr = 1$。分布函数为 $F(a) = \int_0^a \Phi(r)dr(a>0)$。

首先考虑最大存储量 S。

当期初存储不足订货点,即 $I<s$ 时,需要订货,订货量 $Q=S-I$。和模型七类似,本阶段损失期望值

$$C(S) = C_3 + k(S-I) + \int_0^S C_1(S-r)\Phi(r)dr + \int_S^\infty C_2(r-S)\Phi(r)dr$$

解

$$\frac{dC(S)}{dS} = k + C_1\int_0^S \Phi(r)dr - C_2\int_S^\infty \Phi(r)dr = 0$$

得

$$F(S) = \int_0^S \Phi(r)dr = \frac{C_2-k}{C_2+C_1} \tag{11.31}$$

由于缺货损失至少包括失去销售机会的损失,而售价又高于成本,所以,一般情况下有

$$0 < N = \frac{C_2-k}{C_2+C_1} < 1$$

容易证明,满足式(11.31)的 S^* 是 $C(S)$ 的最小值点。所以,最大存储量 S^* 可由式(11.31)确定。并且,应当注意到,S^* 的确定和订货点 s 无关。

再考虑订货点 s。此时,最大存储量 S^* 已经确定。根据订货点 s 的意义,当期初存储 $I=s$ 时,不订货所造成的损失期望值应当不超过订货所造成的损失期望值,因此有

$$C_1 \int_0^s (s-r) \Phi(r) \mathrm{d}r + C_2 \int_s^\infty (r-s) \Phi(r) \mathrm{d}r$$

$$\leqslant C_3 + k(S^* - s) + C_1 \int_0^{S^*} (S^* - r) \Phi(r) \mathrm{d}r + C_2 \int_{S^*}^\infty (r - S^*) \Phi(r) \mathrm{d}r$$

即

$$ks + C_1 \int_0^s (s-r) \Phi(r) \mathrm{d}r + C_2 \int_s^\infty (r-s) \Phi(r) \mathrm{d}r$$

$$\leqslant C_3 + kS^* + C_1 \int_0^{S^*} (S^* - r) \Phi(r) \mathrm{d}r + C_2 \int_{S^*}^\infty (r - S^*) \Phi(r) \mathrm{d}r \qquad (11.32)$$

当 $s=S^*$ 时,式(11.32)显然成立,但问题的目的是要选取一个使式(11.32)成立的尽可能小的 s 值。分析式(11.32)中左边各项随 s 变化而变化的特点,比 S^* 小的 s 是可能存在的。设使式(11.32)成立的最小的 s 为 s^*,则 s^* 为 (s,S) 存储策略中的订货点 s。

二、模型九:需求 r 为离散随机变量的 (s,S) 存储策略

模型中需求 r 为离散随机变量。$r=r_i$ 的概率 $P(r_i)$ 已知,$0<P(r_i)<1(i=1,2,\cdots,m)$,且 $\sum_{i=1}^m P(r_i) = 1$。$0<r_i<r_{i+1}, i=1,2,\cdots,m-1$。

由于 r 是离散取值,为了简单,订货点 s 和最大存储量 S 的值只在 $r_1,r_2,\cdots,r_m$ 中选取。当 $S=r_i$ 时,记 $S=S_i$,即 $S_i=r_i(i=1,2,\cdots,m)$。

除了需求为离散随机变量外,模型九和模型八的其他条件都相同。因此,两个模型的存储策略的制定过程基本原理是相同的。

下面不加推导地直接给出模型九用于计算最大存储量 S^* 和订货点 s^* 的公式(11.33)和式(11.34)。

$$\sum_{r \leqslant S^*_{i-1}} P(r) < N = \frac{C_2 - k}{C_2 + C_1} \leqslant \sum_{r \leqslant S^*_i} P(r) \qquad (11.33)$$

$$ks + \sum_{r \leqslant s} C_1(s-r) P(r) + \sum_{r > s} C_2(r-s) P(r)$$

$$\leqslant C_3 + kS^* + \sum_{r \leqslant S^*} C_1(S^* - r) P(r) + \sum_{r > S^*} C_2(r - S^*) P(r) \qquad (11.34)$$

模型八和模型九采用 (s,S) 存储策略,当期初存储 $I \geqslant s$ 时,本阶段不订货;当 $I<s$ 时,本阶段订货,订货量 $Q=S-I$,即补足最大存储量 S。在实际使用这种存储策略时,如存储不易清点,因而实际存储量很难随时得知时,可将存储分两堆存放。一堆数量为 s,其余的另放一堆。平时从后一堆取货以满足需求。当后一堆取完,需要动用前一堆时,期

末就订货；如至期末，前一堆仍未动用，则本阶段不订货。因此，这种存储策略俗称双堆法（或两堆法）。

例 8 石油公司经销某种燃料油。已知该燃料油每月销售量 $r(\mathrm{kg})$ 服从指数分布，密度函数

$$\Phi(r) = \begin{cases} 0.000\,001\mathrm{e}^{-0.000\,001r} & \text{当 } r \geqslant 0 \text{ 时} \\ 0 & \text{当 } r < 0 \text{ 时} \end{cases}$$

该燃料油进价 $k=1.40$ 元/kg，不需考虑订购费和存储费，即 $C_3=0$ 和 $C_1=0$。当缺货时需从其他石油公司购进，市场价为 1.60 元/kg，即 $C_2=1.60$ 元/kg。试制定 (s,S) 存储策略。

解 由式(11.31)有

$$\int_0^S \Phi(r)\mathrm{d}r = \int_0^S 0.000\,001\mathrm{e}^{-0.000\,001r}\mathrm{d}r = \frac{C_2-k}{C_2+C_1} = \frac{1.60-1.40}{1.60+0} = 0.125$$

解之，得 $S^* = 133\,500(\mathrm{kg})$

由式(11.32)，因 $C_1=C_3=0$，$C_2=1.60$，$S^*=133\,500$，故有

$$1.4s + 1.6\int_s^\infty (r-s)\Phi(r)\mathrm{d}r \leqslant 1.4 \times 133\,500 + 1.6\int_{133\,500}^\infty (r-133\,500)\Phi(r)\mathrm{d}r$$

上式有唯一解 $s^*=S^*=133\,500$（此时，上式左右两边相等。若 s 变小，上式左边将增大，但右边仍为一定数，所以，不可能有小于 $S^*=133\,500$ 的 s 能满足上式）。因此，石油公司对该种燃料油应采取 $(s,S)=(133\,500,133\,500)$ 的存储策略，即当库存燃料油减少到 133\,500kg 时，应订购，使库存重新达到 133\,500kg。本例 $s^*=S^*$，是由于 $C_1=C_3=0$，频繁补充和较大存储都不会增加费用。

例 9 商店销售某种商品。每月销售量 r(件)为离散随机变量，其概率为

$$P(r=100)=0.1 \quad P(r=110)=0.2 \quad P(r=120)=0.3$$
$$P(r=130)=0.2 \quad P(r=140)=0.1 \quad P(r=150)=0.1$$

订货费 $C_3=100$ 元，每件商品进货成本 $k=500$ 元。一个月中，每件商品存储费 $C_1=10$ 元，缺货费(销售损失等)$C_2=800$ 元，求 (s,S) 存储策略。

解 由式(11.33)，$N=\dfrac{800-500}{800+10}=0.37$

又 $P(r=100)+P(r=110)=0.3<0.37$

$P(r=100)+P(r=110)+P(r=120)=0.6>0.37$

所以，$S^*=120$ 件。

因为 $s \leqslant S^*=120$，所以 s 只可能是 100,110 或 120。由于 s 要尽可能小，故先将 $s=100$ 代入式(11.34)检验。

对于本例，式(11.34)右边为

$$100 + 500 \times 120 + \sum_{r \leqslant 120} 10(120-r)P(r) + \sum_{r > 120} 800(r-120)P(r)$$

$$= 100 + 60\,000 + 10(20 \times 0.1 + 10 \times 0.2 + 0 \times 0.3) +$$

$$800(10 \times 0.2 + 20 \times 0.1 + 30 \times 0.1)$$
$$= 65\,740$$

所以,式(11.34)为

$$500s + \sum_{r \leqslant s} 10(s-r)P(r) + \sum_{r > s} 800(r-s)P(r) \leqslant 65\,740$$

将 $s = 100$ 代入,得

$$左边 = 68\,400 > 右边 = 65\,740$$

再将 $s = 110$ 代入,得

$$左边 = 66\,210 > 右边 = 65\,740$$

再将 $s = 120$ 代入,得

$$左边 = 65\,640 < 右边 = 65\,740$$

所以 $s^* = 120$ 件。

因此,商店对该商品应采取 $(s, S) = (120, 120)$ 的存储策略。

通过例8和例9可以看到,要想从式(11.32)和式(11.34)中直接解出订货点 s^* 是十分困难的。但是,对于实际问题,当最大存储量 S^* 确定后,只要记住订货点 s^* 的三个性质,在数值上确定 s^* 是不困难的。s^* 的三个性质是:(1)$s^* \leqslant S^*$;(2)s^* 满足式(11.32)或式(11.34);(3)s^* 是所有满足式(11.32)或式(11.34)的 s 中最小的。对于需求是离散随机变量的情况,可以按 $r_1, r_2, \cdots, r_j = S^*$ 的顺序,逐个代入式(11.34)中检验,首先满足式(11.34)的 $r_i(i \in \{1, 2, \cdots, j\})$ 即为订货点 s^*;对于需求是连续随机变量的情况,可以在问题允许的精度上,将区间 $[0, S^*]$ n 等分。设等分点依次为 $d_0(=0), d_1, \cdots, d_n(= S^*)$,然后将各等分点依次逐个代入式(11.32)检验,首先满足式(11.32)的 $d_i = \frac{i}{n} S^*$,即为订货点 s^*。当然,无论两种情况中的哪一种,在逐个检验前,如能根据已知数据将式(11.32)或式(11.34)尽可能地化简(至少,关系式右边和订货点 s 无关,是可以算出的),对于减少检验时的计算量是很有好处的。

第五节 存储论应用研究中的一些问题

库存管理的实际需求是非常迫切的,即使是简单的库存策略,也会带来巨大的经济效益。运筹学的任务是建立更实用的库存模型,并用于实际。

一、多品种多级库存系统的控制

多品种多级库存系统可以用图11-8表示。

图11-8中,最高的第一级是货源点(中心仓库),它供应第二级的库存点。最低一级的库存点(如零售仓库)直接满足顾客的需求。而货源点直接从外界订货(或组织生产)。

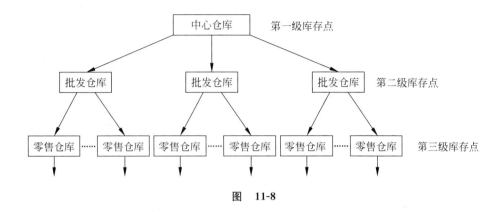

图　11-8

多品种多级库存系统的一个特点是可能有多种不同的订货策略：单个物品分别订货；联合订货，即同时订购所有物品；或混合式策略，即允许同时订购所有物品或部分物品。对于这三种订货策略，每次订货的固定费用对最优策略有显著影响。以 n 种货物为例，一次单独订购货物 i 的固定费用为 K_i，联合订购时为 K，一般应有

$$\max_i(K_i) \leqslant K \leqslant \sum_{i=1}^n K_i$$

问题的复杂性表现在如下的几个方面：

（1）由于整个系统具有一种层次结构，因此，与不同的库存（或生产）策略结合起来的需求过程是复杂的过程的叠加；

（2）决策变量需要从系统的角度同时优化；

（3）某一级的安全库存量会影响另一级的缺货情况。多级问题必须从总体上考虑，避免过多的安全库存量；

（4）当缺货出现时，可采用的处理方式灵活多样。例如，一个下级的仓库向中心仓库发出订货量为 Q 的一份订单时，若中心仓库的现存货量小于 Q 时，是马上发送部分还是等货备齐后一起发送；从中心仓库向零售仓库紧急发货是否可能；同一级之间能否互相调剂；当最高一级面对几个不同地点的要求不能全部满足时，是采取配给策略还是采用其他方法来处理等；

（5）无论用多级多变量的动态规划来计算，或者即使评定有限个不同的系统策略的优劣，甚至仅做一些近似的启发式计算，其计算量也是非常大的；

（6）管理一个多级系统需要协调各项活动。但是，局部利益常妨碍系统成功地实施，这是实际执行中的最大障碍。

已经开发出一些比较实用的库存控制方法，例如发送式库存（PUSH）系统。发送式库存系统采取集中控制，从系统全局着眼把货物发送到下一级，这样可以消除过多的订货次数，使费用减小并达到要求的服务水平。

二、易腐物品库存管理

在库存问题的研究中,通常假定存放物品的使用价值保持不变,即假定物品的寿命等于无穷。但许多实际情况并非如此,如血库中供输血用的血液一般可存放 21 天,其寿命为常数。还有一些物品,如农产品、食品、药品、武器弹药等,其寿命无法事先确定,因而通常作为非负随机变量来处理。由于这种实际的需要,近年来对易腐物品库存管理开展了不少研究,航空公司及酒店管理中的收益管理就属这类性质的管理。

易腐物品库存模型按存货的寿命,可分为固定寿命与随机寿命两大类。

例如,固定寿命 m 下的模型假定:

(1) 周期盘点,在周期开始时订货,瞬时交货,新到的货年龄为 0;

(2) 相继周期中的需求量独立同分布,分布已知,不能满足的需求事后补足;

(3) 货物按先进先出(FIFO)的规则供应需求。当存货年龄超过 m 时,这部分货物失去使用价值,因而报废;

(4) 费用:包括购货费、保管费、缺货损失费及过期损失费。

由于易腐物品库存模型(特别是随机寿命类型)的复杂性,寻找最优策略是十分困难的。现有的研究主要集中在各种限定条件下的近似最优策略上。例如,当库存量小于某个规定的临界值才订货,否则不订货的情形;在周期盘点下保持库存量为常数的情形;当库存物品由于需求或过期而减少一个时就订货,且只订一个的情形;应用不耐烦顾客排队系统理论研究该类模型等。这些研究都有很鲜明的实际背景。

三、有概率约束的库存管理

问题的一般表述为:设工厂 B 以固定的速度消耗某种原材料。某季度开始前,B 与 A 签订合同,由 A 提供该季度 B 所需的原材料。A 可分若干次交货,但具体交货时间不能事先确定。为保证生产连续进行,B 在季度开始时需要有一定数量的原材料贮备,那么应贮备多少才能维持正常生产?

把问题抽象成如下的基本模型:

考虑在固定的 $(0,T)$ 区间内,假定交货次数 n 取定,且设:(1) B 工厂在 $(0,T)$ 中连续使用这些原材料,单位时间的用量 c 是常数;(2) 交货时刻是随机的,假定是 $(0,T)$ 区间内独立同分布的 n 个均匀随机变量;(3) 每次的交货量相同,为 $\dfrac{1}{n}cT$。

取 B 的初始库存水平 M 为模型的决策变量。记 $X(t)$ 为时刻 t 以前的累积交货量,则问题归结为求 M,使下式左端的概率足够大,即使得

$$P\left\{\inf_{0 \leqslant t \leqslant T}(M + X(t) - ct) \geqslant 0\right\} = 1 - \varepsilon$$

式中:ε 是事先指定的 $(0,1)$ 中的数。

上述基本模型有许多推广。例如,每次交货量相等的条件可减弱;B 工厂以均匀速率消费原材料的过程可推广到更一般的随机过程;此外,还可推广到多种原材料的模型等。

即练即测

习　题

11.1　某建筑工地每月需用水泥 800t,每 t 定价 2 000 元,不可缺货。设每 t 每月保管费率为 0.2%,每次订购费为 300 元,求最佳订购批量。

11.2　一汽车公司每年使用某种零件 150 000 件,每件每年保管费 0.2 元,不允许缺货,试比较每次订购费为 1 000 元和 100 元两种情况下的经济订购批量。

11.3　某拖拉机厂生产一种小型拖拉机,每月可生产 1 000 台,但对该拖拉机的市场需要量为每年 4 000 台。已知每次生产的准备费用为 15 000 元,每台拖拉机每月的存储费为 10 元,如不允许供应短缺,求经济生产批量。

11.4　某产品每月需求量为 8 件,生产准备费用为 100 元,存储费为 5 元/(月·件)。在不允许缺货条件下,比较生产速度分别为每月 20 件和 40 件两种情况下的经济生产批量和最小费用。

11.5　对某种电子元件每月需求量为 4 000 件,每件成本为 150 元,每年的存储费为成本的 10%,每次订购费为 500 元。求:

(1) 不允许缺货条件下的最优存储策略;

(2) 允许缺货(缺货费为 100 元/(件·年))条件下的最优存储策略。

11.6　某农机维修站需购一种农机配件,其每月需要量为 150 件,订购费为每次 400 元,存储费为 0.96 元/(月·件),并不允许缺货。

(1) 求经济订购批量(EOQ);

(2) 该厂为少占用流动资金,希望进一步降低存储量。因此,决定使订购和存储总费用可以超过原最低费用的 10%,求这时的最优存储策略。

11.7　某公司每年需电容器 15 000 个,每次订购费 80 元,保管费 1 元/(个·年),不允许缺货。若采购量少于 1 000 时每个单价为 5 元,当一次采购 1 000 个以上时每个单价降为 4.9 元。求该公司的最优采购策略。

11.8　某工厂对某种物料的年需要量为 10 000 单位,每次订货费为 2 000 元,存储费率为 20%。该物料采购单价和采购数量有关,当采购数量在 2 000 单位以下时,单价为 100 元;当采购数量在 2 000 单位及以上时,单价为 80 元。求最优采购策略。

11.9　某制造厂在装配作业中需用一种外购件,需求率为常数,全年需要量为 300 万件,不允许缺货。一次订购费为 100 元。存储费为 0.1 元/(件·月)。库存占用资金每年利息、保险等费用为年平均库存金额的 20%。该外购件进货单价和订购批量 Q 有关,具体关系见表 11-2,试求经济订购批量。

表 11-2

批量/件	0≤Q<10 000	10 000≤Q<30 000	30 000≤Q<50 000	Q≥50 000
单价/元	1.00	0.98	0.96	0.94

11.10 一个允许缺货的 EOQ 模型的费用,绝不会超过一个具有相同存储费、订购费,但又不允许缺货的 EOQ 模型的费用,请加以说明。

11.11 某时装屋在某年春季欲销售某种流行时装。据估计,该时装可能的销售量见表 11-3。

表 11-3

销售量 r/套	150	160	170	180	190
概率 P	0.05	0.1	0.5	0.3	0.05

该款式时装每套进价 180 元,售价 200 元。因隔季会过时,故在季末需低价抛售完,较有把握的抛售价为每套 120 元。问该时装屋在季度初时一次性进货多少为宜?

11.12 某冬季商品每件进价 25 元,售价 45 元。订购费每次 20 元,单位缺货费 45 元,单位存储费 5 元。期初无存货。该商品的需求量 r 的概率分布见表 11-4。

表 11-4

需求量 r/件	100	125	150
概率 P	0.4	0.4	0.2

为取得最大利润,该商店在冬季来临前应订购多少件这种商品?

11.13 某厂生产需某种部件。该部件外购价每只 850 元,订购费每次 2 825 元。若自产,每只成本 1 250 元,单位存储费 45 元。该部件需求量见表 11-5。

表 11-5

需求量 r/只	80	90	100	110	120
概率 P	0.1	0.2	0.3	0.3	0.1

在选择外购策略时,若发生订购数少于实际需求量的情况,差额部分工厂将自产。假定期初存货为零。求工厂的订购策略。

11.14 某企业对某种材料的需求见表 11-6。每次订购费 500 元,材料进价 400 元/吨、存储费 50 元、缺货费 600 元,求 (s, S) 存储策略。

表 11-6

需求量 r/吨	20	30	40	50	60
概率 P	0.1	0.2	0.3	0.3	0.1

11.15 已知某产品的单位成本 $K=3.0$ 元,单位存储费 $C_1=1.0$ 元,单位缺货损失 $C_2=2.0$ 元,每次订购货 $C_3=50$ 元。需求量 x 的概率密度函数为

$$f(x) = \begin{cases} 1/5, & \text{当 } 5 \leqslant x < 10 \\ 0, & x \text{ 为其他值} \end{cases}$$

设期初库存为零,试依据 (s,S) 型存储策略的模型确定 s 和 S 的值。

11.16 试根据下列条件推导并建立一个经济订货批量的公式:(a)订货必须在每月的第一天提出;(b)订货提前期为零;(c)每月需求量为 R,均在各月中的第 15 日一天发生;(d)不允许发生供货短缺;(e)存储费为每件每月 C 元;(f)每次订购的费用为 V 元。

11.17 在单周期随机存储模型中,对报童问题若采用获利期望值最大的准则,要求:

(1) 证明其最佳订购量 Q^*、式(11.28)同样成立;

(2) 简要说明两种准则下结果相同的原因。

11.18 判断下列说法,其中正确的有:

(1) 在其他费用不变条件下,最优订货批量随单位存储费用的增加而增大;

(2) 在其他费用不变条件下,最优订货批量随单位缺货费用的增大而减小;

(3) 在同一存储模型中,可能既发生存储费用,又发生短缺费用;

(4) 在单时期的存储模型中,计算时都不包括订货费用这一项,理由是该项费用通常很小可以忽略不计。

CHAPTER 12
第十二章

对 策 论

第一节 引 言

一、对策行为和对策论

对策论(game theory)又称竞赛论或博弈论,是研究具有对抗或竞争性质现象的数学理论和方法。它既是现代数学的一个新分支,也是运筹学的一个重要学科。对策论发展的历史并不长,但由于它所研究的现象与政治、经济、军事活动乃至一般的日常生活等有着密切联系,并且处理问题的方法具有明显特色,所以日益引起广泛的重视。特别是从20 世纪 50 年代纳什(Nash)建立了非合作博弈的"纳什均衡"理论后,标志着对策论发展的一个新时期的开始。对策论在这一新时期发展的一个突出特点是,博弈的理论和方法被广泛应用于经济学的各个学科,成功地解释了具有不同利益的市场主体,在不完备信息条件下,如何实现竞争并达到均衡。正是由于纳什在对策论研究和将对策论应用于经济学研究方面的突出贡献,使得他 1994 年获得了诺贝尔经济学奖。他提出的著名的纳什均衡概念在非合作博弈理论中起着核心作用,为对策论广泛应用于经济学、管理学、社会学、政治学、军事科学等领域奠定了坚实的理论基础。

在日常生活中经常可以看到一些具有对抗或竞争性质的现象,如下棋、打牌、体育比赛等。在战争中的双方,都力图选取对自己最有利的策略,千方百计去战胜对手;在政治方面,国际间的谈判,各种政治力量间的较量,各国际集团间的角逐等都无不具有对抗性质;在经济活动中,各国之间的贸易摩擦、企业之间的竞争等;举不胜举。

具有竞争或对抗性质的行为称为对策行为。在这类现象中,参加竞争或对抗的各方各自具有不同的利益和目标。为了达到各自的利益和目标,各方必须考虑对手的各种可能的行动方案,并力图选取对自己最有利或最合理的方案。对策论就是研究对策现象中各方是否存在最合理的行动方案,以及如何找到最合理的行动方案。

在我国古代,"齐王赛马"就是一个典型的对策论研究的例子。

战国时期,有一天齐王提出要与田忌赛马,双方约定:从各自的上、中、下三个等级的马中各选一匹参赛;每匹马均只能参赛一次;每一次比赛双方各出一匹马,负者要付给胜者千金。已经知道的是,在同等级的马中,田忌的马不如齐王的马,而如果田忌的马比齐王的马高一等级,则田忌的马可取胜。当时,田忌手下的一个谋士给他出了个主意:每次比赛时先让齐王牵出他要参赛的马,然后来用下马对齐王的上马,用中马对齐王的下马,用上马对齐王的中马。比赛结果,田忌二胜一负,夺得千金。由此看来,两个人各采取什么样的出马次序对胜负是至关重要的。

二、对策现象的三要素

为对对策问题进行数学上的分析,需要建立对策问题的数学模型,称为对策模型。根据所研究问题的不同性质,可以建立不同的对策模型。但不论对策模型在形式上有何不同,都必须包括以下 3 个基本要素。

1. 局中人(players)

一个对策中有权决定自己行动方案的对策参加者称为局中人,通常用 I 表示局中人的集合。如果有 n 个局中人,则 $I=\{1,2,\cdots,n\}$。一般要求一个对策中至少要有两个局中人。如在"齐王赛马"的例子中,局中人是齐王和田忌。

2. 策略集(strategies)

对策中,可供局中人选择的一个实际可行的完整的行动方案称为一个策略。参加对策的每一局中人 $i,i\in I$ 都有自己的策略集 S_i。一般,每一局中人的策略集中至少应包括两个策略。

在"齐王赛马"的例子中,如果用(上,中,下)表示以上马、中马、下马依次参赛,就是一个完整的行动方案,即为一个策略。可见,局中人齐王和田忌各自都有 6 个策略:(上,中,下)、(上,下,中)、(中,上,下)、(中,下,上)、(下,中,上)、(下,上,中)。

3. 赢得函数(支付函数)(payoff function)

一个对策中,每一局中人所出策略形成的策略组称为一个局势,即若 s_i 是第 i 个局中人的一个策略,则 n 个局中人的策略形成的策略组 $s=(s_1,s_2,\cdots,s_n)$ 就是一个局势。若记 S 为全部局势的集合,则当一个局势 s 出现后,应该为每个局中人 i 规定一个赢得值(或所失值)$H_i(s)$。显然,$H_i(s)$ 是定义在 S 上的函数,称为局中人 i 的赢得函数。在"齐王赛马"中,局中人集合为 $I=\{1,2\}$,齐王和田忌的策略集可分别用 $S_1=\{a_1,a_2,a_3,a_4,a_5,a_6\}$ 和 $S_2=\{\beta_1,\beta_2,\beta_3,\beta_4,\beta_5,\beta_6\}$ 表示。这样,齐王的任一策略 a_i 和田忌的任一策略 β_j 就构成了一个局势 s_{ij}。如果 $a_1=$(上,中,下),$\beta_1=$(上,中,下),则在局势 s_{11} 下齐王的赢得值为 $H_1(s_{11})=3$,田忌的赢得值为 $H_2(s_{11})=-3$,如此等等。

一般地,当局中人、策略集和赢得函数这 3 个要素确定后,一个对策模型也就给定了。

三、对策问题举例及对策的分类

对策论在经济管理的众多领域中有着十分广泛的应用。下面列举几个可以用对策论思想和模型进行分析的例子。

例1 (市场购买力争夺问题)据预测,某乡镇下一年的饮食品购买力将有 4 000 万元。乡镇企业和中心城市企业饮食品的生产情况是:乡镇企业有特色饮食品和低档饮食品两类,中心城市企业有高档饮食品和低档饮食品两类产品。它们争夺这一部分购买力的结局见表 12-1(表中数字是相应策略下对乡镇企业的营销额,单位是万元)。问题是乡镇企业和中心城市企业应如何选择对自己最有利的产品策略。

表　12-1

乡镇企业策略	中心城市企业的策略	
	出售高档饮食品	出售低档饮食品
出售特色饮食品	2 000	3 000
出售低档饮食品	1 000	3 000

例2 (销售竞争问题)假定企业 I、II 均能向市场出售某一产品,不妨假定它们可于时间区间 $[0,1]$ 内任一时点出售。设企业 I 在时刻 x 出售,企业 II 在时刻 y 出售,则企业 I 的收益(赢得)函数为

$$H(x,y) = \begin{cases} c(y-x) & \text{若 } x < y \\ \dfrac{1}{2}c(1-x) & \text{若 } x = y \\ c(1-x) & \text{若 } x > y \end{cases} \quad (12.1)$$

问这两个企业各选择什么时机出售对自己最有利? 在这个例子中,企业 I、II 可选择的策略均有无穷多个。

例3 (拍卖问题)最常见的一种拍卖形式是:先由拍卖商把拍卖品描述一番,然后提出第一个报价。接下来由众多竞购者报价,每一次报价都要比前一次高,最后谁出的价最高,拍卖品即归谁拍得。假设有 n 个买主给出的报价分别为 $p_1, \cdots, p_n$,且不妨设 $p_n > p_{n-1} > \cdots > p_1$,则买主 n 只要报价略高于 p_{n-1},就能买到拍卖品,即拍卖品实际上是在次高价格上卖出的。现在的问题是,各买主之间可能知道他人的估价,也可能不知道他人的估价,每人应如何报价对自己能以较低的价格得到拍卖品最为有利? 最后的结果又会怎样?

例4 (囚犯难题)设有两个嫌疑犯因涉嫌某一大案被警官拘留,警官分别对两人进行审讯。根据法律,如果两个人都承认此案是他们干的,则每人各判刑 7 年;如果两人都不承认,则由于证据不足,两人各判刑 1 年;如果只有一人承认,则承认者予以宽大释放,而不承认者将判刑 9 年。因此,对两个囚犯来说,面临一个在"承认"和"不承认"这两个策略间进行选择的难题。

上面几个例子都可看成是一个对策问题,所不同的是有些是二人对策,有些是多人对策;有些是有限对策,有些是无限对策;有些是零和对策,有些是非零和对策;有些是合作对策,有些是非合作对策等。为了便于对不同的对策问题进行研究,对策论中将问题根

据不同方式进行了分类。通常的分类方式有：

(1) 根据局中人的个数,分为二人对策和多人对策;

(2) 根据各局中人的赢得函数的代数和是否为零,分为零和对策与非零和对策;

(3) 根据各局中人间是否允许合作,分为合作对策和非合作对策;

(4) 根据局中人的策略集中的策略个数,分为有限对策和无限对策。

此外,还有许多其他的分类方式,例如根据策略的选择是否与时间有关,可分为静态对策和动态对策;根据对策模型的数学特征,可分为矩阵对策、连续对策、微分对策、阵地对策、凸对策、随机对策等。

在众多对策模型中,占有重要地位的是二人有限零和对策(finite two-person zero-sum game),又称为矩阵对策。这类对策是到目前为止在理论研究和求解方法方面都比较完善的一个对策分支。矩阵对策可以说是一类最简单的对策模型,其研究思想和方法十分具有代表性,体现了对策论的一般思想和方法,且矩阵对策的基本结果也是研究其他对策模型的基础。基于上述原因,本章将着重介绍矩阵对策的基本内容,只对其他对策模型作简要介绍。

第二节　矩阵对策的基本理论

一、矩阵对策的纯策略

矩阵对策即为二人有限零和对策。"二人"是指参加对策的局中人有两个;"有限"是指每个局中人的策略集均为有限集;"零和"是指在任一局势下,两个局中人的赢得之和总等于零,即一个局中人的所得值恰好等于另一局中人的所失值,双方的利益是完全对抗的。"齐王赛马"就是一个矩阵对策的例子,齐王和田忌各有 6 个策略,一局对策后,齐王的所得必为田忌的所失。

一般地,用 Ⅰ 和 Ⅱ 分别表示两个局中人,并设局中人 Ⅰ 有 m 个纯策略(pure strategies)$\alpha_1, \cdots, \alpha_m$,局中人 Ⅱ 有 n 个纯策略 $\beta_1, \cdots, \beta_n$;则局中人 Ⅰ 和 Ⅱ 的策略集分别为 $S_1 = \{\alpha_1, \cdots, \alpha_m\}$ 和 $S_2 = \{\beta_1, \cdots, \beta_n\}$。

当局中人 Ⅰ 选定纯策略 α_i 和局中人 Ⅱ 选定纯策略 β_j 后,就形成了一个纯局势 (α_i, β_j),这样的纯局势共有 $m \times n$ 个。对任一纯局势 (α_i, β_j),记局中人 Ⅰ 的赢得值为 a_{ij},称

$$A = \begin{pmatrix} a_{11} & a_{12} & \cdots & a_{1n} \\ a_{21} & a_{22} & \cdots & a_{2n} \\ \vdots & \vdots & & \vdots \\ a_{m1} & a_{m2} & \cdots & a_{mn} \end{pmatrix} \tag{12.2}$$

为局中人 Ⅰ 的赢得矩阵。由于对策为零和的,故局中人 Ⅱ 的赢得矩阵就是 $-A$。

当局中人Ⅰ,Ⅱ的策略集 S_1, S_2 及局中人Ⅰ的赢得矩阵 A 确定后,一个矩阵对策也就给定了,记为 $G=\{S_1, S_2; A\}$。在"齐王赛马"的例子中,齐王的赢得矩阵为

$$A = \begin{pmatrix} 3 & 1 & 1 & 1 & 1 & -1 \\ 1 & 3 & 1 & 1 & -1 & 1 \\ 1 & -1 & 3 & 1 & 1 & 1 \\ -1 & 1 & 1 & 3 & 1 & 1 \\ 1 & 1 & -1 & 1 & 3 & 1 \\ 1 & 1 & 1 & -1 & 1 & 3 \end{pmatrix}$$

当矩阵对策模型给定后,各局中人面临的问题便是:如何选择对自己最有利的纯策略以取得最大的赢得(或最少所失)。下面用一个例子来分析各局中人应如何选择最有利策略。

例5 设有一矩阵对策 $G=\{S_1, S_2; A\}$,其中

$$A = \begin{pmatrix} -6 & 1 & -8 \\ 3 & 2 & 4 \\ 9 & -1 & -10 \\ -3 & 0 & 6 \end{pmatrix}$$

由 A 可看出,局中人Ⅰ的最大赢得是9,要想得到这个赢得,他就得选择纯策略 α_3。由于假定局中人Ⅱ也是理智的竞争者,他考虑到局中人Ⅰ打算出 α_3 的心理,便准备以 β_3 对付之,使局中人Ⅰ不但得不到9,反而失掉10。局中人Ⅰ当然也会猜到局中人Ⅱ的这种心理,故转而出 α_4 来对付,使局中人Ⅱ得不到10,反而失掉6……所以,如果双方都不想冒险,都不存在侥幸心理,而是考虑到对方必然会设法使自己所得最少这一点,就应该从各自可能出现的最不利的情形中选择一个最有利的情形作为决策的依据,这就是所谓"理智行为",也是对策双方实际上可以接受并采取的一种稳妥的方法。

在例5中,局中人Ⅰ在各纯策略下可能得到的最少赢得分别为:$-8, 2, -10, -3$,其中最好的结果是2。因此,无论局中人Ⅱ选择什么样的纯策略,局中人Ⅰ只要以 α_2 参加对策,就能保证他的收入不会少于2,而出其他任何纯策略,都有可能使局中人Ⅰ的收入少于2,甚至输给对方。同理,对局中人Ⅱ来说,各纯策略可能带来的最不利的结果是:$9, 2, 6$,其中最好的也是2,即局中人Ⅱ只要选择纯策略 β_2,无论对方采取什么纯策略,他的所失值都不会超过2,而选择任何其他的纯策略都有可能使自己的所失超过2。上述分析表明,局中人Ⅰ和Ⅱ的"理智行为"分别是选择纯策略 α_2 和 β_2,这时,局中人Ⅰ的赢得值和局中人Ⅱ的所失值的绝对值相等,局中人Ⅰ得到了其预期的最少赢得2,而局中人Ⅱ也不会给局中人Ⅰ带来比2更多的所得,相互的竞争使对策出现了一个平衡局势 (α_2, β_2),这个局势就是双方均可接受的,且对双方来说都是一个最稳妥的结果。因此,α_2 和 β_2 应分别是局中人Ⅰ和Ⅱ的最优纯策略。对一般矩阵对策,有如下定义。

定义 1 设 $G=\{S_1,S_2;\boldsymbol{A}\}$ 为一矩阵对策,其中 $S_1=\{\alpha_1,\cdots,\alpha_m\}$,$S_2=\{\beta_1,\cdots,\beta_n\}$,$\boldsymbol{A}=(a_{ij})_{m\times n}$。若

$$\max_i \min_j a_{ij} = \min_j \max_i a_{ij} \tag{12.3}$$

成立,记其值为 V_G,则称 V_G 为对策的值,称使式(12.3)成立的纯局势 $(\alpha_{i^*},\beta_{j^*})$ 为 G 在纯策略意义下的解(或平衡局势),称 α_{i^*} 和 β_{j^*} 分别为局中人 I 和 II 的最优纯策略。

从例 5 还可看出,矩阵 $\boldsymbol{A}$ 中平衡局势 (α_2,β_2) 对应的元素 a_{22} 既是其所在行的最小元素,又是其所在列的最大元素,即有

$$a_{i2} \leqslant a_{22} \leqslant a_{2j} \quad i=1,2,3,4 \quad j=1,2,3 \tag{12.4}$$

将这一事实推广到一般矩阵对策,可得如下定理。

定理 1 矩阵对策 $G=\{S_1,S_2;\boldsymbol{A}\}$ 在纯策略意义下有解的充要条件是:存在纯局势 $(\alpha_{i^*},\beta_{j^*})$,使得对任意 i 和 j,有

$$a_{ij^*} \leqslant a_{i^*j^*} \leqslant a_{i^*j} \tag{12.5}$$

证明从略,读者可自己完成。

对任意矩阵 $\boldsymbol{A}$,称使式(12.5)成立的元素 $a_{i^*j^*}$ 为矩阵 $\boldsymbol{A}$ 的鞍点。在矩阵对策中,矩阵 $\boldsymbol{A}$ 的鞍点也称为对策的鞍点。

定理 1 中式(12.5)的对策意义是:一个平衡局势 $(\alpha_{i^*},\beta_{j^*})$ 应具有这样的性质:当局中人 I 选择了纯策略 α_{i^*} 后,局中人 II 为了使其所失最少,只能选择纯策略 β_{j^*},否则就可能失得更多;反之,当局中人 II 选择了纯策略 β_{j^*} 后,局中人 I 为了得到最大的赢得也只能选择纯策略 α_{i^*},否则就会赢得更少,双方的竞争在局势 $(\alpha_{i^*},\beta_{j^*})$ 下达到了一个平衡状态。

例 6 设有矩阵对策 $G=\{S_1,S_2;\boldsymbol{A}\}$,其中

$$\boldsymbol{A}=\begin{pmatrix} 9 & 8 & 11 & 8 \\ 2 & 4 & 6 & 3 \\ 5 & 8 & 7 & 8 \\ 10 & 7 & 9 & 6 \end{pmatrix}$$

直接在 $\boldsymbol{A}$ 提供的赢得表上计算,有

$$\max_i \min_j a_{ij} = \min_j \max_i a_{ij} = a_{i^*j^*} = 8 \quad i^*=1,3 \quad j^*=2,4$$

故 (α_1,β_2),(α_1,β_4),(α_3,β_2),(α_3,β_4) 都是对策的解,且 $V_G=8$。

由例 6 可知,一般对策的解可以是不唯一的,当解不唯一时,解之间的关系具有下面两条性质:

性质 1 (无差别性)若 $(\alpha_{i_1},\beta_{j_1})$ 和 $(\alpha_{i_2},\beta_{j_2})$ 是对策 G 的两个解,则

$$a_{i_1j_1} = a_{i_2j_2}$$

性质 2 (可交换性)若 $(\alpha_{i_1},\beta_{j_1})$ 和 $(\alpha_{i_2},\beta_{j_2})$ 是对策 G 的两个解,则 $(\alpha_{i_1},\beta_{j_2})$ 和 $(\alpha_{i_2},\beta_{j_1})$ 也是对策 G 的解。

上面两条性质的证明留给读者作为练习。这两条性质表明：矩阵对策的值是唯一的，即当一个局中人选择了最优纯策略后，他的赢得值不依赖于对方的纯策略。

二、矩阵对策的混合策略

由上面讨论可知，在一个矩阵对策 $G=\{S_1,S_2;\boldsymbol{A}\}$ 中，局中人 I 能保证的至少赢得是

$$v_1 = \max_i \min_j a_{ij}$$

局中人 II 能保证的至多所失是

$$v_2 = \min_j \max_i a_{ij}$$

一般，局中人 I 的赢得不会多于局中人 II 的所失，故总有

$$v_1 \leqslant v_2$$

当 $v_1=v_2$ 时，矩阵对策在纯策略意义下有解，且 $V_G=v_1=v_2$。然而，实际中出现的更多情形是 $v_1<v_2$，这时，根据定义 1，对策不存在纯策略意义下的解。例如，对赢得矩阵为

$$\boldsymbol{A} = \begin{pmatrix} 3 & 6 \\ 5 & 4 \end{pmatrix}$$

的对策来说，

$$v_1 = \max_i \min_j a_{ij} = 4 \quad i^* = 2$$
$$v_2 = \min_j \max_i a_{ij} = 5 \quad j^* = 1$$
$$v_2 = 5 > 4 = v_1$$

于是，当双方各根据从最不利情形中选择最有利的原则选择纯策略时，应分别选择 α_2 和 β_1，此时局中人 I 的赢得为 5，比其预期的至多赢得 $v_1=4$ 还多。原因在于局中人 II 选择了 β_1，使局中人 I 得到了本不该得的赢得，故 β_1 对局中人 II 来说不是最优的，因此他会考虑出 β_2。局中人 I 会采取相应的办法，改出 α_1，以使赢得为 6，而局中人 II 又可能仍取策略 β_1 来对付局中人 I 的策略 α_1。这样，局中人 I 出 α_1 和 α_2 的可能性及局中人 II 出 β_1 和 β_2 的可能性都不能排除，对两个局中人来说，不存在一个双方都可以接受的平衡局势，即不存在纯策略意义下的解。在这种情况下，一个比较自然且合乎实际的想法是：既然局中人没有最优策略可出，是否可以给出一个选择不同策略的概率分布。如局中人 I 可制定这样一种策略：分别以概率 1/4 和 3/4 选取纯策略 α_1 和 α_2，称这种策略为一个混合策略。同样，局中人 II 也可以制定这样一种混合策略：分别以概率 1/2,1/2 选取纯策略 β_1，β_2。下面，给出矩阵对策混合策略及其在混合策略意义下解的定义。

定义 2 设有矩阵对策 $G=\{S_1,S_2;\boldsymbol{A}\}$，其中

$$S_1 = \{\alpha_1,\cdots,\alpha_m\} \quad S_2 = \{\beta_1,\cdots,\beta_n\} \quad \boldsymbol{A} = (a_{ij})_{m\times n}$$

记

$$S_1^* = \left\{ \boldsymbol{x} \in E^m \mid x_i \geqslant 0, i = 1,\cdots,m; \ \sum_{i=1}^m x_i = 1 \right\}$$

$$S_2^* = \left\{ \boldsymbol{y} \in E^n \mid y_j \geqslant 0, j = 1,\cdots,n; \ \sum_{j=1}^n y_j = 1 \right\}$$

则分别称 S_1^* 和 S_2^* 为局中人Ⅰ和Ⅱ的混合策略集(或策略集);对 $x \in S_1^*$ 和 $y \in S_2^*$,称 $\boldsymbol{x}$ 和 $\boldsymbol{y}$ 为混合策略(或策略),$(\boldsymbol{x}, \boldsymbol{y})$ 为混合局势(或局势)。局中人Ⅰ的赢得函数记成

$$E(\boldsymbol{x}, \boldsymbol{y}) = \boldsymbol{x}^{\mathrm{T}} A \boldsymbol{y} = \sum_i \sum_j a_{ij} x_i y_j \tag{12.6}$$

称 $G^* = \{S_1^*, S_2^* ; E\}$ 为对策 G 的混合扩充。

不难看出,纯策略是混合策略的一个特殊情形。一个混合策略 $\boldsymbol{x} = (x_1, \cdots, x_m)^{\mathrm{T}}$ 可理解为:如果进行多局对策 G 的话,局中人Ⅰ分别选取纯策略 $\alpha_1, \cdots, \alpha_m$ 的频率;若只进行一次对策,则反映了局中人Ⅰ对各纯策略的偏爱程度。

下面,讨论矩阵对策在混合策略意义下的解的概念。设两个局中人仍如前所述那样进行理智的对策,则当局中人Ⅰ选择混合策略 x 时,他的预期所得(最不利的情形)是 $\min\limits_{y \in S_2^*} E(\boldsymbol{x}, \boldsymbol{y})$,因此,局中人Ⅰ应选取 $\boldsymbol{x} \in S_1^*$,使得

$$v_1 = \max_{x \in S_1^*} \min_{y \in S_2^*} E(\boldsymbol{x}, \boldsymbol{y}) \tag{12.7}$$

同理,局中人Ⅱ可保证的所失的期望值至多是

$$v_2 = \min_{y \in S_2^*} \max_{x \in S_1^*} E(\boldsymbol{x}, \boldsymbol{y}) \tag{12.8}$$

显然,有 $v_1 \leqslant v_2$。

定义 3 设 $G^* = \{S_1^*, S_2^* ; E\}$ 是矩阵对策 $G = \{S_1, S_2 ; A\}$ 的混合扩充。如果

$$\max_{x \in S_1^*} \min_{y \in S_2^*} E(\boldsymbol{x}, \boldsymbol{y}) = \min_{y \in S_2^*} \max_{x \in S_1^*} E(\boldsymbol{x}, \boldsymbol{y}) \tag{12.9}$$

记其值为 V_G,则称 V_G 为对策 G 的值,称使式(12.9)成立的混合局势 $(\boldsymbol{x}^*, \boldsymbol{y}^*)$ 为 G 在混合策略意义下的解(或平衡局势),称 $\boldsymbol{x}^*$ 和 $\boldsymbol{y}^*$ 分别为局中人Ⅰ和Ⅱ的最优混合策略。

现约定,以下对矩阵对策 $G = \{S_1, S_2 ; A\}$ 及其混合扩充 $G^* = \{S_1^*, S_2^* ; E\}$ 一般不加以区别,都用 $G = \{S_1, S_2 ; A\}$ 来表示。当 G 在纯策略意义下的解不存在时,自然认为讨论的是在混合策略意义下的解。

和定理 1 类似,可给出矩阵对策 G 在混合策略意义下解存在的鞍点型充要条件。

定理 2 矩阵对策 G 在混合策略意义下有解的充要条件是:存在 $\boldsymbol{x}^* \in S_1^*, \boldsymbol{y}^* \in S_2^*$,使得对任意 $\boldsymbol{x} \in S_1^*$ 和 $\boldsymbol{y} \in S_2^*$,有

$$E(\boldsymbol{x}, \boldsymbol{y}^*) \leqslant E(\boldsymbol{x}^*, \boldsymbol{y}^*) \leqslant E(\boldsymbol{x}^*, \boldsymbol{y}) \tag{12.10}$$

例 7 考虑矩阵对策 $G = \{S_1, S_2 ; A\}$,其中

$$A = \begin{pmatrix} 3 & 6 \\ 5 & 4 \end{pmatrix}$$

由前面讨论已知 G 在纯策略意义下无解,故设 $\boldsymbol{x} = (x_1, x_2)$ 和 $\boldsymbol{y} = (y_1, y_2)$ 分别为局中人Ⅰ和Ⅱ的混合策略,则

$$S_1^* = \{(x_1, x_2) \mid x_1, x_2 \geqslant 0, x_1 + x_2 = 1\}$$
$$S_2^* = \{(y_1, y_2) \mid y_1, y_2 \geqslant 0, y_1 + y_2 = 1\}$$

局中人 I 的赢得的期望是

$$E(\boldsymbol{x}, \boldsymbol{y}) = 3x_1 y_1 + 6x_1 y_2 + 5x_2 y_1 + 4x_2 y_2$$
$$= 3x_1 y_1 + 6x_1(1 - y_1) + 5(1 - x_1)y_1 + 4(1 - x_1)(1 - y_1)$$
$$= -4\left(x_1 - \frac{1}{4}\right)\left(y_1 - \frac{1}{2}\right) + \frac{9}{2}$$

取 $\boldsymbol{x}^* = \left(\dfrac{1}{4}, \dfrac{3}{4}\right)$, $\boldsymbol{y}^* = \left(\dfrac{1}{2}, \dfrac{1}{2}\right)$, 则 $E(\boldsymbol{x}^*, \boldsymbol{y}^*) = \dfrac{9}{2}$, $E(\boldsymbol{x}^*, \boldsymbol{y}) = E(\boldsymbol{x}, \boldsymbol{y}^*) = \dfrac{9}{2}$, 即有

$$E(\boldsymbol{x}, \boldsymbol{y}^*) \leqslant E(\boldsymbol{x}^*, \boldsymbol{y}^*) \leqslant E(\boldsymbol{x}^*, \boldsymbol{y})$$

故 $\boldsymbol{x}^* = \left(\dfrac{1}{4}, \dfrac{3}{4}\right)$ 和 $\boldsymbol{y}^* = \left(\dfrac{1}{2}, \dfrac{1}{2}\right)$ 分别为局中人 I 和 II 的最优策略, 对策的值(局中人 I 的赢得的期望值)为 $V_G = \dfrac{9}{2}$。

三、矩阵对策的基本定理

本节将讨论矩阵对策解的存在性及其性质, 给出矩阵对策在混合策略意义下解的存在性的构造性证明, 同时给出了求解矩阵对策的基本方法——线性规划方法。

以下, 记

$$E(i, \boldsymbol{y}) = \sum_j a_{ij} y_j \tag{12.11}$$

$$E(\boldsymbol{x}, j) = \sum_i a_{ij} x_i \tag{12.12}$$

则 $E(i, \boldsymbol{y})$ 为局中人 I 取纯策略 α_i 时的赢得值, $E(\boldsymbol{x}, j)$ 为局中人 II 取纯策略 β_j 时的赢得值。由式(12.11)和式(12.12), 有

$$E(\boldsymbol{x}, \boldsymbol{y}) = \sum_i \sum_j a_{ij} x_i y_j = \sum_i \left(\sum_j a_{ij} y_j\right) x_i = \sum_i E(i, \boldsymbol{y}) x_i \tag{12.13}$$

和

$$E(\boldsymbol{x}, \boldsymbol{y}) = \sum_i \sum_j a_{ij} x_i y_j = \sum_j \left(\sum_i a_{ij} x_i\right) y_j = \sum_j E(\boldsymbol{x}, j) y_j \tag{12.14}$$

根据上面记号, 可给出定理 2 的另一等价形式:

定理 3 设 $\boldsymbol{x}^* \in S_1^*$, $\boldsymbol{y}^* \in S_2^*$, 则 $(\boldsymbol{x}^*, \boldsymbol{y}^*)$ 为对策 G 的解的充要条件是: 对任意 $i = 1, \cdots, m$ 和 $j = 1, \cdots, n$, 有

$$E(i, \boldsymbol{y}^*) \leqslant E(\boldsymbol{x}^*, \boldsymbol{y}^*) \leqslant E(\boldsymbol{x}^*, j) \tag{12.15}$$

证明 设 $(\boldsymbol{x}^*, \boldsymbol{y}^*)$ 是对策 G 的解, 则由定理 2, 式(12.10)成立。由于纯策略是混合策略的特例, 故式(12.15)成立。反之, 设式(12.15)成立, 由

$$E(\boldsymbol{x}, \boldsymbol{y}^*) = \sum_i E(i, \boldsymbol{y}^*) x_i \leqslant E(\boldsymbol{x}^*, \boldsymbol{y}^*) \sum_i x_i = E(\boldsymbol{x}^*, \boldsymbol{y}^*)$$

$$E(\boldsymbol{x}^*, \boldsymbol{y}) = \sum_j E(\boldsymbol{x}^*, j) y_j \geqslant E(\boldsymbol{x}^*, \boldsymbol{y}^*) \sum_j y_j = E(\boldsymbol{x}^*, \boldsymbol{y}^*)$$

即得式(12.10),证毕。

定理 3 说明,当验证(x^*,y^*)是否为对策 G 的解时,只需对由式(12.15)给出的有限$(m\times n)$个不等式进行验证,使对解的验证大为简化。定理 3 的一个等价形式是定理 4。

定理 4　设 $x^*\in S_1^*$,$y\in S_2^*$,则(x^*,y^*)为 G 的解的充要条件是:存在数 v,使得 x^* 和 y^* 分别是不等式组(12.16)和(12.17)的解,且 $v=V_G$。

$$\begin{cases} \sum_i a_{ij}x_i \geqslant v & (j=1,\cdots,n) \\ \sum_i x_i = 1 \\ x_i \geqslant 0 & (i=1,\cdots,m) \end{cases} \tag{12.16}$$

$$\begin{cases} \sum_j a_{ij}y_j \leqslant v & (i=1,\cdots,m) \\ \sum_j y_j = 1 \\ y_j \geqslant 0 & (j=1,\cdots,n) \end{cases} \tag{12.17}$$

证明留给读者作为练习。

下面给出矩阵对策的基本定理,也是本节的主要结果。

定理 5　对任一矩阵对策 $G=\{S_1,S_2;A\}$,一定存在混合策略意义下的解。

证明　由定理 3,只要证明存在 $x^*\in S_1^*$,$y^*\in S_2^*$,使得式(12.15)成立。为此,考虑如下两个线性规划问题:

$$(P) \begin{cases} \max w \\ \sum_i a_{ij}x_i \geqslant w & (j=1,\cdots,n) \\ \sum_i x_i = 1 \\ x_i \geqslant 0 & (i=1,\cdots,m) \end{cases}$$

和

$$(D) \begin{cases} \min v \\ \sum_j a_{ij}y_j \leqslant v & (i=1,\cdots,m) \\ \sum_j y_j = 1 \\ y_j \geqslant 0 & (j=1,\cdots,n) \end{cases}$$

容易验证,问题(P)和(D)是互为对偶的线性规划,而且

$$x = (1,0,\cdots,0)^T \in E^m \quad w = \min_j a_{1j}$$

是问题(P)的一个可行解;

$$\boldsymbol{y} = (1,0,\cdots,0)^{\mathrm{T}} \in E^n \quad v = \max_i a_{i1}$$

是问题 (D) 的一个可行解。由线性规划对偶定理可知，问题 (P) 和 (D) 分别存在最优解 (x^*, w^*) 和 (y^*, v^*)，且 $w^* = v^*$。即存在 $x^* \in S_1^*$，$y^* \in S_2^*$ 和数 v^*，使得对任意 $i=1,\cdots,m$ 和 $j=1,\cdots,n$，有

$$\sum_j a_{ij} y_j^* \leqslant v^* \leqslant \sum_i a_{ij} x_i^* \tag{12.18}$$

或

$$E(i, \boldsymbol{y}^*) \leqslant v^* \leqslant E(\boldsymbol{x}^*, j) \tag{12.19}$$

又由

$$E(\boldsymbol{x}^*, \boldsymbol{y}^*) = \sum_i \boldsymbol{E}(i, \boldsymbol{y}^*) x_i^* \leqslant v^* \sum_i x_i^* = v^*$$

$$E(\boldsymbol{x}^*, \boldsymbol{y}^*) = \sum_j E(\boldsymbol{x}^*, j) y_j^* \geqslant v^* \sum_j y_j^* = v^*$$

得到 $v^* = E(\boldsymbol{x}^*, \boldsymbol{y}^*)$，故由式 (12.19) 知式 (12.15) 成立，证毕。

定理 5 的证明是构造性的，不仅证明了矩阵对策解的存在性，同时给出了利用线性规划方法求解矩阵对策的思路。

下面的定理 6 至定理 9 讨论了矩阵对策及其解的若干重要性质，它们在矩阵对策的求解时将起重要作用。

定理 6 设 $(\boldsymbol{x}^*, \boldsymbol{y}^*)$ 是矩阵对策 G 的解，$v=V_G$，则

(1) 若 $x_i^* > 0$，则 $\sum_j a_{ij} y_j^* = v$

(2) 若 $y_j^* > 0$，则 $\sum_i a_{ij} x_i^* = v$

(3) 若 $\sum_j a_{ij} y_j^* < v$，则 $x_i^* = 0$

(4) 若 $\sum_i a_{ij} x_i^* > v$，则 $y_j^* = 0$

证明 由

$$v = \max_{\boldsymbol{x} \in S_1^*} E(\boldsymbol{x}, \boldsymbol{y}^*)$$

有

$$v - \sum_j a_{ij} y_j^* = \max_{\boldsymbol{x} \in S_1^*} E(\boldsymbol{x}, \boldsymbol{y}^*) - E(i, \boldsymbol{y}^*) \geqslant 0$$

又因为

$$\sum_i x_i^* \left(v - \sum_j a_{ij} y_j^* \right) = v - \sum_i \sum_j a_{ij} x_i^* y_j^* = 0$$

所以，当 $x_i^* > 0$ 时，必有 $\sum_j a_{ij} y_j^* = v$；当 $\sum_j a_{ij} y_j^* < v$ 时，必有 $x_i^* = 0$，(1)，(3) 得证。同理可证 (2)，(4)，证毕。

以下，记 $T(G)$ 为矩阵对策 G 的解集，下面 3 个定理是关于矩阵对策解的性质的主要

结果。

定理 7　设有两个矩阵对策 $G_1 = \{S_1, S_2 ; \boldsymbol{A}_1\}, G_2 = \{S_1, S_2 ; \boldsymbol{A}_2\}$，其中 $\boldsymbol{A}_1 = (a_{ij})$，$\boldsymbol{A}_2 = (a_{ij} + L), L$ 为一任意常数，则

(1) $V_{G_2} = V_{G_1} + L$

(2) $T(G_1) = T(G_2)$

定理 8　设有两个矩阵对策 $G_1 = \{S_1, S_2 ; \boldsymbol{A}\}, G_2 = \{S_1, S_2 ; \alpha\boldsymbol{A}\}$，其中 $\alpha > 0$，为一任意常数，则

(1) $V_{G_2} = \alpha V_{G_1}$

(2) $T(G_1) = T(G_2)$

定理 9　设 $G_1 = \{S_1, S_2 ; \boldsymbol{A}\}$ 为一矩阵对策，且 $\boldsymbol{A} = -\boldsymbol{A}^{\mathrm{T}}$ 为斜对称矩阵（亦称这种对策为对称对策），则

(1) $V_G = 0$

(2) $T_1(G) = T_2(G)$

其中，$T_1(G)$ 和 $T_2(G)$ 分别为局中人 Ⅰ 和 Ⅱ 的最优策略集。

第三节　矩阵对策的解法

一、图解法

本节将介绍矩阵对策的图解法，这种方法不仅为赢得矩阵为 $2 \times n$ 或 $m \times 2$ 阶的对策问题提供了一个简单直观的解法，而且通过这种方法可以使我们从几何上理解对策论的思想。下面，通过一些例子来说明图解法。

例 8　用图解法求解矩阵对策 $G = \{S_1, S_2 ; \boldsymbol{A}\}$，其中

$$\boldsymbol{A} = \begin{pmatrix} 2 & 3 & 11 \\ 7 & 5 & 2 \end{pmatrix}$$

解　设局中人 Ⅰ 的混合策略为 $(x, 1-x)^{\mathrm{T}}, x \in [0, 1]$。过数轴上坐标为 0 和 1 的两点分别作两条垂线 Ⅰ-Ⅰ 和 Ⅱ-Ⅱ。垂线上的纵坐标分别表示局中人 Ⅰ 采取纯策略 α_1 和 α_2 时，局中人 Ⅱ 采取各纯策略时的赢得值（见图 12-1）。当局中人 Ⅰ 选择每一策略 $(x, 1-x)^{\mathrm{T}}$ 后，他的最少可能的收入为由 $\beta_1, \beta_2, \beta_3$ 所确定的 3 条直线在 x 处的纵坐标中之最小者决定。所以，对局中人 Ⅰ 来说，他的最优选择是确定 x，使 3 个纵坐标中的最小者尽可能的大，从图上来看，就是使得 $x = OA$，这时，B 点的纵坐标即为对策的值。为求 x 和对策的值 V_G，可联立过 B 点的两条由 β_2 和 β_3 确定的直线的方程：

$$\begin{cases} 3x + 5(1-x) = V_G \\ 11x + 2(1-x) = V_G \end{cases}$$

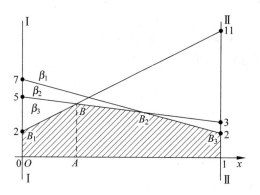

图 12-1　$2 \times n$ 对策的图解法

解得 $x = \dfrac{3}{11}$，$V_G = \dfrac{49}{11}$。所以，局中人 I 的最优策略为 $\boldsymbol{x}^* = \left(\dfrac{3}{11}, \dfrac{8}{11}\right)^{\mathrm{T}}$。从图上还可看出，局中人 II 的最优混合策略只由 β_2 和 β_3 组成。事实上，若设 $\boldsymbol{y}^* = (y_1^*, y_2^*, y_3^*)^{\mathrm{T}}$ 为局中人 II 的最优混合策略，则由 $E(\boldsymbol{x}^*, 1) = 2 \times \dfrac{3}{11} + 7 \times \dfrac{8}{11} = \dfrac{62}{11} > \dfrac{49}{11} = V_G$，根据定理 6，必有 $y_1^* = 0$。又因 $x_1^* = \dfrac{3}{11} > 0$，$x_2^* = \dfrac{8}{11} > 0$，再根据定理 6，可由

$$\begin{cases} 3y_2 + 11y_3 = \dfrac{49}{11} \\[2mm] 5y_2 + \ 2y_3 = \dfrac{49}{11} \\[2mm] y_2 + \ \ y_3 = 1 \end{cases}$$

求得 $y_2^* = \dfrac{9}{11}$，$y_3^* = \dfrac{2}{11}$。所以，局中人 II 的最优混合策略为 $\boldsymbol{y}^* = \left[0, \dfrac{9}{11}, \dfrac{2}{11}\right]^{\mathrm{T}}$。

例 9　用图解法求解矩阵对策 $G = \{S_1, S_2 ; \boldsymbol{A}\}$，其中

$$\boldsymbol{A} = \begin{bmatrix} 2 & 7 \\ 6 & 6 \\ 11 & 2 \end{bmatrix}$$

解　设局中人 II 的混合策略为 $(y, 1-y)^{\mathrm{T}}$，$y \in [0, 1]$。由图 12-2 可知，对任一 $y \in [0, 1]$，直线 $\alpha_1, \alpha_2, \alpha_3$ 的纵坐标是局中人 II 采取混合策略 $(y, 1-y)^{\mathrm{T}}$ 时的支付。根据从最不利当中选择最有利的原则，局中人 II 的最优策略就是确定 y，使得三个纵坐标中的最大者尽可能的小，从图上看，就是要选择 y，使得 $A_1 \leqslant y \leqslant A_2$，这时，对策的值为 6。由方程组

$$\begin{cases} 2y + y(1-y) = 6 \\ 11y + 2(1-y) = 6 \end{cases}$$

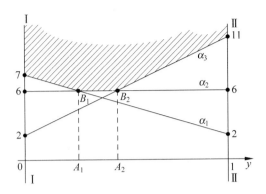

图 12-2　$m \times 2$ 对策的图解法

解得 $A_1 = \dfrac{1}{5}, A_2 = \dfrac{4}{9}$，故局中人 II 的最优混合策略是 $\boldsymbol{y}^* = (y, 1-y)^{\mathrm{T}}$，其中 $\dfrac{1}{5} \leqslant y \leqslant \dfrac{4}{9}$，局中人 I 的最优策略显然只能是 $(0,1,0)^{\mathrm{T}}$，即取纯策略 α_2。

二、方程组法

由定理 4 可知，求矩阵对策解 $(\boldsymbol{x}^*, \boldsymbol{y}^*)$ 的问题等价于求解不等式组(12.16)和(12.17)；又由定理 5 和定理 6 可知，如果最优策略中的 x_i^* 和 y_j^* 均不为零，则可将上述两不等式组的求解问题转化为下面的两个方程组的求解问题。

$$\begin{cases} \sum_i a_{ij} x_i = v & (j = 1, \cdots, n) \\ \sum_i x_i = 1 \end{cases} \tag{12.20}$$

$$\begin{cases} \sum_j a_{ij} y_j = v & (i = 1, \cdots, m) \\ \sum_j y_j = 1 \end{cases} \tag{12.21}$$

如果方程组(12.20)和(12.21)存在非负解 $\boldsymbol{x}^*$ 和 $\boldsymbol{y}^*$，便求得了对策的一个解。如果这两个方程组不存在非负解，则可视具体情况，将式(12.20)和式(12.21)中的某些等式改成不等式，继续试求解，直至求得对策的解。这种方法由于事先假定 x_i^* 和 y_j^* 均不为零，故当最优策略的某些分量实际为零时，式(12.20)和式(12.21)可能无解，因此，这种方法在实际应用中有一定的局限性。但对于 2×2 的矩阵，当局中人 I 的赢得矩阵

$$\boldsymbol{A} = \begin{bmatrix} a_{11} & a_{12} \\ a_{21} & a_{22} \end{bmatrix}$$

不存在鞍点时，容易证明：各局中人的最优混合策略中的 x_i^*, y_j^* 均大于零。于是，由定理 6，方程组

$$\begin{cases} a_{11}x_1 + a_{21}x_2 = v \\ a_{12}x_1 + a_{22}x_2 = v \\ x_1 + \quad x_2 = 1 \end{cases}$$

和

$$\begin{cases} a_{11}y_1 + a_{12}y_2 = v \\ a_{21}y_1 + a_{22}y_2 = v \\ y_1 + \quad y_2 = 1 \end{cases}$$

一定有严格的非负解(也就是两个局中人的最优策略):

$$x_1^* = \frac{a_{22} - a_{21}}{(a_{11} + a_{22}) - (a_{12} + a_{21})} \tag{12.22}$$

$$x_2^* = \frac{a_{11} - a_{12}}{(a_{11} + a_{22}) - (a_{12} + a_{21})} \tag{12.23}$$

$$y_1^* = \frac{a_{22} - a_{12}}{(a_{11} + a_{22}) - (a_{12} + a_{21})} \tag{12.24}$$

$$y_2^* = \frac{a_{11} - a_{21}}{(a_{11} + a_{22}) - (a_{12} + a_{21})} \tag{12.25}$$

$$v^* = \frac{a_{11}a_{22} - a_{12}a_{21}}{(a_{11} + a_{22}) - (a_{12} + a_{21})} = V_G \tag{12.26}$$

例 10　求解矩阵对策 $G = \{S_1, S_2; \boldsymbol{A}\}$,其中 $\boldsymbol{A}$ 为

$$\boldsymbol{A} = \begin{array}{c} \\ \alpha_1 \\ \alpha_2 \\ \alpha_3 \\ \alpha_4 \\ \alpha_5 \end{array} \begin{array}{cccccc} \beta_1 & \beta_2 & \beta_3 & \beta_4 & \beta_5 \\ \begin{bmatrix} 3 & 4 & 0 & 3 & 0 \\ 5 & 0 & 2 & 5 & 9 \\ 7 & 3 & 9 & 5 & 9 \\ 4 & 6 & 8 & 7 & 6 \\ 6 & 0 & 8 & 8 & 3 \end{bmatrix} \end{array}$$

解　首先可利用矩阵对策的优超原则对矩阵 $\boldsymbol{A}$ 进行化简。为此,应用优超原则依次简化得到矩阵 $\boldsymbol{A}_1, \boldsymbol{A}_2$ 和 $\boldsymbol{A}_3$:

$$\boldsymbol{A}_1 = \begin{array}{c} \\ \alpha_3 \\ \alpha_4 \\ \alpha_5 \end{array} \begin{array}{ccccc} \beta_1 & \beta_2 & \beta_3 & \beta_4 & \beta_5 \\ \begin{bmatrix} 7 & 3 & 9 & 5 & 9 \\ 4 & 6 & 8 & 7 & 6 \\ 6 & 0 & 8 & 8 & 3 \end{bmatrix} \end{array} \qquad \boldsymbol{A}_2 = \begin{array}{c} \\ \alpha_3 \\ \alpha_4 \\ \alpha_5 \end{array} \begin{array}{cc} \beta_1 & \beta_2 \\ \begin{bmatrix} 7 & 3 \\ 4 & 6 \\ 6 & 0 \end{bmatrix} \end{array} \qquad \boldsymbol{A}_3 = \begin{array}{c} \\ \alpha_3 \\ \alpha_4 \end{array} \begin{array}{cc} \beta_1 & \beta_2 \\ \begin{pmatrix} 7 & 3 \\ 4 & 6 \end{pmatrix} \end{array}$$

易知 $\boldsymbol{A}_3$ 没有鞍点,由定理 6,可以求出方程组

$$\begin{cases} 7x_3 + 4x_4 = v \\ 3x_3 + 6x_4 = v \\ x_3 + \quad x_4 = 1 \end{cases} \quad \text{和} \quad \begin{cases} 7y_1 + 3y_2 = v \\ 4y_1 + 6y_2 = v \\ y_1 + \quad y_2 = 1 \end{cases}$$

的非负解

$$x_3^* = \frac{1}{3}, \quad x_4^* = \frac{2}{3}$$

$$y_1^* = \frac{1}{2}, \quad y_2^* = \frac{1}{2}$$

$$v = 5$$

于是,以矩阵 $\boldsymbol{A}$ 为赢得矩阵的对策的一个解就是

$$\boldsymbol{x}^* = \left(0, 0, \frac{1}{3}, \frac{2}{3}, 0\right)^{\mathrm{T}}$$

$$\boldsymbol{y}^* = \left(\frac{1}{2}, \frac{1}{2}, 0, 0, 0\right)^{\mathrm{T}}$$

$$V_G = 5$$

例 11　求解矩阵对策"齐王赛马"。

解　根据本章第一节中给出的"齐王赛马"的例子,齐王的赢得矩阵为 $\boldsymbol{A}$,并设齐王和田忌的最优混合策略分别为 $\boldsymbol{x}^* = (x_1^*, \cdots, x_6^*)^{\mathrm{T}}$ 和 $\boldsymbol{y}^* = (y_1^*, \cdots, y_6^*)^{\mathrm{T}}$。从而列出求解方程组,并求解得到 $x_i = \frac{1}{6}(i=1, \cdots, 6)$,$y_j = \frac{1}{6}(j=1, \cdots, 6)$,$V_G = v = 1$,即双方都以 $\frac{1}{6}$ 的概率选取每个纯策略。或者说在六个纯策略中随机地选取一个即为最优策略。总的结局应该是:齐王赢的机会为 $\frac{5}{6}$,赢的期望值是 1 千金。但是,如果齐王在每出一匹马前将自己的选择告诉对方,即公开了自己的策略,例如齐王的出马次序是(上,中,下),并且这个次序让田忌知道了,则田忌就可用(下,上,中)的出马次序对付之,结果是田忌反而可赢得 1 千金。因此,当矩阵对策不存在鞍点时,竞争的双方均应对每局对抗中自己将选取的策略加以保密,否则,策略被公开的一方是要吃亏的。

三、线性规划法

本节给出一个具有一般性的求解矩阵对策的方法——线性规划方法,用这种方法可以求解任一矩阵对策。由定理 5 可知,求解矩阵对策可等价地转化为求解互为对偶的线性规划问题 (P) 和 (D)。故在问题 (P) 中,令(由定理 7,不妨设 $w > 0$)

$$x_i' = \frac{x_i}{w} \quad (i = 1, \cdots, m) \tag{12.27}$$

则问题 (P) 的约束条件变为

$$\begin{cases} \sum_i a_{ij} x_i' \geqslant 1 & (j = 1, \cdots, n) \\ \sum_i x_i' = \frac{1}{w} \\ x_i' \geqslant 0 & (i = 1, \cdots, m) \end{cases}$$

故问题(P)等价于线性规划问题(P')

$$(P') \begin{cases} \min \sum_i x'_i \\ \sum_i a_{ij}x'_i \geqslant 1 \quad (j=1,\cdots,n) \\ x'_i \geqslant 0 \quad (i=1,\cdots,m) \end{cases}$$

同理,令

$$y'_j = \frac{y_j}{v} \quad (j=1,\cdots,n) \tag{12.28}$$

可知问题(D)等价于线性规划问题(D')

$$(D') \begin{cases} \max \sum_j y'_j \\ \sum_j a_{ij}y'_j \leqslant 1 \quad (i=1,\cdots,m) \\ y'_j \geqslant 0 \quad (j=1,\cdots,n) \end{cases}$$

显然,问题(P')和(D')是互为对偶的线性规划,可利用单纯形或对偶单纯形方法求解,求解后,再由变换式(12.27)和式(12.28),即可得到原对策问题的解和对策的值。

例 12 利用线性规划方法求解下述矩阵对策,其赢得矩阵为

$$\begin{bmatrix} 7 & 2 & 9 \\ 2 & 9 & 0 \\ 9 & 0 & 11 \end{bmatrix}$$

解 求解问题可化成两个互为对偶的线性规划问题:

$$(P) \begin{cases} \min (x_1 + x_2 + x_3) \\ 7x_1 + 2x_2 + 9x_3 \geqslant 1 \\ 2x_1 + 9x_2 \qquad \geqslant 1 \\ 9x_1 \qquad + 11x_3 \geqslant 1 \\ x_1, x_2, x_3 \qquad \geqslant 0 \end{cases}$$

$$(D) \begin{cases} \max (y_1 + y_2 + y_3) \\ 7y_1 + 2y_2 + 9y_3 \leqslant 1 \\ 2y_1 + 9y_2 \qquad \leqslant 1 \\ 9y_1 \qquad + 11y_3 \leqslant 1 \\ y_1, y_2, y_3 \qquad \geqslant 0 \end{cases}$$

上述线性规划的解为

$$\boldsymbol{x} = \left(\frac{1}{20}, \frac{1}{10}, \frac{1}{20}\right)^{\mathrm{T}} \quad w = \frac{1}{5}$$

$$\boldsymbol{y} = \left(\frac{1}{20}, \frac{1}{10}, \frac{1}{20}\right)^{\mathrm{T}} \quad v = \frac{1}{5}$$

故对策问题的解为

$$V_G = \frac{1}{w} = \frac{1}{v} = 5$$

$$\boldsymbol{x}^* = V_G \boldsymbol{x} = 5\left(\frac{1}{20}, \frac{1}{10}, \frac{1}{20}\right)^{\mathrm{T}} = \left(\frac{1}{4}, \frac{1}{2}, \frac{1}{4}\right)^{\mathrm{T}}$$

$$\boldsymbol{y}^* = V_G \boldsymbol{y} = 5\left(\frac{1}{20}, \frac{1}{10}, \frac{1}{20}\right)^{\mathrm{T}} = \left(\frac{1}{4}, \frac{1}{2}, \frac{1}{4}\right)^{\mathrm{T}}$$

第四节　其他类型对策简介

一、二人无限零和对策

矩阵对策最简单的推广就是局中人的策略集从有限集变为无限集,例如是$[0,1]$区间。一般用$G=\{S_1, S_2; H\}$表示一个二人无限零和对策,其中S_1和S_2中至少有一个是无限集合,H为局中人Ⅰ的赢得函数。记

$$v_1 = \max_{\alpha_i \in S_1} \min_{\beta_j \in S_2} H(\alpha_i, \beta_j)$$

$$v_2 = \min_{\beta_j \in S_2} \max_{\alpha_i \in S_1} H(\alpha_i, \beta_j)$$

则v_1为局中人Ⅰ的至少赢得,v_2为局中人Ⅱ的至多所失。显然有$v_1 \leqslant v_2$,当$v_1 = v_2$时,有如下定义:

定义 4　设$G=\{S_1, S_2; H\}$为二人无限零和对策。若存在$\alpha_{i^*} \in S_1, \beta_{j^*} \in S_2$,使得

$$\max_{\alpha_i \in S_1} \min_{\beta_j \in S_2} H(\alpha_i, \beta_j) = \min_{\beta_j \in S_2} \max_{\alpha_i \in S_1} H(\alpha_i, \beta_j) = H(\alpha_{i^*}, \beta_{j^*}) \qquad (12.29)$$

记其值为V_G,则称V_G为对策G的值,称使式(12.29)成立的$(\alpha_{i^*}, \beta_{j^*})$为$G$在纯策略意义下的解,$\alpha_{i^*}, \beta_{j^*}$分别称为局中人Ⅰ和Ⅱ的最优纯策略。

定理 10　$(\alpha_{i^*}, \beta_{j^*})$为$G=\{S_1, S_2; H\}$在纯策略意义下的解的充要条件是:对任意$\alpha_i \in S_1, \beta_j \in S_2$,有

$$H(\alpha_i, \beta_{j^*}) \leqslant H(\alpha_{i^*}, \beta_{j^*}) \leqslant H(\alpha_{i^*}, \beta_j) \qquad (12.30)$$

例 13　设局中人Ⅰ、Ⅱ互相独立地从$[0,1]$中分别选择一个实数x和y,局中人Ⅰ的赢得函数为$H(x, y) = 2x^2 - y^2$。对策中,局中人Ⅰ希望H越大越好,局中人Ⅱ则希望H越小越好。图 12-3 给出了$H(x, y)$的等值线,通过对该图的分析,不难看出双方竞争的平衡局势为$(1,1)$,即$\alpha_{i^*} = 1, \beta_{j^*} = 1$分别为局中人Ⅰ和Ⅱ的最优纯策略,$V_G = 1$。可以验证,对$(\alpha_{i^*}, \beta_{j^*}) = (1,1)$,式(12.30)是成立的。

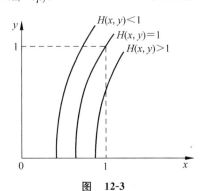

图　12-3

由矩阵对策的结果已知,式(12.29)一般并不成立,

即对策 $G = \{S_1, S_2; H\}$ 在纯策略意义下无解。同矩阵对策中引入混合策略的做法类似，也可定义无限对策的混合策略如下：局中人 I 和 II 的混合策略 $\boldsymbol{X}$ 和 $\boldsymbol{Y}$ 分别为策略集 S_1 和 S_2 上的概率分布(或分布函数)，混合策略集记为 $\bar{X}$ 和 $\bar{Y}$。若用 x, y 表示纯策略，$F_{\boldsymbol{X}}(x), F_{\boldsymbol{Y}}(y)$ 表示混合策略 $\boldsymbol{X}, \boldsymbol{Y}$ 的分布，则局中人 I 的赢得函数可以有以下 4 种形式：$H(x, y)$ 以及

$$H(\boldsymbol{X}, y) = \int_{S_1} H(x, y) \mathrm{d}F_{\boldsymbol{X}}(x)$$

$$H(x, \boldsymbol{Y}) = \int_{S_2} H(x, y) \mathrm{d}F_{\boldsymbol{Y}}(y)$$

$$H(\boldsymbol{X}, \boldsymbol{Y}) = \int_{S_1} \int_{S_2} H(x, y) \mathrm{d}F_{\boldsymbol{X}}(x) \mathrm{d}F_{\boldsymbol{Y}}(y)$$

定义 5 如果有

$$\sup_{\boldsymbol{X}} \inf_{\boldsymbol{Y}} H(\boldsymbol{X}, \boldsymbol{Y}) = \inf_{\boldsymbol{X}} \sup_{\boldsymbol{X}} H(\boldsymbol{X}, \boldsymbol{Y}) = V_G \tag{12.31}$$

则称 V_G 为对策 G 的值，称使式(12.31)成立的 $(\boldsymbol{X}^*, \boldsymbol{Y}^*)$ 为对策 G 的解，$\boldsymbol{X}^*$ 和 $\boldsymbol{Y}^*$ 分别为局中人 I 和 II 的最优策略。

定理 11 $(\boldsymbol{X}^*, \boldsymbol{Y}^*)$ 为对策 $G = \{S_1, S_2; H\}$ 的解的充要条件是：对任意 $\boldsymbol{X} \in \bar{X}$，$\boldsymbol{Y} \in \bar{Y}$，有

$$H(\boldsymbol{X}, \boldsymbol{Y}^*) \leqslant H(\boldsymbol{X}^*, \boldsymbol{Y}^*) \leqslant H(\boldsymbol{X}^*, \boldsymbol{Y}) \tag{12.32}$$

当 $S_1 = S_2 = [0, 1]$，且 $H(x, y)$ 为连续函数时，称这样的对策为连续对策。对连续对策而言，局中人 I、II 的混合策略即为 $[0, 1]$ 区间上的分布函数。记 $[0, 1]$ 区间上的分布函数的集合为 D，则有

$$H(\boldsymbol{X}, \boldsymbol{Y}) = \int_0^1 \int_0^1 H(x, y) \mathrm{d}F_{\boldsymbol{X}}(x) \mathrm{d}F_{\boldsymbol{Y}}(y)$$

对连续对策，记

$$v_1 = \max_{\boldsymbol{X} \in D} \min_{\boldsymbol{Y} \in D} H(\boldsymbol{X}, \boldsymbol{Y})$$

$$v_2 = \min_{\boldsymbol{Y} \in D} \max_{\boldsymbol{X} \in D} H(\boldsymbol{X}, \boldsymbol{Y})$$

这里，不加证明地给出关于连续对策的基本定理。

定理 12 对任何连续对策，一定有 $v_1 = v_2$。

例 14 (生产能力分配问题)某公司下属甲、乙两个工厂，分别位于 A、B 两市。设两厂总生产能力为 1 个单位，两市对工厂产品的总需求也是 1 个单位。如果 A 市的需求量为 x，则 B 市的需求量为 $1-x$，这时只要安排 A 厂的生产能力为 x，就能使供需平衡。但现在不知道 A 市的确切需求量 x 是多少，如果安排 A 厂的生产能力为 y，则将产生供需上的不平衡。不平衡的程度可用数值表示为

$$\max \left\{ \frac{x}{y}, \frac{1-x}{1-y} \right\}$$

公司的目标是选择 y,使得

$$\max_{0\leqslant x\leqslant 1}\quad \max\left\{\frac{x}{y},\frac{1-x}{1-y}\right\} \tag{12.33}$$

达到极小。如果以市场需求为一方,公司为另一方,则以上问题可转化为一个连续对策问题,其中

$$S_1=S_2=[0,1]\quad H(x,y)=\max\left\{\frac{x}{y},\frac{1-x}{1-y}\right\}$$

对这个对策求解的结果为:公司方的最优策略(为纯策略)是 $y^*=\dfrac{1}{2}$,即两个厂各生产一半;市场需求方的最优策略(为混合策略)是:分别以 0.5 的概率取 0 和 1,即要么全部需求都集中在 A 市,要么都集中在 B 市,且两种情况发生的概率相等。该对策的值为 $V_G=2$,即当公司和市场均选择各自的最优策略时,两市中需求大于供给的平均程度为 2(求解过程较复杂,略去)。

二、多人非合作对策

实际问题中,会经常出现多人对策的问题,且每个局中人的赢得函数之和也不一定为零,特别是许多经济过程中的对策模型一般都是非零和的,因为经济过程总是有新价值的产生。所谓非合作对策,就是指局中人之间互不合作,对策略的选择不允许事先有任何交换信息的行为,不允许订立任何约定,矩阵对策就是一种非合作对策。一般非合作对策模型可描述为:

(1) 局中人集合:$I=\{1,2,\cdots,n\}$;

(2) 每个局中人的策略集:$S_1,S_2,\cdots,S_n$(均为有限集);

(3) 局势:$s=(s_1,\cdots,s_n)\in S_1\times\cdots\times S_n$;

(4) 每个局中人 i 的赢得函数记为 $H_i(s)$,一般说来,$\sum_{i=1}^{n}H_i(s)\neq 0$。一个非合作 n 人对策一般用符号 $G=\{I,\{S_i\},\{H_i\}\}$ 表示。

为讨论非合作 n 人对策的平衡局势,引入记号:

$$s\parallel s_i^0=(s_1,\cdots,s_{i-1},s_i^0,s_{i+1},\cdots,s_n) \tag{12.34}$$

它的含义是:在局势 $s=(s_1,\cdots,s_n)$ 中,局中人 i 将自己的策略由 s_i 换成 s_i^0,其他局中人的策略不变而得到的一个新局势。如果存在一个局势 s,使得对任意 $s_i^0\in S_i$,有

$$H_i(s)\geqslant H_i(s\parallel s_i^0)$$

则称局势 s 对局中人 i 有利,也就是说,若局势 s 对局中人 i 有利,则不论局中人 i 将自己的策略如何置换,都不会得到比在局势 s 下更多的赢得。显然,在非合作的条件下,每个局中人都力图选择对自己最有利的局势。

定义 6 如果局势 s 对所有的局中人都有利,即对任意 $i\in I,s_i^0\in S_i$,有

$$H_i(s)\geqslant H_i(s\parallel s_i^0) \tag{12.35}$$

则称 s 为非合作对策 G 的一个平衡局势(或平衡点)。

当 G 为二人零和对策时,上述定义等价为:$(\alpha_{i^*}, \beta_{j^*})$ 为平衡局势的充要条件是:对任意 i,j,有

$$a_{ij^*} \leqslant a_{i^*j^*} \leqslant a_{i^*j} \tag{12.36}$$

此与前面关于矩阵对策平衡局势的定义是一致的。

由矩阵对策的结果可知,非合作 n 人对策在纯策略意义下的平衡局势不一定存在。因此,需要考虑局中人的混合策略。对每个局中人的策略集 S_i,令 S_i^* 为定义在 S_i 上的混合策略集(即 S_i 上所有概率分布的集合),x^i 表示局中人 i 的一个混合策略,$x = (x^1, \cdots, x^n)$ 为一个混合局势,

$$x \parallel z^i = (x^1, \cdots, x^{i-1}, z^i, x^{i+1}, \cdots, x^n)$$

表示局中人 i 在局势 x 下,将自己的策略由 x^i 置换成 z^i 而得到的一个新的混合局势。以下,记 $E_i(x)$ 为局中人 i 在混合局势 x 下的赢得的期望值,则有以下关于非合作 n 人对策的解的定义。

定义 7 若对任意 $i \in I, z^i \in S_i^*$,有

$$E_i(x \parallel z^i) \leqslant E_i(x)$$

则称 x 为非合作 n 人对策 G 的一个平衡局势(或平衡点)。

对非合作 n 人对策,已经得到了一个非常重要的结论——定理 13。

定理 13 (Nash 定理)非合作 n 人对策在混合策略意义下的平衡局势一定存在。

具体到二人有限非零和对策(亦称为双矩阵对策),Nash 定理的结论可表述为:一定存在 $\boldsymbol{x}^* \in S_1^*, \boldsymbol{y}^* \in S_2^*$,使得

$$\boldsymbol{x}^{*\mathrm{T}} \boldsymbol{A} \boldsymbol{y}^* \geqslant \boldsymbol{x}^{\mathrm{T}} \boldsymbol{A} \boldsymbol{y}^* \quad \boldsymbol{x} \in S_1^* \tag{12.37}$$

$$\boldsymbol{x}^{*\mathrm{T}} \boldsymbol{B} \boldsymbol{y}^* \geqslant \boldsymbol{x}^{*\mathrm{T}} \boldsymbol{B} \boldsymbol{y} \quad \boldsymbol{y} \in S_2^* \tag{12.38}$$

和矩阵对策所不同的是,双矩阵对策以及一般非合作 n 人对策平衡点的计算问题还远没有解决。但对 2×2 阶双矩阵对策,可得到如下结果:设双矩阵对策中两局中人的赢得矩阵分别为

$$\boldsymbol{A} = \begin{bmatrix} a_{11} & a_{12} \\ a_{21} & a_{22} \end{bmatrix} \quad \boldsymbol{B} = \begin{bmatrix} b_{11} & b_{12} \\ b_{21} & b_{22} \end{bmatrix}$$

分别记局中人 Ⅰ 和 Ⅱ 的混合策略为 $(x, 1-x)$ 和 $(y, 1-y)$,由式(12.37)和式(12.38),局势 (x, y) 是对策平衡点的充要条件是

$$E_1(x, y) \geqslant E_1(1, y) \tag{12.39}$$

$$E_1(x, y) \geqslant E_1(0, y) \tag{12.40}$$

$$E_2(x, y) \geqslant E_2(x, 1) \tag{12.41}$$

$$E_2(x, y) \geqslant E_2(x, 0) \tag{12.42}$$

由式(12.39)、式(12.40),有

$$Q(1-x)y - q(1-x) \leqslant 0 \qquad (12.43)$$

$$Qxy - qx \geqslant 0 \qquad (12.44)$$

其中,$Q = a_{11} + a_{22} - a_{21} - a_{12}$,$q = a_{22} - a_{12}$,对式(12.43)、式(12.44)求解,得到

当 $Q=0$,$q=0$ 时,$0 \leqslant x \leqslant 1$,$0 \leqslant y \leqslant 1$;

当 $Q=0$,$q>0$ 时,$x=0$,$0 \leqslant y \leqslant 1$;

当 $Q=0$,$q<0$ 时,$x=1$,$0 \leqslant y \leqslant 1$;

当 $Q \neq 0$ 时,记 $q/Q = \alpha$,有

$$\begin{aligned} x &= 0, & y &\leqslant \alpha \\ 0 &< x < 1, & y &= \alpha \\ x &= 1, & y &\geqslant \alpha \end{aligned}$$

类似地,由式(12.41)和式(12.42),有

$$Rx(1-y) - r(1-y) \leqslant 0 \qquad (12.45)$$

$$Rxy - ry \geqslant 0 \qquad (12.46)$$

其中,$R = b_{11} + b_{22} - b_{21} - b_{12}$,$r = b_{22} - b_{21}$,对式(12.45)和式(12.46)求解,得到

当 $R=0$,$r=0$ 时,$0 \leqslant x \leqslant 1$,$0 \leqslant y \leqslant 1$;

当 $R=0$,$r>0$ 时,$0 \leqslant x \leqslant 1$,$y=0$;

当 $R=0$,$r<0$ 时,$0 \leqslant x \leqslant 1$,$y=1$;

当 $R \neq 0$ 时,记 $r/R = \beta$,有

$$\begin{aligned} x &\leqslant \beta, & y &= 0 \\ x &= \beta, & 0 &< y < 1 \\ x &\geqslant \beta, & y &= 1 \end{aligned}$$

例 15 (夫妇爱好问题)一对夫妇打算外出欢度周末,丈夫(局中人 A)喜欢看足球,妻子(局中人 B)喜欢看芭蕾舞。但是他们认为更重要的是采取统一行动,一同外出而不是各行其是。这个对策的规则是:双方都必须分别作出选择,且不许在事先协商,策略 1 表示主张看足球,策略 2 表示主张看芭蕾,则双方在周末活动中得到的享受可以用下列支付矩阵来表示:

$$\boldsymbol{A} = \begin{bmatrix} 2 & -1 \\ -1 & 1 \end{bmatrix} \quad \boldsymbol{B} = \begin{bmatrix} 1 & -1 \\ -1 & 2 \end{bmatrix}$$

由上面关于 2×2 阶双矩阵对策解的讨论,可知

$$Q = 5 > 0, \quad q = 2, \quad \alpha = q/Q = \frac{2}{5}$$

$$R = 5 > 0, \quad r = 3, \quad \beta = r/R = \frac{3}{5}$$

将这些结果代入双矩阵对策解的公式,得到

$$\begin{cases} x = 0, & y \leqslant \dfrac{2}{5} \\[2mm] 0 < x < 1, & y = \dfrac{2}{5} \\[2mm] x = 1, & y \geqslant \dfrac{2}{5} \end{cases} \tag{12.47}$$

$$\begin{cases} x \leqslant \dfrac{3}{5}, & y = 0 \\[2mm] x = \dfrac{3}{5}, & 0 < y < 1 \\[2mm] x \geqslant \dfrac{3}{5}, & y = 1 \end{cases} \tag{12.48}$$

解不等式组(12.47)和(12.48),得到对策的 3 个平衡点:

$$(x,y) = (0,0), \left(\frac{3}{5}, \frac{2}{5}\right), (1,1)$$

不等式组(12.47)的解在图 12-4 中以粗实线表示,不等式组(12.48)的解以虚线表示,粗实线与虚线的 3 个交点即为对策的 3 个平衡点。

由

$$E_1(x,y) = 5xy - 2(x+y) + 1$$
$$E_2(x,y) = 5xy - 3(x+y) + 2$$

可得

$$E_1\left(\frac{3}{5}, \frac{2}{5}\right) = E_2\left(\frac{3}{5}, \frac{2}{5}\right) = \frac{1}{5}$$
$$E_1(0,0) = 1, \quad E_1(1,1) = 2$$
$$E_2(0,0) = 2, \quad E_2(1,1) = 1$$

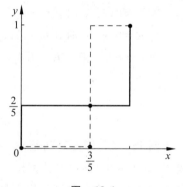

图　12-4

不难发现,在平衡点(0,0)和(1,1)处,两个局中人的期望收益都比在平衡点$\left(\frac{3}{5}, \frac{2}{5}\right)$的期望收益要好。但由于这是一个非合作对策,不允许在选择策略前进行协商,所以两个局中人没有办法保证一定能达到平衡局势(0,0)或(1,1)。因而,尽管这个对策有 3 个平衡点,但哪一个平衡点作为对策的解是难以令人信服的。在合作对策中,平衡点不必是唯一的,不同平衡点给予同一局中人的支付可以是不同的。因此,关于这类对策还不存在令人满意的"最优策略"以及对策值的概念。纳什定理只是保证了纳什均衡的存在性,但均衡点的存在与合理定义非合作对策的解还有较大距离。

对前面给出的"囚犯难题"(见本章例 4),不妨假设两个囚犯的赢得矩阵分别为

$$\mathbf{A} = \begin{pmatrix} -7 & 0 \\ -9 & -1 \end{pmatrix} \quad \mathbf{B} = \begin{pmatrix} -7 & -9 \\ 0 & -1 \end{pmatrix} \tag{12.49}$$

由

$$Q = 1 > 0, \quad q = -1, \quad \alpha = q/Q = -1$$
$$R = 1 > 0, \quad r = -1, \quad \beta = r/R = -1$$

不难确定该对策问题的唯一平衡点 $(x, y) = (1, 1)$，即两个人都承认犯罪，所得支付为各判刑 7 年。从赢得矩阵(12.49)来看，这个平衡局势显然不是最有利的。如果两人都不承认犯罪，得到的赢得都是 -1，相当于各判刑 1 年，这才是最有利的结果。但是，在非合作的条件下，这个最有利的结局也是难以达到的。

三、合作对策

1. 合作对策的概念和意义

例 16　（产品定价问题）设有两家厂商（厂商 1、厂商 2）为同一市场生产同样产品，可选择的竞争策略是价格，目的是赚得最多的利润。已知两个厂商的需求函数为

$$Q_1 = 12 - 2P_1 + P_2 \tag{12.50}$$
$$Q_2 = 12 - 2P_2 + P_1 \tag{12.51}$$

其中，P_1, P_2 分别为两个厂商的价格，Q_1, Q_2 分别为市场对两个厂商产品的需求量（实际销售量）；又知，两家厂商的固定成本均为 20 元。于是，厂商 1 的利润函数为

$$\pi_1 = P_1 Q_1 - 20 = 12P_1 - 2P_1^2 + P_1 P_2 - 20 \tag{12.52}$$

为求厂商 1 利润最大化时的价格，令

$$\frac{\mathrm{d}\pi_1}{\mathrm{d}P_1} = 12 - 4P_1 + P_2 = 0 \tag{12.53}$$

得到

$$P_1 = 3 + \frac{1}{4}P_2 \tag{12.54}$$

式(12.54)称为厂商 1 对厂商 2 的价格的反应函数，同理可得到厂商 2 对厂商 1 的价格的反应函数为

$$P_2 = 3 + \frac{1}{4}P_1 \tag{12.55}$$

由图 12-5 可以看出，如果两个厂商互不合作，各自从自身利润最大化出发，最稳妥的策略显然是都选择"定价 4 元"，也就是实现 Nash 均衡，各自可以得到 12 元的利润。但我们发现，如果两个厂商合作起来，都选择"定价 6 元"，则双方都可以赚得 16 元的利润，显然比不合作时要好。因此，两个厂商可以结成一个"价格联盟"，统一把价格定在 6 元，形成一个合作均衡，导致一个双赢的结果。

但如果厂商 1 遵守价格联盟达成的合作协议，把价格定在 6 元，而厂商 2 却违反合作协议，将价格定在 4 元（即厂商 1 合作，而厂商 2 不合作），则厂商 1 的利润只有 4 元，而厂商 2 的利润却可以达到 20 元，如图 12-6 所示。

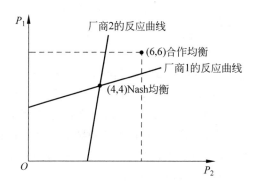

图 12-5   产品定价问题中的 Nash 均衡和合作均衡

		厂商 1	
		定价 4 元	定价 6 元
厂商 2	定价 4 元	12, 12	20, 4
	定价 6 元	4, 20	16, 16

图 12-6   产品定价问题的厂商策略和收益

这就给两个厂商带来了一个定价难题：到底采取哪个价格？一方面，"合作"的前景很诱人；另一方面,各厂商都担心,如果竞争对手不合作怎么办？而现实当中,一些厂商的确存在为了自身利益而违背市场竞争规则、与竞争对手进行削价竞争的冲动。不难看出,定价问题实际上正是"囚犯难题"在微观经济学中的一个实例。目前,"囚犯难题"的模型已被应用于经济学、社会学、理学、伦理学、政治学等众多领域,充分说明由此模型而引出的合作对策模型具有十分广泛的适应性和应用背景。

由于非合作对策模型在适用性和理论上存在的局限性,使人们开始研究合作对策问题。合作对策的基本特征是参加对策的局中人可以进行充分的合作,即可以事先商定好,把各自的策略协调起来；可以在对策后对所得到的支付进行重新分配。合作的形式是所有局中人可以形成若干联盟,每个局中人仅参加一个联盟,联盟的所得要在联盟的所有成员中进行重新分配。一般来说,合作可以提高联盟的所得,因而也可以提高每个联盟成员的所得。但联盟能否形成以及形成哪种联盟,或者说一个局中人是否参加联盟以及参加哪个联盟,不仅取决于对策的规则,更取决于联盟获得的所得如何在成员间进行合理的重新分配。如果分配方案不合理,就可能破坏联盟的形成,以至于不能形成有效的联盟。因此,在合作对策中,每个局中人如何选择自己的策略已经不是主要要研究的问题了,应当强调的是如何形成联盟,以及联盟的所得如何被合理分配(即如何维持联盟)的问题。

合作对策研究问题重点的转变,使得合作对策的模型、解的概念都和非合作对策问题有很大的不同。具体来说,构成合作对策的两个基本要素是：局中人集合 I 和特征函数 $v(S)$,其中 $I=\{1,2,\cdots,n\}$,S 为 I 的任一子集,也就是任何一个可能形成的联盟,$v(S)$ 表

示的是联盟 S 在对策中的所得。通常用 $G=\{I,\nu\}$ 来表示一个 n 人合作对策。合作对策的可行解是一个满足下列条件的 n 维向量 $x=(x_1,x_2,\cdots,x_n)$：

$$x_i \geqslant \nu(\{i\}) \quad (i=1,\cdots,n)(\text{团体合理性}) \tag{12.56}$$

$$\sum_{i=1}^{n} x_i = \nu(I)(\text{个体合理性}) \tag{12.57}$$

将满足式(12.56)和式(12.57)的向量 x 称为一个分配。合作对策研究的核心问题就是：如何定义"最优的"分配？是否存在"最优的"分配？怎样去求解"最优的"分配？鉴于对合作对策的系统阐述需要较多的数学知识和学时，超出了本书的基本要求，故不准备再作详细介绍，下面通过一个例子来说明合作对策的意义。

2. 合作对策的特征函数

在一个 n 人的对策中，令 $N=\{1,2,\cdots,n\}$ 为对策者的集合。对集合 N 的每个子集 S，当它们相互作用并形成联合时，作为一个对策的特征函数 ν 给出了 S 中每个成员的肯定的收益值的总和 $\nu(S)$。

例 17 （药品生产问题）某制药公司 A（局中人 1）打算生产一种新药，但无法单独生产，它可以将配方卖给公司 2（局中人 2）或公司 3（局中人 3）。获得配方的公司可以将生产所得的 100 万元利润与制药公司 A 分享。如果我们将特征函数定义为三家公司所有可能的合作方式下生产该种新药所获得的利润的话，则可以得到该合作对策问题的特征函数为

$$\nu(\{\ \ \}) = \nu(\{1\}) = \nu(\{2\}) = \nu(\{3\}) = \nu(\{2,3\}) = 0(\text{元})$$
$$\nu(\{1,2\}) = \nu(\{1,3\}) = \nu(\{1,2,3\}) = 1\,000\,000(\text{元})$$

例 18 （土地开发问题）局中人 1 拥有一块价值 10 000 元的土地，如果转给局中人 2 开发，可以使土地增值到 20 000 元，如果转给局中人 3 开发可以增值到 30 000 元，没有其他可转让方。如果将每种可能的合作开发模式下可以获得的土地增值定义为特征函数值的话，则该合作对策问题的特征函数为

$$\nu(\{1\}) = 10\,000(\text{元}), \quad \nu(\{2\}) = \nu(\{3\}) = 0(\text{元})$$
$$\nu(\{1,2\}) = 20\,000(\text{元}), \quad \nu(\{1,3\}) = 30\,000(\text{元}), \quad \nu(\{1,2,3\}) = 30\,000(\text{元})$$

例 19 （垃圾倾倒问题）假设 4 个人每人拥有一处房产，且每人都有一袋垃圾想倒在其他人的房产处。如果有 b 袋垃圾倒在了 4 个中某一联盟中所有成员拥有的房产处，则该联盟的所得为 $-b$，如果将每个联盟的所得记为特征函数值的话，则这个合作对策的特征函数为

$$\nu(\{S\}) = -(4-|S|) \quad \text{如果 } |S| < 4$$
$$\nu(\{1,2,3,4\}) = -4 \quad \text{如果 } |S| = 4$$

其中 $|S|$ 为 S 中成员个数，S 为 4 人中可能形成的任一联盟。

下面将结合上述例子，介绍合作对策"解"的概念和求解方法，说明合作对策分析问题的基本思想。

3. 合作对策的核心(core)

核心(core)是合作对策解的一种重要形式。如前所述,由于合作对策研究的主要问题是联盟形成的条件,而这些条件不可避免地和分配规则的制定有关系。因此,我们希望能在所有可能的分配构成的集合 X 中,找出一些分配,使得这些分配能够被各种可能形成的联盟 S 中的所有成员都接受。因而我们寻求的将不是某个单一的分配,而是希望找到满足一定合理性(或公平性)条件的分配的集合。为此,我们先给出分配之间优超关系的定义。

定义 8 设 $x=(x_1,x_2,\cdots,x_n)$, $y=(y_1,y_2,\cdots,y_n)$ 为 n 人合作对策 G 的两个分配,S 为由局中人构成的子集,如果

$$\nu(S) \geqslant \sum_{i \in S} y_i, \quad \text{且 } y_i > x_i, \quad i \in S \tag{12.58}$$

则称 y 关于 S 优超于 x,记成 $y \succ_S x$。

由定义 8 可知,如果 y 关于 S 优超于 x,则 S 中的每个成员都应更偏好于 y,且整个联盟 S 可以获得更多的回报。

以下,设 $x=(x_1,x_2,\cdots,x_n)$ 为一个分配,记

$$x(S) = \sum_{i \in S} x_i \quad \text{若 } S \neq \phi \tag{12.59}$$

定义 9 设 $G=\{I,\nu\}$ 为一合作对策,称

$$C = \{x \mid x \in X, \nu(S) \leqslant x(S), S \text{ 为 } I \text{ 中所有可能的子集}\}$$

为合作对策 G 的核心(core)。

定义 9 说明,对于任一联盟 S,核心中的分配 x 提供给 S 的分配不会少于 S 中成员各自单干时可能获得收入的总和 $\nu(S)$,即没有一个联盟 S 可以提出对自身更为有利的分配,因而 x 是能被所有可能的联盟都接受的分配方案。

由合作对策核心的定义,不难得到如下定理:

定理 14 设 C 为合作对策 G 的核心,则分配 $x=\{x_1,x_2,\cdots,x_n\}$ 属于核心的充要条件是:x 不被任何其他分配所优超。

由定理 14 和核心的定义,应该说核心是我们所希望的一个比较好的关于合作对策解的定义。但遗憾的是,许多合作对策的核心往往是空集。

例 20 (药品开发问题续)下面我们来求该对策的核心。设 $x=\{x_1,x_2,\cdots,x_n\}$ 为一分配,则 x 应满足

$$x_1 \geqslant 0$$
$$x_2 \geqslant 0$$
$$x_3 \geqslant 0$$
$$x_1 + x_2 + x_3 = 1\,000\,000(\text{元})$$

根据核心的定义,x 若在核心内的充要条件是:x 还须满足

$$x_1 + x_2 \geqslant 1\,000\,000(\text{元})$$

$$x_1 + x_3 \geqslant 1\,000\,000(元)$$

$$x_2 + x_3 \geqslant 0$$

$$x_1 + x_2 + x_3 \geqslant 1\,000\,000(元)$$

不难发现,只有 $x_1 = 1\,000\,000$, $x_2 = 0$, $x_3 = 0$,满足上述所有不等式,也就是说该对策的核心只有包含一个分配 $(1\,000\,000, 0, 0)$。可见,核心强调了局中人 1 的重要性。

注:对上述对策问题,如果我们选择一个不在核心内的分配,则可以说明该分配一定会被其他分配所优超。例如,如果选择分配 $x = (900\,000, 50\,000, 50\,000)$,则分配 $y = (925\,000, 75\,000, 0)$ 就会优超于 x。

例 21 (土地开发问题续)求该合作对策的核心。首先,任何一个分配均须满足

$$x_1 \geqslant 10\,000(元)$$

$$x_2 \geqslant 0$$

$$x_3 \geqslant 0$$

$$x_1 + x_2 + x_3 \geqslant 30\,000(元)$$

其次,分配 x 要属于核心还需满足

$$x_1 + x_2 \geqslant 20\,000(元)$$

$$x_1 + x_3 \geqslant 30\,000(元)$$

$$x_2 + x_3 \geqslant 0$$

$$x_1 + x_2 + x_3 \geqslant 30\,000(元)$$

不难推出,x 要属于核心,必须满足

$$x_2 = 0 \quad 和 \quad x_1 + x_3 = 30\,000(元)$$

由此推出

$$x_1 \geqslant 20\,000(元)$$

因此,所有满足上述两个条件的分配都将属于核心。例如,如果局中人 1 得到的份额为 x_1,且 $2\,000 \leqslant x_1 \leqslant 30\,000$,则任何向量 $(x_1, 0, 30\,000 - x_1)$ 都是该合作对策问题的核心。对这一结果的解释是:局中人 3 以高于局中人 2 的出价从局中人 1 那里购买到土地开发权,例如出价在 $2\,000 \leqslant x_1 \leqslant 30\,000$ 之间,这样局中人 1 可以获得 x_1,局中人 3 可以获得 $30\,000 - x_1$,而局中人 2 什么也得不到。在该对策中,核心中的分配有无限多个。

例 22 (垃圾倾倒问题续)确定该问题的核心。首先,若 $x = (x_1, x_2, x_3, x_4)$ 为一个分配,则必须满足

$$x_1 \geqslant -3$$

$$x_2 \geqslant -2$$

$$x_3 \geqslant -3$$

$$x_4 \geqslant -3$$

$$x_1 + x_2 + x_3 + x_4 = 4$$

根据定理 14,对于任何一个由 3 个局中人形成的联盟,一个分配要属于核心必须满足

$$x_1 + x_2 + x_3 \geqslant -1$$
$$x_1 + x_2 + x_4 \geqslant -1$$
$$x_1 + x_3 + x_4 \geqslant -1$$
$$x_2 + x_3 + x_4 \geqslant -1$$

但我们发现,没有任何一个分配会满足上面的不等式组,因此该合作对策的核心为空集。

4. 合作对策的 Shapley 值

在求解药品生产问题(例 18)的核心时我们注意到,核心中的分配过于向局中人 1 也即对策中最重要局中人倾斜,将所有的回报都给了局中人 1,这看上去对其他局中人有些"不公平"。我们下面来介绍另一个合作对策解的概念——Shapley 值,这是一个较之"核心"更加公平的合作对策解的定义。

Shapley 值是根据 Lloyd Shapley 提出的合作对策应该满足的 4 个公理来定义的。

公理 1 (对称性)如果改变局中人的标号亦同时改变局中人的所得。例如,假设一个 3 人合作对策的 Shapley 值为 $x=(10,15,20)$。如果改变局中人 1 和 3 的作用(例如从 $\nu(\{1\})=10$ 和 $\nu(\{13\})=15$ 变成 $\nu(\{1\})=15$ 和 $\nu(\{3\})=10$),则新对策的 Shapley 值将变为 $x=(20,15,15)$。

公理 2 (有效性)满足团体合理性,即

$$\sum_{l=1}^{n} x_i = \nu(I) \tag{12.60}$$

公理 3 (边际合理性)如果对任一联盟 S,都有 $\nu(S-\{i\})=\nu(S)$,则根据 Shapley 值得出的 $x_i=0$,也就是说如果局中人 i 不可能给任何联盟带来价值的增加,则该局中人的所得也应该为零。

公理 4 (可加性)设 x 和 y 分别为合作对策 v 和 u 的 Shapley 值,则合作对策 $v+u$ 的 Shapley 值为 $x+y$。

如果上述 4 条公理能得到满足,Shapley 证明了以下著名的定理:

定理 15 设 ν 为合作对策 G 的特征函数,则存在唯一的分配 $x=(x_1,x_2,\cdots,x_n)$ 满足公理 1 至公理 4。局中人 i 的所得为

$$x_i = \sum_{\substack{\text{所有不包括局中} \\ \text{人} i \text{的联盟} S}} p_n(S) \big[\nu(S \cup \{i\}) - \nu(S) \big] \tag{12.61}$$

其中

$$p_n(S) = \frac{|S|!(n-|S|-1)}{n!} \tag{12.62}$$

对式(12.61)的解释是假定 n 个局中人按随机到达的顺序参与合作,即有 $n!$ 种可能的顺序,每一顺序发生的概率为 $\frac{1}{n!}$。假定当局中人 i 到达时发现集合 S 中的成员均已到达了,如果局中人 i 想同这些已到达的成员形成一个联盟,则由于他的加入可以带来的收

入的增加值为 $\nu(S\bigcup\{i\})-\nu(S)$，而当局中人 i 到达时 S 中的成员均已到达的概率为 $p_n(S)$。所以，式(12.61)的意思是说，局中人 i 的所得应该等于他可能给所有已经存在的联盟带来的价值增加值的均值。

下面我们计算一下前面有关例子的 Shapley 值。

例 23　（药品生产问题续）计算该合作对策的 Shapley 值。为计算局中人 1 的回报，我们先列出所有不包括局中人 1 的联盟 S（见表 12-2），并对每个这样的联盟，计算 $\nu(S\bigcup\{i\})-\nu(S)$ 和 $p_n(S)$。因为由于局中人 1 的加入各联盟可以获得的收入的平均值为

$$x_1=\left(\frac{2}{6}\right)(0)+\left(\frac{1}{6}\right)(1\,000\,000)+\left(\frac{2}{6}\right)(1\,000\,000)+\left(\frac{1}{6}\right)(1\,000\,000)$$

$$=\frac{4\,000\,000}{6}(元) \tag{12.63}$$

所以根据 Shapley 值计算的局中人 1 应得到的回报为 $\dfrac{4\,000\,000}{6}$。对局中人 2 来说，由表 12-3 可知，根据 Shapley 值计算的回报应为

$$x_2=\left(\frac{2}{6}\right)(0)+\left(\frac{1}{6}\right)(1\,000\,000)+\left(\frac{1}{6}\right)(0)+\left(\frac{2}{6}\right)(0)$$

$$=\frac{1\,000\,000}{6}(元) \tag{12.64}$$

局中人 3 应得的回报为 $1\,000\,000-x_1-x_2=\dfrac{1\,000\,000}{6}(元)$。

表 12-2　用于局中人 1 Shapley 值计算的表　　　　　　　　　　　　　　　　元

S	$P_3(S)$	$\nu(S\bigcup\{i\})-\nu(S)$
$\{\ \}$	$\dfrac{2}{6}$	0
$\{2\}$	$\dfrac{1}{6}$	1 000 000
$\{2,3\}$	$\dfrac{2}{6}$	1 000 000
$\{3\}$	$\dfrac{1}{6}$	1 000 000

表 12-3　用于局中人 2 Shapley 值计算的表　　　　　　　　　　　　　　　　元

S	$P_3(S)$	$\nu(S\bigcup\{i\})-\nu(S)$
$\{\ \}$	$\dfrac{2}{6}$	0
$\{1\}$	$\dfrac{1}{6}$	1 000 000
$\{3\}$	$\dfrac{1}{6}$	1 000 000
$\{1,3\}$	$\dfrac{2}{6}$	1 000 000

注1：我们还记得例17的核心是局中人1获得1 000 000元,而局中人2和3没有回报。因此,根据Shapley值计算得到的回报看上去对局中人2和3更公平些。一般来说,根据Shapley值计算的每个局中人的回报会比根据核心的定义确定的每个局中人的回报会更公平一些。

注2：对一个只有少数局中人参与的合作对策,根据Shapley值的计算思想确定各局中人应得到的回报还是比较容易的。例如对于例18,可以通过表12-4来计算每个局中人的Shapley值：

$$x_1 = \frac{4\,000\,000}{6}(元), \quad x_2 = \frac{1\,000\,000}{6}(元), \quad x_3 = \frac{1\,000\,000}{6}(元)$$

注3：Shapley值可用于对政治或商业组织中各成员权利的衡量。例如联合国安全理事会有5个常任理事国成员(具有否决任何议案的权利),10个非常任理事国成员。一个议案要获得安理会通过必须获得至少9票的同意,包括所有常任理事国的同意。如果将所有可能的投票结果看成不同的"联盟"的话,当议案得到通过时将该结果("联盟")的赢得值记为1;当议案没有获得通过时记为0,据此可以得到这个合作对策的特征函数。根据这个特征函数可以计算得出每个常任理事国的Shapley值是0.196 3,非常任理事国的Shapley值是0.001 865,且有5(0.196 3)+10(0.001 865)=1。于是,根据Shapley值的计算结果表明,联合国安理会的98.15%(5(0.196 3)=98.15%)的权利集中在了5个常任理事国手上。

表 12-4　计算例 23 的 Shapley 值的简易方法 元

到达顺序	局中人 1	局中人 2	局中人 3
1,2,3	0	1 000 000	0
1,3,2	0	0	1 000 000
2,1,3	1 000 000	0	0
2,3,1	1 000 000	0	0
3,1,2	1 000 000	0	0
3,2,1	1 000 000	0	0

最后,作为Shapley值的一个应用,下面分析一个机场如何确定飞机着陆收费标准的问题。

例24　假设一个机场可以接受 A、B、C 三种型号飞机降落,所需跑道的长度分别为100 米、150 米和 400 米;假设跑道每年的维护费用恰好等于跑道的长度(单位：元)。因为要保证机型 C 能降落,所以机场必须拥有 400 米的跑道。为简单起见,假设机场每年只能接受每种机型中的一架降落,问 400 元的跑道维护费用应如何向所降落的飞机收取?

解：分别记机型 A、B、C 为局中人 1、2、3,可以构造一个 3 人合作对策,其中每个联盟的收入为需要支付的可以使联盟中需要最长跑道飞机降落的跑道维护费。于是,该对策的特征函数可以表示为

$$\nu(\{\ \ \}) = 1, \quad \nu(\{1\}) = -100(元), \quad \nu(\{1,2\}) = \nu(\{2\}) = -150(元)$$

$$\nu(\{3\}) = \nu(\{2,3\}) = \nu(\{1,3\}) = \nu(\{1,2,3\}) = -400(元)$$

为了计算 Shapley 值(向每个局中人收取的费用),我们假定三种飞机以随机的顺序着陆,并计算出每种机型在对已经到达的机型收过费的基础上需要增加收费的平均值(见表 12-5),于是得到每个局中人的 Shapley 值为

$$局中人 1 的费用 = \left(\frac{1}{6}\right)(100 + 100) = \frac{200}{6}(元)$$

$$局中人 2 的费用 = \left(\frac{1}{6}\right)(50 + 150 + 150) = \frac{350}{6}(元)$$

$$局中人 3 的费用 = \left(\frac{1}{6}\right)(250 + 300 + 250 + 250 + 400 + 400) = \frac{1\,850}{6}(元)$$

表 12-5

到达顺序	概率	向每个局中人增收的费用/元		
		局中人 1	局中人 2	局中人 3
1,2,3	$\frac{1}{6}$	100	50	250
1,3,2	$\frac{1}{6}$	100	0	300
2,1,3	$\frac{1}{6}$	0	150	250
2,3,1	$\frac{1}{6}$	0	150	250
3,1,2	$\frac{1}{6}$	0	0	400
3,2,1	$\frac{1}{6}$	0	0	400

因此,根据 Shapley 值计算的结果,向机型 A 收取的着陆费为 33.33 元,向机型 B 收取的着陆费为 58.33 元,而占用跑道最长的机型 C 需要付费 308.33 元。

如果每种机型着陆的飞机不止一架,可以证明根据 Shapley 值计算的着陆费应按如下方式收取:所有飞机的着陆费都应根据其使用的跑道的长度同等收费,即所有飞机都必须为使用跑道的第一个 100 米付费;机型 B 需要为使用 100 米后的 50 米跑道付费;机型 C 需要为使用 150 米后的 250 米跑道付费。例如,假设有 10 架 A 型飞机、5 架 B 型飞机、2 架 C 型飞机需要降落,则每架飞机应收取的着陆费为

$$机型 A 的费用 = \frac{100}{10 + 5 + 2} = 5.88(元)$$

$$机型 B 的费用 = 5.88 + \frac{150 - 100}{5 + 2} = 13.03(元)$$

$$机型 C 的费用 = 13.03 + \frac{400 - 150}{2} = 138.03(元)$$

即练即测

习　题

12.1 甲、乙两个儿童玩游戏,双方可分别出拳头(代表石头)、手掌(代表布)、两个手指(代表剪刀),规则是:剪刀赢布,布赢石头,石头赢剪刀,赢者得 1 分。若双方所出相同算和局,均不得分。试列出儿童甲的赢得矩阵。

12.2 "二指莫拉问题"。甲、乙二人游戏,每人出一个或两个手指,同时又把猜测对方所出的指数叫出来。如果只有一个人猜测正确,则他所赢得的数目为二人所出指数之和,否则重新开始,写出该对策中各局中人的策略集合及甲的赢得矩阵,并回答局中人是否存在某种出法比其他出法更为有利。

12.3 求解下列矩阵对策,其中赢得矩阵 A 分别为

$$(1) \begin{bmatrix} -2 & 12 & -4 \\ 1 & 4 & 8 \\ -5 & 2 & 3 \end{bmatrix} \quad (2) \begin{bmatrix} 2 & 7 & 2 & 1 \\ 2 & 2 & 3 & 4 \\ 3 & 5 & 4 & 4 \\ 2 & 3 & 1 & 6 \end{bmatrix}$$

12.4 甲、乙两个企业生产同一种电子产品,两个企业都想通过改革管理获取更多的市场销售份额。甲企业的策略措施有:①降低产品价格;②提高产品质量,延长保修年限;③推出新产品。乙企业考虑的措施有:①增加广告费用;②增设维修网点,扩大维修服务;③改进产品性能。假定市场份额一定,由于各自采取的策略措施不同,通过预测可知,今后两个企业的市场占有份额变动情况如表 12-6 所示(正值为甲企业增加的市场占有份额,负值为减少的市场占有份额)。试通过对策分析,确定两个企业各自的最优策略。

表　12-6

甲企业	乙 企 业		
	1	2	3
1	10	−1	3
2	12	10	−5
3	6	8	5

12.5 用图解法求解下列矩阵对策,其中赢得矩阵 A 为

$$(1) \begin{bmatrix} 2 & 4 \\ 2 & 3 \\ 3 & 2 \\ -2 & 6 \end{bmatrix} \quad (2) \begin{bmatrix} 1 & 3 & 11 \\ 8 & 5 & 2 \end{bmatrix}$$

12.6 用方程组法求解矩阵对策,其中赢得矩阵 A 为

$$A = \begin{bmatrix} 1 & 3 \\ 4 & 2 \end{bmatrix}$$

12.7 用线性规划方法求解下列矩阵对策,其中赢得矩阵 A 为

$$(1) \begin{bmatrix} 8 & 2 & 4 \\ 2 & 6 & 6 \\ 6 & 4 & 4 \end{bmatrix} \quad (2) \begin{bmatrix} 2 & 0 & 2 \\ 0 & 3 & 1 \\ 1 & 2 & 1 \end{bmatrix}$$

12.8 甲、乙两个游泳队举行包括 3 个项目的对抗赛,两队各有一名健将级运动员(甲队为李,乙队为王),在 3 个项目上的成绩都很突出。但规则规定他们每人只许参加两项比赛,每队的其他两名运动员可参加全部 3 项比赛。已知各运动员平时成绩(s)见表 12-7。假定各运动员在比赛中正常发挥水平,又设比赛的第一名得 5 分,第二名得 3 分,第三名得 1 分。问教练员应决定让自己队健将参加哪两项比赛,可使本队得分最多?

表 12-7

项 目	甲 队			乙 队		
	A_1	A_2	李	王	B_1	B_2
100 米蝶泳	59.7	63.2	57.1	58.6	61.4	64.8
100 米仰泳	67.2	68.4	63.2	61.5	64.7	66.5
100 米蛙泳	74.1	75.5	70.3	72.6	73.4	76.9

12.9 有一种游戏,任意掷一个钱币,并将出现是正面或反面告诉甲。甲有两种选择:①认输,付给乙 1 元;②打赌。只要甲认输,这一局结束,重新开始。当甲打赌时,乙也有两种选择:①认输,付给甲 1 元;②较真。当乙较真时,如钱币为正面,乙输给甲 2 元,如为反面,甲输给乙 2 元。试建立对甲方的赢得矩阵,求甲、乙双方各自最优策略和对策值。

12.10 一个对策具有以下特征函数:

$\nu(\{1,2,3\}) = \nu(\{1,2,4\}) = \nu(\{1,3,4\}) = \nu(\{2,3,4\}) = 75;$

$\nu(\{1,2,3,4\}) = 100;\ \nu(\{3,4\}) = 50;\ \nu(s) = 0$ 对其他所有组合。

要求给出该对策的核心。

12.11 三人玩掷硬币游戏,硬币有正反两面,若三人掷出相同的一面,主持者付给每人 1 元,否则每名游戏者各付主持人 1 元。要求:(1)写出该对策的特征函数;(2)找出该游戏的核心;(3)给出该游戏的 Shapley 值。

CHAPTER 13
第十三章

决 策 分 析

第一节 决策分析的基本问题

一、决策分析概述

决策是为达到预期的目的,从所有可供选择的方案中,找出最满意的一个方案的行为。从政治、经济、技术到日常生活,从微观到宏观,决策贯穿于管理工作的各个环节。

朴素的决策思想自古就有,在中外历史上不乏有名的决策案例。但在落后的生产方式下,决策主要凭借个人的知识、智慧和经验。随着生产和科学技术的发展,要求决策者在瞬息多变的条件下,对复杂的问题迅速作出决断,这就要求对不同类型的决策问题,有一套科学的决策原则、程序和相应的机构、方法。

1. 决策的类型

(1)按内容和层次,可分为战略决策和战术决策。战略决策涉及全局和长远方针性问题,而战术决策是战略决策的延伸,着眼于方针执行中的中短期的具体问题。

(2)按重复程度,可分为程序性决策和非程序性决策。程序性决策指常规的、反复发生的决策,通常已形成一套固定的程序规则;非程序性决策不经常重复发生,通常包含很多不确定的偶然因素。

(3)按问题性质和条件,可分为确定型、不确定型和风险型决策。确定型决策是指作出一项抉择时,只有一种肯定的结局;不确定型决策指每项抉择将可能导出若干个可能结局,并且每个结局出现的可能性是未知的;风险型决策是指作出每项抉择时,可能有若干结局,但可以有根据地对各结局确定其出现的概率。

此外,按时间长短可分为长期决策、中期决策和短期决策;按要达到的目标,可分为单目标决策和多目标决策;按决策的阶段分为单阶段决策和多阶段决策,等等。

2. 决策的原则

现代决策问题具有系统化、综合化、定量化等特点,决策过程必须遵循科学原则,并按严格程序进行。

(1)信息原则。指决策中要尽可能调查、收集、整理一切有关信息,这是决策的基础。

(2)预测原则。即通过预测,为决策提供有关发展方向和趋势的信息。

（3）可行性原则。任何决策方案在政策、资源、技术、经济方面都要合理可行。

（4）系统原则。决策时要考虑与问题有关的各子系统，要符合全局利益。

（5）反馈原则。将实际情况的变化和决策付诸行动后的效果，及时反馈给决策者，以便对方案及时调整。

3. 决策的程序

决策的过程和程序大致分为以下 4 个步骤：

（1）形成决策问题，包括提出各种方案、确定目标及各方案结果的度量等。

（2）对各方案出现不同结果的可能性进行判断，这种可能性一般是用概率来描述的。

（3）利用各方案结果的度量值（如效益值、效用值、损失值等）给出对各方案的偏好。

（4）综合前面得到的信息，选择最为偏好的方案，必要时可作一些灵敏度分析。

4. 决策系统

包括信息机构、研究智囊机构、决策机构与执行机构，特别是智囊机构在现代决策中的作用日趋重要。

一个完整的决策应包括决策者；至少有两个可供选择的方案；存在决策者无法控制的若干状态；可以测知各个方案与可能出现的同状态相对应的结果；衡量各种结果的价值标准。

决策分析是为了合理分析具有不确定性或风险性决策问题而提出的一套概念和系统分析方法，其目的在于改进决策过程，从而辅助决策，但不是代替决策者进行决策。实践证明，当决策问题较为复杂时，决策者在保持与自身判断及偏好一致的条件下处理大量信息的能力将减弱，在这种情形下，决策分析方法可为决策者提供强有力的工具。

二、决策分析研究的特征

决策分析将有助于对一般决策问题中可能出现的下面一些典型特征进行分析。

1. 不确定性

许多复杂的决策问题都具有一定程度的不确定性。从范围来看，包括决策方案结果的不确定性，即一个方案可能出现多种结果；约束条件的不确定性；技术参数的不确定性；等等。从性质上看，包括概率意义下的不确定性和区间意义下的不确定性。概率意义下的不确定性又包括主观概率意义下的不确定性（亦称为可能性）和客观概率意义下的不确定性（亦称为随机性）。它们的区别在于前者是指人们对可能发生事件的概率分布的一个主观估计，被估计的对象具有不能重复出现的偶然性；后者是指人们利用已有的历史数据对未来可能发生事件概率分布的一个客观估计，被估计的对象一般具有可重复出现的偶然性。可能性和随机性在决策分析中统称为风险性，区间意义下的不确定性一般是指人们不能给出可能发生事件的概率分布，只能对有关量取值的区间给出一个估计。

2. 动态性

很多问题由于其本身具有的阶段性，往往需要进行多次决策，且后面的决策依赖于前面决策的结果。

3. 多目标性

对许多复杂问题来说,往往有多个具有不同度量单位的决策目标,且这些目标通常具有冲突性,即一个目标值的改进会导致其他目标值的劣化。因此,决策者必须考虑如何在这些目标间进行折中,从而达到一个满意解(注意不是最优解)。

4. 模糊性

模糊性是指人们对客观事物概念描述上的不确定性,这种不确定性一般是由于事物无法(或无必要)进行精确定义和度量而造成的,如"社会效益""满意程度"等概念在不同具体问题中均具有一定的模糊性。

5. 群体性

群体性包括两方面的含义:

(1)一个决策方案的选择可能会对其他群体的决策行为产生影响,特别像政府决策,会对各层次的行为主体产生影响;企业一级的决策也会对其他企业产生影响。因此,决策者若能预计到自身决策对其他群体的影响将有益于自身的决策。

(2)决策是由一个集体共同制定的,这一集体中的每一成员都是一个决策者,他们的利益、观点、偏好有所不同,这就产生了如何建立有效的群体决策体制和实施方法的问题。

第二节　风险型决策方法

一、风险型决策的期望值法

例1　某石油公司拥有一块可能有油的土地,根据可能出油的多少,该块土地具有 4 种状态:可产油 50 万桶、20 万桶、5 万桶、无油。公司目前有 3 个方案可供选择:自行钻井;无条件地将该块土地出租给其他生产者;有条件地租给其他生产者。若自行钻井,打出一口有油井的费用是 10 万元,打出一口无油井的费用是 7.5 万元,每一桶油的利润是 1.5 元。若无条件出租,不管出油多少,公司收取固定租金 4.5 万元;若有条件出租,公司不收取租金,但当产量为 20 万桶至 50 万桶时,每桶公司收取 0.5 元。由上计算得到该公司可能的利润收入见表 13-1。按过去的经验,该块土地具有上面 4 种状态的可能性分别为 10%、15%、25% 和 50%。问题是:该公司应选择哪种方案,可获得最大利润?

表 13-1　石油公司的可能利润收入表　　　　　　　　　　　　　　　　　　元

项　　目	50 万桶(S_1)	20 万桶(S_2)	5 万桶(S_3)	无油(S_4)
自行钻井(A_1)	650 000	200 000	−25 000	−75 000
无条件出租(A_2)	45 000	45 000	45 000	45 000
有条件出租(A_3)	250 000	100 000	0	0

例 1 是一个典型的风险型决策的例子。一般风险型决策问题可描述如下：设 $A_1, \cdots,$ A_m 为所有可能选择的方案，$S_1, \cdots, S_n$ 为所有可能出现的状态(称为自然状态)，各状态出现的概率(可以是客观的，也可以是主观的)分别为 $P_1, \cdots, P_n$。记 $a_{ij} = u(A_i, S_j)$ 为方案 A_i 当状态 S_j 出现时的益损值(或效用值)，则一般风险型决策问题可由表 13-2 表示。

表 13-2　风险型决策表

方　　案	状　　态			
	S_1	S_2	$\cdots$	S_n
	P_1	P_2	$\cdots$	P_n
A_1	a_{11}	a_{12}	$\cdots$	a_{1n}
A_2	a_{21}	a_{22}	$\cdots$	a_{2n}
$\vdots$	$\vdots$	$\vdots$		$\vdots$
A_m	a_{m1}	a_{m2}	$\cdots$	a_{mn}

处理风险型决策问题时常用的方法是根据期望收益最大原则进行分析，即根据每个方案的期望收益(或损失)来对方案进行比较，从中选择期望收益最大(或期望损失最小)的方案，这种方法称为期望值法，它蕴含两层意思：

(1) 无差异性，即是说决策者认为在一个确定性收益和一个与之等值的期望收益之间不存在差异；

(2) 趋利性，即是说决策者总是希望期望收益值越大越好。

期望收益最大原则是风险型决策分析的一个基本假设，根据这一假设，可由决策表 13-2 计算每一方案 A_i 的期望收益

$$E(A_i) = \sum_{j=1}^{n} P_j a_{ij} \quad (i = 1, \cdots, m) \tag{13.1}$$

然后选取 A_i^*，使得

$$E(A_i^*) = \max_{1 \leqslant i \leqslant m} E(A_i) \tag{13.2}$$

对于例 1，分别记"自行钻井""无条件出租"和"有条件出租"这 3 个方案为 A_1，A_2 和 A_3，有

$$E(A_1) = 0.10 \times 650\,000 + 0.15 \times 200\,000 + 0.25 \times (-25\,000) + 0.50 \times (-75\,000)$$
$$= 51\,250 (元)$$

$$E(A_2) = 0.10 \times 45\,000 + 0.15 \times 45\,000 + 0.25 \times 45\,000 + 0.50 \times 45\,000$$
$$= 45\,000 (元)$$

$$E(A_3) = 0.10 \times 250\,000 + 0.15 \times 100\,000 + 0.25 \times 0 + 0.5 \times 0 = 40\,000 (元)$$

根据期望收益最大原则，应选择方案 A_1，即自行钻井。

上例中若 4 种状态的可能性分别变为 8%、15%、25% 和 52%，则采用不同方案时的收益分别为：$E(A_1) = 39\,350 (元)$，$E(A_2) = 45\,000 (元)$，$E(A_3) = 30\,000 (元)$，因而改为选择方案 A_2。这说明状态概率的变化会导致决策的变化。设 α 为出现状态 S_1 的概率，S_2

和 S_3 的概率不变,状态 S_4 的出现概率变为 $(0.6-\alpha)$,由表 13-1 可计算得

$$E(A_1)=65\,000\alpha+30\,000-6\,500-70\,000(0.6-\alpha)$$
$$E(A_2)=45\,000$$

为观察 α 的变化如何影响到决策方案的变化,令 $E(A_1)=E(A_2)$,则可解得 $\alpha^*=0.087\,84$,称 α^* 为转折概率。当 $\alpha^*>0.087\,84$ 时,选择方案 A_1,否则选择方案 A_2。

在实际工作中,可把状态概率、益损值等在可能的范围内做几次变动,分析一下这些变动会给期望益损值和决策结果带来的影响。如果参数稍加变动而最优方案不变,则这个最优方案是比较稳定的;反之,如果参数稍加变动使最优方案改变,则原最优方案是不稳定的,需进行进一步的分析。

二、利用后验概率的方法及信息价值

在处理风险型决策问题的期望值方法中,需要知道各种状态出现的概率 $P(S_1),\cdots,$ $P(S_n)$,这些概率通常为先验概率。因为不确定性经常是由于信息的不完备造成的,决策的过程实际上是一个不断收集信息的过程,当信息足够完备时,决策者便不难做出最后决策。因此,当收集到一些有关决策的进一步信息 B 后,对原有各种状态出现概率的估计可能会发生变化。变化后的概率记为 $P(S_j\,|\,B)$,这是一个条件概率,表示在得到追加信息 B 后对原概率 $P(S_j)$ 的修正,故称为后验概率。由先验概率得到后验概率的过程称为概率修正,决策者事实上经常是根据后验概率进行决策的。

追加信息的获取一般应有助于改进对不确定性决策问题的分析。为此,需要解决两方面的问题:(1)如何根据追加信息对先验概率进行修正,并根据后验概率进行决策;(2)由于获取信息通常要支付一定的费用,这就产生了一个需要将有追加信息情况下可能的收益增加值同为获取信息所支付的费用进行比较,当追加信息可能带来的新收益大于信息本身的费用时,才有必要去获取新的信息。因此,通常把信息本身能带来的新的收益称为信息的价值。

例 2   同例 1,但假设该石油公司在决策前希望进行一次地震实验,以进一步弄清该地区的地质构造。已知地震实验的费用是 12 000 元,地震实验可能的结果是:构造很好 (I_1)、构造较好 (I_2)、构造一般 (I_3) 和构造较差 (I_4)。根据过去的经验,可知地质构造与油井出油量的关系见表 13-3。问题是:(1)是否需要做地震实验?(2)如何根据地震实验的结果进行决策?

表 **13-3**

$P(I_i\,|\,S_j)$	构造很好 (I_1)	构造较好 (I_2)	构造一般 (I_3)	构造较差 (I_4)
50 万桶 (S_1)	0.58	0.33	0.09	0.0
20 万桶 (S_2)	0.56	0.19	0.125	0.125
5 万桶 (S_3)	0.46	0.25	0.125	0.165
无油 (S_4)	0.19	0.27	0.31	0.23

解　先计算各种地震实验结果出现的概率。

$$P(I_1)=P(S_1)P(I_1|S_1)+P(S_2)P(I_1|S_2)+P(S_3)P(I_1|S_3)+P(S_4)P(I_1|S_4)$$
$$=0.10\times0.58+0.15\times0.56+0.25\times0.46+0.50\times0.19=0.352 \tag{13.3}$$

$$P(I_2)=P(S_1)P(I_2|S_1)+P(S_2)P(I_2|S_2)+P(S_3)P(I_2|S_3)+P(S_4)P(I_2|S_4)$$
$$=0.10\times0.33+0.15\times0.19+0.25\times0.25+0.50\times0.27=0.259 \tag{13.4}$$

$$P(I_3)=P(S_1)P(I_3|S_1)+P(S_2)P(I_3|S_2)+P(S_3)P(I_3|S_3)+P(S_4)P(I_3|S_4)$$
$$=0.10\times0.09+0.15\times0.125+0.25\times0.125+0.50\times0.31=0.214 \tag{13.5}$$

$$P(I_4)=P(S_1)P(I_4|S_1)+P(S_2)P(I_4|S_2)+P(S_3)P(I_4|S_3)+P(S_4)P(I_4|S_4)$$
$$=0.10\times0.0+0.15\times0.125+0.25\times0.165+0.50\times0.23=0.175 \tag{13.6}$$

由条件概率公式

$$P(S_j|I_i)=\frac{P(S_j)P(I_i|S_j)}{P(I_i)}\quad(i=1,\cdots,4;j=1,\cdots,4) \tag{13.7}$$

可得到后验概率 $P(S_j|I_i)$，见表 13-4。

表 13-4　地震试验后的后验概率表

$P(S_j|I_i)$	构造很好(I_1)	构造较好(I_2)	构造一般(I_3)	构造较差(I_4)
50 万桶(S_1)	0.165	0.127	0.042	0.000
20 万桶(S_2)	0.240	0.110	0.088	0.107
5 万桶(S_3)	0.325	0.241	0.147	0.236
无油(S_4)	0.270	0.522	0.723	0.657

下面用后验概率进行分析。如果地震实验得到的结果为"构造很好"，各方案的期望收益为

$$E(A_1)=0.165\times650\,000+0.24\times200\,000+0.325\times(-25\,000)+0.270\times(-75\,000)$$
$$=126\,825(元)$$

$$E(A_2)=0.165\times45\,000+0.24\times45\,000+0.325\times45\,000+0.27\times45\,000$$
$$=45\,000(元)$$

$$E(A_3)=0.165\times250\,000+0.24\times100\,000+0.327\times0+0.27\times0=65\,250(元)$$

应选择方案 A_1。

如果地震实验得到的结果为"构造较好"，各方案的期望收益为：

$$E(A_1)=0.127\times650\,000+0.11\times200\,000+0.241\times(-25\,000)+0.522\times(-75\,000)$$
$$=59\,450(元)$$

$$E(A_2)=0.127\times45\,000+0.11\times45\,000+0.241\times45\,000+0.522\times45\,000$$
$$=45\,000(元)$$

$$E(A_3)=0.127\times250\,000+0.11\times100\,000+0.241\times0+0.522\times0=42\,750(元)$$

应选择方案 A_1。

如果地震实验得到的结果为"构造一般",各方案的期望收益为：

$E(A_1)=0.042\times650\,000+0.088\times200\,000+0.147\times(-25\,000)+0.723\times(-75\,000)$
$\qquad =-13\,375(元)$

$E(A_2)=0.042\times45\,000+0.088\times45\,000+0.147\times45\,000+0.723\times45\,000$
$\qquad =45\,000(元)$

$E(A_3)=0.042\times250\,000+0.088\times100\,000+0.147\times0+0.723\times0=19\,300(元)$

应选择方案 A_2。

如果地震实验得到的结果为"构造较差",各方案的期望收益为：

$E(A_1)=0.0\times650\,000+0.107\times200\,000+0.236\times(-25\,000)+0.657\times(-75\,000)$
$\qquad =-33\,775(元)$

$E(A_2)=0.0\times45\,000+0.107\times45\,000+0.236\times45\,000+0.657\times45\,000$
$\qquad =45\,000(元)$

$E(A_3)=0.0\times250\,000+0.107\times100\,000+0.236\times0+0.657\times0=10\,700(元)$

应选择方案 A_2。

根据后验概率(即根据地震实验的结果)进行决策的期望收益为：

$0.352\times126\,825+0.259\times59\,450+0.213\times45\,000+0.175\times45\,000=77\,500(元)$

由例1已知,不做地震实验时的期望收益为51 250元,实验后可增加期望收益,也就是地震实验信息的价值为 77 500－51 250＝26 250(元),大于地震实验的费用12 000元,因而进行地震实验是合算的。

三、决策树方法

上文讨论的风险型决策问题是一步决策问题,实际当中很多决策往往是多步决策问题,每走一步选择一个决策方案,下一步的决策取决于上一步的决策及其结果,因而是个多阶段决策问题。这类决策问题一般不便用决策表来表示,常用的方法是决策树法。

例3 某开发公司拟为一企业承包新产品的研制与开发任务,但为得到合同必须参加投标。已知投标的准备费用为40 000元,中标的可能性是40%。如果不中标,准备费用得不到补偿。如果中标,可采用两种方法进行研制开发：方法1成功的可能性为80%,费用为260 000元；方法2成功的可能性为50%,费用为160 000元。如果研制开发成功,该开发公司可得到600 000元,如果合同中标,但未研制开发成功,则开发公司需赔偿100 000元。问题是要决策：(1)是否参加投标；(2)若中标了,采用哪种方法研制开发。

下面用决策树方法来分析这个问题。所谓决策树就是将有关的方案、状态、结果、益损值和概率等用由一些节点和边组成的类似于"树"的图形表示出来,它的基本组成部分包括：

(1)决策点,一般用方形节点表示,从这类节点引出的边表示不同的决策方案,边下数字为进行该项决策时的费用支出。

（2）状态点，一般用圆形节点表示，从这类节点引出的边表示不同的状态，边下的数字表示对应状态出现的概率。

（3）结果点，一般用有圆心的圆形节点表示，位于树的末梢处，并在这类节点旁注明各种结果的益损值。

图 13-1 给出了例 3 的决策树，从该图可看出，利用决策树对多阶段决策问题进行描述是十分方便的。

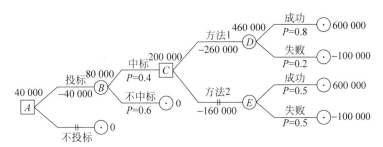

图 13-1 例 3 的决策树

利用决策树对多阶段风险型决策问题进行分析通常也是依据期望值准则，具体做法是：先从树的末梢开始，计算出每个状态点上的期望收益，然后将其中的最大值标在相应的决策点旁。决策时，根据期望收益最大的原则从后向前进行"剪枝"，直到最开始的决策点，从而得到一个由多阶段决策构成的完整的决策方案。对例 3 的分析见图 13-1。图中：

D 点处的值为：$0.8 \times 600\,000 + 0.2 \times (-100\,000) = 460\,000$

E 点处的值为：$0.5 \times 600\,000 + 0.5 \times (-100\,000) = 250\,000$

由于 $460\,000 - 260\,000 > 250\,000 - 160\,000$，故在 C 点处的决策为选择方法 1，划去方法 2 的边，并将费用值 $200\,000$ 注在 C 点上边。

B 点处的值为：$0.4 \times 200\,000 + 0.6 \times 0 = 80\,000$

又因 $80\,000 - 40\,000 = 40\,000$，故在 A 点处的决策为选择投标，划去代表不投标的边，并将费用值 $40\,000$ 注在 A 点上边。

计算结果表明该开发公司首先应参加投标，在中标的条件下应采用方法 1 进行开发研制，总期望收益为 $400\,000$ 元。

第三节 不确定型决策方法

不确定型决策的基本特征是无法确切知道哪种自然状态将出现，而且对各种状态出现的概率（主观的或客观的）也不清楚，这种情况下的决策主要取决于决策者的素质和要求。下面介绍几种常用的处理不确定型决策问题的方法，实际上是几种常用的原则。以下均假设决策矩阵中的元素 a_{ij} 为收益值。

一、悲观准则(max-min 准则)

这种方法的基本思想是假定决策者从每一个决策方案可能出现的最差结果出发,且最佳选择是从最不利的结果中选择最有利的结果。记

$$u(A_i) = \min_{1 \leqslant j \leqslant n} a_{ij} \quad (i = 1, \cdots, m) \tag{13.8}$$

则最优方案 A_i^* 应满足

$$u(A_i^*) = \max_{1 \leqslant i \leqslant m} u(A_i) = \max_{1 \leqslant i \leqslant m} \min_{1 \leqslant j \leqslant n} a_{ij} \tag{13.9}$$

例 4 设某决策问题的决策收益如表 13-5 所示。

表 13-5

方 案	状 态				$\min a_{ij}$
	S_1	S_2	S_3	S_4	
A_1	4	5	6	7	4
A_2	2	4	6	9	2
A_3	5	7	3	5	3
A_4	3	5	6	8	3
A_5	3	5	5	5	3

由式(13.8)可得

$$u(A_1) = \min \{4,5,6,7\} = 4$$
$$u(A_2) = \min \{2,4,6,9\} = 2$$
$$u(A_3) = \min \{5,7,3,5\} = 3$$
$$u(A_4) = \min \{3,5,6,8\} = 3$$
$$u(A_5) = \min \{3,5,5,5\} = 3$$

由式(13.9)得,A_1 为最优方案

$$u(A_1) = \max_{1 \leqslant i \leqslant 5} u(A_i) = 4 \tag{13.10}$$

二、乐观准则(max-max 准则)

这种准则的出发点是假定决策者对未来的结果持乐观的态度,总是假设出现对自己最有利的状态。记

$$u(A_i) = \max_{1 \leqslant j \leqslant n} a_{ij} \quad (i = 1, \cdots, m) \tag{13.11}$$

则最优方案 A_i^* 应满足

$$u(A_i^*) = \max_{1 \leqslant i \leqslant m} u(A_i) = \max_{1 \leqslant i \leqslant m} \max_{1 \leqslant j \leqslant n} a_{ij} \tag{13.12}$$

仍以例 4 为例,有

$$u(A_1) = \max \{4,5,6,7\} = 7$$

$$u(A_2) = \max \{2,4,6,9\} = 9$$

$$u(A_3) = \max \{5,7,3,5\} = 7$$

$$u(A_4) = \max \{3,5,6,8\} = 8$$

$$u(A_5) = \max \{3,5,5,5\} = 5$$

由

$$u(A_2) = \max_{1 \leqslant i \leqslant 5} u(A_i) = 9 \tag{13.13}$$

得到最优方案为 A_2。

三、折中准则

折中准则是介于悲观准则和乐观准则之间的一个准则,其特点是对客观状态的估计既不完全乐观,也不完全悲观,而是采用一个乐观系数 α 来反映决策者对状态估计的乐观程度。具体计算方法是:取 $\alpha \in [0,1]$,令

$$u(A_i) = \alpha \max_{1 \leqslant j \leqslant n} a_{ij} + (1-\alpha) \min_{1 \leqslant j \leqslant n} a_{ij} \quad (i = 1,\cdots,m) \tag{13.14}$$

然后,从 $u(A_i)$ 中选择最大者为最优方案,即

$$u(A_i^*) = \max_{1 \leqslant i \leqslant m} \left[\alpha \max_{1 \leqslant j \leqslant n} a_{ij} + (1-\alpha) \min_{1 \leqslant j \leqslant n} a_{ij} \right] \tag{13.15}$$

显然,当 $\alpha = 1$ 时,即为乐观准则的结果;当 $\alpha = 0$ 时,即为悲观准则的结果。

现取 $\alpha = 0.8$,则 $1-\alpha = 0.2$,由式(13.14),有

$$u(A_1) = 0.8 \times 7 + 0.2 \times 4 = 6.4$$

$$u(A_2) = 0.8 \times 9 + 0.2 \times 2 = 7.6$$

$$u(A_3) = 0.8 \times 7 + 0.2 \times 3 = 6.2$$

$$u(A_4) = 0.8 \times 8 + 0.2 \times 3 = 7.0$$

$$u(A_5) = 0.8 \times 5 + 0.2 \times 3 = 4.6$$

可知,最优方案为 A_2。

当 $\alpha = 0.6$ 时,代入式(13.14)和式(13.15)知最优方案仍为 A_2;而当 $\alpha = 0.5$ 时,最优方案可以是 A_1,A_2 或 A_4;当 $\alpha = 0.4$ 时,最优方案为 A_1。当 α 取不同值时,反映决策者对客观状态估计的乐观程度不同,因而决策的结果也就不同。一般地,当条件比较乐观时,α 取得大些;反之,α 应取得小些。

四、等可能准则(Laplace 准则)

这种准则的思想在于对各种可能出现的状态"一视同仁",即认为它们出现的可能性都是相等的,均为 $\frac{1}{n}$(有 n 个状态)。然后,再按照期望收益最大的原则选择最优方案,仍以例 4 来说明如下:根据等可能准则,有

$$u(A_1) = \frac{1}{4}(4+5+6+7) = 5.50$$

$$u(A_2) = \frac{1}{4}(2+4+6+9) = 5.25$$

$$u(A_3) = \frac{1}{4}(5+7+3+5) = 5.00$$

$$u(A_4) = \frac{1}{4}(3+5+6+8) = 5.50$$

$$u(A_5) = \frac{1}{4}(3+5+5+5) = 4.50$$

又由

$$u(A_1) = u(A_4) = \max_{1 \leqslant i \leqslant 5} u(A_i) = 5.50$$

可知最优方案为 A_1 或 A_4。

五、遗憾准则(min-max 准则)

在决策过程中,当某一种状态可能出现时,决策者必然要选择使收益最大的方案。但如果决策者由于决策失误而没有选择使收益最大的方案,则会感到遗憾或后悔。遗憾准则的基本思想就在于尽量减少决策后的遗憾,使决策者不后悔或少后悔。具体计算时,首先要根据收益矩阵算出决策者的"后悔矩阵",该矩阵的元素(称为后悔值)b_{ij} 的计算公式为

$$b_{ij} = \max_{1 \leqslant i \leqslant m} a_{ij} - a_{ij} \quad (i = 1, \cdots, m \quad j = 1, \cdots, n) \tag{13.16}$$

然后,记

$$r(A_i) = \max_{1 \leqslant j \leqslant n} b_{ij} \quad (j = 1, \cdots, n) \tag{13.17}$$

所选的最优方案应使

$$r(A_i^*) = \min_{1 \leqslant i \leqslant m} r(A_i) = \min_{1 \leqslant i \leqslant m} \max_{1 \leqslant j \leqslant n} b_{ij} \tag{13.18}$$

仍以例 4 为例,计算出的后悔矩阵如表 13-6 所示,最优方案为 A_1 或 A_4。

表 13-6

方 案	状 态				$\max b_{ij}$
	S_1	S_2	S_3	S_4	
A_1	1	2	0	2	2
A_2	3	3	0	0	3
A_3	0	0	3	4	4
A_4	2	2	0	1	2
A_5	2	2	1	4	4

综上所述,根据不同决策准则得到的结果并不完全一致,处理实际问题时可同时采用几个准则来进行分析和比较。到底采用哪个方案,需视具体情况和决策者对自然状态所

持的态度而定。表 13-7 给出了例 4 利用不同准则进行决策分析的结果,一般来说,被选中多的方案应予以优先考虑。

表 13-7

准 则	决 策 方 案				
	A_1	A_2	A_3	A_4	A_5
max-min 准则	√				
max-max 准则		√			
折中准则($\alpha=0.8$)		√			
Laplace 准则	√			√	
min-max 准则	√			√	

第四节 效用函数方法

一、效用的概念

本章前面介绍风险型决策方法时,提到了可根据期望收益最大(或期望损失最小)原则选择最优方案,但这样做有时并不一定合理,下面来看几个例子。

例 5 设有决策问题:方案 A_1:稳获 100 元;方案 B_1:获 250 元和 0 元的机会各为 41% 和 59%。

从直观上看,大多数人可能会选择方案 A_1。但我们不妨计算一下方案 B_1 的期望收益:

$$E(B_1) = 0.41 \times 250 + 0.59 \times 0 = 102.5 > 100 = E(A_1)$$

于是,根据期望收益最大原则,一个理性的决策者应该选择方案 B_1,这一结果恐怕令实际中的决策者很难接受。这说明,完全根据期望收益作为评价方案的准则往往是不尽合理的。

例 6 有甲、乙二人,甲提出请乙掷硬币,并约定:如果出现正面,乙可获得 40 元;如果出现反面,乙要向甲支付 10 元。现在,乙有两个选择,接受甲的建议(掷硬币,记为方案 A)或不接受甲的建议(不掷硬币,记为方案 B)。如果乙不接受甲的建议,其期望收益为 $E(B)=0$;如果接受甲的建议,其期望收益为 $E(A)=0.5 \times 40 - 0.5 \times 10 = 15$。根据期望收益最大化原则,乙应该接受甲的建议。现在假设乙是个穷人,10 元钱是他一家三天的口粮钱,而且假定乙手头现在仅有 10 元钱。这时,乙对甲的建议的态度很可能会发生变化,很可能宁愿用这 10 元钱来买全家三天的口粮,不致挨饿,而不会去冒投机的风险。这个例子说明即使对同一个决策者来说,当其所处的地位、环境不同时,对风险的态度一般也是不同的。

上述两个例子说明:同一笔货币量在不同场合下给决策者带来的主观上的满足程度

是不一样的,或者说,决策者在更多的场合下是根据不同结果或方案对其需求欲望的满足程度来进行决策的,而不仅仅是依据期望收益最大进行决策。为了衡量或比较不同的商品、劳务满足人的主观愿望的程度,经济学家和社会学家们提出了效用这个概念,并在此基础上建立了效用理论。

所谓货币的效用值就是指人们主观上对货币价值的衡量。一般来说,效用是一个属于主观范畴的概念,这也正是其能较好地解释现实中某些决策行为的原因所在。另外,效用是因人、因时、因地而变化的,同样的商品或劳务对不同人,在不同时间或不同地点具有不同的效用。同时还应注意,同种商品或劳务对不同人来说,一般是无法进行比较的。一瓶酒对爱喝酒和不爱喝酒的人来说,其效用是无法进行比较的。

上面的例子及分析表明:

1. 同一货币量,在不同风险情况下,对同一决策者来说具有不同的效用值;

2. 在同等风险程度下,不同决策者对风险的态度是不一样的,即相同的货币量在不同人看来具有不同的效用。

二、效用曲线的确定及分类

如前所述,可以用效用来量化决策者对风险的态度。对每一个决策者来说,都可以测定反映他对风险态度的效用曲线。通常假定效用值是一个相对值,如假定决策者最偏好、最倾向、最愿意事物(方案)的效用值为1;而最不喜欢、最不倾向、最不愿意的事物的效用值为0(当然也可假定效用值在 $0\sim100$ 之间,等等)。确定效用曲线的方法主要是对比提问法。

设决策者面临两个可选择的方案 A_1 和 A_2,其中 A_1 表示他可无风险地得到一笔收益 x,A_2 表示他可以概率 P 得到收益 y,以概率 $1-P$ 得到收益 z,其中 $z>x>y$ 或 $y>x>z$。设 $U(x)$ 表示收益 x 的效用值,则当决策者认为方案 A_1 和 A_2 等价时,应有

$$PU(y) + (1-P)U(z) = U(x) \tag{13.19}$$

式(13.19)意味着决策者认为 x 的效用值等价于 y 和 z 的效用的期望值。由于式(13.19)中共有 x,y,z,P 4 个变量,若其中任意 3 个确定后,即可通过向决策者提问得到第 4 个变量值。提问的方式大体有 3 种:

(1) 每次固定 x,y,z 的值,改变 P 的值,并向决策者提问:"P 取何值时,您认为 A_1 和 A_2 等价?"

(2) 每次固定 P,y,z 的值,改变 x 的值,并向决策者提问:"x 取何值时,您认为 A_1 和 A_2 等价?"

(3) 每次固定 P,x,y(或 z)的值,改变 z(或 y)的值,并向决策者提问:"z(或 y)取何值时,您认为 A_1 和 A_2 等价?"

实际计算中,经常取 $P=0.5$,固定 y,z 的值,利用式(13.20)求得 x 的值。

$$0.5U(y) + 0.5U(z) = U(x) \tag{13.20}$$

将 y,z 的值改变 3 次,分别提问 3 次得到相应的 x 值,即可得到效用曲线上的 3 个点,再加上当收益最差时效用为 0 和收益最好时效用为 1 这两个点,实际上已得到效用曲线上的 5 个点,根据这 5 个点可画出效用曲线的大致图形。

以下分别记 x^* 和 x^0 为所有可能结果中决策者认为最有利和最不利的结果,即有

$$U(x^*) = 1, \quad U(x^0) = 0$$

例 7　构造一个效用函数,已知所有可能收益的区间为 $[-100\ 元, 200\ 元]$,即 $x^* = 200, x^0 = -100$,故 $U(200) = 1, U(-100) = 0$。现用"五点法"确定效用曲线上其他 3 个点。

(1) 请决策者在"A_1:稳获 x 元"和"A_2:以 50% 的机会得到 200 元,50% 的机会损失 100 元"这两个方案间进行比较。假设先取 $x = 25$,若决策者的回答是偏好于 A_1,则适量减少 x 的值,例如取 $x = 10$;若决策者的回答还是偏好于 A_1,则可将 x 的值再适量减少,例如取 $x = 10$。这时,假设决策者的回答是偏好于方案 A_2,则应适量增加 x 的值,例如取 $x = 0$。假设当 $x = 0$ 时决策者认为方案 A_1 和 A_2 等价,则有

$$U(0) = 0.5 \times U(200) + 0.5 \times U(-100)$$
$$= 0.5 \times 1 + 0.5 \times 0 = 0.5 \tag{13.21}$$

(2) 请决策者在"A_1:稳获 x 元"和"A_2:以 50% 的机会得到 0 元,50% 的机会损失 100 元"这两个方案间进行比较。假设当 $x = -60$ 时决策者认为方案 A_1 和 A_2 等价,则有

$$U(-60) = 0.5 \times U(0) + 0.5 \times U(-100)$$
$$= 0.5 \times 0.5 + 0.5 \times 0 = 0.25 \tag{13.22}$$

(3) 请决策者在"A_1:稳获 x 元"和"A_2:以 50% 的机会得到 0 元,50% 的机会得到 200 元"这两个方案间进行比较。假设当 $x = 80$ 时决策者认为方案 A_1 和 A_2 等价,则有

$$U(80) = 0.5 \times U(0) + 0.5 \times U(200)$$
$$= 0.5 \times 0.5 + 0.5 \times 1 = 0.75 \tag{13.23}$$

这样便确定了当收益为 -100 元、-60 元、0 元、80 元和 200 元时的效用值分别为 0,0.25,0.5,0.75 和 1,据此可画出该效用曲线的大致图形,见图 13-2。

从以上向决策者的提问及其回答的情况来看,不同的决策者的选择是不同的,这样可得到不同形状的效用曲线,表示决策者对风险的态度不同。效用曲线的形状大体可分为保守型、中间型、冒险型 3 种,见图 13-3。具有中间型效用曲线的决策者认为他的实际收入和效用值的增长成等比关系;具有保守型效用曲线的决策者对实际收入的增加的反应比较迟钝,即认为实际收入的增加比例小于效用值的增加比例;具有冒险型效用曲线的决策者则对实际收入的增加的反应比较敏感,认为实际收入的增加比例大于效用值增加的比例。以上是 3 类具有代表性的曲线类型。实际中的决策者效用曲线可能是 3 种类型兼而有之,反映出当收入变化时,决策者对风险的态度也在发生变化。

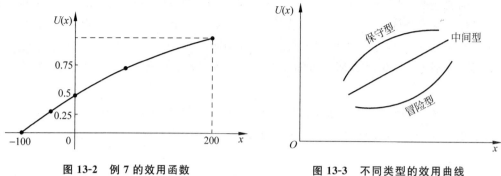

图 13-2   例 7 的效用函数   图 13-3   不同类型的效用曲线

三、风险规避度的衡量

如前所述,消费者在具有风险的环境下进行决策时,通常会表现出对风险的不同态度,称之为风险规避度。消费者的风险规避程度与他的效用函数 $u(\cdot)$ 的曲率相关。效用函数越弯曲,风险规避程度越高。因此,我们可以简单地用效用函数的二阶导数 $u''(\cdot)$ 来表示风险规避程度。线性效用函数具有零风险规避度 $u''(\cdot)=0$,凹的效用函数具有负风险规避度 $u''(\cdot)<0$,凸效用函数具有正风险规避度 $u''(\cdot)>0$。

1. 局部风险规避度

阿罗(Kenneth Arrow)和普拉特(John Pratt)给出了一种应用广泛的衡量消费者风险规避度的方法,称为阿罗-普拉特风险规避度,其定义为

$$r(\cdot) = -\frac{u''(\cdot)}{u'(\cdot)} \tag{13.24}$$

由于关于效用函数弯曲程度的信息都包括在了 $u''(\cdot)$ 中,因此 $r(\cdot)$ 并没有丧失描述曲率的信息;而同时,在对效用函数进行正线性变换时,$u(\cdot)$ 值保持不变。对风险规避型(risk-averse)消费者来说,$u(\cdot)>0$,且 $r(\cdot)$ 值越大,表示消费者对风险越厌恶。

例 8   保险需求

假设某消费者具有初始财物 W,他可能的损失数量 L 的概率(比如他的房子被烧毁的可能性)为 p。该消费者可以购买保险,在他蒙受损失的时候,得到 q 元的支付。购买 q 元保险而必须支付的保费为 πq,这里 π 为每 1 元保险金额对应的保险费。那么,该消费者愿意购买多少保险呢? 我们来考察效用最大化问题:

$$\max pu(W-L+q(1-\pi)) + (1-p)u(W-\pi q)$$

对 q 求一阶偏导数,并令其等于零,得到

$$pu'(W-L+q^*(1-\pi))(1-\pi) - (1-p)u'(W-\pi q^*)\pi = 0$$

整理得到

$$\frac{u'(W-L+(1-\pi)q^*)}{u'(W-\pi q^*)} = \frac{(1-p)}{p}\frac{\pi}{1-\pi} \tag{13.25}$$

如果保险标的发生了损失,保险公司的所得为 $\pi q - q$;如果损失事件没有发生,保险公司的所得为 πq。因此,保险公司的期望利润为

$$(1 - p)\pi q - p(1 - \pi)q$$

我们假定保险公司之间的竞争使得利润为 0,这意味着

$$(1 - p)\pi q - p(1 - \pi)q = 0$$

由此得到 $\pi = p$。

因此我们看到,在零利润假设下,保险公司实际上是按照一个"公平费率"提供保险的,即每张保单收取的保费恰好等于保险人承担的损失赔付的期望值。

2. 全局风险规避度

阿罗-普拉特风险规避度仅仅是对消费者在某一局部对风险规避程度的解释。然而在很多情况下,我们需要了解消费者在全局意义下对风险规避的程度,即需要说明一个消费者是否比另一个消费者对所有风险活动都具有更高的风险规避倾向。

一般说来,可以用三种方式来表示这种全局意义下的风险规避度。

第一种方式是用阿罗-普拉特风险规避度来对全局风险规避度进行描述,即假设 $r_A(w)$ 为消费者 A 的阿罗-普拉特风险规避度,$r_B(w)$ 为消费者 B 的阿罗-普拉特风险规避度。如果对任何 w,都有 $r_A(w) > r_B(w)$($r_A(w) \geqslant r_B(w)$),则称消费者 A 比消费者 B 具有更强(不弱)的全局风险规避倾向。

第二种方式是比较两个消费者的效用函数曲线弯曲(凹)的程度,即设 u_A 和 u_B 分别为消费者 A 和消费者 B 的效用函数,如果存在递增(严格递增)的凹函数 g,使得对所有 w,都有 $u_A(w) = g(u_B(w))$,则称消费者 A 比消费者 B 具有不弱(更强)的全局风险规避倾向。

第三种方式是比较两个消费者对所有风险行动愿意付出的风险金的大小。令 ε 为一个期望值为 0 的随机变量。定义**风险金**(亦称为风险报酬、风险溢价、保险费等)$\pi_A(\varepsilon)$ 为消费者 A 为了避免随机变量 ε 所带来的风险而愿意放弃的财富的最大数量,即应有

$$u_A(w - \pi_A(\varepsilon)) = E\, u_A(w + \varepsilon) \tag{13.26}$$

如果对所有 w,都有 $\pi_A(\varepsilon) > \pi_B(\varepsilon)$($\pi_A(\varepsilon) \geqslant \pi_B(\varepsilon)$),则称消费者 A 比消费者 B 具有更强(不弱)的全局风险规避倾向。

普拉特定理表明,上述表示全局风险规避度的三种方式是等价的。

3. 相对风险规避度

前面定义的风险规避度为绝对风险规避度(absolute risk-aversion),衡量的是消费者在财富水平为 w 或收入水平为 y 的情况下,愿意持有风险资产的态度。但实际当中我们经常会看到,消费者的风险收入和财富水平成一定的比例,比如投资回报一般是相对于投资规模而言的。例如有一个赌博,参赌者以概率 p 获得现有财富水平 w 的 x 倍,以概率 $1 - p$ 获得现有收入水平 w 的 y 倍。如果参赌者以期望效用函数 u 对赌博的结果进行评价,那么该赌博的期望效用为

$$pu(xw) + (1 - p)u(yw) \tag{13.27}$$

4. 财富水平对风险规避度的影响

关于风险规避度是如何随财富水平变化而变化的问题,是一个非常有意义的问题。但一般来说,这种变化关系是不确定的,表 13-8 给出了一些效用函数以及相应的绝对风险规避度和相对风险规避度。

表 13-8　常见的效用函数形式

绝对风险规避度

风险规避度类型	性　　质	效用函数举例
递增的绝对风险规避度	财富越多,愿意持有的风险资产越少	$u(w)=w^{-w^2}$, $r(w)=w(1+2\ln w)-\dfrac{1}{w}$
不变绝对风险规避度	愿意持有的风险资产不随财富变化而变化	$u(w)=-e^{cw}$, $r(w)=c^2$
递减的绝对风险规避度	财富越多,愿意持有的风险资产越多	$u(w)=\ln(w)$, $r(w)=\dfrac{1}{w}$

相对风险规避度

风险规避度类型	性　　质	效用函数举例
递增的相对风险规避度	财富越多,愿意持有越少比例的风险资产	$u(w)=w^{-cw^2}$, $\rho(w)=w^2(1+2\ln w)+1$
不变相对风险规避度	愿意持有风险资产的比例不随财富变化而变化	$u(w)=\ln(w)$, $\rho(w)=1$
递减的相对风险规避度	财富越多,愿意持有越大比例的风险资产	$u(w)=-e^{\frac{2}{\sqrt{w}}}$, $\rho(w)=\dfrac{3}{2}+\dfrac{1}{\sqrt{w}}$

第五节　层次分析法

层次分析法(analytic hierachy process,AHP)是国外 20 世纪 70 年代末提出的一种新的系统分析方法。这种方法适用于结构较为复杂、决策准则较多而且不易量化的决策问题。由于其思路简单明了,尤其是紧密地和决策者的主观判断和推理联系起来,对决策者的推理过程进行量化的描述,可以避免决策者在结构复杂和方案较多时逻辑推理上的失误,使得这种方法近年来在国内外得到广泛的应用。

层次分析法的基本内容是:首先根据问题的性质和要求,提出一个总的目标;然后将问题按层次分解,对同一层次内的诸因素通过两两比较的方法确定出相对于上一层目标的各自的权系数。这样层层分析下去,直到最后一层,即可给出所有因素(或方案)相对于总目标而言的按重要性(或偏好)程度的一个排序。具体步骤如下:

第 1 步　明确问题,提出总目标。

第 2 步　建立层次结构,把问题分解成若干层次。第一层为总目标;中间层可根据问题的性质分成目标层(准则层)、部门层(子准则层)等;最低层一般为方案层或措施层。层次的正确划分和各因素间关系的正确描述是层次分析法的关键,需慎重对待。经过充分的讨论和分析,最后画出相应的分层结构图,如下面的例图(图 13-4)。

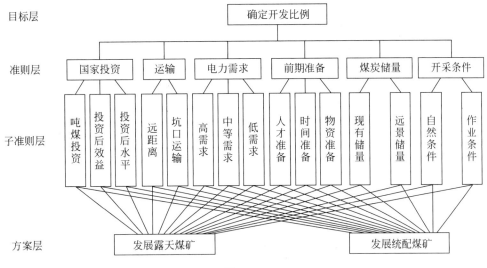

图　13-4

第 3 步　求同一层次上的权系数(从高层到低层)。假设当前层次上的因素为 $A_1,\cdots,A_n$,相关的上一层因素为 C(可以不止一个),则可针对因素 C,对所有因素 $A_1,\cdots,A_n$ 进行两两比较,得到数值 a_{ij},其定义和解释见表 13-9。记 $\boldsymbol{A}=(a_{ij})_{n\times n}$,则 $\boldsymbol{A}$ 为因素 $A_1,\cdots,A_n$ 相应于上一层因素 C 的判断矩阵。记 A 的最大特征根为 $\lambda_{\max}$,属于 $\lambda_{\max}$ 的标准化的特征向量为 $w=(w_1,\cdots,w_n)^{\mathrm{T}}$,则 $w_1,\cdots,w_n$ 给出了因素 $A_1,\cdots,A_n$ 相应于因素 C 的按重要(或偏好)程度的一个排序。

表　13-9

相对重要程度 a_{ij}	定　义	解　释
1	同等重要	目标 i 和目标 j 同样重要
3	略微重要	目标 i 比目标 j 略微重要
5	相当重要	目标 i 比目标 j 重要
7	明显重要	目标 i 比目标 j 明显重要
9	绝对重要	目标 i 比目标 j 绝对重要
2,4,6,8	介于两相邻重要程度间	

第 4 步　求同一层次上的组合权系数。设当前层次上的因素为 $A_1,\cdots,A_n$,相关的上一层因素为 $C_1,\cdots,C_m$,则对每个 C_i,根据第 3 步的讨论可求得一个权向量 $w^i=(w_1^i,\cdots,w_n^i)$。如果已知上一层 m 个因素的权重分别为 $a_1,\cdots,a_m$,则当前层每个因素的组合权系数为:

$$\sum_{i=1}^{m} a_i w_1^i , \sum_{i=1}^{m} a_i w_2^i , \cdots , \sum_{i=1}^{m} a_i w_n^i \qquad (13.28)$$

如此一层层自上而下求下去,一直到最低层所有因素的权系数(组合权系数)都求出来为止,根据最低层权系数的分布即可给出一个关于各方案优先程度的排序。

由式(13.28)可知,若记 B_k 为第 k 层次上所有因素相对于上一层上有关因素的权向量按列组成的矩阵,则第 k 层次的组合权系数向量 W^k 满足:

$$W^k = B_k \cdot B_{k-1} \cdot \cdots \cdot B_2 \cdot B_1 \qquad (13.29)$$

其中 $B_1 = (1)$。

第5步　一致性检验。在得到判断矩阵 A 时,有时免不了会出现判断上的不一致性,因而需要利用一致性指标来进行检验。作为度量判断矩阵偏离一致性的指标,可以用

$$CI = \frac{\lambda_{\max} - n}{n - 1} \qquad (13.30)$$

来检查决策者判断思维的一致性。为了度量不同判断矩阵是否具有满意的一致性,还需要利用判断矩阵的平均随机一致性指标 RI。对于 1 阶到 9 阶的判断矩阵,RI 的值分别为

1	2	3	4	5	6	7	8	9
0.00	0.00	0.58	0.90	1.12	1.24	1.32	1.41	1.45

判断矩阵的一致性指标 CI 与同阶平均随机一致性指标 RI 之比,称为随机一致性比率,记为

$$CR = \frac{CI}{RI}$$

通常要求 CR≤0.1,此时可以认为判断矩阵具有满意的一致性,否则需要对判断矩阵进行调整。

对于判断矩阵的最大特征根和相应的特征向量,可利用一般的线性代数的方法进行计算。但从实用的角度来看,一般采用近似方法计算。主要有方根法和和积法。

1. 方根法

(1) 计算 $\bar{w}_i$,其中

$$\bar{w}_i = \sqrt[n]{\prod_{j=1}^{n} a_{ij}} \qquad (i = 1, \cdots, n) \qquad (13.31)$$

(2) 将 $\bar{w}_i$ 规范化,得到 w_i

$$w_i = \frac{\bar{w}_i}{\sum_{i=1}^{n} \bar{w}_i} \qquad (i = 1, \cdots, n) \qquad (13.32)$$

w_i 即特征向量 w 的第 i 个分量。

（3）求 $\lambda_{\max}$

$$\lambda_{\max} = \sum_{i=1}^{n} \frac{\sum_{j=1}^{n} a_{ij} w_j}{n w_i} \tag{13.33}$$

2. 和积法

（1）按列将 $\boldsymbol{A}$ 规范化，有

$$\overline{b}_{ij} = a_{ij} \Big/ \sum_{k=1}^{n} a_{kj} \tag{13.34}$$

（2）计算 $\overline{w}_i$

$$\overline{w}_i = \sum_{j=1}^{n} \overline{b}_{ij} \quad (i = 1, \cdots, n) \tag{13.35}$$

（3）将 $\overline{w}_i$ 规范化，得到 w_i

$$w_i = \frac{\overline{w}_i}{\sum_{i=1}^{n} \overline{w}_i} \quad (i = 1, \cdots, n) \tag{13.36}$$

w_i 即特征向量 w 的第 i 个分量。

（4）计算 $\lambda_{\max}$

$$\lambda_{\max} = \sum_{i=1}^{n} \frac{\sum_{j=1}^{n} a_{ij} w_j}{n w_i} \tag{13.37}$$

例 9　某单位拟从 3 名干部中选拔 1 人担任领导职务，选拔的标准有政策水平、工作作风、业务知识、口才、写作能力和健康状况。把这 6 个标准进行成对比较后，得到判断矩阵 $\boldsymbol{A}$ 如下：

$$\boldsymbol{A} = \begin{array}{r} \text{健康状况} \\ \text{业务知识} \\ \text{写作能力} \\ \text{口才} \\ \text{政策水平} \\ \text{工作作风} \end{array} \begin{pmatrix} 1 & 1 & 1 & 4 & 1 & 1/2 \\ 1 & 1 & 2 & 4 & 1 & 1/2 \\ 1 & 1/2 & 1 & 5 & 3 & 1/2 \\ 1/4 & 1/4 & 1/5 & 1 & 1/3 & 1/3 \\ 1 & 1 & 1/3 & 3 & 1 & 1 \\ 2 & 2 & 2 & 3 & 1 & 1 \end{pmatrix}$$

矩阵 $\boldsymbol{A}$ 表明，这个单位选拔干部时最重视工作作风，而最不重视口才。$\boldsymbol{A}$ 的最大特征值为 6.35，相应的特征向量为：

$$\boldsymbol{B}_2 = (0.16, 0.19, 0.19, 0.05, 0.12, 0.30)^{\mathrm{T}}$$

类似地可用特征向量法去求 3 个干部相对于上述 6 个标准中每一个的权系数。用 A、B、C 表示 3 个干部，假设成对比较的结果为：

健康情况

$$\begin{array}{c}\\ A \\ B \\ C \end{array} \begin{array}{ccc} A & B & C \\ \begin{bmatrix} 1 & 1/4 & 1/2 \\ 4 & 1 & 3 \\ 2 & 1/3 & 1 \end{bmatrix} \end{array}$$

业务知识

$$\begin{array}{c}\\ A \\ B \\ C \end{array} \begin{array}{ccc} A & B & C \\ \begin{bmatrix} 1 & 1/4 & 1/5 \\ 4 & 1 & 1/2 \\ 5 & 2 & 1 \end{bmatrix} \end{array}$$

写作能力

$$\begin{array}{c}\\ A \\ B \\ C \end{array} \begin{array}{ccc} A & B & C \\ \begin{bmatrix} 1 & 3 & 1/3 \\ 1/3 & 1 & 1 \\ 3 & 1 & 1 \end{bmatrix} \end{array}$$

口才

$$\begin{array}{c}\\ A \\ B \\ C \end{array} \begin{array}{ccc} A & B & C \\ \begin{bmatrix} 1 & 1/3 & 5 \\ 3 & 1 & 7 \\ 1/5 & 1/7 & 1 \end{bmatrix} \end{array}$$

政策水平

$$\begin{array}{c}\\ A \\ B \\ C \end{array} \begin{array}{ccc} A & B & C \\ \begin{bmatrix} 1 & 1 & 7 \\ 1 & 1 & 7 \\ 1/7 & 1/7 & 1 \end{bmatrix} \end{array}$$

工作作风

$$\begin{array}{c}\\ A \\ B \\ C \end{array} \begin{array}{ccc} A & B & C \\ \begin{bmatrix} 1 & 7 & 9 \\ 1/7 & 1 & 5 \\ 1/9 & 1/5 & 1 \end{bmatrix} \end{array}$$

由此可求得各属性的最大特征值(见表 13-10)和相应特征向量,按列组成矩阵 $\boldsymbol{B}_3$。

表 13-10   各属性的最大特征值

特征值	健康水平	业务知识	写作能力	口才	政策水平	工作作风
λ_{max}	3.02	3.02	3.56	3.05	3.00	3.21

$$\boldsymbol{B}_3 = \begin{array}{c} A \\ B \\ C \end{array} \begin{bmatrix} 0.14 & 0.10 & 0.32 & 0.28 & 0.47 & 0.77 \\ 0.63 & 0.33 & 0.22 & 0.65 & 0.47 & 0.17 \\ 0.24 & 0.57 & 0.46 & 0.07 & 0.07 & 0.05 \end{bmatrix}$$

从而,有

$$\boldsymbol{W}^3 = \boldsymbol{B}_3 \boldsymbol{B}_2 = (0.40, 0.34, 0.26)^{\mathrm{T}}$$

即在 3 人中应选拔 A 担任领导职务。

第六节   多目标决策分析简介

一、多目标决策问题的提出

客观世界的多维性使得人类需求具有多重性,从而导致了为满足这些需求所进行的社会经济活动的多准则性(多目标性、多目的性)。例如,在经济管理工作中,往往要考虑"费用""质量"和"利润"等评价准则,并依据这些准则建立管理工作的目标,如"费用最少""质量最好"和"利润最大"等。如果客观环境可以满足所有的目标,这当然是理想的状态。然而这种"理想状态"一般说来是不可能达到的,或者说人类社会活动的多重目标之间一般是具有冲突性的,经常是一个目标的改进会导致另一些目标的下降。正是由于这种多目标间的冲突性,才使得人们去认真研究科学的决策理论和方法。从这个意义上可以说,人类真正的决策活动正是为解决多目标间的冲突性所进行的努力。下面是几个多目标决策问题的例子。

例 10 企业生产 不同企业的经济活动评价指标一般是不同的,但不外乎经济、技术和社会效益等方面的指标,且经济方面的指标一般就不止一个,如产值、利润、成本、资金利用等方面的指标都是生产决策时经常要兼顾的。众多企业管理决策人员的长期实践表明,同时兼顾上述各方面的指标,使它们同时都达到最优一般是很难实现的。

例 11 国民经济 如在制订国民经济发展计划时,不能仅把国民生产总值或生产的发展速度当成一个国家、一个地区或一个部门经济发展的唯一指标,而应同时考虑经济增长、物价水平、就业程度和国际收支等方面的因素。

例 12 商务活动中的多准则性 多准则性(多目标性)几乎发生在商务活动的每一个领域,这样的例子不胜枚举。如在进行盈亏分析时,不能只集中在一种产品上,某一产品的投入和产出只是企业整个投入和产出的一部分。因此,需要用多产品的盈亏分析来处理具有多个(一般是相互矛盾的)盈亏平衡点的决策问题。

本书第四章目标规划中讨论了比较简单的线性多目标规划的建模和求解,本节中将讨论更一般的多目标决策的模型与求解。

二、多目标规划的基本概念

多目标规划是多目标决策的重要内容之一,在进行多目标决策时,当希望每个目标都尽可能的大(或尽可能的小)时,就形成了一个多目标规划问题,其一般形式为:

$$(\text{VP}) \begin{cases} V = \min\left[f_1(x), \cdots, f_p(x)\right] \\ g_i(x) \geqslant 0 \quad (i = 1, \cdots, m) \end{cases} \tag{13.38}$$

其中 $f_1(x), \cdots, f_p(x)$ 为目标函数, $g_i(x) \geqslant 0, i = 1, \cdots, m$ 为约束条件, x 为决策变量。记 $R = \{x \mid g_i(x) \geqslant 0, i = 1, \cdots, m, x \in E^n\}$,称 R 为问题(VP)的可行解集(决策空间), $F(R) = \{f(x) \mid x \in R\}$ 为问题(VP)的像集(目标空间)。

定义 1 设 $\bar{x} \in \mathbf{R}$,若对任意 $i = 1, \cdots, m$ 及任意 $x \in \mathbf{R}$,均有

$$f_i(\bar{x}) \leqslant f_i(x) \tag{13.39}$$

则称 $\bar{x}$ 为问题(VP)的绝对最优解,记问题(VP)的绝对最优解集为 R_{ab}^*。

一般来说,多目标规划问题(VP)的绝对最优解是不常见的,当绝对最优解不存在时,需要引入新的"解"的概念。多目标规划中最常用的解为非劣解或有效解,也称为 Pareto 最优解。

Pareto 最优是一个经济学上的概念。意大利经济学家 Pareto 提出:当一个国家的资源和产品是以这样一种方式配置时,即没有一种重新配置,能够在不使一个其他人的生活恶化的情况下改善任何人的生活,则可以说处于 Pareto 最优。从数学上来看,Pareto 最优解定义见定义 2。

定义 2   考虑多目标规划问题(VP),设 $\bar{x} \in \mathbf{R}$,若不存在 $x \in \mathbf{R}$,使得

$$f_i(x) \leqslant f_i(\bar{x}) \quad (i = 1, \cdots, p)$$

且至少有一个

$$f_j(x) < f_j(\bar{x}) \tag{13.40}$$

则称 $\bar{x}$ 为问题(VP)的有效解(或 Pareto 最优解),$f(\bar{x})$ 为有效点。分别记问题(VP)的有效解集和有效点集为 R_e^* 和 F_e^*。

不难看出,若 $\bar{x} \in R_e^*$,即找不到可行解 x,使得 $f_1(x), \cdots, f_p(x)$ 中的每一个值都比 $\bar{x}$ 相应的目标值 $f_1(\bar{x}), \cdots, f_p(\bar{x})$ 要坏,且至少在一个目标上,x 比 $\bar{x}$ 要好。

为求多目标规划问题(VP)的有效解,常需要求解如下形式的加权问题 $P(\lambda)$:

$$P(\lambda) \begin{cases} \min \sum\limits_{j=1}^{p} \lambda_j f_j(x) \\ x \in \mathbf{R} \end{cases} \tag{13.41}$$

其中

$$\lambda \in \Lambda^+ = \left\{ \lambda \in E^p \mid \lambda_j \geqslant 0, \sum\limits_{j}^{p} \lambda_j = 1 \right\} \tag{13.42}$$

加权问题 $P(\lambda)$ 的最优解和问题(VP)的有效解具有以下关系:

定理 1   设 $\bar{x}$ 为问题 $P(\lambda)$ 的最优解。若下面两个条件之一成立,则 $\bar{x} \in R_e^*$。

1) $\lambda_j > 0, j = 1, \cdots, p$;

2) $\bar{x}$ 是 $P(\lambda)$ 的唯一解。

定理 2   设 $f_1(x), \cdots, f_p(x)$ 为凸函数,$g_1(x), \cdots, g_m(x)$ 为凹函数。若 $\bar{x}$ 为问题(VP)的有效解,则存在 $\lambda \in \Lambda^+$,使得 $\bar{x}$ 是问题 $P(\lambda)$ 的最优解。

上述两个定理的重要意义在于提供了一种用数值优化的方法求多目标规划有效解的方法。

三、权系数的确定

在多目标决策问题中,一般可用每个目标的权系数来反映各目标间的相对重要性,越重要的目标,相应的权系数就越大。在许多具体问题中,决策的基本问题实际上可归结为权系数的确定问题。例如,不妨假设决策者是根据综合效用(即效用函数)最大来进行决策,而且假定决策者的效用函数具有可加性,即

$$u(x) = \sum\limits_{j=1}^{p} \lambda_j f_j(x) \tag{13.43}$$

其中,f_j 为每个属性的效用函数,是可测算出来的。因此,如果能确定效用函数 $u(x)$ 中的权系数 $\lambda_1, \cdots, \lambda_p$,则令 $u(x) \to \max$,即可求出决策者最满意的方案。

那么,如何确定权系数呢?从权系数本身来看,具有两重性。一方面,它应从客观的角

度反映每个评价指标的相对重要性;另一方面,它又应反映决策者对各类评价指标主观上的相对偏好程度。因此,确定权系数的方法也大致可分为两类:一类是非交互式的,另一类是交互式的。所谓非交互式方法,一般是在决策前通过分析人员和决策者进行协商对话,给出一个权系数的分布,然后,据此进行决策。而交互式方法一般并不要求在决策前给出权系数,而是在决策过程中,通过分析者与决策者的不断对话,最终确定决策者最为满意的方案,同时也就自然确定了最优的权系数。因此,这后一类方法实际上就是一类交互式多目标决策方法本身。下面,介绍几种比较简单实用的在决策前确定权系数的方法。

1. 专家法

所谓专家法,就是邀请一批有经验的专家,请他们对权系数的取值发表意见。为了让他们能独立地发表意见,一般是将事先准备好的调查表送给他们,让他们分别填写,然后将专家们的意见汇总如表 13-11 的形式。

表　13-11

专　　　家	属　　性			
	$\bar{\lambda}_1$	$\bar{\lambda}_2$	$\cdots$	$\bar{\lambda}_n$
	y_1	y_2	$\cdots$	y_n
1	λ_{11}	λ_{12}	$\cdots$	λ_{1n}
2	λ_{21}	λ_{22}	$\cdots$	λ_{2n}
$\vdots$	$\vdots$	$\vdots$		$\vdots$
K	λ_{K1}	λ_{K2}	$\cdots$	λ_{Kn}

表 13-11 中的 λ_{ij} 表示第 i 个专家对第 j 个目标给出的权系数。在得到了专家们的意见后,算出每个目标的权系数的平均值 $\bar{\lambda}_j$:

$$\bar{\lambda}_j = \sum_{i=1}^{K} \lambda_{ij}/K \quad (j = 1, \cdots, n) \tag{13.44}$$

并算出每个专家的意见与 $\bar{\lambda}_j$ 的偏差 Δ_{ij}:

$$\Delta_{ij} = |\lambda_{ij} - \bar{\lambda}_j| \quad (j = 1, \cdots, n) \tag{13.45}$$

确定权系数的下一步是开会进行讨论。首先让那些有最大偏差的专家发表意见,通过充分讨论以达到对各目标重要性比较一致的认识。专家法是目前国际上在进行决策分析时经常用的一种简单有效的方法,具有一定的科学合理性。

2. 特征向量法

这种方法是把问题的目标(n 个)根据重要性进行比较,这种比较可以由决策者来进行,也可像专家法那样由专家们来进行,但都是要对所有目标进行两两比较。将第 i 个目标对第 j 个目标的相对重要性的估计值记成 a_{ij},并认为

$$a_{ij} \approx \frac{\lambda_i}{\lambda_j} \tag{13.46}$$

其中, λ_i 和 λ_j 为目标 y_i 和 y_j 的权系数。经过全部比较后,可得到一个矩阵:

$$\boldsymbol{A} = \begin{bmatrix} a_{11} & a_{12} & \cdots & a_{1n} \\ a_{21} & a_{22} & \cdots & a_{2n} \\ \vdots & \vdots & & \vdots \\ a_{n1} & a_{n2} & \cdots & a_{m} \end{bmatrix} \approx \begin{bmatrix} \lambda_1/\lambda_1 & \lambda_1/\lambda_2 & \cdots & \lambda_1/\lambda_n \\ \lambda_2/\lambda_1 & \lambda_2/\lambda_2 & \cdots & \lambda_2/\lambda_n \\ \vdots & \vdots & & \vdots \\ \lambda_n/\lambda_1 & \lambda_n/\lambda_2 & \cdots & \lambda_n/\lambda_n \end{bmatrix} \tag{13.47}$$

且有 $a_{ij}=1/a_{ji}$ 和 $a_{ij}=a_{ik}a_{kj}$,及 $a_{ii}=1$ 。由式(13.47)可知

$$\boldsymbol{A\lambda} = \begin{bmatrix} \lambda_1/\lambda_1 & \lambda_1/\lambda_2 & \cdots & \lambda_1/\lambda_n \\ \lambda_2/\lambda_1 & \lambda_2/\lambda_2 & \cdots & \lambda_2/\lambda_n \\ \vdots & \vdots & & \vdots \\ \lambda_n/\lambda_1 & \lambda_n/\lambda_2 & \cdots & \lambda_n/\lambda_n \end{bmatrix} \begin{bmatrix} \lambda_1 \\ \lambda_2 \\ \vdots \\ \lambda_n \end{bmatrix} = n \begin{bmatrix} \lambda_1 \\ \lambda_2 \\ \vdots \\ \lambda_n \end{bmatrix} \tag{13.48}$$

即 $\boldsymbol{A\lambda}=n\boldsymbol{\lambda}$ 。根据正矩阵的有关理论,当判定矩阵 $\boldsymbol{A}$ 具有 $a_{ij}=1/a_{ji}$ 和 $a_{ik}a_{kj}=a_{ij}$ 的性质时,其最大特征值 $\lambda_{max}=n$,而一般有 $\lambda_{max}>n$ 。但当 $\boldsymbol{A}$ 的元素有微小摄动时(即判断上可能出现不一致情形时),仍可先求出 λ_{max} ,然后根据式(13.26)计算一致性指标 CI。一般地,只要 CI$\leqslant$0.1,就可认为判断矩阵 $\boldsymbol{A}$ 是满意的。从而可由

$$\boldsymbol{A\lambda} = \lambda_{max}\boldsymbol{\lambda} \tag{13.49}$$

确定参考的权系数 $\boldsymbol{\lambda}$ 。实际上,也可由式(13.31)、式(13.32)和式(13.33)近似计算出权系数。

采用特征向量法需要首先确定判断矩阵 $\boldsymbol{A}$, $\boldsymbol{A}$ 中的元素 a_{ij} 是第 i 个目标对第 j 个目标的相对重要性的估计值,可由决策者或专家给出。一般,可按照层次分析法(表 13-9)中的描述将 a_{ij} 的值规定为由 1 到 9 的整数值。

四、有限方案多目标决策方法

从数学模型上看,有限方案的多目标决策问题是一类较为简单、特殊的问题。而从实际应用上看,这类问题显然具有重要的意义。这类问题的特点是:可行方案只有有限个,评价准则(或目标)多于一个。

1. 决策矩阵及其规范化

对有限方案的多目标决策问题,可以把不同方案相对于不同属性(准则)的结果用一个矩阵来表示,这个矩阵称为决策矩阵。

设 $X=\{X_1,\cdots,X_m\}$ 为多目标决策问题的可行方案集, $Y=\{y_1,\cdots,y_n\}$ 为属性集,每个方案 X_i 关于属性 y_j 的结果记为

$$y_{ij} = f_j(x_{ij}) \quad (i=1,\cdots,m \quad j=1,\cdots,n) \tag{13.50}$$

于是可得决策矩阵,如表 13-12 所示。

表 13-12　有限方案的多目标决策矩阵

方　　案	属　　性			
	y_1	y_2	$\cdots$	y_n
X_1	y_{11}	y_{12}	$\cdots$	y_{1n}
X_2	y_{21}	y_{22}	$\cdots$	y_{2n}
$\vdots$	$\vdots$	$\vdots$		$\vdots$
X_m	y_{m1}	y_{m2}	$\cdots$	y_{mn}

这个矩阵为各种有限方案的多目标决策分析方法提供了最基本的信息。

由于实际问题中各种属性值的背景和量纲往往是不一致的,因而不易进行方案间的比较。所以,需要将各属性值规范化,例如限制在$[0,1]$内。规范化的方法有很多,可根据具体情况选择不同的方法。常用的方法有以下几种:

(1) 向量规范化,令

$$z_{ij} = \frac{y_{ij}}{\left(\sum_{i=1}^{m} y_{ij}^2 \right)^{1/2}} \tag{13.51}$$

(2) 线性变换,设 $y_j^{\max} = \max_i y_{ij}$,例如,如果希望 y_j 越大越好,则令

$$z_{ij} = \frac{y_{ij}}{y_j^{\max}} \tag{13.52}$$

如果希望 y_j 越小越好,则令

$$z_{ij} = 1 - \frac{y_{ij}}{y_j^{\max}} \tag{13.53}$$

(3) 其他变换

$$z_{ij} = \frac{y_{ij} - y_j^{\min}}{y_j^{\max} - y_j^{\min}} \tag{13.54}$$

或

$$z_{ij} = \frac{y_j^{\max} - y_{ij}}{y_j^{\max} - y_j^{\min}} \tag{13.55}$$

上述各种变换的基本目的都在于使各属性值规范化,从而可进行数值上的相互比较。

2. 简单线性加权法

这是一种形式上最简单的方法,不仅适用于有限方案,而且也适用于无限方案及连续情况下的多目标决策问题。其基本内容是:设 R 为可行方案集(有限或无限),$u_j(\cdot)$ 为第 j 个目标(或属性)的效用值,$\lambda_1, \cdots, \lambda_n$ 为反映各目标间相对重要性的权系数。然后,通过求解问题:

$$\max_{x \in R} u = \sum_{j=1}^{n} \lambda_j u_j(x) \tag{13.56}$$

选择使综合效用值 u 最大的方案作为最优方案。

不难看出,简单线性加权法的依据是多属性效用函数理论。因此,如果能够正确测算出有关单属性效用函数 $u_j(\cdot)$,并恰当地估计出反映决策者主观偏好的权系数 $\lambda_1,\cdots,\lambda_n$,则在一定的独立性条件假设下,根据式(13.56)选择最优方案就是合理的。然而,问题也正在于独立性条件不是经常满足的,而且更重要的是,很难恰当地找到所需的权系数。这些问题使简单线性加权法在应用时具有一定的困难和局限性。

例 13 某人拟购买一套住房,有四处地点(方案)可供选择,有关信息如表 13-13 所示。

表 13-13

方案(地点)	价格	使用面积	距工作地点距离	设备	环境
	$y_1/万元$	y_2/m^2	y_3/km	y_4	y_5
X_1	150	100	10	7	7
X_2	125	80	8	3	5
X_3	90	50	20	5	11
X_4	110	70	12	5	9

这是一个具有 5 个目标的决策问题,其中:使用面积、设备和环境为效益型目标,越大越好;价格、距工作地点距离为成本型目标,越小越好。不难看出,所给的四个方案都是有效的(非劣的),下面用简单线性加权法求解此问题。

首先求权系数,设决策人对各属性作成对比较后的判断矩阵为

$$
\begin{matrix}
\text{价格} \\
\text{面积} \\
\boldsymbol{A} = \text{距离} \\
\text{设备} \\
\text{环境}
\end{matrix}
\begin{bmatrix}
1 & 1/3 & 1/2 & 1/4 & 1/5 \\
3 & 1 & 2 & 1 & 1/2 \\
2 & 1/2 & 1 & 1/2 & 1/2 \\
4 & 1 & 2 & 1 & 1 \\
5 & 2 & 2 & 1 & 1
\end{bmatrix}
\tag{13.57}
$$

注意到这个矩阵中的元素满足 $a_{ij}=1/a_{ji}$,但并不总满足 $a_{ik}a_{kj}=a_{ij}$。采用特征向量法,用第五节介绍的层次分析法时介绍的方根法,由此得到的权系数为 $\boldsymbol{\lambda}=(0.059\,8,0.194\,2,0.118\,1,0.236\,3,0.391\,6)^{\mathrm{T}}$,再分别根据式(13.54)和式(13.55)把表 13-13 中的数据规范化,得到:

$$
\boldsymbol{Z} = \begin{bmatrix}
0 & 1.000 & 0.833 & 1.000 & 0.333 \\
0.417 & 0.600 & 1.000 & 0 & 0 \\
1.000 & 0 & 0 & 0.500 & 1.000 \\
0.667 & 0.400 & 0.667 & 0.500 & 0.667
\end{bmatrix}
\tag{13.58}
$$

然后计算出每个方案 X_i 的综合效用 $u(X_i)=\sum\limits_{i=1}^{5}\lambda_j z_{ij}$,得到

$$u(X_1) = 0.6593, \quad u(X_2) = 0.2596,$$
$$u(X_3) = 0.5696, \quad u(X_4) = 0.5757。$$

因此,根据简单线性加权法,第 1 个方案 X_1 为最优。

习　　题

13.1　某企业准备生产甲、乙两种产品,根据对市场需求的调查,可知不同需求状态出现的概率及相应的获利(单位:万元)情况,如表 13-14 所示。试根据期望值最大原则进行决策分析,并进行灵敏度分析和算出转折概率。

表　13-14

方　案	高需求量	低需求量
	$p_1 = 0.7$	$p_2 = 0.3$
甲产品	4	3
乙产品	7	2

13.2　根据以往的资料,一家面包店每天所需面包数(当天市场需求量)可能是下列当中的某一个:100,150,200,250,300,但其概率分布不知道。如果一个面包当天没有卖掉,则可在当天结束时以每个 0.15 元处理掉。新鲜面包每个售价为 0.49 元,成本为 0.25 元,假设进货量限制在需求量中的某一个,要求:

(1) 做出面包进货问题的决策矩阵;

(2) 分别用处理不确定性决策问题的不同准则确定最优进货量。

13.3　在一台机器上加工制造一批零件,共 10 000 个。如加工完后逐个进行修整,则可全部合格,但需修整费 300 元。如不进行修整,根据以往资料,次品率情况见表 13-15。一旦装配中发现次品时,每个零件的返修费为 0.50 元。要求:

(1) 分别根据期望值和期望后悔值决定这批零件是否需要修整;

(2) 为了获得这批零件中次品率的正确资料,在刚加工完的一批零件中随机抽取了 130 个样品,发现其中有 9 个次品。试计算后验概率,并根据后验概率重新用期望值和期望后悔值进行决策。

表　13-15

次品率(S)	0.02	0.04	0.06	0.08	0.10
概率 $P(S)$	0.20	0.40	0.25	0.10	0.05

13.4　某食品公司考虑是否参加为某运动会服务的投标,以取得饮料或面包两者之一的供应特许权。两者中任何一项投标被接受的概率为 40%。公司的获利情况取决于

天气,若获得的是饮料供应特许权,则当晴天时可获利 2 000 元,雨天时要损失 2 000 元。若获得的是面包供应特许权,则不论天气如何,都可获利 1 000 元。已知天气晴好的可能性为 70%。问:(1)公司是否可参加投标? 若参加,应为哪一项投标?(2)若再假定当饮料投标未中时,公司可选择供应冷饮或咖啡。如果供应冷饮,则晴天时可获利 2 000 元,雨天时损失 2 000 元;如果供应咖啡,则雨天时可获利 2 000 元,晴天可获利 1 000 元。公司是否应参加投标? 应为哪一项投标? 若当投标不中后,应采取什么决策?

13.5　某石油公司考虑在某地钻井,结果可能出现 3 种情况:无油(S_1)、油少(S_2)、油多(S_3)。公司估计,3 种状态出现的可能性是:$P(S_1)=0.5, P(S_2)=0.3, P(S_3)=0.2$。已知钻井的费用为 7 万元。如果油少,可收入 12 万元;如果油多,可收入 27 万元。为进一步了解地质构造情况,可先进行勘探。勘探的结果可能是:构造较差(I_1)、构造一般(I_2)、构造较好(I_3)。根据过去的经验,地质构造与出油的关系见表 13-16。

表　**13-16**

$P(I_j \mid S_i)$	构造较差(I_1)	构造一般(I_2)	构造较好(I_3)
无油(S_1)	0.6	0.3	0.1
油少(S_2)	0.3	0.4	0.3
油多(S_3)	0.1	0.4	0.5

假定勘探费用为 1 万元,求:

(1)应先进行勘探,还是不进行勘探直接钻井?

(2)如何根据勘探的结果决策是否钻井?

13.6　有一投资者,面临一个带有风险的投资问题。在可供选择的投资方案中,可能出现的最大收益为 20 万元,可能出现的最少收益为 −10 万元。为了确定该投资者在某次决策问题上的效用函数,对投资者进行了以下一系列询问,现将询问结果归纳如下:

(1)投资者认为"以 50% 的机会得 20 万元,50% 的机会失去 10 万元"和"稳获 0 元"二者对他来说没有差别;

(2)投资者认为"以 50% 的机会得 20 万元,50% 的机会得 0 元"和"稳获 8 万元"二者对他来说没有差别;

(3)投资者认为"以 50% 的机会得 0 元,50% 的机会失去 10 万元"和"肯定失去 6 万元"二者对他来说没有差别。

要求:

(1)根据上述询问结果,计算该投资者关于 20 万元、8 万元、0 元、−6 万元和 −10 万元的效用值;

(2)画出该投资者的效用曲线,并说明该投资者是回避风险还是追逐风险的。

13.7　张老师欲购一套住房,经调查初步选定 A、B、C 三处作为备选方案,表 13-17 给出这三处住房各属性指标值及权重。

表 13-17

方案	价格/万元	离单位路程/km	对口中小学	环 境
A	70	10	名校(9)	较好(7)
B	56	6	区重点(7)	好(9)
C	48	3	中等(5)	较差(3)
权重	0.4	0.15	0.3	0.15

要求：

(1) 先对表中数据按本章公式式(13.54)和式(13.55)进行规范化处理；

(2) 用简单线性加权法选定理想方案。

CHAPTER 14 第十四章

运筹学中的启发式方法

第一节 启发式方法的概念

一、启发式方法的提出

本书前面各章讨论了一些常用的优化模型,研究了相应的求解算法,运用这些模型和算法能有效地解决很多实际问题,得出问题的最优解。但这些标准的模型和算法在应用上常受到很大局限,它们主要适用于解决具有良性结构的问题,即问题的结构比较清晰,所含各元素之间的关系明确,边界清楚,容易为人们所认识,能够比较方便地通过建模和使用一定的算法求得解决。

良性结构问题具有以下特征:

(1)能建立起反映该问题性质的一种"可接受"模型,与问题有关的主要信息可纳入模型之中;

(2)模型所需要的数据能够获取;

(3)有判定解的可行性和最优性(或满意性)的明确准则;

(4)模型可解,能拟订出求解模型的程序性步骤,而且得出的解能反映解决问题的可行方案;

(5)求解工作所需的计算量不过大,所需费用不过多。

很多实际问题不具有良性结构,当套用传统的运筹学方法去处理时,就难以得到满意的效果。这时,与其偏离事实,忽略或修正某些重要的条件,勉强使用某种标准模型而使问题得到简化以易于求解,还不如保持问题的本来面目,建立基本符合问题实际情况的非标准模型。前者虽可用已有的标准算法求解,但由于问题的模型失真,得到的解通常难以付诸实施;后者由于模型涉及因素多,结构复杂,而与传统的标准模型相去甚远,难以套用已有的标准算法。在后面这种情况下,为得到可用的近似解,分析人员必须运用自己的感知和洞察力,从与其有关而较基本的模型及算法中寻求其中的联系,从中得到启发,去发现和构想可用于解决该问题的思路和途径,人们称这种方法为启发式方法,用这种方法建立的算法为启发式算法(heuristic algorithm)。

二、启发式方法的特点

由上可知,启发式方法是寻求解决问题的一种适宜方法和策略;当然,它也可以是面向某种具体问题的一种求解手段。启发式方法建立在经验、比较和判断的基础上,体现了人的主观能动作用和创造力。

用启发式方法解决问题时强调"满意",常常是得到"满意解",决策者就认为可以了,而不去苛求最优性和探求最优解。之所以如此,其原因主要是:

(1) 有很多问题不存在严格意义下的最优解(例如目标之间相互矛盾的多目标决策问题、一般的多属性评价问题、群决策问题等),这时,对目标和属性的满意性已能足够准确地描述人们的意愿和选择行为;

(2) 对有些问题,要得到最优解需花费过大的代价,既难以做到,也不合算;

(3) 从决策的实际需要出发,有时不必要求解具有过高的精度。

假定为解决某类问题设计了一个算法,它能用于求解所有这类问题,而且获得最优(或满意)解的计算工作量可表示为这类问题"大小"的多项式函数,就称这个算法是确定型的多项式算法,简称为多项式算法或有效算法。很多"组合优化"问题(如设施定位问题、货郎担问题、多个工件在多台设备上的加工排序问题等)不存在多项式算法,欲求其最优解需要花费巨大的代价。

用启发式方法解决问题是通过迭代过程实现的,因而需拟订出一套科学的解的搜索规则。为能得到满意的解,在整个迭代过程中要不断吸收出现的新信息,考察采用的求解策略,必要时改变原来拟订的不合适的策略,建立新的搜索规则,注意从失败中吸取教训,并逐步缩小搜索范围。

启发式方法有下述优点:

(1) 计算步骤简单,易于实施;

(2) 不需要高深和复杂的理论知识,因而可由未经高级训练的人员实现;

(3) 与应用优化方法相比,可以减少大量的计算工作量,从而显著节约开支和节省时间;

(4) 易于将定量分析与定性分析相结合。

启发式方法在解决工农业、商业、社会、管理、工程等方面的很多复杂实际问题时常具有重要的作用。

三、启发式方法的策略

用启发式方法解决问题时,首先应认真归纳问题的条件和正确确定问题的目标和要解决的关键问题,建立能恰当反映问题性质、条件、要求、结构和目标的模型,防止问题扭曲和表述失真。其次还要采用一定的策略,以便得出理想的结果。下面举出几种常用的策略,在使用时可根据问题的性质和要求选用其中之一,或将几个策略结合起来综合运用。

1. 逐步构解策略

一般来说,实际中面临的问题都是多维问题,它的解是由多个分量组成的。当使用该策略时,应建立某种规则,求解时按一定次序每次确定解的一个分量,逐步进行,直至得到一个完整的解为止。

2. 分解合成策略

在解决一个复杂的大问题时,可首先将其分解为若干个小的子问题(分解方法视问题而定),再选用合适的方法(包括优化方法、启发式方法、模拟方法等)按一定顺序求解每个子问题,根据子问题之间以及各子问题与总问题之间的关系(例如递阶关系、包含关系、平行关系等),将子问题的解作为下一阶子问题的输入,或在某种相容原则下进行综合,最后得出合乎总问题要求的解。

3. 改进策略

在运用这一策略时,首先从问题的一个解决方案或初始解(初始解不一定要求为可行解)出发,然后对方案或解的质量(包括其可行性、可接受程度、目标函数值的优劣、对环境的适应性、可靠性等)进行评价,并采用某种启发式方法设计改进规则,对解决方案或初始解进行改进,直至满意为止。

4. 搜索学习策略

本策略包括确定搜索方向,拟订搜索方法,建立发现和收集在搜索过程中出现的新信息的机制,并根据对新信息的分析结果,重新确认或改变原来的搜索方向和搜索方法,修正搜索参数,消去不必要的搜索范围。其目的在于提高搜索效率,加快搜索速度,尽快获得合乎要求的解决方案(问题的解)。

第二节　应用问题举例

下面结合例子说明如何使用启发式方法解决实际问题。

一、多个工件在设备上加工的排序问题

n 个工件在 m 台设备上加工的最优顺序问题,目前尚无多项式算法。为便于说明如何用启发式方法解决这种问题,此处仅考虑两台设备 A 和 B,研究在这两台设备上顺序加工 n 个工件(工件 $j=1,2,\cdots,n$ 时),应如何排列这些工件的顺序,才能使总加工时间(从在 A 上开始加工第一个工件起到在 B 上加工完最后一个工件止)尽可能短。此处要求每个工件都先在 A 上加工,然后再在 B 上加工。

如果在 A 上加工各工件的顺序与在 B 上加工的顺序不同,这就要增加等待时间,从而使总加工时间延长,因此,在研究该问题时对这种情况可不予考虑。即使如此,本问题可能的排序方案仍有 $n!$ 个之多,随着工件数 n 的增多,其计算工作量增加很快。下面寻求用启发式方法的解决途径。

例1 表 14-1 中列出了 6 个工件分别在设备 A 和设备 B 上的加工时间 A_j(min)和 B_j(min),所有工件都先在 A 上加工,再在 B 上加工。要求确定使总加工时间最短的工件加工顺序。

表 14-1

加工时间\\工件\\设备	1	2	3	4	5	6
A	30	60	60	20	80	90
B	70	70	50	60	30	40

为得出这一类问题的启发式算法,下面运用逐步构解策略。首先考虑工件 1 和工件 2,其可能的排序方案共有两个:1→2 和 2→1(见图 14-1)。在本例中由于 $B_1=B_2$,$A_1<A_2$,故将工件 1 排在前面进行加工所需的总加工时间较少。现再看工件 2 和工件 3,由于 $A_2=A_3$,$B_3<B_2$,故将工件 3 排在工件 2 的后面加工所需的总加工时间较少(参看图 14-2)。

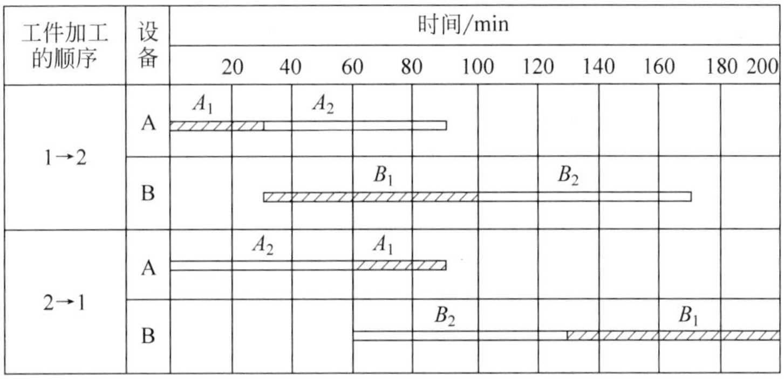

图 14-1

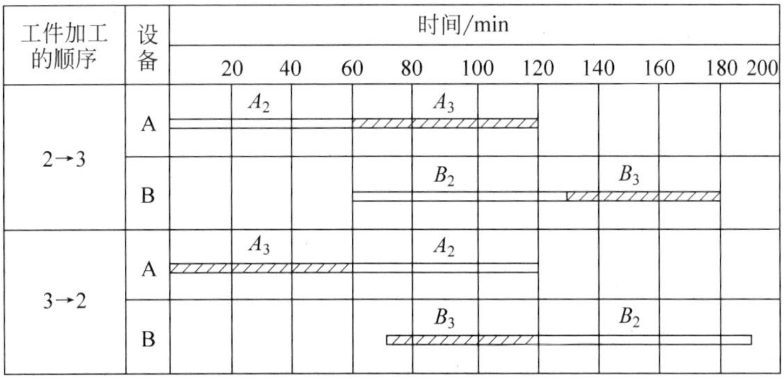

图 14-2

虽然上面只分别比较了两个工件的不同加工顺序,且依据的是一些特定情况,但可由此得到启发,将其推广应用到 n 个工件在两台设备上的一般加工顺序问题,并制定出有关的启发式规则。

多工件在两台设备上加工排序的启发式迭代步骤如下:

(1) 令 $i=1,k=0$;

(2) 找出最小加工时间:
$$t_r = \min\{A_1,A_2,\cdots,A_n,B_1,B_2,\cdots,B_n\} \tag{14.1}$$

(3) 若 $t_r=A_j$,则将工件 j 安排为第 i 个加工工件,并置 $i:=i+1$;若 $t_r=B_j$,则把工件 j 安排为第 $(n-k)$ 个加工工件,并置 $k:=k+1$;

(4) 将 A_j 和 B_j 从式(14.1)表示的工件加工时间表中删去,即不再考虑已排好加工顺序的工件 j;

(5) 返回步骤(2),直至式(14.1)中的工件加工时间表变成空集。

现用上述迭代步骤求解例1。

在本例中 $n=6$。开始迭代时 $i=1,k=0$。由式(14.1),$t_r=20=A_4$,故将工件 4 排为第 1,删去 A_4 和 B_4,并置 $i=1+1=2$。此时 $t_r=30=A_1=B_5$,将工件 1 排为第 2,工件 5 排为第 6($n-k=6-0=6$),删去 A_1,B_1,A_5 和 B_5,置 $i=2+1=3,k=0+1=1$。如此继续,可得所有 6 个工件的加工顺序为:

$$4 \rightarrow 1 \rightarrow 2 \rightarrow 3 \rightarrow 6 \rightarrow 5$$

本例的总加工时间等于 370min,具体情况参见图 14-3。

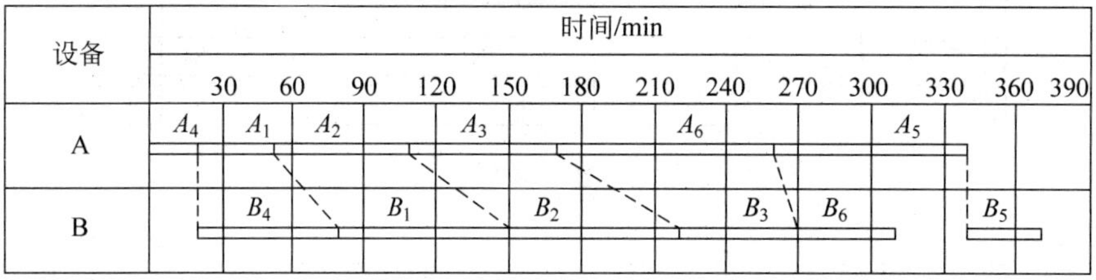

设备	时间/min													
	30	60	90	120	150	180	210	240	270	300	330	360	390
A	A_4	A_1	A_2		A_3			A_6		A_5			
B		B_4		B_1		B_2			B_3	B_6		B_5	

图 14-3

需要指出,对在两台设备上加工 n 个工件的问题来说,用上述方法求得的解为最优解。但是,如将这种思想扩展应用到在 m 台设备上加工 n 个工件的一般加工顺序问题,所得结果一般就不再是最优的了。然而用这种方法却常常可以得到较好的解。

二、货郎担问题

货郎担问题也称旅行售货员问题(traveling salesman problem,TSP),它指的是:一个售货员从某一城市出发,为售货访问 n 个城市各一次且仅一次,然后回到原城市,问他走什么样的路线才能使走过的总路程最短(或旅行费用最低)。这个问题就是寻求总权最小的汉密尔顿(Hamilton)回路问题。到目前为止,对 TSP 问题还没有提出多项式算法,对于较大的这种问题(例如 n 大于 40)常需借助于启发式算法求解。

下面介绍较典型的两种启发式算法。

1. C-W 节约算法

该方法由 Clarke 和 Wright 提出,其基本思想和迭代步骤说明如下。

假定有 n 个需要访问的地方(例如城市),把每个访问地看成一个点,并取其中的一个点作为基点(起点),例如以点 1 为基点。首先将每个点与基点相连,构成子回路 $1\rightarrow j\rightarrow1(j=2,3,\cdots,n)$,这样就得到了一个具有 $n-1$ 条子回路的图(这时尚未形成汉密尔顿回路)。旅行者按此线路访问 n 个点所走的路程总和(参看图 14-5,该图中以点 A 为基点)等于

$$z = 2\sum_{j=2}^{n}c_{1j} \tag{14.2}$$

其中,c_{1j} 为由点 1 到点 $j(j=2,3,\cdots,n)$ 的路段长度,这里假定 $c_{1j}=c_{j1}$(对所有点 j)。

若连接点 i 和点 $j(i,j\neq1)$,即令旅行者走弧(i,j)时(这时当然就不再经过弧$(i,1)$和$(1,j)$),所引起的路程节约值 $s(i,j)$ 可计算如下:

$$s(i,j) = 2c_{1i} + 2c_{1j} - (c_{1i} + c_{1j} + c_{ij})$$
$$= c_{1i} + c_{1j} - c_{ij} \tag{14.3}$$

对不同的点对(i,j),$s(i,j)$ 越大,旅行者通过弧(i,j)所节约的路程越多,因而应优先将这段弧插入到旅行线路中去。

在具体应用该方法时,可按以下迭代步骤进行:

(1) 选取基点,例如选取点 1 为基点。将基点与其他各点连接,得到 $n-1$ 条子回路 $1\rightarrow j\rightarrow1(j=2,3,\cdots,n)$;

(2) 对不违背限制条件的所有可连接点对(i,j)计算其节约值(i,j 不为基点)

$$s(i,j) = c_{1i} + c_{1j} - c_{ij}$$

(3) 将所有 $s(i,j)$ 按其值由大到小排列;

(4) 按 $s(i,j)$ 的上述顺序,逐个考察其端点 i 和 j,若满足以下条件,就将弧(i,j)插入到旅行线路中。其条件是:

① 点 i 和点 j 不在一条线路上;

② 点 i 和点 j 均与基点相邻。

(5) 返回步骤(4),直至考察完所有可插入弧(i,j)为止。

通过以上迭代步骤,可使问题的解逐步得到改善,最后达到满意解(也有可能是最优解)。

例 2 用 C-W 节约算法求解下述货郎担问题,已知各访问点的位置如图 14-4 中所示。

解 先按图 14-4 给出的数据计算各点之间的欧氏距离 $c(i,j)$,计算结果列入距离表(表 14-2)中。由于已假设 $c_{ij}=c_{ji}$,故该表中各元素的值以主对角线成对称。

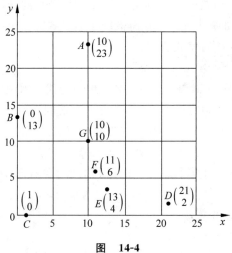

图　14-4

表　14-2

终点 始点	A	B	C	D	E	F	G
A	0	14.14	24.70	23.71	19.24	17.03	13.00
B	14.14	0	13.04	23.71	15.81	13.04	10.44
C	24.70	13.04	0	20.10	12.65	11.66	13.45
D	23.71	23.71	20.10	0	8.25	10.77	13.60
E	19.24	15.81	12.65	8.25	0	2.83	6.71
F	17.03	13.04	11.66	10.77	2.83	0	4.12
G	13.00	10.44	13.45	13.60	6.71	4.12	0

　　取 A 为基点,构成初始旅行线路图(图 14-5)。再用式(14.3)计算将弧 $(i,j)(i,j \neq A)$ 插入到线路中时引起的路程节约值,并按节约值由大到小的顺序将它们填入表 14-3 中。

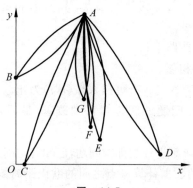

图　14-5

表 14-3

序号	弧	节约值	序号	弧	节约值
1	(D,E)	34.70	9	(E,G)	25.53
2	(E,F)	33.44	10	(C,G)	24.25
3	(C,E)	31.29	11	(D,G)	23.11
4	(C,F)	30.07	12	(B,F)	18.13
5	(D,F)	29.97	13	(B,E)	17.57
6	(C,D)	28.31	14	(B,G)	16.70
7	(F,G)	25.91	15	(B,D)	14.14
8	(B,C)	25.80			

依节约值从大到小的次序,对每条弧加以考察,看是否应将其插入线路中去。若将其插入,就要对线路作相应的改变。整个过程示于表 14-4 中。

表 14-4

序号	弧	线路及说明	插入该弧的节约值
0		$A{\to}B{\to}A$, $A{\to}C{\to}A$, $A{\to}D{\to}A$, $A{\to}E{\to}A$, $A{\to}F{\to}A$, $A{\to}G{\to}A$	
1	(D,E)	$A{\to}B{\to}A$, $A{\to}C{\to}A$, $A{\to}D{\to}E{\to}A$, $A{\to}F{\to}A$, $A{\to}G{\to}A$	34.70
2	(E,F)	$A{\to}B{\to}A$, $A{\to}C{\to}A$, $A{\to}D{\to}E{\to}F{\to}A$, $A{\to}G{\to}A$	33.44
3	(C,E)	E 点与基点 A 不相邻,不插入	0
4	(C,F)	$A{\to}B{\to}A$, $A{\to}D{\to}E{\to}F{\to}C{\to}A$, $A{\to}G{\to}A$	30.07
5,6	(D,F) (C,D)	这些点已在同一条线路上	0
7	(F,G)	F 点与基点 A 不相邻,不插入	0
8	(B,C)	$A{\to}D{\to}E{\to}F{\to}C{\to}B{\to}A$, $A{\to}G{\to}A$	25.8
9,10	(E,G) (C,G)	E 点、C 点与基点 A 不相邻,不插入	0
11	(D,G)	$A{\to}G{\to}D{\to}E{\to}F{\to}C{\to}B{\to}A$	23.11

当插入弧 (D,G) 之后,线路已包含所有要访问的点,算法终止。用该方法得到的线路(参看图 14-6)是:

$$A \to G \to D \to E \to F \to C \to B \to A$$

该线路的总长度

$$z = 2 \times (14.14 + 24.70 + 23.71 + 19.24 + 17.03 + 13.00) -$$
$$(34.70 + 33.44 + 30.07 + 25.80 + 23.11)$$
$$= 76.52$$

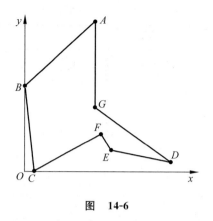

图   14-6

2. 几何法

这种方法由 J. P. Norback 和 R. F. Love 提出,它基于对各访问点构成的几何图形的分析,以此确定初始线路和不在初始线路上的各点的插入顺序和插入位置。

根据对一般几何图形的观察可知,最短访问线路应具有以下直观性质:(1)线路自身不相交;(2)各段线路应处于由所有访问点形成的凸包上或其凸包内部(这里所说的凸包(convex hull)是包含所有访问点的最小凸集)。

图 14-7 中给出了联结同样 4 个点的两条线路,显然,自相交的线路(图 14-7 中虚线所示者)$A \rightarrow C \rightarrow B \rightarrow D$ 要比不自交的线路 $A \rightarrow B \rightarrow C \rightarrow D$ 长。

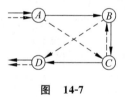

图   14-7

根据上述观察和分析的启发,可拟订出求解旅行售货员问题的下述迭代步骤:

(1) 找出由欲访问各点构成的凸包;

(2) 在凸包上的点,按其出现的自然顺序访问(不要使访问线路自交),从而形成一初始访问线路;

(3) 将不在初始访问线路上的各个点 I(位于凸包内的访问点),与已在访问线路上的所有点相连。设 P 与 Q 为已在访问线路上的任两个相邻点,$\angle P_0 I_0 Q_0$ 为所有 $\angle PIQ$ 角度中的最大者,则将 I_0 插入到 P_0 和 Q_0 之间;

(4) 重复进行步骤(3),每次在访问线路上增加一个新点,直至所有欲访问点都被引入到访问线路中为止。这时就构成了一条汉密尔顿回路。

下面用这种方法求解例 2。其迭代过程示于图 14-8 中。开始时构成凸包 ABCDA (图 14-8(a)),以它为初始访问线路,然后将不在初始访问线路上的 E、F 和 G 三点分别与 A、B、C、D 四点相连(图 14-8(b)),考查以 E、F 和 G 为角顶,分别以 AB、BC、CD 和 DA 为对边形成的各个角度,其中以 $\angle CED$ 为最大,故将点 E 插入在 C 和 D 两点之间,形成新的访问线路 ABCEDA(图 14-8(c))。现不在访问线路上的点为 F 和 G,连接 EF 和 EG,考察以 F 和 G 为角顶的各角,以 $\angle DGA$ 为最大,将 G 点插入 D 点和 A 点之间,这

时的访问线路变为 $ABCEDGA$（图 14-8(d)）。如上继续进行，将点 F 插入到 D 点和 G 点之间，这就得到了本问题的汉密尔顿回路，可以它作为本问题的解（图 14-8(e)），其线路总长等于：

$$14.14 + 13.04 + 12.65 + 8.25 + 10.77 + 4.12 + 13.00 = 75.97$$

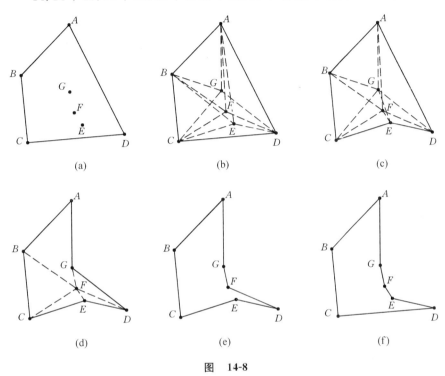

图 14-8

该问题的最优解示于图 14-8(f) 中，其线路总长度为 75.48。它可以通过交换线路中两个相邻点 E 和 D 的连接顺序而得到。

在本例中，用几何法虽然未得到其最优解，但它的精确度仍然是很高的，在一般情况下用这种方法常可以得到较为满意的结果。

除上述两种方法外，还有不少其他算法可用于求解旅行售货员问题，在解决实际问题时，可同时用几种算法，从中选取最好的结果。

三、车辆调度问题

车辆调度问题（vehicle scheduling problem，VSP）是由 Dantzig 和 Ramser 于 1959 年提出来的，后来虽经过多人的潜心研究，但由于其复杂性大，目前仍未找到多项式算法。

所谓 VSP 问题，一般指的是：对一系列发货点和收货点，组织调用一定的车辆，安排适当的行车路线，使车辆有序地通过它们，在满足指定的约束条件下（例如：货物的需求量与发货量,交发货时间,车辆可载量限制,行驶里程限制,行驶时间限制等),力争实现一定的目标(如车辆空驶总里程最短,运输总费用最低,车辆按一定时间到达,使用的车辆数最小等)。

车辆调度问题的分类法很多,例如根据车辆满载程度分为满载问题与非满载问题;根据可使用的车场数目分为单车场问题与多车场问题;根据可用车辆的车型数分为单车型问题与多车型问题;根据决策者的要求分为单目标问题与多目标问题等。

下面研究单车型、多车场运输问题的一种启发式算法,并考虑使总空驶里程极小化这一目标(它对运输企业的运输效益有极大影响)。

1. 问题说明

设某运输企业要完成的货运业务(例如指某一天或某半天)有 m 项:$A_1,A_2,\cdots,A_m$,其货运量分别是 $g_1,g_2,\cdots,g_m$,完成各项运输业务所需的车辆数(根据货物类型和车辆状况而定)分别为 $a_1,a_2,\cdots,a_m$;此外,该企业有 n 个车场可以使用,即可从车场 A_{m+1},$A_{m+2},\cdots,A_{m+n}$ 发出空车和接收空车,这些车场与各货运业务的发货点和收货点位于同一个连通道路网上,各车场可派出的空车数分别是 $b_{m+1},b_{m+2},\cdots,b_{m+n}$,可接收的空车数分别是 $b'_{m+1},b'_{m+2},\cdots,b'_{m+n}$。

2. 数学模型

按照每项运输业务的要求将货物由发货点运送到收货点,这显然均为重车行驶,且必须完成,在分析使总空驶里程极小化这一问题时,它的安排对目标函数值不产生影响,可不予考虑。因此,可将每一项货运业务工作 i,即从其发货点 i' 将货物运送到收货点 i'',看成一个压缩了的点——重载点 i(图 14-9)。

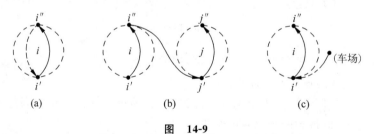

图 **14-9**

对于每一个重载点 i,为运出其货物量 g_i 需要 a_i 辆空车,它们将货物运抵目的地卸车后,又提供出 a_i 辆空车,然后这些空车驶向其他货运业务的发点(这时为空车行驶),继续装货执行运输任务。由此可以看出,执行运输任务的每辆货车都如此交替地进行空驶和重载,直至完成一个时间单元(一天或半天)的货物运输任务,返回某一车场为止。

车辆在道路网上行驶(不管是空驶还是重载)时,可选择某种意义下的最短路线行走,也可根据情况选用其他行车路线。

设由点 i 发往点 j(i,j 为车场或重载点)的空车数为 x_{ij},其空驶里程为 c_{ij},则使总空驶里程极小化的空车调度问题的数学模型可描述如下,见式(14.4)。

$$
\begin{cases}
\min z = \displaystyle\sum_{i=1}^{m+n}\sum_{j=1}^{m+n} c_{ij}x_{ij} \\
\displaystyle\sum_{j=1}^{m+n} x_{ij} = a_i & (i=1,2,\cdots,m) \\
\displaystyle\sum_{j=1}^{m+n} x_{ij} \leqslant b_i & (i=m+1,m+2,\cdots,m+n) \\
\displaystyle\sum_{i=1}^{m+n} x_{ij} = a_j & (j=1,2,\cdots,m) \\
\displaystyle\sum_{i=1}^{m+n} x_{ij} \leqslant b'_j & (j=m+1,m+2,\cdots,m+n) \\
x_{ij} \geqslant 0 \text{ 且为整数}
\end{cases}
\tag{14.4}
$$

此处 a_i(或 a_j)可由式(14.5)得

$$
\begin{cases}
a_i = g_i/Q & \text{若 } g_i/Q \text{ 为整数} \\
a_i = \left[\dfrac{g_i}{Q}\right] + 1 & \text{若 } g_i/Q \text{ 不为整数}
\end{cases}
\tag{14.5}
$$

上式中,$\left[\dfrac{g_i}{Q}\right]$ 为数值不大于 g_i/Q 的最大整数(Q 为一辆车的可载量)。

价值系数 c_{ij} 根据实际情况,可取为点 i 到点 j 的广义最短距离(或运费)。为避免由车场发出的空车不经重载点直接驶向车场,令

$$
c_{ij} = M \quad i,j = m+1,m+2,\cdots,m+n
$$

其中,M 为一足够大的正数。

运输问题式(14.4)的运输表如表 14-5 所示。表中将重载点和车场分开,形成了 4 个区域:C—C、C—F、F—C 和 F—F。

表 14-5

发空车 \ 收空车		重 载 点				车 场				发车数
		A_1	A_2	$\cdots$	A_m	A_{m+1}	A_{m+2}	$\cdots$	A_{m+n}	
重载点	A_1	C—C				C—F				a_1
	A_2									a_2
	$\vdots$									$\vdots$
	A_m									a_m
车场	A_{m+1}	F—C				F—F				b_{m+1}
	A_{m+2}									b_{m+2}
	$\vdots$									$\vdots$
	A_{m+n}									b_{m+n}
收车数		a_1	a_2	$\cdots$	a_m	b'_{m+1}	b'_{m+2}	$\cdots$	b'_{m+n}	

3. 算法

众所周知,表上作业法是求解运输问题的一种很有效的标准算法,而且能很方便地得出整数最优解,这正符合本问题的要求。因而,在构造求解问题式(14.4)的启发式算法时,应尽量设法利用表上作业法的优点。

首先仅考虑重载点部分,由式(14.4)得到:

$$
\begin{cases}
\min z = \displaystyle\sum_{i=1}^{m}\sum_{j=1}^{m} c_{ij} x_{ij} & \\[2mm]
\displaystyle\sum_{j=1}^{m} x_{ij} = a_i & (i=1,2,\cdots,m) \\[2mm]
\displaystyle\sum_{i=1}^{m} x_{ij} = a_j & (j=1,2,\cdots,m) \\[2mm]
x_{ij} \geqslant 0 \text{ 且为整数}
\end{cases}
\tag{14.6}
$$

显然,这是一个一般的产销平衡运输问题,可直接用表上作业法求解,设求出的最优解为 $\boldsymbol{X}^{(0)}=(x_{ij}^{(0)})$。由于模型式(14.6)是模型式(14.4)的核心部分,且式(14.4)的另两组约束条件为"$\leqslant$"型约束,故以这个解中的非零变量的值作为模型式(14.4)中对应变量的值,令其他变量的值取零,这就得到了式(14.4)的一个可行解。

然而,用上述方法得到的解无法以它为根据进行派车,因而是不可接受的。为此,需要设计一套解的判别和调整规则,使从 $\boldsymbol{X}^{(0)}$ 出发,经有限步迭代,能得出模型式(14.4)的可接受最优解或可接受满意解。这项工作可采用如下步骤进行。

（1）解的扩展

对解 $\boldsymbol{X}^{(0)}$ 中的每一个非零分量 $x_{ij}^{(0)}>0(i,j=1,2,\cdots,m)$,计算

$$
\delta_{ij} = \min_{m+1\leqslant i\leqslant m+n}\{c_{ij}\mid \bar{b}_i>0\} + \min_{m+1\leqslant j\leqslant m+n}\{c_{ij}\mid \bar{b}_j'>0\} - c_{ij}
\tag{14.7}
$$

式中

$$
\bar{b}_i = b_i - \sum_{j=1}^{m} x_{ij}^{(0)} \quad (i=m+1,\cdots,m+n)
\tag{14.8}
$$

$$
\bar{b}_j' = b_j' - \sum_{i=1}^{m} x_{ij}^{(0)} \quad (j=m+1,\cdots,m+n)
\tag{14.9}
$$

由式(14.7)算出的 δ_{ij} 值,为按下述方法调整 $x_{ij}^{(0)}$ 一个单位引起的空驶里程增加量。若由式(14.7)得出的 δ_{ij} 来自 k 行和 l 列($k,l\in[m+1,m+n]$),则把 $x_{ij}^{(0)}$ 扩展至 $x_{kj}^{(0)}$ 和 $x_{il}^{(0)}$,这时,将 $x_{ij}^{(0)},x_{kj}^{(0)}$ 和 $x_{il}^{(0)}$ 三个变量的值分别调整为:

$$
\begin{cases}
x_{ij} := x_{ij}^{(0)} - \min\{x_{ij}^{(0)},\bar{b}_k,\bar{b}_l'\} \\[2mm]
x_{kj} := x_{kj}^{(0)} + \min\{x_{ij}^{(0)},\bar{b}_k,\bar{b}_l'\} \\[2mm]
x_{il} := x_{il}^{(0)} + \min\{x_{ij}^{(0)},\bar{b}_k,\bar{b}_l'\}
\end{cases}
\tag{14.10}
$$

解的这种扩展工作按 δ_{ij} 的大小,由小到大依次进行,直至找出要求的可接受可行解,

即在表 14-5 中的 C—F 区和 F—C 区含有适当的非零解分量(这两个区中非零解分量值之和 $\sum\limits_{i=1}^{m}\sum\limits_{j=m+1}^{m+n}x_{ij}$ 与 $\sum\limits_{i=m+1}^{m+n}\sum\limits_{j=1}^{m}x_{ij}$ 相等,其值的大小可根据运输任务和车辆情况事先估计,在求解过程中还可进行调整)。如此得到的解记为 $\boldsymbol{X}^{(1)}=(x_{ij}^{(1)})$,显然,它对模型式(14.4)是可行的。当 $\delta_{ij}<0$ 时,按此方法调整得到的解 $\boldsymbol{X}^{(1)}$ 优于解 $\boldsymbol{X}^{(0)}$。

(2) 解的收缩

本步骤是步骤(1)的逆过程。当表 14.5 中 C—F 区或 F—C 区的非零解分量之值的和比派车数要大时,需将解的非零分量的值由 C—F 区和 F—C 区向 C—C 区收缩。为此,对每一对 $x_{kj}^{(1)}>0$ 和 $x_{il}^{(1)}>0$($k,l\in[m+1,m+n]$; $i,j\in[1,m]$),计算

$$\delta_{ij}'=\min\{c_{ij}-c_{kj}-c_{il}\mid x_{kj}^{(1)}>0,x_{il}^{(1)}>0\} \tag{14.11}$$

并以此为依据进行下述解的调整:

$$\begin{cases} x_{kj}:=x_{kj}^{(1)}-\min\{x_{kj}^{(1)},x_{il}^{(1)}\} \\ x_{il}:=x_{il}^{(1)}-\min\{x_{kj}^{(1)},x_{il}^{(1)}\} \\ x_{ij}:=x_{ij}^{(1)}+\min\{x_{kj}^{(1)},x_{il}^{(1)}\} \end{cases} \tag{14.12}$$

对解按式(14.10)和式(14.12)进行上述调整的目的,在于使 C—F 区(和 F—C 区)中非零解分量之和 $\sum\limits_{i=1}^{m}\sum\limits_{j=m+1}^{m+n}x_{ij}\left(\text{和}\sum\limits_{i=m+1}^{m+n}\sum\limits_{j=1}^{m}x_{ij}\right)$ 与派车数相等,在具体实施时,解的调整工作可在式(14.10)和式(14.12)确定的范围内分步进行,不一定都取这两式中给出的最大调整量。

如上调整后得到的解记为 $\boldsymbol{X}^{(2)}=(x_{ij}^{(2)})$,这个解也是模型式(14.4)的可行解。

4. 安排行车路线

经上述调整得到的解 $\boldsymbol{X}^{(2)}$(或 $\boldsymbol{X}^{(1)}$,当不需进行解的收缩步骤时),是模型式(14.4)的可接受可行解,可以它作为安排行车路线的依据。

安排行车路线时先在经过上述调整后得到的可接受可行解 $\boldsymbol{X}=(x_{ij})$ 的非零分量中寻求下述序列:

$$x_{k_1k_2}>0,x_{k_2k_3}>0,x_{k_3k_4}>0,\cdots,x_{k_pk_q}>0 \tag{14.13}$$

在该序列中变量的下标 $k_1,k_q\in[m+1,m+n]$,即 $x_{k_1k_2}$ 和 $x_{k_pk_q}$ 分别位于表 14-5 中的 F—C 区和 C—F 区。依据解的序列式(14.13),可得到某条初始行车路线如下:

$$A_{\underset{\text{车场}}{k_1}}\rightarrow\underbrace{A_{k_2}\rightarrow A_{k_3}\rightarrow A_{k_4}\rightarrow\cdots\rightarrow A_{k_p}}_{\text{重载点}}\rightarrow A_{\underset{\text{车场}}{k_q}}$$

有了初始行车路线(一条或若干条)之后,再根据具体的约束条件(例如每条行车路线的长度限制,在一条行车路线上行车时间的限制,各条行车路线的均匀性要求,派出的车辆数等),对行车路线进行调整(包括某些初始线路的截短或合并),最后由调度员选择合适的驾驶员执行。

实践证明,这种启发式算法的运算速度快、精度高,对城市货运汽车科学调度产生了

很好的效果。需要指出,解的调整工作(扩展、收缩)应和行车路线安排结合进行。

即练即测

　　由本章上面的论述可知,启发式方法的范畴不存在严格的理论限定性,它着重于对相关理论和方法的借鉴以及对已有方法的改进,着眼于实施的可行、方便和效果的提高,从而可为人们解决复杂实际问题提供新的思路和途径。

习　　题

14.1　什么是启发式方法?试说明用启发式方法解决实际问题的过程和步骤。

14.2　在解决实际问题时如何运用启发式策略?除本书上列出的几个启发式策略之外,你认为还有什么样的有用策略?

14.3　对在多台设备上加工多个工件的工件排序问题来说,你认为应如何衡量不同排序方案的优劣?需考虑哪些准则?这些准则的适用条件如何?并举出两个实例加以详细说明。

14.4　说明 C-W 节约算法的基本思想,你认为还可用它解决哪些方面的问题?举例加以说明。

14.5　说明本书所述货运车辆优化调度算法的原理和求解步骤,并绘出求解过程框图。请简要回答以下问题:

(1) 若有两种车型的车可用,书中提出的模型应怎样修改?在书中所提算法的启发下,试拟订一套求解的迭代步骤。

(2) 如何将书中提出的模型和算法推广到多目标的情形?

14.6　表 14-6 给出了 12 个工件在设备 A 和设备 B 上的加工时间,要求:

(1) 若所有工件都先在设备 A 上加工,再在设备 B 上加工,试安排使总加工时间最短的工件加工顺序,并计算总加工时间。

(2) 若工件 8～12 先在设备 B 上加工,再在设备 A 上加工,其他条件同上,请设计一启发式算法,以确定尽可能小的总加工时间和安排相应的工件加工顺序。

表　14-6

设备 ＼ 工件	1	2	3	4	5	6	7	8	9	10	11	12
A	5	8	11	2	4	7	12	3	9	3	6	10
B	5	9	4	3	7	6	9	4	5	8	9	4

14.7　有 4 个工件 J_1、J_2、J_3、J_4,在三台设备 A、B、C 上顺次加工,各工件在各设备上的加工时间示于表 14-7 中,试构造一启发式算法,用于寻求使总加工时间最短的工件加工顺序。

表　14-7

设备 \ 工件	J_1	J_2	J_3	J_4
A	5	10	9	5
B	7	5	7	8
C	9	4	5	10

14.8　有 10 个城市，它们在坐标系中的位置如表 14-8 所示，试完成以下工作：

(1) 用 C-W 节约算法求出经过每个城市一次且仅一次的一条最短线路。

(2) 用 Norback 和 Love 提出的几何法，求出经过上述城市一次而且仅一次的最短线路。

(3) 上述两种方法得出的结果有无改进的余地？如果有，你认为可通过什么方法加以改进？试写出改进的结果。

表　14-8

坐标 \ 城市	1	2	3	4	5	6	7	8	9	10
x	0	5	8	7	10	15	16	18	18	20
y	0	20	12	4	15	4	18	8	15	17

14.9　有一具有 3 个重载点和 2 个车场的运输问题，其运输表如表 14-9 所示。表中小方框内的数字为两点间的车辆空驶距离，1、2 和 3 三项运输业务的重载里程（已将装卸车时间折算在内）分别为 7、8 和 9，其他有关情况如表 14-9 所示。试用本章给出的车辆优化调度启发式算法，求出满意的可接受可行解。

表　14-9

发空车 \ 收空车		重载点			车　场		发车数
		1	2	3	4	5	
重载点	1	4	12	10	8	10	10
	2	2	8	8	6	10	6
	3	12	4	6	14	2	7
车场	4	6	4	6	M	M	≤4
	5	14	2	6	M	M	≤6
收车数		10	6	7	≤8	≤7	

附　　录

附录 A　运筹学应用软件简介

附录 B　习题参考答案与提示

附录 C　自测试题及答案

参 考 文 献

[1]   Moder J J. Handbook of Operations Research[M]. Vol. 1 & Vol. 2. Van Nostrand Reinhold Company,1978.

[2]   Hiller S Frederick,Gerald J Leberman. Introduction to Operations Research[M]. Tenth ed. McGraw Hill,2015(清华大学出版社出版了该书的影印本),2015.

[3]   Hamdy A Taha. Operations Research—An Introduction[M]. Ninth ed. Pearson Education,Inc. ,(中国人民大学出版社 2014 年出版了该书的中译本).

[4]   Barry Render and Ralph M Stair. Quantitative Analysis for Management[M]. Seventh ed. Prentice Hall,2001.

[5]   Winston L Wayne. Operations Research Applications and Algorithms[M]. Fourth ed. (原版影印版). 北京:清华大学出版社,2011.

[6]   Anderson R David,Dennis J Sweeney and Thomas A Williams. An Introduction to Management Science[M]. Eighth ed. West Publishing Company,1997.

[7]   Dantzig. G. B. ,M. N. Thapa. Linear Programaing 1:Intraduction,Springer[M]. 1997.

[8]   Dantzig. G. B. ,M. N. Thapa. Linear Programming 2:Theory and Extensions[M]. Springer. 2003.

[9]   Luenberger. D. ,End Y. Ye. Linear and Nonliaear Programming[M]. Third ed. Springer,2008.

[10]   Vanderbei J Robert. Linear Programming—Foundation and Extensions[M]. Fourth ed. Springer,2014.

[11]   Owen Guillermo. Discrete Mathematics and Game[M]. Kluwer Academic Publishers,1999.

[12]   Arnold Kaufman. Integer and Mixed Programming:Theory and Applications[M]. Academic Press,1977.

[13]   Wolsey,L. A. ,Integer Programming[M]. Wiley,1998.

[14]   Bellman R E. Dynamic Programming[M]. Princeton University Press,1957.

[15]   Mokhtar S Bazaraa. Nonlinear Programming:Theory and Algorithms[M]. Second ed. John Wiley & Sons,1993.

[16]   Gibbons A. Algorithmic Graph Theory[M]. Cambridge University Press,1985.

[17]   Williams H P. Model Building in Mathematical Programming[M]. Fifth ed. John Wiley & Sons,2013.

[18]   Donald Gross. Fundamentals of Queueing Theory[M]. Second ed. John Wiley & Sons,1985.

[19]   Mike Tanner. Practical Queueing Analasis[M]. McGraw Hill,1995.

[20]   Chatterjee,K. ,W. F. Samuelson,Game Theory and Business Applications[M]. Springer,2001.

[21]   Chatterjee K. Game Theory and Business Applications[M]. Kluwer Academic Publishers. 2001.

[22]   Bazarara. M. S. ,J. J. Javis. Linear Programming and Network Flows[M]. 4th ed. Wiley,2010.

[23]   Sniedovich,M:Dynamic Programming:Foundations and Principles. Taylor & Francis,2010.

[24] Jugen Eichbergar. Game Theory for Economists[M]. Academic Press,1993.

[25] Martin J Osborna. A Course in Game Theory[M]. MIT Press,1994.

[26] Hwang C L. Multiple Attribute Decision Making[M]. Springers Verlag,1981.

[27] Hwang C L. Multiple Objective Decision Making：Methods and Applications[M]. Springers Verlag,1979.

[28] Thomas L Saaty. Multicriteria Decision Making：The Analytical Hierarchy Process[M]. RWS Publications,1980.

[29] 运筹学教材编写组.运筹学[M].第4版.北京：清华大学出版社,2012.

[30] 徐光辉.运筹学基础手册[M].北京：科学出版社,1999.

[31] 马振华.现代应用数学手册(运筹学与最优化理论卷)[M].北京：清华大学出版社,1998.

[32] 胡运权.运筹学基础及应用[M].第6版.北京：高等教育出版社,2014.

[33] 郭耀煌,等.运筹学原理与方法[M].成都：西南交通大学出版社,1994.

[34] 郭耀煌,等.运筹学与工程系统分析[M].北京：中国建筑工业出版社,1986.

[35] 胡运权.运筹学习题集[M].第4版.北京：清华大学出版社,2010.

[36] 弗雷德里克·S.希利尔等著.数据、模型与决策[M].任建标译.北京：中国财政经济出版社,2001.

[37] Ignizio J P.目标规划及其应用[M].胡运权译.哈尔滨：哈尔滨工业大学出版社,1988.

[38] 宣家骥,等.目标规划及其应用[M].合肥：安徽教育出版社,1987.

[39] 王日爽,等.应用动态规划[M].北京：国防工业出版社,1987.

[40] 田丰,马仲蕃.图与网络流理论[M].北京：科学出版社,1987.

[41] 卢开澄.图论及其应用[M].北京：清华大学出版社,1981.

[42] 王众托,等.网络计划技术[M].沈阳：辽宁人民出版社,1984.

[43] 华罗庚.统筹方法平话及补充[M].北京：中国工业出版社,1965.

[44] 张维迎.博弈论与信息经济学[M].上海：上海三联书店,上海人民出版社,1996.

[45] 徐光辉.随机服务系统[M].北京：科学出版社,1980.

[46] 陈珽.决策分析[M].北京：科学出版社,1987.

[47] 顾基发,魏权龄.多目标决策问题[J].应用数学与计算数学,1980(1).

[48] 郭耀煌.安排城市卡车行车路线的一种新算法[J].系统工程学报,1989(2).

[49] 朱·弗登博格,让·梯若尔著.博弈论[M].黄涛等译.北京：中国人民大学出版社,2002.

[50] Zbigniew M.,David B F.如何求解问题——现代启发式方法[M].曹宏庆等译.北京：中国水利水电出版社,2003.

教师服务

感谢您选用清华大学出版社的教材！为了更好地服务教学，我们为授课教师提供本书的教学辅助资源，以及本学科重点教材信息。请您扫码获取。

≫ 教辅获取

本书教辅资源，授课教师扫码获取

≫ 样书赠送

管理科学与工程类重点教材，教师扫码获取样书

 清华大学出版社

E-mail: tupfuwu@163.com
电话：010-83470332 / 83470142
地址：北京市海淀区双清路学研大厦 B 座 509

网址：http://www.tup.com.cn/
传真：8610-83470107
邮编：100084

年轻人的

新知识课堂

平台功能介绍

➡ 如果您是教师，您可以

管理课程

建立课程　　　　管理题库

发布试卷

布置作业

管理问答与话题

➡ 如果您是学生，您可以

发表话题　　　　提出问题

加入课程　　　　下载课程资料

编辑笔记

使用优惠码和激活序列号

➡ 如何加入课程

1 找到教材封底"数字课程入口"

范例

数字课程入口

刮开涂层
获取二维码

刮开涂层

2 刮开涂层获取二维码，扫码进入课程

范例

获取帮助

扫一扫直接进入平台使用指南

获取更多详尽平台使用指导可输入网址
http://www.wqketang.com/course/550
如有疑问，可联系微信客服：DESTUP

文泉课堂
WWW.WQKETANG.COM

清華大学出版社
出品的在线学习平台

质检18